Albrecht Ludloff

Handbuch Radar und Radarsignalverarbeitung

Albrecht Ludloff

Handbuch Radar und Radarsignalverarbeitung

Mit 153 Bildern und 22 Tabellen

vieweg

Softcover reprint of the hardcover 1st edition 1993

Der Verlag Vieweg ist ein Unternehmen der Verlagsgruppe Bertelsmann International.

Gedruckt auf säurefreiem Papier

ISBN 978-3-528-06568-3 ISBN 978-3-322-96329-1 (eBook)
DOI 10.1007/978-3-322-96329-1

Vorwort

Den Anstoß zu diesem Buch gab der in der Industriepraxis beobachtete Mangel an solcher Radar-Literatur, die den Systemplaner, den Entwicklungsingenieur und den interessierten Anwender theoretisch ausreichend tief, aber zugleich praxisorientiert mit der Radarsignalverarbeitung und dem Entwurf des Sendesignals, dem sogenannten „Waveform Design", vertraut macht. Denn diese bestimmen wesentlich die „Intelligenz" des Radars, das heißt seine Fähigeit, einerseits gesuchte Zielobjekte zu entdecken und zu vermessen und andererseits Falschmeldungen durch andere Objekte zu vermeiden.

Die Radarsignalverarbeitung ist – begünstigt durch die rasante Entwicklung der Mikro-Elektronik und hier besonders der Speicher und der sehr schnellen Rechenwerke – immer komplexer und damit leistungsfähiger geworden. Eine Grenze ist nicht abzusehen. Allerdings finden sich die Beschreibungen neuerer Verfahren oder Algorithmen der Radarsignalverarbeitung oft nur verstreut in Publikationen der Fachzeitschriften und in Tagungsberichten.

Auch hat sich der Aufgabenbereich des auf diesem Gebiet tätigen Entwicklungsingenieurs erweitert. Er ist erstens stärker als früher am Waveform Design beteiligt. Zweitens muß er neben seiner Hauptaufgabe, der Entwicklung von Hardware und Software für die Subsysteme, in steigendem Maße Monte-Carlo-Simulationen zum Entwurf und zur Optimierung von Signalverarbeitungsalgorithmen und zur Ermittlung von Performance-Parametern einsetzen. Alle diese Tätigkeiten erfordern eine theoretisch gut fundierte Kenntnis sowohl der Grundlagen als auch der praktischen Verfahren der Radarsignalverarbeitung. Hier eine gewisse Lücke zu füllen, ist Sinn des vorliegenden Buches.

Natürlich ist dabei eine Beschränkung der Stoffauswahl erforderlich, bei einem einzelnen Autor schon aus Gründen des Arbeitspensums. Das Buch behandelt daher vorwiegend Suchradare vom Typus des MTI- und des MTD- oder Pulsdoppler-Radars. Ihre Prinzipien finden jedoch auch in anderen Radartypen, zum Beispiel in Multifunktions-Radaren, vielfältige Anwendungen. Auf die Gliederung des Buches wird in Abschnitt 1.5 der Einführung eingegangen. Der mehr praktisch orientierte Leser wird theoretische Passagen überspringen und nur an deren Endergebnissen in Form von Endformeln oder Kurven interessiert sein. Die Mehrzahl der Kurven wurde mit Turbo-Pascal-Programmen unter Verwendung einer Bibliothek für mathematische Routinen auf einem PC berechnet.

Das Buch basiert in wesentlichen Teilen auf einem Manuskript für eine vierwöchige Vorlesung zu je 8 Wochenstunden über Radar und Radarsignalverarbeitung. Meiner ehemaligen Firma, der Deutschen Aerospace (Dasa), vormals Fachbereich Ortung der AEG-Telefunken AG, bin ich für die seinerzeitige Gelegenheit zu dieser Vorlesung dankbar. Dies gilt insbesondere auch für H. Dr. Gerhard Boucke, der auf diese Weise indirekt den Anstoß zu diesem Buche gab. Ihm danke ich auch für die laufende Unterstützung bei diesem Vorhaben.

Besonders meinem langjährigen Kollegen, H. Dipl.-Ing. Manfred Minker, verdanke ich viele interessante Diskussionen und Anregungen im Rahmen gemeinsamer Radarentwicklungen, die ihren Niederschlag in diesem Buch gefunden haben. Zu besonderem Dank bin ich H. Dr. Johannes Schmid verpflichtet. Er half mit wertvoller Kritik, dem Korrekturlesen des Manuskripts und der Entwicklung der Pascal-Programme zur Berechnung der $S/N = f(P_{\mathrm{d}}, P_{\mathrm{fa}})$-Kurvenscharen in Kapitel 3 sowie zur Erstellung von 3D-Grafiken wie in Kapitel 8. Ebenso möchte ich mich bei den Herren Dipl.-Ing. Wolfgang Manz, Dipl.-Ing. Hans-Georg Kölle, Dr. Peter Schmitt, Dr. Dieter Nagel und Dipl.-Math. Franz-Xaver Hofele für Diskussionen und Anregungen bedanken. In der Anfangsphase des Buches war mir H. Dr. Dieter Pross mit seinen Vorschlägen zum Inhalt und zur Gestaltung eine wertvolle Hilfe, dafür sei ihm an dieser Stelle gedankt.

H. Edgar Klementz vom Vieweg-Verlag danke ich für die Zusammenarbeit und das Eingehen auf meine Wünsche.

Nicht zuletzt gebührt meiner Frau ein Dankeschön für ihr Verständnis und den Verzicht auf manche gemeinsame Freizeitunternehmung.

Ulm, im Mai 1993.

Albrecht Ludloff

Inhaltsverzeichnis

Anhang:

1 Einführung

1.1 Radarprinzip

Das Wort Radar ist abgeleitet aus dem englischen „Radio Detection and Ranging". Es beschreibt die ursprünglich einem Radar zugedachten Aufgaben der Entdeckung und Lokalisierung von Objekten mittels Radiowellen.

Das Radarprinzip ist frei von zwei Nachteilen des um 1600 zur Erweiterung des menschlichen Sehens erfundenen Fernrohrs. Es ist erstens auf keine fremde Beleuchtungsquelle angewiesen, als aktives System besitzt es seine eigene und kann daher auch nachts „sehen". Zweitens arbeitet die eigene Beleuchtungsquelle in einem Bereich des elektromagnetischen Spektrums, in dem die Wellenausbreitung durch Nebel, Regen oder Schnee nicht unmöglich gemacht wird. Nachteilig ist beim Radar – gegenüber dem Fernrohr – die verringerte Auflösung, es kann kaum Einzelheiten des Zieles erkennen. Obwohl dem Radar in dieser Hinsicht Grenzen gesetzt sind, können diese durch eine künstlich vergrößerte Antennenapertur mit Hilfe mehr oder weniger aufwendiger Signalverarbeitungsverfahren hinausgeschoben werden.

Man versteht heute unter Radar – genauer Primär-Radar im Gegensatz zu Sekundär-Radar – ein aktives, auf keine Kooperation angewiesenes Ortungssystem zur

1. Entdeckung
2. Lokalisierung
3. Erfassung des Bewegungszustandes
4. Klassifizierung
5. Identifizierung

von Objekten, den sogenannten Zielen. Dabei bedeutet Klassifizierung eine Zuordnung zu einer bestimmten Klasse von Objekten, zum Beispiel zur Klasse der Starrflügler. Identifizierung ist gleichbedeutend mit der Feststellung eines Typs innerhalb einer Klasse. Bei Radaren mit einfacheren Aufgabenstellungen entfallen im allgemeinen die Aufgaben 3 bis 5.

Bild 1.1 zeigt das Prinzip des am häufigsten verwendeten Radartyps, des Pulsradars, wie es zum Beispiel zur Flugsicherung oder Luftraumüberwachung verwendet wird. Ein großer Vorteil des Pulsradars ist die Möglichkeit, eine einzige Antenne sowohl zum Senden wie auch zum Empfangen verwenden zu können.

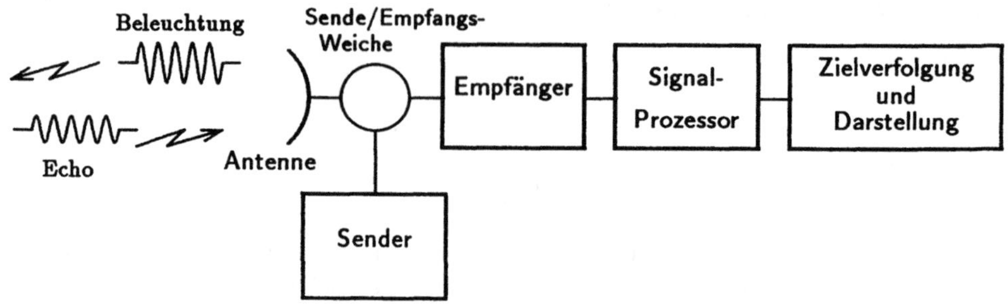

Bild 1.1 Prinzip des Pulsradars.

Ein Sender erzeugt Trägerpulse relativ kurzer Dauer (etwa 1 μs). Jeder enthält viele Perioden einer höchstfrequenten Schwingung von zum Beispiel der Frequenz 3 GHz (S-Band), was einer Wellenlänge von etwa 10 cm entspricht. Über die Sende-Empfangs-Weiche gelangen die Pulse auf die Antenne und werden von ihr mit hoher Richtwirkung abgestrahlt. Von dem „beleuchteten" Ziel werden die Pulse auch in Richtung zum Radar reflektiert – mit leider ganz erheblich verminderter Energie – und von der Antenne wieder aufgefangen. Sie gelangen über die Sende-Empfangs-Weiche auf den Empfänger. Dort werden sie rauscharm verstärkt und dem Signalprozessor zugeleitet. Dieser filtert die vom Ziel reflektierten Pulse, die Zielechos, aus den meist begleitenden Störsignalen – wie zum Beispiel Echos der Erdoberfläche – heraus, ermittelt ihre Laufzeiten, die ein Maß für die (Schräg-)Entfernung sind, und den beim Empfang der Echos vorhandenen azimutalen Winkel der Antenne. Er gibt diese Zieldaten weiter an den Zielverfolgungsrechner (Tracker). Dieser speist die Luftlagedarstellung.

1.2 Zur Geschichte des Radars

Im Jahre 1904 wurde *Christian Hülsmeyer* in Deutschland das Patent „Verfahren, um entfernte metallische Gegenstände mittels elektrischer Wellen einem Beobachter zu melden" erteilt. Bis zu Beginn der 20er Jahre erfolgten aber keine praktischen Anwendungen, obwohl auch *Marconi* in England die Möglichkeiten einer Ortung mittels reflektierter elektromagnetischer Wellen erkannte. Im Jahre 1922 konnten dann *Taylor* und *Young* in den USA (Naval Research Laboratory) das erste Mal ein hölzernes Schiff mit einem CW-Radar detektieren.

Intensivere Forschungsarbeiten für militärische Anwendungen begannen Mitte der 30er Jahre in England, wo später *Sir Watson-Watt* als Initiator über die Landesgrenzen hinaus bekannt wurde, in Deutschland, Frankreich und den USA. Dort konnte die Navy 1938 schon Schiffe auf etwa 40 nautische Meilen entdecken. Der

2. Weltkrieg beschleunigte die Weiterentwicklung des Radars ganz ungemein, vor allem als 1941 die britische und amerikanische Radarentwicklung am Massachusetts Institute of Technology (MIT) zusammengelegt wurden. Vor Auflösung dieser Entwicklungsmannschaft nach Ende des Krieges hat diese ihr gesammeltes Wissen in 28 Bänden der „Radiation Laboratory Series" niedergelegt [1]. Diese dienten nach Kriegsende als Basis für die Weiterentwicklung des Radars, vor allem auch für zivile Anwendungen. Spektakulärste Beispiele dafür sind Radare für die Flugsicherung, zur Wettererkundung, zur Erkundung der Erdoberfläche und zur Geschwindigkeitskontrolle von Kraftfahrzeugen.

Stets kennzeichnend für die Entwicklung der Radartechnik war die Tatsache, daß die theoretisch begründbaren, möglichen Fähigkeiten eines Radarsystems den realisierbaren Fähigkeiten infolge unzureichender Hardware stets weit vorauseilten. Dank jedoch immer weiter verbesserter Technologien – vor allem im Bereich der Mikrowellentechnik und der digitalen Signalverarbeitung (Rechenwerke, Speicher) – konnten immer mehr der zunächst nur theoretischen Fähigkeiten eines Radars realisiert werden. Und dieser Zustand hält noch an, vor allem im Bereich der elektronisch steuerbaren Antennen und der Signalverarbeitung.

1.3 Radaranwendungen und Radartypen

Man kann die Anwendungen des Radars in solche ziviler Art und solche militärischer Art unterteilen. Die folgende tabellarische Zusammenstellung gibt einen Überblick.

Zivile Anwendungen

Luftverkehr

- Überwachung und Lenkung des Luftverkehrs (Flugsicherung)
- Wettererfassung (Bord-gebunden)
- Überwachung und Lenkung des Rollverkehrs auf großen Flughäfen
- Erkennung von Gefahren: Scherwinde, Vogelzüge

Schiffsverkehr

- Überwachung und Lenkung des Schiffverkehrs in Küstennähe und in Hafeneinfahrten
- Navigationshilfe
- Search and Rescue

Straßen- und Schienenverkehr

- Berührungslose Weg-, Geschwindigkeits- und Beschleunigungsmessung
- Hinderniserkennung (Kfz-Abstandswarnradar)

Erkundung und Beobachtung der Erdoberfläche für Zwecke

- der Geodäsie
- der Land- und Forstwirtschaft
- des Umweltschutzes

Meteorologie, Raumfahrt

- Wettererkundung
- Satellitenüberwachung

Fertigungsprozesse

- berührungslose Positions- und Geschwindigkeitsmessung schwer zugänglicher Objekte

Militärische Anwendungen

Bodengestützte Anwendungen

- Luftraum-Überwachung (2D/3D)
- Flugsicherung
- Präzisions-Anflugradar (PAR)
- Feuerleitung Boden-Luft
- Artillerie-Ortungsradar
- Erfassung bewegter Objekte eines Gefechtsfeldes (Gefechtsfeld-Radar)

Bordgestützte Anwendungen

- Multifunktionsradare zur
  - Luftraumüberwachung
  - Feuerleitung Luft-Luft
  - Bodenüberwachung
  - Feuerleitung Luft-Boden
- Seitensicht-Radare mit synthetischer Apertur zur Aufklärung

Radartypen

Es ist leicht einzusehen, daß aufgrund der Vielzahl von Anwendungsmöglichkeiten des Radarprinzips auch eine Vielzahl unterschiedlicher Radartypen existieren muß. Man kann sie grob in vier Gruppen einteilen:

1. Überwachungsradare
2. Zielverfolgungs- oder Tracking-Radare
3. Instrumentierungsradare
4. Radare mit synthetischer Apertur

Überwachungsradare haben die Aufgaben, ein vorgegebenes Raumvolumen laufend nach Objekten abzusuchen. Hierzu zählt die große Klasse der Rundsuchradare für die zivile und militärische Luftraumüberwachung, aber auch das Wetterradar. Zielverfolgungsradare, die, wie der Name sagt, einzelne Ziele verfolgen, sind zum Beispiel Feuerleitradare im militärischen Bereich oder auch Radare zur Satellitenverfolgung in der Raumfahrt. Bord- und Boden-gebundene Multifunktionsradare stellen Radare dar, die ein Überwachungs- und ein Zielverfolgungsradar in sich vereinigen. Instrumentierungsradare sind eigentlich Meßgeräte, die zum Beispiel die Entfernung, die (Radial-)Geschwindigkeit oder die Flugbahn eines Objektes messen. Radare mit synthetischer Antennenapertur dienen vorwiegend der Beobachtung und Erkundung der Erdoberfläche von Flugzeugen oder Satelliten aus. Die synthetische, sehr große Antennenapertur gestattet eine sehr hohe Winkelauflösung.

Der am meisten verbreitete Radartyp ist das Überwachungsradar. Das vorliegende Buch behandelt vorwiegend solche Überwachungsradare, die bei einem zu überwachenden azimutalen Winkel von 360° auch Rundsuchradare genannt werden. Das bekannteste Beispiel ist das Flughafen-Überwachungsradar (engl. Airport Surveillance Radar ASR), dessen Antenne man auf fast jedem Flughafen mit etwa 15 Umdrehungen pro Minute den Raum absuchen sehen kann.

1.4 Aufbau eines Rundsuchradars und Störsignale

Bild 1.2 zeigt den prinzipiellen Aufbau eines 3D-Rundsuchradars zur Luftraumüberwachung. Man kann es in die fünf Subsysteme HF-Kopf, Steuerrechner und Waveformgenerator, Signalprozessor, Tracker sowie Display unterteilen. Die Software des Steuerrechners und Waveformgenerators enthält die Parameter des Sendesignals und der Abtaststrategie. Das Subsystem liefert alle erforderlichen zentralen Steuersignale und -daten an alle anderen Subsysteme.

Im Senderteil des HF-Kopfes wird ein aus zwei hochstabilen Oszillatoren (STALO und COHO, vom engl. Stabilized Local Oscillator und Coherent Oscillator) abgeleitetes hochfrequentes CW-Signal pulsmoduliert und nach Leistungsverstärkung der Sende-Empfangs-Weiche zugeführt. Diese leitet den Hochleistungspuls auf die Antenne, von der er – im Azimut und in der Elevation scharf gebündelt – abgestrahlt wird. In unserem Beispiel dreht die Antenne mechanisch über 360° Azimutwinkel, die Antennenkeule wird aber zusätzlich in der Elevation elektronisch gesteuert: während die Keule sich langsam im Azimut dreht, wird sie sägezahnförmig in der Elevation auf und ab bewegt. Damit ist eine Höhenbestimmung möglich (3D-Radar).

Echos des Sendepulses werden von der Antenne aufgefangen und über die Sende-Empfangs-Weiche dem HF-Verstärker des Empfängers zugeführt, wo sie rauscharm verstärkt werden. Mit Hilfe des STALO's werden sie in den ZF-Bereich abgemischt, Bandpaß-gefiltert und weiter verstärkt. Anschließend erfolgt mit dem COHO-Signal eine Abmischung des ZF-Signals in den Tiefpaßbereich. Da das zu verarbeitende Empfangssignal als Bandpaßsignal stets durch zwei Größen charakterisiert wird, bspw. durch Betrag und Phase oder durch Realteil und Imaginärteil, besteht auch das Tiefpaßsignal aus zwei Komponenten, zum Beispiel der Inphase-Komponente oder Kophasal-Komponente I und der Quadratur-Komponente Q. Diese Abmischung wird auch als I/Q-Umsetzung bezeichnet. Die analogen I/Q-Signale werden dem Signalprozessor zugeführt.

Wesentliche Aufgaben des Signalprozessors werden klar, wenn man die Vielzahl von Störsignalen betrachtet, die Zielechos verdecken und/oder Falschalarme auslösen können. Solche Störsignale sind

- von der Antenne aufgenommenes Rauschen und Empfängerrauschen
- Bodenechos (Bodenclutter)

- Regen- oder Schnee-Echos (Regenclutter)
- Seegang-Echos (Seeclutter)
- Echos von Vogelgruppen („Angels“)
- Echos von Straßenfahrzeugen
- Sendepulse anderer Radare
- Im militärischen Falle zusätzlich
  - Gewollte Störungen (ECM)
  - Düppel (engl. Chaff)

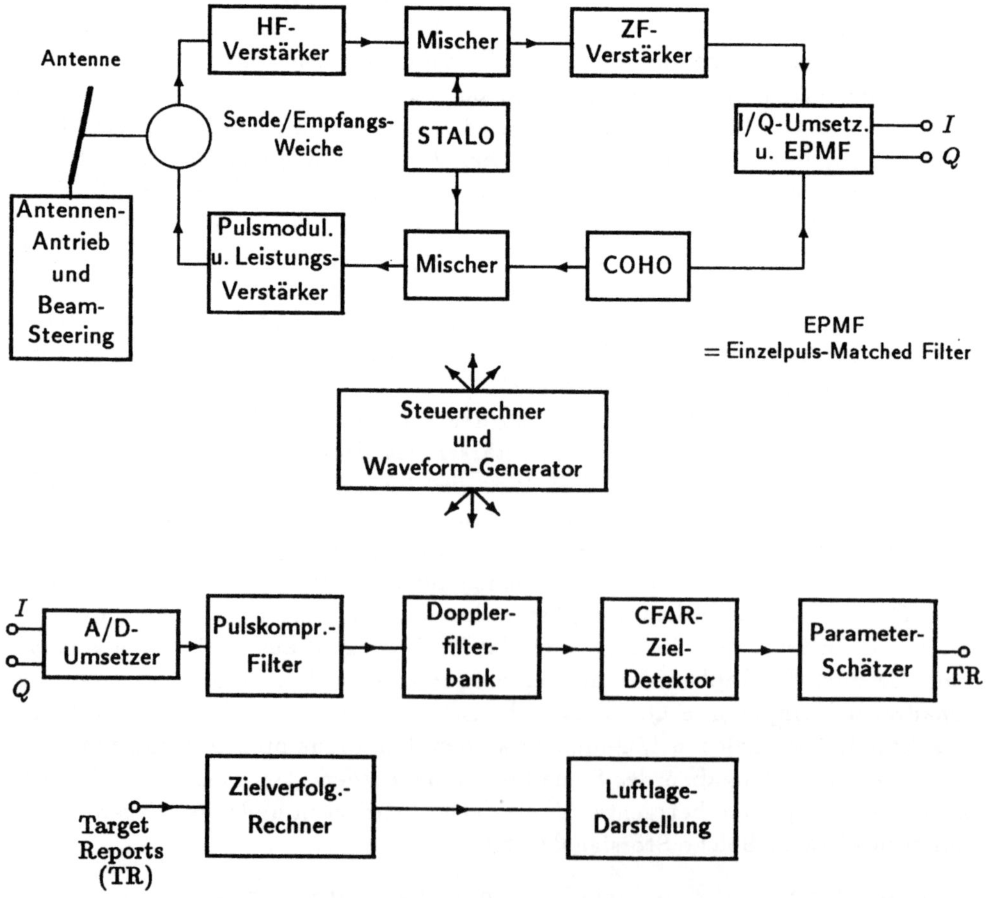

Bild 1.2 Aufbau eines typischen Rundsuch-MTD- oder Pulsdoppler-Radar-Systems.

Hinzu kommen Störeffekte, die ebenfalls die Entdeckung von Zielechos verhindern können. Dazu zählen

- Blindgeschwindigkeiten
- Tangentialflug bei MTI
- Abnormale Wellenausbreitung (sogen. Ducting)
- Überreichweitenechos

Die aufgezählten Störsignale (oft auch als Clutter bezeichnet, vom engl. Clutter = Durcheinander, Unordnung) und Störeffekte haben in der Vergangenheit einerseits die Wahrscheinlichkeit der Zielentdeckung oft stark reduziert und andererseits für eine Vielzahl von Falschalarmen gesorgt. Bis in die 70er Jahre hinein wurde daher die Leistungsfähigkeit eines Radarsystems ganz entscheidend von der Erfahrung des zur Interpretation des Bildschirminhalts eingesetzten Beobachters oder „Controllers" (z. B. Fluglotsen) mitbestimmt.

Mit der Verfügbarkeit hochintegrierter digitaler Hardware konnten in steigendem Maße im Signalprozessor rechen- und speicheraufwendige Signalverarbeitungsalgorithmen eingesetzt werden, welche die Nutzechos aus mehr als 10 000-mal stärkeren Störechos herauszufiltern in der Lage sind, ohne daß die Störechos Falschalarme hervorrufen. Weiterhin benutzt der Signalprozessor verbesserte Algorithmen zur Schätzung der Positionsparameter des Ziels. Diese Parameter werden an den Zielverfolgungsrechner oder Tracker weitergegeben, der sie mit früheren Meldungen für dasselbe Ziel korreliert. Dadurch kann der Tracker für jedes Ziel eine Flugspur aufbauen. Der Tracker liefert seine Daten an ein größeres Display, auf dem die Luftlage dargestellt wird. Durch den Zielverfolgungsprozeß ist jedes Ziel gekennzeichnet und der Controller kennt zu jeder Zeit die Antwort auf die beiden Fragen „Wer ist das?" und „Wo ist er (sie, es)?".

1.5 Aufgaben der Signalverarbeitung

Man kann die Signalverarbeitung in folgende Verarbeitungsschritte aufteilen, man vergleiche dazu auch Bild 1.2:

1. I/Q-Umsetzung, um die Signalverarbeitung im Tiefpaßbereich vornehmen zu können.

2. Einzelpuls-Matched Filter oder – im Falle eines Pulskompressionsradars – Subpuls-Matched Filter zur Verbesserung des Signal-Rausch-Abstandes des Einzelpulses (Subpulses) und zur Bandbegrenzung vor der A/D-Umsetzung.

3. A/D-Umsetzung, um eine digitale Signalverarbeitung durchführen zu können.

4. Pulskompressionsfilter im Falle eines Pulskompressionsradars mit gleicher Aufgabenstellung wie unter Punkt 2.

5. Matched Filter, Likelihood Ratio Filter oder Prewhitening Filter für die pro Ziel empfangene Echopuls-Folge zur Verbesserung des Signal-Clutter-Verhältnisses wie auch zur weiteren Verbesserung des Signal-Rausch-Verhältnisses: Doppler-Verarbeitung (Clutter-Unterdrückung).

6. Automatische Zieldetektion mit CFAR-Eigenschaft (CFAR = Constant False Alarm Rate). Die Falschalarmwahrscheinlichkeit soll trotz stark in der Amplitude schwankender, verbliebener Störechos (Restclutter) auf einem sehr niedrigen Pegel angenähert konstant bleiben: CFAR-Zieldetektor.

7. Ermittlung der Zielparameter wie Entfernung, Azimut, Elevation und in steigendem Maße auch Doppler: Parameterschätzung. Zusätzliche Aufgaben wären die Klassifizierung und Identifizierung von Zielen, wie zum Beispiel die Erkennung von Hubschraubern im Gegensatz zu Starrflüglern.

Bevor der Entwicklungsingenieur die Algorithmen für diese Verarbeitungsschritte entwerfen kann, müssen das Sendesignal und die Abtaststrategie festgelegt werden. Dazu benötigt man 1. die Anforderungen an das Radar in Form eines Pflichten- oder Lastenheftes und 2. die Radargleichung. Man bezeichnet den Entwurf von Sendesignal und Abtaststrategie als *Waveform Design,* bei dem der Signalverarbeitungsingenieur eng und „iterativ“ mit den Planern des Gesamtsystems zusammenarbeiten muß.

Aus dem vorstehenden leitet sich die Gliederung dieses Buches ab. Am Anfang eines Radarentwurfes steht das Waveform Design, für das die Radargleichung als Werkzeug benutzt wird. In Kapitel 2 wird daher die Radargleichung entwickelt, wobei gleichzeitig wichtige Grundbegriffe definiert und erklärt werden.

Kapitel 3 befaßt sich mit dem Problem der Entdeckung von Zielen mit konstantem und fluktuierendem Rückstrahlquerschnitt im Rauschen und liefert Kurvenscharen, die besonders in der Anfangsphase eines Radarentwurfs sehr häufig benötigt werden. Einiges Material dieses Kapitels benötigen wir später auch für das Thema CFAR-Methoden.

Kapitel 4 führt den Begriff des Referenzradars ein, eine Art idealisiertes und leicht berechenbares Radar. Es dient als Referenz für die Aufstellung der Verlustbilanz des zu entwickelnden Radars. Als Beispiel wird ein Radarentwurf gezeigt.

Kapitel 5 behandelt die Grundlagen der Filterung von Radarsignalen. Außer auf die Spektren von Radarechos und die Signalvorverarbeitung im Radarkopf wird auf die Abmischung des Bandpaß-HF/ZF-Signals in ein äquivalentes Tiefpaßsignal eingegangen, das dann in einem äquivalenten Tiefpaßsystem verarbeitet wird. Das „Denken in äquivalenten Tiefpaßsignalen“ statt in „formalen I/Q-Signalen“ erleichtert den physikalischen Einblick in Probleme der Signalverarbeitung und damit ihre mathematische Behandlung, aber auch den Entwurf von Simulations-Software. Das Kapitel schließt mit den bei der I/Q-und A/D-Umsetzung auftretenden möglichen Fehlern und S/N-Verlusten.

In Kapitel 6 werden die Matched Filter für den Einzelpuls und die Pulsfolge, beide eingebettet in entweder weißes oder farbiges Rauschen, abgeleitet, ebenso das auf einem anderen Entwurfskriterium basierende Likelihood Ratio Filter und das Prewhitening Filter. Während das Matched Filter den Signal-Störabstand optimiert, maximiert das Likelihood Ratio-Filter unmittelbar die Wahrscheinlichkeit der Zielentdeckung bei vorgegebener Falschalarmwahrscheinlichkeit. Bei einer Gauß-Verteilung der Amplituden des Störsignals sind beide gleichwertig.

Kapitel 7 behandelt die Dopplerverarbeitung und zwar sowohl das MTI-Prinzip wie auch das MTD- oder Pulsdoppler-Prinzip. Letzteres findet sich – mehr oder weniger abgewandelt – in einer Vielzahl moderner Radare, so zum Beispiel in Boden- und Bord-gestützten Such- bzw. Multifunktionsradaren und Artillerie-Ortungsradaren. Zu beachten ist, daß man unter einem MTD-Radar nicht nur ein abgewandeltes MTI-Radar versteht, das statt eines MTI-Filters eine Dopplerfilterbank benutzt. Vielmehr weist das MTD-Radar gegenüber dem MTI-Radar eine Vielzahl zusätzlicher Signalverarbeitungsalgorithmen auf. Weiterhin werden Kennwerte definiert, auch wird auf die Geräteinstabilitäten des Radarkopfes (HF/ZF-Teil) eingegangen, die meist die Wirksamkeit der Clutterunterdrückung begrenzen.

Kapitel 8 geht auf die Anwendung des Pulskompressionsverfahrens ein, und zwar sowohl auf die Auswahl und Erzeugung von Sendesignalen mit unterschiedlichen Modulationsarten wie auch auf die Realisierungsmöglichkeiten von Pulskompressionsfiltern.

Kapitel 9 behandelt CFAR-Methoden, die für eine nahezu konstante Falschalarmwahrscheinlichkeit bei sehr unterschiedlichen Typen von (Rest-)Clutter sorgen sollen.

Kapitel 10 zeigt die bei der Schätzung der Zielparameter wie Entfernung, Winkel und Doppler theoretisch erreichbaren, minimalen Meßfehler auf und beschreibt praktische Schätzalgorithmen.

Der Anhang A über determinierte Signale und Systeme entstand für innerbetriebliche Schulungszwecke in seiner Urform in der zweiten Hälfte der 60er Jahre, als noch wenig deutschsprachige Literatur über Signal- und Systemtheorie verfügbar war. Das vorhandene Manuskript wurde überarbeitet und als Anhang beigefügt. Er gestattet einen Rückgriff auf Grundlagen der Signalverarbeitung noch im Rahmen dieses Buches. Von Nutzen dürfte auch die Formelsammlung an seinem Ende sein.

Abschließend noch ein Hinweis für den Anfänger, der ihm erfahrungsgemäß die Einarbeitung erleichtert. Man kann die Radarumgebung auf ein „Radar-Rasterbild" in Polarkoordinaten abbilden, man vergleiche dazu Bild 1.3 a, das einen Ausschnitt darstellt. Zwei dick ausgezogenen radiale Linien begrenzen eine „Speiche", die in „Entfernungsrichtung" aufeinanderfolgende Auflösungszellen gleichen Azimuts enthält. Bei der Einzelpulsverarbeitung, der Pulskompression und meist auch bei den CFAR-Verfahren erfolgt die Verarbeitung in „Entfernungsrichtung".

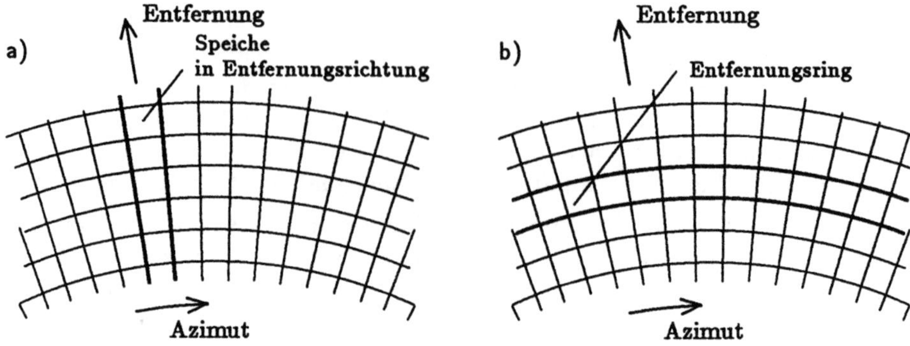

Bild 1.3 Erläuterung zu den Begriffen
a) Verarbeitung „in Entfernungsrichtung": Pulskompression, oft CFAR.
b) Verarbeitung „in Azimutrichtung": Dopplerverarbeitung.

Zwei dick ausgezogene Teilkreise in Bild 1.3 b begrenzen einen „Entfernungsring", der in „Azimutrichtung" aufeinanderfolgende Auflösungszellen gleicher Entfernung enthält. Bei der Dopplerverarbeitung werden die Signale *eines* Entfernungsrings verknüpft, also in „Azimutrichtung" gearbeitet. Man beachte, daß ein gewöhnliches Oszilloskop, zum Beispiel getriggert mit dem Radar-Sendepuls, immer nur den Signalverlauf in „Entfernungsrichtung" anzeigen kann.

Als deutschsprachige, einführende Literatur in die Radartechnik sind [2] und [3] zu empfehlen, als englischsprachige [4]. Abschließend soll auf die von einem gemeinsamen Ausschuß der Informationstechnischen Gesellschaft (ITG) und der Deutschen Gesellschaft für Ortung und Navigation (DGON) erarbeiteten Begriffe aus dem Gebiet Radar und allgemeine Funkortung hingewiesen werden [5]. Ihre Benutzung wird sehr empfohlen (der Autor weiß allerdings um die Schwierigkeiten, sich hie und da von bereits eingebürgerten Bezeichnungen zu trennen).

Literaturverzeichnis

[1] Ridenour, L.N. (Editor): *Radiation Laboratory Series,* Bd. 1-28, McGraw-Hill, New York and London, 1947.

[2] Baur, E.: *Einführung in die Radartechnik,* B. G. Teubner, 1985.

[3] Detlefsen, J.: *Radartechnik,* Springer-Verlag, 1989.

[4] Skolnik, M.I.: *Introduction to Radar Systems,* McGraw-Hill, 1980.

[5] Hanle, E. (Red.): *Begriffe aus dem Gebiet Radar und allgemeine Funkortung,* ITG/DGON 2.4-01 – Empfehlung 1991 (erhältlich über die ITG-Geschäftsstelle Frankfurt/Main).

2 Grundlagen und Radargleichung

2.1 Übersicht

Die Radargleichung ist nicht nur eine Formel zur Berechnung der Reichweite eines Radars, sie stellt vielmehr eine Art Werkzeug für den Radarentwurf dar. Die Reichweite R_{max} wird bestimmt, und in der Radargleichung beschrieben, durch die Kennwerte

1. von Radarsendesignal und Abtaststrategie, zusammengefaßt unter der Bezeichnung „Waveform“ (Pulswiederholfrequenz, Pulsdauer, Frequenzagilität, Raum-Zeit-Funktion der Antennen-Blickrichtung, Zielverweilzeit)
2. der Radar-Subsysteme Sender, Antenne, Empfänger, Signalprozessor
3. des Zieles (Größe und Fluktuation des Rückstrahlquerschnittes)
4. der Radarumgebung (atmosphärische Dämpfung, atmosphärisches und galaktisches Rauschen, Boden- und Wolkenreflexionen, Störsignale u. a.).

Der Entwurf eines Radars vollzieht sich iterativ in mehreren Schritten. Die beeinflußbaren Kennwerte der Radargleichung werden solange variiert, bis bei Erfüllung der Reichweitenforderung ein tragbarer Kompromiß zwischen allen anderen Anforderungen an das Radar, einschließlich der an die Kosten, herbeigeführt worden ist. Solche anderen Anforderungen betreffen beispielsweise Raumbedarf und Mobilität, eine hinreichend kleine Zahl von Falschzielen, Meßgenauigkeit, Auflösung und die Datenerneuerungsrate.

In diesem Kapitel wird die Radargleichung [1, 2, 3, 4, 5] unter besonderer Berücksichtigung von Aspekten der Signalverarbeitung schrittweise aufgebaut. Es erscheint sinnvoll, den Leser bei diesem Aufbau mit wichtigen Grundlagen, Begriffen und Kenngrößen insbesondere des Empfangs- und Verarbeitungskanals vertraut zu machen, auch wenn zu diesem Zweck der unmittelbare Weg zur Radargleichung vorübergehend verlassen werden muß.

Einige der in diesem Kapitel zum besseren Verständnis der Radargleichung und der aus ihr abgeleiteten Schlußfolgerungen angesprochenen Komplexe werden später noch ausführlicher behandelt werden wie beispielsweise die Theorie des Matched Filters und verwandter Filter und die sowohl kohärente wie auch nichtkohärente Integration von Pulsen.

Wir werden uns in diesem Kapitel mit folgenden Themen befassen:

1. Rauschzahl, Systemrauschtemperatur, Zeit- oder auch Entfernungsabhängigkeit des Systemrauschens
2. Dynamik von Echosignal und Empfänger/Signalprozessor
3. Antennenparameter
4. Wahl der Pulsfolgefrequenz beim Pulsradar und Konsequenzen
5. Matched Filter-Prinzip
6. Kohärente und nichtkohärente Pulsintegration
7. Detektierbarkeitsfaktor und Integrationsverlust.

Beim praktischen Radarentwurf mit Hilfe der Radargleichung spielt die sogenannte *Verlustbilanz* eine wesentliche Rolle. Da wir für ihre Aufstellung die Kenntnisse von Kapitel 3 benötigen, kann sie erst in Kapitel 4 behandelt werden. An dessen Ende befindet sich eine Formelsammlung, die die Kapitel 2 bis 4 umschließt.

2.2 R^4–Gesetz und Rückstrahlquerschnitt

Wir betrachten zunächst ein hypothetisches Radar, das sich im leeren Raum befinden möge. Es strahle ein hochfrequentes Signal mit beliebiger Modulation und der Leistung P_t in Richtung auf ein Ziel ab. Der Antennengewinn (s. Seite 2–17) in Zielrichtung sei G_t. Befindet sich das Ziel in der Entfernung R, so ist die Leistungsdichte, gemessen beispielsweise in W/m², am Ort des Zieles (einem Punkt auf der Oberfläche einer Kugel mit dem Radius R und dem Radar im Zentrum)

$$\frac{P_t \cdot G_t}{4\pi \cdot R^2}$$

Das Ziel fängt einen Teil der vom Radar abgestrahlten Leistung auf, wiederum einen Teil davon reflektiert es in Richtung zum Radar zurück. Wir denken uns diese zum Radar zurückgestrahlte Leistung wie im folgenden beschrieben zustande gekommen.

Das Ziel habe eine wirksame Empfangsfläche σ, aus der sich durch Multiplikation mit der Leistungsdichte die aufgefangene Leistung ergibt. Diese werde gleichmäßig in alle Raumrichtungen zurückgestrahlt. Die in Richtung des Radars reflektierte Leistung von einem Ziel mit dem so definierten ***Rückstrahlquerschnitt*** σ (engl. Radar Cross Section, RCS) ist dann pro Raumwinkeleinheit

$$\frac{P_t \cdot G_t}{4\pi \cdot R^2} \cdot \frac{\sigma}{4\pi}$$

Dann wird die Leistungsdichte des Echos am Radar

$$\frac{P_t G_t}{4\pi R^2} \cdot \frac{\sigma}{4\pi} \cdot \frac{1}{R^2}$$

Bezeichnet man die Dämpfung des Sendesignals auf dem Zuleitungsweg Sender-Antenne als Verlust L_t, die atmosphärische Dämpfung auf der Zweiwegausbreitung zum Ziel und zurück als Verlust L_{atm} und die effektive Empfangsfläche (Apertur) der Radarantenne im Empfangsfalle mit A_r, so wird die Empfangsleistung

$$P_r = \frac{P_t \cdot G_t \cdot \sigma \cdot A_r}{(4\pi)^2 \cdot R^4} \cdot \frac{1}{L_t \cdot L_{atm}} \tag{2.1}$$

Die Gleichung enthält zwei sogenannte Verlustterme, nämlich L_t und L_{atm}, und zeigt die $1/R^4$-Abhängigkeit der Empfangsleistung von der Zielentfernung. Wir werden im folgenden noch weitere Verluste L_μ kennenlernen. Allgemein gilt, daß $L_\mu \geq 1$. Die L_μ werden meist in dB angegeben, also $L_\mu = (10 \cdot \log L_\mu)\,\text{dB}$.

Die folgende Tabelle 2.1 gibt einen Überblick über typische Rückstrahlquerschnitte interessanter Radarziele:

Radarziel	Rückstrahlquerschnitt in m^2
Mehrstrahliges Verkehrsflugzeug	5 ... 20
Düsenjäger	1 ... 5
Großes Schiff (Breitseite)	50 ... 500
Mensch	0,5
Vogel	0,001 ... 0,01
Insekt	0,0001
Artilleriegeschoß	0,001
Metallische Kugel mit Radius r (Wellenlänge $\lambda \ll r$)	πr^2
Ebene Metallplatte der Fläche A (Senkrecht beleuchtet und $\lambda \ll 2\pi\sqrt{A}$)	$\frac{4\pi A^2}{\lambda^2}$

Tabelle 2.1: Rückstrahlquerschnitte von Radarzielen

Die Rückstrahlquerschnitte sind abhängig vom Aspektwinkel und von der Frequenz. Die in der Tabelle aufgeführten Werte sind daher Mittelwerte. Bei den Flugzeugen beziehen sich die Angaben auf die Front- oder Rückansicht, nicht auf die Breitseite.

2.3 Empfängerrauschen und Systemrauschen

Rauschzahl und Rauschtemperatur

Infolge der ungeordneten thermischen Bewegung der Elektronen erzeugt jeder ohmsche Widerstand R an seinen Klemmen eine Rauschspannung. Der gemessene Effektivwert U_N dieser Rauschspannung hängt von der Bandbreite der Meßeinrichtung ab. In Bild 2.1 wird daher die Bandbreite durch einen verlustfreien Bandpaß mit der Mittenfrequenz f_m definiert begrenzt. Befindet sich der Wider-

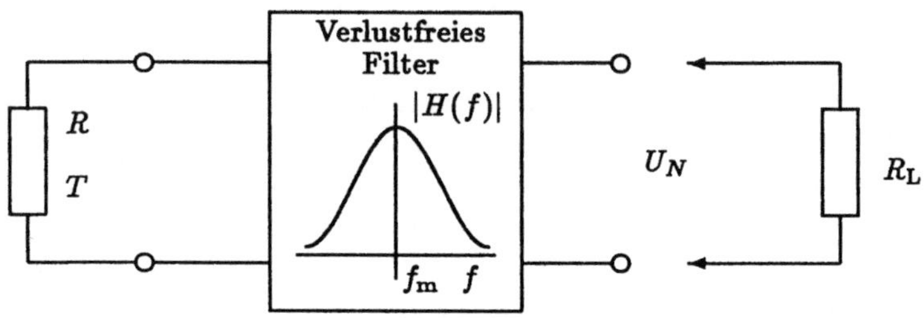

Bild 2.1 Zur effektiven Rauschspannung U_N eines ohmschen Widerstandes R der absoluten Temperatur T.

stand R auf der absoluten Temperatur T, so wird (ohne Anschluß des Lastwiderstandes R_L in Bild 2.1) die effektive Rauschspannung am Ausgang des verlustfrei gedachten Filters

$$U_N = 2\sqrt{kTRB_n}$$

Dabei sind k = Boltzmannkonstante = $1,38 \cdot 10^{-23}$ Ws/K und B_n die Rauschbandbreite

$$B_n = \frac{1}{|H(f_m)|^2} \int_{-\infty}^{\infty} |H(f)|^2 \, df \qquad (2.2)$$

B_n ist also gleich der Bandbreite eines Rechteck-Filters mit dem Übertragungsfaktor-Betrag $|H(f_m)|$, das dieselbe Rauschleistung an seinem Ausgang bereitstellt wie das betrachtete Filter mit der Übertragungsfunktion $H(f)$. Die Rauschbandbreite B_n weicht von der meist verwendeten 3 dB-Bandbreite B_{3dB} ab. Je nach Filtertyp ist etwa

$$B_n \approx (1 \ldots 1,5) \cdot B_{3dB}$$

Stellen wir uns in Bild 2.1 den Lastwiderstand R_L an die Ausgangsklemmen des Filters angeschlossen vor, so wird die R_L zugeführte Rauschleistung im Falle der Impedanzanpassung ($R_L = R$) ein Maximum. Man bezeichnet allgemein die von einer Quelle bei Anpassung abgebbare Leistung als *verfügbare* Leistung. Sie wird hier mit N_0 gekennzeichnet und ist, wie man leicht nachprüfen kann,

$$N_0 = kTB_n \qquad (2.3)$$

Nun hat auch jede praktische Signalquelle einen Quellwiderstand R, der sich auf einer bestimmten absoluten Temperatur T befindet. Dieser liefert im angepaßten Falle am Empfängereingang eine Leistung $N_{\text{ein}} = N_0$ gemäß Gleichung (2.3) ab. Bezeichnen wir mit S_{ein} die dem Empfänger im Falle der Anpassung von der Signalquelle zugeführte Signalleistung, so wird das Verhältnis von Signalleistung zu Rauschleistung am Eingang

$$\left(\frac{S}{N}\right)_{\text{ein}} = \frac{S_{\text{ein}}}{N_0} = \frac{S_{\text{ein}}}{kTB_{\text{n}}} \tag{2.4}$$

In jedem praktischen Empfänger wird dem Signal zusätzliche Rauschleistung ΔN der Empfänger-Eingangsstufe(n) zuaddiert. Auf den physikalischen Mechanismus dieses Rauschens soll hier nicht näher eingegangen werden.

Die Rauschzahl F_{r} [1, 2, 4, 6] eines Empfängers beschreibt die Reduktion des Signal–Rausch–Verhältnisses vom Eingang des Empfängers zu seinem Ausgang. Ihre Definition lautet also

$$\boxed{F_{\text{r}} = \frac{\left(\frac{S}{N}\right)_{\text{ein}}}{\left(\frac{S}{N}\right)_{\text{aus}}}} \tag{2.5}$$

Besitzt der Empfänger den Leistungsgewinn G, so wird die Rauschzahl

$$F_{\text{r}} = \frac{(S/N)_{\text{ein}}}{(S/N)_{\text{aus}}} = \frac{S_{\text{ein}}}{S_{\text{aus}}} \cdot \frac{N_{\text{aus}}}{N_{\text{ein}}} = \frac{S_{\text{ein}}}{G \cdot S_{\text{ein}}} \cdot \frac{G \cdot (N_{\text{ein}} + \Delta N)}{N_{\text{ein}}}$$

Denken wir uns den Quellwiderstand R der Signalquelle auf absoluter Zimmertemperatur $T = T_0 = 290\,\text{K}$, so wird mit $N_{\text{ein}} = kT_0B_{\text{n}}$ die Rauschzahl

$$F_{\text{r}} = 1 + \frac{\Delta N}{kT_0B_{\text{n}}} = 1 + \frac{N_{\text{z}}}{kT_0B_{\text{n}}G} \tag{2.6}$$

Dabei ist $N_{\text{z}} = G\,\Delta N$ die zusätzliche Rauschleistung am Ausgang. Der ideale Empfänger ($\Delta N = 0$) besitzt also die Rauschzahl $F_{\text{r}} = 1$ oder auch $F_{\text{r}} = 0\,\text{dB}$.

Die Rauschzahlen von Radarempfängern sind in den beiden letzten Dekaden drastisch gefallen. Bild 2.2 zeigt die minimal möglichen Rauschzahlen moderner, rauscharmer Verstärker mit GaAs–Feldeffekt–Transistoren (FET) für den Frequenzbereich 1...20 GHz [6]. Die gezeigte Kurve gilt für „Schmalband"-Anwendungen mit einer Bandbreite von etwa 10% der Mittenfrequenz des jeweiligen Radar-Frequenzbandes.

Bei ausreichend hoher Leistungsverstärkung (Leistungsgewinn) G_1 der Eingangsstufe eines Empfängers bestimmt ihre Rauschzahl F_1 die wirksame Empfängerrauschzahl F_{r}. Reicht die Verstärkung der 1. Stufe dagegen nicht aus,

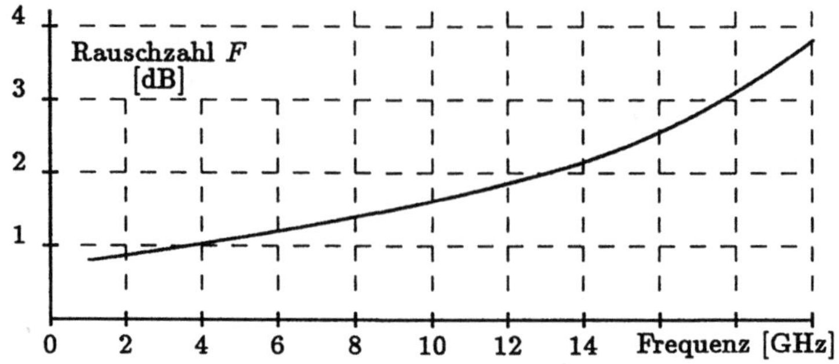

Bild 2.2 Erzielbare Rauschzahlen mit GaAs–FET–Verstärkern als Funktion der Frequenz.

das Signal genügend weit über das Rauschniveau der 2. Stufe anzuheben, geht auch die Rauschzahl F_2 der 2. Stufe in die wirksame Empfängerrauschzahl F_r ein. Bezeichnet man gemäß Bild 2.3 mit F_i die Rauschzahl und mit G_i den Leistungsgewinn der i-ten Stufe, so wird die wirksame Rauschzahl

$$F_r = F_1 + \frac{F_2 - 1}{G_1} + \frac{F_3 - 1}{G_1 G_2} + \cdots \tag{2.7}$$

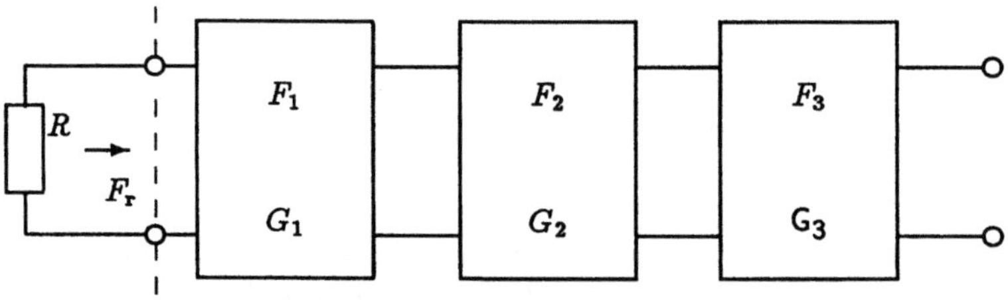

Bild 2.3 Zur wirksamen Rauschzahl F_r mehrerer Verstärkerstufen in Kaskade.

Die Definition der Rauschzahl eines Empfängers nach Gleichung (2.6) ist eng verbunden mit der Vorstellung, daß der Empfänger von einer Signalquelle mit dem Quellwiderstand R gespeist wird, wobei sich R im allgemeinen auf Zimmertemperatur $T_0 = 290\,\mathrm{K}$ befindet. Zur Beschreibung und Messung der Rauscheigenschaften nur des Empfängers ist die so definierte Rauschzahl in der Tat gut geeignet. In einem praktischen Radarsystem dagegen wird der Empfänger von einer Antenne über eine dämpfungsbehaftete Zuleitung gespeist. Der Quellwiderstand der Antenne ist dabei ihr Strahlungswiderstand, der sich im allgemeinen auf einer Temperatur $T_a < T_0$ befindet. Zur Beschreibung des am Empfängerausgang vorhandenen $(S/N)_{aus}$ eignet sich die Rauschzahl F_r dann weniger. Man hat daher den Begriff der Rauschtemperatur eingeführt. Danach stellt man sich die (über eine Bandbreite B_n) verfügbare Rauschleistung N_k einer beliebigen Rauschquelle als die verfügbare Rauschleistung eines ohmschen Widerstandes gemäß Gleichung (2.3) vor, der sich auf der Temperatur T_k befindet, so daß

$$N_k = kT_kB_n \tag{2.8}$$

Die Rauschtemperatur eines Empfängers ergibt sich danach aus der Vorstellung, daß die Rauschleistung ΔN der Eingangsstufe(n) einer Erhöhung der Temperatur des Quellwiderstandes der Signalquelle um T_r zugeschrieben werden kann, wobei gemäß Gleichung (2.6)

$$\Delta N = (F_r - 1)\,kT_0B_n = kT_rB_n \tag{2.9}$$

Daraus ergibt sich die Rauschtemperatur T_r des Empfängers zu

$$T_r = (F_r - 1)\,T_0 \tag{2.10}$$

Systemrauschen

Bild 2.4 zeigt den Eingangsteil eines Radarsystems. Die Antenne nimmt Rauschen in Form von elektromagnetischer Temperaturstrahlung aus der Atmosphäre, dem Weltraum (galaktisches Rauschen) und vom Erdboden (bspw. über die Antennen-Seitenzipfel) auf. Die gesamte aufgenommene Rauschleistung N_a kann durch eine äquivalente Antennenrauschtemperatur $T_a = N_a/kB_n$ gekennzeichnet werden. Dabei ist B_n die Rauschbandbreite des nachfolgenden Empfängers. Zwischen Antenne und Empfänger befindet sich eine dämpfungsbehaftete Zuleitung, in vielen Fällen auch ein absichtlich eingebrachtes Dämpfungsglied. Dieses wird zeitabhängig gesteuert, damit die starken Echos des Nahbereichs den Verstärker nicht übersteuern (sogen. HF-STC oder HF-AGC, siehe Seite 2–14)[1]. Die Dämpfung der Zuleitung oder des Dämpfungsgliedes sei L_p (mit $L_p \geq 1$). Die Zuleitung habe, um allgemein zu bleiben, eine beliebige thermische Temperatur T_{th}. Nach [4] stellt eine solche dämpfungsbehaftete Zuleitung eine zusätzliche Rauschquelle

[1] **Anwendbar im allgemeinen nur bei in der Entfernung eindeutigen Radaren**

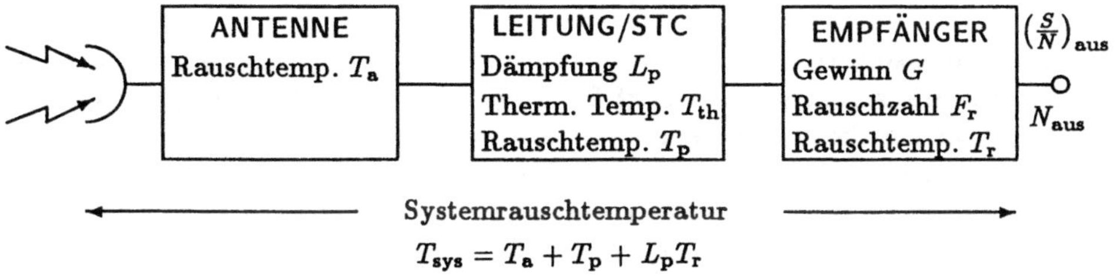

Bild 2.4 Zur Systemrauschtemperatur T_{sys} eines Radars

dar. Sie addiert, auf ihren *Eingang* bezogen, eine zusätzliche Rauschleistung der Größe

$$N_p = kT_{th}(L_p - 1)B_n = kT_pB_n \tag{2.11}$$

Dabei ist $T_p = T_{th}(L_p - 1)$ die äquivalente Rauschtemperatur der dämpfungsbehafteten Zuleitung.

Für die abzuleitende Radargleichung benötigen wir das am Empfängerausgang bereitgestellte $(S/N)_{aus}$. Bezeichnet man mit S_{ein} die an den Antennenklemmen verfügbare Empfangs-Signalleistung und mit G den Leistungsgewinn des Empfängers, so wird (s. auch Bild 2.4)

$$\left(\frac{S}{N}\right)_{aus} = \frac{S_{ein} \cdot G}{L_p} \cdot \frac{1}{G\left(\frac{kT_aB_n}{L_p} + \frac{kT_pB_n}{L_p} + kT_rB_n\right)} \tag{2.12}$$

$$= \frac{S_{ein}}{(T_a + T_p + L_pT_r)kB_n} \tag{2.13}$$

Die Rauschleistung, mit der die Signalleistung konkurrieren muß, steht im Nenner der letzten Gleichung und wird gekennzeichnet durch die sogenannte Systemrauschtemperatur

$$T_{sys} = T_a + T_p + L_pT_r \tag{2.14}$$

$$= T_a + T_{th}(L_p - 1) + L_pT_r \tag{2.15}$$

Die Empfänger-Rauschtemperatur T_r kann man aus der Rauschzahl nach Gleichung (2.10) berechnen. *T_r wird um den Faktor L_p, die Dämpfung der Zuleitung, vergrößert.* Aus diesem Grund strebt man bei der angesprochenen STC oder AGC eine möglichst kleine Einfügungsdämpfung für den Fall an, bei dem die gewünschte, gesteuerte Dämpfung eigentlich 0 dB sein soll. Werte von etwa 1 dB sind typisch, wenn die Maximaldämpfung im Nahbereich beispielsweise $> 80\,\text{dB}$ ist [6].

Setzen wir Gleichung (2.13) unter Benutzung von (2.14) in Gleichung (2.1) ein, so erhalten wir mit $P_r = S_{ein}$ die nächste Variante der Radargleichung zu

$$\left(\frac{S}{N}\right)_{aus} = \frac{P_t \cdot G_t \cdot \sigma \cdot A_r}{(4\pi)^2 \cdot R^4 \cdot kT_{sys}B_n} \cdot \frac{1}{L_t \cdot L_{atm}} \tag{2.16}$$

Ein Beispiel soll Aufschluß über praktische Systemrauschtemperaturen geben. Die Antennenrauschtemperatur liegt für tangential zur Erdoberfläche ausgerichtete Antennen im Frequenzbereich 1 ... 10 GHz bei etwa 100 K [2]. Eine typische Dämpfung zwischen Antenne und Empfänger ist $L_p = 1,5\,\text{dB}$. Damit wird bei $T_{th} = 290\,\text{K}$ die Rauschtemperatur der Zuleitung 120 K. Beträgt die Rauschzahl im C-Band (5,5 GHz) etwa 1,5 dB, so wird die Empfängerrauschtemperatur $T_r = (F_r - 1)T_0 = 120\,\text{K}$ und die wirksame Rauschtemperatur $L_pT_r = 169\,\text{K}$. Damit wird $T_{sys} = (100 + 120 + 169)\,\text{K} = 389\,\text{K}$. Man erkennt, daß alle 3 Beiträge zur Systemrauschtemperatur von gleicher Größenordnung sind.

Systemrauschen bei Verwendung gesteuerter Dämpfungsglieder (STC)

Von erheblicher Bedeutung für die Signalverarbeitung ist weiter der *zeitliche* Verlauf des Effektivwertes der Rauschspannung am Empfängerausgang. Dieser ist nämlich bei Verwendung von gesteuerten Dämpfungsgliedern (STC, AGC) vor oder auch hinter der ersten Verstärkerstufe nicht konstant. Zur Vermeidung scheinbarer S/N-Verluste muß die Entdeckungsschwelle möglichst exakt dem sich ändernden Rauschpegel nachgeführt werden, was unter Umständen aufwendig werden kann. Der Rauschpegel am Empfängerausgang ist proportional dem Nenner des zweiten Faktors der Gleichung (2.12). Verwendet man die thermische Temperatur T_{th} des Dämpfungsgliedes statt seiner Rauschtemperatur und berücksichtigt, daß meist $T_{\text{th}} = T_0$, so wird

$$N_{\text{aus}} = \text{const} \cdot \left(\frac{T_{\text{a}}}{L_{\text{p}}} + \frac{T_0(L_{\text{p}} - 1)}{L_{\text{p}}} + T_{\text{r}} \right) \tag{2.17}$$

Mit den Werten des obigen Beispiels wird dann für 1) $L_{\text{p}} \to \infty$ und 2) $L_{\text{p}} = 1,5\,\text{dB}$ das Verhältnis der beiden Rauschleistungen $(N_{\infty}/N_{1,5}) = 410/275 = 1,5$. Würde man die Schwelle auf den größeren Rauschpegel einstellen und konstant lassen, so ergäbe sich im Falle des niederen Rauschpegels ein scheinbarer S/N-Verlust von etwa 1,8 dB, wie man unter Verwendung der Glchg. (3.15) und z. B. der Kurven der Bilder 3.10 (unten) und 3.11 für ein Swerling 1-Ziel zeigen kann. Weiter ist ersichtlich, daß bei diesem Beispiel das Rauschen im Weitbereich eines (entfernungseindeutigen) Pulsradars kleiner als im Nahbereich ist. Bei einer STC mit gesteuertem Dämpfungsglied hinter der ersten Verstärkerstufe ist es genau umgedreht. Bei einer STC vor dem HF-Vorverstärker ist somit eine Nachführung der Schwelle oft erforderlich, weil sie sonst im Weitbereich (schwache Signale) zu hoch liegen würde mit der Folge eines nicht vernachlässigbaren, scheinbaren S/N-Verlustes.

Rauschverhalten passiver und aktiver Phased-Array-Antennen

Abschließend soll das Rauschverhalten einer aktiven Phased-Array-Antenne mit dem einer passiven verglichen werden [4]. Wir vernachlässigen dabei das von der Antenne von außen aufgenommene Rauschen, da es für die nachfolgenden Überlegungen keine Rolle spielt. Bild 2.5 zeigt die passive Antenne mit einem verlustlosen Leistungsteiler (Leistungaddierer) am Eingang. Ist S_{ein} die Signalleistung an jedem der n Strahlerelemente, so wird die Ausgangsleistung wegen der phasenrichtigen Addition $n \cdot S_{\text{ein}}$ (Erhaltung der Energie). Die Signalleistung am Ausgang des Empfängers mit dem Gewinn G ist dann $nS_{\text{ein}}G$. Mit einer Rauschtemperatur T_{r} und einer Rauschbandbreite B_{n} des Empfängers wird die Rauschleistung an seinem Ausgang $kT_{\text{r}}B_{\text{n}}G$. Daraus folgt

$$\left(\frac{S}{N}\right)_{\text{aus,passiv}} = \frac{nS_{\text{ein}}}{kT_{\text{r}}B_{\text{n}}} \tag{2.18}$$

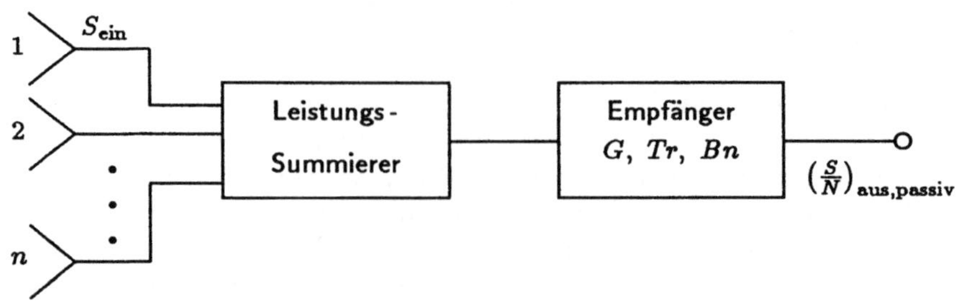

Bild 2.5 Passive Phased-Array-Antenne mit Empfänger

Bild 2.6 zeigt die aktive Phased-Array-Antenne mit einem Empfänger hinter jedem Strahlerelement. Wir nehmen für Gewinn G, Rauschtemperatur T_r und Rauschbandbreite B_n die gleichen Werte an wie im Falle des Empfängers für die passive Antenne. Das Signal–Rausch–Verhältnis am Ausgang eines Empfängers ist damit

$$\left(\frac{S}{N}\right)'_{aus,aktiv} = \frac{S_{ein}}{kT_rB_n}$$

Die Bildung des Antennendiagrammes (Spannungssummierer) kann prinzipiell im HF-, ZF- oder digital im Basisband-Bereich (Digital Beam Forming) erfolgen, wenn der Empfänger die entsprechenden Frequenz- und A/D-Umsetzungen durchführt. Im Spannungssummierer addieren sich die kohärenten Signalspannungen zu $n \cdot \sqrt{S_{ein}GR}$, wenn R der Abschlußwiderstand des Empfängers ist. Bei den nichtkohärenten Rauschspannungen addieren sich nur die Leistungen, die effektive Rauschspannung am Ausgang des Summierers ist daher $\sqrt{nkT_rB_nGR}$. Die Spannungsaddition am Summierer liefert also einen kohärenten Verarbeitungsgewinn von n, da die Signalleistung mit n^2, die Rauschleistung dagegen nur mit n wächst. Damit wird am Ausgang des Teilers

$$\left(\frac{S}{N}\right)_{aus,aktiv} = \frac{nS_{ein}}{kT_rB_n} \qquad (2.19)$$

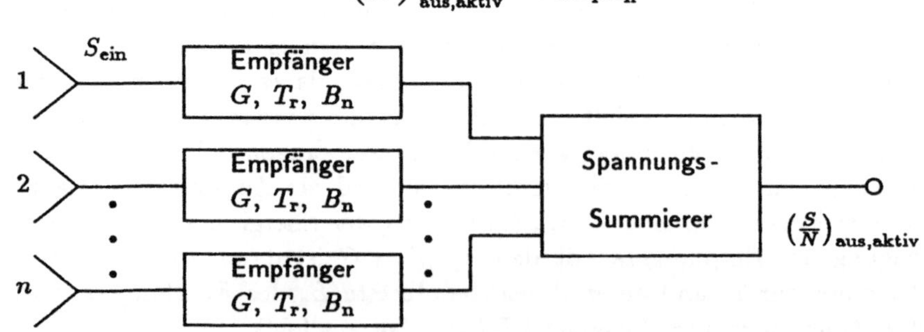

Bild 2.6 Aktive Phased-Array-Antenne mit Empfänger pro Strahlerelement

Nach den Gleichungen (2.18) und (2.19) sind Radarköpfe mit passiver und aktiver Phased-Array-Antenne also gleichwertig (von praktischen Details abgesehen). Weiter kann man zeigen, daß sie sich auch von einer Reflektorantenne gleichen Gewinns, bei sonst identischen Empfängereigenschaften, hinsichtlich des erreichbaren $(S/N)_{\text{aus}}$ nicht unterscheiden.

2.4 Empfänger-Empfindlichkeit und -Dynamik

Empfänger-Empfindlichkeit

Die *Empfindlichkeit* S_{min} eines Empfängers [6] ist definiert als die minimale Signalleistung[2] am Empfänger-Eingang, die am Ausgang zu einem Signal führt, das sich gerade noch gut wahrnehmbar aus dem Rauschen heraushebt. Unter Verwendung beispielsweise eines Oszilloskops ist die (bei Radar meist gepulste) Signalleistung am Ausgang des Empfänger-Hüllkurvengleichrichters dann noch „gut wahrnehmbar“ , wenn sie gleich der Rauschleistung wird, die Gesamtleistung sich also gegenüber der Rauschleistung verdoppelt.

Da sowohl Rausch- wie Signalleistung gleiche Verstärkung erfahren, folgt nach den Gleichungen (2.13) und (2.14)

$$\frac{S_{\text{aus}}}{N_{\text{aus}}} = \frac{S_{\text{ein}}}{(T_{\text{a}} + T_{\text{p}} + L_{\text{p}}T_{\text{r}})kB_{\text{n}}} = \frac{S_{\text{ein}}}{kT_{\text{sys}}B_{\text{n}}} = 1$$

und mit $S_{\text{ein}} = S_{\text{min}}$ wird die

$$\text{Empfindlichkeit} = S_{\text{min}} = (T_{\text{a}} + T_{\text{p}} + L_{\text{p}}T_{\text{r}})kB_{\text{n}} = kT_{\text{sys}}B_{\text{n}} \qquad (2.20)$$

Mit den Beziehungen für die Empfängerrauschtemperatur T_{r} bzw. für die Rauschtemperatur T_{p} der verlustbehafteten Zuleitung gilt für $T_{\text{th}} = T_0$

$$S_{\text{min}} = (T_{\text{a}} - T_0 + L_{\text{p}}T_0F_{\text{r}})kB_{\text{n}} \qquad (2.21)$$

Denkt man sich den Empfänger für Meßzwecke an einen Signalgenerator angeschlossen, so wird mit $L_{\text{p}} = 1$ und $T_{\text{a}} = T_0$

$$S_{\text{min}} = T_0F_{\text{r}}kB_{\text{n}} \qquad (2.22)$$

Bei einem typischen Radarempfänger mit $F_{\text{r}} = 1,5\,\text{dB}$ und einer Bandbreite von $B_{\text{n}} = 3\,\text{MHz}$ wird die Empfindlichkeit nach der letzten Formel $S_{\text{min}} = 290\,\text{K} \cdot 10^{0,15} \cdot 1,38 \cdot 10^{-23}\text{Ws/K} \cdot 3\,\text{MHz} = 1,7 \cdot 10^{-14}\,\text{W}$. Etwa 0,02 pW Signalleistung sind also noch wahrnehmbar!

Meist wird die Empfindlichkeit in dB bezogen auf 1 Milliwatt (dBm) angegeben. In unserem Beispiel ist $S_{\text{min}} = -108$ dBm.

[2] S_{min} wird gelegentlich auch als Minimum Detectable Signal (MDS) bezeichnet. Meist wird das MDS jedoch definiert in Zusammenhang mit einem automatischen Zieldetektor für vorgegebene Entdeckungs- und Falschalarmwahrscheinlichkeiten. Das so definierte MDS unterscheidet sich von S_{min} maximal nur um 1...2 dB.

Erforderliche Dynamik von Empfänger und Signalprozessor

Voraussetzung für gute Clutterunterdrückung, Meßgenauigkeit und ECM-Festigkeit eines Radars ist die lineare Verarbeitung aller Radarechos. Nichtlineare Verzerrungen (z. B. Amplitudenkompression, Begrenzung) verbreitern nämlich auch das Clutterspektrum und erzeugen damit Spektralanteile, die in den Durchlaßbereich des Clutterfilters fallen. Außerdem verfälschen sie die Signalamplituden, die zur Schätzung der Zielparameter wie bspw. Entfernung, Azimut usw. benötigt werden. Führen gewollte Störungen (ECM) zur Signalbegrenzung, so werden Nutzsignale oft maskiert.

Deshalb muß der Empfangs- und Verarbeitungskanal, bestehend aus Empfänger und Signalprozessor, eine ausreichende *Dynamik* besitzen. Man spricht meist von „Dynamikbereich“ , obwohl „Dynamik“ den Begriff Bereich bereits enthält. Wir wollen uns dieser Bezeichnungsweise anschließen, die mit „Dynamic Range“ auch im Englischen verwendet wird.

Üblicherweise ist der Dynamikbereich definiert als das in dB angegebene Verhältnis von maximaler, nahezu unverzerrt verarbeitbarer Signalspannung U_{max} zur Spannung U_{min} des kleinsten, noch linear zu verarbeitenden Signals. Als zulässige Verzerrung des maximalen Signals kann beispielsweise eine Amplitudenkompression des zugehörigen Ausgangssignals um 1 dB gegenüber dem exakt linear verarbeiteten Signal spezifiziert sein.

Das kleinste, noch linear zu verarbeitende Signal U_{min} entspricht in guter Näherung dem Effektivwert U_N des Rauschens, wenn wir zunächst von Pulskompressionsradaren mit sehr großem Zeit–Bandbreite–Produkt[3] absehen. Man betrachtet daher U_N üblicherweise als untere Grenze des Dynamikbereiches D. Damit wird

$$D = 20 \cdot \log \frac{U_{max}}{U_{min}} \text{ dB} = 20 \cdot \log \frac{U_{max}}{U_N} \text{ dB} \tag{2.23}$$

Es muß jedoch angemerkt werden, daß für die einwandfreie Funktion eines automatischen Zieldetektors auch die Rauschsignale bis etwa 10 dB unter den Rausch-Effektivwert noch unverzerrt verstärkt werden müssen. Andernfalls ergibt sich eine Verfälschung der Amplitudenverteilung des Rauschens, die zu merklichen S/N-Verlusten führen kann. Wir wollen aber diesen Aspekt hier unbeachtet lassen.

In Gleichung (2.23) wurde der Dynamikbereich als Spannungsverhältnis definiert. Wir drücken ihn jetzt durch ein Leistungsverhältnis aus, wobei wir ein sinusförmiges Signal zugrundelegen. Die Amplitude des maximal verarbeitbaren Signals betrage U_{max}. Die Leistung dieses Signals ist gleich $U_{max}^2/2$, an einem

[3]Bei Pulskompressionsradaren mit großem Zeit–Bandbreite–Produkt liegen kleine Nutzsignale weit unter dem Effektivwert des Rauschens. Das führt aber zu keiner größeren erforderlichen Dynamik, weil auch das maximale Signal gegenüber dem Rauschen reduziert ist. Bei solchen Radaren ist nur die „Lage“ des Rauschens im verfügbaren Dynamikbereich eine andere, es liegt „höher“ und stellt nicht die untere Grenze des Dynamikbereiches dar.

gedachten Widerstand von 1 Ohm. Der als Leistungsverhältnis ausgedrückte Dynamikbereich ist dann gegeben durch

$$D_p = 10 \cdot \log \frac{N_{max}}{N_{min}} \text{ dB} = 10 \cdot \log \frac{1}{2} \left(\frac{U_{max}}{U_N} \right)^2 \text{ dB} = 10 \cdot \log \left(\frac{S}{N} \right)_{max} \text{ dB} \quad (2.24)$$

Der Dynamikbereich D_p ist um 3 dB kleiner als der nach Gleichung (2.23) definierte. Diese Definition erweist sich aber als sehr nützlich, da der Dynamikbereich D_p dann mit dem maximal verarbeitbaren Signal-zu-Rausch-Verhältnis $(S/N)_{max}$ identisch ist (s. auch Gleichung (2.35) mit $U_{max} = A$).

Der erforderliche Dynamikbereich D_p von Empfänger und Signalprozessor wird bestimmt durch

1. Zieldynamik D_z (Rückstrahlquerschnitt σ)
2. Entfernungsdynamik D_e (R4-Gesetz)
3. Detektierbarkeitsfaktor $D_i(n)$ des autom. Zieldetektors.

Es gilt einfach

$$D_p = D_z \cdot D_e \cdot D_i(n)$$

oder in der gebräuchlicheren logarithmischen Darstellung

$$D_p = (D_z + D_e + D_i(n)) \text{ dB} \quad (2.25)$$

wobei unter D dB hier die Größe $(10 \cdot \log D)$ dB verstanden wird.

Die *Zieldynamik* D_z hängt von der Aufgabenstellung an das Radar ab. Bei einem Flugsicherungs- oder Luftraumüberwachungsradar können wir die etwa $0,5\,m^2$ eines kleinen Flugzeuges als kleinsten und die etwa $1000\,m^2$ einer Zelle großen Bodenclutters als größten Rückstrahlquerschnitt annehmen. Die Zieldynamik ist dann 33 dB. Bei einem Artillerieortungsradar wird der kleinste Rückstrahlquerschnitt (Geschoß) etwa $0,001\,m^2$ und damit beträgt die Zieldynamik D_z allein schon beachtliche 60 dB ($= 10 \cdot \log(1000/0,001)$).

Die *Entfernungsdynamik* D_e ergibt sich aus dem R^4-Gesetz, Glchg. (2.1). Bei einem typischen Luftraumüberwachungsradar ist beispielsweise das Verhältnis von größter zu kleinster Entfernung im zu überwachenden Luftraum gleich 100 km zu 1 km und damit die Entfernungsdynamik $D_e = 10 \cdot \log(100/1)^4 = 80$ dB.

Der automatische Zieldetektor integriert (siehe Kapitel 3) im allgemeinen n von einem Ziel reflektierte Pulse und vergleicht den resultierenden (integrierten) Puls laufend mit einer Schwelle. Er erklärt ihn als Ziel, wenn er die Schwelle überschreitet. Diese ist so gewählt, daß Rauschspitzen sie nur selten überschreiten, es also zu sehr wenigen Falschalarmen kommt. Damit das kleinste Ziel noch ausreichend sicher entdeckt wird, muß die Signalleistung jedes einzelnen der zu integrierenden Echopulse um den sogenannten *Detektierbarkeitsfaktor* $D_i(n)$ (engl. Detectability Factor) über dem Effektivwert des Rauschens liegen. $i = 0 \ldots 4$ beschreibt den Typ der Zielfluktuation, siehe Abschnitt 3.7. $D_i(n)$

wird kleiner mit größer werdender Zahl n der integrierten Pulse und wird später detaillierter betrachtet. Oft liegt $D_i(n)$ bei etwa 6 dB. Das heißt, das kleinste, noch zu detektierende Echo liegt etwa 6 dB über dem Rausch-Effektivwert.

Der erforderliche Dynamikbereich eines typischen Luftraumüberwachungsradars wird damit

$$D_p = (D_z + D_e + D_i(n))\,\mathrm{dB} = (33 + 80 + 6)\,\mathrm{dB} = 119\,\mathrm{dB} \tag{2.26}$$

Man erkennt, daß die Entfernungsdynamik dominiert. Ein so großer Dynamikbereich ist bei Empfängern, die gleichzeitig hohe Bandbreite (≥ 1 MHz) und eine niedrige Rauschzahl besitzen sollen, nicht realisierbar [1, 7]. Eine noch größere Einschränkung für den realisierbaren Dynamikbereich stellen häufig die A/D-Umsetzer am Eingang des (digitalen) Signalprozessors dar.

Der von einem *A/D-Umsetzer* bewältigte Dynamikbereich hängt einmal von der Wortlänge des Umsetzers ab, also von der Zahl n der Bits (einschl. Vorzeichen). Zum anderen wird er noch beeinflußt von der (einstellbaren) Größe des Systemrauschens am Wandlereingang. Diese muß so gewählt werden, daß erstens die Leistung des Quantisierungsrauschens des Umsetzers gegenüber der des Systemrauschens vernachlässigbar bleibt und daß zweitens die Amplitudenverteilung des Rauschens nicht merklich verfälscht wird. Andernfalls ergeben sich S/N-Verluste. Das erfordert wegen der Unvollkommenheiten praktischer A/D-Umsetzer meist ein Systemrauschen, dessen Effktivwert U_N etwa $m = 1 \ldots 3$ Inkremente des Umsetzers beträgt, wobei 1 Inkrement $= \Delta = U_{A/D}/(2^n - 1)$. $U_{A/D}$ ist der Spannungsbereich des A/D-Umsetzers. Damit wird der bewältigbare Dynamikbereich eines n–Bit A/D-Umsetzers

$$D_{p,A/D} = 10 \cdot \log \frac{1}{2} \left(\frac{2n - 1}{2m} \right)^2 \mathrm{dB} \tag{2.27}$$

Mit $n = 12$ Bit (einschl. Vorzeichen) und einem eingestellten Systemrauschen von $m = 2$ Umsetzer-Inkrementen wird $D_{p,A/D} = 57$ dB. Die A/D-Umsetzer stellen oft das den Dynamikbereich bestimmende Glied des Empfangs- und Verarbeitungskanals dar.

Reduktion der Signaldynamik

Während Zieldynamik D_z und Detektierbarkeitsfaktor $D_i(n)$ nicht verkleinert werden können, läßt sich die *wirksame* Entfernungsdynamik D_e durch die Verwendung einer *Nahechodämpfung* oder *Sensitivity Time Control* (STC) erheblich herabsetzen. Die STC ist ein gesteuertes Dämpfungsglied [6] unmittelbar vor dem Empfänger-Eingang, man spricht dann von HF-STC, oder auch hinter dem Mischer, sie wird dann als ZF-STC bezeichnet. Beide STC-Arten lassen die Rauschamplitude während der Empfangszeit schwanken (vgl. bspw. Gleichung (2.17)), was im automatischen Zieldetektor des Signalprozessor berücksichtigt werden muß, wenn man S/N-Verluste vermeiden will.

Die Dämpfung wird, von einem hohen Wert unmittelbar nach Aussenden des Sendepulses ausgehend (Beginn des Empfangs von Echos aus dem Nahbereich), zeit-kontinuierlich auf (nahezu) 0 dB heruntergefahren (Echos aus größerer Entfernung und dem Weitbereich). Würde die Dämpfung mit $1/R^4$ abnehmen, ließe sich die Entfernungsdynamik ganz eliminieren. Das würde bedeuten, daß beispielsweise die Signalamplitude des kleinsten, noch detektierbaren Echos an der Erfassungsgrenze des Radars (z. B. eines $0,5\ m^2$-Zieles bei 100 km) auch bei Annäherung des Zieles bis dicht an das Radar heran nicht ansteigen sondern konstant bleiben würde. Damit bliebe auch das Signal–Rausch–Verhältnis (S/N) dieses Zieles (auf einem niedrigen Pegel) konstant.

Da andererseits die Meßgenauigkeit mit steigendem S/N wächst, würden wir mit einer nach dem $1/R^4$-Gesetz gesteuerten STC auf eine höhere Meßgenauigkeit im Nahbereich verzichten. Außerdem würde im Nahbereich die Entdeckung kleiner Flugziele an den Kanten des Antennen-Diagrammes verschlechtert, wodurch die Höhenerfassung merklich herabgesetzt wird. Man wählt daher meist ein an der Aufgabenstellung und an der Umgebung des Aufstellungsortes der Radaranlage orientiertes, empirisch ermitteltes Gesetz für die zeitliche Steuerung der STC. Insgesamt wird die Entfernungsdynamik damit merklich reduziert, sie kann aber nie auch nur annähernd eliminiert werden.

Mit den heute erreichbaren Dynamikbereichen von typisch um die 50 . . . 60 dB lassen sich Begrenzungen vereinzelter Nahbereichs-Echos vom Boden oder von Zielen nicht ganz vermeiden. Begrenzte Bodenechos führen meist zu Falschzielen. In modernen Signalprozessoren erkennen jedoch spezielle Sensoren solche gelegentlich auftretenden Begrenzungen und unterdrücken daraus resultierende (Falsch-)Zielmeldungen.

Bei Pulsdoppler-Radaren und MTD-Radaren kann man Begrenzungen starker Bodenechos auch vermeiden, wenn man mit dem jeweils ersten Puls ausgesendeter Pulsgruppen (meist bezeichnet als Bursts), dessen Echos aus bestimmten Gründen meist nicht ausgewertet werden, nur die Echoleistung jeder einzelnen Radar-Auflösungszelle vermißt. Für die auszuwertenden Empfangssignale der folgenden Sendepulse wird dann eine *Automatische Verstärkungsregelung* (engl. Automatic Gain Control (AGC)) entsprechend diesem Meßwert durchgeführt. Die Echosignale aus Zellen mit großem Clutter werden so stärker gedämpft als die anderer Zellen. Man „zieht“ also gewissermaßen die Echoamplituden in den verfügbaren Dynamikbereich des Empfängers/Prozessors und vermeidet damit die zu Falschzielen führenden Begrenzungen von Bodenechos.

Die Echos kleiner Flugziele in Zellen mit starkem Bodenclutter werden natürlich auch gedämpft und sind dann möglicherweise nicht mehr entdeckbar. Die Echos größerer Ziele jedoch bleiben entdeckbar, da keine Begrenzung erfolgt und damit im Signalprozessor auch keine Unterdrückung einer etwaigen Zielmeldung aus dieser Zelle vorgenommen wird.

Eine STC läßt sich im allgemeinen nur bei „entfernungseindeutigen“ , sogenannten LPRF-Radaren anwenden (s. auch Seite 2–22). Bei Medium-PRF-Radaren (MPRF) ist sie nicht oder nur bedingt, bei High-PRF-Radaren (HPRF) in keinem Falle einsetzbar. Auch bei CW-Radaren kann man keine STC verwenden. Das führt gerade bei diesen Radartypen teilweise zu sehr hohen Anforderungen an den Dynamikbereich. In vielen Fällen sind Werte von 80...100 dB erwünscht, die mit den heute verfügbaren A/D-Umsetzern noch nicht realisiert werden können.

2.5 Radar-Antennen: ein Überblick

Grundlagen und Antennen-Parameter

Eine Radarantenne [8, 9, 10] kann man sich vorstellen als eine ebene oder auch gekrümmte Fläche, die entweder kontinuierlich mit unendlich vielen Elementarstrahlern oder diskret mit einer endlichen Zahl von Strahlern belegt ist. Man bezeichnet die Antennenfläche auch als *Apertur*.

Die Möglichkeit, eine kontinuierliche *Apertur-Belegung* durch eine diskrete, das heißt mit nur endlich vielen Strahlern, gleichwertig zu ersetzen, ist verwandt mit dem Abtasttheorem der Signaltheorie, nach dem ein kontinuierliches Signal endlicher Dauer ausreichend genau durch eine endliche Zahl diskreter Abtastwerte beschrieben werden kann. Auf weitere Analogien zwischen Antennen- und Signaltheorie wird am Schluß dieses Abschnittes noch hingewiesen.

Eine Konzentration der abgestrahlten elektromagnetischen Energie in eine gewünschte Richtung erhält man durch entsprechende Steuerung der relativen *Phasen* der einzelnen Strahler. Diese Phasensteuerung muß so erfolgen, daß im Fernfeld der Antenne, in einer Ebene senkrecht zur gewünschten Strahlungsrichtung, die Phasen der von den einzelnen Strahlern abgestrahlten Teilwellen gleich sind. Dann addieren sich diese Teilwellen und die in dieser Richtung abgestrahlte Leistung wird ganz erheblich größer als die in jede andere Richtung abgestrahlte Leistung.

Bei einer *Reflektorantenne* beispielsweise erhält man eine kontinuierliche Aperturbelegung mit unendlich vielen Strahlern durch Ausleuchtung des gekrümmten Reflektors mittels eines Erregers. Die Elementarstrahler werden von den durch die Ausleuchtung auf der Reflektoroberfläche hervorgerufenen Stromelementen gebildet. Die Fläche ist gekrümmt, um die richtigen relativen Phasen der Elementarstrahler dadurch zu erhalten, daß man geeignete Weglängen vom Erreger zu den Elementarstrahlern bereitstellt. Durch die zueinander starre Anordnung von Erreger und Reflektor sind die relativen Phasen der Elementarstrahler fest vorgegeben. Daher ist nur eine einzige Strahlrichtung möglich, die allein durch mechanisches Drehen der Antenne geändert werden kann.

Bei einer *Phased-Array-Antenne* ist eine ebene Fläche (sie kann jedoch auch gekrümmt sein) mit einer endlichen Zahl von Strahlern belegt. Die gewünschte Strahlrichtung erhält man durch eine elektronische und damit trägheitslose Steuerung der relativen Phasen der Strahler.

Eine Antenne zeigt im allgemeinen im Empfangsfall die gleiche Richtwirkung wie im Sendefall, das heißt die aus der Hauptstrahlrichtung aufgenommene Leistung ist erheblich größer als die aus jeder anderen Richtung aufgenommene. Die Strahler der Apertur werden nämlich durch die aus der Hauptstrahlrichtung einfallende Welle mit einer solchen Phase erregt, daß die Phasen am Summierungspunkt (Erreger, Speisenetzwerk der Phased-Array-Antenne) gleich sind und die Signale sich daher addieren.

In der Radartechnik haben wir es vorwiegend mit Antennen sehr hoher Richtwirkung zu tun. Diese wird durch den *Leistungsgewinn* oder kurz *Gewinn G* beschrieben, der definiert ist als

$$G = \frac{\text{Leistungsdichte der Radarantenne}}{\text{Leistungsdichte eines idealen Kugelstrahlers}} \tag{2.28}$$

In dieser Definition sind die inneren Verluste der Antenne enthalten, nicht aber die durch Impedanz-Fehlanpassung an den Sender bzw. Empfänger.

Der Gewinn hängt von der physikalischen Abmessung der Antenne und der Wellenlänge ab. Es gilt

$$G = \frac{4\pi\rho A}{\lambda^2} = \frac{4\pi A_{\text{eff}}}{\lambda^2} \tag{2.29}$$

Dabei sind $\lambda = c/f$ die Wellenlänge, c die Lichtgeschwindigkeit, f die Frequenz und ρ der Apertur-Wirkungsgrad. A ist die geometrische Antennenoberfläche und $A_{\text{eff}} = \rho A$ wird als effektive Apertur bezeichnet. ρ liegt je nach Antennenentwurf meist im Bereich $0,4 \ldots 0,8$. Hoher Gewinn bedingt bei fester Frequenz eine große Apertur und damit große Antennenabmessungen. Andererseits reduziert sich bei vorgegebenem Gewinn die erforderliche Apertur mit steigender Frequenz.

Die große Antenne eines L-Band-Flugsicherungsradars zur Streckenkontrolle habe beispielsweise eine horizontale Abmessung von 14 m und eine vertikale von 9 m. Mit einem Apertur-Wirkungsgrad von $\rho = 0,5$ wird damit der Gewinn $G = 10 \cdot \log(4\pi \cdot 0,5 \cdot 14\,\text{m} \cdot 9\,\text{m}/(0,23\,\text{m})^2) = 42\,\text{dB}$.

Das *Strahlungsdiagramm* (engl. Radiation Pattern) einer Antenne beschreibt die räumliche Verteilung der abgestrahlten Energie. Es ist ein Maß für die in

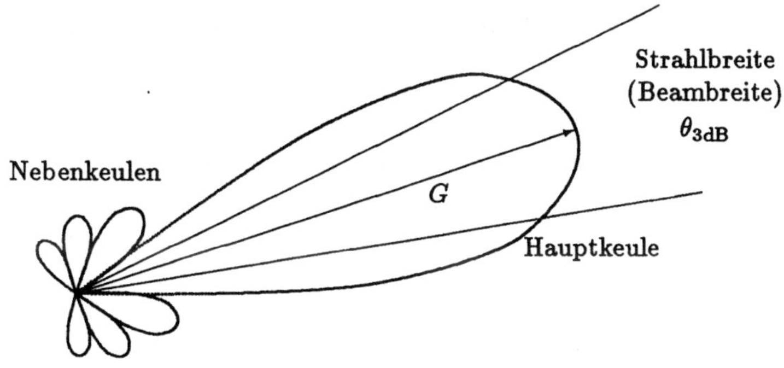

Bild 2.7 Typisches Strahlungsdiagramm in der Azimutebene

eine bestimmte Richtung (Azimut θ, Elevation φ) abgestrahlte Leistung pro Flächeneinheit. Bild 2.7 zeigt das typische Strahlungsdiagramm einer Antenne in beispielsweise der Azimutebene, dargestellt in Polarkoordinaten. Man erkennt neben der *Hauptkeule* (engl. Main Beam) die unvermeidbaren *Seitenzipfel* oder *Nebenkeulen* (engl. Sidelobes). Ihre Größe und ihr Verlauf hängen im wesentlichen vom Amplitudenverlauf der Apertur-Belegung ab.

Eine für die Funktion des Radars, z. B. für Clutterunterdrückung und Winkel-Meßgenauigkeit, ganz entscheidender Antennenparameter ist die 3 dB-*Keulenbreite* (engl. Beamwidth) in der Ebene, in der hohe Richtwirkung erwünscht ist. Für die Clutterunterdrückung ist eine große Zielverweilzeit und daher bei einer mit konstanter Drehzahl drehenden Antenne damit eine große Keulenbreite (geringe Bündelung) im Azimut erforderlich. Große Zielverweilzeit liefert nämlich ein schmales, leichter auszufilterndes Bodenclutterspektrum. Für gute Winkel-Meßgenauigkeit und Winkel-Auflösung ist dagegen eine kleine Keulenbreite (hohe Bündelung) wünschenswert. Zu beachten ist allerdings, daß Keulenbreite und Gewinn fest verkoppelt sind (vgl. die folgende Gleichung (2.31)). Kleine Bündelung, das heißt große Keulenbreite, hat kleinen Gewinn zur Folge. Man erkennt, daß beim Radarentwurf immer Kompromisse erforderlich sind.

Für die Keulenbreite in Grad gilt angenähert

$$\theta_{3\mathrm{dB}} \approx 65 \cdot \frac{\lambda}{D} \tag{2.30}$$

wobei D die Abmessung der Antenne in der Ebene des Winkels $\theta_{3\mathrm{dB}}$ ist.

Für das obige Beispiel der Antenne eines L-Band-Flugsicherungsradars wird die azimutale Keulenbreite $\theta_{3\mathrm{dB}} = 65 \cdot 0,23/14 = 1,1\,^\circ$.

Die Keulenbreite ist definiert als der Winkelbereich, innerhalb dessen die *am Radarziel* gemessene Leistung, relativ zur Leistung im Strahlungsmaximum, nach jeder Seite um die Hälfte, also um 3 dB, abfällt. Dieser Definition liegt also nur eine Einweg-Ausbreitung zugrunde. Im Englischen wird dafür der treffende Ausdruck „one–way half–power beamwidth“ benutzt.

Bei Überlegungen sowie Simulationen im Bereich der Signalverarbeitung müssen wir jedoch die Zweiwegausbreitung betrachten. Die Leistung eines Echos von einem Ziel genau im oben definierten 3 dB-Punkt der Hauptkeule ist dann um 6 dB kleiner als die Echoleistung im Maximum der Hauptkeule. Das heißt, die bei der Signalverarbeitung meist interessierende Signal*spannung* fällt gegenüber der Spannung im Maximum um die Hälfte ab. Mit anderen Worten, „one-way half-power“-Keulenbreite und „two-way half-voltage“-Keulenbreite sind identisch.

Kennt man die in Grad gemessenen Keulenbreiten im Azimut und in der Elevation, $\theta_{3\mathrm{dB}}$ und $\varphi_{3\mathrm{dB}}$, so läßt sich der Gewinn näherngsweise aus der folgenden Formel berechnen:

$$G \approx \frac{27000}{\theta_{3\mathrm{dB}} \cdot \varphi_{3\mathrm{dB}}} \tag{2.31}$$

Die *Polarisation* einer Antenne wird durch die Richtung des Vektors des elektrischen Feldes (E-Vektor) beschrieben. Viele Radare sind linear polarisiert, der

E-Vektor ist entweder horizontal oder vertikal ausgerichtet. Andere Polarisationen sind möglich, beispielsweise wird zur Regenechounterdrückung Zirkularpolarisation verwendet, bei der der E-Vektor in einer Ebene senkrecht zur Ausbreitungsrichtung rotiert. In steigendem Maße rücken auch Radar-Verfahren in den Bereich des Versuchsstadiums, bei denen – zeitlich nacheinander – zwei zueinander orthogonal polarisierte Wellen abgestrahlt werden. Jede dieser beiden Wellen wird vom Ziel wiederum in zwei orthogonale Komponenten zerlegt und reflektiert. Der entsprechend ausgerüstete Radar-Empfangsteil mit Signalprozessor registriert dann 4 Komponenten, deren Zusammensetzung Aufschluß über die Art des Zieles geben kann. Dieses sogenannte „Polarimetrische Radar“ dient also vorwiegend der Verbesserung der Zielklassifizierung [11].

Alle Parameter von Radarantennen beziehen sich immer auf das *Fernfeld*, bei dem die Weglängen von jedem Punkt der Apertur zu einem beliebigen Aufpunkt im Raum angenähert gleichlang sind, oder, genauer, ihre Differenz sehr viel kleiner ist als die Wellenlänge. Im *Nahfeld* ist dies nicht der Fall, dort ist deshalb das Strahlungsfeld entfernungsabhängig. Das Fernfeld beginnt etwa bei

$$R_f = \frac{2D^2}{\lambda} \tag{2.32}$$

wobei D die größte Ausdehnung der Apertur darstellt.

Bei der oben betrachteten L-Band-Antenne mit $D = 14\,\text{m}$ maximaler Aperturausdehnung beginnt das Fernfeld bei $R_f = 2 \cdot (14\,\text{m})^2/0,23\,\text{m} = 1,7\,\text{km}$.

Fortführung der Radargleichung

Wir kommen zurück zur letzten Zwischenstufe der Radargleichung, nämlich Gleichung (2.16), in der A_r die wirksame Empfangsapertur darstellte. Unter Verwendung von Gleichung (2.29) wird mit $A_{\text{eff}} = A_r$ und $G = G_r$, wobei G_r den Antennengewinn im Empfangsfall darstellt,

$$\left(\frac{S}{N}\right)_{\text{aus}} = \frac{P_t \cdot G_t \cdot G_r \cdot \lambda^2 \cdot \sigma}{(4\pi)^3 \cdot R^4 \cdot kT_{\text{sys}} \cdot B_n} \cdot \frac{1}{L_t \cdot L_{\text{atm}}} \tag{2.33}$$

Antennengewinn im Sende- und Empfangsfall, G_t und G_r, können unterschiedlich sein, weil beispielsweise nach dem Aussenden des Sendepulses zum Empfang auf einen anderen Erreger umgeschaltet wird. In vielen Fällen erweisen sich nämlich unterschiedliche Sende- und Empfangsdiagramme als vorteilhafter als ein für beide Fälle einheitliches Strahlungsdiagamm.

Bei der Interpretation von Gleichung (2.33) erstaunt zunächst, daß die Signalleistung und damit $(S/N)_{\text{aus}}$ mit dem Quadrat der Wellenlänge, λ^2, wachsen. Das gilt aber nur, solange G_r konstant bleibt mit der Folge, daß dann nach Gleichung (2.29) zwangsläufig die wirksame Empfangsapertur $A_r = A_{\text{eff}}$ mit λ^2 wachsen muß, womit entsprechend mehr vom Ziel zurückgestrahlte Leistung absorbiert wird. Mit anderen Worten, $(S/N)_{\text{aus}}$ wächst mit größerer Wellenlänge und konstant gehaltenem Gewinn G_r nur, weil dann notwendigerweise die Empfangsapertur größer wird. In der Praxis führt die größere Apertur sehr schnell zu unhandlichen Antennenabmessungen.

Analogien zwischen Antennen- und Signaltheorie

Zum Schluß soll noch auf Analogien zwischen der Signaltheorie einerseits und der Antennentheorie andererseits hingewiesen werden. Sie ermöglichen dem in der Signalverarbeitung bewanderten Ingenieur ein schnelleres Verständnis wichtiger Zusammenhänge der Antennentheorie.

Das Strahlungsdiagramm einer Antenne ist die inverse Fouriertransformierte der (kontinuierlichen) Aperturbelegung ähnlich wie die Zeitfunktion eines (kontinuierlichen) Signals aus der inversen Fouriertransformation des Signalspektrums oder die (kontinuierliche) Impulsantwort aus der inversen Fouriertransformation der Übertragungsfunktion eines Filters hervorgehen.

Eine kontinuierliche Zeitfunktion läßt sich nach dem Abtasttheorem durch diskrete Abtastwerte vollständig und eindeutig beschreiben, wenn die Abtastfrequenz genügend hoch gewählt wird. Das ist die Grundlage jeder digitalen und damit zeit-diskreten Signalverarbeitung. Das Spektrum der abgetasteten Zeitfunktion ist periodisch, es besteht aus den Wiederholungen des Spektrums der kontinuierlichen Zeitfunktion. Ebenso ist die Übertragungsfunktion jedes (digitalen) Filters mit zeit-diskreter Impulsantwort (z. B. Transversalfilter, FIR-Filter) periodisch, besteht also beispielsweise aus periodisch wiederholten Durchlaß- und Sperrbereichen. Auch die kontinuierliche Aperturbelegung einer Antenne (komplexe Funktion, die die ortsabhängige Amplitude und Phase der Elementarstrahler beschreibt) läßt sich durch „Abtastwerte", das heißt durch diskrete Strahler, ersetzen. Das zugehörige Strahlungsdiagramm ist – wie oben das Spektrum – periodisch, es treten also periodische Hauptkeulen (engl. Grating Lobes) auf. Diese lassen sich aus dem durch die Antenne abzudeckenden Winkelbereich (Schwenkbereich der elektronisch gesteuerten Antenne) „hinaus schieben" und damit unwirksam machen, wenn der gegenseitige Abstand der diskreten Strahler einer solchen Phased-Array-Antenne nicht zu groß gewählt wird. Der Forderung nach ausreichend hoher Abtastfrequenz beim Abtasttheorem entspricht hier die Forderung nach ausreichend kleinem Abstand der Strahler.

Ein rechteckförmiges Zeitsignal (Rechteckpuls) hat ein $\sin x/x$-förmiges Spektrum mit etwa 13 dB Seitenzipfelabstand. Dasselbe gilt für eine rechteckförmige Aperturbelegung, das heißt konstanter Amplitude über der Apertur, die analog ein $\sin x/x$-förmiges Strahlungsdiagramm zur Folge hat, mit ebenfalls 13 dB Seitenzipfelabstand.

In der Signalverarbeitung verwendet man geeignete Funktionen zum Wichten von Signalabschnitten endlicher Dauer oder zur Wichtung der endlich langen, diskreten Impulsantwort eines Filters, um die Seitenzipfel eines Spektrums oder einer Übertragungsfunktion (Seitenzipfel von Doppler- oder Pulskompressionsfiltern) zu reduzieren. Bekannte Wichtungsfunktionen sind z. B. die Hamming-, Dolph-Tschebyscheff- und Blackman-Funktionen.

In entsprechender Weise wichtet oder „tapert" man die Amplitude der Aperturbelegung einer Antenne, um ebenfalls kleinere Seitenzipfel zu erhalten. In Kauf nehmen muß man in beiden Fällen eine Verbreiterung der Hauptkeulen, was im Falle der Antenne zu einer Reduktion des Gewinns führt (Reduktion des Apertur-Wirkungsgrades), im Falle eines Filters beispielsweise zu einem S/N-Verlust.

2.6 Pulsradar und Wahl der Pulsfolgefrequenz

S/N-Definition und Radarklassifizierung nach Größe der Pulsfolgefrequenz (PRF)

Die letzte Form der Radargleichung (2.33) war aufgelöst nach dem am Empfänger-Ausgang vorhandenen Verhältnis von Signalleistung zu Rauschleistung, $(S/N)_{\text{aus}}$. Eine Kenntnis über den zeitlichen Verlauf des Signals, also letztlich über den des Sendesignals, war dabei nicht erforderlich. Das Radar kann ein unmoduliertes oder moduliertes CW-Signal oder auch ein gepulstes Signal abstrahlen. Da in der Radargleichung bisher nur Leistungen betrachtet wurden, gilt Gleichung (2.33) für jede beliebige Signalform.

Der am weitesten verbreitete Radartyp ist das Pulsradar. Ursache dafür ist einmal die relativ einfache Methode der Bestimmung der Zielentfernung. Man mißt einfach die (Lauf-)Zeit vom Aussenden des Sendepulses bis zum Eintreffen des Echos. Dies ist relativ einfach durchführbar. Der zweite Grund für die weite Verbreitung des Pulsradars liegt in der Möglichkeit, mit einer einzigen Antenne sowohl senden wie auch empfangen zu können.

Wir betrachten jetzt ein Pulsradar, das einen „Trägerpuls" mit einer rechteckförmigen Umhüllenden abstrahlt. Dieser wird am Ziel reflektiert, von der auf Empfang umgeschalteten Antenne wieder aufgefangen und im Empfänger nach rauscharmer Verstärkung aus Gründen der leichteren Filterung auf eine Zwischenfrequenz f_{ZF} heruntergemischt. Ein solcher Trägerpuls ist in Bild 2.10 links gezeigt, wobei bei der Darstellung das Systemrauschen vernachlässigt wurde. Ist A die Amplitude der sinusförmigen Trägerschwingung, so gilt für die Signalleistung S

$$S = \text{const}\,\frac{A^2}{2} \tag{2.34}$$

Beträgt der bei Signalabwesenheit gemessene Effektivwert der Rauschspannung U_{N}, so ist das Signal-zu-Rausch-Verhältnis an dieser Stelle

$$\frac{S}{N} = \frac{A^2}{2\,U_{\text{N}}^2} \tag{2.35}$$

Fassen wir A als Amplitude des am Senderausgang anliegenden Trägerpulses auf, dann ist die Senderspitzenleistung[4] $P_t = \text{const}\, A^2/2$.

Die Laufzeit t_L des Pulses vom Radar zum Ziel und wieder zurück ist mit der Zielentfernung R verknüpft durch die sehr häufig benötigte Beziehung

$$t_L = 2\frac{R}{c} \quad \text{oder} \quad t_L/\mu s = 6,67 \cdot R/\text{km} \quad \text{oder} \quad t_L/\mu s = 12,35 \cdot R/\text{nm} \qquad (2.36)$$

Die Einheit nautische Meilen nm wird in der Radartechnik noch häufig verwendet (1 nm = 1,852 km). Die Ausbreitungsgeschwindigkeit c können wir in guter Näherung der Lichtgeschwindigkeit gleichsetzen. Für schnelle Abschätzungen merke man sich, daß einer Laufzeit von 1 μs eine Entfernung von 150 m entspricht.

Ein Pulsradar strahlt die rechteckförmigen Trägerpulse im (zunächst als konstant angenommenen) Abstand des Pulswiederholintervalles T_{pw} ab (engl. Pulse Repetition Interval (PRI)). Der Kehrwert stellt die Pulswiederholfrequenz F_{pw} dar (engl. Pulse Repetition Frequency (PRF)):

$$F_{pw} = \frac{1}{T_{pw}} \qquad (2.37)$$

Von erheblicher Bedeutung für Funktion und Signalverarbeitung eines Pulsradars ist die Wahl der Pulsfolgefrequenz F_{pw}. Man unterscheidet nach ihrer Größe

1. Low-PRF-Radare (LPRF)
2. Medium-PRF-Radare (MPRF)
3. High-PRF-Radare (HPRF)

Entfernungsmessung

Der klassische Radartyp ist das *LPRF-Radar*. Bei seiner Spezifikation wird neben vielen anderen Parametern die *instrumentierte* Reichweite festgelegt. Sie unterscheidet sich von der gegen ein Ziel bestimmten Rückstrahlquerschnittes erzielbaren *Entdeckungs*-Reichweite, die mit der noch zu vervollständigenden Radargleichung ermittelt wird. Die instrumentierte Reichweite R_{instr} ist definiert als diejenige maximale Entfernung, bei der alle Zielechos aus dem spezifiziertem Erfassungsbereich noch vor Beginn der sogen. Radartotzeit T_t eintreffen, vgl. dazu Bild 2.8. Das heißt, die maximale Signallaufzeit $t_{L,max}$ ist gleich der Differenz von Pulswiederholintervall und Totzeit, also $t_{L,max} = T_{pw} - T_{ts}$. Daraus folgt

$$R_{instr} = \frac{c}{2}\,(T_{pw} - T_{ts}) \approx \frac{c}{2}\,T_{pw} \quad \text{oder} \quad R_{instr}/\text{km} = 0,15 \cdot (T_{pw} - T_{ts})/\mu s \quad (2.38)$$

[4]Der Begriff Spitzenleistung wird bei Pulsradaren im Gegensatz zur mittleren Leistung, gemittelt über ein Pulswiederholintervall, verwendet. Gemeint ist *nicht die momentane* Spitzenleistung, die 3 dB größer ist.

Das Totzeitintervall unmittelbar vor Begin eines Sendepulses wird für Meßzwecke, zur Selbstüberprüfung des Radars und als Ablenkerholzeit für PPI-Sichtgeräte benötigt. Es beträgt meist einige 10 bis einige 100 μs.

Bild 2.8 zeigt oben drei Ziele in unterschiedlicher Entfernung R vom Radar ($R = 0$). Beim LPRF-Radar b) ist die PRF so niedrig und damit das Pulswiederholintervall T_{pw} so groß, daß alle Zielechos (hier der Ziele 1 und 2) vor Beginn des Totzeitintervalles eintreffen, also vor dem Aussenden eines neuen Sendepulses. Den gemessenen Echolaufzeiten $t_{L,1}$ und $t_{L,2}$ kann dann nach Gleichung (2.36) eindeutig eine Entfernung zugeordnet werden. Das LPRF-Radar ist im üblichen Sprachgebrauch „eindeutig in der Entfernung“.

Eine Ausnahme stellt das sehr weit entfernte Ziel 3 dar. Seine wahre Entfernung beträgt $R_3 = (c/2)T_{pw} + R_3'$. Das Radar zeigt jedoch nur die Entfernung R_3' an. Bei LPRF-Radaren kann es durchaus vorkommen, daß ein Ziel sehr großer Rückstrahlfläche (bspw. ein Großraumflugzeug im Kurvenflug) in einer die instrumentierte Reichweite übersteigenden Entfernung zu einem solchen detektierbaren Echo führt. Es wird als Überreichweiten-Zielecho bezeichnet (engl. Second Time Around Target). Man kann es als solches leicht daran erkennen, daß es – im Gegensatz zu einem „normalen“ Ziel – seine vom Radar angezeigte Entfernung ändert, wenn die PRF geringfügig variiert wird.

Befindet sich ein Gebirge in einer Entfernung, die etwas größer ist als die instrumentierte Reichweite des Radars, so treten meist Überreichweiten-Echos von Bergen auf, sogenannter Überreichweiten-Bodenclutter.

Bei einem *MPRF-Radar* wird nun die PRF bewußt so erhöht, daß die Mehrzahl der Ziele im spezifizierten Erfassungsbereich solche Überreichweiten-Echos darstellen. Es sind dann sogar, wie man sich an Bild 2.8 c) klar machen kann, Mehrfach-Überreichweiten-Echos (engl. Multiple Time Around Targets). Eine eindeutige Entfernungsmessung ist zunächst nicht möglich. Die Entfernung läßt sich darstellen als

$$R = R' + k_R \cdot \left(\frac{c}{2} T_{pw}\right) \qquad k_R = 0, 1, 2, 3 \ldots \tag{2.39}$$

R' entspricht der gemessenen Zeit zwischen dem Aussenden des letzten Sendepulses und Eintreffen des Echos, siehe Bild 2.8 c). Die Entfernung ist also mehrdeutig um unbekannte Vielfache k_R der Entfernung, die dem Pulswiederholintervall T_{pw} entspricht.

Beim *HPRF-Radar* in Bild 2.8 d) arbeitet man mit einer extrem hohen PRF, so daß fast alle Ziele, auch die im unmittelbaren Nahbereich, stark mehrdeutig in Entfernung sind. Relativ zum LPRF- und MPRF-Radar ist die PRF etwa 5-mal so groß wie dargestellt.

Das Bild zeigt auch, daß das Echo von Ziel 1 zeitlich mit einem Sendepuls zusammenfällt. Da im Sendefall der Empfänger gesperrt werden muß, kann ein solches Echo nicht entdeckt werden. Man spricht dann von „Eclipsing-Verlusten“. Diese treten auch beim MPRF-Radar auf, nicht dagegen beim LPRF-Radar.

Zu Bild 2.8 ist folgende Anmerkung zu beachten: Um die Darstellung übersichtlich zu halten, ist angenommen, daß das Radar die Ziele 1, 2 und 3 das erste

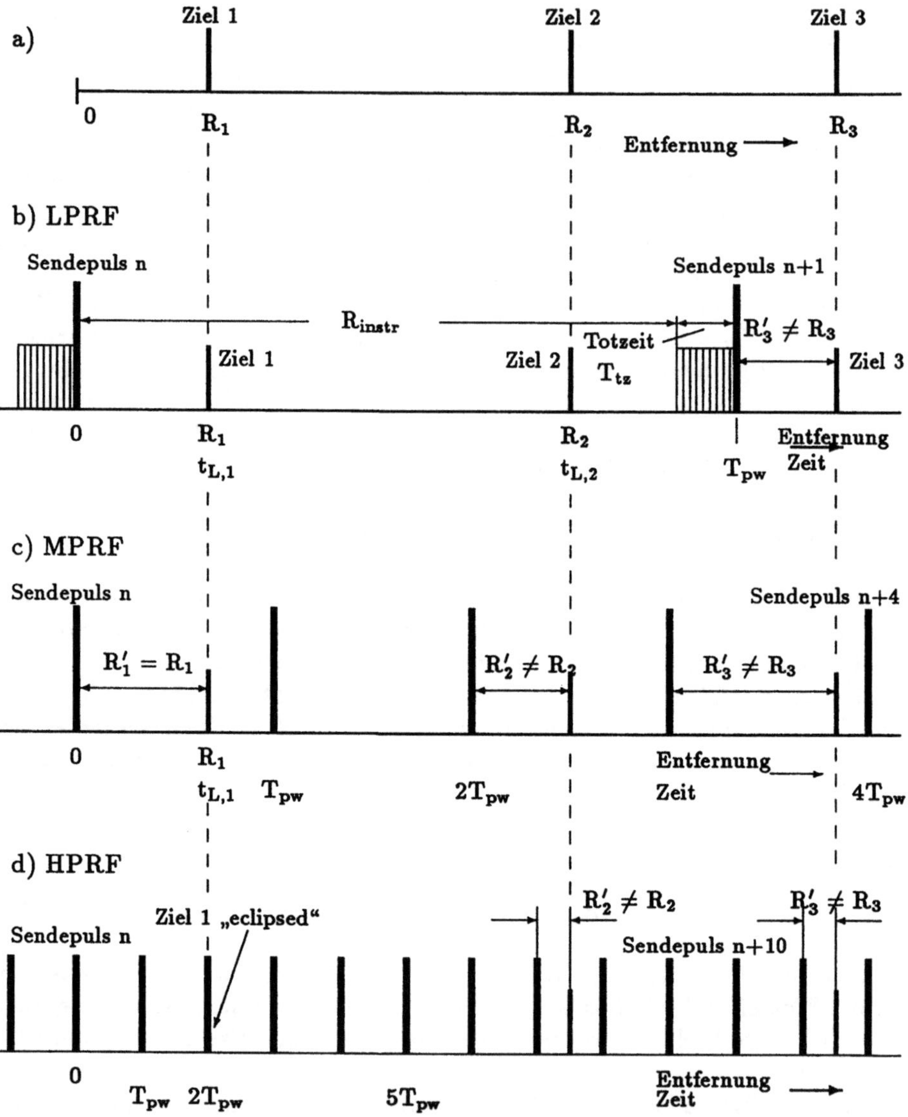

Bild 2.8 Sende- und Echosignale im Zeitbereich

a) 3 Ziele in unterschiedlichen Entfernungen

b) LPRF-Radar mit eindeutiger Entfernung, Totzeit, instrumentierter Reichweite und einem Überreichweitenecho (Ziel 3)

c) MPRF-Radar mit mehrdeutiger Entfernung (Totzeit vernachlässigt)

d) HPRF-Radar mit stark mehrdeutiger Entfernung und Ziel-Eclipsing.

(Man beachte: Das Radar erfaßt die Ziele 1...3 das erste Mal mit Sendepuls n. Der Übersichtlichkeit halber sind nur die Echos auf Sendepuls n eingezeichnet.)

Mal mit Sendepuls n erfaßt. Es sind *nur die Echos (Antworten) auf Sendepuls n* eingezeichnet. So wird beispielsweise das Echo von Ziel 2 beim MPRF-Radar in Zeile c das erste Mal nach Aussenden des Sendepulses $n+2$ empfangen, danach in *jedem folgenden Pulswiederholintervall* als Echo auf die Sendepulse $n+1$, $n+2$ und folgende. Diese Echos sind der Übersichtlichkeit halber nicht eingetragen. Ähnliches gilt für die anderen Zeilen.

Dopplermessung (Radialgeschwindigkeit)

Neben der Entfernung eines Zieles läßt sich mit Radar bekanntlich auch die Dopplerverschiebung f_D seines Echosignals gegenüber der Sendefrequenz f_t bestimmen (meist kurz „Doppler" genannt). Daraus kann man dann die Radialgeschwindigkeit v des Zieles ermitteln, also die auf das Radar gerichtete Geschwindigkeitskomponente (engl. Radial Velocity oder auch Range Rate). In der Radartechnik wird sie üblicherweise als positiv definiert, wenn sich das Ziel dem Radar nähert, als negativ, wenn es sich vom Radar entfernt. Dann gilt für $v \ll c$

$$v = \frac{2v}{\lambda} = \frac{1}{2}c \cdot \frac{f_D}{f_t} \qquad \text{oder} \qquad v/(\text{km/h}) = 540 \cdot \frac{f_D/\text{kHz}}{f_t/\text{GHz}} \tag{2.40}$$

Je nach Radartyp können Doppler bzw. Radialgeschwindigkeit, ähnlich wie die Entfernung, auch mehrdeutig sein. Das läßt sich aus folgender Überlegung ableiten. Wir stellen uns das Echosignal auf die Zwischenfrequenz $f_{ZF} = 0$ abgemischt vor, denken es uns also vom Träger befreit. Bei einem Pulsradar entsprechen dann die zeitlich nacheinander eintreffenden Echosignale den Abtastwerten einer sinusförmigen Dopplerschwingung der Frequenz f_D. Wir können nämlich in einer Modellvorstellung das Ziel als Quelle einer (kontinuierlichen) Sinusschwingung der Frequenz f_D auffassen und das Pulsradar als einen Abtaster bzw. ein Abtastsystem. Die Echosignale stellen somit Abtastwerte einer Sinusschwingung dar. Nach dem Abtasttheorem ist ein Signal exakt aus seinen Abtastwerten rekonstruierbar, wenn die Abtastfrequenz mindestens das Doppelte der höchsten im Signal vorkommenden Frequenz beträgt. Auf unseren Fall übertragen heißt das, wir können die Dopplerverschiebung f_D *eindeutig* messen, wenn die Pulsfolgefrequenz $F_{pw} > 2f_{D,max}$ ist.

Da die höchste zu erwartende Dopplerverschiebung im allgemeinen bekannt ist, wird beim HPRF-Radar in der Tat F_{pw} so gewählt. Damit ist das HPRF-Radar eindeutig in Doppler. Bild 2.9 d) zeigt den eindeutigen Dopplerbereich eines HPRF-Radars, er erstreckt sich von $-F_{pw}/2$ bis $+F_{pw}/2$. Die Ziele 1 und 2 des Bildes fallen in diesen Bereich, dagegen nicht das Ziel 3. Für dieses wäre F_{pw} zu klein bemessen. Das Radar ordnet dem Ziel 3 die Dopplerverschiebung $f'_{D,3}$ zu, also den Abstand von der wahren Dopplerverschiebung $f_{D,3}$ zum nahesten Vielfachen k_F der Pulsfolgefrequenz F_{pw}. Bei Ziel 3 ist also $f'_{D,3} = f_{D,3} - F_{pw} \neq f_{D,3}$, der wahre Doppler $f_{D,3} = f'_{D,3} + 1 \cdot F_{pw}$ ($f'_{D,3}$ ist negativ).

Bild 2.9 c) zeigt den Fall eines MPRF-Radars, bei dem die Dopplermessung wegen der niedrigeren PRF bei der Mehrzahl der Ziele um unbekannte Vielfache

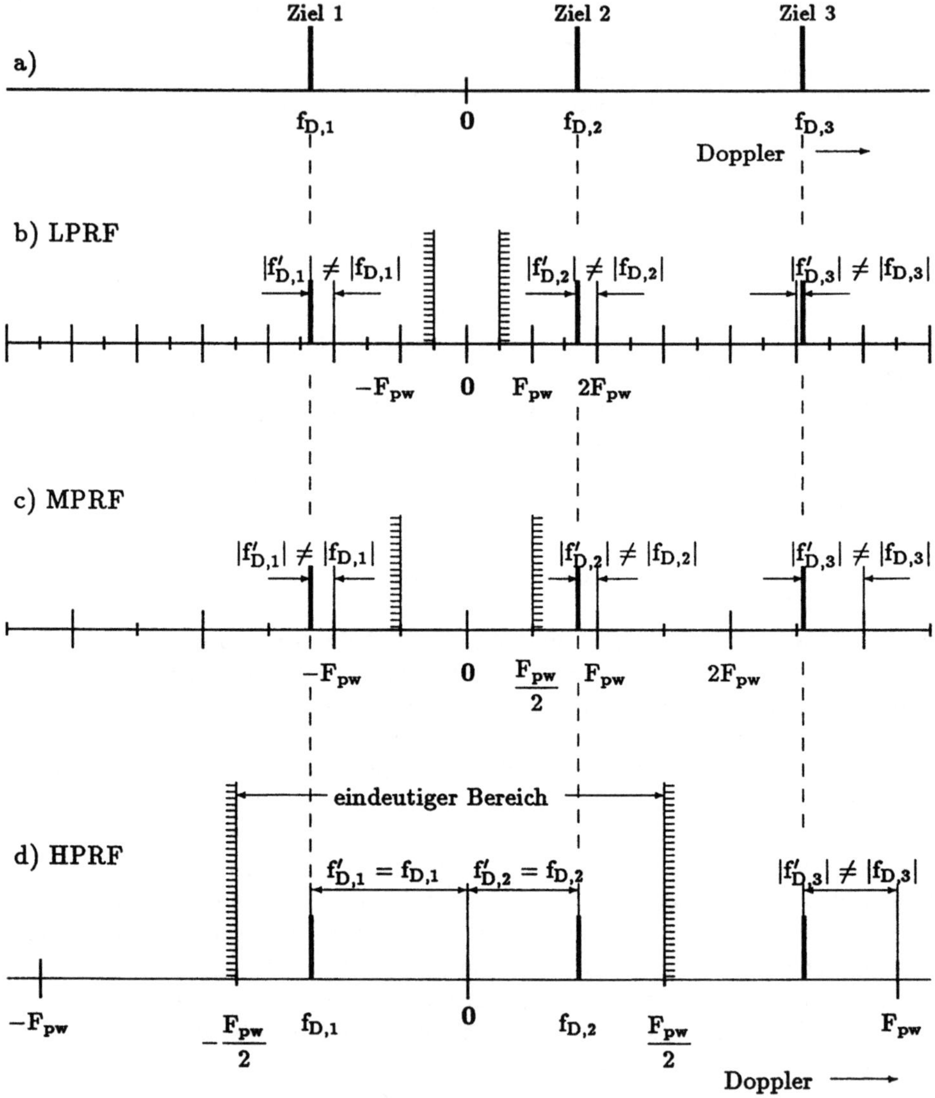

Bild 2.9 Echosignale im Frequenzbereich
a) 3 Ziele mit unterschiedlichem Doppler (Radialgeschwindigkeit)
b) LPRF-Radar mit starker Dopplermehrdeutigkeit
c) MPRF-Radar mit mittlerer Dopplermehrdeutigkeit
(Beispiel: $f_{D,3} = f'_{D,3} + 3 \cdot F_{pw}$; $f'_{D,3}$ ist negativ.)
d) HPRF-Radar mit eindeutigem Doppler für die Ziele 1 und 2
(Man beachte: Beim Pulsradar wird die Spektrallinie eines Zieles prinzipiell in jedes PRF-Intervall „gefaltet“ (s. Kapitel 5). Aus Gründen der Übersichtlichkeit ist diese Überfaltung nicht eingezeichnet.)

k_F der PRF mehrdeutig ist. Es gilt allgemein für die Dopplermessung mit einem Pulsradar

$$f_D = f'_D + k_F \cdot F_{pw} \qquad k_F = \ldots -2, -1, 0, 1, 2, 3 \ldots \tag{2.41}$$

Der Zusammenhang zwischen dem wahren Doppler f_D und dem mit einem Pulsradar gemessenen Doppler f'_D ist damit ähnlich Gleichung (2.39), die den Zusammenhang zwischen der mit einem Pulsradar gemessenen Entfernung und der wahren Entfernung beschreibt.

Für die wahre Radialgeschwindigkeit v und die gemessene v' ergibt sich aus den Gleichungen (2.40) und (2.41)

$$v = v' + k_F \cdot v_b \qquad k_F = \ldots -2, -1, 0, 1, 2, 3 \ldots \tag{2.42}$$

mit

$$v_b = \frac{1}{2} c \cdot \frac{F_{pw}}{f_t} \qquad \text{oder} \qquad v_b/(\mathrm{km/h}) = 540 \cdot \frac{F_{pw}/\mathrm{kHz}}{f_t/\mathrm{GHz}} \tag{2.43}$$

Dabei ist v_b die einer Dopplerverschiebung F_{pw} zugeordnete Radialgeschwindigkeit, die sogen. *Blindgeschwindigkeit.* Wir werden diesem Begriff im Zusammenhang mit MTI- und Doppler-Filtern noch begegnen.

Bild 2.9 b) zeigt die extrem starke Doppler-Mehrdeutigkeit des LPRF-Radars, bei dem k_F oft im Bereich $-20 \ldots +20$ liegt, gleichbedeutend mit einer 40-fachen Dopplermehrdeutigkeit.

Ist bei der Entfernungsmessung oder der Doppler- bzw. Radialgeschwindigkeitsmessung der unbekannte Faktor k_R oder $2|k_F|$ etwa <10, so spricht man von mehrdeutiger Messung, bei > 10 von stark mehrdeutiger Messung.

Vergleich der Radartypen

Die im folgenden gezeigten Tabellen 2.2 und 2.3 geben einen groben Überblick über die fundamentalen Eigenschaften der drei Radartypen LPRF, MPRF und HPRF.

Das LPRF-Radar gestattet, stationär am Boden eingesetzt, eine ausreichende Unterdrückung von Bodenechos. Filterkriterium ist dabei die Dopplerverschiebung, die bei Zielechos vorhanden, bei Bodenechos dagegen abwesend ist. Die Entfernungsmessung ist eindeutig. Bei Überreichweiten-Zielechos muß die Mehrdeutigkeit nicht aufgelöst, sondern die Zielmeldung nur unterdrückt, d. h. das Echo als Überreichweiten-Echo erkannt werden. Überreichweiten-Bodenclutter muß genau so gut wie „normaler" Bodenclutter unterdrückt werden. Diese letzten beiden Aufgaben sind aber lösbar. Die Doppler-Mehrdeutigkeiten sind meist nicht vollkommen aufzulösen. Dieser Nachteil muß und kann bei sehr vielen Anwendungen in Kauf genommen werden: man verzichtet einfach auf die Dopplermessung.

Das HPRF-Radar gestattet bei Anwendungen an Bord von Flugzeugen, die Echos sich nähernder Flugzeuge (engl. Nose Aspect) sehr gut aus dem stets vorhandenen Bodenclutter auszufiltern, der über die Haupt- und Nebenkeulen der

Radartyp	Enfernungsmessung	Dopplermessung	PRF-Bereich
LPRF	eindeutig ($k_R = 0$)	stark mehrdeutig ($2\|k_F\|_{max} > 10$)	0,3 ... 15 kHz
MPRF	mehrdeutig ($\|k_R\|_{max} < 10$)	mehrdeutig ($2\|k_F\|_{max} < 10$)	8 ... 30 kHz
HPRF	stark mehrdeutig ($\|k_R\|_{max} > 10$)	eindeutig ($k_F = 0$)	100 ... 300 kHz

Tabelle 2.1 Radar-Klassifizierung nach Größe der PRF

Antenne aufgenommen wird. Auf diese Einzelheiten kann aber hier nicht eingegangen werden. Die starke Entfernungsmehrdeutigkeit wird meist toleriert, indem man notgedrungenermaßen auf eine Entfernungsmessung verzichtet. Die Eclipsing-Verluste sind unvermeidbar.

Das LPRF-Radar erlaubt im allgemeinen keine eindeutige Dopplermessung, das HPRF-Radar keine eindeutige Entfernungsmessung. Ist die Messung beider Größen erforderlich, bietet sich das MPRF-Radar an. Es ist zwar zunächst mehrdeutig in den beiden Domänen Entfernung (Zeit) und Geschwindigkeit (Dopplerfrequenz). Doch können beim MPRF-Radar diese Mehrdeutigkeiten noch am zuverlässigsten aufgelöst werden, da in jeder Domäne die Mehrdeutigkeit nicht zu stark ist. Außerdem verbessert ein MPRF-Modus in einem Flugzeugradar – gegenüber dem HPRF-Modus – die Entdeckung eines sich entfernenden Zieles (engl. Tail Aspect).

Die Auflösung von Mehrdeutigkeiten in Entfernung und Doppler ist möglich, wenn man ein Ziel innerhalb eines einzigen Beobachtungsintervalles nacheinander mit mehreren PRF's *ausreichend lange* beleuchtet. Mit Hilfe der bei den einzelnen PRF's durchgeführten Teilmessungen erhält man Schätzwerte für Entfernung und Doppler mit wesentlich erhöhten Eindeutigkeitsbereichen. Die Forderung nach einem ausreichend langen Beobachtungsintervall, auch *Zielverweilzeit* (engl. Time on Target) genannt, kollidiert jedoch praktisch immer mit der Forderung nach einer hohen Datenerneuerungsrate, also einer großen Zahl aufeinanderfolgender Zielbeleuchtungen pro Zeiteinheit. Eine große Datenerneuerungsrate erleichtert einerseits die ausreichend zuverlässige, automatische Flugzielverfolgung (engl. Tracking), andererseits steigt aber die Zuverlässigkeit der dem Tracker übergebenen Zieldaten mit größer werdender Zielverweilzeit bzw. kleiner werdender Datenerneuerungsrate. Bei der Wahl der Zielverweilzeit sind also ausgewogene Kompromisse erforderlich.

Bei militärischen Anwendungen ist die LPI-Eigenschaft eines Radars oft von Bedeutung. LPI leitet sich ab aus Low Probability of Intercept und bedeutet eine geringe Wahrscheinlichkeit der Auffassung oder Entdeckumg eines Radars durch einen gegnerischen Überwachungs- oder Radarwarnempfänger. Eine ausführli-

Typ	Anwendungen	Nachteile	Vorteile
LPRF	- Bodenradar - Schiffsradar - Betriebsmodus in Flugzeugradaren	- Doppler nicht eindeutig meßbar - Geringe LPI-Güte	- Eindeutig in der Entfernung - STC anwendbar
MPRF	- Betriebsmodus in Flugzeugradaren - Auch schon in Boden- und Schiffsradaren	- Mehrdeutig in beiden Domänen - STC kaum anwendbar, daher hohe Dynamik erforderlich	- Bei Auflösung der Mehrdeutigkeiten Entfernung **und** Doppler eindeutig meßbar
HPRF	- Flugzeugradare	- Entfernung nicht eindeutig meßbar - STC nicht anwendbar	- Eindeutig im Doppler - Große LPI-Güte

Tabelle 2.2 Anwendungsbereiche und fundamentale Eigenschaften der verschiedenen Radartypen

che Diskussion der LPI-Eigenschaften eines Radars würde den Rahmen diese Buches sprengen. Zusammengefaßt läßt sich sagen, daß unter gewissen Voraussetzungen die sogenannte LPI-Güte eines Radars umso größer ist, je größer sein Tastverhältnis η (engl. Duty Cycle) gewählt wird, definiert als

$$\eta = \frac{\tau}{T_{\text{pw}}} \tag{2.44}$$

τ ist die Pulsdauer, im Falle eines Pulskompressionsradars die Dauer des unkomprimierten Pulses, T_{pw} ist das Pulswiederholintervall.

Das Tastverhältnis liegt bei LPRF-Radaren im Bereich $0,001 \dots 0,03$, bei den MPRF-Radaren um etwa 0,1 und bei HPRF-Radaren kann es Werte bis zu 0,5 erreichen. Die erzielbare LPI-Güte ist also bei HPRF-Radaren größer als bei LPRF-Radaren. Das größte Tastverhältnis hat ein CW-Radar, das beispielsweise zur Erlangung von Entfernungsinformation in der Frequenz oder Phase moduliert sein kann. Bei ihm ist gewissermaßen $\tau = T_{\text{pw}}$ und damit $\eta = 1$. Diese Eigenschaft des CW-Radars in Verbindung mit der Tatsache, daß ein gegnerischer Empfänger wegen der stets vorhandenen, stark fluktuierenden Überlagerung von direkt empfangenem Signal (engl. Direct Path Signal) und Umwegsignalen (engl. Multipath Signals) das Radar nur schwierig genau orten kann, macht das CW-Radar sehr attraktiv für militärische Anwendungen. Da allerdings keine STC zur Reduktion der Entfernungsdynamik eingesetzt werden kann, ist ein CW-Radar sehr wahrscheinlich nur für kleine und mittlere Erfassungsbereiche realisierbar. Erschwerend kommt hinzu, daß im allgemeinen getrennte Sende- und Empfangsantennen benötigt werden.

Wir betrachten zum Abschluß drei einfache Beispiele, bei denen – im Gegensatz zur Praxis – jeweils nur mit einer festen PRF gearbeitet wird. Diese Vereinfachung erleichtert den Einblick in einige der typischen Eigenschaften der drei PRF-Modi.

LPRF-Radar:
Ein LPRF-Radar der Flugsicherung arbeite im L-Band (1,3 GHz) und soll mit einer instrumentierten Reichweite von 200 km zur Streckenkontrolle eingesetzt werden. Die Empfangs-Totzeit wird mit 150 μs angesetzt. Aus Gleichung (2.38) ergibt sich das Pulsfolgeintervall zu $T_{\text{pw}} = 1483\,\mu\text{s}$ und damit $F_{\text{pw}} = 674\,\text{Hz}$. Die der Pulswiederholfrequenz F_{pw} zugeordnete Blindgeschwindigkeit v_{b} ist im L-Band nach Gleichung (2.43) $v_{\text{b}} = 280\,\text{km/h}$. Damit erstreckt sich der eindeutige (fundamentale) Geschwindigkeitsbereich von $-140\ldots+140\,\text{km/h}$. Wenn wir größte Geschwindigkeiten von etwa $\pm 2\,800\,\text{km/h}$ annehmen, so ist das Radar im Doppler etwa 40-fach mehrdeutig ($2|k_{\text{F}}| \leq 40$), dagegen in der Entfernung eindeutig bis 200 km. Eine Dopplermessung wird daher nicht durchgeführt. Die Pulslänge betrage 2 μs, damit wird das Tastverhältnis $\eta = 2/1483 = 0,00135$.

HPRF-Radar:
Ein Flugzeugradar im X-Band (10 GHz) verwende einen HPRF-Modus mit einer Pulslänge von 2 μs und einer PRF von $F_{\text{pw}} = 200\,\text{kHz}$. Damit wird $v_{\text{b}} = 10\,800\,\text{km/h}$ und der eindeutige Geschwindigkeitsbereich erstreckt sich somit von $-5\,400\ldots+5\,400\,\text{km/h}$, deckt also beispielsweise den Fall ab, daß zwei Flugzeuge sich mit je 2 700 km/h aufeinander zubewegen. Das eindeutige oder fundamentale Entfernungsintervall beträgt mit $T_{\text{pw}} = 5\,\mu\text{s}$ nach Gleichung (2.36) nur $5/6,67 = 0,75\,\text{km}$. Bei einem Erfassungsbereich von 100 km ist das Radar also 100/0,75=133-fach mehrdeutig. Eine Entfernungsmessung wird daher nicht durchgeführt. Das Tastverhältnis beträgt $\eta = 2/5 = 0,4$.

MPRF-Radar:
Dasselbe Flugzeugradar verwende auch einen MPRF-Betriebsmodus mit einer PRF von 12 kHz und einer (unkomprimierten) Pulslänge von 18 μs. Das eindeutige Entfernungsintervall ist dann 12,5 km. Bei einem Erfassungsbereich von 100 km ist das Radar dann 100/12,5=8-fach mehrdeutig in der Entfernung. Das eindeutige (Radial-)Geschwindigkeitsintervall erstreckt sich von $-324\ldots+324\,\text{km/h}$. Bei einer größten relativen Geschwindigkeit des Zieles im Tail Aspect von weniger als 1500 km/h ist das Radar im MPRF-Modus etwa 5-fach mehrdeutig im Doppler. Diese geringen Mehrdeutigkeiten in Doppler und Entfernung können – wie oben erwähnt – durch Teilmessungen bei mehreren, leicht unterschiedlichen Pulsfolgefrequenzen aufgelöst werden. Das Tastverhältnis beträgt im MPRF-Modus $18\,\mu\text{s} \cdot 12\,\text{kHz} = 0,22$.

2.7 Matched Filter-Prinzip

Wir betrachten zunächst einen einzelnen, auf die Zwischenfrequenz f_{ZF} abgemischten Echopuls eines Pulsradars. Er ist in Bild 2.10 dargestellt, besitzt eine Dauer τ und eine Spannungsamplitude A. Ist U_{N} der Effektivwert der Rauschspannung am Meßpunkt (bspw. am Ausgang des Empfängers), so ist das Signal-zu-Rausch-Verhältnis nach der letzten Form der Radargleichung (2.33)

$$\left(\frac{S}{N}\right)_1 = \frac{A^2}{2U_{\mathrm{N}}^2} = \frac{P_{\mathrm{t}} \cdot G_{\mathrm{t}} \cdot G_{\mathrm{r}} \cdot \lambda^2 \cdot \sigma}{(4\pi)^3 \cdot R^4 \cdot kT_{\mathrm{sys}} \cdot B_{\mathrm{n}}} \cdot \frac{1}{L_{\mathrm{t}} \cdot L_{\mathrm{atm}}} \tag{2.45}$$

Dabei ist B_{n} die Rauschbandbreite des Empfängers. Der Index 1 steht für Einzelpuls im Gegensatz zum erzielbaren S/N einer Pulsgruppe, das im nächsten Abschnitt behandelt wird.

Das Signal-zu-Rausch-Verhältnis kann optimiert werden, wenn wir die Bandbreite B_{n} des Empfängers an die Bandbreite des Signals, also letztlich an die Bandbreite des Sendepulses anpassen. Genauer: wir müssen die Übertragungsfunktion eines Bandbreite-einengenden Filters im Empfänger an das Spektrum des Einzelpulses anpassen. Wir sprechen daher von einem Matched Filter, einem an das Signalspektrum angepaßten Filter. Diese Art von Anpassung hat also nichts mit Leistungs- oder Impedanz-Anpassung zu tun.

Die Theorie des Matched Filters wird in einem folgenden Kapitel behandelt, wir beschränken uns hier auf eine heuristische und leicht verständliche Erklärung. Bild 2.10 zeigt rechts den normierten Betrag $|S(f)|$ des $\sin x/x$-förmigen (Amplitudendichte-)Spektrums eines einzelnen Trägerpulses mit rechteckförmiger Einhüllenden. Die Hauptkeule dieses Spektrums hat zwischen den Nullstellen eine Breite von $2/\tau$. Die 3dB-Breite der Hauptkeule beträgt $0{,}88/\tau$. Strichliert ist das Leistungsdichtespektrum $N(f)$ des dem Puls überlagerten Systemrauschens eingetragen. Es ist konstant über der Frequenz, also im üblichen Sprachgebrauch „weiß“ .

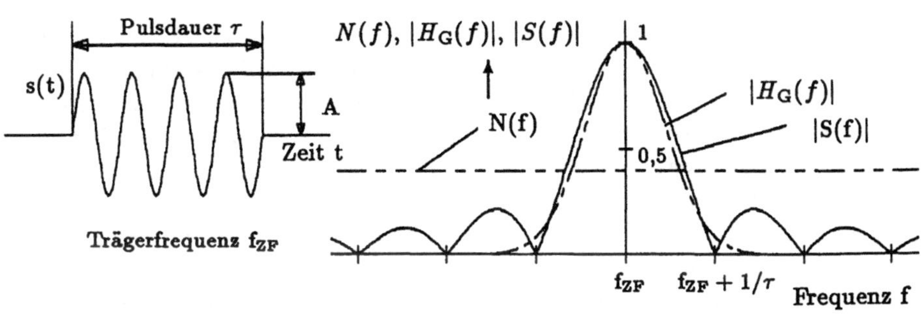

Bild 2.10 Zum Matched Filter für geträgerten Rechteckpuls

Zur Erinnerung: ein Amplitudendichtespektrum ist im allgemeinen komplex und hat bspw. die Dimension V/Hz. Ein Leistungsdichtespektrum ist reell und hat die Dimension W/Hz.

Bei Betrachtung des Signalspektrums und des Rauschspektrums wird klar, daß das Filter zur S/N-Optimierung im Bereich der spektralen Hauptkeule des Signalspektrums stark durchlässig, außerhalb dieses Bereiches dagegen nur wenig durchlässig sein sollte, da dort das störende Rauschen überwiegt.

Es liegt nahe, ein optimales S/N am Filterausgang dann zu erwarten, wenn der Amplitudengang $|H_m(f)|$ des Matched Filters dem Betrag $|S(f)|$ des Signalspektrums proportional ist. Dann wird das Filter bei einer bestimmten Frequenz f umso durchlässiger, je größer dort das Signalspektrum $|S(f)|$ ist. Das führt zu der beweisbaren Annahme (vgl. Kapitel 6)

$$|H_m(f)| = \text{const} \cdot |S(f)| \qquad (2.46)$$

Somit kennen wir den Amplitudengang des Filters und können seine Rauschbandbreite B_n berechnen.

Um kürzere Formeln zu erhalten, denken wir uns den Trägerpuls von Bild 2.10 auf die Zwischenfrequenz $f_{ZF} = 0$ abgemischt, also in die *Videoebene* oder in das *Basisband* verschoben. Dies bedeutet keine Einbuße an Allgemeingültigkeit und entspricht auch der Arbeitsweise vieler praktischer Empfänger, bei denen das ZF-Signal mit 2 Phasendetektoren unter Erhaltung der Phaseninformation des Signals in die Videoebene transponiert wird. Der Betrag des Signalspektrums des nun videofrequenten Rechteckpulses wird dann

$$|S(f)| = \left| \frac{\sin \pi\tau f}{\pi\tau f} \right|$$

Mit den Gleichungen (2.46) und (2.2) erhält man die Rauschbandbreite des idealen Matched Filters zu

$$B_n = \frac{1}{|H(f_m)|^2} \int_{-\infty}^{\infty} |H(f)|^2 \, df = \int_{-\infty}^{\infty} \left| \frac{\sin \pi\tau f}{\pi\tau f} \right|^2 df = \frac{1}{\tau} \qquad (2.47)$$

Das Matched Filter für den Rechteckpuls hat also eine Rauschbandbreite von $B_n = 1/\tau$. Meist bezieht man sich in der Praxis jedoch auf die 3dB-Bandbreite, wobei gilt $B_{3dB} = 0,88/\tau$. Alle Bandbreiten sind unabhängig davon, ob die Filterung in der Zwischenfrequenzebene durchgeführt wird oder in der Videoebene bei der Zwischenfrequenz $f_{ZF} = 0$.

Ein Filter mit sin x/x-förmigem Amplitudengang ist – auch näherungsweise – schwierig zu realisieren. Man verwendet daher einfachere Filter mit beispielsweise angenähert Gauß-förmigem Amplitudengang. Ein Gauß-Filter optimiert dann das S/N, wenn $B_{3dB} = 0,75/\tau$. Ein solches Filter mit dem Amplitudengang

$$|H_G(f)| = H_G(f) = e^{-1,386 \left(\frac{\tau f}{0,75}\right)^2} \qquad (2.48)$$

ist in Bild 2.10 strichpunktiert eingetragen. Es nähert im wesentlichen die Hauptkeule des Spektrums an und vernachlässigt die spektralen Nebenkeulen oder Seitenzipfel des Signals. Der S/N-Verlust gegenüber dem idealen Matched Filter beträgt nur 0,5 dB. Wir benötigen demnach am Eingang des angenäherten Matched Filters 0,5 dB mehr Signalleistung, um an seinem Ausgang das gleiche S/N zu erzielen wie am Ausgang des idealen Matched Filters. Man bezeichnet diesen Verlust als Matching Verlust L_{mf}.

Wir sind nun in der Lage, die Radargleichung (2.45) weiter zu vervollständigen. Um auch andere Pulsformen als den Rechteckpuls zu berücksichtigen, beispielsweise solche mit „weicheren" Flanken, setzen wir statt $B_{\mathrm{n}} = 1/\tau$ allgemeiner $B_{\mathrm{n}} = \alpha/\tau$, wobei $\alpha \approx 1$. Da wir in der Praxis das Matched Filter nur annähern können, führen wir den oben erläuterten Matching Verlust L_{mf} ein und erhalten

$$\left(\frac{S}{N}\right)_1 = \frac{P_{\mathrm{t}} \cdot \tau \cdot G_{\mathrm{t}} \cdot G_{\mathrm{r}} \cdot \lambda^2 \cdot \sigma}{(4\pi)^3 \cdot R^4 \cdot kT_{\mathrm{sys}} \cdot \alpha} \cdot \frac{1}{L_{\mathrm{t}} \cdot L_{\mathrm{atm}} \cdot L_{\mathrm{mf}}} \tag{2.49}$$

2.8 Pulsintegration

Zielverweilzeit und Trefferzahl

Im allgemeinen entwirft man das Sendesignal und die Abtaststrategie (zusammengefaßt unter dem Begriff „Waveform") eines Radars so, daß bei einer Zielbeleuchtung nicht nur ein Puls, sondern mehrere Pulse reflektiert werden. Dafür gibt es zwei triftige Gründe. Einmal kann man durch Integration (Summation) von Pulsen das wirksame Signal-zu-Rausch-Verhältnis vergrößern oder – bei konstant gehaltenem S/N – die stets teure Sendeleistung verringern. Zum anderen gelingt die Unterdrückung störender Bodenechos durch geeignete Filter umso besser, je größer die Zahl der reflektierten Pulse pro Zielbeleuchtung ist. Uns interessiert hier jedoch nur der erste Grund.

Bei mechanisch drehenden Antennen definiert man als Zielverweilzeit T_{tot} (engl. Time on Target oder Dwell Time) das Zeitintervall, innerhalb dessen sich das Ziel in der (Einweg-3dB-)Keulenbreite θ_{3dB} befindet. Die Trefferzahl M_{S} (engl. Hits per Scan) gibt die Zahl der Pulswiederholintervalle $T_{\mathrm{pw}} = 1/F_{\mathrm{pw}}$ pro Zielverweilzeit an. Ist T_{A} die Zeit für einen Antennenumlauf und β der Elevationswinkel, so erhält man folgende zugeschnittene Größengleichung für die Trefferzahl:

$$M_{\mathrm{S}} = \frac{1}{360} \cdot \frac{\theta_{\mathrm{3dB}}}{\mathrm{grad}} \cdot \frac{F_{\mathrm{pw}}}{\mathrm{Hz}} \cdot \frac{T_{\mathrm{A}}}{\mathrm{s}} \cdot \frac{1}{\cos\beta} \tag{2.50}$$

Die Trefferzahl M_{S} (dabei steht der Index S für Scan) wächst mit dem Elevationswinkel β. Für $\beta \rightarrow 90°$ geht $M_{\mathrm{S}} \rightarrow \infty$. Meist interessiert in der Praxis nur der Bereich von $\beta < 20°$, für den man $\cos\beta \approx 1$ setzen kann. Für Radarziele im Nahbereich und in großer Höhe ist die Trefferzahl dann größer als die berechnete. Ein typisches Flughafenradar mit 1,8 ° Keulenbreite, einer Umlaufzeit von 4 s und einer Folgefrequenz von 800 Hz liefert also 16 Treffer.

Für Phased-Array-Antennen mit elektronisch schwenkbaren Keulen läßt sich naturgemäß keine Formel für M_S angeben: die Trefferzahl kann beliebig eingestellt werden, beispielsweise sich auch adaptiv von Zielbeleuchtung zu Zielbeleuchtung ändern.

Die Echopulse eines Zieles mit der Radialgeschwindigkeit v zeigen eine Dopplerverschiebung f_D nach Gleichung (2.40). Ein einzelner ZF-Echopuls läßt sich für die Zeit seiner Dauer beschreiben durch

$$\cos\left(2\pi(f_{ZF} + f_D)t + \phi\right) = \cos(2\pi f_{ZF}t + 2\pi f_D t + \phi)$$

wobei ϕ eine beliebige Phase darstellt. Während des einzelnen, sehr kurzen Echopulses kann der Ausdruck $(2\pi f_D t + \phi)$ als konstant und daher als momentane Phase angesehen werden. Ist T_{pw} das Pulswiederholintervall, so ist die Phasendifferenz von Puls zu Puls

$$\varphi = 2\pi f_D T_{pw} \tag{2.51}$$

Kohärente Integration

Die Idealform der Integration ist die *kohärente Integration,* bei der die Echopulse alle in gleiche Phase gebracht und dann addiert werden. Bild 2.11 zeigt das Prinzip, der leichteren Verständlichkeit wegen in der ZF-Ebene und nicht in der in der Praxis verwendeten Videoebene. Zur Integration von n Pulsen werden $(n-1)$ Verzögerungsglieder mit einer Laufzeit T_{pw} benötigt. Ihre Bandbreite muß die Signalbandbreite von $B \approx 1/\tau$ abdecken. Prinzipiell können Leitungen mit so hohem Zeit-Bandbreite-Produkt $T_{pw} \cdot B$ nur in Form von Ultraschall-Verzögerungsleitungen realisiert werden. Wesentlich preiswerter und vor allem auch flexibler hinsichtlich einer Änderung der Laufzeit T_{pw} ist eine geeignete digitale Verarbeitung der Signale, bei der RAM-Speicher die Aufgabe der Verzögerungsleitungen übernehmen.

Zu einem bestimmten Zeitpunkt liegen am Ausgang der Verzögerungsglieder n aufeinanderfolgende Echopulse mit einer Phasendifferenz φ von Puls zu Puls (im Bild ist $\varphi = 60°$) an. Die Phasenschieber drehen die Phasen der Trägerpulse um $i{\cdot}\varphi$ $(i = 0, 1, 2 \ldots n)$ derart, daß alle Phasen am Ausgang der Phasenschieber gleich sind. Der Summierer addiert die Trägerpulse auf, wegen der Phasengleichheit ergibt sich ein Maximum.

Die entstehende S/N-Verbesserung läßt sich leicht berechnen. Besitzen alle n Pulse gleiche Amplitude A und ist die jeden Puls begleitende effektive Rauschspannung U_N, so ist für den Einzelpuls $(S/N)_1 = A^2/2U_N^2$. Am Ausgang des Summengliedes ist die Signalamplitude nA, die Signalleistung also $(nA)^2/2$. Beim Rauschen addieren sich wegen der zufälligen Phasen nur die Leistungen. Die

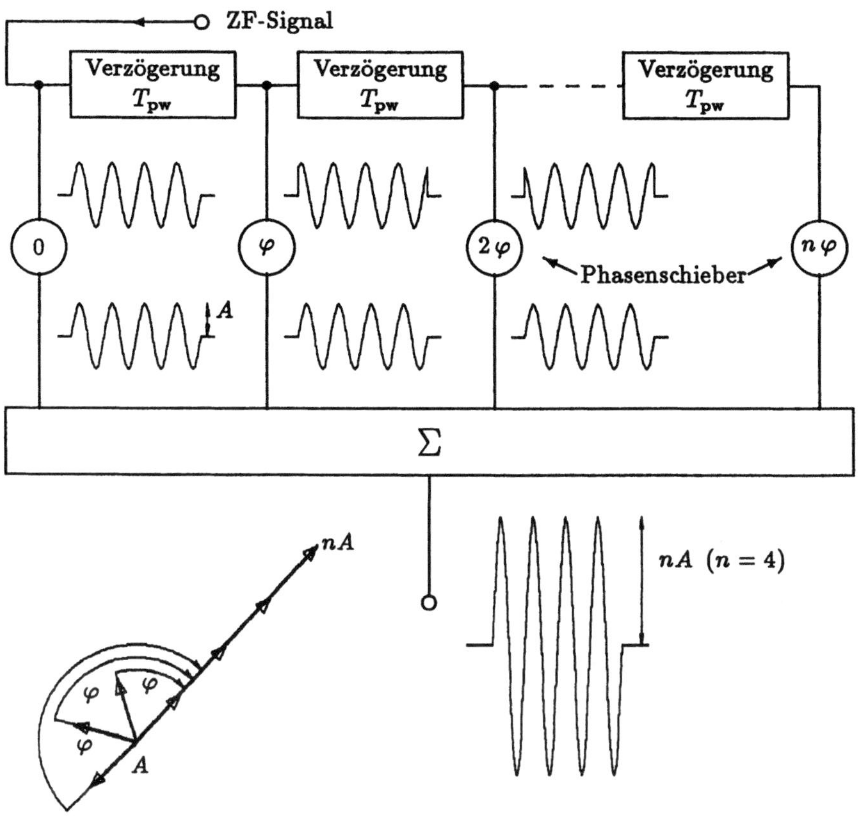

Bild 2.11 Kohärente Integration von n Trägerpulsen.
Bei einem typischen LPRF-Radar benötigen die Verzögerungsglieder Laufzeiten von $T_{pw} \approx 1\,\mathrm{ms}$ und Bandbreiten von $\approx 1\,\mathrm{MHz}$, die Phasenschieber müssen ebenso breitbandig sein.

Rauschleistung am Summenausgang ist also nU_N^2. Damit wird der S/N- oder SNR-Gewinn (SNR-Improvement) I_{SNR} durch Integration von n Pulsen

$$I_{SNR} = \frac{(S/N)_n}{(S/N)_1} = \frac{(nA)^2/2}{nU_N^2} \Big/ \frac{A^2/2}{U_N^2} = n \tag{2.52}$$

Integriert man 10 Pulse, so kann man nach Gleichung (2.49) beispielsweise die Sendeleistung um den Faktor 10 verringern, um dasselbe S/N wie ohne Pulsintegration zu erhalten.

Die kohärente Integration ist bis in die späten 70-er Jahre nicht wirtschaftlich realisierbar gewesen, es wurde fast nur mit nichtkohärenter Integration gearbeitet. Man verwendete die kohärente Integration aber als Referenz. Es wurde zunächst die Reichweite für kohärente Integration aller Treffer innerhalb der Zielverweilzeit berechnet. Der in der Praxis verwendeten, weniger leistungsfähigen nichtkohärenten Integration wurde durch Einführung eines Verlustfaktors Rechnung getragen, des sogenannten *Integrationsverlustes*, der am Ende dieses Abschnittes noch definiert wird. Man beachte jedoch: Integrationsverlust heißt nicht etwa, daß irgendeine Form von nichtkohärenter Integration S/N-Verluste bringt. Gemeint ist lediglich der Verlust gegenüber der idealen kohärenten Integration. Das Konzept des Integrationsverlustes hat sich bewährt und wird auch hier übernommen.

Mit Hilfe der Mikroelektronik läßt sich heute die kohärente Integration im Basisband (Videoebene) sehr kosteneffektiv implementieren. Bei näherer Betrachtung unserer Erklärung von Bild 2.11 fällt jedoch auf, daß die gezeigte Anordnung mit den festen Phasenschiebern nur bei einem bestimmten Doppler (Radialgeschwindigkeit) ordnungsmäß arbeitet. Für eine andere Radialgeschwindigkeit benötigt man einen anderen Satz von Phasenschiebern. Da man die Radialgeschwindigkeiten der Ziele nicht im voraus kennt, muß man eine parallele Bank von Integratoren, vom Typ des in Bild 2.11 gezeigten, bereitstellen. Jeder Integrator mit einem festen Satz von Phasenschiebern deckt einen schmalen Radialgeschwindigkeitsbereich ab. Eine solche Bank wird in der Tat in der Praxis verwendet, sie stellt eine *Dopplerfilterbank* dar. Dopplerfilterung und kohärente Integration sind somit nur *zwei verschiedene Bezeichnungen für denselben Signalverarbeitungs-Algorithmus*.

Unter Benutzung der komplexen Schreibweise läßt sich die kohärente Integration modellhaft darstellen wie in Bild 2.11 links unten gezeigt: die einzelnen Echopulse der Amplitude A und der Phase $(2\pi f_D(i \cdot T_{pw}) + \phi)$ entsprechen Zeigern mit konstanter Phasendifferenz φ nach Gleichung (2.51). Der Integrator dreht alle Zeiger in dieselbe Richtung und addiert sie. Die nicht gezeichneten Zeiger der begleitenden Rauschsignale haben auch nach den Phasenschiebern beliebige Phasen, ihre Summe bleibt daher relativ klein.

Nichtkohärente Integration

Bei der *nichtkohärenten Integration* werden die ZF-Echopulse mit einem Hüllkurvengleichrichter gleichgerichtet, das heißt die Umhüllende des ZF-Signals gewonnen. Bild 2.12 zeigt einen nichtkohärenten Integrator, symbolisch auch den Hüllkurvendetektor mit Diode und RC-Siebglied. Die ausreichend breitbandigen Verzögerungsglieder arbeiten in der Videoebene. Die Multiplizierer dienen einer möglichen Wichtung des Signalsatzes. Da wir der Einfachheit halber konstante Echopulsamplituden annehmen, sollen alle Faktoren das Gewicht $a_i = 1$ besitzen.

An drei Anzapfstellen sind Video-Echopulse gezeigt, eingebettet in das gleichgerichtete Systemrauschen. Die Videopulse sind in Bild 2.12 kürzer dargestellt als in Bild 2.11 die Trägerpulse, da hier zur Veranschaulichung der Wirkung des nichtkohärenten Integrators eine genügende zeitliche Länge des begleitenden Rauschens gezeigt werden soll. Die 3 Proben am Eingang des Summierers lassen ein relativ stark fluktuierendes Rauschen mit Gleichspannungsanteil erkennnen, aus dem sich der Puls gerade erkennbar heraushebt.

Durch die nichtkohärente Integration, das heißt durch die Summierung der Videosignale (im Bild wurde $n = 8$ gewählt), wird vor allem das Rauschen

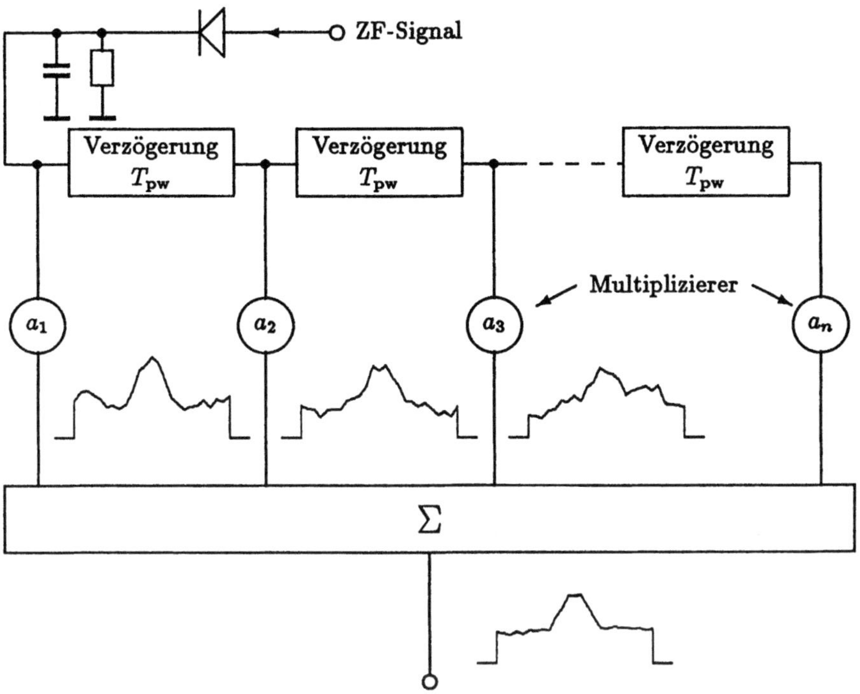

Bild 2.12 Nichtkohärente Integration von n Trägerpulsen.
Der Hüllkurvendetektor transponiert die Amplitudeninformation in die Videoebene. Die Phaseninformation wird zerstört. Bei einem typischen LPRF-Radar benötigen die Verzögerungsglieder Laufzeiten von $T_{pw} \approx 1\,\text{ms}$ und Bandbreiten von $\approx 1\,\text{MHz}$.

stark geglättet, wie man dem Signal am Summierausgang entnehmen kann. Die Folge dieser Glättung ist ein wesentlich besserer Kontrast zwischen Puls und Rauschen. Bei einem automatischen Zieldetektor könnte man für gleiche Falschalarmwahrscheinlichkeit die Entdeckungsschwelle niedriger ansetzen als ohne Integration. Damit erhält man eine höhere Entdeckungswahrscheinlichkeit, was einem effektiven S/N-Gewinn entspricht.

Vor dem Einsatz digitaler Hardware wurden als Verzögerungsleitungen für die analogen Videopulse Ultraschall-Quarz-Verzögerungsleitungen benutzt. Infolge der hohen Kosten und des großen Platzbedarfs konnten meist nur wenige Verzögerungsglieder eingesetzt werden.

Der erste in der Radarpraxis verwendete, nichtkohärente Integrator war der nachleuchtende Schirm der Kathodenstrahlröhre eines PPI-Sichtgerätes (Plan Position Indicator). Bei der Hellsteuerung durch das Radarvideo erzeugt Rauschen ein „Schneegestöber“ -ähnliches Bild durch Anregung immer wieder anderer Bildpunkte beim Umlauf des dem Antennenumlauf folgenden Schreibstrahls.

Auf einem solchen Bildschirm ist ein schwacher, *einzelner* Videopuls nur schwer oder kaum zu erkennen. Viele Treffer bzw. Videopulse eines Zieles regen dagegen immer denselben oder einen unmittelbar benachbarten Punkt zum

Leuchten an (Integrationseffekt), was zu einem gut sichtbaren, sogenannten *Blip* führt.

Hinter einem nichtlinearen Glied wie dem Hüllkurvendetektor ist die übliche Definition des Signal-zu-Rausch-Verhältnisses, beispielsweise Gleichung (2.35), nicht mehr anwendbar. Jede Angabe eines S/N bezieht sich in der Radartechnik daher *immer auf den Bereich vor dem Hüllkurvendetektor*, der im englischen Sprachgebrauch Second Detector[5] oder Envelope Detector genannt wird. Im strengen Sinne kann man daher auch nicht von einem unmittelbaren S/N-Gewinn eines nichtkohärenten Integrators sprechen, weil das S/N vor und *hinter* dem nichtkohärenten Integrator meßbar sein müßte, was wegen der dort nicht anwendbaren Definition des S/N nicht möglich ist.

Wir können aber dem nichtkohärenten Integrator einen *effektiven* S/N-Gewinn wie folgt zuordnen. Wir führen in einem ersten Versuch das gleichgerichtete Video ohne Integration und in einem zweiten Versuch das nichtkohärent integrierte Video jeweils dem gleichen Zieldetektor zu. Wir messen für beide Fälle – beispielsweise am ZF-Ausgang – das erforderliche S/N, das für eine Zielentdeckung erforderlich ist. Das Verhältnis von erforderlichem S/N ohne Integration zu dem mit Integration stellt den effektiven S/N-Gewinn dar. Würden wir denselben Versuch statt mit einem nichtkohärenten Integrator mit einem kohärenten Integrator ausführen, so wäre der kohärente Integrationsgewinn gleich der Zahl der integrierten Pulse, s. Glchg. (2.52):

$$I_{\mathrm{SNR}} = n = n^1 \tag{2.53}$$

Da der *effektive* S/N-Gewinn $I_{\mathrm{SNR,eff}}$ des nichtkohärenten Integrators $< I_{\mathrm{SNR}}$ ist, können wir schreiben

$$I_{\mathrm{SNR,eff}} = n^\gamma \tag{2.54}$$

mit $\gamma < 1$.

In der Praxis wird jedoch der nichtkohärente Integrator meist durch seinen Integrationsverlust L_{int} [3] beschrieben. Um seine Definition zu veranschaulichen, stellen wir uns einerseits einen kohärenten Integrator mit Zieldetektor, andererseits einen nichtkohärenten Integrator mit Zieldetektor vor, beide an denselben Empfängerausgang angeschlossen. Benötigen wir zur Zielentdeckung mit dem nichtkohärenten Integrator L_{int} dB mehr an Einzelpuls-S/N an seinem Eingang als wir am Eingang des kohärenten Integrators benötigen würden, dann stellt L_{int} den Integrationsverlust dar. Daraus folgt

$$L_{\mathrm{int}} = \frac{I_{\mathrm{SNR}}}{I_{\mathrm{SNR,eff}}} = \frac{n^1}{n^\gamma} = n^{1-\gamma} \tag{2.55}$$

und für den praktischen Gebrauch

$$L_{\mathrm{int}} = 10 \log(n^{1-\gamma}) \text{ dB} = 10(1-\gamma) \log n \text{ dB} \tag{2.56}$$

[5]Der First Detector ist der Mischer zum Abmischen des HF-Signals auf die Zwischenfrequenzebene

Der Integrationsverlust L_{int} ist abhängig von der Entdeckungs- und der Falschalarmwahrscheinlichkeit. Er steigt mit größer werdender Zahl n der Pulse, die integriert werden. Das nächste Kapitel enthält Kurvenscharen, mit deren Hilfe sich L_{int} leicht ermitteln läßt.

Zur Orientierung seien hier zwei Werte für L_{int} genannt. Für eine Entdeckungswahrscheinlichkeit von 0,9 und eine Falschalarmwahrscheinlichkeit von 10^{-6} beträgt bei der nichtkohärenten Integration von 2 Pulsen $L_{int} = 0{,}5$ dB, bei 40 Pulsen steigt L_{int} auf 4 dB an. Im ersten Fall ist $\gamma = 0{,}83$ und im zweiten Fall $\gamma = 0{,}75$.

2.9 Die endgültige Radargleichung

Pulsradar ohne Pulskompression

Die Anwendung der Radargleichung beim Radarentwurf setzt die richtige Interpretation des sogenannten Detektierbarkeitsfaktors $D_i(n)$ und die Erfassung aller S/N-Verluste voraus [3]. Wir nehmen an, in Gleichung (2.49) erreiche das Signal-zu-Rausch-Verhältnis $(S/N)_1$ eines Einzelpulses gerade einen solchen Wert $D_0(n = 1) = D_0(1)$, daß seine Entdeckung möglich ist. Genauer: es wird eine vorgegebene Entdeckungswahrscheinlichkeit erreicht bei gleichzeitig vorgegebener Falschalarmwahrscheinlichkeit. Dann stellt R in Gleichung (2.49) die maximale Reichweite $R = R_{max}$ des Radars bei Auswertung eines Einzelpulses dar.

$D_0(1)$ wird als Detektierbarkeitsfaktor (engl. Detectability Factor, in der älteren Literatur im Zusammenhang mit der Zielentdeckung auf einem PPI auch Visibility Factor) bezeichnet, und ist eine den *Zieldetektor kennzeichnende* Größe. Der Index 0 steht für „Swerling 0“ und bedeutet, daß der zugehörige Detektierbarkeitsfaktor für ein Ziel konstanten Rückstrahlquerschnittes gilt, im Gegensatz zu einem Ziel mit fluktuierendem Rückstrahlquerschnitt. Bei letzterem werden meist vier Fluktuationsmodelle unterschieden, i nimmt dann die Werte 1,2,3 und 4 an (s. Kapitel 3). Die Variable n von $D_i(n)$ gibt die Zahl der *nichtkohärent* integrierten Pulse an.

In dieser allgemeinen Form ist $D_i(n)$ das für die Zielentdeckung eines Swerling i-Zieles notwendige Signal-zu-Rausch-Verhältnis jedes einzelnen der n Echopulse.

Wenn die während der Zielverweilzeit empfangenen M_S Pulse mit einem S/N pro Puls von $(S/N)_1$ kohärent integriert werden und der resultierende Puls gerade das für Einzelpuls-Endeckung erforderliche $D_0(1)$ erreicht, gilt

$$D_0(1) = M_S \left(\frac{S}{N}\right)_1 \qquad \text{oder} \qquad \left(\frac{S}{N}\right)_1 = \frac{D_0(1)}{M_S}$$

Wir setzen $(S/N)_1$ in Gleichung (2.49) ein, lösen nach $R = R_{max}$ auf und erhalten damit die endgültige Form der Radargleichung für das Pulsradar zu

$$R_{\max} = \sqrt[4]{\frac{P_t \cdot M_S \cdot \tau \cdot G_t \cdot G_r \cdot \lambda^2 \cdot \sigma}{(4\pi)^3 \cdot kT_{sys} \cdot D_0(1) \cdot \alpha} \cdot \frac{1}{L}} \tag{2.57}$$

Dabei stellt

$$L = \prod_{\mu} L_{\mu} \tag{2.58}$$

das Produkt aller Verluste L_μ dar. Die Auflistung der Verluste L_μ wird als *Verlustbilanz* bezeichnet, mit der sich Kapitel 4 eingehender befassen wird.

In Gleichung (2.57) ist zunächst angenommen, daß alle M_S Treffer kohärent integriert werden. Bei den älteren Radaren wurde jedoch nur nichtkohärent integriert. Dies kann man durch den Integrationsverlust berücksichtigen. In der Radargleichung ist dann die Größe

$$\frac{D_0(1)}{M_S}$$

unter Verwendung des Integrationsverlustes L_{int} zu ersetzen durch

$$\frac{D_0(1)}{M_S} \cdot L_{\text{int}} = D_0(M_S) = D_0(n)$$

wenn wir der üblichen Schreibweise wegen $M_S = n$ setzen.

Würden wir in der Praxis nur eine nichtkohärente Integration verwenden und könnten wir $D_0(n)$ – oder allgemeiner $D_i(n)$ – unmittelbar berechnen, so würden wir den Begriff des Integrationsverlustes nicht benötigen. Dieser Weg war gut geeignet für ältere Radare mit einfachen Waveforms.

Moderne Radare integrieren Pulsgruppen (Bursts) kohärent, die Ergebnisse davon nichtkohärent oder auch binär. Aus diesem Grunde ist es übersichtlicher, von kohärenter Integration aller Treffer als Referenz auszugehen und die Abweichung von dieser Referenz durch den Integrationsverlust L_{int} zu berücksichtigen.

In der Regel treten noch weitere S/N-Verluste auf, wie beispielsweise bei fluktuierenden Zielen der Fluktuationsverlust L_{fluk}, der Verlust durch nichtausgewertete Sendepulse (Clutterfüllpulse) und andere mehr. Allgemein ließe sich in einem solchen Fall der Detektierbarkeitsfaktor für ein nach Swerling-Fall i fluktuierendes Ziel schreiben als

$$D_i(n) = D_i(M_S) = \frac{D_0(1)}{M_S} \cdot L_{\text{int}} \cdot L_{\text{fluk}} \cdots \tag{2.59}$$

Die Punkte sollen weitere Verluste andeuten. In der Praxis bestimmt man daher zweckmäßigerweise $D_0(1)$, M_S und die Verluste L_μ getrennt und setzt sie in die Radargleichung ein, statt $D_i(n)$ selbst zu verwenden.

Zur Orientierung: für eine Entdeckungswahrscheinlichkeit von $P_d = 90\%$ und eine Falschalarmwahrscheinlichkeit von $P_{fa} = 10^{-6}$ ist $D_0(1) = 13{,}2\,\mathrm{dB}$, wie den Kurven in Kapitel 3 entnommen werden kann.

Eine der wichtigsten Schlußfolgerungen aus der Radargleichung ist die Tatsache, daß die Reichweite nur mit der 4-ten Wurzel aus der Senderleistung wächst. Für eine Reichweitenverdopplung benötigt man also das 16-fache an Senderleistung!

Einen weiteren wichtigen Einblick in die Physik des Radars erhalten wir, wenn wir in Gleichung (2.57) das Teilprodukt $P_t M_S \tau G_t$ im Zähler unter der Wurzel betrachten. Mit T_{tot} = Zielverweilzeit, T_{pw} = Pulswiederholintervall und η = Tastverhältnis können wir schreiben

$$P_t M_S \tau G_t = P_t \frac{T_{tot}}{T_{pw}} \tau G_t = P_t \frac{\tau}{T_{pw}} T_{tot} G_t = P_t \eta T_{tot} G_t$$

$P_t\eta$ ist die mittlere Sendeleistung $P_{av,t}$ und $P_t\eta G_t$ ist die über die Richtwirkung der Antenne auf das Ziel gebrachte mittlere Leistung $P_{av,ziel}$. Damit wird die auf das Ziel gebrachte Energie

$$E_{ziel} = P_{av,ziel} T_{tot} = P_t M_S \tau G_t$$

Unter Vernachlässigung der Verluste L und Ersatz des Empfangs-Antennengewinns G_r durch die Empfangs-Apertur nach Gleichung (2.29) können wir nun Gleichung (2.57) umschreiben in (wir setzen $\alpha = 1$)

$$R_{max} = \sqrt[4]{\frac{P_{av,ziel} \cdot T_{tot} \cdot \sigma \cdot A_{r,eff}}{(4\pi)^2 \cdot kT_{sys} \cdot D_0(1)}} = \sqrt[4]{\frac{E_{ziel} \cdot \sigma \cdot A_{r,eff}}{(4\pi)^2 \cdot kT_{sys} \cdot D_0(1)}} \qquad (2.60)$$

Letztlich wird also die Reichweite bestimmt durch die auf das Ziel gebrachte *Energie*, den Rückstrahlquerschnitt, die Empfangs-Antennenfläche, das Systemrauschen (kT_{sys}) und die Kenngröße $D_0(1)$ des Zieldetektors. Letztere stellt das für eine Zielentdeckung erforderliche S/N dar. Dabei ist immer ein an das Sendesignal angepaßtes Filter, ein Matched Filter, vorausgesetzt, das heißt letztlich, es wird über die ganze Zielverweilzeit „kohärent integriert".

In der letzten Form der Radargleichung ist auch die scheinbare Frequenzabhängigkeit durch die Größe λ^2 beseitigt, die nur durch die Abhängigkeit des Gewinns G_r von λ^2 bei konstanter Apertur $A_{r,eff}$ entsteht (vgl. Gleichung (2.29)).

Pulsradar mit Pulskompression

Obwohl das Verfahren der *Pulskompression* erst in einem späteren Kapitel ausführlicher behandelt wird, soll hier die Radargleichung für ein Pulskompressions-Radar entwickelt werden. Radare mit Pulskompression verwenden relativ lange Sendepulse der Dauer τ, die pulsintern (engl. intrapulse) in der Frequenz oder

Phase moduliert sind. Während die Bandbreite B eines pulsintern nicht modulierten Trägerpulses $B \approx 1/\tau$ beträgt, wird durch die Intrapuls-Modulation im allgemeinen $B \gg 1/\tau$. Man kennzeichnet einen solchen Sendepuls meist durch sein Zeit-Bandbreite-Produkt τB. Im Gegensatz zum klassischen Pulsradar mit $\tau B \approx 1$ ist bei Pulskompressionsradaren $\tau B = 10\ldots 200$.

Die Radargleichung in der Form (2.49) gibt das S/N des unkomprimierten Einzelpulses vor dem Matched Filter des Pulskompressions-Radars an, dem sogenannten *Pulskompressionsfilter*. Dieses hat eine Bandbreite B und komprimiert den unkomprimierten Echopuls der Dauer τ um den

$$\boxed{\text{Kompressionsfaktor } K = \tau B = \text{ Zeit-Bandbreite-Produkt}} \qquad (2.61)$$

auf die Dauer

$$\tau_c = \tau/K = \tau/\tau B = 1/B \qquad (2.62)$$

Man kann zeigen, daß durch diese Kompression aus dem $(S/N)_1$ des unkomprimierten Pulses (vgl. Gleichung (2.49)) ein Signal-Rausch-Verhältnis des komprimierten Pulses von $\tau B \cdot (S/N)_1$ entsteht. Eine dafür nützliche Modellvorstellung ist die folgende: Den unkomprimierten Puls mit dem Zeit-Bandbreite-Produkt τB kann man sich vorstellen als τB aneinander gereihte „Subpulse" der komprimierten Dauer $\tau_c = 1/B$. Dem S/N eines solchen Subpulses entspricht $(S/N)_1$ in Gleichung (2.49). Das Pulskompressionsfilter führt weiter nichts durch als eine *kohärente Integration* dieser $\tau B = K$ Subpulse, also verbessert sich das S/N um den Faktor $\tau B = K$.

Entsprechend der Ableitung der Radargleichung (2.57) aus Gleichung (2.49), stellen wir uns jetzt vor, daß das für eine Zielentdeckung erforderliche $D_0(1)$ durch die kohärente Integration der K Subpulse im Pulskompressionsfilter und – wie oben – durch die kohärente Integration von M_S Treffern während der Zielverweilzeit gerade erreicht wird. Dann gilt

$$D_0(1) = K \cdot M_S \cdot (S/N)_1$$

Das resultierende $(S/N)_1$ setzen wir in Gleichung (2.49) ein und berücksichtigen für das Pulskompressionsfilter $B_n = \alpha/\tau_c \approx 1/\tau_c$, wobei wir $\alpha = 1$ gesetzt haben. Daraus erhalten wir die Radargleichung für das Pulskompressions-Radar zu

$$\boxed{R_{max} = \sqrt[4]{\frac{P_t \cdot M_S \cdot K \cdot \tau_c \cdot G_t \cdot G_r \cdot \sigma \cdot \lambda^2}{(4\pi)^3 \cdot kT_{sys} \cdot D_0(1) \cdot \alpha} \cdot \frac{1}{L}}} \qquad (2.63)$$

Verluste durch ein nicht genügend gut an das Sendesignal angepaßtes Filter werden als Matching Verlust des Pulskompressionsfilters in L untergebracht.

Allgemeine Radargleichung

In der letzten Gleichung stellt $P_t M_S K \tau_c G_t = E_{ziel}$ wieder die auf das Ziel gebrachte Energie dar. Setzt man E_{ziel} in die letzte Gleichung ein, so erhält man eine allgemeine Radargleichung, die auch für *CW-Radare* gilt:

$$R_{max} = \sqrt[4]{\frac{E_{ziel} \cdot G_r \cdot \sigma \cdot \lambda^2}{(4\pi)^3 \cdot kT_{sys} \cdot D_0(1)} \cdot \frac{1}{L}} \qquad (2.64)$$

Aus Sendeleistung, Antennengewinn im Sendefall und der Zielverweilzeit des CW-Radars muß man zunächst E_{ziel} bestimmem und kann danach R_{max} ermitteln. $D_0(1)$ ist hier das zur Zielentdeckung erforderliche Signal-zu-Rausch-Verhältnis bei Verwendung eines Matched Filters, das heißt bei kohärenter Integration über die ganze Zielverweilzeit. Abweichungen von diesem Ideal denken wir uns wieder als Verluste in L untergebracht. Wegen ihrer Bedeutung ist der Verlustbilanz das Kapitel 4 gewidmet. Sinnvollerweise gehen wir erst dort auf ein ausführliches Beispiel zur Radargleichung ein.

Literaturverzeichnis

[1] Skolnik, M.I.: *Introduction to Radar Systems,* McGraw Hill, 1980.

[2] Blake, L.V.: *Prediction of Radar Range*
in *Radar Handbook* (M.I. Skolnik, ed.), McGraw-Hill, 1990.

[3] Barton, D.K.: *Modern Radar System Analysis,* Artech House, 1988.

[4] Blake, L.V.: *Radar Range-Performance Analysis*, Artech House, 1986.

[5] Gerlitzki, W.: *Die Radargleichung*, AEG-Telefunken, 1984.

[6] Rupp, A.: *Radarempfänger – Seine Bausteine in moderner Technik*
in *Radartechnik* (G. Käß, Herausg.), Expert-Verlag, 1981.

[7] Taylor, J.W.: *Receivers*
in *Radar Handbook* (M.I. Skolnik, ed.), McGraw-Hill, 1990.

[8] Pauli, P.: *Radar-Antennen*
in *Radartechnik* (G. Käß, Herausg.), Expert-Verlag, 1981.

[9] Schrank, H.E., Evans, G.E., Davis, D.: *Reflector Antennas*
in *Radar Handbook* (M.I. Skolnik, ed.), McGraw-Hill, 1990.

[10] Cheston, T.C., Frank, J.: *Phased Array Radar Antennas* in *Radar Handbook* (M.I. Skolnik, ed.), McGraw-Hill, 1990.

[11] Waniliek, G.: *Signaturuntersuchungen an einem polarimetrischen Radar*, Dissertation TU Karlsruhe, 1988.

3 Entdeckung konstanter und fluktuierender Echos im Rauschen

3.1 Übersicht

In diesem Kapitel wird einleitend das Prinzip des automatischen Zieldetektors erläutert, das auf dem Neyman-Pearson-Test der Statistik beruht. Dieser Test liefert später auch die Begründung für den allgemeinen Entwurf eines Matched Filters. Die Funktion eines CFAR-Detektors wird nur kurz beschrieben, wegen seiner Bedeutung ist ihm das nachfolgende Kapitel 9 gewidmet.

Zur Berechnung der Falschalarmwahrscheinlichkeit P_{fa} und der Entdeckungswahrscheinlichkeit P_{d} für einen Einzelpuls werden die Wahrscheinlichkeitsdichtefunktionen (WDF) von Rauschen allein und von Signal + Rauschen benötigt.

Sie werden ausgehend vom ZF-Bandpaß-Signal entwickelt. Wir stoßen dabei im Bandpaßbereich auf Gauß-verteiltes Rauschen, nach dem Hüllkurvendetektor auf Rayleigh-verteiltes Rauschen und auf die sogenannte Rice-Verteilung für Rauschen + Signal. Zur Ermittlung der bei der Einzelpulsentdeckung interessierenden Parameter zeigt Bild 3.5 eine geeignete Kurvenschar.

Das für eine Zielentdeckung mit vorgegebener Entdeckungswahrscheinlichkeit erforderliche Signal-zu-Rausch-Verhältnis wird durch die Fluktuation des Rückstrahlquerschnittes σ eines Radarzieles erheblich vergrößert (Fluktuationsverlust), und zwar bei den praktisch interessanten Entdeckungswahrscheinlichkeiten von etwa $\geq 40\%$. Meist fluktuiert σ stark mit dem Aspektwinkel und der Sendefrequenz. Die Standard-Fluktuationsmodelle Swerling 0...4 werden beschrieben, ebenso das Entstehen eines S/N-Gewinnes bei der Anwendung von Frequenz-Agilität oder Frequenz-Diversity, des sogenannten Agilitäts- oder Diversitygewinnes. Durch ihn kann ein Teil des Fluktuationsverlustes wieder wettgemacht werden.

Während die Zielentdeckung nach der *kohärenten* Integration von Echopulsen rechnerisch einfach zu behandeln ist, erfordert die Berechnung der Entdeckungswahrscheinlichkeit nach *nichtkohärenter* Integration einen erheblichen mathematischen Aufwand. Daher ist der Rechnungsgang in diesem Kapitel nur kurz skizziert. Die Lösungen gehen zurück auf die klassischen Arbeiten von *Marcum* und *Swerling* [6, 7, 8].

In diesem Kapitel sind 16 Kurvenscharen angegeben, mit denen – ggf. nach Interpolation – die Mehrzahl praktischer Entwurfsaufgaben gelöst werden kann. Bei diesen handelt es sich meist um die Ermittlung des mittleren Einzelpuls-S/N (= Detektierbarkeitsfaktor $D_i(n)$), wenn P_{d}, P_{fa}, die Zahl $M = n$ der integrierten Pulse und das Swerling-Modell i vorgegeben sind.

Abschließend wird die vereinfachte Form einer nichtkohärenten Integration, die sogenannte binäre Integration, erläutert. Sie findet im Wanderfenster-Detektor von MTI-Radars und auch zur Nachintegration blockweise kohärent integrierter Pulsgruppen in Pulsdoppler-Radaren Anwendung.

3.2 Prinzip des automatischen Zieldetektors

Die wichtigste Aufgabe eines Radar-Signalprozessors besteht in der Entdeckung schwacher Echos, also solcher Signale, die nahezu im Rauschen „untergehen". Schwache Echos deshalb, weil teure Sendeleistung gespart und gleichzeitig eine große Reichweite erzielt werden soll. Die Entdeckung starker Echos ist nahezu problemlos.

Während in vielen anderen Bereichen der Nachrichtentechnik, wie zum Beispiel bei der analogen Sprach- und Bildübertragung, danach gestrebt wird, ein möglichst unverzerrtes Abbild des Sendesignales am Empfängerausgang zu erhalten, was unabdingbar ein großes S/N am Empfängereingang voraussetzt, ist beim Radar-Empfänger/Prozessor der zeitliche Verlauf des Ausgangssignals von sekundärem Interesse. Seine primäre Aufgabe besteht darin, zu entscheiden, ob ein Echosignal vorhanden ist oder nicht: Signal-Erkennung oder -Entdeckung. Ist ein Ziel entdeckt, so soll er die Zielparameter wie beispielsweise Entfernung, Azimut und Elevation ermitteln: Parameterschätzung.

Diese Aufgabenstellung führt in der Praxis zu bewußten, dem Anfänger oft unverständlichen Verletzungen gewisser Grundgesetze wie beispielsweise des Abtasttheorems bei der digitalen Verarbeitung der abgetasteten Radarsignale. So wird aus Kostengründen oft eine Absenkung der Abtastfrequenz wesentlich unter die Nyquistrate vorgenommen, weil die Signalentdeckung nicht unvertretbar vermindert wird und die Signalform ohne Interesse ist. Kurz zusammengefaßt besteht zwischen den mehr konventionellen Bereichen der Nachrichtentechnik und der Radartechnik folgender Unterschied: im ersten Fall ist am Empfängereingang $S/N \gg 1$ (etwa > 40 dB), das Signal in weiten Grenzen unbekannt und am Empfängerausgang ein möglichst unverzerrtes Signal erwünscht. Im zweiten Fall ist $S/N \approx 1\,(0\,\text{dB})$, das erwartete Signal innerhalb enger Grenzen bekannt und der genaue zeitliche Verlauf des Ausgangssignals von sekundärem Interesse.

In der seit etwa zwei Dekaden sich stürmisch entwickelnden digitalen Nachrichtenübertragung sind die Aufgabenstellungen und Verfahren ähnlich denen der Radartechnik. Statt ein Ziel zu entdecken will man dort erkennen, ob ein Bit gesetzt wurde oder nicht. Dieser Zweig der Nachrichtentechnik konnte daher eine Reihe von Konzepten der Radartechnik übernehmen, als Beispiel sei nur das Matched Filter genannt. Die in der Radartechnik auftretenden beliebigen und unterschiedlichen Dopplerverschiebungen gleichzeitig eintreffender Signale sind im allgemeinen bei der digitalen Nachrichtenübertragung nicht vorhanden. Dort ist die Dopplerverschiebung des Signals Null oder nahezu konstant.

Bild 3.1 zeigt den Signalfluß bei der automatischen Zieldetektion eines einzelnen Pulses. Nach Verstärkung im HF/ZF-Teil des Empfängers wird im Matched Filter durch die an das Pulsspektrum angepaßte Übertragungsfunktion das Signal-zu-Rausch-Verhältnis optimiert.

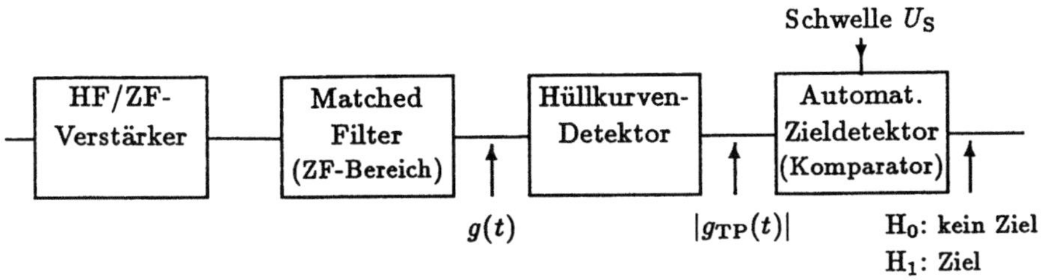

Bild 3.1 Verarbeitungsstufen zur Einzelpulsentdeckung

Im Hüllkurvendetektor wird dem ZF-Signalgemisch $g(t)$, bestehend aus Rauschen und Nutzsignal, die videofrequente unipolare Hüllkurve $|g_{TP}(t)|$ entnommen. Technisch kann dieser Hüllkurvendetektor durch einen Zweiweggleichrichter angenähert werden, in modernen Geräten ist er ein Rechenalgorithmus.

Der im folgenden beschriebene Test zur automatischen Zielerkennung stammt aus der mathematischen Statistik und ist unter dem Namen *Neyman-Pearson-Test* bekannt. Offensichtlich kann der automatische Zieldetektor zu einem bestimmten Zeitpunkt t_i nur zwei Hypothesen aufstellen: der Momentanwert der Hüllkurve $|g_{TP}(t_i)|$ hat seine Ursache allein im Rauschen (Hypothese H_0) oder er rührt vom Signal + Rauschen her (Hypothese H_1).

Der Zieldetektor vergleicht daher die Amplitudenwerte der Hüllkurve laufend mit einer Schwelle U_S und entscheidet auf Rauschen (H_0), wenn der Hüllkurvenwert kleiner als die Schwelle ist, andernfalls auf Signal (H_1), siehe Bild 3.2. Wenn Rauschen allein die Schwelle überschreitet, entsteht eine Falschmeldung oder ein Falschalarm. Wir haben also eine endliche Falschalarmwahrscheinlichkeit P_{fa}. Andererseits kann es vorkommen, daß Signal + Rauschen die Schwelle nicht überschreiten. Die Wahrscheinlichkeit, ein Ziel zu entdecken – die Entdeckungswahrscheinlichkeit P_d – ist daher stets < 1 oder $< 100\%$.

Die Schwelle U_S am Zieldetektor wird auf eine solche Falschalarmwahrscheinlichkeit eingestellt, daß die daraus resultierende mittlere Zahl von Falschzielen pro Zeiteinheit von den nachfolgenden Verarbeitungseinrichtungen „verkraftet" werden kann. Dann ist die Entdeckungswahrscheinlichkeit beim Neyman-Pearson-Test maximal.

Wenn in Abwesenheit eines Zieles bei N *statistisch voneinander unabhängigen* Beobachtungen (s. auch Abschnitt 3.6) der Zieldetektor n_{fa} Zielmeldungen abgegeben hat, dann ist die Falschalarmwahrscheinlichkeit definiert als

$$P_{fa} = \lim_{N\to\infty} \frac{\text{Zahl } n_{fa} \text{ der falschen Entscheidungen}}{\text{Zahl } N \text{ der möglichen Entscheidungen}} \tag{3.1}$$

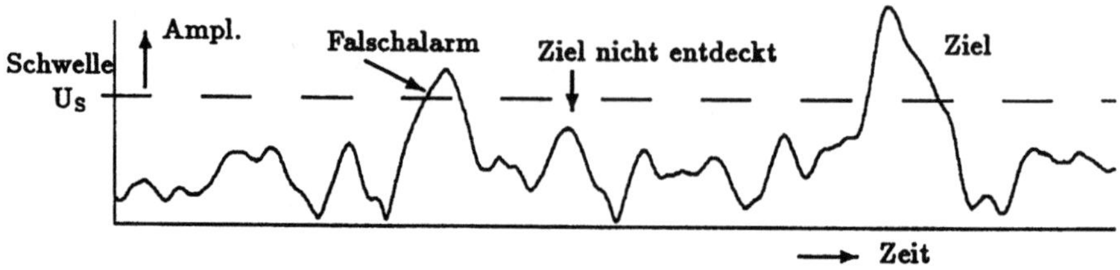

Bild 3.2 Einzelpulsentdeckung durch Vergleich der Hüllkurve mit der Schwelle U_S (Neyman-Pearson-Test mit $P_{fa} > 0$ und $P_d < 1$).

Bei Anwesenheit eines Zieles läßt sich die Entdeckungswahrscheinlichkeit definieren als

$$P_d = \lim_{N \to \infty} \frac{\text{Zahl } n_d \text{ der richtigen Entscheidungen}}{\text{Zahl } N \text{ der möglichen Entscheidungen}} \tag{3.2}$$

wenn bei N Versuchen n_d Zielmeldungen erfolgen.

Der Begriff *automatischer* Zieldetektor muß im Gegensatz gesehen werden zur Frühzeit der Radartechnik, als vor dem Bildschirm ein Beobachter als „menschlicher Zieldetektor" entschied, ob ein beobachtetes Signal ein Ziel darstellte oder nur eine Rauschspitze.

Zur Orientierung: Bei typischen Rundsuchradaren läßt man am Ausgang des Signalprozessors, das heißt am Eingang des Flugzielverfolgungsrechners, eine Falschzielrate von etwa 1...5 *rauschbedingten* Falschzielen pro Sekunde zu. Das entspricht bei dieser Art von Radar etwa $P_{fa} = 10^{-6}$, wie am Ende dieses Abschnittes gezeigt wird. Der Tracker verringert diese rauschbedingte Falschzielrate auf einen praktisch vernachlässigbaren Wert. Die in der Praxis vorhandene, endliche Falschzielrate hat ihre Ursache in anderen Störsignalen als dem Systemrauschen. Bezüglich der Entdeckungswahrscheinlichkeit erfüllt ein Radar im allgemeinen die ihm gestellte Aufgabe, wenn P_d an der Reichweitengrenze etwa 80...90% beträgt.

3.3 CFAR-Zieldetektor

Die Verstärkung eines Radarempfängers kann sich durch Alterungs- und Temperatureinflüsse geringfügig ändern. Als Folge davon schwankt auch der Effektivwert des Systemrauschens. Daher ändert sich bei festgehaltener Schwelle U_S auch die Falschalarmwahrscheinlichkeit, während S/N im allgemeinen konstant bleibt. Das ist unerwünscht: denn entweder steigt damit die Falschalarmrate an oder es werden – bei sinkendem Rauschpegel – schwache Ziele nicht entdeckt, das heißt, die Entdeckungswahrscheinlichkeit P_d verringert sich. Man kann diese Reduktion der P_d in einen scheinbaren S/N-Verlust umrechnen.

Um P_{fa} konstant zu halten, sollte daher die Schwelle U_S einem sich ändernden Rauscheffektivwert nachgeführt werden. Das kann im Fall einer langsamen Änderung der Verstärkung und damit der Rauschspannung des Empfängers mit einem relativ einfachen Verfahren geschehen. Es wird in der Radartotzeit (nur Rauschen anwesend) die Zahl der Überschreitungen einer relativ niedrigen und konstanten Hilfsschwelle U'_S gemessen. Aus U'_S und der Zahl der Schwellüberschreitungen kann der Effektivwert des Systemrauschens ermittelt und der Berechnung der eigentlichen Entdeckungsschwelle U_S zugrunde gelegt werden. Man nennt einen automatischen Zieldetektor, bei dem die Schwelle einem sich ändernden Störsignal nachgeführt wird, einen CFAR-Zieldetektor (Constant False Alarm Rate) oder kurz CFAR-Detektor. Dabei sind unter Störsignal nicht nur ein sich änderndes Systemrauschen, sondern vor allem auch Boden- und Regen-Restclutter wie auch gewollte Störungen (ECM) zu verstehen.

Bei modernen Radaren enthält der CFAR-Detektor daher eine Anzahl aufwendiger Algorithmen und erfordert somit einen relativ großen Entwicklungsaufwand. Ein einfaches Beispiel soll dies verdeutlichen.

Wir hatten gesehen, daß sich bei einem LPRF-Radar mit niedriger Empfängerrauschzahl und HF/ZF-STC der Effektivwert des Rauschens während der Empfangszeit ändert, Gleichung (2.17). Um die Schwelle nachzuführen, muß man für jeden Zeitpunkt einen ausreichend geglätteten Schätzwert für den momentanen Rauscheffektivwert ermitteln. Dabei ist zu beachten, daß das Empfangssignal neben Rauschen auch noch Zielechos sowie Boden- und Regen-Restclutter enthält, die für diese Ermittlung ausgeschlossen werden müssen. Eine Lösung dieses Problems ist aufwendig und wird daher aus Kostengründen oft nicht durchgeführt. Vielmehr legt man einfach die Schwelle ausreichend hoch und akzeptiert den effektiven S/N-Verlust.

Dem CFAR-Detektor ist ein eigenes Kapitel gewidmet. Sinn dieses Abschnittes war, sein Prinzip zu erläutern und auf das Entstehen eines scheinbaren S/N-Verlustes hinzuweisen, wenn die Schwelle aus Sicherheitsgründen höher eingestellt ist als es der spezifizierten P_{fa} entspricht. Wir wollen im folgenden wieder ein konstantes Systemrauschen als einziges Störsignal voraussetzen.

3.4 Wahrscheinlichkeitsdichtefunktionen radartypischer Zufallssignale

Wie in Kapitel 5 gezeigt werden wird, läßt sich das in der ZF-Ebene vorliegende Bandpaßsignal $g(t)$ am Eingang des Hüllkurvendetektors beschreiben durch

$$g(t) = g_{\mathrm{TP,r}}(t) \cdot \cos 2\pi f_{\mathrm{ZF}} t - g_{\mathrm{TP,i}}(t) \cdot \sin 2\pi f_{\mathrm{ZF}} t \tag{3.3}$$

Das äquivalente und komplexe Tiefpaßsignal $g_{\mathrm{TP}}(t) = g_{\mathrm{TP,r}}(t) + \mathrm{j}\, g_{\mathrm{TP,i}}(t)$ trägt die eigentliche Information. Sein Realteil $g_{\mathrm{TP,r}}(t)$ wird in der Praxis meist als Inphase-Signal oder kürzer als „I-Signal" bezeichnet, $g_{\mathrm{TP,i}}(t)$ ist sein Imaginärteil, auch Quadratur- oder „Q-Signal" genannt. Das Signal $g(t)$ enthält bei Abwesenheit eines Zieles nur das Systemrauschen, sonst Rauschen + Signal.

Zur Berechnung der Falschalarmwahrscheinlichkeit P_{fa} und der Entdeckungswahrscheinlichkeit P_d benötigen wir die Verteilungsdichtefunktion oder Wahrscheinlichkeitsdichtefunktion (WDF) der Hüllkurve am Ausgang des Hüllkurvendetektors. Die Hüllkurve ist identisch mit dem Betrag $|g_{TP}(t)|$ des äquivalenten Tiefpaßsignals. Die gesuchte WDF erhalten wir über die Ermittlung derjenigen für das Bandpaßsignal $g(t)$ selbst und – daraus abgeleitet – über die WDF des Inphase-Signals $g_{TP,r}(t)$ und des Quadratur-Signals $g_{TP,i}(t)$.

WDF von Rauschen allein

Zunächst betrachten wir den Fall eines reinen Rauschsignals $g(t) = n(t)$ mit $n_{TP}(t) = n_{TP,r}(t) + j\, n_{TP,i}(t)$. Da der Rauschprozeß am Eingang des Empfängers auf die ungeordnete, thermische Bewegung sehr vieler Elektronen zurückzuführen ist, stellt er nach dem zentralen Grenzwertsatz der Statistik einen (innerhalb der Eingangsbandbreite des Empfängers angenähert weißen) Gauß-Prozeß dar, den wir als stationär und ergodisch betrachten können. Ein solcher Prozeß behält bei der Übertragung durch LTI-Systeme (Linear Time Invariant Systems) wie ZF-Verstärker und Matched Filter eine Gauß-Verteilung bei [1]. Setzen wir zur Abkürzung $n(t) = z$, so wird die WDF des ZF-Rauschsignals eine mittelwertfreie Gaußverteilung mit der Streuung oder Varianz σ^2:

$$p(z) = \frac{1}{\sigma\sqrt{2\pi}}\, e^{-\frac{z^2}{2\sigma^2}} \tag{3.4}$$

Dabei stellt die Standardabweichung σ den Effektivwert U_N des Rauschens dar. Bild 3.3 zeigt das Bandpaß-Rauschsignal $n(t)$ und die zugehörige Gauß'sche Verteilungsdichte $p(z)$ für Rauschen allein. Man beachte, daß die WDF $p(z)$ einer beispielsweise in Volt gemessenen Amplitude z stets die Dimension V^{-1} besitzt. Erst die Größe $p(z)\,dz$, die die Wahrscheinlichkeit angibt, mit der die Amplitude z im Intervall $[z,\, z + dz]$ vorgefunden wird, ist dimensionslos.

Bei Nichtverfügbarkeit eines Effektivwert-Spannungsmessers kann man $\sigma = U_N$ in der Praxis leicht mit einem Oszilloskop messen. Man bestimmt – bei relativ langsamer Zeitablenkung – den sogenannten Quasi-Spitzenwert U_{ss} des Rauschens. Dieser liegt etwa 15 dB über dem Effektivwert. Damit ist $U_N \approx U_{ss}/5{,}6$. Der Meßwert für U_{ss} streut von Beobachter zu Beobachter um weniger als 2 dB, was für viele Wartungsaufgaben ausreicht.

Wie in Kapitel 5 gezeigt werden wird, erhält man das I-Signal $n_{TP,r}(t)$ und das Q-Signal $n_{TP,i}(t)$ durch Multiplikation (= Abmischen) von $g(t) = n(t)$ mit den gegenseitig um 90° phasenverschobenen, zwischenfrequenten Oszillatorsignalen $2\cos 2\pi f_{ZF}t$ und $-2\sin 2\pi f_{ZF}t$ (in der Radartechnik nennt man sie COHO-Signale, von Coherent Oscillator). Da eine Multiplikation ein lineares Abmischverfahren darstellt, bleiben $n_{TP,r}(t)$ und $n_{TP,i}(t)$ Gauß-verteilt wie $n(t)$. Da der Sinus und Cosinus zueinander orthogonal sind, können wir weiter schließen, daß das Rauschen von I- und Q-Signal, also $n_{TP,r}(t)$ und $n_{TP,i}(t)$, statistisch voneinander unabhängig sind [1]. Auch die Größe der Varianz σ^2 bleibt erhalten.

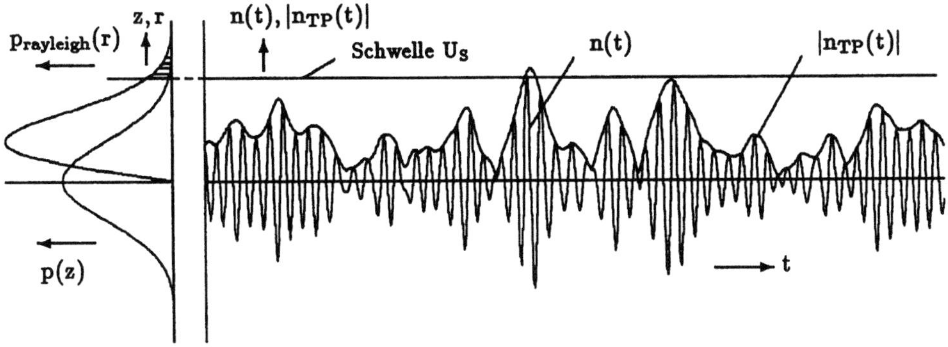

Bild 3.3 Signale und Wahrscheinlichkeitsdichtefunktionen bei Rauschen allein. Rechts: Bandpaß-Rauschsignal $n(t)$ und zugehörige Hüllkurve $|n_{\mathrm{TP}}(t)|$. Links: Zugehör. Wahrscheinlichkeitsdichtefunktionen: $p(z)$ ist die WDF des Bandpaß-Rauschsignals $n(t) = z$ und $p_{\mathrm{rayleigh}}(r)$ die der Umhüllenden $|n_{\mathrm{TP}}(t)| = r$. Die Falschalarmwahrscheinlichkeit P_{fa} entspricht der schraffierten Fläche unter der Rayleigh-Verteilung $p_{\mathrm{rayleigh}}(r)$.

Setzen wir zur Abkürzung $n_{\mathrm{TP,r}}(t) = x$ und $n_{\mathrm{TP,i}}(t) = y$, so erhalten wir deshalb für die WDF der Amplituden des I- und Q-Signals bei Rauschen allein wieder mittelwertfreie Gauß-Verteilungsdichten, nämlich

$$p_{\mathrm{I}}(x) = \frac{1}{\sigma\sqrt{2\pi}} \mathrm{e}^{-\frac{x^2}{2\sigma^2}} \quad \text{und} \quad p_{\mathrm{Q}}(y) = \frac{1}{\sigma\sqrt{2\pi}} \mathrm{e}^{-\frac{y^2}{2\sigma^2}} \tag{3.5}$$

WDF von Signal + Rauschen

Wir betrachten jetzt den Fall Signal + Rauschen, $g(t) = a(t) + n(t)$, indem wir ein gepulstes Zielsignal der Amplitude A, der Dopplerverschiebung f_{D} und der beliebigen Phase φ annehmen. Also gilt während der Pulsdauer

$$g(t) = a(t) + n(t) = A\cos\Big(2\pi(f_{\mathrm{ZF}} + f_{\mathrm{D}})\,t + \varphi\Big) + n(t)$$

Die Quadraturkomponenten erhält man durch die oben beschriebene Abmischung zu

$$\begin{aligned} g_{\mathrm{TP,r}}(t) &= a_{\mathrm{TP,r}}(t) + n_{\mathrm{TP,r}}(t) = A\cos(2\pi f_{\mathrm{D}} t + \varphi) + n_{\mathrm{TP,r}}(t) \\ g_{\mathrm{TP,i}}(t) &= a_{\mathrm{TP,i}}(t) + n_{\mathrm{TP,i}}(t) = A\sin(2\pi f_{\mathrm{D}} t + \varphi) + n_{\mathrm{TP,i}}(t) \end{aligned}$$

Wenn wir zur Abkürzung wieder $g_{\mathrm{TP,r}}(t) = x$ und $g_{\mathrm{TP,i}}(t) = y$ sowie $2\pi f_{\mathrm{D}} t + \varphi = \theta$ setzen, da $f_{\mathrm{D}} t$ während der Pulsdauer als konstant angesehen werden kann, wird

$$\begin{aligned} g_{\mathrm{TP,r}}(t) &= A\cos\theta + n_{\mathrm{TP,r}}(t) = x \\ g_{\mathrm{TP,i}}(t) &= A\sin\theta + n_{\mathrm{TP,i}}(t) = y \end{aligned}$$

Man erkennt, daß im Gegensatz zu den mittelwertfreien Gauß-Verteilungen der Gleichung (3.5) x und y jetzt mit den Mittelwerten $A\cos\theta$ und $A\sin\theta$ behaftete Gauß-Verteilungsdichten besitzen, also

$$p_{\mathrm{I}}(x) = \frac{1}{\sigma\sqrt{2\pi}}\,\mathrm{e}^{-\frac{(x-A\cos\theta)^2}{2\sigma^2}} \quad \text{und} \quad p_{\mathrm{Q}}(y) = \frac{1}{\sigma\sqrt{2\pi}}\,\mathrm{e}^{-\frac{(y-A\sin\theta)^2}{2\sigma^2}} \tag{3.6}$$

Wir betrachten nun diesen allgemeinen Fall und wollen dafür die WDF der videofrequenten Hüllkurve berechnen. Zu diesem Zweck stellen wir x und y durch Polarkoordinaten dar mit der eindeutig umkehrbaren Transformation

$$\begin{aligned} x &= r\cos\alpha & \qquad r &= \sqrt{x^2+y^2} \\ y &= r\sin\alpha & \qquad \tan\alpha &= y/x \end{aligned}$$

Dabei stellt r die Hüllkurve dar, deren Verteilung $p_{\text{Rice}}(r)$ wir für den Fall Signal + Rauschen suchen. Dazu verwenden wir das folgende, allgemeine Verfahren [2, 4].

Sind zwei Zufallsveränderliche u und v Funktionen zweier anderer Zufallsvariablen x und y, derart, daß eindeutig umkehrbar

$$\begin{aligned} u &= f_u(x,y) & \qquad x &= g_x(u,v) \\ v &= f_v(x,y) & \qquad y &= g_y(u,v) \end{aligned}$$

gilt, dann ergibt sich die gesuchte Verbundwahrscheinlichkeit $p_{uv}(u,v)$ aus der bekannten Verbundwahrscheinlichkeit $p_{xy}(x,y)$ zu

$$p_{uv}(u,v) = p_{xy}\Big(x = g_x(u,v), y = g_y(u,v)\Big)\cdot|J| \tag{3.7}$$

Dabei ist J die sogenannte Jacobische Determinante

$$J = \frac{\partial x}{\partial u}\frac{\partial y}{\partial v} - \frac{\partial x}{\partial v}\frac{\partial y}{\partial u} \tag{3.8}$$

Daraus folgt übrigens für den Fall, daß eine einzige Zufallsvariable u eine eindeutig umkehrbare Funktion einer anderen Zufallsvariablen x ist, also $u = f(x)$ und $x = g(u)$,

$$p_u(u) = p_x\Big(x = g(u)\Big)\left|\frac{dx}{du}\right| \tag{3.9}$$

In unserem Falle ist $u = r$ und $v = \alpha$. Wie man leicht nachrechnen kann, wird $|J| = r$. Wegen der statistischen Unabhängigkeit von $p_x(x) = p_{\mathrm{I}}(x)$ und $p_y(y) = p_{\mathrm{Q}}(y)$ ergibt sich $p_{xy}(x,y) = p_x(x)\cdot p_y(y)$. Somit folgt nach Gleichung (3.7)

$$\begin{aligned} p_{r\alpha}(r,\alpha) &= p_x(x)\cdot p_y(y)\cdot r = p_x\Big(x = g_x(u,v)\Big)\cdot p_y\Big(y = g_y(u,v)\Big)\cdot r \\ &= \frac{r}{2\pi\sigma^2}\,\mathrm{e}^{-\frac{1}{2\sigma^2}(r^2+A^2-2rA\cos\theta\cos\alpha-2rA\sin\theta\sin\alpha)} \end{aligned}$$

Durch Integration über α und mit $\sigma = U_{\mathrm{N}}$ sowie $S/N = A^2/2\sigma^2$ erhält man

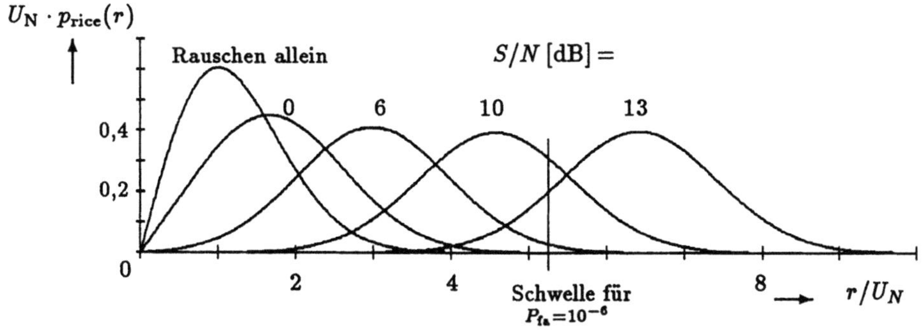

Bild 3.4 WDF $p_{rice}(r)$ für Signal + Rauschen (Rice-Verteilung) für verschiedene S/N. Die WDF für Rauschen allein ($S/N = -\infty$ dB) ergibt eine Rayleigh-Verteilung.

endgültig die gesuchte WDF der Hüllkurve für den Fall Signal + Rauschen zu

$$p_{rice}(r) = \int_0^{2\pi} p_{r\alpha}(r,\alpha)\,d\alpha = \frac{r}{U_N^2}\,e^{-\left(\frac{r^2}{2U_N^2}+\frac{S}{N}\right)} \cdot I_0\left(\sqrt{2\frac{S}{N}}\cdot\frac{r}{U_N}\right) \tag{3.10}$$

mit der modifizierten Besselfunktion 1. Art nullter Ordnung

$$I_0(k) = \frac{1}{2\pi}\int_0^{2\pi} e^{k\cos\phi}\,d\phi$$

wobei $\phi = \alpha - \theta$. Diese Verteilung wird Rice-Verteilung genannt, nach *S. O. Rice*, siehe Beispiele in Bild 3.4. Es folgt für die WDF der Hüllkurve bei abwesendem Signal ($S/N = 0$), also Rauschen allein, da $I_0(0) = 1$,

$$p_{rayleigh}(r) = \frac{r}{U_N^2}\,e^{-\frac{r^2}{2U_N^2}} \tag{3.11}$$

Man bezeichnet diese Verteilung als Rayleigh-Verteilung, siehe auch die Bilder 3.3 und 3.4. Bei der praktischen Entwicklungsarbeit und für Simulationen benötigt man häufig den Gleichspannungsanteil (Mittelwert) $U_=$ und den Wechselspannungsanteil (Standardabweichung) $U_\approx$ der Hüllkurve für den Fall reinen Rauschens. Bekannt ist dabei der Effektivwert $U_N = \sigma$ des Gauß-Rauschens, aus dem die Hüllkurve gewonnen wurde. Man erhält für den Gleichspannungsanteil

$$U_= = \int_0^\infty r\,p_{rayleigh}(r)\,dr = \sqrt{\frac{\pi}{2}}\,U_N = 1{,}253\,U_N \tag{3.12}$$

und für den Wechselspannungsanteil

$$U_{\approx} = \sqrt{\int_0^\infty r^2\, p_{\text{rayleigh}}(r)\, dr - U_{=}^2} = \sqrt{\frac{4-\pi}{2}}\, U_{\text{N}} = 0{,}655\, U_{\text{N}} \tag{3.13}$$

3.5 Einzelpulsentdeckung

Bei Wahl einer Schwelle U_{S} wird die Falschalarmwahrscheinlichkeit gleich der schraffierten Fläche unter der Rayleigh-WDF $p_{\text{rayleigh}}(r)$ rechts der Schwelle U_{S} in Bild 3.3:

$$P_{\text{fa}} = \int_{U_{\text{S}}}^\infty p_{\text{rayleigh}}(r)\, dr = \int_{U_{\text{S}}}^\infty \frac{r}{U_{\text{N}}^2}\, \mathrm{e}^{-\frac{r^2}{2U_{\text{N}}^2}}\, dr = \mathrm{e}^{-\frac{U_{\text{S}}^2}{2U_{\text{N}}^2}} \tag{3.14}$$

Dabei ist U_{N} der vor dem Hüllkurvendetektor gemessene Effektivwert des Rauschens. Bei vorgegebener P_{fa} muß somit die Schwelle auf

$$\boxed{U_{\text{S}} = \sqrt{-2\ln P_{\text{fa}}} \cdot U_{\text{N}}} \tag{3.15}$$

eingestellt werden. Gemäß Gleichung (3.14) reagiert P_{fa} bei konstanter Schwelle äußerst empfindlich auf Änderungen des Rauscheffektivwertes U_{N}. Die relative P_{fa}-Änderung wird

$$\frac{\Delta P_{\text{fa}}}{P_{\text{fa}}} = \left(\frac{U_{\text{S}}}{U_{\text{N}}}\right)^2 \frac{\Delta U_{\text{N}}}{U_{\text{N}}} \tag{3.16}$$

Für $P_{\text{fa}} = 10^{-6}$ ist $U_{\text{S}} = 5{,}3\, U_{\text{N}}$. Bei einer Schwankung des Rauschpegels um 1% ändert sich dann P_{fa} um $5{,}3^2$ % = 28%. Das Problem wird aber abgemildert, weil in vielen Fällen die P_{fa} nur auf einige 10% konstant sein muß. Ist beispielsweise der Sollwert $P_{\text{fa}} = 10^{-6}$ und sinkt P_{fa} infolge einer Änderung des Rauschpegels um 50% auf $0{,}5 \cdot 10^{-6}$ ab, so ist der scheinbare S/N-Verlust nur etwa 0,2 dB, also meist tragbar.

Die Entdeckungswahrscheinlichkeit P_{d} erhält man entsprechend als Fläche unter der Rice-WDF rechts der Schwelle U_{S} zu

$$P_{\text{d}} = P_{\text{d}}\left(\frac{S}{N}, U_{\text{S}}\right) = \int_{U_{\text{S}}}^\infty p_{\text{Rice}}(r)\, dr = \int_{U_{\text{S}}}^\infty \frac{r}{U_{\text{N}}^2}\, \mathrm{e}^{-\left(\frac{r^2}{2U_{\text{N}}^2} + \frac{S}{N}\right)}\, I_0\left(\sqrt{2\frac{S}{N}} \cdot \frac{r}{U_{\text{N}}}\right) dr \tag{3.17}$$

Dieses Integral ist nicht geschlossen lösbar, muß also maschinell berechnet werden. P_{d} ist eine Funktion von S/N und der Schwelle U_{S}. Da letztere wiederum eine Funktion von P_{fa} ist, lassen sich Kurvenscharen berechnen, bei denen S/N als

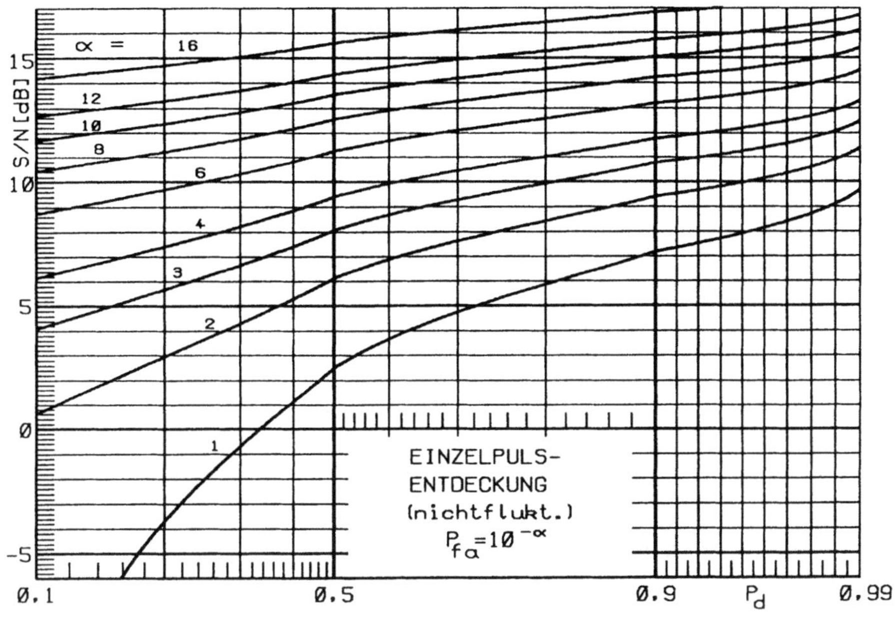

Bild 3.5 Erforderliches Signal-zu-Rausch-Verhältnis S/N oder Detektierbarkeitsfaktor $D_0(1)$ für Einzelpulsentdeckung bei nichtfluktuierendem Ziel als Funktion der Entdeckungswahrscheinlichkeit P_d mit P_{fa} als Parameter.

Funktion der geforderten Entdeckungswahrscheinlichkeit P_d mit P_{fa} als Parameter dargestellt wird. Bild 3.5 zeigt eine solche beim Radarentwurf viel benützte Kurvenschar. Die leichten Knicke in den Kurven haben ihre Ursache in den für die 3 P_d-Intervalle (0,1...0,5), (0,5...0,9) und (0,9...0,99) gewählten unterschiedlichen Maßstäben der P_d-Achse.

S/N ist das für spezifizierte P_d und P_{fa} erforderliche Signal-zu-Rausch-Verhältnis eines Einzelpulses ($n = 1$) konstanter Amplitude (Swerling Fall 0), es ist somit *identisch* mit dem in Abschnitt 2.9 angegebenen *Detektierbarkeitsfaktor* $D_i(n) = D_0(1)$.

Der Index i beschreibt das Zielmodell oder Fluktuationsmodell. Dabei kennzeichnen $i = 0$ ein nichtfluktuierendes Ziel (engl. Steady Target) und $n = 1$ die Einzelpulsentdeckung. Im Gegensatz zu $D_0(1)$ gibt $D_0(n > 1)$ das zur Zielentdeckung erforderliche S/N jedes einzelnen einer Gruppe von n Pulsen an, die vor der Entdeckungsschwelle nichtkohärent integriert (summiert) werden.

Zwischen nahezu Nichtentdeckung (P_d = 10%) und nahezu sicherer Entdeckung (P_d = 90%) liegt bei $P_{fa} = 10^{-6}$ nur ein S/N-Unterschied von 4,4 dB.

Das erforderliche S/N oder der Detektierbarkeitsfaktor ist relativ unempfindlich gegenüber Änderungen von P_{fa}. Wird bei $P_d = 90\%$ und $P_{fa} = 10^{-6}$ die P_{fa} um den Faktor 10 auf $P_{fa} = 10^{-7}$ geändert, so steigt das erforderliche S/N nur um 0,5 dB, für $P_{fa} = 10^{-8}$ steigt es um auch nur 1 dB.

3.6 Wahl der Falschalarmwahrscheinlichkeit

Die Festlegung der Falschalarmwahrscheinlichkeit soll im folgenden am Beispiel eines 2D-LPRF-Pulsdoppler-Rundsuchradars demonstriert werden. Die Vorgehensweise für andere Radartypen ist ähnlich und kann aus dem folgenden leicht abgeleitet werden.

Ausgangspunkt ist die verfügbare Rechenleistung des auf den Radarsignalprozessor folgenden Trackrechners. Ihr sind aus Gründen der Kosten und/oder des Platzbedarfs Grenzen gesetzt. Man spezifiziert daher unter Berücksichtigung der zu erwartenden Zahl *aller* Falschziele die zulässige Zahl n_{fa} der am Trackrechner-Eingang auftretenden *rauschbedingten* Falschziele. Die Falschalarmwahrscheinlichkeit läßt sich nach Gleichung (3.1) wie folgt ermitteln.

Die Zahl N der möglichen, *statistisch voneinander unabhängigen* Zielentscheidungen pro Antennenumlaufzeit T_A ist

$$\begin{aligned} N &= \text{Zahl der Entfernungszellen} \cdot \text{Zahl der Dopplerkanäle} \cdot \text{Zahl der Azimutzellen} \\ &= n_R \cdot n_D \cdot n_{Az} \end{aligned} \tag{3.18}$$

Dabei ist $n_R = T_{pw}/\tau$, wobei T_{pw} das Pulsfolgeintervall und τ die eventuell komprimierte Pulslänge ist. Die Zahl n_{Az} der Azimutzellen ist bei der Betrachtung rauschbedingter Falschziele und infolge der stets sehr klein gewählten P_{fa} gleich der Zahl der kohärenten Integrationen, die pro Antennenumlaufzeit durchgeführt werden können. Werden jeweils M_B Pulse kohärent integriert, ist $n_{Az} = T_A/(M_B \cdot T_{pw})$. Lassen wir n_{fa} rauschbedingte Falschziele pro Antennenumlauf zu, so wird

$$P_{fa} = \frac{n_{fa}}{N} = \frac{n_{fa}}{n_R \cdot n_D \cdot n_{Az}} = \frac{n_{fa}}{\dfrac{T_{pw}}{\tau} \cdot n_D \cdot \dfrac{T_A}{M_B T_{pw}}} \tag{3.19}$$

$$= \frac{n_{fa}\, \tau\, M_B}{n_D\, T_A} \tag{3.20}$$

Die Zahl n_D der Dopplerkanäle wird meist etwa gleich der Zahl M_B der kohärent integrierten Pulse gewählt, da mehr Kanäle redundant wären und weniger Kanäle einen S/N-Verluste ergäben. Die auf den Prozessorausgang bezogene Falschalarmwahrscheinlichkeit ergibt sich somit zu

$$P_{fa} = \frac{n_{fa} \cdot \tau}{T_A} = \text{FAR} \cdot \tau \tag{3.21}$$

FAR ist die Falschalarmrate, also die mittlere Zahl von Falschzielen pro Zeiteinheit. Der Kehrwert der FAR entspricht der mittleren Zeit zwischen zwei Falschalarmen.

Da die Signale der Dopplerkanäle bei diesem Radartyp zeitsequentiell ausgegeben werden, ist P_{fa} in der letzten Gleichung auch die pro Dopplerkanal einzustellende Falschalarmwahrscheinlichkeit.

Als Beispiel betrachten wir ein Rundsuchradar zur Flugsicherung oder Luftraumüberwachung mit einer Antennen-Umlaufzeit von $T_A = 2\,s$ und einer komprimierten Pulslänge von 0,5 μs. Wir lassen pro Umlauf 10 rauschbedingte Falschziele zu. Dann wird $P_{fa} = 10 \cdot 0{,}5 \cdot 10^{-6}/2 = 2{,}5 \cdot 10^{-6}$. Würde man die P_{fa} aus Sicherheitsgründen um den Faktor 2,5 auf $1 \cdot 10^{-6}$ erniedrigen, entspräche das (s. auch Kurvenschar in Bild 3.5) einem S/N-Verlust von nur etwa 0,25 dB bei $P_d \approx 90\,\%$. Das Entdeckungsverhalten reagiert also sehr unempfindlich gegenüber Änderungen der P_{fa}, wie wir im letzten Abschnitt gesehen hatten.

Die Zahl der zulässigen Falschziele wird durch den nachfolgenden Trackrechner bestimmt. Zunächst ist festzustellen, daß der Tracker bei 10 *rauschbedingten* Falschzielen nur mit vernachlässigbarer Wahrscheinlichkeit eine Zielausgabe durchführt. Denn er benötigt dazu mindestens im folgenden oder übernächsten Antennenumlauf ein korrespondierendes Falschziel. Die Wahrscheinlichkeit dafür ist verschwindend gering. Daraus könnte man den Schluß ziehen, daß der Tracker wesentlich mehr Falschziele „verkraften" könnte. Dazu ist aber zu berücksichtigen, daß im allgemeinen die größere Zahl von Falschzielen von Boden- und Wetter-Restclutter, von Vögeln und Inhomogenitäten der Atmosphäre (sogen. „Angels") und oft auch vom Landverkehr auf Straßen herrührt. Diese Quellen können beispielsweise weit über 50 Falschziele generieren, für die der Tracker Rechenleistung bereitstellen muß.

Man wird daher die Zahl der vom Tracker zu bearbeitenden, *rauschbedingten* Falschziele möglichst gering halten. Denn auch eine Steigerung um den Faktor 5, also 50 statt nur 10 rauschbedingter Falschziele, bringt bei $P_d = 90\%$ nur eine Verringerung des erforderlichen S/N, also einen S/N-Gewinn, von 0,4 dB. Es macht wenig Sinn, für einen solch geringen Gewinn die Rechenleistung des Trackrechners zu erhöhen, wenn damit wesentliche Mehrkosten verbunden sind. Andererseits sollte ein Tracker so ausgelegt sein, daß eine Erhöhung der rauschbedingten Falschalarmrate um 50% gegenüber dem Sollwert noch zu keiner Minderleistung bei der Zielbearbeitung führt.

Bei anderen Abtaststrategien und Radartypen geht man zur Festlegung der Falschalarmwahrscheinlichkeit ähnlich vor, indem man die Zahl der möglichen, statistisch voneinander unabhängigen Zielentscheidungen pro Zeiteinheit ermittelt und die pro Zeiteinheit zulässige Zahl von rauschbedingten Falschzielen festlegt. Als Zeiteinheit wählt man zweckmäßigerweise eine vollständige Suchperiode, das war beim Rundsuchradar die Antennenumlaufzeit, bei einem Flugzeug-Bordradar wäre es sinnvollerweise die Zeit zum Absuchen eines bestimmten Fensters (engl. Frame Time).

3.7 Zielfluktuation

Bevor die Zielentdeckung nach kohärenter oder nichtkohärenter Pulsintegration behandelt wird, ist es notwendig, die Fluktuation des Rückstrahlquerschnittes von Radarzielen zu betrachten, welche die Zielentdeckung bei hoher geforderter Entdeckungswahrscheinlichkeit erschwert.

Ein Radarziel, wie beispielsweise ein Flugzeug, kann man als eine Anzahl verteilter Reflektoren auffassen, wobei die räumliche Ausdehnung dieser Verteilung in den hier betrachteten Fällen kleiner als die sogenannte Radar-Auflösungszelle ist. Das Volumen der Auflösungszelle ist $V_A = (R\,\theta_{3dB}) \cdot (R\,\varphi_{3dB}) \cdot (\tau\, c/2)$. Dabei sind θ_{3dB} und φ_{3dB} die Keulenbreiten im Azimut und in der Elevation, R ist die betrachtete Entfernung, τ die (u. U. komprimierte) Pulslänge und c ist die Lichtgeschwindigkeit. Man erhält einen guten Einblick in die Eigenschaften realer Radarziele, wenn man ein synthetisches Ziel mit nicht mehr als 5...10 Reflektoren betrachtet und seine Rückstrahlung berechnet [4].

Bild 3.6 zeigt links ein Zielmodell mit 10 unregelmäßig angeordneten Reflektoren. Die Zielabmessung in x-Richtung (10 m) wurde bewußt um den Faktor 5 größer gewählt als in y-Richtung (2 m).

Wir nehmen an, die Reflektoren strahlen bei Beleuchtung durch ein Radar azimutal gleichverteilt (isotrop) zurück und schatten sich auch gegenseitig nicht ab. Ebenso vernachlässigen wir Mehrfach-Reflexionen zwischen den Reflektoren. Die Wellenlänge, bei der wir die Zieleigenschaften berechnen wollen, betrage $\lambda = 5{,}5$ cm (C-Band). Durch die an den Reflektoren zurückgestrahlten Teilwellen entsteht infolge der teils konstruktiven, teils destruktiven Überlagerung ein kompliziertes Interferenzbild. Die Signalamplitude am Empfängereingang kann man schreiben als

$$U_S = c_1 \left| \sum_{i=1}^{10} \sqrt{\sigma_i}\, e^{-j\,4\pi \frac{R_i}{\lambda}} \right| \tag{3.22}$$

Dabei hat die Konstante c_1 die Dimension V/m.

R_i ist die Entfernung vom Radar zum i-ten Reflektor mit dem Rückstrahlquerschnitt σ_i. Ohne wesentliche Einbuße an praktischer Gültigkeit unseres Modells nehmen wir weiter gleiche Rückstrahlquerschnitte für alle Reflektoren an und setzen $\sigma_i = \text{const} = 1\,\text{m}^2$. Die Phasenlage der i-ten Teilwelle wird durch den nichtganzzahligen Rest des Quotienten R_i/λ bestimmt, der stark mit dem Zielaspekt schwankt. Der Rückstrahlquerschnitt σ ergibt sich zu

$$\sigma = \left(\frac{U_S}{c_1}\right)^2 = c_2 \left| \sum_{i=1}^{10} e^{-j\,4\pi \frac{R_i}{\lambda}} \right|^2 \tag{3.23}$$

$$= c_2 \left(\sum_{i=1}^{10} \cos\left(4\pi \frac{R_i}{\lambda}\right)\right)^2 + c_2 \left(\sum_{i=1}^{10} \sin\left(4\pi \frac{R_i}{\lambda}\right)\right)^2 \tag{3.24}$$

Die Konstante c_2 hat die Dimension m^2.

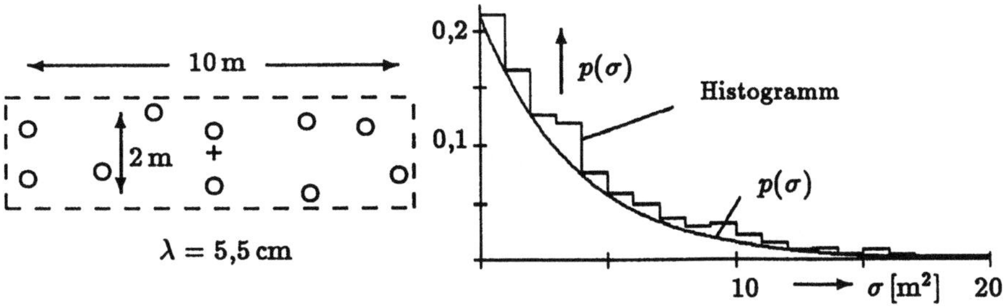

Bild 3.6 Radarziel und WDF seines Rückstrahlquerschnittes σ.
Links: Radarziel bestehend aus 10 unregelmäßig angeordneten Reflektoren des Rückstrahlquerschnittes $\sigma = 1\,\mathrm{m}^2$.
Rechts: WDF des Rückstrahlquerschnittes σ als berechnetes Histogramm für 1800 Aspektwinkel im Abstand von 0,2° und theoretische WDF eines aus vielen, etwa gleichgroßen Reflektoren bestehenden Zieles: $p(\sigma) = \frac{1}{\bar{\sigma}}\,\mathrm{e}^{-\frac{\sigma}{\bar{\sigma}}}$ $(\bar{\sigma} = 3{,}8\,\mathrm{m}^2)$

Bild 3.7 zeigt den relativen Rückstrahlquerschnitt in dB des synthetischen Zieles nach Bild 3.6 in Abhängigkeit vom Aspektwinkel, dargestellt in Polarkoordinaten. Für 1800 Aspektwinkel wurde σ im Abstand von 0,2° berechnet. Es wird die große und mit dem Aspektwinkel sehr schnelle Fluktuation deutlich (engl. Fluctuation oder auch Scintillation), für deren Feinstruktur eine Auflösung von 0,2° nicht ausreichend ist. Daher wurde das relative σ im Bereich von 0 ... 3° mit einer um etwa den Faktor 100 größeren Auflösung im Aspektwinkel berechnet und rechts in Bild 3.7 dargestellt. Innerhalb einer Aspektwinkeländerung von etwa 0,2° können σ-Fluktuationen von bis zu 20 dB auftreten!

Bei genauer Betrachtung der Darstellung in Polarkoordinaten erkennt man, daß die Fluktuation im Bereich der Zielaspekte 0° und 180° (Horizontale) schneller erfolgt als im Bereich von 90° oder 270°. Die Ursache dafür ist die um den Faktor 5 größere Zielabmessung bei Betrachtung aus 0° oder 180° gegenüber einer Betrachtung aus beispielsweise 90°: es sind mehr der insgesamt 10 Reflektoren mit deutlich unterschiedlichen Phasen (= nichtganzzahliger Rest von R_i/λ) beteiligt.

Da bei der Zielentdeckung meist jeder Aspektwinkel gleichwahrscheinlich ist, wird aus dem vorhergehenden deutlich, daß ein Radarziel nur durch einen mittleren Rückstrahlquerschnitt $\bar{\sigma}$ gekennzeichnet werden kann. Der zu einem bestimmten Zeitpunkt wirklich vorhandene Rückstrahlquerschnitt hängt vom genauen Aspektwinkel und wegen R_i/λ von der Frequenz ab. In der Praxis muß er als Zufallsgröße betrachtet werden. Die Wahrscheinlichkeit des Auftretens eines Rückstrahlquerschnittes im Intervall $d\sigma$ bei beliebigem σ wird durch den Wert der WDF $p(\sigma)$ des Rückstrahlquerschnittes bestimmt, sie ist $p(\sigma)\,d\sigma$.

Bei unserem synthetischen Ziel nach Bild 3.6, links, kann man $p(\sigma)$ aus den für die 1800 Aspektwinkel berechneten Rückstrahlquerschnitten angenähert ermitteln, indem man σ zum Beispiel in 20 Intervalle unterteilt und die Häufigkeit des Auftretens von σ-Werten innerhalb der einzelnen Intervalle ermittelt. Bild 3.6

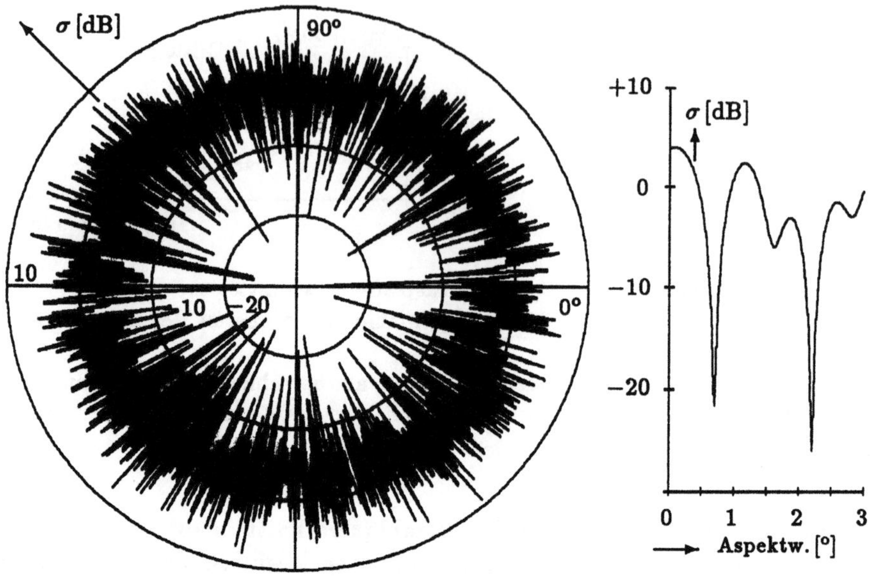

Bild 3.7 σ-Fluktuation des Zieles nach Bild 3.6 über dem Aspektwinkel: links über 360° aufgetragen, rechts Feinauflösung der Fluktuation im Bereich 0...3°. Innerhalb von 0,2° kann sich der Rückstrahlquerschnitt um bis zu 20 dB ändern!

zeigt rechts das berechnete Histogramm. Man beachte bei gleichzeitiger Betrachtung von Bild 3.6 und 3.7, daß der Rückstrahlquerschnitt in Bild 3.7 logarithmisch aufgetragen ist.

Das Histogramm nach Bild 3.6 ist typisch für Radarziele wie Flugzeuge, die aus einer Anzahl nahezu gleichgroßer Reflektoren bestehen. Die WDF des Rückstrahlquerschittes solcher Ziele ist eine Exponentialverteilung [5] der Form

$$p(\sigma) = \frac{1}{\overline{\sigma}} \mathrm{e}^{-\frac{\sigma}{\overline{\sigma}}} \tag{3.25}$$

wobei $\overline{\sigma}$ den Mittelwert der WDF, also den mittleren Rückstrahlquerschnitt, darstellt. In Bild 3.6 ist zum Vergleich mit dem Histogramm diese WDF eingezeichnet. Trotz der relativ geringen Anzahl von nur 10 Reflektoren erkennt man die gute Annäherung des Histogrammes an die Exponentialverteilung.

Die Signalspannung eines solchen Zieles ist proportional $\sqrt{\sigma}$ und aus diesem Grunde Rayleigh-verteilt. Daher werden Ziele mit einer WDF gemäß Gleichung (3.25) auch gelegentlich Rayleigh-Ziele genannt.

Ein zweiter, wichtiger Zieltyp besteht aus einem dominierenden Hauptreflektor und vielen kleineren, etwa gleichgroßen Reflektoren. Die WDF des Rückstrahlquerschnittes dieses Zieltyps ist [5]

$$p(\sigma) = \frac{4\sigma}{\overline{\sigma}^2} \mathrm{e}^{-\frac{2\sigma}{\overline{\sigma}}} \tag{3.26}$$

3.8 Die 4 Zielmodelle nach Swerling

Wir betrachten wieder unser Zielmodell nach Bild 3.6, das den Rückstrahleigenschaften eines Flugzeuges sehr nahe kommt. Von erheblicher Bedeutung ist die Frage, ob bereits innerhalb der im allgemeinen sehr kleinen Zielverweilzeit T_{tot} eine merkliche Fluktuation des Rückstrahlquerschnittes auftritt. Wenn wir letztere mit einem typischen Wert von $T_{\text{tot}} = 20\,\text{ms}$ annehmen und ein tangential zum Radar fliegendes Flugzeug mit einer Geschwindigkeit von $v = 1\,\text{Mach}$ im Abstand von $R = 10\,\text{km}$ zugrunde legen, so wird die Aspektwinkeländerung $\Delta\varphi = (180/\pi)(v\,T_{\text{tot}}/R) = 0{,}038°$. Aus Bild 3.7, rechts, ist erkennbar, daß σ innerhalb dieses Bereiches als etwa konstant angesehen werden kann. Andererseits fluktuiert σ gemäß der WDF Gleichung (3.25) von Zielbeleuchtung zu Zielbeleuchtung, da diese im allgemeinen im Abstand von mehr als 1 s folgen. Man bezeichnet einen solchen Zieltyp, der innerhalb einer einzelnen Zielbeleuchtung einen konstanten, aber von Zielbeleuchtung zu Zielbeleuchtung gemäß Gleichung (3.25) zufällige und statistisch voneinander unabhängige Rückstrahlquerschnitte zeigt, als ein Swerling 1-Ziel.

Erfolgt dagegen die Fluktuation schnell von Echopuls zu Echopuls, so spricht man von einem Swerling 2-Ziel. Dieser Fall tritt beispielsweise auf, wenn die Sendefrequenz von Puls zu Puls oder von Pulsgruppe (Burst) zu Pulsgruppe merklich geändert wird, wir kommen darauf im nächsten Abschnitt zurück.

In gleicher Weise unterscheidet man beim Zieltyp mit der WDF nach Gleichung (3.26) zwischen langsamer Fluktuation nur von Zielbeleuchtung zu Zielbeleuchtung und schneller Fluktuation von Puls zu Puls. Man nennt diese Zielmodelle Swerling 3 und Swerling 4.

Ein nichtfluktuierendes Ziel wird mit Swerling 0 bezeichnet. Gelegentlich findet man auch die Bezeichnung Swerling 5. Tabelle 3.1 faßt diejenigen 5 Zielmo-

<table>
<tr><th>Bezeichnung</th><th>Zielart</th><th>WDF des Rückstrahlquerschnittes</th><th>Fluktuation</th></tr>
<tr><td>Swerling 0</td><td></td><td>$\sigma = \overline{\sigma} = \text{const}$</td><td>keine</td></tr>
<tr><td>Swerling 1</td><td rowspan="2">viele etwa gleichgroße Reflektoren</td><td rowspan="2">$p(\sigma) = \frac{1}{\overline{\sigma}}\,e^{-\frac{\sigma}{\overline{\sigma}}}$</td><td>ZB-zu-ZB</td></tr>
<tr><td>Swerling 2</td><td>Puls-zu-Puls oder Burst-zu-Burst</td></tr>
<tr><td>Swerling 3</td><td rowspan="2">ein dominierender und viele kleine Reflektoren</td><td rowspan="2">$p(\sigma) = \frac{4\sigma}{\overline{\sigma}^2}\,e^{-\frac{2\sigma}{\overline{\sigma}}}$</td><td>ZB-zu-ZB</td></tr>
<tr><td>Swerling 4</td><td>Puls-zu-Puls oder Burst-zu-Burst</td></tr>
</table>

Tabelle 3.1: Zielmodelle nach *Swerling* (ZB = Zielbeleuchtung)

delle zusammen, die meist der Berechnung der Radarreichweite zugrundegelegt werden. Daneben existieren noch andere, komplexere Zielmodelle [5].

Abschließend ist noch folgende Bemerkung zu einem wesentlichen Unterschied zwischen dem vereinfachten Zielmodell nach Bild 3.6 und einem Flugzeug als Radarziel anzubringen. Der WDF nach Bild 3.6 liegt ein über 360° Aspektwinkel gemittelter Rückstrahlquerschnitt $\overline{\sigma}$ zugrunde. Bei einem Flugzeug erhält man merklich unterschiedliche $\overline{\sigma}$, wenn man nur über Teilintervalle eines Vollkreises mittelt. Erwartungsgemäß ist $\overline{\sigma}$ bei Beleuchtung im Bereich der Breitseite größer als im Bereich einer Beleuchtung von vorn oder von hinten. Meist wird aber für Flugzeuge ein einziger mittlerer Rückstrahlquerschnitt angegeben, der aus Front- und Rückansicht gemittelt ist.

3.9 Frequenz-Agilität und Frequenz-Diversity

Die Ursache der Fluktuation des Rückstrahlquerschnittes liegt gemäß Gleichung (3.22) in den mit dem Aspektwinkel stark schwankenden Werten des nichtganzzahligen Restes von R_i/λ für die einzelnen Teilreflektoren des Radarzieles. Bei konstantem Aspektwinkel und damit konstantem R_i erhält man andererseits auch große Fluktuationen des Rückstrahlquerschnittes, wenn man das Ziel mit unterschiedlichen Frequenzen $f = c/\lambda$ beleuchtet. Denn bei R_i/λ wird statt R_i dann λ geändert. Im statistischen Mittel wird bei Zielen mit einer großen Zahl verteilter Reflektoren eine große Änderung im Rückstrahlquerschnitt dann auftreten, wenn bei einer Variation $\Delta\lambda$ der Wellenlänge der Phasenunterschied zweier Teilwellen, die von zwei in Blickrichtung um $d/2$ auseinander liegenden Reflektoren zurückgestrahlt werden, gerade 180° beträgt. Dabei ist d die Zielabmessung in Blickrichtung. Ist R_1 die Entfernung vom Radar zum nächsten der beiden Reflektoren, so ist $\Delta\varphi = 2\pi(2R_1 + 2 \cdot d/2)/\Delta\lambda - 2\pi \cdot 2R_1/\Delta\lambda = 2\pi d/\Delta\lambda = \pi$. Die erforderliche Frequenzänderung wird daher

$$\boxed{\Delta f = \frac{c}{2\,d}} \qquad (3.27)$$

Ändert man die Frequenz kontinuierlich, so muß eine Periodizität der Fluktuation von σ erkennbar werden, und zwar mit der Periode $F = \Delta f = c/2d$.

Bild 3.8 zeigt die simulierte Fluktuation des Rückstrahlquerschnittes mit der Frequenz für das synthetische Ziel nach Bild 3.6. Einmal wurde das Ziel in Richtung der größeren Zielabmessung ($d = 10\,\mathrm{m}$) und einmal in Richtung der kleineren Zielabmessung ($d = 2\,\mathrm{m}$) beleuchtet. Man erkennt deutlich die mit der Frequenz schnellere Fluktuation bei Beleuchtung in Richtung der größeren Zielabmessung. Die beiden Perioden F sind 15 MHz und 75 MHz.

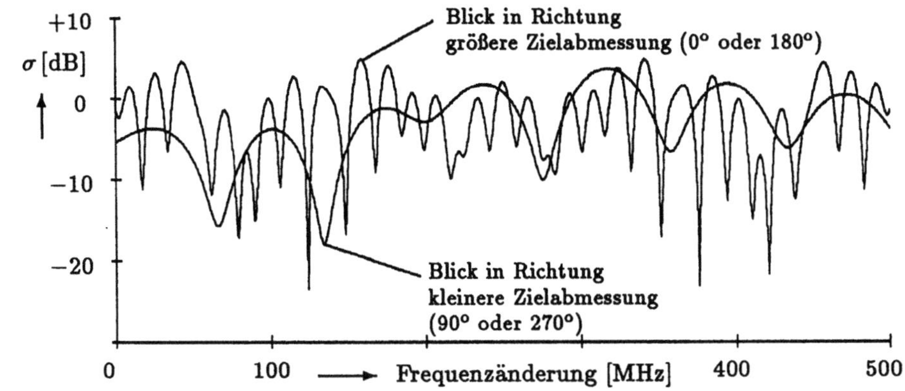

Bild 3.8 Fluktuation des Rückstrahlquerschnittes mit der Frequenz bei konstantem Aspektwinkel für das Radarziel nach Bild 3.6. Die Fluktuationen mit der Frequenz erfolgen umso schneller, je größer die Zielabmessung in Blickrichtung ist.

Zwei Rückstrahlquerschnitte, die man bei einem Frequenzsprung von mindestens dem durch Gleichung (3.27) bestimmten Wert beobachtet, kann man als statistisch voneinander unabhängig ansehen.

Die Fluktuation des Rückstrahlquerschnittes bei einer Frequenzänderung hat zwei wichtige praktische Aspekte:

1. Die Unterdrückung von Bodenclutter setzt eine hohe Konstanz der Amplitude der Bodenechos von Puls zu Puls voraus. Man erkennt aus dem vorhergehenden, daß dies unabdingbar eine konstante Frequenz erforderlich macht. Ein MTI-Radar oder Pulsdoppler-Radar mit Puls-zu-Puls-Frequenzagilität zur Verminderung des Fluktuationsverlustes oder/und als Gegenmaßnahme gegen gewollte Störungen (engl. ECCM = Electronic Counter-Counter Measures) und gleichzeitig exzellenter Bodenclutterunterdrückung ist daher leider nicht möglich.

2. Arbeitet man bei konstanter Frequenz, so kann man bei einer einzigen Zielbeleuchtung vom Ziel einen – relativ zum mittleren Rückstrahlquerschnitt $\overline{\sigma}$ – sehr geringen, zur Zielentdeckung nicht ausreichenden Rückstrahlquerschnitt angeboten bekommen. Es ensteht daher eine Einbuße an Entdeckungswahrscheinlichkeit, eben der *Fluktuationsverlust* L_{fluk}. Unterteilt man dagegen die Zielverweilzeit in beispielsweise zwei etwa gleichlange Intervalle und sendet in jedem Intervall eine Gruppe von Pulsen jeweils konstanter Frequenz aus (auch Burst genannt), wechselt aber die Frequenz beim Aussenden der Pulsgruppe des zweiten Intervalls, also von Burst zu Burst, so hat man zwei Vorteile. Zum einen kann man bei der Verarbeitung der Echopulse jeder Pulsgruppe Bodenechos gut unterdrücken, da innerhalb der Gruppe die Frequenz konstant gehalten wird. Zum anderen läßt sich durch den Frequenzwechsel, in diesem Falle auch *Frequenz-Agilität* genannt, die

Zielentdeckung merklich verbessern. Tritt nämlich bei einer Frequenz der erwähnte Fall eines unzureichenden Rückstrahlquerschnittes auf, so ist die Wahrscheinlichkeit groß, daß im anderen Burst mit seiner anderen Frequenz ein zur Entdeckung ausreichender Rückstrahlquerschnitt vorgefunden wird. Die Frequenzagilität reduziert daher den Fluktuationsverlust L_{fluk}, wobei diese Reduktion als *Agilitätsgewinn* G_{agil} bezeichnet wird. Dieser kann naturgemäß nie größer als der Fluktuationsverlust werden. Bei ausreichender Zielverweilzeit kann man statt zwei auch drei oder mehr Bursts unterschiedlicher Frequenz abstrahlen. Dadurch wird der Fluktuationsverlust weiter reduziert, das heißt der Agilitätsgewinn weiter vergrößert.

Statt die Frequenz von Burst zu Burst zu wechseln, kann man ein Radar auch mit zwei Sende- und Empfangs-Kanälen ausrüsten, die unmittelbar hintereinander zwei Pulse mit unterschiedlichen Frequenzen abstrahlen. Die Echos werden in dem jeder Frequenz zugeordneten Empfangskanal verarbeitet und die Zielmeldungen zusammengefaßt. Man spricht dann von *Frequenz-Diversity* (analog zu Frequenz-Agilität müßte es eigentlich Frequenz-Diversität heißen). Durch die gleichzeitige Zielbeleuchtung mit zwei verschiedenen Frequenzen wird die Zielentdeckung verbessert, weil die Wahrscheinlichkeit relativ groß ist, wenigstens bei einer Frequenz einen größeren Rückstrahlquerschnitt vorzufinden. Frequenz-Diversity reduziert daher ebenso den Fluktuationsverlust. Die Reduktion wird als *Diversity-Gewinn* G_{div} bezeichnet.

Mit höherer geforderter Entdeckungswahrscheinlichkeit P_{d} wächst der Fluktuationsverlust L_{fluk} stark an, denn ein fluktuierendes Ziel muß – relativ zu einem nichtfluktuierenden – schon ein sehr hohes, mittleres $\overline{S/N}$ aufweisen (Mehrbedarf an $\overline{S/N}$ = Fluktuationsverlust), damit bei beispielsweise einer geforderten P_{d} von 95 % auch bei 100 Zielbeobachtungen im Mittel 95 Schwellüberschreitungen auftreten. Mit wachsendem Fluktuationsverlust wird dann auch der potentielle Agilitäts- oder Diversity-Gewinn größer.

In einer anderen Betrachtungsweise kann man Frequenz-Agilität und -Diversity als Verfahren auffassen, die aus einem Swerling 1-Ziel ein Swerling 2-Ziel entstehen lassen. Wie wir in diesem Kapitel noch sehen werden, ist beim Swerling 2-Ziel der S/N-Bedarf für eine Zielentdeckung (mit etwa $P_{\mathrm{d}} \geq 30\%$) kleiner als beim Swerling 1-Ziel. Die Differenz entspricht dem Agilitäts- oder Diversity-Gewinn.

Der bei Frequenz-Agilität oder Frequenz-Diversity mindestens erforderliche Frequenzsprung kann mit Hilfe von Gleichung (3.27) abgeschätzt werden.

3.10 Entdeckung nach kohärenter Integration

Wir nehmen an, ein Radar strahle während der Zielverweilzeit nur einen einzigen Burst mit M_{B} Pulsen bei konstanter Frequenz ab und integriere die Echopulse eines Swerling 0-Zieles kohärent in einer Doppler-Filterbank. So apparativ aufwendig einerseits die kohärente Integration gegenüber der nichtkohärenten Integration ist, so einfach ist andererseits ihre rechnerische Behandlung, das heißt die Berechnung des erforderlichen $(S/N)_1$ des Einzelpulses für eine vorgegebene Entdeckungswahrscheinlichkeit. Für vorgegebene P_d und P_{fa} können wir den in Bild 3.5 gezeigten Kurven den Detektierbarkeitsfaktor $D_0(1)$ entnehmen, der dem erforderlichen S/N des integrierten Pulses enspricht. Bei M_B Pulsen pro Burst, wird dann das erforderliche S/N des Einzelpulses $(S/N)_1 = D_0(1)/M_B$ (Verluste vernachlässigt).

Sind beispielsweise $P_d = 90\,\%$ und $P_{fa} = 10^{-6}$ gefordert, so wird nach Bild 3.5 $D_0(1) = 13{,}2$ dB. Besitzt der Burst $M_B = 8$ Pulse, erhält man für das erforderliche Einzelpuls-S/N einen Wert von $(S/N)_1 = 13{,}2\,\text{dB} - 10\log 8\,\text{dB} = 4{,}2\,\text{dB}$.

Die Berechnung des erforderlichen Einzelpuls-S/N bei von Burst zu Burst fluktuierenden Zielen wird im folgenden Abschnitt behandelt.

3.11 Entdeckung nach nichtkohärenter Integration

Bei der nichtkohärenten Integration der Echopulse eines Zieles wird zwischen den Hüllkurvendetektor und den automatischen Zieldetektor von Bild 3.1 ein nichtkohärenter Integrator nach Bild 2.12 geschaltet.

Ein Integrator nach Bild 2.12 arbeitet „gleitend“ , indem jeweils die $(n+1)$ Pulse, welche die n Verzögerungsleitungen – oder Speicherzellen bei digitaler Verarbeitung – zu speichern vermögen, integriert werden. Danach wird der älteste Echopuls entfernt (engl. dumped) und nach Aufnahme eines neuen Pulses erneut die Summe berechnet, die im allgemeinen mit der vorausgehenden stark korreliert ist. Daher sind zeitlich aufeinanderfolgende Ausgangssignale oft redundant.

Im Gegensatz dazu berechnet ein blockweise arbeitender Integrator (engl. Integrate-and-Dump-Integrator) die Summe der $(n+1)$ Pulse nur *einmal,* entfernt danach alle Pulse und berechnet erst dann eine neue Summe, wenn $(n+1)$ neue Pulse eingetroffen sind. Beide Integratortypen finden Anwendung in der Praxis, sowohl bei der hier behandelten nichtkohärenten wie auch bei der kohärenten Integration. Der „Integrate-and-Dump“- oder blockweise arbeitende Integrator erfordert weniger Hardwareaufwand als der gleitend arbeitende Integrator, da man mit einem einzigen, akkumulierenden Speicher auskommt.

Die Berechnung der Entdeckungswahrscheinlichkeit nach nichtkohärenter Integration von M Echopulsen von Zielen der Typen Swerling 0...4 ist ein mathematisch äußerst anspruchsvolles Problem. Die fundamentalen Lösungen dieses Problems gehen auf *Marcum* und *Swerling* [6, 7, 8] zurück. In diesem Abschnitt sind auf den Seiten 3-24 bis 3-31 Kurvenscharen dargestellt, mit denen die meisten praktischen Entwurfsaufgaben gelöst werden können. Nach der Erläuterung von Anwendungen dieser Kurven wird die Methode der Berechnung von P_d bei nichtkohärenter Integration von M Pulsen grob skizziert.

Für jedes Zielmodell sind 3 Kurvenscharen für die Falschalarmwahrscheinlichkeiten 10^{-4}, 10^{-6} und 10^{-8} angegeben. In jeder Kurvenschar ist das erforderliche mittlere Einzelpuls-S/N (in den Kurven bezeichnet mit $\overline{S/N}$), also der Detektierbarkeitsfaktor $D_i(n = M)$, als kontinuierliche Funktion der Entdeckungswahrscheinlichkeit P_d aufgetragen. Parameter ist die Zahl $n = M$ der nichtkohärent integrierten Pulse, für die praxisnahe Werte gewählt wurden. Zwischenwerte von M sind durch eine meist ausreichend genaue Interpolation erhältlich. Die leichten Knicke in den Kurven haben ihre Ursache im Wechsel des Maßstabes entlang der P_d-Achse bei $P_d = 0{,}5$ und $P_d = 0{,}9$.

Die Kurven werden beim Radarentwurf zur direkten oder indirekten Bestimmung des Detektierbarkeitsfaktors $D_i(n)$ benötigt. Vorgegeben sind dabei P_d, P_{fa}, die Zahl $n = M$ der integrierten Pulse und das Fluktuationsmodell i.

Wie im Zusammenhang mit Gleichung (2.59) bereits erwähnt, ist es oft zweckmäßig, den Detektierbarkeitsfaktor $D_i(n)$ als

$$D_i(n) = \frac{D_0(1)}{n} \cdot L_{\text{int}} \cdot L_{\text{fluk}} \cdot \frac{1}{G_{\text{agil}}} \tag{3.28}$$

zu schreiben (wir haben auch einen Agilitätsgewinn angenommen) und $D_i(n)$ nicht direkt aus den Kurven zu bestimmen, sondern diese zur Ermittlung von $D_0(1)$ und der Verluste auf der rechten Seite der letzten Gleichung zu benutzen. Dazu dienen die folgenden Beziehungen [3].
Der Integrationsverlust ist für alle Zielmodelle

$$\boxed{L_{\text{int}} = \frac{D_0(n)}{\left(D_0(1)/n\right)} = n\,\frac{D_0(n)}{D_0(1)}} \tag{3.29}$$

Für ein Swerling 1-Ziel ist der Fluktuationsverlust

$$\boxed{L_{\text{fluk},1} = \frac{D_1(n)}{D_0(n)} \approx \frac{D_1(1)}{D_0(1)} \quad \text{mit} \quad D_1(1) = \frac{\ln P_{fa}}{\ln P_d} - 1} \tag{3.30}$$

und für ein Swerling 2-Ziel unter der Voraussetzung, daß die n integrierten Pulse statistisch voneinander unabhängig sind,

$$L_{\text{fluk},2} = \frac{D_2(n)}{D_0(n)} \tag{3.31}$$

Da der Agilitätsgewinn oder der Diversitygewinn der Reduktion des Fluktuationsverlustes beim Übergang von einem Swerling 1-Ziel auf ein Swerling 2-Ziel entspricht, erhält man für den Agilitätsgewinn

$$G_{\text{agil}} = \frac{L_{\text{fluk},1}}{L_{\text{fluk},2}} \tag{3.32}$$

und eine entsprechende Beziehung gilt für den Diversitygewinn.

Von Interesse ist gelegentlich auch, daß im Falle des Swerling 2-Zieles von den n integrierten Pulsen nur $n_e < n$ Pulse statistisch voneinander unabhängig sind. Nach [3] gilt dann die empirisch gefundene Beziehung

$$L_{\text{fluk},2} = \left(L_{\text{fluk},1}\right)^{1/n_e} \tag{3.33}$$

die annähernd zum gleichen Ergebnis wie Gleichung (3.31) führt, wenn $n_e = n$. Die Zahl n_e der statistisch voneinander unabhängigen Pulse findet man aus

$$n_e = 1 + \Delta f \, \frac{2d}{c} \tag{3.34}$$

wobei Δf der Frequenzsprung, d die Zielabmessung in Blickrichtung und c die Lichtgeschwindigkeit sind, man vgl. auch Glchg. (3.27).

Für die Zielmodelle Swerling 3 und Swerling 4 kann man zu den Gleichungen (3.30) und (3.31) äquivalente Beziehungen ableiten. Die Anwendung der Kurven soll anhand von zwei Beispielen erläutert werden.

Beispiele zur Anwendung der Kurvenscharen

Beispiel 1 für Integrations- und Fluktuationsverlust:
Ein Radar arbeite mit konstanter Frequenz und erhalte beim Zieldurchgang n = 10 Treffer, die nichtkohärent integriert werden. An der Reichweitengrenze wird für ein Swerling 1-Ziel eine Entdeckungswahrscheinlichkeit von $P_d = 80\,\%$ und eine Falschalarmwahrscheinlichkeit von $P_{fa} = 10^{-6}$ gefordert. Man bestimme den Integrationsverlust L_{int} und den Fluktuationsverlust L_{fluk}!

Lösung: Unter Benutzung der Gleichung (3.29) und der Kurvenschar Bild 3.9 (unten) erhält man $L_{\text{int}} = (10 \log n + 10 \log D_0(n) - 10 \log D_0(1))\,\text{dB} = (10+4{,}8-12{,}6)\,\text{dB} = 2{,}2\,\text{dB}$. Den Fluktuationsverlust erhält man aus Gleichung (3.30) und den Kurven von Bild 3.11 (oben) und Bild 3.9 (unten) zu $L_{\text{fluk}} = (10 \log D_1(10) - 10 \log D_0(10))\text{dB} = (10{,}1 - 4{,}8)\,\text{dB} = 5{,}3\,\text{dB}$.

Beispiel 2 für Integrations- und Fluktuationsverlust sowie Agilitätsgewinn:
Bei einem mit konstanter Frequenz arbeitenden Pulsdoppler-Radar wird gegen ein Swerling 1-Ziel an der Reichweitengrenze $P_d = 90\,\%$ und $P_{fa} = 10^{-6}$ gefordert. Das Radar sendet 3 Bursts (zu bspw. je 8 Pulsen) aus, die jeweils kohärent integriert werden. Die drei durch kohärente Integration erhaltenen Pulse werden nichtkohärent nachintegriert. Man bestimme den Integrations- und Fluktuationsverlust sowie den Agilitätsgewinn!

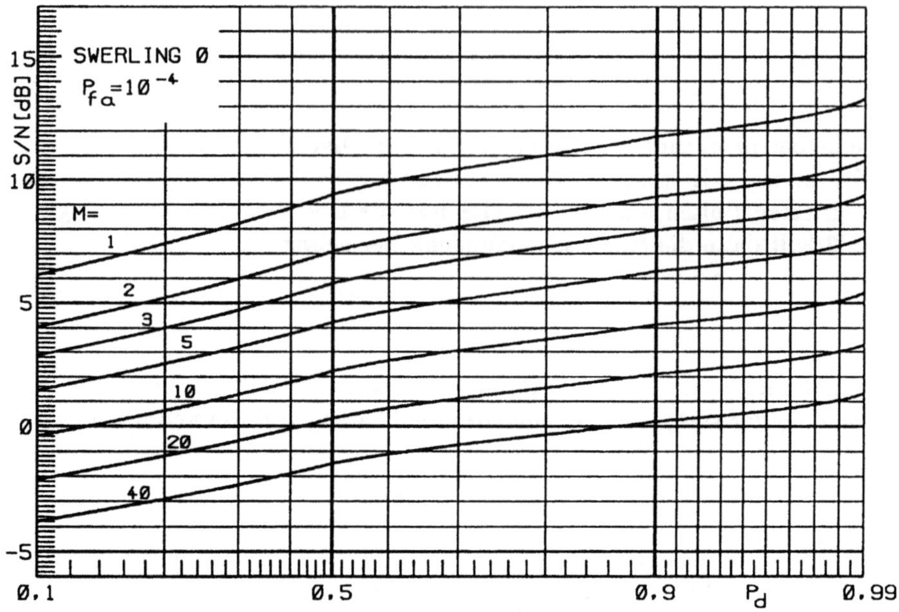

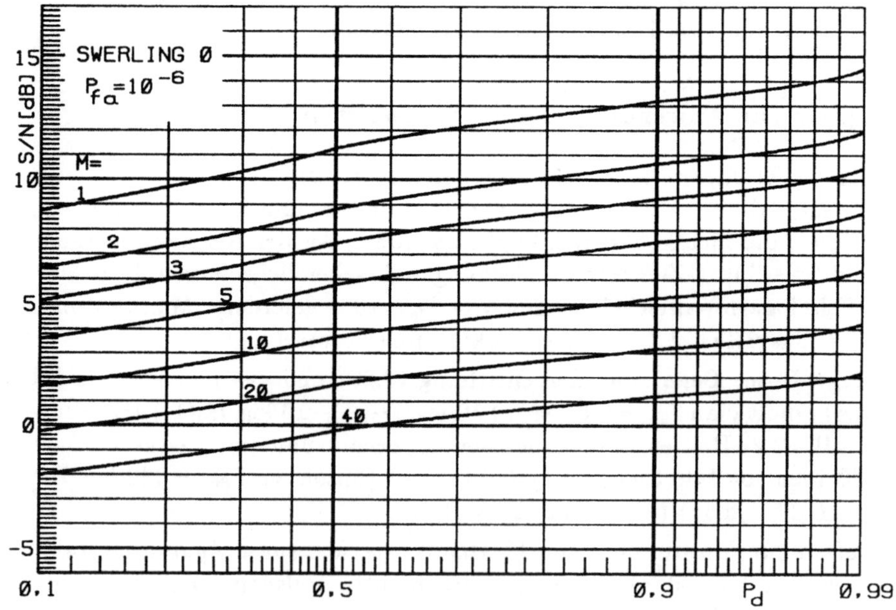

Bild 3.9 Oben: Erforderl. S/N $(= D_0(n = M))$ für Swerling 0 und $P_{fa} = 10^{-4}$
Unten: Erforderl. S/N $(= D_0(n = M))$ für Swerling 0 und $P_{fa} = 10^{-6}$

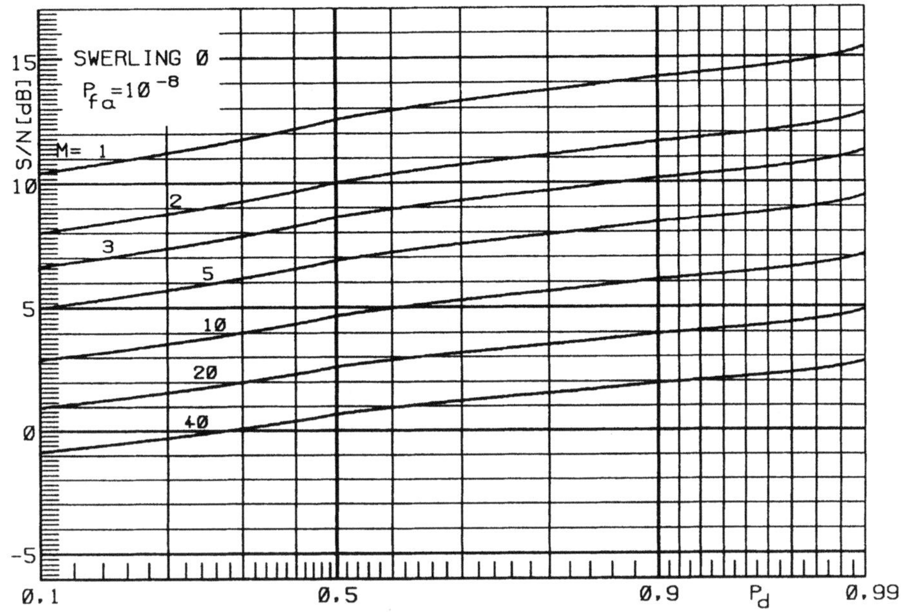

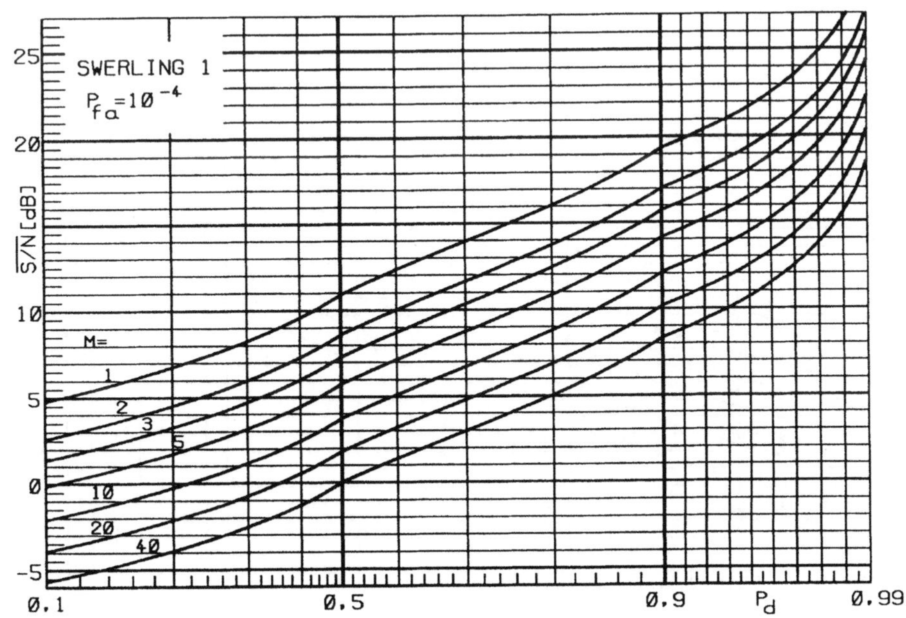

Bild 3.10 Oben: Erforderl. S/N $(= D_0(n = M))$ für Swerling 0 und $P_{fa} = 10^{-8}$
Unten: Erforderl. $\overline{S/N}$ $(= D_1(n = M))$ für Swerling 1 und $P_{fa} = 10^{-4}$

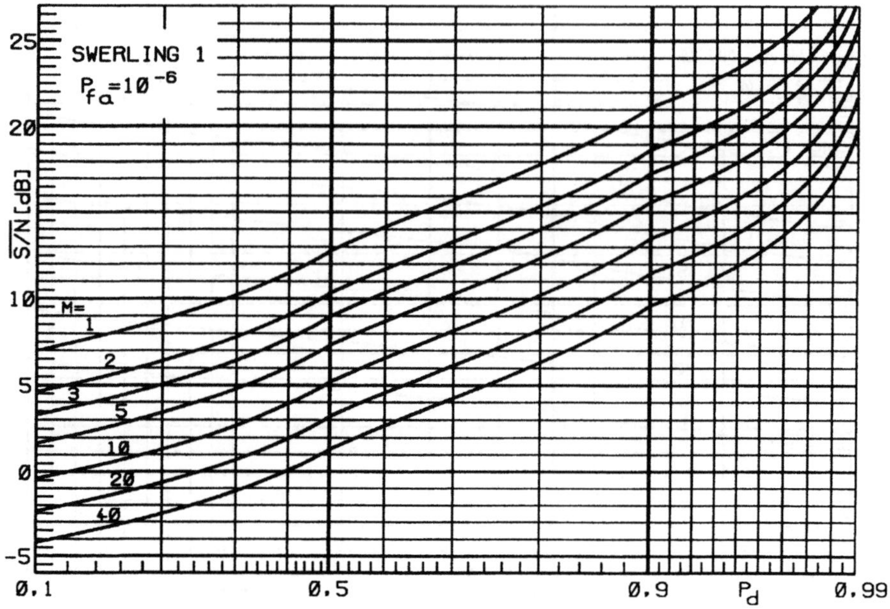

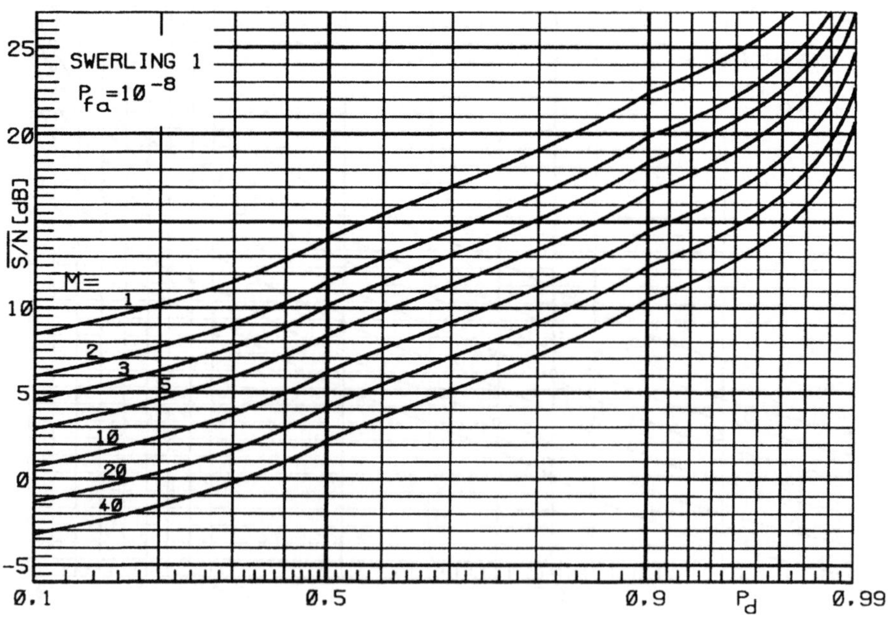

Bild 3.11 Oben: Erforderl. $\overline{S/N}$ ($= D_1(n = M)$) für Swerling 1 und $P_{fa} = 10^{-6}$
Unten: Erforderl. $\overline{S/N}$ ($= D_1(n = M)$) für Swerling 1 und $P_{fa} = 10^{-8}$

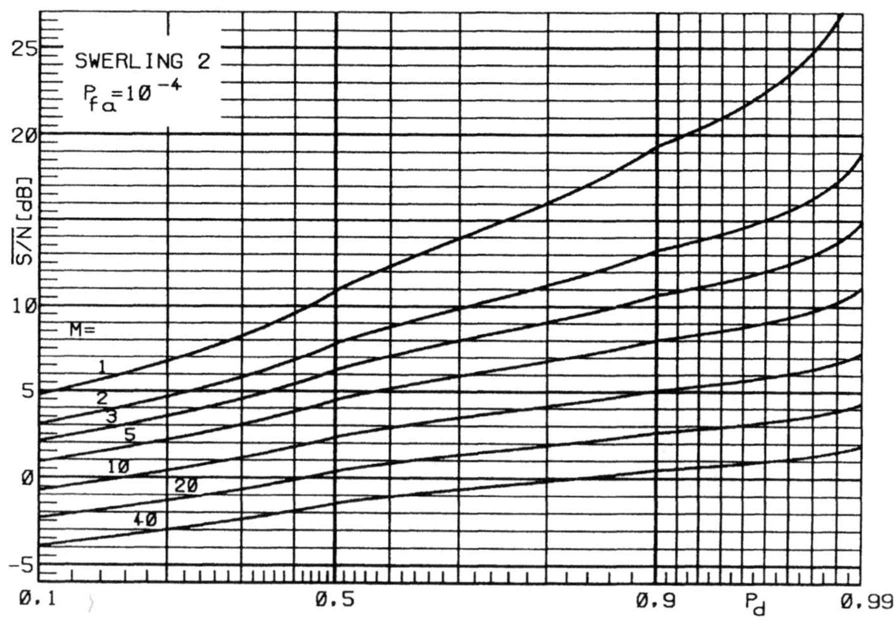

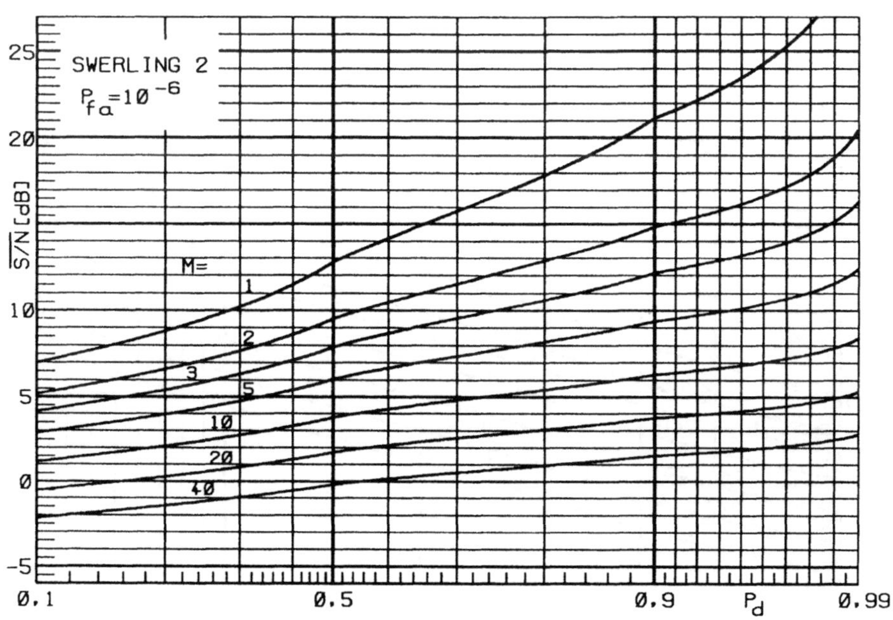

Bild 3.12 Oben: Erforderl. $\overline{S/N}$ ($= D_2(n = M)$) für Swerling 2 und $P_{fa} = 10^{-4}$
Unten: Erforderl. $\overline{S/N}$ ($= D_2(n = M)$) für Swerling 2 und $P_{fa} = 10^{-6}$

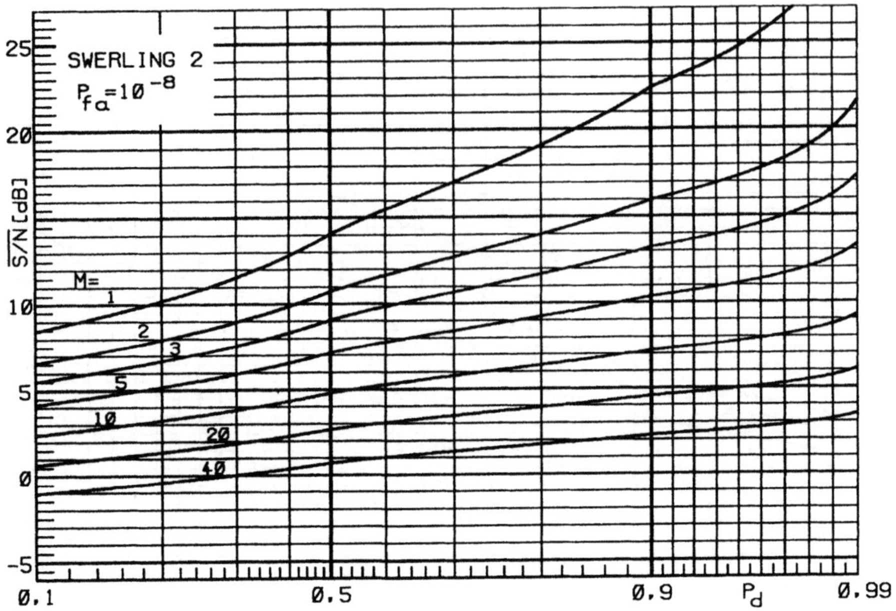

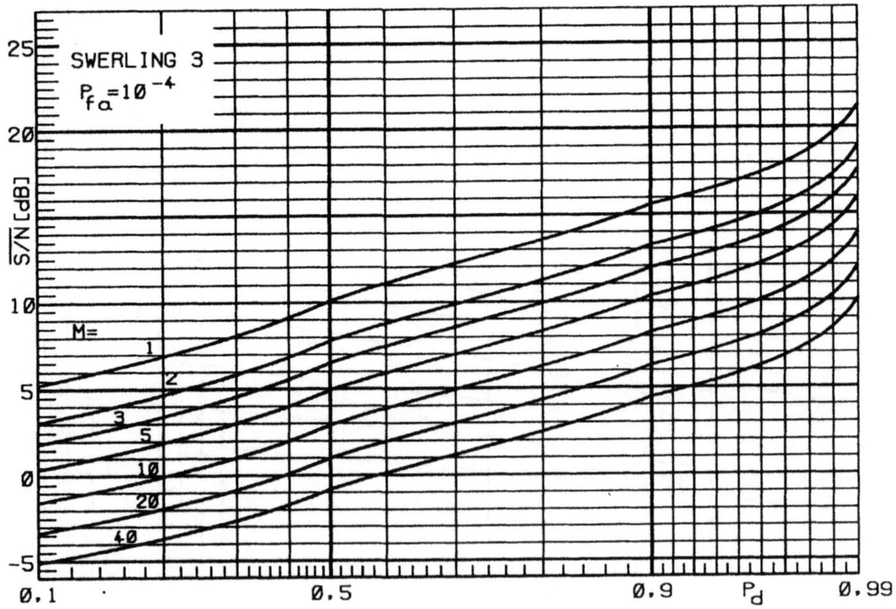

Bild 3.13 Oben: Erforderl. $\overline{S/N}$ ($= D_2(n=M)$) für Swerling 2 und $P_{fa} = 10^{-8}$
Unten: Erforderl. $\overline{S/N}$ ($= D_3(n=M)$) für Swerling 3 und $P_{fa} = 10^{-4}$

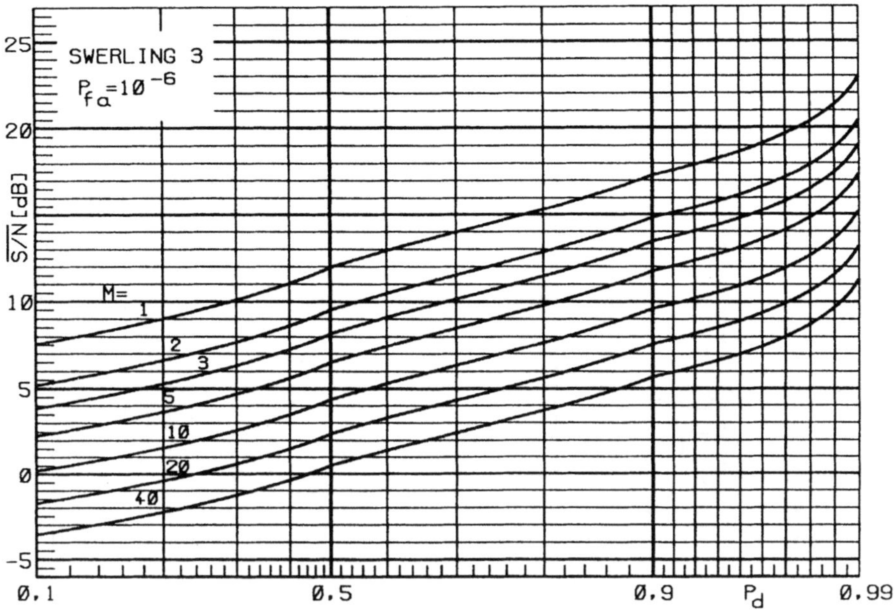

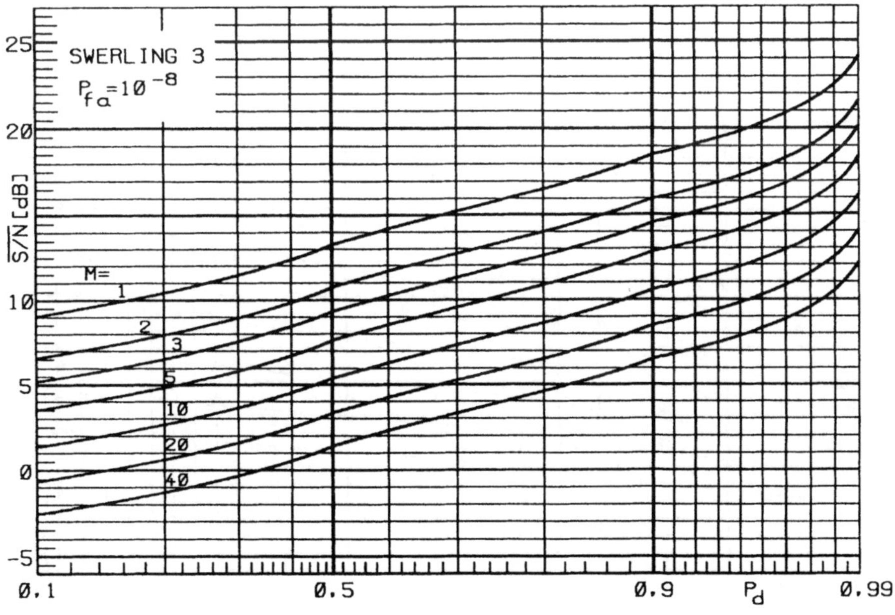

Bild 3.14 Oben: Erforderl. $\overline{S/N}$ $(= D_3(n = M))$ für Swerling 3 und $P_{fa} = 10^{-6}$
Unten: Erforderl. $\overline{S/N}$ $(= D_3(n = M))$ für Swerling 3 und $P_{fa} = 10^{-8}$

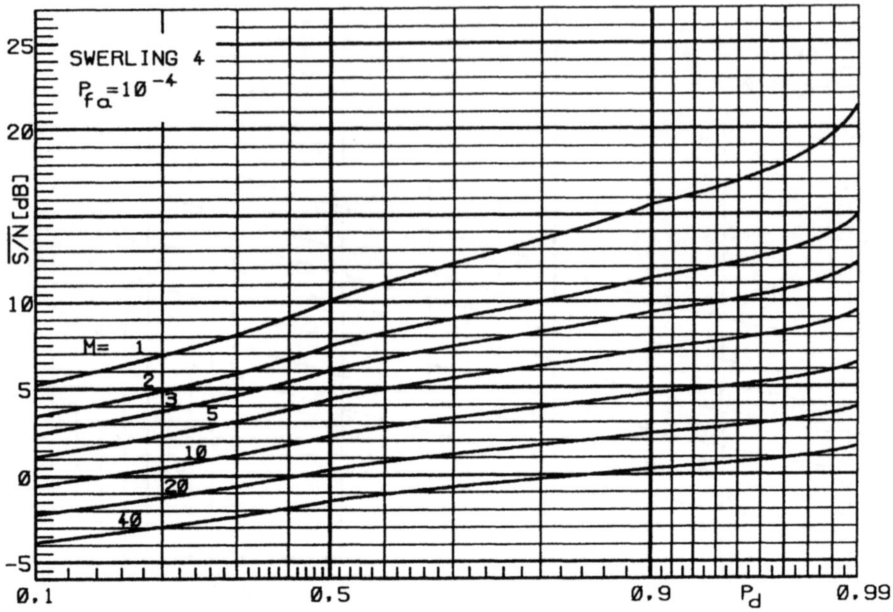

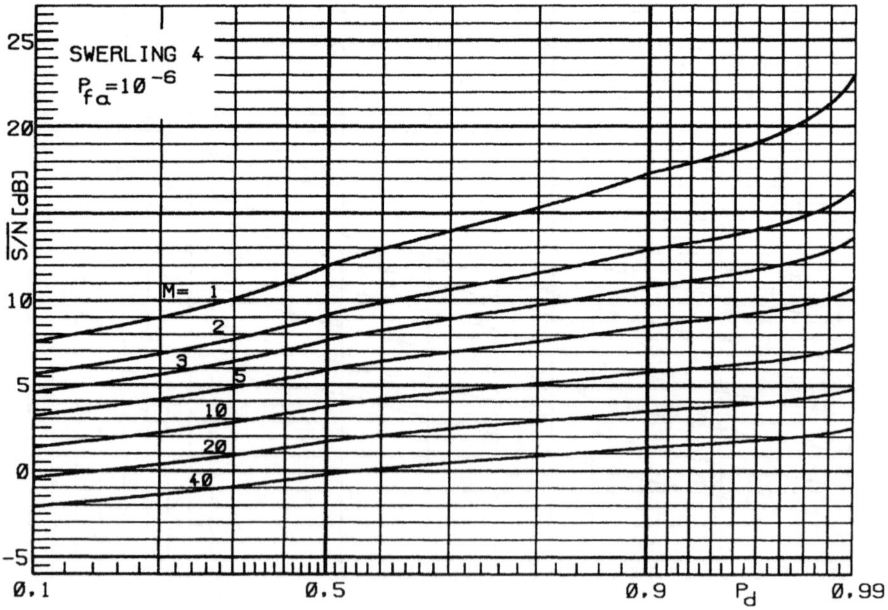

Bild 3.15 Oben: Erforderl. $\overline{S/N}$ $(= D_4(n = M))$ für Swerling 4 und $P_{fa} = 10^{-4}$
Unten: Erforderl. $\overline{S/N}$ $(= D_4(n = M))$ für Swerling 4 und $P_{fa} = 10^{-6}$

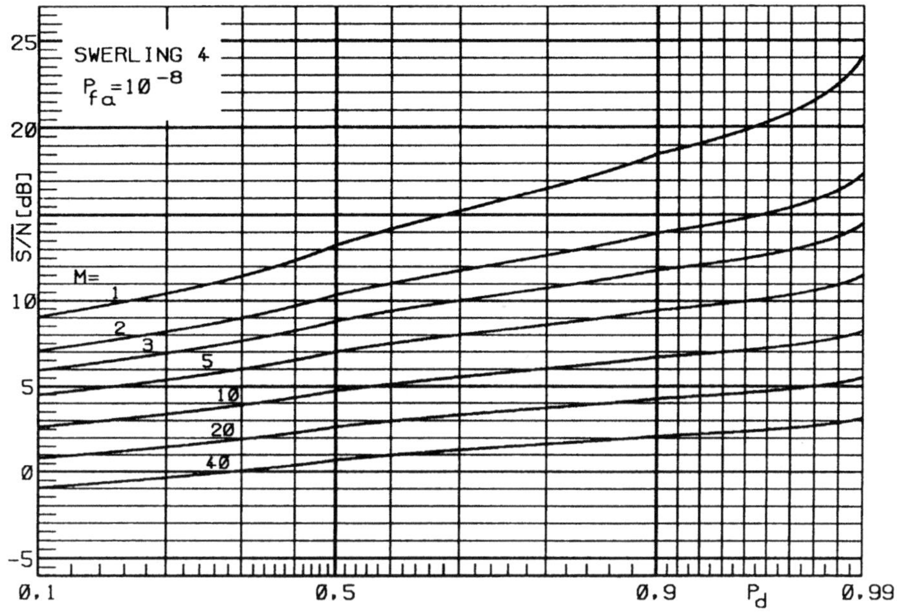

Bild 3.16 Erforderl. $\overline{S/N}$ ($= D_4(n = M)$) für Swerling 4 und $P_{fa} = 10^{-8}$

Lösung: Unter Benutzung der entsprechenden Kurven erhält man aus Gleichung (3.29) den Integrationsverlust zu L_{int} = (10 log 3 + 9,2 – 13,2) dB = 0,8 dB und den Fluktuationsverlust unter Benutzung von Glchg. (3.30) zu L_{fluk} = (17,2 – 9,2) dB = 8,0 dB.
Senden wir die Bursts mit ausreichend unterschiedlichen Frequenzen aus, so wird aus dem Swerling 1-Ziel auf Burst-zu-Burst-Basis ein Swerling 2-Ziel. Den Fluktuationsverlust dieses Swerling 2-Zieles erhält man nach Gleichung (3.31) unter Verwendung der Kurven von Bild 3.12 (unten) und Bild 3.9 (unten) zu $L_{fluk,2}$ = (12,1 – 9,2) dB = 2,9 dB. Daher wird der Agilitätsgewinn nach Gleichung (3.32) G_{agil} = (8,0 – 2,9) dB = 5,1 dB.

Eine weitere Anwendung der Kurven ergibt sich beim Test von Signalverarbeitungs-Algorithmen per Simulation. Oft besteht die Aufgabe, die S/N-Verluste eines suboptimalen Algorithmus gegenüber einem optimalen Algorithmus zu bestimmen. Mit einer Monte-Carlo-Simulation wird dann für vorgegebenes P_d das erforderliche $(\overline{S/N})_{subopt}$ bei Verwendung des suboptimalen Algorithmus bestimmt. Für den optimalen Algorithmus kann das notwendige $(\overline{S/N})_{opt}$ oft einer der gezeigten Kurvenscharen entnommen werden. Der gesuchte S/N-Verlust des suboptimalen Algorithmus in dB ist dann gleich $(\overline{S/N})_{subopt} - (\overline{S/N})_{opt}$. Weitere Beispiele für Anwendungen dieser Kurven finden sich in Kapitel 4.

Berechnungsgang für P_d bei nichtkohärenter Integration

Zum Abschluß soll für den interessierten Leser die Berechnung der Entdeckungswahrscheinlichkeit nach einer ungewichteten, nichtkohärenten Integration von M Echopulsen eines Zieles vom Typ der Swerling-Modelle 0...4 kurz erläutert werden. Sie basiert auf den Arbeiten von *Marcum* und *Swerling* [6, 7, 8], Zusammenfassungen finden sich in [4, 9]. Wir können einige der nachfolgenden Beziehungen auch bei der Berechnung von CFAR-Verlusten in Kapitel 9 gebrauchen.

Wir gehen von der Rice-Verteilung (3.10) aus, der WDF der Umhüllenden r des ZF-Bandpaß-Signals bei Anwesenheit eines Zielechos. Die Umhüllende wird dort durch einen *linearen* Detektor gewonnen. Die Rechnungen werden erheblich vereinfacht, wenn man auf einen *quadratischen* Detektor übergeht. Dabei sind jedoch die Unterschiede in den Ergebnissen zwischen linearem und quadratischem Detektor in der Praxis meist vernachlässigbar (< 0,2 dB nach [5]).

Wir legen also einen quadratischen Detektor zugrunde und normieren seine Ausgangsgröße v auf das doppelte Quadrat des Rauscheffektivwertes U_N, transformieren also die Zufallsgröße r in Gleichung (3.10) gemäß

$$v = \frac{r^2}{2U_\text{N}^2} \tag{3.35}$$

Mit Hilfe von Glchg. (3.9) ergibt sich aus Glchg. (3.10) die WDF von v zu

$$p(v) = \mathrm{e}^{-\left(v + \frac{S}{N}\right)} \cdot I_0\left(\sqrt{4\frac{S}{N} \cdot v}\right) \tag{3.36}$$

Wir integrieren M Pulse eines nichtfluktuierenden Zieles mit den quadrierten und normierten Zufallsamplituden v_m und der WDF $p(v_m) = p(v)$:

$$V = \sum_{m=1}^{M} v_m \tag{3.37}$$

Die WDF $p_M(V)$ dieser Summe V von M unabhängigen Zufallsvariablen v_m mit den einzelnen WDF $p(v_m)$ erhält man durch Faltung der $p(v_m)$ zu

$$p_M(V) = p(v_1) * p(v_2) * \cdots * p(v_M) = p(v) * \ldots * p(v) \tag{3.38}$$

Marcum berechnete $p_M(V)$ unter Umgehung der Faltungen durch Fouriertransformation von $p(v)$ und M-facher Multiplikation der resultierenden charakteristischen Funktion mit anschließender Fourier-Rücktranformation. Das Ergebnis kann man schreiben als

$$p_M(V) = \left(\frac{V}{X}\right)^{\frac{M-1}{2}} \cdot \mathrm{e}^{-V-X} \cdot I_{M-1}\left(2\sqrt{X \cdot V}\right) \tag{3.39}$$

Dabei ist

$$X = \sum_{m=1}^{M} (S/N)_m$$

bei einem nichtfluktuierenden Ziel die Summe der (konstanten) Signal-zu-Rausch-Verhältnisse der Einzelpulse. X bleibt auch von Zielbeleuchtung-zu-Zielbeleuchtung (engl. Scan-to-Scan) konstant. In der vorletzten Gleichung ist I_{M-1} die modifizierte Besselfunktion $(M-1)$-ter Ordnung.

Bei fluktuierenden Zielen dagegen ist X nicht konstant, sondern eine Zufallsgröße. *Swerling* hat gezeigt, daß der Einfluß der Zielfluktuation vollständig durch die WDF von X, bezeichnet mit $w(X, \overline{X})$, beschrieben wird. Dabei ist $\overline{X}$ der Scharmittelwert von X. Bei einem fluktuierenden Ziel wird aus der WDF (3.39) zunächst eine bedingte WDF: sie gilt unter der Voraussetzung des Auftretens des zufälligen X. Damit erhält man

$$p_M(V|X) = \left(\frac{V}{X}\right)^{\frac{M-1}{2}} \cdot \mathrm{e}^{-V-X} \cdot I_{M-1}\left(2\sqrt{XV}\right) \tag{3.40}$$

was sich auch als Potenzreihe schreiben läßt [9]

$$p_M(V|X) = \sum_{i=0}^{\infty} \frac{X^i V^{M+i-1}\, \mathrm{e}^{-V-X}}{i!\,(M+i-1)!}$$

Die zur Berechnung der Entdeckungswahrscheinlichkeit benötigte WDF für ein fluktuierendes Ziel bei Integration von M Pulsen wird daher

$$p_M(V, \overline{X}) = \int_0^{\infty} p_M(V|X) \cdot w(X, \overline{X})\, dX \tag{3.41}$$

Daraus erhält man die gesuchte Entdeckungswahrscheinlichkeit zu

$$P_\mathrm{d} = P_\mathrm{d}(M, \overline{X}) = \int_{V=U_\mathrm{S}}^{\infty} p_M(V, \overline{X})\, dV \tag{3.42}$$

wobei U_S die Entdeckungsschwelle darstellt. Für $\overline{X} \to 0$ bekommt man P_fa.

Die fünf Zielmodelle Swerling 0...4 können nach *Swerling* durch eine modifizierte Chi-Quadrat-Verteilung der Form

$$w(X, \overline{X}) = \frac{K}{(K-1)!} \cdot \left(\frac{KX}{\overline{X}}\right)^{K-1} \cdot \mathrm{e}^{-\frac{KX}{\overline{X}}} \cdot \frac{1}{\overline{X}} \tag{3.43}$$

beschrieben werden. Die folgende Aufstellung enthält den Parameter K der Chi-

Quadrat-Verteilung für die 5 Swerling-Zielmodelle:

Swerling 1:	$K = 1$
Swerling 2:	$K = M$
Swerling 3:	$K = 2$
Swerling 4:	$K = 2M$
Swerling 0:	$K = \infty$

Effiziente Algorithmen zur maschinellen Berechnung von P_d finden sich in [9] und detaillierter in [10]. Die hier gezeigten Kurvenscharen der Bilder 3.9 bis 3.16 wurden mit Hilfe eines Pascal-Programmes, basierend auf dem in [10] angegebenen Algorithmus, berechnet.

3.12 Entdeckung nach binärer Integration

Die Ausgangsgröße des automatischen Zieldetektors nach Bild 3.1, der hier als sogenannte *erste* Schwelle bezeichnet wird, kann nur 2 Werte annehmen, und zwar „1“ für „Ziel vorhanden“ und „0“ für „kein Ziel vorhanden“. Sie stellt daher eine binäre Größe dar. Statt wie bei der nichtkohärenten, *analogen* Integration die analogen Signale nach dem Hüllkurvendetektor zu addieren und eine Schwelle auf die resultierende Summe anzusetzen, kann man in einer anderen, einfacheren Form der nichtkohärenten Integration die binären Ausgangsgrößen des Zieldetektors addieren und das Ergebnis mit einer *zweiten* Schwelle vergleichen. Man spricht dann von binärer Integration (engl. Binary Integration, gelegentlich auch Coincidence oder Sequential Detection) [3], die unter anderem im sogenannten Wanderfenster-Detektor (engl. Sliding oder Moving Window Detector) angewendet wird.

Bild 3.17 zeigt das Prinzip des Wanderfenster-Detektors bei beispielsweise einer Anwendung in einem 2D-Rundsuchradar mit mechanisch drehender Antenne und $M_\text{S} = M = 16$ Treffern.

Für jeden Entfernungsring wird ein Speicher mit M Zellen bereitgestellt, in welche die binären Ausgangswerte der 1. Schwelle der vergangenen M Pulsfolgeintervalle eingetragen sind. Dies geschieht gleitend oder „wandernd“ in azimutaler Richtung: in jedem neuen Pulsfolgeintervall (PRI) wird der älteste Wert entfernt und dafür ein neuer aufgenommen.

Erfaßt die rotierende Antenne ein Ziel, so wird das Wanderfenster langsam mit Einsen gefüllt, wobei aber bei relativ schwachen Zielen durchaus Nullen zwischen den Einsen auftauchen können. Die Summe von Signal (Einzelpuls) + Rauschen ist eine Zufallsvariable, also nicht konstant, und überschreitet daher die 1. Schwelle nicht immer.

Wenn $P_{1,\text{d}}$ die Entdeckungswahrscheinlichkeit für den Einzelpuls, also die Wahrscheinlichkeit für eine „1“ oder einen „Treffer“ nach der 1. Schwelle, dar-

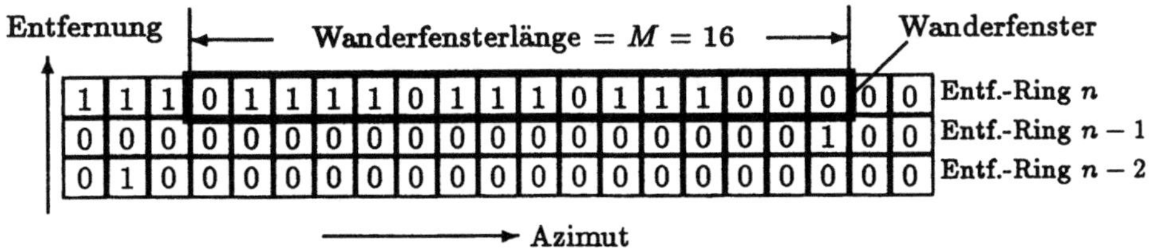

Bild 3.17 Binäre Integration mit einem Wanderfenster bei einem 2D-Rundsuchradar für $M = 16$ Treffer. In jedem Entfernungsring verschiebt sich das zugehörige Wanderfenster zellenweise nach rechts.

stellt, so ist die Wahrscheinlichkeit P_L, daß bei M möglichen Treffern genau L Treffer vorgefunden werden, identisch mit der Binomialverteilung der Statistik:

$$P_L = \frac{M!}{L!\,(M-L)!}\; P_{1,\mathrm{d}}^L\; (1 - P_{1,\mathrm{d}})M - L \tag{3.44}$$

Verlangt man als Zielkriterium, daß m oder mehr Treffer bei M *möglichen* Treffern („m–aus–M"-Kriterium = 2. Schwelle) auftreten, so wird die Ziel-Entdeckungswahrscheinlichkeit gleich der Summe der Wahrscheinlichkeiten $P_L, P_{L+1}, P_{L+2}\cdots$, also gilt

$$P_\mathrm{d} = \sum_{L=m}^{M} \frac{M!}{L!\,(M-L)!}\; P_{1,\mathrm{d}}^L\; (1 - P_{1,\mathrm{d}})^{M-L} \tag{3.45}$$

Zur Erinnerung: $x! = 1 \cdot 2 \cdot 3 \cdot \cdots \cdot x$ und $0! = 1$. Bei typischen Anwendungen mit $M \approx 20$ liegt ein optimales Zielkriterium bei $m \approx M/2$. Für $M = 5$ ist ein „3–aus–5"- und für $M = 3$ ein „2–aus–3"-Kriterium optimal [12].

Ersetzt man in der letzten Gleichung die Einzelpuls-Entdeckungswahrscheinlichkeit $P_{1,\mathrm{d}}$ nach der ersten Schwelle durch die Einzelpuls-Falschalarmwahrscheinlichkeit $P_{1,\mathrm{fa}}$, so erhält man statt P_d die Gesamt-Falschalarmwahrscheinlichkeit P_fa.

Beispiel eines binären Integrators

Anhand eines praktischen Beispiels wollen wir jetzt die Falschalarmwahrscheinlichkeit $P_{1,\mathrm{fa}}$ nach der ersten Schwelle, die zugehörige Entdeckungsschwelle U_S, das erforderliche Einzelpuls-S/N und den Integrationsverlust gegenüber der kohärenten und der idealen, nichtkohärenten Integration ermitteln. Gefordert seien $P_\mathrm{d} = 90\,\%$ und $P_\mathrm{fa} = 10^{-6}$. Gegeben sei eine Trefferzahl von $M_\mathrm{S} = M = 16$ und ein Zielkriterium für die 2. Schwelle von $m = M/2 = 8$. Das Ziel sei nichtfluktuierend.

Mit entweder der Versuch-und-Irrtum-Methode oder einem Iterationsverfahren erhält man aus Gleichung (3.45) $P_{1,\mathrm{fa}} = 5{,}8\,\%$ und aus Gleichung (3.15) die zugehörige Entdeckungsschwelle zu $U_\mathrm{S} = 2{,}39 \cdot U_\mathrm{N}$. Man erkennt, daß durch die binäre Integration die Ausgangsfalschalarmwahrscheinlickeit $P_\mathrm{fa} = 10^{-6}$ um etwa 4 Zehnerpotenzen gegenüber der Einzelpuls-Falschalarmwahrscheinlichkeit von $P_{1,\mathrm{fa}} = 5{,}8 \cdot 10^{-2}$ reduziert wird. Ähnlich wie $P_{1,\mathrm{fa}}$ kann man aus Gleichung (3.45) die erforderliche Entdeckungswahrscheinlichkeit $P_{1,\mathrm{d}}$ des Einzelpulses für das geforderte $P_\mathrm{d} = 90\,\%$ berechnen, man erhält $P_{1,\mathrm{d}} = 62{,}5\,\%$. Aus Bild 3.5 entnimmt man für $P_{1,\mathrm{fa}} = 5{,}8 \cdot 10^{-2}$ ein erforderliches Einzelpuls-S/N von 4,9 dB (nichtlineare Interpolation). Bei idealer nichtkohärenter Integration dagegen erhält man für vorgegebene $P_\mathrm{d} = 90\,\%$ und $P_\mathrm{fa} = 10^{-6}$ bei $M = 16$ aus Bild 3.9 (unten) für ein Swerling 0-Ziel ein erforderliches Einzelpuls-S/N von 3,8 dB. Der S/N-Verlust des Wanderfensterdetektors gegenüber der idealen nichtkohärenten Integration beträgt also (4,9 − 3,8) dB = 1,1 dB.

Bei kohärenter Integration ist nach Bild 3.5 ein S/N des integrierten Pulses von 13,2 dB erforderlich, für den Einzelpuls daher 13,2 dB − 10 log 16 dB = 1,2 dB. Der gesamte Integrationsverlust des binären Integrators oder Wanderfenster-Detektors beträgt daher $L_\mathrm{int,bin} = (4{,}91{,}2)\,\mathrm{dB} = 3{,}7\,\mathrm{dB}$. Er setzt sich zusammen aus dem Verlust der nichtkohärenten Integration gegenüber der kohärenten von (3,8 − 1,2) dB = 2,6 dB und dem Verlust des Wanderfensterdetektors gegenüber dem idealen nichtkohärenten Integrator von 1,1 dB.

Anwendungen der binären Integration

Neben der einfachen Implementierung liegt ein großer Vorteil des Wanderfenster-Detektors in seiner *Unempfindlichkeit gegenüber asynchronen Störimpulsen* wie beispielsweise den Sendepulsen benachbarter Radare. Sowohl bei kohärenter wie bei analoger, nichtkohärenter Integration kann durch einen einzelnen Störimpuls *sehr großer* Amplitude die Entdeckungsschwelle überschritten und ein Falschalarm erzeugt werden. Da aber beim Wanderfensterdetektor die Amplitudeninformation beseitigt wird, kann bei ihm ein einzelner großer Störimpuls keinen Falschalarm generieren, da das „m–aus–M"-Kriterium nicht erfüllt wird.

Nachteile des Wanderfenster-Detektors sind sein höherer S/N-Verlust gegenüber den anderen Integrationsarten und die gerade als vorteilhaft erwähnte Beseitigung der Amplitudeninformation, da sie die Winkelmessung (Azimut, Elevation) ungenauer macht.

Breite Anwendung fand der Wanderfensterdetektor in MTI-Radaren [11], wo er immer noch in Gebrauch ist. Die Fortschritte der Halbleitertechnologie gestatten heute jedoch statt der binären Integration eine kohärente Integration in Form von Pulsdopplerverfahren, die gegenüber MTI-Verfahren eine bessere Zielentdeckung in Boden- und Wetterclutter gewährleisten und noch weitere Vorteile bieten.

Solche Pulsdoppler-Radare, bei LPRF auch als MTD-Radare bezeichnet (Moving Target Detector im Gegensatz zu Moving Target Indicator (MTI)), integrieren blockweise kohärent und die resultierenden Ergebnisse gegebenenfalls binär. Ein Radar mit zum Beispiel einer Trefferzahl von 24 kann die PRF und auch die HF nach jedem Burst von beispielsweise 8 Pulsen wechseln. Die 8 Pulse eines Bursts werden kohärent integriert. Zur Vermeidung von S/N-Verlusten wird dann ein Wanderfenster-Detektor mit einem „2–aus–3"-Kriterium zur binären Nachintegration der Ergebnisse der 3 kohärenten Blockintegrationen eingesetzt. Zu beachten ist allerdings, daß das Radar infolge von Blindgeschwindigkeiten gelegentlich bei einem oder mehreren Bursts blind sein kann und ein Ziel dann die 2. Schwelle nicht überschreitet. Die Bilder 3.18 und 3.19 zeigen $P_{1,\mathrm{d}}$ und $P_{1,\mathrm{fa}}$ am Integrator-Eingang als Funktion der meist vorgegebenen Ausgangsgrößen P_d und P_fa für verschiedene Zielkriterien.

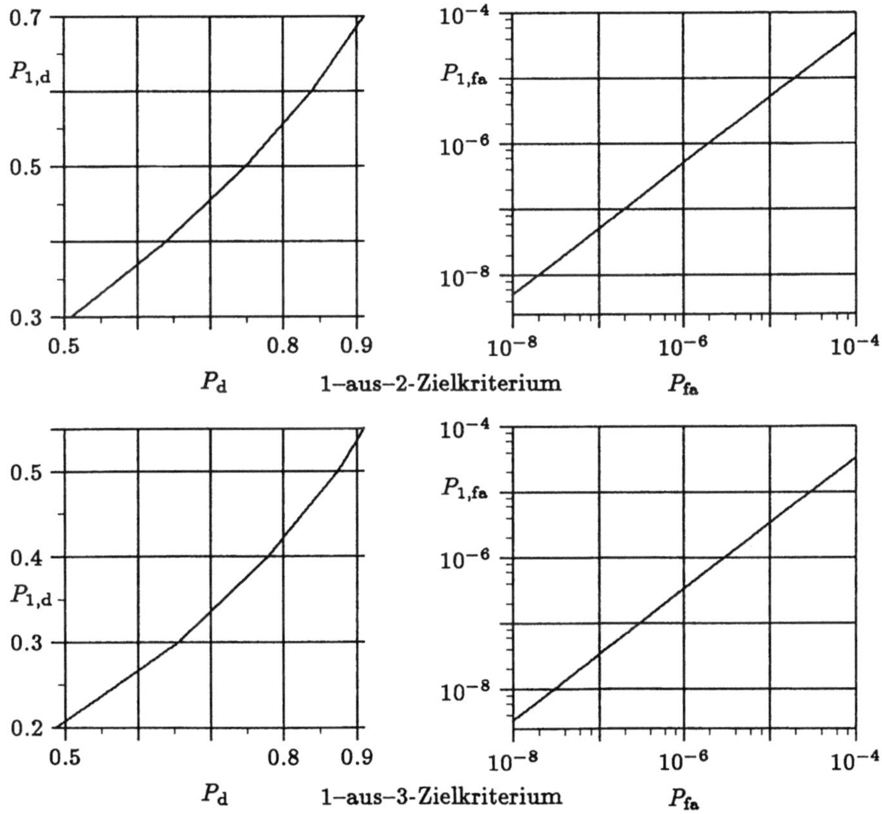

Bild 3.18 Einzelpulsentdeckungswahrscheinlichkeit $P_{1,\mathrm{d}}$ und Falschalarmwahrscheinlichkeit $P_{1,\mathrm{fa}}$ am Eingang eines binären Integrators als Funktion der Zielentdeckungswahrscheinlichkeit P_d und der Falschalarmwahrscheinlichkeit P_fa am Ausgang für die Zielkriterien 1–aus–2 und 1–aus–3 (LPRF-Pulsdopplerradar mit 2 oder 3 Bursts pro Zielverweilzeit ohne „echte" binäre Nachintegration).

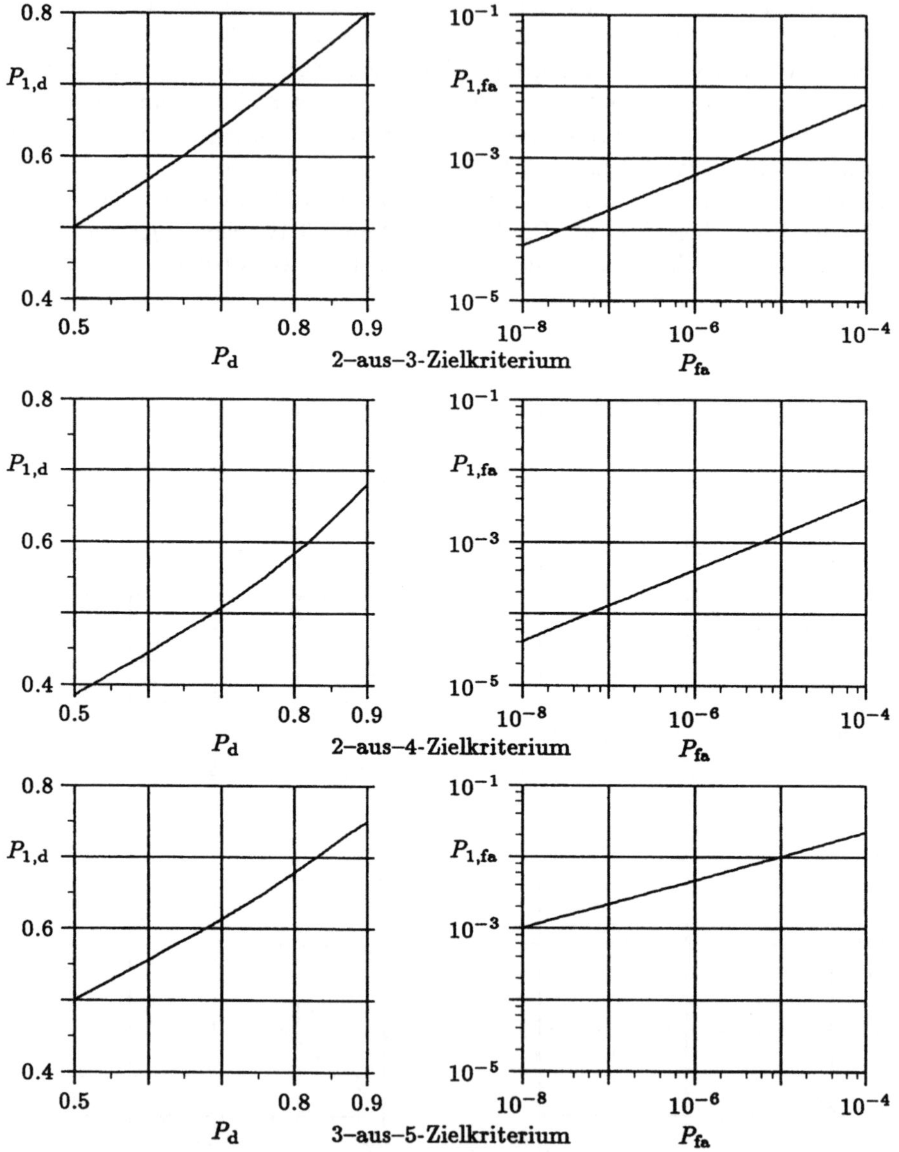

Bild 3.19 Einzelpulsentdeckungswahrscheinlichkeit $P_{1,d}$ und Falschalarmwahrscheinlichkeit $P_{1,fa}$ am Eingang eines binären Integrators als Funktion der Zielentdeckungswahrscheinlichkeit P_d und der Falschalarmwahrscheinlichkeit P_{fa} am Ausgang für verschiedene Zielkriterien m–aus–M, wie sie bei LPRF-Pulsdopplerradaren üblich sind. Man erkennt die mit wachsendem m größer werdende, zulässige Falschalarmwahrscheinlichkeit $P_{1,fa}$ am Eingang.

Binäre Integration fluktuierender Zielechos

Bezeichnet man mit $D_{b,0}(m, M)$ den bei einem Swerling 0-Ziel für spezifizierte P_d und P_{fa} erforderlichen Bedarf an Einzelpuls-S/N am *Eingang* eines binären Integrators mit einem m–aus–M-Zielkriterium, so gilt nach [13] für das erforderliche Einzelpuls-S/N $D_{b,1}(m, M)$ eines Swerling 1-Zieles in guter Näherung (aus P_d und P_{fa} ergeben sich $P_{1,d}$ und $P_{1,fa}$ nach Glchg. (3.45) oder den Bildern 3.18 und 3.19):

$$\boxed{D_{b,1}(m, M) = D_{b,0}(m, M) \cdot L_{fluk,1}} \qquad (3.46)$$

Dabei ist $L_{fluk,1}$ der Fluktuationsverlust eines Swerling 1-Zieles nach Glchg. (3.30):

$$L_{fluk,1} \approx \frac{D_1(1)}{D_0(1)} \qquad (P_d \text{ und } P_{fa} \text{ auf Ausgang bezogen}) \qquad (3.47)$$

Das heißt, man berechnet zur Ermittlung von $D_{b,1}(m, M)$ zunächst das erforderliche Einzelpuls-S/N $D_{b,0}(m, M)$ unter Zugrundelegung eines nichtfluktuierenden Zieles und addiert dann (in dB) einfach den Fluktuationsverlust.

Bei einem Swerling 2-Ziel ermittelt man für vorgegebene P_d und P_{fa} die Größen $P_{1,d}$ und $P_{1,fa}$ iterativ aus Glchg. (3.45) oder den Bildern 3.18 und 3.19. Damit wird das am Eingang des m–aus–M-Integrators erforderliche Einzelpuls-S/N $D_{b,2}(m, M)$ (man vgl. die Formelsammlung in Abschnitt 4.6):

$$\boxed{D_{b,2}(m, M) = \frac{\ln P_{1,fa}}{\ln P_{1,d}} - 1} \qquad (3.48)$$

Ein Beispiel soll das erläutern.

Ein Pulsdoppler-Radar strahle pro Zielverweilzeit 3 Bursts zu je 8 Pulsen mit Burst-zu-Burst-Frequenz-Agilität ab. Die durch kohärente Integrationen der je 8 Pulse erhaltenen 3 Pulse stellen Echos eines Swerling 2-Zieles dar. Zu ihrer nichtkohärenten Nachintegration verwenden wir einen binären Integrator mit einem 2–aus–3-Zielkriterium. Gefordert seien am Ausgang $P_d = 0{,}9$ und $P_{fa} = 10^{-6}$.

Man erhält aus Glchg. (3.45) oder Bild 3.19 $P_{1,fa} = 5{,}8 \cdot 10^{-4}$. Um am Integrator-Ausgang $P_d = 90\%$ zu erreichen, muß nach Bild 3.19 $P_{1,d} = 80{,}0\%$ sein. Damit wird nach Glchg. (3.48) $D_{b,2}(m, M) = D_2(1) = \ln(5{,}8 \cdot 10^{-4}) / \ln(0{,}80) - 1 = 32{,}4 \,\hat{=}\, 15{,}1$ dB. Bei einem nichtfluktuierendem Ziel wären $D_{b,0}(m, M) = D_0(1) = 10{,}3$ dB erforderlich. Also ist der durch Fluktuation bedingte Mehrbedarf 4,8 dB. Bei einem Swerling 1-Ziel wäre der Mehrbedarf 8,0 dB. Die Differenz $(8{,}0 - 4{,}8)$ dB $= 3{,}2$ dB ist der Agilitätsgewinn durch die Burst-zu-Burst-Frequenz-Agilität.

Literaturverzeichnis

[1] Lüke, H.D.: *Signalübertragung,* Springer-Verlag, 1990.

[2] Davenport, W.B., Root, W.L.: *An Introduction to the Theory of Random Signals and Noise,* McGraw-Hill, 1958.

[3] Barton, D.K.: *Modern Radar System Analysis,* Artech House, 1988.

[4] Levanon, N.: *Radar Principles,* John Wiley and Sons, 1988.

[5] Blake, L.V.: *Radar Range-Performance Analysis,* Artech House, 1986.

[6] Marcum, J.I., Swerling, P.: *Studies of Target Detection by Pulsed Radar,* IRE Transactions on Information Theory, IT-6, April 1960.

[7] Swerling, P.: *More on Detection of Fluctuating Targets,* IEEE Transactions on Information Theory, IT-11, July 1965.

[8] Swerling, P.: *Recent Developments in Target Models for Radar Detection Analysis,* AGARD Avionics Tech. Symp. Proc., Istanbul, May 1970.

[9] Mitchell, R.L.; Walker, J.F.: *Recursive Methods for Computing Detection Probabilities,* IEEE Trans. on Aerospace and Electronic Systems, AES-7, July 1971.

[10] Shnidman, D.A.: *Evaluation of Probability of Detection for Several Target Fluctuation Models,* Report ESD-TR-75-109, Lincoln Laboratory, M. I. T., Lexington, MA, USA, July 1975.

[11] Ebert, H.: *Automatische Erkennung von Flugzielen durch digitale Radarzielextraktion,* Wiss. Ber. AEG-TELEFUNKEN 42, 1969.

[12] Skolnik, M.E.: *Introduction to Radar Systems,* McGraw-Hill, 1980.

[13] Weiner, M.A.: *Binary Integration of Fluctuating Targets,* IEEE Transactions on Aerospace and Electronic Systems, AES-27, January 1991.

4 Refererenzradar und Verlustbilanz

4.1 Übersicht

Es wird die Notwendigkeit und Zweckmäßigkeit begründet, beim Radarentwurf ein idealisiertes und sinnvoll vereinfachtes Referenzradar als Ausgangsbasis zu verwenden. Der Vorteil einer solchen Vorgehensweise liegt in der Möglichkeit, zunächst dessen Reichweite und andere Eigenschaften einfach und *sehr genau* berechnen zu können. Die Abweichungen des realen Radars von diesem Referenzradar werden dann durch „Verluste" erfaßt, zusammengestellt in der sogenannten *Verlustbilanz*. Bei der Aufstellung dieser Bilanz bekommt der Entwurfsingenieur einerseits einen guten Einblick in die vielfältigen Möglichkeiten, sinnvolle Kompromisse einzugehen, andererseits aber auch Einsicht in mögliche Entwicklungrisiken.

Nach Ableitung einer in der Praxis sehr nützlichen, logarithmischen Form („dB-Form") der Radargleichung werden die am häufigsten auftretenden Verluste aufgelistet und kurz erläutert.

Da bei modernen Radaren zur Verbesserung der Parameterschätzung der Zielverweilzeit größere Aufmerksamkeit geschenkt werden muß, werden verschiedene Gesichtspunkte der Zielverweilzeit in einem gesonderten Abschnitt behandelt. Dabei wird klar werden, daß der immer vorhandene Konflikt zwischen Zielverweilzeit einerseits und Datenerneuerungsrate andererseits durch eine elektronisch steuerbare Antenne entschärft werden kann. Diese bietet die Möglichkeit, die Zielverweilzeit ohne zu große Einbuße an Datenerneuerungsrate den Erfordernissen der Parameterschätzung adaptiv anzupassen, das heißt von Zielbeleuchtung zu Zielbeleuchtung ändern zu können.

Ein ausführlich gehaltenes Beispiel eines Radarentwurfs soll die Anwendung der Radargleichung, von Referenzradar und Verlustbilanz erläutern. Zum Abschluß enthält das Kapitel eine Formelsammlung, die die Kapitel 2 bis 4 umschließt.

4.2 Referenzradar

Da ein Radar ein recht komplexes System darstellt, ist seine Entwicklung im allgemeinen mit Risiken hinsichtlich der geforderten Leistungsfähigkeit (Performance) einerseits und der vorgegebenen Kosten andererseits behaftet. Diese Risiken lassen sich beachtlich vermindern, wenn das zu entwickelnde Radar aus einem bereits existierenden und erfolgreichen Radar abgeleitet werden kann. Zur Minderung der Risiken ist weiterhin eine ausreichend vollständige Spezifikation erforderlich. Dabei ist das oft gewünschte, sogenannte „wasserdichte“ Pflichtenheft bei einem so komplexen System wie einem Radar nur näherungsweise erreichbar.

Beim Entwurf eines Radars nach einer vorgegebenen Spezifikation wird zunächst ein vereinfachtes, idealisiertes *Referenzradar* definiert, dessen Reichweite R_{ref} einfach und genau berechnet werden kann. Auch das Radarziel und die Radarumgebung werden zunächst idealisiert, beispielsweise durch die Vernachlässigung der Zielfluktuation und der atmosphärischen Dämpfung.

Die Abweichungen des realen Radars vom idealisierten Referenzradar, die sich in einer verringerten Reichweite niederschlagen, werden dann durch Verlustfaktoren oder kurz „Verluste“ berücksichtigt. Bei modernen Radaren mit ihren komplexen Sendesignalen und Abtaststrategien (Waveforms) und dementsprechend aufwendiger Signalverarbeitung gibt es eine Vielzahl von Verlusten (gelegentlich auch Gewinne wie den Agilitäts- oder Diversity-Gewinn) sehr unterschiedlicher Art *gegenüber dem vereinfachten Referenzradar.* Um einerseits ein Nichterreichen der spezifizierten Reichweite und andererseits ein kostenträchtiges „Overdesign“ zu vermeiden, ist bereits in der Entwurfsphase die vollständige und quantitativ ausreichend genaue Erfassung aller Verluste erforderlich. Ihre Summe liegt bei typisch 12...20 dB.

Bezeichnen wir die Reichweite des realen Radars mit R_{max}, die des idealisierten Referenzradars mit R_{ref} und die einzelnen Verluste mit L_μ, so können wir die Radargleichung umschreiben in

$$R_{max} = R_{ref} \cdot \sqrt[4]{\frac{1}{L}} = R_{ref} \cdot \sqrt[4]{\frac{1}{\prod\limits_{\mu} L_\mu}} \qquad (4.1)$$

Die Verluste L_μ lassen sich in vier Gruppen einteilen:

1. Verluste durch Dämpfung der Nutzsignalleistung S auf dem Sende- und Empfangswege

2. „Wahre“ S/N-Verluste durch die Anwendung suboptimaler Signalverarbeitungs-Algorithmen gegenüber optimalen Algorithmen im Referenzradar

3. „Scheinbare“ oder „effektive“ S/N-Verluste, das heißt durch ganz bestimmte Effekte hervorgerufene Verringerungen der Entdeckungswahrscheinlichkeit und damit der Reichweite, die sich in effektive S/N-Verluste umrechnen lassen

4. Verluste durch Abweichungen der Waveform des realen Radars von der des vereinfachten Referenzradars.

Beispiele für Verluste der Gruppe 1 sind die Zuleitungsdämpfung vom Sender zur Antenne und die atmosphärische Dämpfung auf dem Ausbreitungswege. Ein typischer S/N-Verlust für Gruppe 2 wäre ein gegenüber der Breite des Radarpuls-Spektrums zu breiter Empfangskanal, der eine prinzipiell vermeidbare Zusatzrauschleistung zuläßt und daher das S/N-Verhältnis verringert.

Ein „scheinbarer" oder „effektiver" S/N-Verlust liegt dann vor, wenn beispielsweise aufgrund einer HF-STC der Rauschpegel am Ende des Empfangsintervalles absinkt, aber die Entdeckungsschwelle nicht nachgeführt wird, sondern auf das höhere Niveau des Rauschens im Nahbereich eingestellt bleibt (s. Kapitel 2). Das verringert zwar nicht unmittelbar das S/N-Verhältnis, wohl aber die Entdeckungswahrscheinlichkeit und damit die Reichweite. Diese Verringerung läßt sich in einen effektiven S/N-Verlust umrechnen. Zu dieser Gruppe von Verlusten gehören auch die sogenannten CFAR-Verluste sowie der Verlust infolge von Zielfluktuationen.

Die Unterscheidung zwischen wahren und scheinbaren S/N-Verlusten ist auch bei der Abschätzung der Radar-Meßfehler von Bedeutung. Diese sind proportional $1/\sqrt{S/N}$, wobei aber die scheinbaren S/N-Verluste bei der Ermittlung des am Eingang des Schätzalgorithmus oder Schätzers anliegenden S/N-Verhältnisses unberücksichtigt bleiben oder gesondert behandelt werden müssen. Sie stellen keine wahren S/N-Verluste dar und setzen daher die Meßgenauigkeit nicht herab.

Ein letztes Beispiel soll die Art der Verluste der Gruppe 4 zeigen. Das ideale Referenzradar ist oft so definiert, daß es alle während der Zielverweilzeit empfangenen Treffer eines Zieles kohärent aufintegriert. Das führt zu einem maximalen S/N-Gewinn und damit zu einer theoretisch nicht überschreitbaren Radar-Reichweite. Ein solches Radar arbeitet mit konstanter Pulsfolgefrequenz und ist daher nicht frei von Blindgeschwindigkeiten, die bei eingeschalteter Bodenclutterunterdrückung immer dann auftreten, wenn die Dopplerverschiebung des Zieles einem Vielfachen der PRF entspricht.

Diese Blindgeschwindigkeiten können bei einem realen Radar nicht akzeptiert werden. Man wechselt daher beispielsweise nach der Hälfte der Zielverweilzeit die Pulsfolgefrequenz. Das Radar erhält damit nur die Hälfte der Treffer bei jeweils einer konstanten Pulsfolgefrequenz, es kann daher zweimal nur die Hälfte aller Treffer kohärent aufintegrieren. Die Ergebnisse der beiden Teilintegrationen wiederum können bestenfalls nichtkohärent nachintegriert werden. Dies verringert den möglichen S/N-Gewinn *gegenüber der kohärenten Integration aller Pulse* und stellt somit, bezogen auf das Referenzradar, einen S/N-Verlust dar. Er wird als Trefferverteilungs-Verlust L_{tvt} bezeichnet und ist dem sogenannten Scan Distribution Loss ähnlich [1]. Diesen S/N-Verlust kann man als Preis für die Beseitigung der Blindgeschwindigkeiten auffassen. Durch nichtkohärente Nachintegration kann er verkleinert werden. Letztlich ist er ein Scheinverlust, der nur dadurch entsteht, daß das *willkürlich, wenn auch sinnvoll* definierte Referenzradar aus Gründen der Übersichtlichkeit die Anforderung an das reale Radar, nämlich die Freiheit von Blindgeschwindigkeiten, nicht berücksichtigt.

Um die Reichweite im voraus ausreichend genau abschätzen zu können, müssen also

1. das Referenzradar eindeutig definiert und

2. die Verluste gegenüber dem Referenzradar vollständig und mit ausreichender Genauigkeit ermittelt werden.

Die Auflistung der Verluste wird als *Verlustbilanz* bezeichnet. Ihre Erarbeitung stellt eine wichtige Entwicklungsaufgabe im Bereich der Radar-Signalverarbeitung dar. Dazu müssen oft Monte-Carlo-Simulationen eingesetzt werden, da eine Vielzahl von Verlusten analytisch mit vertretbarem Aufwand nicht zu berechnen sind. Man beachte, daß die Angaben einer Verlustbilanz ohne beigegebene Definition des Referenzradars keine ausreichende Aussagekraft besitzen.

Für den Radarentwurf ist es nützlich, die Radargleichung in logarithmischer Form, das heißt in einer sogenannten dB-Form zu verwenden. Dabei werden alle dimensionsbehafteten Größen in „dB über einer geeigneten Einheit" angegeben. Die Angabe R/dBkm bedeutet dann

$$R\,/\mathrm{dBkm} \;=\; 10 \cdot \log \frac{\mathrm{R}}{1\,\mathrm{km}}$$

$R = 100\,\mathrm{km}$ entspricht also $R = 20\,\mathrm{dBkm}$.

In einem ersten Schritt erhalten wir aus Gleichung (2.63), wenn wir die Wellenlänge λ durch die Frequenz f_t ersetzen und $\alpha = 1$ wählen, was meist zulässig ist, die zugeschnittene Größengleichung

$$R_{\max}/\mathrm{km} \;=\; 42{,}56 \;\sqrt[4]{\frac{P_t/\mathrm{kW} \cdot M_S \cdot K \cdot \tau_c/\mathrm{ns} \cdot G_t \cdot G_r \cdot \sigma/\mathrm{m}^2}{(f_t/\mathrm{MHz})^2 \cdot T_{sys}/\mathrm{K} \cdot D_0(1)} \cdot \frac{1}{\prod\limits_{\mu} L_\mu}} \tag{4.2}$$

Bei Verwendung nautischer Meilen (nm) statt Kilometer ändert sich die Konstante 42,56 in 22,98.
In logarithmischer Form läßt sich die Radargleichung schreiben als

$$4 \cdot R_{\max}/\mathrm{dBkm} \;=\; 65{,}16 + S_Z - S_N \;=\; S_{ges} \tag{4.3}$$

Die Reichweite erhält man dann aus

$$R_{\max} \;=\; \sqrt[4]{10^{\frac{S_{ges}}{10}}}\;\mathrm{km} \tag{4.4}$$

Die dB-Summen S_Z und S_N von Zähler und Nenner und die Gesamtsumme S_{ges} ergeben sich aus dem folgenden tabellarischen Schema:

	P_t	dBkW			
+	M_S	dB			
+	K	dB		f_t	dBMHz
+	τ_c	dBns	+	f_t	dBMHz
+	G_t	dB	+	T_{sys}	dBK
+	G_r	dB	+	$D_0(1)$	dB
+	σ	dBm²	+	L	dB
	S_Z	dB		S_N	dB

(4.5)

	S_Z	dB
+	65,16	dB
−	S_N	dB
	S_{ges}	dB

Bei einem Radar ohne Pulskompression setzt man $K = 1 = 0\,\text{dB}$ und $\tau_c = \tau$. Will man R_{max} in nm statt in km berechnen, so ändert sich die Konstante 65,16 dB in 54,45 dB. Für $L = 0\,\text{dB}$ erhält man die Reichweite R_{ref} des Referenzradars. Um in einer ersten Phase des Radarentwurfs die Reichweite R_{max} des realen Radars abschätzen zu können, kann man mit Gesamtverlusten gegenüber einem zweckmäßig gewählten Referenzradar von, wie oben erwähnt, $L = 12 \dots 20\,\text{dB}$ rechnen [1].

4.3 Verlustbilanz

In diesem Abschnitt werden die wichtigsten Verluste des realen Radars gegenüber einem idealisierten Referenzradar zusammengestellt. Die englischen Bezeichnungen sind in Klammern aufgeführt. Viele dieser Verluste sind der Preis für einige gute Eigenschaften des realen Radars, die das Referenzradar aus Gründen der Übersichtlichkeit nicht besitzt, wie zum Beispiel die Freiheit von Blindgeschwindigkeiten, von Überreichweitenclutter, von stark schwankender Falschalarmwahrscheinlichkeit sowie kleine Entfernungs- und Doppler-Seitenzipfel.

Die aufgeführte Liste an Verlustarten kann natürlich nicht vollständig sein. Zu beachten ist, daß alle Verluste nur *mittlere* Verluste darstellen, gemittelt über eine große Zahl von Zielbeobachtungen. Soweit möglich und sinnvoll, werden Richtwerte für die einzelnen Verluste angegeben. Bei Radaren mit komplexen Waveforms sind Monte-Carlo-Simulationen zur genaueren Ermittlung der teilweise zusammengefaßten Verluste erforderlich.

Atmosphärische Dämpfung L_{atm} (Atmospheric Loss) :
Dämpfung der elektromagnetischen Welle durch Absorption in der Troposphäre. Sie hängt von den Umgebungsbedingungen, von Sendefrequenz, Elevationswinkel und Entfernung ab. Detaillierte Angaben finden sich in [2].

Sende-Verlust L_t (Transmission Line Loss):
Dämpfung auf dem Weg vom Sender-Ausgang, an dem die Sendeleistung P_t gemessen wird, zum Antennen-Eingang. In vielen Fällen liegt L_t bei 2 dB.

Keulen-Verlust L_{keul} (Beam Shape Loss):
Dieser Verlust tritt nur bei Radaren mit mechanisch drehender Antenne auf. Das Referenzradar benutzt ein idealisiertes, rechteckiges Antennendiagramm. Die Amplitude aller Treffer ist somit konstant, wenn die kontinuierlich sich drehende Keule über das Ziel streicht. Der Keulenverlust L_{keul} stellt die zusätzliche Leistung im Keulenmaximum der realen Antenne dar, die erforderlich ist, um den Abfall der Signalamplitude zu beiden Seiten des Maximums der Antennenkeule wettzumachen. Er nimmt Werte im Bereich 1 bis 2 dB an.

Empfangs-Verlust L_r (Receive Loss):
Der Empfangs-Verlust ist gleich der Dämpfung auf dem Signalweg Antenne–Empfängereingang. Eingeschlossen ist die Einfügungsdämpfung einer eventuell vorhandenen HF-STC. Dieser Verlust entspricht damit L_p in Gleichung (2.15),

also $L_r = L_p$. Die Größe L_r wird benötigt, um die Systemrauschtemperatur T_{sys} berechnen zu können, die in die Radargleichung eingeht. Übliche Werte liegen bei 1...3 dB.

Matched-Filter-Verlust L_{mf} (Matching Loss):
Das praktische Matched Filter für den Einzelpuls ist im allgemeinen nur eine Annäherung an das ideale Matched Filter des Referenzradars. Das S/N am Ausgang des praktischen Matched Filters ist daher um L_{mf} dB kleiner als das S/N am Ausgang des idealen Filters. Bei Pulskompressionsradaren ist es oft zweckmäßig, L_{mf} in zwei Teilverluste aufzuspalten: der erste Verlust $L_{mf,1}$ stellt den S/N-Verlust des sogenannten Subpuls-Matched Filters dar, der zweite Verlust $L_{mf,2}$ den des sogenannten „Codefilters“. Angaben für L_{mf} und $L_{mf,1}$ finden sich in [3]. Der Teilverlust $L_{mf,2}$ ist oft identisch mit dem unten aufgeführten Wichtungsverlust und ist der Preis für kleine Entfernungs-Seitenzipfel. Typische Werte für $L_{mf,1}$ liegen bei 0,5 dB, für $L_{mf,2}$ bei 0,5...2 dB.

Quantisierungsverlust-Amplitude $L_{quant,A}$ (Quantization Loss):
Bei digitaler Signalverarbeitung ordnet der A/D-Umsetzer jedem Abtastwert des analogen Signals das nächstgelegene Vielfache des Quantisierungsinkrementes Δ zu. Dadurch entsteht ein Quantisierungsrauschen mit dem Effektivwert $U_Q = \Delta/\sqrt{12}$. Dieses addiert sich zum Systemrauschen mit der Folge eines S/N-Verlustes $L_{quant,A} = 10 \log((m^2 + 1/12)/m^2)$ dB. Dabei beträgt der Effektivwert des dem Umsetzer zugeführten Systemrauschens m Quantisierungsinkremente.

Quantisierungsverlust-Entfernung $L_{quant,R}$ (Range Gate Spacing Loss, Range Gate Straddling Loss):
Bei digitaler Signalverarbeitung wird das analoge Empfangssignal im Abstand des Abtastintervalles T_s abgetastet. Der scheinbare Verlust bei einer zu niedrigen Abtastrate beträgt bei einmaliger Abtastung pro Pulsdauer τ für $P_d = 50\%$ etwa 1,2 dB und bei $P_d = 90\%$ etwa 1,9 dB. Er sinkt bei zweimaliger Abtastung pro Pulsdauer τ auf Werte unter 0,2 dB, man vergleiche Bild 5.12. Dabei ist die Verwendung eines Einzelpuls-Matched Filters der Bandbreite $B = 0,75/\tau$ vorausgesetzt. Aus Kostengründen wird in der Praxis die Abtastfrequenz meist zu $F_s = 1/T_s = (1\ldots2)/\tau$, d. h. $T_s = (0,5\ldots1)\,\tau$ gewählt.

Quantisierungsverlust-Winkel $L_{quant,W}$ (Beam Spacing Loss):
Phased-Array-Radare arbeiten oft mit einer endlichen Zahl von Keulenstellungen. Ein Ziel wird dann nicht immer vom Maximum der Antennenkeule erfaßt. Die Folge ist ein gegenüber dem Referenzradar im Mittel um $L_{quant,W}$ dB vermindertes S/N des Empfangssignales. Der Verlust hängt von der Überlappung benachbarter Keulen ab.

Quantisierungsverlust-Doppler $L_{quant,D}$ (Filter Spacing Loss, Filter Straddling Loss):
Bei Pulsdoppler- oder MTD-Radaren kann aus Gründen des Aufwandes nur eine endliche Zahl von Dopplerfiltern verwendet werden mit dem Resultat, daß ein Zielecho im allgemeinen nicht in ein Filtermaximum fällt. Die Folge ist ein Verlust ähnlich dem durch die Quantisierung im Winkel. Der mittlere Verlust

$L_{\text{quant,D}}$ kann durch eine ausreichende Überlappung der Filter kleingehalten werden. Normalerweise realisiert man bei M_B kohärent integrierten Pulsen auch M_B Dopplerfilter. $L_{\text{quant,D}}$ liegt dann meist bei weniger als etwa 0,8 dB.

Trefferverteilungs-Verlust L_tvt (ist ähnlich dem Scan Distribution Loss):
Pulsdoppler- und MTD-Radare verteilen die während der Zielverweilzeit abgestrahlten M_S Sendepulse auf M_BB Bursts mit je M_B Pulsen unterschiedlicher, aber innerhalb eines Bursts konstanter HF und PRF. Bezogen auf die Zielentdeckung in einem *einzelnen* Burst ist der Verlust gegenüber der kohärenten Integration *aller* M_S Pulse $L_\text{tvt} = 10 \log(M_\text{S}/M_\text{B})\,\text{dB}$. Bei M_BB Bursts pro Zielverweilzeit haben wir aber M_BB statistisch voneinander unabhängige Möglichkeiten zur Zielentdeckung. Dies resultiert in einer Art *binärem* Nachintegrationsgewinn $G_{\text{int,bin}}$ mit einem „1–aus–M_BB" -Zielkriterium, den man für ein nichtfluktuierendes Ziel mit Hilfe von Gleichung (3.45) und der Kurvenschar des Bildes 3.5 ermitteln kann (vgl. auch das Beispiel auf Seite 3-35). Der Trefferverteilungs-Verlust in dB ist dann um $G_{\text{int,bin}}$ zu verkleinern. Man kann den nichtkohärenten Nachintegrationsgewinn vergrößern, wenn man eine binäre Integration mit einem „$(m > 1)$–aus–M_BB" -Zielkriterium oder sogar eine analoge nichtkohärente Integration der M_BB Pulse anwendet. Das erfordert einen insgesamt höheren Aufwand. Da andererseits das Radar in einem Burst blind sein kann, macht diese Nachintegration oft erst bei mindestens 3 Bursts pro Zielverweilzeit Sinn.

Fluktuationsverlust L_fluk (Fluctuation Loss):
Um größere Entdeckungswahrscheinlichkeiten zu erreichen, ist bei einem fluktuierenden Ziel gegenüber einem nichtfluktuierenden Ziel ein Überschuß an (mittlerem) $\overline{S/N}$ erforderlich, um die Zahl der auftretenden Zielausfälle (Nichtentdeckungen) – bedingt durch ein zufällig sehr kleines S/N –, zu verkleinern. Dieser notwendige Überschuß stellt den Fluktuationsverlust L_fluk dar, der P_d-abhängig ist. Er steigt mit großer Entdeckungswahrscheinlichkeit stark an. Sowohl für die Einzelpulsentdeckung wie auch für die Entdeckung nach nichtkohärenter Integration von n Echos errechnet sich der Fluktuationsverlust beim Swerling 1-Ziel zu $L_\text{fluk} = L_{\text{fluk,1}} = D_1(n)/D_0(n) \approx D_1(1)/D_0(1)$ und beim Swerling 2-Ziel zu $L_{\text{fluk,2}} = D_2(n)/D_0(n)$ (s. Abschnitt 3.11). Die Größen $D_0(n)$, $D_1(n)$ und $D_2(n)$ können aus den Kurven der Bilder 3.9 bis 3.13 ermittelt werden. Für ein Swerling 1-Ziel, $P_\text{d} = 90\,\%$ und $P_\text{fa} = 10^{-6}$ beträgt der Fluktuationsverlust 8,0 dB. Für Swerling 3- und Swerling 4-Ziele gelten entsprechende Beziehungen. Bei binärer Integration kann der Fluktuationsverlust mit Hilfe der Glchgn. (3.46) bis (3.49) bestimmt werden. Für niedrige P_d kehrt sich der Fluktuationsverlust in einen Fluktuationsgewinn um ($L_\text{fluk} < 0\,\text{dB}$), bei einem Swerling 1-Ziel ist das für etwa $P_\text{d} < 40\,\%$ der Fall.

Agilitäts- und Diversity-Gewinn G_agil und G_div (Agility Gain, Diversity Gain):
Durch Frequenzagilität oder Frequenzdiversity (s. Abschnitt 3.9) wird ein Swerling 1-Ziel in ein Swerling 2-Ziel umgewandelt. Man trägt in die Verlustbilanz zunächst den Fluktuationsverlust des Swerling 1-Zieles ein. Der verkleinerte Fluk-

tuationsverlust des Swerling 2-Zieles wird durch den Agilitätsgewinn G_{agil} oder den Diversity-Gewinn G_{div} berücksichtigt, der in einem Betriebsmodus mit konstanter Frequenz natürlich nicht entsteht. Sind die n nichtkohärent integrierten Echos statistisch voneinander unabhängig, was einen minimalen Frequenzsprung gemäß Gleichung (3.27) voraussetzt, wird $G_{agil} = G_{div} = L_{fluk,1}/L_{fluk,2}$. Sind von den n Echos nur $n_e < n$ Echos statistisch voneinander unabhängig, so sind zur Berechnung von $L_{fluk,2}$ die Gleichungen (3.33) und (3.34) anzuwenden. Ebenso wie der Fluktuationsverlust sind der Agilitäts- und Diversity-Gewinn P_d-abhängig, sie steigen mit größer werdender Entdeckungswahrscheinlichkeit an. Da bei den in der Praxis interessierenden größeren P_d der Fluktuationsverlust des Swerling 2-Zieles nicht verschwindet, können der Agilitäts- oder Diversity-Gewinn nie größer als der Fluktuationsverlust des Swerling 1-Zieles werden. Entsprechende Beziehungen gelten für Swerling 3- und Swerling 4-Ziele.

Wichtungsverluste $L_{wicht,R}$ und $L_{wicht,D}$ (Range/Doppler Weighting Losses):
Ein Pulsdoppler-Radar mit Pulskompression zeigt ohne Gegenmaßnahmen Seitenzipfel in der Entfernung und im Doppler. Entfernungs-Seitenzipfel führen zu Falschalarmen, Doppler-Seitenzipfel zu unzureichender Clutterunterdrückung. Durch Wichtung der im Pulskompressions- und im Dopplerfilter verarbeiteten Signalsätze wird der Seitenzipfelpegel verringert, wobei aber unvermeidlich ein S/N-Verlust (Richtwert etwa 1,3 dB) entsteht, ähnlich wie bei der Seitenzipfelreduktion durch Taperung der Aperturbelegung bei Antennen. Es ist üblich, $L_{wicht,R}$ mit dem Matched–Filter-Verlust und $L_{wicht,D}$ mit dem Quantisierungsverlust im Doppler zusammenzufassen.

Integrationsverlust L_{int} (Integration Loss):
Im engeren Sinne stellt der Integrationsverlust den Mehrbedarf an S/N für spezifizierte P_d und P_{fa} dar, wenn statt kohärenter Integration eine (ungewichtete) analoge, nichtkohärente Integration angewendet wird. Er ist $L_{int} = nD_0(n)/D_0(1)$ und kann somit aus den Kurven der Bilder 3.9...3.16 ermittelt werden. Im erweiterten Sinne ist L_{int} der Mehrbedarf an Eingangs-S/N gegenüber der kohärenten Integration bei Anwendung auch anderer Arten von nichtkohärenter Integration wie beispielsweise gewichteter analoger oder binärer Integration.

Verlust durch Clutter-Füllpulse und andere Füllpulse L_{fp} (Fill Pulse Loss):
Bei Pulsdoppler-Radaren muß zur Unterdrückung von Überreichweiten-Bodenclutter der auf die Dopplerfilterbank gegebene Signalsatz eingeschwungen sein. Das bedeutet, daß beispielsweise die Echos auf den ersten Sendepuls eines Bursts nicht zur Verarbeitung herangezogen werden dürfen. Die Echos von Überreichweitenclutter sind noch nicht eingetroffen, der Signalsatz ist also noch nicht eingeschwungen. Je nach Radartyp und Radarumgebung dürfen die Signale erst ab dem n-ten Pulswiederholintervall eines Bursts verarbeitet werden. Das Radar arbeitet dann mit $(n-1)$ Füllpulsen. Darüber hinaus gibt es noch andere Arten von Füllpulsen. So werden zum Beispiel bei modernen Radaren hochauflösende Bodenclutterkarten eingesetzt. Ein Problem dabei ist deren Synchronisation: es muß

gewährleistet sein, daß einer bestimmten „geographischen“ Auflösungszelle stets die gleiche Speicherzelle der Bodenclutterkarte zugeordnet wird. Ein geeignetes Synchronisationsverfahren verwendet beispielsweise k Füllpulse pro K Bursts, deren Echos nicht ausgewertet werden. Je nach Windlast der Antenne vergrößert oder verkleinert sich k automatisch, wodurch die Synchronisation sichergestellt wird. L_{fp} liegt meist unter 1 dB.

Zusammenlegungs-Verlust L_c (Collapsing Loss):
Dieser Verlust tritt auf, wenn *nach dem Hüllkurvendetektor* die das Signal enthaltende Zelle (Entfernungs-Doppler-Winkel-Zelle) mit anderen nur Rauschen führenden Zellen zusammengelegt wird. Dadurch wird bei konstant gehaltenem Signal das Rauschen vergrößert und damit das wirksame S/N verkleinert. Der „klassische“ Fall dieses Verlustes tritt auf, wenn auf einem Radarsichtgerät infolge mangelnder Entfernungsauflösung der Kathodenstrahlröhre die Signale (Rauschen) mehrerer benachbarter Radar-Entfernungszellen sich in einem einzigen Pixel (Picture Element) der Röhre abbilden. Ein anderer Fall eines solchen Verlustes wäre die „Veroderung“ der jeweils mit einem automatischen Zieldetektor (Schwelle) versehenen Kanäle einer Dopplerfilterbank.

CFAR-Verlust L_{CFAR} (CFAR Loss) : (s. auch Kapitel 9)
Ein CFAR-Algorithmus versucht, aus den Nachbarzellen der „Zelle unter Test“ einen Schwellwert als Entdeckungsschwelle abzuleiten. Da für diese Aufgabe meist nur eine begrenzte Zahl von Zellen herangezogen werden kann, ist die abgeleitete Schwelle nicht ausreichend geglättet. Um die spezifierte P_{fa} nicht zu überschreiten, muß die unzureichend geglättete Schwelle höher als eine genügend geglättete Schwelle gelegt werden. Dies ist Ursache eines Verlustes. Bei stationären Störsignalen geht $L_{CFAR} \rightarrow 0\,\mathrm{dB}$, wenn die Zahl der zur Mittelwertbildung herangezogenen Zellen $\rightarrow \infty$ geht. L_{CFAR} liegt bei 0,2...2 dB.

Schwellen-Verlust L_{schw} (Thresholding Loss):
L_{schw} stellt den Verlust dar, der auftritt, wenn die Entdeckungsschwelle einem sich ändernden Rauschpegel überhaupt nicht nachgeführt wird (siehe Beispiel der HF-STC), sondern auf den Pegel des höchsten Rauschens eingestellt bleibt.

Eclipsing-Verlust L_{ecl} (Eclipsing Loss):
Bei MPRF- und HPRF-Radaren kommt es häufig vor, daß ein Zielecho gerade dann eintrifft, wenn der Empfänger-Eingang wegen des Aussendens eines neuen Sendepulses gesperrt ist. Das Echo kann daher teilweise oder total unterdrückt werden. Diesem Effekt kann man einen mittleren Verlust L_{ecl} zuordnen.

Verlust durch Geschwindigkeits-Charakteristik L_{VR} (Velocity Response Loss):
Bei MTI- und Pulsdoppler- oder MTD-Radaren zeigt der dopplerabhängige S/N-Gewinn (= Geschwindigkeits-Charakteristik) bei eingeschalteter Clutterunterdrückung starke Einbrüche im Spektralbereich des Bodenclutters , die das Referenzradar vernachlässigt. Diese Einbrüche des realen Radars werden durch L_{VR} berücksichtigt, das vor allem zur Ermittlung der Subclutter Visibility (SCV) benötigt wird.

4.4 Zielverweilzeit

Ein wichtiger Radar-Parameter ist die Zielverweilzeit, die in der Radargleichung nur implizit enthalten ist. Eine große Zielverweilzeit bedeutet hohe Trefferzahl und damit einen hohen kohärenten oder nichtkohärenten Integrationsgewinn (sogenannter Burnthrough-Effekt). Man kann diesen Gewinn zur Reichweitensteigerung oder – bei konstant gehaltener Reichweite – zur Reduktion der Senderleistung heranziehen.

Die große Zielverweilzeit ist auch für eine gute Unterdrückung des Bodenclutters erforderlich. Da grundsätzlich die Bandbreite einer zeitabhängigen Größe (Zeitfunktion) dem Kehrwert der Beobachtungszeit dieser Größe proportional ist, nimmt auch die spektrale Breite des Clutterspektrums mit abnehmender Zielverweilzeit zu. Das Bodenclutterspektrum belegt dann weite Dopplerbereiche von Flugzielen. Das Filter zur Unterdrückung des Bodenclutters unterdrückt somit notwendigerweise auch Ziele. Die Auswirkungen dieses unerwünschten Effektes kann man nur mit einer ausreichend großen Zielverweilzeit vermeiden oder wenigstens genügend klein halten.

Andererseits reduziert eine große Zielverweilzeit die Datenerneuerungsrate oder Datenrate , also die Zahl der pro Zeiteinheit durchführbaren Zielbeobachtungen. Um ein stark manövrierendes Ziel zuverlässig mit einem Trackrechner verfolgen zu können, ist eine ausreichend hohe Datenrate erforderlich. Aus diesem Grunde ist die Zielverweilzeit bisher meist ein Kompromiß zwischen der Datenrate einerseits und dem Integrationsgewinn sowie der Bodenclutterunterdrückung andererseits.

Mittlerweile ist aber ein neuer Aspekt zu beachten. Die heute verfügbaren Komponenten der Mikroelektronik lassen genügend hohe Rechenleistungen zu, so daß anspruchsvolle Algorithmen zur Parameterschätzung verwendet werden können. Daraus ergeben sich erweiterte Aufgabenstellungen an ein Radar mit der Folge, daß beim Radar-Systementwurf die Parameterschätzung (Radarmessung) immer mehr an Bedeutung gewinnt.

Unter dem Begriff „Parameterschätzung" verstehen wir die möglichst genaue und möglichst *eindeutige* Schätzung aller Zielparameter wie Entfernung, Azimut, Elevation, Doppler (Radialgeschwindigkeit), aber auch die Klassifizierung und Identifizierung von Zielen. Klassifizierung bedeutet die Zuordnung eines Zieles zu einer bestimmten Zielklasse, beispielsweise die Zuordnung zur Klasse der Hubschrauber (im Gegensatz zu Starrflüglern). Identifizierung bedeutet die Feststellung des Typs in dieser Klasse, hier des Hubschraubertyps.

Die Grenzen für ausreichend genaue und *ausreichend eindeutige* Messungen der Zielparameter werden bei vielen Systemen durch die begrenzte Zielverweilzeit gezogen, nicht etwa durch „abgemagerte" Algorithmen infolge begrenzter Rechenleistungen der Signalprozessoren. Wir hatten im Kapitel 2 gesehen, daß zum Beispiel ein übliches LPRF-Radar 40-fach mehrdeutig im Doppler ist. Könnte man die Zielverweilzeit um etwa den Faktor 5 erhöhen, ließe sich die Mehrdeutigkeit vollständig auflösen. Eine solche Vergrößerung der Zielverweilzeit bei Radaren mit einem starren Abtastschema ist aber wegen der einhergehenden Verkleinerung der Datenerneuerungsrate nicht akzeptabel.

Neben der Genauigkeit und Eindeutigkeit der geschätzten Zielparameter wird auch ihre Verfügbarkeit wesentlich von der Zielverweilzeit bestimmt. Eine begrenzte Zielverweilzeit bedeutet bei jeder Schätzung mancher Parameter, wie beispielsweise des Dopplers beim LPRF-Radar oder der Entfernung beim HPRF-Radar, das Auftreten eines der im folgenden genannten vier Fälle bei einer einzelnen Zielbeleuchtung. Dabei können wegen der Mehrdeutigkeit entweder in Doppler oder in Entfernung diese gewünschten Zielparameter vom Signalprozessor nur aus einer Mindestzahl von Teilmessungen bei unterschiedlichen PRF's berechnet werden. Die vier Fälle sind:

1. Die Schätzung gelingt, da eine genügende Anzahl von ausreichend genauen Teilmessungen bei unterschiedlichen PRF's während der Zielbeleuchtung erfolgen konnte.

2. Die Schätzung gelingt *erkennbar* nicht, da keine genügend große Anzahl von Teilmessungen durchgeführt werden konnte und/oder eine oder mehrere Teilmessungen zu ungenau waren. Das Radar kann beispielsweise wegen Blindgeschwindigkeit oder Eclipsing bei einer oder mehreren PRF's kein Zielecho entdecken und daher keine Teilmessung durchführen.

3. Es tritt eine *nicht erkennbare* Falschschätzung auf, das heißt der Zielparameter ist um einen oder mehrere Eindeutigkeitsbereiche falsch. Dieser Fall kann eintreten, wenn eine oder mehrere Teilmessungen zu ungenau waren.

4. Es erfolgt eine sogenannte Geisterzielmeldung (engl. Ghosting), also eine Meldung mit Positionsdaten eines nicht existenten Zieles. Das kann dann geschehen, wenn nicht wenigstens die Teilmessungen einer Größe eindeutig sind. Wir begegnen deshalb einer endlichen Wahrscheinlichkeit für Geisterziele beim MPRF-Radar.

Als Folge dieser Effekte sprechen wir daher, ähnlich wie beim Entdeckungsprozeß, von der Wahrscheinlichkeit des Gelingens einer Parameterschätzung, von Falschmeßwahrscheinlichkeit, von Geisterziel-Wahrscheinlichkeit, von Klassifizierungs- und Identifizierungswahrscheinlichkeit sowie der Wahrscheinlichkeit von Falschklassifizierung und Falschidentifizierung. Für die Klassifizierung und Identifizierung spielt die Zielbeobachtungszeit dieselbe überragende Rolle wie bei der Schätzung der Zielparameter im engeren Sinne.

Eine große Hilfe bei diesem Problem der mangelnden Zielverweilzeit können passive und aktive Phased-Array-Antennen sein, da bei ihnen die Zielverweilzeit – im Gegensatz zu mechanisch gedrehten Antennen – der jeweiligen Zielsituation adaptiv angepaßt werden kann. Das heißt, die Zielverweilzeit wird nur bei einem solchen Ziel vergrößert, bei dem genauer und eindeutiger gemessen bzw. klassifiziert und identifiziert werden soll. Da das nicht bei jeder erneuten Beleuchtung eines einmal erfaßten und identifizierten Zieles der Fall ist, wird durch die nur gelegentlich verlängerte Zielverweilzeit die Datenerneuerungsrate nicht zu stark zurückgehen.

Diese Möglichkeit der adaptiven Anpassung der Zielverweilzeit zur Verbesserung der Parameterschätzung stellt daher neben anderen Gesichtspunkten einen großen Anreiz zur Anwendung elektronisch gesteuerter Antennen dar. Der Preis dafür sind eine deutlich größere Komplexität und höhere Radarkosten.

4.5 Beispiel eines Radarentwurfs

Der Entwurf für beispielsweise ein Rundsuchradar wird im wesentlichen durch folgende Punkte beeinflußt:

1. Eigenschaften der zu erfassenden Ziele (Größe und Fluktuation des Rückstrahlquerschnittes) und der Radarumgebung (Boden- und Wetterclutter)
2. Entdeckungsreichweite und Höhenerfassung (vert. Erfassungsdiagramm[1])
3. Meßgenauigkeit, Eindeutigkeit und Auflösung hinsichtlich der gewünschten Zielparameter (u. U. zusätzlich Klassifizierung und Identifizierung)
4. Zulässige Falschalarmrate für rauschbedingte und nicht rauschbedingte Falschziele (Restclutter, Angels[2], Landverkehr)
5. Datenrate am Trackereingang
6. Mechanischer Aufbau und Umgebungsbedingungen.

Im folgenden Beispiel sollen die technischen Daten für ein 2D-MTD-Radar zur Flugsicherung oder Luftraumüberwachung entwickelt werden, um die Anwendung von Radargleichung, Referenzradar und Verlustbilanz zu zeigen. Dabei können wir wegen unseres noch begrenzten Wissens nur Aspekte der Punkte 1, 2 und 5 behandeln. Die Tabelle 4.1 zeigt die geforderten Eigenschaften des Radars.

In der Praxis versucht man stets, ausreichend moderne Subsysteme eines bewährten, operationellen Radars in einem neu zu entwickelnden Radar wieder zu verwenden. Wir nehmen daher an, daß ein Sender und eine Antenne zur Verfügung stehen, die für das neue Radar geeignet erscheinen. Ihre Daten sind in Tabelle 4.2 aufgeführt. Wegen der geforderten minimalen Zielentfernung von 2 km muß die unkomprimierte Pulslänge relativ klein sein. Das führt zu einem kleinen Tastverhältnis η und macht daher einen Röhrensender erforderlich (Klystron). Für größere Tastverhältnisse sind im L-Band Halbleitersender möglich und preiswerter als Röhrensender.

[1]Unter einem vertikalen Erfassungsdiagramm (engl. Vertical Coverage Diagram) versteht man eine Darstellung des Antennendiagrammes in kartesischen Koordinaten mit der Abszisse als Entfernung und der Ordinate als Höhe, wobei der Antennengewinn in Reichweite gegen einen definierten Rückstrahlquerschnitt umgerechnet ist.

[2]Unter „Angels“ versteht man Echos von Vögeln, Insekten und Inhomogenitäten der Atmosphäre.

Reichweite gegen $5\,\mathrm{m}^2$ bei $P_\mathrm{d} = 80\,\%$ und $P_\mathrm{fa} = 10^{-6}$		≥ 275	km
Zielmodell		Swerling 1	
Höhenerfassung		≥ 15	km
Instrumentierte Reichweite		300	km
Frequenz		1250...1350	MHz
Datenrate		0,1	s^{-1}
Meßgenauigkeit:	(Standardabweichungen)		
	Entfernung (eindeutig)	100	m
	Azimut	0,25	°
	Doppler	—	
Auflösung:	(Auflösungswahrsch. > 80 % und Splitzielwahrsch. < 10^{-2})		
	Entfernung	400	m
	Azimut	2,3	°
	Doppler	—	
Minimale Zielentfernung		2	km

Tabelle 4.1 Geforderte Radareigenschaften

Um soviel Zielverweilzeit wie möglich zu erhalten, wählen wir eine Antennendrehzahl von 6 U/min. Damit wird die geforderte Datenrate von $0{,}1\,\mathrm{s}^{-1}$ gerade erreicht. Die Zielverweilzeit ist dann $T_\mathrm{tot} = (1{,}6/360) \cdot 10\,\mathrm{s} = 44\,\mathrm{ms}$.

Zur Vermeidung von Blindgeschwindigkeiten wollen wir während der Zielverweilzeit 2 Bursts unterschiedlicher PRF zu je M_B Pulsen abstrahlen. Zur Erzielung eines Agilitäts-Gewinnes soll auch die HF von Burst zu Burst gewechselt werden (der Sender läßt einen Frequenzsprung von max. 4% zu, das sind etwa 50 MHz). Die Änderung von PRF und HF soll so erfolgen, daß die sogenannten Burstblindgeschwindigkeiten v_b1 und v_b2, die durch die PRF und HF des jeweiligen Bursts gemäß Gleichung (2.43) festgelegt sind, sich wie 7:9 verhalten. Dies stellt eine Vorhaltung dar, um den Zieldoppler bei Zielen mit größerem S/N in einem erweiterten Eindeutigkeitsbereich messen zu können.

Um die Sender-Spitzenleistung klein zu halten, angestrebt sind 250 kW, soll mit Pulskompression gearbeitet werden. Die minimale Zielentfernung von 2 km läßt beispielsweise einen Sendepuls von $13\,\mu\mathrm{s}$ Dauer zu, der mit dem 13 Bit Barkercode ($K = 13$) codiert werden soll und zu einem komprimierten Puls im Prozessor von $\tau_\mathrm{c} = 1\,\mu\mathrm{s}$ führt. Damit lassen sich die Forderungen hinsichtlich Meßgenauigkeit und Auflösung in Entfernung erfüllen, wie hier nicht weiter dargelegt werden kann. Ebenso erfüllt die azimutale Keulenbreite von $\theta_\mathrm{3dB} = 1{,}6\,°$ die Anforderungen an Meßgenauigkeit und Auflösung in Azimut.

Aus der geforderten instrumentierten Reichweite und einer gewählten minimalen Totzeit $T_\mathrm{tz} = 100\,\mu\mathrm{s}$ ergibt sich nach den Gleichungen (2.37) und (2.38)

SENDER:		
Max. zulässige Durchschnittsleistung $P_{av,t}$	2,0	kW
Max. zulässige Spitzenleistung P_t	1,0	MW
Max. zulässiges Tastverhältnis η	2,0	%
Signalbandbreite	4,0	%
ANTENNE: Cosec²-Atenne mit ausreichender Höhenerfassung		
Gewinn	33,0	dB
Azimutale 3dB-Keulenbreite	1,6	°

Tabelle 4.2 Eigenschaften eines vorhandenen Senders und einer vorhandenen Antenne

eine maximale PRF von $F_{pw,2} = 476\,\text{Hz}$, die wir Burst 2 zuteilen wollen. Dazu wählen wir eine HF von $f_{t,2} = 1{,}280\,\text{GHz}$. Damit wird die Blindgeschwindigkeit dieses Bursts nach Gleichung (2.43) $v_{b,2} = 201\,\text{km/h}$. Aus der Forderung $v_{b,1} : v_{b,2} = 7 : 9$ ergibt sich die Blindgeschwindigkeit des anderen Bursts zu $v_{b,1} = (7/9) \cdot 201\,\text{km/h} = 156\,\text{km/h}$.

Zur Erzielung des maximal möglichen Agilitäts-Gewinns muß der HF-Sprung von Burst zu Burst nach Gleichung (3.27) etwa 38 MHz betragen, wenn die minimale Zielabmessung unter Berücksichtigung von Abschattungen mit vorsichtigen 4 m angesetzt wird. Wir wählen $f_{t,1} = 1{,}320\,\text{GHz}$. Mit $v_{b,1} = 156\,\text{km/h}$ wird aus Gleichung (2.43) $F_{pw,1} = 381\,\text{Hz}$.

Die mittlere PRF ist $F_{pw} = (F_{pw,1} + F_{pw,2})/2 = 429\,\text{Hz}$. Daher ist nach Gleichung (2.50) die Trefferzahl $M_S = (1/360) \cdot 1{,}6 \cdot 429 \cdot 10 \approx 19$, wobei wir $\cos\beta = 1$ gesetzt haben. Wir wählen pro Burst $M_B = 9$ Pulse, davon wird einer als sogenannter Clutterfüllpuls verwendet. Damit wird die Unterdrückung von Überreichweiten-Bodenclutter sichergestellt. Die Echos dieses Pulses werden nicht verarbeitet (S/N-Verlust). Die Echos auf die restlichen 8 Pulse werden kohärent integriert. Pro Zielverweilzeit fallen also 2 Bursts an, damit erhalten wir 2 durch kohärente Integration von jeweils 8 Pulsen entstandene „integrierte Pulse". Eine nichtkohärente Nachintegration (analog oder binär) dieser beiden Pulse macht aber wenig Sinn, da bei Blindgeschwindigkeit des Zieles in einem der beiden Bursts nur ein einziger integrierter Puls vorhanden ist.

Die Tatsache aber, daß wegen der 2 Bursts pro Zielverweilzeit 2 statistisch voneinander unabhängige Möglichkeiten der Zielentdeckung vorhanden sind (wenn wir von den erwähnten Blindgeschwindigkeiten einmal absehen), bringt einen S/N-Gewinn gegenüber der Entdeckung bei Vorhandensein nur eines einzelnen Bursts (s. Trefferverteilungsverlust). Dieser Effekt stellt eine binäre Integration mit einem „1-aus-2" -Zielkriterium dar.

Die Rauschtemperatur des Empfängers, unmittelbar am Empfängereingang gemessen, beträgt bei einer Empfänger-Rauschzahl von $F_r = 1{,}5\,\text{dB}$ nach Gleichung (2.10) $T_r = 120\,\text{K}$. Wenn wir die Antennentemperatur mit $T_A = 100\,\text{K}$, die Dämpfung L_p der Zuleitung zum Empfänger (einschließlich der Einfügungsdämpfung der HF-STC) mit 2,7 dB und ihre Temperatur mit $T_{th} = T_0 = 290\,\text{K}$ annehmen, wird nach Gleichung (2.15) die Systemrauschtemperatur $T_{sys} = 573\,\text{K}$. Die Daten des entworfenen Radars lassen sich Tabelle 4.3 entnehmen.

Definition des Referenzradars

Wir können nun ein Referenzradar definieren, auf das wir alle Verluste beziehen. Für die spezifizierten $P_d = 80\,\%$ und $P_{fa} = 10^{-6}$ benötigt der durch kohärente Integration aller $M_S = 19$ Treffer entstehende integrierte Puls nach Bild 3.5 oder Bild 3.9 (unten) ein erforderliches S/N (nichtfluktuierndes Ziel) von $D_0(1) = 12{,}6\,\text{dB}$. Die übrigen Daten des Referenzradars ergeben sich aus Tabelle 4.3 und sind in der Radargleichung (dB-Form) der Tabelle 4.4 zusammengefaßt. Es ist im wesentlichen durch folgende Merkmale gekennzeichnet:

1. Durchweg konstante HF und PRF
2. Kohärente Integration aller $M_S = 19$ Treffer
3. Kontinuierlich arbeitend in Amplitude, Entfernung, Doppler und Azimut (das heißt keinerlei Quantisierungsverluste)
4. Stets optimal eingestellte Entdeckungsschwelle
5. Keine Zuleitungsverluste, keine atmosphärische Dämpfung
6. Nichtfluktuierendes Ziel

Die Reichweite des Referenzradars gegen ein nichtfluktuierendes Ziel von $\sigma = 5\,\text{m}^2$ beträgt mit $S_{ges} = 113{,}7\,\text{dB}$ nach Glchg. (4.4)

$$R_{max} = \sqrt[4]{10^{\frac{S_{ges}}{10}}}\ \text{km} = \sqrt[4]{10^{\frac{113,7}{10}}}\ \text{km} = 696\,\text{km}$$

Legt man für die Gesamtverluste einen Erfahrungswert von 14 dB zugrunde, so wird die Reichweite des realen Radars $696/\sqrt[4]{10^{1,4}} = 311\,\text{km}$, womit die Reichweitenforderung erfüllt würde.

Erstellung der Verlustbilanz

Tabelle 4.5 zeigt die Verlustbilanz, sie wird im folgenden kurz erläutert. Der Zuleitungsverlust L_t ist anlagenspezifisch, der Wert für die atmosphärische Dämpfung L_{atm} wurde [2] entnommen. Der Keulen-Verlust L_{keul} von 1,6 dB wurde mittels Simulation erhalten.

WAVEFORM UND SIGNALVERARBEITUNG:			
Antennenumlaufzeit T_A		10	s
Zielverweilzeit T_{tot}		44	ms
Treffer M_S		19	
davon Füllpulse für Synchronisation der Bodenclutterkarte		1	
Bursts pro Beambreite, M_{BB}		2	
Burst 1:	Pulse pro Burst, M_B	9	
	davon Clutterfüllpulse	1	
	PRF	381	Hz
	HF	1320	MHz
	Blindgeschwindigkeit $v_{b,1}$	156	km/h
Burst 2:	Pulse pro Burst, M_B	9	
	davon Clutterfüllpulse	1	
	PRF	476	Hz
	HF	1280	MHz
	Blindgeschwindigkeit $v_{b,2}$	201	km/h
Komprimierte Pulsdauer τ_c		1	μs
ANTENNE:			
Gewinn $G_t = G_r$		33	dB
Keulenbreite θ_{3dB}		1,6	°
SENDER:			
Frequenz		1250...1350	MHz
Spitzenleistung P_t		250	kW
Pulsdauer (expandiert) τ		13	μs
13-Bit Barker Code, Kompressionsfaktor K		13	
Maximales Tastverhältnis		0,6	%
Durchschnittsleistung P_{av}		1,5	kW
Dämpfung Sender–Antenne, L_t		1,5	dB
EMPFÄNGER/PROZESSOR:			
Dämpfung L_p Antenne–Empfänger (einschl. Einfügungsdämpfung der HF-STC)		2,7	dB
Rauschzahl F_r des Empfängers		1,5	dB
Antennen-Rauschtemperatur		100	K
Systemrauschtemperatur		573	K
Komprimierte Pulslänge		1	μs
Abtastfrequenz A/D (eine Abtastungen pro Subpuls)		1	MHz

Tabelle 4.3 Zusammenfassung der Daten des entworfenen Radars

Zähler Radargleichung:					Nenner Radargleichung:				
P_t	250	kW	24,0	dBkW					
M_S	19		12,8	dB					
K	13		11,1	dB	f_t	1300	MHz	31,1	dBMHz
τ_c	1	μs	30,0	dBns	f_t	1300	MHz	31,1	dBMHz
G_t	2000		33,0	dB	T_{sys}	573	K	27,6	dBK
G_r	2000		33,0	dB	$D_0(1)$			12,6	dB
σ	5	m^2	7,0	dBm^2	L			0	dB
			150,9	dB				102,4	dB
		+	65,2	dB					
		-	102,4	dB					
S_{ges}			113,7	dB					

Tabelle 4.4 Daten des Referenzradars ($L = 0$): $S_{ges} = 113{,}7\,\text{dB}$

Beim Trefferverteilungsverlust erhält man in einem ersten Schritt $L_{tvt,1} = 10 \cdot \log(M_S/M_B) = 10 \cdot \log(19/9)\,\text{dB} = 3{,}2\,\text{dB}$. Den Gewinn $G_{int,bin}$ durch die sich automatisch ergebende binäre Nachintegration mit dem „1–aus–2“ -Kriterium kann man mit Hilfe der Gleichung (3.45) und der Kurvenschar von Bild 3.5 zu $G_{int,bin} = 0{,}9\,\text{dB}$ berechnen. Damit wird der Trefferverteilungsverlust $L_{tvt} = L_{tvt,1} - G_{int,bin} = (3{,}2 - 0{,}9)\,\text{dB} = 2{,}3\,\text{dB}$.

Der Fluktuationsverlust $L_{fluk} = L_{fluk,1} = D_1(1)/D_0(1)$ auf Burstbasis ergibt sich aus Bild 3.5 und 3.11 (oben) für $M=1$, $P_d=0{,}8$ und $P_{fa}=10^{-6}$ zu $L_{fluk,1} = (17{,}9 - 12{,}6)\,\text{dB} = 5{,}3\,\text{dB}$.

Den Agilitätsgewinn erhält man wie folgt. Bei der binären Nachintegration mit dem 1–aus–2-Kriterium muß $P_{1,d}$ nach Bild 3.18 55% betragen, damit $P_d = 80\%$ und ebenso $P_{1,fa} = 0{,}5 \cdot 10^{-6}$ damit $P_{fa} = 1 \cdot 10^{-6}$. Um $P_{1,d} = 55\%$ bei $P_{1,fa} = 0{,}5 \cdot 10^{-6}$ für ein Swerling 0-Ziel zu erreichen, muß in Glchg. (3.46) $D_{b,0}(m, M) = 11{,}7\,\text{dB}$ sein. Dann ist für ein Swerling 1-Ziel nach Glchg. (3.46) $D_{b,1}(m, M) = (11{,}7 + 5{,}3)\,\text{dB} = 17{,}0\,\text{dB}$. Aus der Glchg. (3.48) findet man, daß für das wegen der Burst-zu-Burst-Frequenz-Agilität anzuwendenden Swerling 2-Zieles $D_{b,2}(m, M) = 13{,}7\,\text{dB}$ sein muß, um $P_{1,d} = 55\%$ zu erhalten. Damit ist der Agilitätsgewinn $G_{agil} = (17{,}0 - 13{,}7)\,\text{dB} = 3{,}3\,\text{dB}$.

Ein Clutterfüllpuls pro 9 Pulse verursacht immerhin einen Verlust von $L_{fp,1} = 10 \cdot \log(9/8)\,\text{dB} = 0{,}5\,\text{dB}$ und der Füllpuls alle 19 Pulse für die Bodenclutterkarte einen Verlust von $L_{fp,2} = 10 \cdot \log(19/18)\,\text{dB} = 0{,}2\,\text{dB}$, zusammen also $L_{fp} = 0{,}7\text{dB}$.

Der Effektivwert U_N des Systemrauschens am Eingang des A/D-Umsetzers kann bei Radaren mit digitaler Pulskompression gleich einem Wandlerinkrement Δ gemacht werden, das heißt $m=1$. Der Quantisierungsverlust in der Amplitude ist dann $L_{quant,A} = (1 + 1/12)/1 = 0{,}4\,\text{dB}$.

Atmosph. Dämpfung	L_{atm}	1,6	dB
Leitung Antenne–Sender	L_{t}	1,5	dB
Keulen-Verlust	L_{keul}	1,6	dB
Trefferverteilungs-Verlust	L_{tvt}	2,3	dB
Fluktuationsverlust ($P_{\text{d}} = 80\,\%$)	L_{fluk}	5,3	dB
Agilitäts-Gewinn ($P_{\text{d}} = 80\,\%$)	G_{agil}	-3,3	dB
Clutter- und sonstige Füllpulse	L_{fp}	0,7	dB
Quantisierung in Amplitude	$L_{\text{quant,A}}$	0,4	dB
Subpuls-Matched Filter	$L_{\text{mf,1}}$	0,5	dB
Quantisierung in Entfernung	$L_{\text{quant,R}}$	1,5	dB
Wichtungsverlust „Codefilter"	$L_{\text{wicht,R}}$	0,6	dB
Quantisierung in Doppler	$L_{\text{quant,D}}$	0,7	dB
Wichtung in Doppler	$L_{\text{wicht,D}}$	1,3	dB
CFAR-Verlust (Spezial–CFAR-Algorithmus)	L_{CFAR}	0,2	dB
Gesamtverluste	L	14,9	dB

Tabelle 4.5 Verlustbilanz

Der Verlust für das Subpuls-Matched-Filter ist nach Abschnitt 6.3 $L_{\text{mf,1}} = 0{,}5\,\text{dB}$. Zur digitalen Signalverarbeitung tasten wir einmal pro Subpuls ab, die Abtastfrequenz wird also 1 MHz. Damit wird der Quantisierungsverlust in der Entfernung nach Bild 5.12 etwa $L_{\text{quant,R}} = 1{,}5\,\text{dB}$ für $P_{\text{d}} = 80\%$. Der Wichtungsverlust für das „Codefilter" ist mit $L_{\text{mf,2}} = L_{\text{wicht,R}} = 0{,}6\,\text{dB}$ recht klein, da ihm ein nur beim 13er Barker-Code anwendbarer Algorithmus zugrunde liegt. Die Verluste für die Quantisierung und Wichtung im Doppler wurden durch Berechnungen im Rahmen des Entwurfs der Doppler-Filterbank zu $L_{\text{quant,D}} = 0{,}7\,\text{dB}$ und $L_{\text{wicht,D}} = 1{,}3\,\text{dB}$ erhalten. Die CFAR-Verluste werden durch einen Spezialalgorithmus mit $L_{\text{CFAR}} \approx 0{,}2\,\text{dB}$ sehr gering gehalten, der Preis dafür ist eine etwas höhere Falschalarmrate bei schwachem Regenclutter. Will man diesen Preis nicht zahlen, kann der CFAR-Verlust auf über 2 dB ansteigen.

Die Verlustbilanz nach Tabelle 4.4 weist einen Gesamtverlust von $L = 14{,}9\,\text{dB}$ aus. Die Reichweite R_{max} des realen Radars wird damit nach Gleichung (4.1)

$$R_{\text{max}} = R_{\text{ref}} \cdot \sqrt[4]{\frac{1}{L}} = 696 \cdot \sqrt[4]{\frac{1}{10^{(14,9/10)}}} = 295\,\text{km}$$

Damit wird die Reichweitenforderung mit ausreichender Reserve erfüllt.

4.6 Formelsammlung

Die folgende Formelsammlung umfaßt die Kapitel 2 bis 4. Die Formelnummern entsprechen der laufenden Nummerierung in den einzelnen Kapiteln.

Empfänger-Rauschzahl:

$$F_r = \frac{(S/N)_{ein}}{(S/N)_{aus}} = 1 + \frac{\Delta N}{kT_0 B_n} \quad (2.6)$$

Empfänger-Rauschtemperatur:

$$T_r = (F_r - 1)T_0 \quad (2.10)$$

System-Rauschtemperatur:

$$T_{sys} = T_a + T_p + L_p T_r \quad (2.14)$$

$$T_{sys} = T_a + T_{th}(L_p - 1) + L_p T_r \quad (2.15)$$

Variable Rauschleistung am Empfänger-Ausgang:

$$N_{aus} = \text{const} \cdot \left(\frac{T_a}{L_p} + \frac{T_0(L_p - 1)}{L_p} + T_r \right) \quad (2.17)$$

Empfänger-Empfindlichkeit:

$$S_{min} = F_r k T_0 B_n \quad (2.22)$$

Erforderliche Empfänger-Prozessor-Dynamik in dB:

$$D_p = D_z + D_e + D_i(n) \quad (2.25)$$

Dynamik eines A/D-Umsetzers:
(n = Zahl der Bits einschl. Vorzeichen, m stellt den Effektivwert des Systemrauschens in Vielfachen des Umsetzer-Inkrementes Δ dar)

$$D_{p,A/D} = 10 \cdot \log \frac{1}{2} \left(\frac{2^n - 1}{2m} \right)^2 \text{dB} \quad (2.27)$$

Antennen-Keulenbreite:

$$\theta_{3dB} \approx 65 \frac{\lambda}{D} \quad (2.30)$$

Antennengewinn:

$$G = \frac{4\pi\rho A}{\lambda^2} = \frac{4\pi A_{eff}}{\lambda^2} \quad (2.29)$$

$$G \approx \frac{27000}{\theta_{3dB} \cdot \varphi_{3dB}} \quad (2.31)$$

Pulslaufzeit:
($1\,\mu\text{s} \mathrel{\hat{=}} 150\,\text{m}$)

$$t_L = 6{,}67 \cdot (R/\text{km})\ \mu\text{s} \qquad (2.36)$$
$$t_L = 12{,}35 \cdot (R/\text{nm})\ \mu\text{s}$$

Dopplerverschiebung und zugehörige Radialgeschwindigkeit:

$$f_D = \frac{2v}{\lambda} = 2\,\frac{v}{c}\,f_t$$
$$f_D = 6{,}667 \cdot \frac{v}{\text{m/s}} \cdot \frac{f_t}{\text{GHz}}$$
$$v = \frac{1}{2}\,c\,\frac{f_D}{f_t} \qquad (2.40)$$
$$v = 540 \cdot \frac{f_D/\text{kHz}}{f_t/\text{GHz}}\ \text{km/h}$$

Blindgeschwindigkeit:

$$v_b = 540 \cdot \frac{F_{pw}/\text{kHz}}{f_t/\text{GHz}}\ \text{km/h} \qquad (2.43)$$

Trefferzahl bei mechanisch rotierenden Antennen:

$$M_S = \frac{1}{360} \cdot \frac{\theta_{3dB}}{\text{grad}} \cdot \frac{F_{pw}}{\text{Hz}} \cdot \frac{T_A}{\text{s}} \cdot \frac{1}{\cos\beta} \qquad (2.50)$$

Allg. Radargleichung für Puls- und CW-Radare:

$$R_{max} = \sqrt[4]{\frac{P_{av,ziel} \cdot T_{tot} \cdot \sigma \cdot A_{r,eff}}{(4\pi)^2 \cdot kT_{sys} \cdot D_0(1)} \cdot \frac{1}{L}} \qquad (2.60)$$
$$= \sqrt[4]{\frac{E_{ziel} \cdot \sigma \cdot A_{r,eff}}{(4\pi)^2 \cdot kT_{sys} \cdot D_0(1)} \cdot \frac{1}{L}}$$

Spezielle Radargleichung für Pulsradar:
(für Radar ohne Pulskompression setze man $K = 1$ und $\tau_c = \tau$)

$$R_{max} = \sqrt[4]{\frac{P_t \cdot M_S \cdot K \cdot \tau_c \cdot G_t \cdot G_r \cdot \sigma \cdot \lambda^2}{(4\pi)^3 \cdot kT_{sys} \cdot D_0(1)} \cdot \frac{1}{L}} \qquad (2.63)$$

Radargleichung für Pulsradare als zugeschnittene Größengleichung:
(für Radar ohne Pulskompression setze man $K = 1$ und $\tau_c = \tau$; man ersetze 42,55 durch 22,98, wenn R_{max} in nm statt in km gewünscht wird)

$$R/\text{km} = 42{,}55\,\sqrt[4]{\frac{P_t/\text{kW} \cdot M_S \cdot K \cdot \tau_c/\text{ns} \cdot G_t \cdot G_r \cdot \sigma/\text{m}^2}{(f_t/\text{MHz})^2 \cdot T_{sys}/\text{K} \cdot D_0(1)} \cdot \frac{1}{L}} \qquad (4.2)$$

Radargleichung in dB-Form:

$$R_{\max} = \sqrt[4]{10^{\frac{S_{ges}}{10}}}\ \text{km} \qquad (2.4)$$

Die Größe S_{ges} erhält man aus dem folgenden Schema:

	P_t	dBkW			
+	M_S	dB			
+	K	dB		f_t	dBMHz
+	τ_c	dBns	+	f_t	dBMHz
+	G_t	dB	+	T_{sys}	dBK
+	G_r	dB	+	$D_0(1)$	dB
+	σ	dBm^2	+	L	dB
	S_Z	dB		S_N	dB

	S_Z	dB
+	65,16	dB
−	S_N	dB
	S_{ges}	dB

(2.5)

Detektierbarkeitsfaktor $D_i(n)$: (siehe Bilder 3.9-3.16)

Detektierbarkeitsfaktoren
$D_1(1)$ und $D_2(1)$ [1]:

$$D_1(1) = D_2(1) = \frac{\ln P_{fa}}{\ln P_d} - 1$$

Integrationsverlust:

$$L_{int} = n\,\frac{D_0(n)}{D_0(1)} \qquad (3.29)$$

Fluktuationsverlust für Swerling 1-Ziel (ist fast unabhängig von n):

$$L_{fluk,1} = \frac{D_1(n)}{D_0(n)} \approx \frac{D_1(1)}{D_0(1)} \qquad (3.30)$$

Fluktuationsverlust für Swerling 2-Ziel bei n statistisch voneinander unabhängigen Echos:

$$L_{fluk,2} = \frac{D_2(n)}{D_0(n)} \qquad (3.31)$$

Fluktuationsverlust für Swerling 2-Ziel bei $n_e < n$ statistisch voneinander unabhängigen Echos:

$$L_{fluk,2} = (L_{fluk,1})^{1/n_e} \qquad (3.33)$$

Agilitäts- oder Diversitygewinn bei Übergang von einem Swerling 1-Ziel auf ein Swerling 2-Ziel:	$G_{\text{agil}} = \frac{L_{\text{fluk},1}}{L_{\text{fluk},2}} = \frac{D_1(n)}{D_2(n)}$	(3.32)
Erforderl. Frequenzsprung bei Frequenzagilität oder Frequenzdiversity: (*d* ist die radiale Zielabmessung)	$\Delta f = \frac{c}{2d}$	(3.27)
Zahl der über einer Bandbreite Δf statistisch voneinander unabhängigen Echos bei Frequenzagilität oder Frequenzdiversity:	$n_e = 1 + \Delta f \frac{2d}{c}$	(3.34)

Literaturverzeichnis

[1] Barton, D.K.: *Modern Radar System Analysis,* Artech House, 1988.

[2] Blake, L.V.: *Prediction of Radar Range* in *Radar Handbook* (M.I. Skolnik, ed.), McGraw-Hill, 1990.

[3] Taylor, J.W.: *Receivers* in *Radar Handbook* (M.I. Skolnik, ed.), McGraw-Hill, 1990.

5 Grundlagen der Filterung von Radarsignalen

5.1 Übersicht

Für einerseits die Beurteilung und den Entwurf von Filtern sowie andererseits für Simulationen benötigen wir eine genaue Kenntnis der Spektren von Radarechos. Sie besitzen insbesondere bei Pulsradaren einen komplizierten Verlauf. Die Spektren werden abgeleitet, wobei abgekürzte Schreibweisen für Elementar-Signale und Elementar-Operationen verwendet werden. Diese Abkürzungen wurden von *Woodward* eingeführt [1]. Sie sind in der Formelsammlung A.15 von Anhang A zusammengefaßt. Ihre Benutzung erleichtert den physikalischen Einblick in den Aufbau der Spektren erheblich.

Aus den Spektren ergeben sich die erforderlichen Filterstrukturen, zunächst in Form analoger Transversalfilter und Transversalfilterbänke (FIR- und IIR-Filter). Da deren Realisierung im HF- und ZF-Bereich entweder nicht oder nur unter großem Aufwand möglich ist, wird die Filterung des Bandpaß-Empfangssignals mit einem äquivalenten Tiefpaßsystem durchgeführt. Oft wird diese Tiefpaßverarbeitung von Bandpaßsignalen als „I/Q-Verarbeitung“ bezeichnet und mehr oder weniger formal abgehandelt. Es erleichtert aber das Verständnis für die Zusammenhänge bei der Verarbeitung solcher Signale und beim Waveform Design beachtlich, wenn man sich „ein Denken in äquivalenten Tiefpaßsignalen und äquivalenten Tiefpaßsystemen“ angewöhnt anstelle einer formalen I/Q-Betrachtungsweise. Wegen ihrer grundsätzlichen Bedeutung für die Radarsignalverarbeitung wird daher die Theorie der Tiefpaßfilterung von Bandpaßsignalen ausführlich dargelegt.

Die möglichen Architekturen des aus Sender, Antenne und Empfänger bestehenden Radarkopfes und die dort stattfindende sendeseitige Signalaufbereitung und empfangseitige Signalvorverarbeitung werden anschließend beschrieben. Von wesentlicher Bedeutung ist dabei die Herstellung einer Kohärenz der Empfangssignale. Diese Kohärenz kann bereits im Sendesignal enthalten sein („vollkohärenter Radarkopf“), sie kann aber auch erst beim Empfangssignal hergestellt werden (Magnetronsender). Mit diesen Vorkenntnissen können wir eine allgemeine Struktur der kohärenten Radarsignalverarbeitung angeben, die viele Variationen zuläßt, oft bestimmt durch Fortschritte bei der Hardware.

Abschließend wird wegen ihrer Bedeutung ausführlicher auf die Umsetzung des ZF-Bandpaßsignals in ein digitales Tiefpaßsignal eingegangen, auf die sogenannte I/Q- und A/D-Umsetzung. Es werden die S/N-Verluste angegeben sowie die entstehenden Fehler untersucht und Möglichkeiten zu ihrer Korrektur behandelt.

5.2 Die Spektren von Radarechos

In diesem Abschnitt werden die Zeit- und Spektralfunktionen der Empfangs-Signale eines Pulsradars abgeleitet. Von Nutzen sind die Herleitungen auch für den Entwurf von Simulationsalgorithmen.

Signale bei rotierender Reflektorantenne

Wir betrachten als typisches Beispiel ein 2D-Rundsuch-Pulsradar zur Flugsicherung oder Luftraumüberwachung. Das Radar arbeite mit rotierender Reflektorantenne und verwende eine analoge Anzeige der Radarechos auf einer Kathodenstrahlröhre, auch als *Rohvideo-Darstellung* bekannt. Es handelt sich dabei um eine landkartenähnliche Darstellung aller Echos in Polar- oder Rho-Theta-Koordinaten. Dabei beschreiben Rho die (Schräg-)Entfernung zum Ziel und Theta dessen Azimut. Das Radar empfängt einmal Echos der natürlichen und bebauten Erdoberfläche, die auch als *Bodenclutter* oder *Festziele* bezeichnet werden. Solche „Radarziele" sind räumlich meist sehr ausgedehnt. Ihre Flächen sind um ein Vielfaches größer als die der Radar-Auflösungszelle, deren laterale Ausdehnung $R \cdot \theta_{3dB}$ und deren radiale Ausdehnung $\tau \cdot c/2$ betragen. Dabei sind R die Zielentfernung, θ_{3dB} die 3dB-Keulenbreite der Antenne, τ die Pulslänge und c die Lichtgeschwindigkeit.

Dagegen können Luftfahrzeuge als Punktziele aufgefaßt werden, da ihre Abmessungen meist deutlich kleiner als die der Radar-Auflösungszelle sind. So ist bei einer typischen Keulenbreite von $\theta_{3dB} = 1{,}5°$ und einer Zielentfernung von $R = 100\,\text{km}$ die laterale Ausdehnung der Auflösungszelle $R \cdot \theta_{3dB} = 2{,}6\,\text{km}$. Sie übersteigt damit die Abmessung eines Luftfahrzeugs um etwa zwei Größenordnungen. Dagegen liegt die radiale Ausdehnung der Auflösungszelle bei einer Pulslänge von $\tau = 0{,}5\,\mu s$ bei 75 m und ist damit um weniger als eine Größenordnung größer als die Ausdehnung typischer Luftfahrzeuge. Radare besitzen daher im allgemeinen eine ***wesentlich bessere Auflösung in der Entfernung als im Azimut und ggf. in der Elevation.***

Ohne Zusatzmaßnahmen verdecken die ausgedehnten Festzielechos auf dem Sichtgerät die Echos der Luftfahrzeuge, die meist als *Bewegtziele* bezeichnet werden. Wir müssen die Festziele daher durch geeignete Filter unterdrücken. Dazu ist es notwendig zu wissen, worin und in welchem Ausmaß sich Fest- und Bewegtziele unterscheiden. Deshalb werden wir jetzt aus den Zeitfunktionen der Radar-Empfangssignale ihre Spektren ableiten.

Wir gehen von einem CW-Radar aus. Seine Antenne stehe still und sei auf ein einzelnes Ziel ausgerichtet, das auf das Radar zufliegen möge. Da die Beobachtungszeit oder Zielverweilzeit $T_{\text{tot}} \approx \infty$ ist, kann das Empfangssignal als eine unmodulierte Cosinusschwingung mit der gegenüber der Sendefrequenz f_t um den Zieldoppler f_D verschobenen Frequenz $f_t + f_D$ dargestellt werden. Das zugehörige Spektrum besteht aus zwei Spektrallinien bei $\pm(f_t + f_D)$. Bild 5.1 a zeigt die Zeitfunktion und das Spektrum, letzteres nur im positiven Frequenzbereich. Setzen wir die Amplitude der Zeitfunktion gleich eins und die Anfangsphase gleich Null, so gilt für das Empfangssignal die Fourier-Korrespondenz

$$s_{\mathrm{CW0}}(t)=\cos\Big(2\pi(f_{\mathrm{t}}+f_{\mathrm{D}})t\Big) \;\circ\!\!-\!\!\bullet\; \tfrac{1}{2}\delta\Big(f-(f_{\mathrm{t}}+f_{\mathrm{D}})\Big)+\tfrac{1}{2}\delta\Big(f+(f_{\mathrm{t}}+f_{\mathrm{D}})\Big)=S_{\mathrm{CW0}}(f) \tag{5.1}$$

Lassen wir die Antenne rotieren, so empfangen wir nur in dem Zeitintervall ein Signal, in dem die als gaußförmig angenommene Antennenkeule über das Ziel schwenkt. Im Gegensatz zur stillstehenden Antenne mit einer Zielverweilzeit $T_{\mathrm{tot}} \approx \infty$ ist hier T_{tot} von endlicher Dauer. Die Amplitude des Empfangssignals ist mit der sogen. Antennen(zeit-)funktion oder *Beleuchtungsfunktion* $b(t) = \mathrm{gs}\,(t/T_{\mathrm{tot}})$ amplitudenmoduliert. Diese Funktion ist mit dem gaußförmigen Zweiwege-Strahlungsdiagramm der Antenne identisch, nur ist die unabhängige Veränderliche nicht der Winkel sondern die Zeit. Zeitfunktion und Spektrum des Empfangssignals sind in Bild 5.1 b dargestellt. Man erhält mit der Verschiebungseigenschaft der Dirac-Funktion (s. Formelsammlung A.15) und dem Stern $*$ als Faltungssymbol die Fourier-Korrespondenz

$$s_{\mathrm{CW}}(t) = \mathrm{gs}\left(\frac{t}{T_{\mathrm{tot}}}\right)\cdot\cos\Big(2\pi(f_{\mathrm{t}}+f_{\mathrm{D}})\,t\Big) \tag{5.2}$$

$$\circ\!\!-\!\!\bullet$$

$$\begin{aligned} S_{\mathrm{CW}}(f) &= \mathrm{c}_1\cdot\mathrm{gs}\left(\frac{f}{B_{\mathrm{tot}}}\right) * \left\{\tfrac{1}{2}\delta\Big(f-(f_{\mathrm{t}}+f_{\mathrm{D}})\Big) + \tfrac{1}{2}\delta\Big(f+(f_{\mathrm{t}}+f_{\mathrm{D}})\Big)\right\} \\ &= \mathrm{c}_2\cdot\left\{\mathrm{gs}\left(\frac{f-(f_{\mathrm{t}}+f_{\mathrm{D}})}{B_{\mathrm{tot}}}\right)+\mathrm{gs}\left(\frac{f+(f_{\mathrm{t}}+f_{\mathrm{D}})}{B_{\mathrm{tot}}}\right)\right\} \end{aligned} \tag{5.3}$$

Dabei sind c_1 und c_2 Konstanten. Da der gaußförmigen Antennenzeitfunktion eine gaußförmige Antennenspektralfunktion entspricht, besteht das Spektrum wegen der *endlichen* Zielverweilzeit aus zwei gaußförmig aufgeweiteten Spektrallinien (Gaußkeulen) der Bandbreite $B_{\mathrm{tot}}=0{,}883/T_{\mathrm{tot}}$ bei den Frequenzen $\pm(f_{\mathrm{t}}+f_{\mathrm{D}})$ (vgl. Seite A-12 und Formelsammlung A.15).

Wir betrachten nun ein Pulsradar. Sein Sendesignal besteht aus einer Folge hochfrequenter Trägerpulse der Dauer τ, wobei jeder Puls viele hochfrequente Schwingungen der Sendefrequenz f_{t} enthält. Ein solches Sendesignal können wir mathematisch wie folgt beschreiben. Wir erzeugen zunächst einen videofrequenten Rechteckpuls $\mathrm{rect}\,(t/\tau)$. Diesen wiederholen wir periodisch mit der Pulswiederholperiode $T_{\mathrm{pw}} = 1/F_{\mathrm{pw}}$, es entsteht also $\mathrm{rep}_{T_{\mathrm{pw}}}\Big[\mathrm{rect}\,(t/\tau)\Big]$. Mit dieser periodischen Pulsfolge multiplizieren wir den hochfrequenten Träger $\cos(2\pi f t)$. Das Sendesignal des Pulsradars wird daher

$$s_{\mathrm{t,p}}(t) = \mathrm{rep}_{T_{\mathrm{pw}}}\left[\mathrm{rect}\left(\frac{t}{\tau}\right)\right]\cdot\cos(2\pi f_{\mathrm{t}} t) \tag{5.4}$$

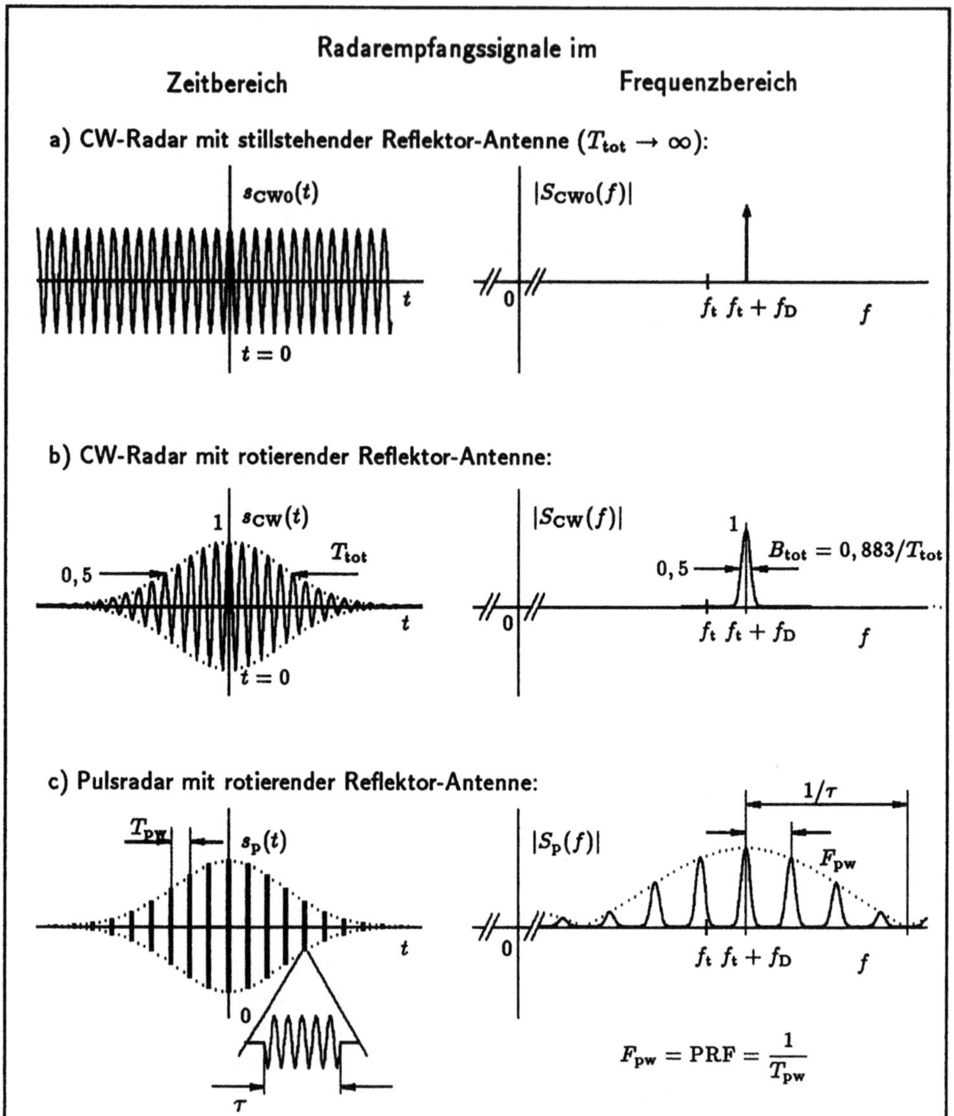

Bild 5.1 Betragsspektren der Empfangssignale bei mechanisch drehender Antenne:

a) Beim CW-Radar der Sendefrequenz f_t ist bei stillstehender Antenne die Zielverweilzeit $T_{tot} \approx \infty$. Daher ergeben sich einfach zwei Spektrallinien bei $\pm(f_t + f_D)$, wenn f_D der Zieldoppler ist. Gezeigt ist nur der positive Frequenzbereich.

b) Bei drehender Antenne ist T_{tot} endlich: die Spektrallinien werden gaußförmig aufgeweitet, da die Antennenzeitfunktion und damit auch ihr Spektrum gaußförmig sind.

c) Das Pulsradar stellt ein Abtastsystem dar. Die aufgeweiteten Spektrallinien werden daher periodisch wiederholt u. mit dem sinc-Spektrum des Einzelpulses moduliert.

Man beachte, daß eine maßstabsgetreue Darstellung aus zeichnerischen Gründen nicht möglich ist. So ist der Träger höherfrequenter als gezeichnet und beim Pulsradar beträgt die Zahl der Kammzähne innerhalb der sinc-Hauptkeule etwa 1 000 ... 10 000.

Das von einem Bewegtziel reflektierte Echo ist dopplerverschoben und wieder mit der gaußförmigen Beleuchtungsfunktion der rotierenden Reflektorantenne amplitudenmoduliert. Das Empfangssignal nach Bild 5.1 c wird somit, wenn wir die Zielentfernung R der Einfachheit halber als Null annehmen,

$$\begin{aligned} s_p(t) &= \text{Antennenzeitfunktion} \cdot \text{Rechteckpuls-Folge} \cdot \text{dopplerversch. Trägersignal} \\ &= \left\{ \mathrm{gs}\left(\frac{t}{T_{\mathrm{tot}}}\right)\right\} \cdot \left\{ \mathrm{rep}_{T_{\mathrm{pw}}}\left[\mathrm{rect}\left(\frac{t}{\tau}\right)\right]\right\} \cdot \left\{\cos\left(2\pi(f_t + f_D)t\right)\right\} \end{aligned} \tag{5.5}$$

Unter Verwendung der Fourier-Korrespondenzen in A.15 wird das Spektrum

$$\begin{aligned} S_p(f) = c \cdot \left\{ \mathrm{gs}\left(\frac{f}{B_{\mathrm{tot}}}\right)\right\} &* \left\{ \mathrm{comb}_{F_{\mathrm{pw}}} \cdot \mathrm{sinc}(\tau f)\right\} \\ &* \left\{ \frac{1}{2}\delta\Big(f - (f_t + f_D)\Big) + \frac{1}{2}\delta\Big(f + (f_t + f_D)\Big)\right\} \end{aligned} \tag{5.6}$$

Dabei ist c eine Konstante, die sich wiederum aus den Konstanten ergibt, die bei der Fourier-Transformation der einzelnen Faktoren von Glchg. (5.5) entstehen. Das Faltungsprodukt der ersten beiden Ausdrücke in geschweiften Klammern ergibt mit der Ausblendeigenschaft der Dirac-Funktion

$$\begin{aligned} &\mathrm{gs}\left(\frac{f}{B_{\mathrm{tot}}}\right) * \left\{ \mathrm{comb}_{F_{\mathrm{pw}}} \cdot \mathrm{sinc}\,(\tau f)\right\} = \\ &= \int_{-\infty}^{\infty} \mathrm{gs}\left(\frac{\lambda}{B_{\mathrm{tot}}}\right) \cdot \sum_{n=-\infty}^{\infty} \delta(f - \lambda - nF_{\mathrm{pw}}) \cdot \mathrm{sinc}\Big(\tau(f-\lambda)\Big)\, d\lambda \\ &= \sum_{n=-\infty}^{\infty} \mathrm{gs}\left(\frac{f - nF_{\mathrm{pw}}}{B_{\mathrm{tot}}}\right) \cdot \mathrm{sinc}(\tau n F_{\mathrm{pw}}) \approx \sum_{n=-\infty}^{\infty} \mathrm{gs}\left(\frac{f - nF_{\mathrm{pw}}}{B_{\mathrm{tot}}}\right) \cdot \mathrm{sinc}\,(\tau f) \end{aligned}$$

Da die Bandbreite B_{tot} (typisch bei 30 Hz) um Größenordnungen kleiner ist als die Bandbreite des Einzelpulsspektrums $\mathrm{sinc}(\tau f)$ von etwa $2/\tau$ (typisch >1 MHz), sich also $\mathrm{sinc}(\tau f)$ innerhalb einer Gaußkeule $\mathrm{gs}\Big((f - nF_{\mathrm{pw}})/B_{\mathrm{tot}}\Big)$ nicht merklich ändert, haben wir zum Schluß statt der Abtastwerte $\mathrm{sinc}(\tau n F_{\mathrm{pw}})$ das kontinuierliche Spektrum $\mathrm{sinc}(\tau f)$ selbst verwendet. Die periodisch mit F_{pw} wiederholten Gaußkeulen des Summenterms können wir mit Hilfe des Wiederholungs-Operators rep beschreiben. Damit erhalten wir endgültig für das erste Faltungsprodukt der Glchg. (5.6)

$$\mathrm{gs}\left(\frac{f}{B_{\mathrm{tot}}}\right) * \left\{ \mathrm{comb}_{F_{\mathrm{pw}}} \cdot \mathrm{sinc}\,(\tau f)\right\} = \mathrm{rep}_{F_{\mathrm{pw}}}\left[\mathrm{gs}\left(\frac{f}{B_{\mathrm{tot}}}\right)\right] \cdot \mathrm{sinc}\,(\tau f)$$

Es stellt also eine periodische Folge spektraler Gaußkeulen dar, die mit dem zu $f = 0$ symmetrischen Spektrum $\mathrm{sinc}(\tau f)$ des Einzelpulses amplitudenmoduliert ist. Nach Glchg. (5.6) ist dieser Ausdruck noch mit den beiden Spektrallinien bei $\pm(f_t + f_D)$ zu falten. Dieser Faltung entspricht wegen der Verschiebungseigenschaft des Dirac-Impulses (s. Formelsammlung A.15) einer Verschiebung der mit $\mathrm{sinc}(\tau f)$ modulierten Gaußkeulen auf die Frequenzen $\pm(f_t + f_D)$:

$$\begin{aligned} S_p(f) \;=\; & \frac{c}{2}\cdot\left\{\mathrm{sinc}\Big(\tau\big(f-(f_t+f_D)\big)\Big)\cdot \mathrm{rep}_{F_{pw}}\left[\mathrm{gs}\left(\frac{f-(f_t+f_D)}{B_{tot}}\right)\right]\right. \\ & \left. + \;\mathrm{sinc}\Big(\tau\big(f+(f_t+f_D)\big)\Big)\cdot \mathrm{rep}_{F_{pw}}\left[\mathrm{gs}\left(\frac{f+(f_t+f_D)}{B_{tot}}\right)\right]\right\} \end{aligned} \qquad (5.7)$$

Um der leichteren Interpretation wegen einen einfacheren Ausdruck zu erhalten, nehmen wir an, daß die Sendefreuquenz f_t ein ganzzahliges Vielfaches der Pulswiederholfrequenz F_{pw} beträgt (was aber keine Einbuße an Allgmeinheit bedeutet). Berücksichtigen wir ferner, daß stets $f_D \ll f_t$, so erhalten wir schließlich für das Empfangsspektrum eines Pulsradars bei rotierender Antenne:

$$S_p(f) = \qquad (5.8)$$

$$\frac{c}{2}\cdot\underbrace{\left\{\mathrm{rep}_{F_{pw}}\left[\mathrm{gs}\left(\frac{f-f_D}{B_{tot}}\right)\right]\right\}}_{\substack{\text{mit } F_{pw} \text{ periodisch wiederholte,}\\ \text{dopplerverschobene Gaußkeule}\\ = \text{unendlich ausgedehntes}\\ \text{Kammspektrum}}}\cdot\underbrace{\left\{\mathrm{sinc}\big(\tau(f-f_t)\big)+\mathrm{sinc}\big(\tau(f+f_t)\big)\right\}}_{\substack{\text{Amplitudenmodulation der Gaußkeulen}\\ \text{mit Spektrum des Einzelpulses der}\\ \text{Dauer } \tau,\text{ verschoben auf die}\\ \text{Frequenzen } \pm(f_t+f_D)\approx\pm f_t}}$$

Wir interpretieren diesen Ausdruck wie folgt. Eine von $f=0$ auf $f=f_D$ dopplerverschobene Gaußkeule der Bandbreite B_{tot} wird periodisch mit F_{pw} zu negativen und positiven Frequenzen hin wiederholt. Es entsteht ein sogenanntes Kammspektrum aus gaußförmigen Kammzähnen im – zunächst – gesamtem Frequenzbereich. Die Kammzähne werden jedoch wegen der Multiplikation (Modulation) mit den auf $f=f_t+f_D \approx f_t$ und $f=-(f_t+f_D)\approx -f_t$ zentrierten sinc-Funktionen auf die Umgebung von $\pm f_t$ beschränkt: Bandpaßsignal. Die (Band-)Breite der Hauptkeule der sinc-Funktion, gemessen zwischen ihren Nullstellen, beträgt $2/\tau$.

Die Form der Kammzähne wird gemäß Herleitung durch die Fourier Transformierte der Beleuchtungs- oder Antennenzeitfunktion, $B(f) \bullet\!\!-\!\!\circ\; b(t)$, bestimmt. In unserem Falle tranformiert sich die gaußförmige Antennenzeitfunktion in einen gaußförmigen Kammzahn. Dessen spektrale Breite B_{tot} wird durch die Zielverweilzeit T_{tot} bestimmt: $B_{tot} = 0{,}883/T_{tot}$. *Je größer die Zielverweilzeit, umso schmaler sind die spektralen Kammzähne.* Bild 5.1 c zeigt – aus zeichnerischen Gründen nicht maßstäblich – Zeitfunktion und Spektrum, letzteres nur im positiven Frequenzbereich.

Der Herleitung kann man weiter entnehmen, daß die Kammstruktur des Spektrums (periodisches Spektrum) auf das Pulsen des Radars zurückzuführen ist:

> Ein Pulsradar ist ein Abtastsystem: auf die Zwischenfrequenz Null abgemischt, stellen die Echos eines Zieles Abtastwerte eines Sinussignals der Dopplerfrequenz f_D dar (vgl. dazu Bild 6.9). Abgetastete Signale besitzen aber periodische Spektren, also müssen auch die Spektren von Pulsradarechos eine periodische Struktur aufweisen.

Das Pulsen wird in der Gleichung (5.5) durch den Wiederholungsoperator $\mathrm{rep}_{T_{pw}}\left[\mathrm{rect}(t/\tau)\right]$ beschrieben. Im Spektralbereich taucht dann seine Fourier-Transformierte $\mathrm{comb}_{F_{pw}} \cdot \mathrm{sinc}(\tau f)$ in Glchg. (5.6) auf. Ihre Faltung mit einem auf $f=0$ zentrierten Gaußzahn führt zu dessen periodischer Wiederholung.

Beispiel eines Zielspektrums:
Bei einer typischen Zielverweilzeit von $T_{tot} = 25\,\mathrm{ms}$ wird $B_{tot} = 35\,\mathrm{Hz}$. Betragen die Pulswiederholfrequenz $F_{pw} = 500\,\mathrm{Hz}$ und die Pulsdauer $\tau = 1\,\mu\mathrm{s}$, so befinden sich zwischen den beiden Nullstellen der Hauptkeule des Einzelpulsspektrums insgesamt $(2/\tau)/F_{pw} = (2/1\,\mu\mathrm{s})/500\,\mathrm{Hz} = 4\,000$ gaußförmige Kammzähne der Bandbreite $B_{tot} = 35\,\mathrm{Hz}$ mit einem gegenseitigen Abstand von $F_{pw} = 500\,\mathrm{Hz}$.

Dieses mit einer sinc-Funktion amplitudenmodulierte Kammspektrum ist gegenüber der Sendefrequenz f_t um den Doppler f_D verschoben. Die Dopplerverschiebung ergibt sich aus der Radialgeschwindigkeit v des Zieles zu $f_D = 2vf_t/c$. Bei $f_t = 3$ GHz (S-Band) und $v = 500\,\mathrm{km/h}$ wird $f_D = 2{,}8\,\mathrm{kHz}$. Man erkennt, daß die Dopplerverschiebung von 2,8 kHz gegenüber der Trägerfrequenz von 3 GHz vernachlässigt werden, also $f_t + f_D \approx f_t$ gesetzt werden kann.

Signale bei elektronisch steuerbarer Antenne

Die Spektren von Bild 5.1 gelten für eine rotierende Reflektorantenne, deren als gaußförmig angenommene Antennenfunktion $b(t) = \mathrm{gs}(t/T_{tot})$ für viele Betrachtungen eine gute Näherung an eine reale Antennenfunktion darstellt. Bei einer elektronisch steuerbaren Antenne ändern sich die Verhältnisse wie folgt. Das Strahlungsdiagramm einer solchen Antenne schwenkt bei abgeschaltetem Sender ruckartig ($< 1\,\mu\mathrm{s}$) in eine neue Richtung und bleibt dort stehen. Danach wird der Sender für ein Zeitintervall gleich der Zielverweilzeit T_{tot} eingeschaltet und es werden die während dieser Zeit eintreffenden Echos verarbeitet. Nach erneutem Abschalten des Senders schwenkt die Antenne wieder in eine neue Richtung und so weiter. Man spricht dann von sogen. Step-Scan Betrieb. Offensichtlich ist die Antennenfunktion oder Beleuchtungsfunktion bei einer derartigen Zielbeleuchtung eine Rechteckfunktion: $b(t) = \mathrm{rect}(t/T_{tot})$. Wird eine solche Antenne bei einem CW-Radar eingesetzt, so ergibt sich für die Zeitfunktion $s_{CW}(t)$:

$$s_{CW}(t) = \mathrm{rect}\left(\frac{t}{T_{tot}}\right) \cdot \cos\Big(2\pi(f_t + f_D)\,t\Big) \tag{5.9}$$

Das Spektrum erhält man durch Fourier-Transformation der beiden Faktoren und ihre anschließende Faltung zu

$$S_{\mathrm{CW}}(f) = \mathrm{c} \cdot \left\{ \mathrm{sinc}\Big(T_{\mathrm{tot}}\big(f - (f_{\mathrm{t}} + f_{\mathrm{D}})\big)\Big) + \mathrm{sinc}\Big(T_{\mathrm{tot}}\big(f + (f_{\mathrm{t}} + f_{\mathrm{D}})\big)\Big) \right\} \tag{5.10}$$

Das Spektrum enthält wegen der rechteckförmigen Antennenzeitfunktion jetzt zwei aufgeweitete, sinc-förmige „Spektrallinien“ der Bandbreite $B_{\mathrm{tot}} = 1{,}2/T_{\mathrm{tot}}$, gemessen bei der Hälfte der maximalen Amplitudendichte $|S_{\mathrm{CW}}(f)|_{\mathrm{max}}$. Bild 5.2 b zeigt die Zeitfunktion und das Spektrum mit seinen Seitenzipfeln, deren größter einen Abstand von nur 13 dB zur Hauptkeule hat.

Wird das Radar bei sonst gleichen Verhältnissen gepulst, so erhält man analog zur Herleitung der Glchg. (5.8) das in Bild 5.2 c dargestellte Spektrum zu

$$S_{\mathrm{p}}(f) = \tag{5.11}$$

$$\frac{\mathrm{c}}{2} \cdot \underbrace{\left\{ \mathrm{rep}_{F_{\mathrm{pw}}} \left[\mathrm{sinc}\Big(T_{\mathrm{tot}}(f - f_{\mathrm{D}})\Big) \right] \right\}}_{\substack{\text{mit } F_{\mathrm{pw}} \text{ periodisch wiederholte,} \\ \text{dopplerverschobene sinc-Keule} \\ = \text{unendlich ausgedehntes} \\ \text{Kammspektrum}}} \cdot \underbrace{\left\{ \mathrm{sinc}\Big(\tau(f - f_{\mathrm{t}})\Big) + \mathrm{sinc}\Big(\tau(f + f_{\mathrm{t}})\Big) \right\}}_{\substack{\text{Amplitudenmodulation der sinc-Keulen} \\ \text{mit Spektrum des Einzelpulses der} \\ \text{Dauer } \tau, \text{ verschoben auf die} \\ \text{Frequenzen } \pm(f_{\mathrm{t}} + f_{\mathrm{D}}) \approx \pm f_{\mathrm{t}}}}$$

Zeitfunktion und Spektrum sind – wieder aus zeichnerischen Gründen nicht maßstäblich – in Bild 5.2 c gezeigt. Der Unterschied der letzten Gleichung zu Glchg. (5.8) besteht lediglich darin, daß statt einer dopplerverschobenen Gaußkeule eine dopplerverschobene und seitenzipfelbehaftete sinc-Keule periodisch wiederholt wird, wobei das entstehende Kammspektrum wieder mit dem auf die Frequenzen $\pm f_{\mathrm{t}}$ verschobenen Spektrum des Einzelpulses moduliert wird. Die Einzelheiten der Interpretation von Glchg. (5.11) können leicht aus der Interpretation von Glchg. (5.8) abgeleitet werden. Zu beachten ist, daß bei der periodischen Wiederholung der sinc-Funktion die Seitenzipfel sich so überlagern können, daß sie sich verstärken oder auch abschwächen.

Die Seitenzipfel streuen merkliche Signalenergie in weite Bereiche des Spektrums. Das ist, wie wir später sehen werden, prinzipiell unerwünscht. Daher muß die Amplitude der Seitenzipfel reduziert werden. Das geschieht durch Multiplikation (Wichtung) der während der Zielverweilzeit empfangenen Signale mit einer geeigneten Fensterfunktion. Dadurch wird näherungsweise eine gaußförmige Antennenfunktion nachgebildet, vergleiche dazu auch Seite A-12 und Bild A.4 in Anhang A. Der Preis für die Reduktion der Seitenzipfel durch Wichtung ist ein S/N-Verlust von 1 ... 2 dB, weil die Hauptkeule des Spektrums verbreitert und damit die Signalenergie auf ein breiteres Frequenzband verteilt wird, das dem Signal zusätzliches Rauschen überlagert.

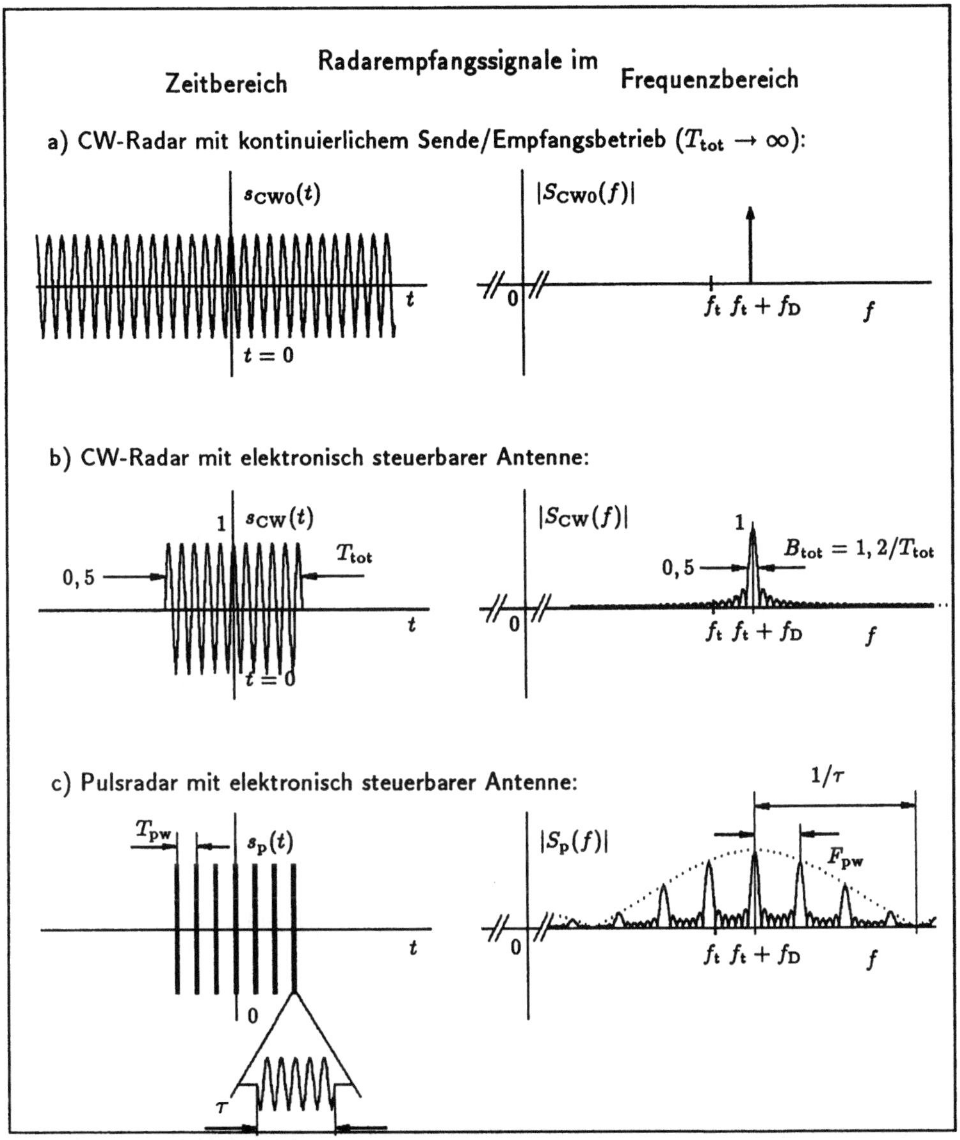

Bild 5.2 Betragsspektren der Empfangssignale bei elektronisch steuerbarer Antenne:

a) Beim CW-Radar mit kontinuierlichem Sende/Empfangsbetrieb ist bei stehender Antenne die Zielverweilzeit $T_{tot} \approx \infty$. Daher ergeben sich einfach zwei Spektrallinien bei $\pm(f_t + f_D)$. Dieser Fall entspricht dem von Bild 5.1a.

b) Nach elektronischem Schwenken der Antennenkeule in eine neue Richtung wird der Sender während der Zielverweilzeit T_{tot} ein- und danach wieder ausgeschaltet. Die Antennenzeitfunktion ist damit rechteckförmig. Als Folge davon werden die beiden Spektrallinien nicht gaußförmig sondern sinc-förmig aufgeweitet (vgl. Bild 5.1b).

c) Das Pulsradar stellt ein Abtastsystem dar. Die sinc-förmig aufgeweiteten Spektrallinien werden daher periodisch wiederholt und mit dem sinc-Spektrum des Einzelpulses moduliert. Bei dieser Wiederholung überlagern sich die Seitenzipfel.

Das Signalspektrum Glchg. (5.11) ist näherungsweise auch gültig für Radare mit rotierender Reflektor-Antenne, wenn diese im sogen. Burst-, Batch- oder Blockbetrieb arbeiten. Dabei wird die Zielverweilzeit in bspw. 3 Zeitintervalle unterteilt. In jedem Intervall wird eine feste Zahl von Pulsen (Burst) abgestrahlt, ihre Echos dann empfangen und verarbeitet. Bei dieser sogen. Blockverarbeitung bleiben die Echos des vorangehenden Bursts unberücksichtigt. Pro Burst liegt dann eine Beleuchtungsfunktion mit senkrechten Vorder- und Hinterflanken vor und einem Dachverlauf, der bei gaußförmigem Antennendiagramm einen Ausschnitt aus einer Gaußfunktion darstellt. Man kann diese Beleuchtungsfunktion für manche Betrachtungen durch eine Rechteckfunktion annähern.

5.3 Filterung von Einzelpuls und Pulsfolge

Die Ausfilterung von „Nutzsignalen" aus den stets vorhandenen Störsignalen hat die Aufgabe, das Signal-zu-Rausch-Verhältnis S/N (oft auch als SNR bezeichnet, von Signal-to-Noise-Ratio) oder – allgemeiner – das Verhältnis von Signalleistung zu Störleistung SIR (vom engl. Signal-to-Interference Ratio) zu verbessern. Unter Störung – in der englisch-sprachigen Radarliteratur mit Interference bezeichnet – verstehen wir die additive Überlagerung mehrerer Störsignale wie Rauschen, Bodenclutter und Regenclutter. Nur ein großes S/N oder SIR ermöglicht dem automatischen Zieldetektor (s. Abschnitt 3.2) eine ausreichend hohe Entdeckungswahrscheinlichkeit bei vorgegebener Falschalarmwahrscheinlichkeit. Die Filterung von Radarsignalen besteht verallgemeinert aus den zwei Stufen

1. Einzelpulsfilterung = Filterung jedes einzelnen Pulses einer Echopulsfolge

2. Filterung der Echopulsfolge = Dopplerfilterung (gleichbedeutend auch mit kohärenter Integration).

Einzelpulsfilterung

Die Filterung durch das Einzelpuls-Matched Filter hat die Aufgabe, das begleitende Systemrauschen „optimal" zu reduzieren, um ein großes Einzelpuls-S/N zu erhalten (siehe Kapitel 6).

Im Falle eines Radars mit Pulskompression ist der abgestrahlte Einzelpuls von relativ großer zeitlicher Dauer und pulsintern in der Frequenz oder Phase moduliert. Das Einzelpuls-Matched-Filter ist dann ein sogen. Pulskompressionsfilter, das den breiten Echopuls zeitlich um den Kompressionsfaktor K komprimiert, wobei seine Amplitude gleichzeitig um den gleichen Faktor K anwächst. Zweck des Pulskompressionsverfahrens ist es, die Reichweite eines Pulsradars zu erhöhen, ohne einhergehende Steigerung der Pulsspitzenleistung des Senders und ohne Einbuße an Entfernungsauflösung (siehe Kapitel 6 und 8).

Filterung der Pulsfolge (Dopplerfilterung)

Eine der häufigsten Filteraufgaben besteht in der Unterdrückung von Festzielechos oder – anders ausgedrückt – in der Ausfilterung von Bewegtzielechos aus begleitenden Festzielechos. Man bezeichnet diese Filterung als *Dopplerfilterung* und benutzt dazu als Filterkriterium die Dopplerverschiebung f_D. Bei Festzielen ist $f_D = 0$, bei Bewgtzielen ist $f_D \neq 0$. Diese Aufgabe läßt sich jedoch auf der Basis eines Einzelpulses nicht lösen. Das folgende Beispiel soll das erläutern:
Ein typischer Wert für die Dauer eines Rechteck-Einzelpulses ist $\tau = 1\,\mu$s. Die Hauptkeule des zugehörigen sinc-förmigen Einzelpuls-Spektrums eines Festzieles besitzt eine Breite zwischen den ersten beiden Nullstellen von $2/\tau = 2\,000$ kHz. Ein gleichzeitig eintreffendes Bewegtzielecho besitzt dasselbe Spektrum von 2 000 kHz Breite, ist jedoch um typisch $f_D \approx 10$ kHz gegenüber dem Spektrum des Festzieles verschoben. Zwei 2 000 kHz breite Spektren, die nur um 10 kHz gegenseitig verschoben sind, lassen sich jedoch nicht voneinander trennen. *Eine Festzielunterdrückung auf der Basis eines Einzelpulses ist daher nicht möglich.*

Für eine allgemeinere Betrachtungsweise dieses Problems können wir ein Grundgesetz der Physik heranziehen, das besagt, daß die Auflösung Δf im Spektrum einer über der Dauer Δt beobachteten Zeitfunktion angenähert $\Delta f = 1/\Delta t$ ist. Im Falle eines Einzelpulses von $1\,\mu$s Dauer ($= \Delta t$) ist $\Delta f = 1\,000$ kHz. Diese Auflösung reicht zur Trennung von Festziel und Bewegtziel nicht aus. Betrachtet man dagegen die gesamte Echopulsfolge während der Zielverweilzeit T_{tot}, so ist mit typisch $T_{tot} = \Delta t = 25$ ms die Dopplerauflösung $\Delta f = 1/25\,\text{ms} = 0{,}040$ kHz. Dies entspricht etwa der Breite der Kammzähne eines Festzielspektrums, wie wir im letzten Abschnitt gesehen hatten. Daher ist die Ausfilterung eines Bewegtzielechos aus einem begleitenden Festzielecho möglich, wenn wir dem Filterprozeß eine ausreichend lange Echopuls*folge* zugrunde legen. *Das erfordert eine ausreichend große Zielverweilzeit* T_{tot}.

Wir untersuchen jetzt die Filterung einer Echopulsfolge anhand von Bild 5.3. Basierend auf Bild 5.1 c zeigt es oben unter a) einen Ausschnitt aus dem Kammspektrum eines Festzieles, darunter unter b) das um f_D verschobene Kammspektrum eines Bewegtzieles. Für nahezu alle Probleme der Dopplerfilterung ist es ausreichend, das sogen. *fundamentale Dopplerintervall* oder *fundamentale PRF-Intervall* $[f_t - F_{pw}/2; f_t + F_{pw}/2]$ zu betrachten. Würde ein Ziel sich innerhalb dieses Intervalls befinden, so wäre seine Radialgeschwindigkeit mit dieser Vorinformation eindeutig meßbar. Man beachte, daß in der älteren Literatur, meist im Zusammenhang mit MTI-Filtern, als fundamentales Dopplerintervall vorwiegend das Intervall $[f_t; f_t + F_{pw}]$ zugrundegelegt wird[1].

[1]Das ist historisch entstanden, aber nicht ganz glücklich. Prinzipiell ist jedes Radar, ob LPRF-, MPRF- oder HPRF-Radar, nach dem Abtasttheorem nur für Ziele im Dopplerintervall $[f_t - F_{pw}/2; f_t + F_{pw}/2]$ eindeutig und nicht für Ziele im Intervall $[f_t; f_t + F_{pw}]$ (vgl. dazu Bild 2.9). Da bei MTI-Radaren eine Dopplermessung jedoch nicht möglich war, konnte man auf die Berücksichtigung negativer Doppler verzichten. Man legte daher allen Überlegungen das im positiven Dopplerfrequenzbereich gelegene Intervall $[f_t; f_t + F_{pw}]$ zugrunde oder, wie wir später noch sehen werden, im Tiefpaßbereich das Intervall $[0; F_{pw}]$.

Bild 5.3 c zeigt vergrößert das fundamentale PRF-Intervall und die Kammzähne des Fest- und Bewegtzieles. Unter d) ist der Frequenzgang eines sogen. Doppel-MTI-Filters gezeigt. Dieses ist eine Bandsperre zur Unterdrückung des Festzielclutters mit relativ breitem Übergang zum Durchlaßbereich. Es war auch in älterer Analogtechnik relativ einfach zu realisieren. Sein Frequenzgang ist jedoch nicht sehr befriedigend.

Darunter ist in e) schematisch ein einzelnes Dopplerfilter mit gaußförmigem Frequenzgang gezeigt. Es ist Bestandteil einer zeichnerisch angedeuteten Bank (Dopplerfilterbank) von vielen parallelen Filtern (bei LPRF Radaren etwa 5...20). Es filtert das gezeigte Bewegtziel heraus, wobei dessen Spektrum im allgemeinen nicht, wie im Bild gezeigt, symmetrisch zur Filtermitte liegen muß. Je nach Überlappungsgrad der Filter führt das zu einem S/N-Verlust, dem sogen. *Quantisierungsverlust-Doppler* (engl. Filter Straddling Loss). Die Festzielunterdrückung erfolgt durch Nichtauswerten der Signale des Filters mit der Mittenfrequenz f_t.

MTI-Filter und Dopplerfilterbank werden in Kapitel 7 eingehender behandelt. Anzumerken bleibt noch, daß die Dopplerfilterung mit einer Dopplerfilterbank eine kohärente Integration der Echopulse darstellt (s. auch Seite 2-36).

Wegen des periodischen Signalspektrums müssen die zur Filterung der Bandpaß-Echopulsfolge eingesetzten MTI-Filter oder die Filter einer Dopplerfilterbank ebenfalls periodische Übertragungsfunktionen besitzen. Sie sind daher notwendigerweise Filter mit diskreter Impulsantwort wie bspw. FIR- oder IIR-Filter (s. Seite A-36 ff). Sie benötigen Verzögerungsglieder mit Laufzeiten, die der Pulsfolgeperiode von $T_{pw} = 1/F_{pw} \approx 1\,\text{ms}$ und Bandbreiten, die der Signalbandbreite von etwa $\geq 1\,\text{MHz}$ entsprechen. Solche Filter sind im HF-Bereich nicht und im ZF-Bereich nur sehr aufwendig zu realisieren. Im Videobereich dagegen sind flexible, digitale Implementierungen möglich.

Wir müssen daher die zu filternden Bandpaß-Empfangssignale in das Video- oder Basisband, d. h. in den Tiefpaßbereich verschieben oder abmischen. Dort können wir eine der Bandpaßfilterung völlig äquivalente, heute überwiegend digital realisierbare Tiefpaßfilterung durchführen. Die Verzögerungsleitungen können so durch RAM-Speicher ersetzt werden. Wegen der bei digitalen Filtern möglichen realzeitigen (d. h. sehr schnellen, etwa $\ll 1\,\mu s$) Änderung der Laufzeit und auch der Filterkoeffizienten bspw. eines FIR-Filters weisen solche Dopplerfilter eine hohe Flexibilität bezüglich der Einstellung ihrer Mittenfrequenz und ihres Frequenzganges auf. Außerdem lassen sich sehr effiziente Algorithmen wie bspw. die FFT zur Realisierung von Filterbänken einsetzen. Der nächste Abschnitt behandelt die Grundlagen der für die Radartechnik schon immer wichtigen Tiefpaßfilterung von Bandpaßsignalen.

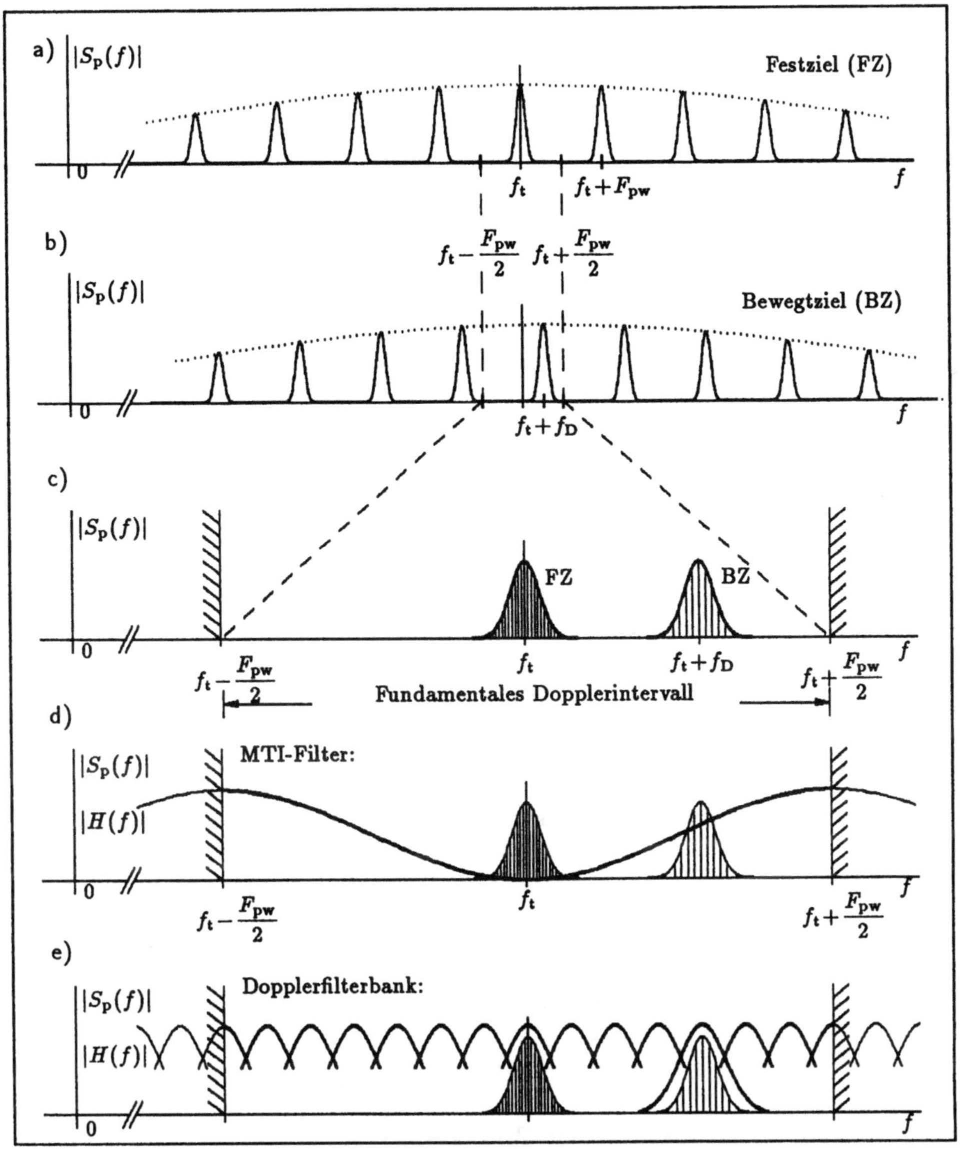

Bild 5.3 Unterdrückung von Festzielen durch geeignete Filter:

a) Kammspektrum $|S_p(f)|$ eines Festzielechos bei einem Pulsradar mit der Sendefrequenz f_t und der Pulsfolgefrequenz PRF = F_{pw}.

b) Kammspektrum eines Bewegtzielechos, um den Doppler f_D verschoben.

c) Fundamentales Dopplerintervall oder fundamentales PRF-Intervall mit Festziel- und Bewegtziel-Kammzahn.

d) Doppel-MTI-Filter zur Festzielunterdrückung. ($H(f)$ =Übertragungsfunktion)

e) Bank aus sich überlappenden Dopplerfiltern (Dopplerfilterbank). Festzielunterdrückung durch Nichtauswertung der Signale des Filters bei f_t.

5.4 Tiefpaßfilterung von Bandpaßsignalen

Dieser Abschnitt zeigt, wie ohne Informationsverlust aus einem ZF-Bandpaßsignal durch Abmischen auf die Zwischenfrequenz Null, also in den Video- oder Tiefpaßbereich, ein *äquivalentes Tiefpaßsignal* gewonnen werden kann. Seine Zeitfunktion ist im allgemeinen komplex und läßt sich in einen Realteil, die sogen. Kophasal-Komponente oder auch Inphase-Komponente, und einen Imaginärteil, die sogen. Quadratur-Komponente, aufspalten. Durch Filterung dieser beiden Komponenten in vier Tiefpässen und anschließendes Wiederhochmischen in den ZF-Bereich erhalten wir dann das gewünschte, gefilterte Bandpaßsignal[2]. *Betrachtet man eine solche Verarbeitung als „Black Box", so kann man anhand der Ein- und Ausgangssignale nicht entscheiden, ob das Bandpaßsignal unmittelbar in einem Bandpaß gefiltert wurde oder in einem äquivalenten Tiefpaß.*

Oft sind wir aber nicht an dem gefilterten Bandpaßsignal interessiert, sondern nur an seiner Hüllkurve. Das Wiederhochmischen kann dann entfallen. Die Hüllkurve läßt sich in ausreichender Näherung durch einen einfachen Rechenalgorithmus aus dem gefilterten Tiefpaßsignal gewinnen.

Die Möglichkeit der Verarbeitung eines Bandpaßsignals durch ein äquivalentes Tiefpaßsystem ist einerseits von Bedeutung für die Realisierung von Hardware, andererseits aber auch für die Simulation der Radarsignalverarbeitung auf einem Digitalrechner. Auch bei der Simulation werden Bandpaßsignale und Bandpässe durch äquivalente Tiefpaßsignale und Tiefpässe nachgebildet.

Spektrum des äquivalenten Tiefpaßsingals

Jedes praktische ZF-Bandpaßsignal $s(t)$ ist reell. Somit gilt Glchg. (A.20) für sein Spektrum $S(f)$:

$$S(-f) = S^*(f) \tag{5.12}$$

Der Realteil des Bandpaßspektrums ist daher eine gerade Funktion, also

$$\mathrm{Re}\Big\{S(-f)\Big\} = \mathrm{Re}\Big\{S(f)\Big\} \tag{5.13}$$

und der Imaginärteil eine ungerade Funktion:

$$\mathrm{Im}\Big\{S(-f)\Big\} = -\mathrm{Im}\Big\{S(f)\Big\} \tag{5.14}$$

Bild 5.4 zeigt oben den geraden Realteil und den ungeraden Imaginärteil eines Bandpaßspektrums. Das Spektrum des äquivalenten Tiefpaßsignals definieren wir wie folgt. Wie denken uns den im positiven Frequenzbereich liegenden Teil des Bandpaßspektrums um eine Frequenz f_0 nach links verschoben und mit dem

[2]Bei den Herleitungen dieses Abschnittes folgen wir im wesentlichen der Darstellung bei *Lüke* [2].

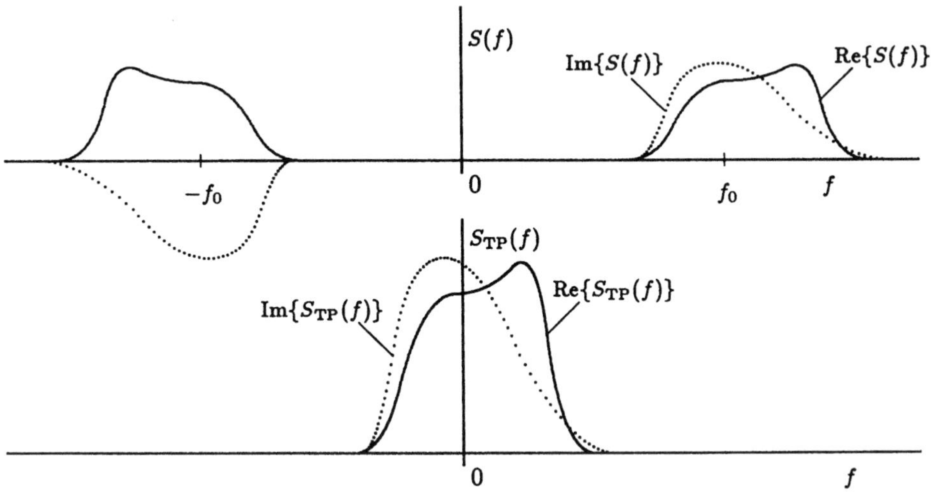

Bild 5.4 Definition des einem Bandpaßsignal äquivalenten Tiefpaßsignals [2]:
Oben: Gerader Realteil und ungerader Imaginärteil des Bandpaßspektrums $S(f)$
Unten: Das äquivalente Tiefpaßspektrum $S_{\mathrm{TP}}(f)$ entsteht definitionsgemäß, indem die im positiven Frequenzbereich liegenden Teilspektren des Bandpaßsignals um die Frequenz f_0 in Richtung negativer Frequenzen verschoben und mit dem Faktor 2 multipliziert werden.

Faktor 2 multipliziert. Es entsteht das in Bild 5.4 unten gezeigte Spektrum des äquivalenten Tiefpaßsignals.

$$S_{\mathrm{TP}}(f) = \mathrm{Re}\Big\{S_{TP}(f)\Big\} + \mathrm{j}\,\mathrm{Im}\Big\{S_{\mathrm{TP}}(f)\Big\} \tag{5.15}$$

Der Faktor 2 kann wie folgt begründet werden. Wenn man mit einem Tiefpaßsignal $s_{\mathrm{TP}}(t) = x(t) \circ\!\!-\!\!\bullet\ X(f) = S_{\mathrm{TP}}(f)$ die Amplitude eines Trägers der Frequenz f_0 moduliert, ensteht das Bandpaßsignal $s(t) = x(t)\cos(2\pi f_0 t) \circ\!\!-\!\!\bullet\ \frac{1}{2}X(f-f_0) + \frac{1}{2}X(f+f_0) = S(f)$. Das Tiefpaßspektrum $S_{\mathrm{TP}}(f) = X(f)$ ist also doppelt so groß wie der Anteil des Bandpaßspektrums im positiven (oder negativen) Frequenzbereich. Daher ist es sinnvoll, das einem Bandpaßspektrum $S(f)$ äquivalente Tiefpaßspektrum $S_{\mathrm{TP}}(f)$ als ebenfalls doppelt so groß zu definieren wie den Anteil von $S(f)$ im positiven Frequenzbereich.

Rückgewinnung des Bandpaßspektrums:

Aus dem Tiefpaßspektrum $S_{\mathrm{TP}}(f)$ läßt sich das ursprüngliche Bandpaßspektrum wie folgt zurückgewinnen. Seinen Realteil im positiven Frequenzbereich erhält man durch Verschieben des Realteils des Tiefpaßspektrums um f_0 nach rechts, seinen Realteil im negativen Frequenzbereich durch Falten oder Spiegeln von $\mathrm{Re}\Big\{S_{TP}(f)\Big\}$ in $\mathrm{Re}\Big\{S_{TP}(-f)\Big\}$ und anschließendes Verschieben um f_0 nach links.

Danach müssen wir mit $\frac{1}{2}$ multiplizieren, um die obige Multiplikation mit dem Faktor 2 rückgängig zu machen. Man erhält

$$\mathrm{Re}\Big\{S(f)\Big\} = \tfrac{1}{2}\,\mathrm{Re}\Big\{S_{\mathrm{TP}}(f-f_0)\Big\} + \tfrac{1}{2}\,\mathrm{Re}\Big\{S_{\mathrm{TP}}(-f-f_0)\Big\} \qquad (5.16)$$

Für den ungeraden Imaginärteil des Bandpaßspektrums erhalten wir durch eine ähnliche Operation die Beziehung

$$\mathrm{Im}\Big\{S(f)\Big\} = \tfrac{1}{2}\,\mathrm{Im}\Big\{S_{\mathrm{TP}}(f-f_0)\Big\} - \tfrac{1}{2}\,\mathrm{Im}\Big\{S_{\mathrm{TP}}(-f-f_0)\Big\} \qquad (5.17)$$

Die beiden letzten Gleichungen, welche die Bildung des Bandpaßspektrums aus dem äquivalenten Tiefpaßspektrum beschreiben, können zu

$$S(f) = \tfrac{1}{2}S_{\mathrm{TP}}(f-f_0) + \tfrac{1}{2}S^{*}_{\mathrm{TP}}(-f-f_0) \qquad (5.18)$$

zusammengefaßt werden.

Zeitfunktion des äquivalenten Tiefpaßsignals

Man erkennt aus Bild 5.4 unten, daß der Realteil des äquivalenten Tiefpaßspektrums im allgemeinen keine gerade Funktion und der Imaginärteil keine ungerade Funktion der Frequenz ist. Daraus folgt, daß die Zeitfunktion $s_{\mathrm{TP}}(t)$ des Tiefpaßsignals nicht reell sein kann, also komplex ist mit dem reellen Anteil $s_{\mathrm{TP,r}}(t)$ und dem imaginären Anteil $s_{\mathrm{TP,i}}(t)$:

$$s_{\mathrm{TP}}(t) = s_{\mathrm{TP,r}}(t) + \mathrm{j}\,s_{\mathrm{TP,i}}(t) = s_{\mathrm{I}}(t) + \mathrm{j}\,s_{\mathrm{Q}}(t) \qquad (5.19)$$

Der Realteil $s_{\mathrm{TP,r}}(t)$ wird auch als Kophasal- oder Inphase-Komponente oder I-Signal, der Imaginärteil $s_{\mathrm{TP,i}}(t)$ als Quadratur-Komponente oder Q-Signal bezeichnet. Andererseits ist für beide Signale zusammen ebenfalls die Bezeichnung „Quadratur-Komponenten" üblich. Wir werden später statt $s_{\mathrm{TP,r}}(t)$ und $s_{\mathrm{TP,i}}(t)$ oft die kürzeren Schreibweisen $s_{\mathrm{I}}(t)$ und $s_{\mathrm{Q}}(t)$ benutzen, die sich in der Praxis eingebürgert haben.

Radarempfangssignale stellen, wie die Spektren in Bild 5.1 zeigen, Einseitenbandsignale dar. Denn sie sind durch eine Verschiebung des Sendesignals um den Doppler f_D gegenüber der Trägerfrequenz f_t bzw. f_{ZF} entstanden, besitzen also relativ zum Träger nur ein kammförmiges Seitenband. Die den Bandpaßsignalen des Bildes 5.1 äquivalenten Tiefpaßsignale erhalten wir, wenn wir die Spektren des Bildes um f_t in Richtung zu negativen Frequenzen hin verschieben und mit dem Faktor 2 multiplizieren. Das bedeutet, daß wir einfach $f_t(= f_0)$ durch die Frequenz Null ersetzen können. Die so erhaltenen Tiefpaßspektren sind für Bewegtziele mit $|f_{\mathrm{D}}| > 0$ unsymmetrisch zur Frequenz Null. Das (hier reelle) Spektrum eines Radarechos kann also keine gerade Funktion der Frequenz sein. Daher sind auch die Zeitfunktionen der Tiefpaßsignale von Radarechos notwendigerweise komplex, wie oben für den allgemeinen Fall schon angedeutet.

Gewinnung der Quadratur-Komponenten

Um das Inphase-Signal $s_{\mathrm{TP,r}}(t)$ zu erhalten, mischen wir das Bandpaßsignal $s(t)$, dessen Bandbreite $B \ll f_0$ sei, mit der Frequenz f_0 ab, d. h. wir multiplizieren $s(t)$ mit $\cos(2\pi f_0 t)$. Das resultierende Signal $s_1(t)$ wird, wie in Bild 5.5 gezeigt, tiefpaßgefiltert. Der Tiefpaß unterdrückt alle Signalanteile im Bereich $|f| \geq f_0$. Man bekommt für $s_1(t)$ und sein Spektrum $S_1(f)$

$$s_1(t) = s(t) \cdot \cos(2\pi f_0 t) \tag{5.20}$$

$$S_1(f) = S(f) * \tfrac{1}{2}\Big[\delta(f - f_0) + \delta(f + f_0)\Big] \tag{5.21}$$

Wir können $S(f)$ durch Glchg. (5.18) ersetzen und erhalten

$$\begin{aligned} S_1(f) &= \tfrac{1}{2}\Big[S_{\mathrm{TP}}(f - f_0) + S^*_{\mathrm{TP}}(-f - f_0)\Big] * \tfrac{1}{2}\Big[\delta(f - f_0) + \delta(f + f_0)\Big] \\ &= \tfrac{1}{4}\Big[S_{\mathrm{TP}}(f - 2f_0) + S_{\mathrm{TP}}(f) + S^*_{\mathrm{TP}}(-f - 2f_0) + S^*_{\mathrm{TP}}(-f)\Big] \end{aligned} \tag{5.22}$$

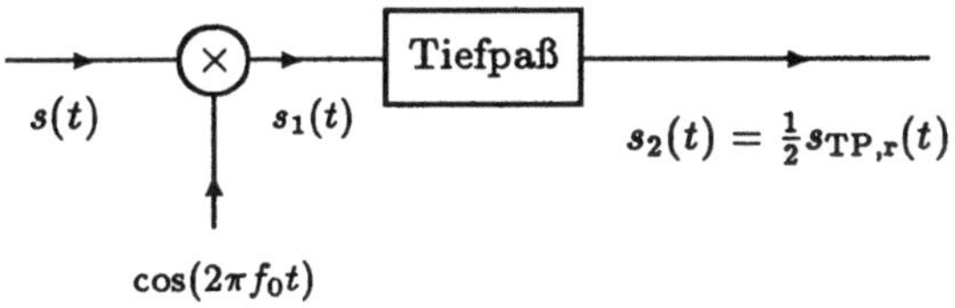

Bild 5.5 Gewinnung des Inphase-Signals $\frac{1}{2}s_{\mathrm{TP,r}}(t)$ durch Abmischen (Multiplizieren) des Bandpaßsignals $s(t)$ mit einem Cosinussignal der Frequenz f_0.

Da die Spektren bei $|f| = 2f_0$ vom Tiefpaß unterdrückt werden, ergibt sich für das Spektrum und die Zeitfunktion am Ausgang des Tiefpasses die Fourier-Korrespondenz (s. Formelsammlung A.15)

$$S_2(f) = \tfrac{1}{4}S_{\mathrm{TP}}(f) + \tfrac{1}{4}S^*_{\mathrm{TP}}(-f) \quad \bullet\!\!-\!\!\circ \quad \tfrac{1}{4}s_{\mathrm{TP}}(t) + \tfrac{1}{4}s^*_{\mathrm{TP}}(t) = s_2(t) \tag{5.23}$$

Weil für eine komplexe Zahl a die Beziehung

$$a + a^* = 2\,\mathrm{Re}\{a\} \tag{5.24}$$

gilt, wird endgültig

$$s_2(t) = 2\,\mathrm{Re}\Big\{\tfrac{1}{4}s_{\mathrm{TP}}(t)\Big\} = \tfrac{1}{2}s_{\mathrm{TP,r}}(t) \tag{5.25}$$

Multiplizieren wir $s(t)$ statt mit $\cos(2\pi f_0 t)$ mit $-\sin(2\pi f_0 t)$, so erhalten wir durch eine ähnliche Rechnung die halbe Quadraturkomponente $\frac{1}{2}s_{\mathrm{TP,i}}(t)$.

Beschreibung eines Bandpaßsignals durch die Komponenten seines äquivalenten Tiefpaßsignals

Ein Bandpaßsignal $s(t)$ läßt sich auf drei verschiedene Arten durch sein äquivalentes Tiefpaßsignal bzw. dessen Komponenten beschreiben. Diese Beschreibungen sind für Signalmanipulationen von Nutzen.

Die erste Art der Darstellung findet man durch Fourier-Rücktransformation von Glchg. (5.18). Man erhält

$$s(t) = \tfrac{1}{2} s_{\mathrm{TP}}(t)\, \mathrm{e}^{\mathrm{j}\,2\pi f_0 t} + \tfrac{1}{2}\Big[s_{\mathrm{TP}}(t)\, \mathrm{e}^{\mathrm{j}\,2\pi f_0 t}\Big]^* \tag{5.26}$$

Mit Formel (5.24) und mit der Aufspaltung von $s_{\mathrm{TP}}(t)$ in Betrag und Phase, also

$$s_{\mathrm{TP}}(t) = |s_{\mathrm{TP}}(t)|\, \mathrm{e}^{\mathrm{j}\,\theta(t)} \tag{5.27}$$

wird aus Glchg. (5.26)

$$\boxed{\begin{aligned} s(t) &= \mathrm{Re}\Big\{s_{\mathrm{TP}}(t)\, \mathrm{e}^{\mathrm{j}\,2\pi f_0 t}\Big\} = \mathrm{Re}\Big\{|s_{\mathrm{TP}}(t)|\, \mathrm{e}^{\mathrm{j}\,\theta(t)}\, \mathrm{e}^{\mathrm{j}\,2\pi f_0 t}\Big\} \\ &= \mathrm{Re}\Big\{|s_{\mathrm{TP}}(t)|\, \mathrm{e}^{\mathrm{j}(2\pi f_0 t + \theta(t))}\Big\} \end{aligned}} \tag{5.28}$$

Der *komplexe Träger* $\mathrm{e}^{\mathrm{j}\,2\pi f_0 t}$ wird also mit dem komplexen Tiefpaßsignal $s_{\mathrm{TP}}(t)$ in der Amplitude und im Winkel moduliert. Man bezeichnet $s_{\mathrm{TP}}(t)$ auch als *komplexe Einhüllende.*

Die zweite Art der Darstellung ergibt sich, indem man wie verlangt den Realteil der letzten Gleichung nimmt:

$$\boxed{s(t) = |s_{\mathrm{TP}}(t)| \cos\Big(2\pi f_0 t + \theta(t)\Big)} \tag{5.29}$$

Das Bandpaßsignal wird also hier durch eine amplituden- und winkelmodulierte Cosinusschwingung beschrieben. Der Betrag des Tiefpaßsignals stellt die (reelle) Einhüllende des Bandpaßsignals dar. Sie ließe sich durch einen Hüllkurvendektor aus dem Bandpaßsignal gewinnen. Aus den Komponenten des Tiefpaßsignals erhält man sie unter Benutzung von Glchg. (5.19) zu

$$|s_{\mathrm{TP}}(t)| = \sqrt{s^2_{\mathrm{TP,r}}(t) + s^2_{\mathrm{TP,i}}(t)} \tag{5.30}$$

Den Winkel $\theta(t)$ bekommt man aus

$$\tan\,\theta(t) = \frac{s_{\mathrm{TP,i}}(t)}{s_{\mathrm{TP,r}}(t)} \tag{5.31}$$

Die dritte Art der Beschreibung des Bandpaßsignals $s(t)$ erhalten wir, wenn wir $s_{\mathrm{TP}}(t) = s_{\mathrm{TP,r}}(t) + \mathrm{j}\, s_{\mathrm{TP,i}}(t)$ in Glchg. (5.28) einsetzen und den Realteil nehmen. Wir bekommen

$$\boxed{s(t) = s_{\mathrm{TP,r}}(t)\cos(2\pi f_0 t) - s_{\mathrm{TP,i}}(t)\sin(2\pi f_0 t)} \tag{5.32}$$

Während in Glchg. (5.29) des Bandpaßsignal durch Betrag und Phase des äquivalenten Tiefpaßsignals beschrieben wird, benutzt die letzte Gleichung dazu seine Quadraturkomponenten.

Abschließend werden noch zwei allgemeine Beziehungen von Sinussignalen angeschrieben, die gelegentlich von Nutzen sind:

$$A\cos(2\pi ft + \varphi) = a\cos(2\pi ft) - b\sin(2\pi ft) \tag{5.33}$$

$$A\sin(2\pi ft + \varphi) = b\cos(2\pi ft) + a\sin(2\pi ft) \tag{5.34}$$

wobei

$$a = A\cos\varphi; \quad b = A\sin\varphi; \quad \tan\varphi = b/a; \quad A = \sqrt{a^2 + b^2}$$

Äquivalentes Tiefpaßsystem

Faßt man die in Bild 5.4 gezeigten Frequenzfunktionen nicht als Signalspektren sondern als Übertragungsfunktionen auf – durch einfaches Auswechseln des Formelbuchstabens S gegen H – so entsteht die dem Bandpaß $H(f)$ äquivalente Tiefpaßübertragungsfunktion

$$H_{\mathrm{TP}}(f) = \mathrm{Re}\{H_{\mathrm{TP}}(f)\} + \mathrm{j}\,\mathrm{Im}\{H_{\mathrm{TP}}(f)\} \tag{5.35}$$

ebenfalls durch Verschieben des im positiven Frequenzbereich gelegenen Real- und Imaginärteils der Bandpaßübertragungsfunktion $H(f)$ um f_0 zu negativen Freqenzen hin. Anschließend wird noch mit dem Faktor 2 multipliziert. Analog zu Glchg. (5.18) kann man die Bandpaßübertragungsfunktion durch die des äquivalenten Tiefpasses beschreiben:

$$H(f) = \tfrac{1}{2}H_{\mathrm{TP}}(f - f_0) + \tfrac{1}{2}H^*_{\mathrm{TP}}(-f - f_0) \tag{5.36}$$

Ebenso wie das äquivalente Tiefpaßsignal $s_{\mathrm{TP}}(t)$ ist auch die Impulsantwort $h_{\mathrm{TP}}(t)$ des äquivalenten Tiefpasses im allgemeinen komplex:

$$h_{\mathrm{TP}}(t) = h_{\mathrm{TP,r}}(t) + \mathrm{j}\, h_{\mathrm{TP,i}}(t) \tag{5.37}$$

Analog zum Bandpaßsignal $s(t)$ nach Glchg. (5.28) läßt sich die Impulsantwort $h(t)$ des Bandpasses durch die Impulsantwort $h_{\mathrm{TP}}(t)$ des äquivalenten Tiefpasses ausdrücken. Es gilt

$$h(t) = \mathrm{Re}\left\{h_{\mathrm{TP}}(t)\,\mathrm{e}^{\mathrm{j}2\pi f_0 t}\right\} \tag{5.38}$$

Bei Verarbeitung eines Bandpaßsignals $s(t)$ mit dem Spektrum $S(f)$ durch einen Bandpaß mit der Impulsantwort $h(t)$ und der Übertragungsfunktion $H(f)$ erhält man für das Ausgangsspektrum $G(f)$, wenn die Glchgn. (5.18) und (5.36) benutzt werden:

$$\begin{aligned} G(f) &= S(f)\cdot H(f) \\ &= \left[\tfrac{1}{2}S_{\mathrm{TP}}(f-f_0)+\tfrac{1}{2}S_{\mathrm{TP}}^*(-f-f_0)\right]\cdot\left[\tfrac{1}{2}H_{\mathrm{TP}}(f-f_0)+\tfrac{1}{2}H_{\mathrm{TP}}^*(-f-f_0)\right] \\ &= \tfrac{1}{4}S_{\mathrm{TP}}(f-f_0)\cdot H_{\mathrm{TP}}(f-f_0)+\tfrac{1}{4}S_{\mathrm{TP}}(f-f_0)\cdot H_{\mathrm{TP}}^*(-f-f_0) \\ &\quad+\tfrac{1}{4}S_{\mathrm{TP}}^*(-f-f_0)\cdot H_{\mathrm{TP}}(f-f_0)+\tfrac{1}{4}S_{\mathrm{TP}}^*(-f-f_0)\cdot H_{\mathrm{TP}}^*(-f-f_0) \\ &= \tfrac{1}{4}S_{\mathrm{TP}}(f-f_0)\cdot H_{\mathrm{TP}}(f-f_0)+\tfrac{1}{4}S_{\mathrm{TP}}^*(-f-f_0)\cdot H_{\mathrm{TP}}^*(-f-f_0) \end{aligned} \tag{5.39}$$

da in zwei Summanden mit den Spektren $S_{\mathrm{TP}}(f-f_0)$ und $S_{\mathrm{TP}}^*(-f-f_0)$ die zugeordneten Übertragungsfunktionen $H_{\mathrm{TP}}^*(-f-f_0)$ und $H_{\mathrm{TP}}(f-f_0)$ „undurchlässig“ sind, die entsprechenden Produkte also verschwinden. Benutzt man zur Beschreibung des Bandpaßspektrums $G(f)$ die der Gleichung (5.18) entsprechende Form

$$G(f)=\tfrac{1}{2}G_{\mathrm{TP}}(f-f_0)+\tfrac{1}{2}G_{\mathrm{TP}}^*(-f-f_0) \tag{5.40}$$

so folgt für das äquivalente Tiefpaßspektrum $G_{\mathrm{TP}}(f)$ des gefilterten Signals aus einem Vergleich der letzten Zeile von Glchg. (5.39) und von Glchg. (5.40)

$$G_{\mathrm{TP}}(f)=\tfrac{1}{2}\,S_{\mathrm{TP}}(f)\cdot H_{\mathrm{TP}}(f) \tag{5.41}$$

Die äquivalente Tiefpaß-Zeitfunktion erhält man durch Fourier-Rücktransformation der letzten Gleichung zu

$$g_{\mathrm{TP}}(t)=\tfrac{1}{2}\,s_{\mathrm{TP}}(t)*h_{\mathrm{TP}}(t) \tag{5.42}$$

Das gefilterte Bandpaß-Ausgangssignal wird daher nach Glchg. (5.28)

$$g(t)=\mathrm{Re}\left\{\left[\tfrac{1}{2}s_{\mathrm{TP}}(t)*h_{\mathrm{TP}}(t)\right]\mathrm{e}^{\mathrm{j}2\pi f_0 t}\right\} \tag{5.43}$$

Mit den Aufspaltungen

$$\begin{aligned} s_{\mathrm{TP}}(t) &= s_{\mathrm{TP,r}}(t)+\mathrm{j}\,s_{\mathrm{TP,i}}(t) \\ h_{\mathrm{TP}}(t) &= h_{\mathrm{TP,r}}(t)+\mathrm{j}\,h_{\mathrm{TP,i}}(t) \\ \mathrm{e}^{\mathrm{j}2\pi f_0 t} &= \cos(2\pi f_0 t)+\mathrm{j}\,\sin(2\pi f_0 t) \end{aligned}$$

wird mit den Regeln der Faltungsalgebra (s. S. A-24) aus Glchg. (5.43)

$$\begin{aligned} g(t) &= \\ &= \left\{\left[\tfrac{1}{2}s_{\mathrm{TP,r}}(t)*h_{\mathrm{TP,r}}(t)\right]-\left[\tfrac{1}{2}s_{\mathrm{TP,i}}(t)*h_{\mathrm{TP,i}}(t)\right]\right\}\cos(2\pi f_0 t) \\ &\quad+\left\{\left[\tfrac{1}{2}s_{\mathrm{TP,i}}(t)*h_{\mathrm{TP,r}}(t)\right]+\left[\tfrac{1}{2}s_{\mathrm{TP,r}}(t)*h_{\mathrm{TP,i}}(t)\right]\right\}\Big(-\sin(2\pi f_0 t)\Big) \\ &= g_{\mathrm{TP,r}}(t)\cos(2\pi f_0 t)-g_{\mathrm{TP,i}}(t)\sin(2\pi f_0 t) \end{aligned} \tag{5.44}$$

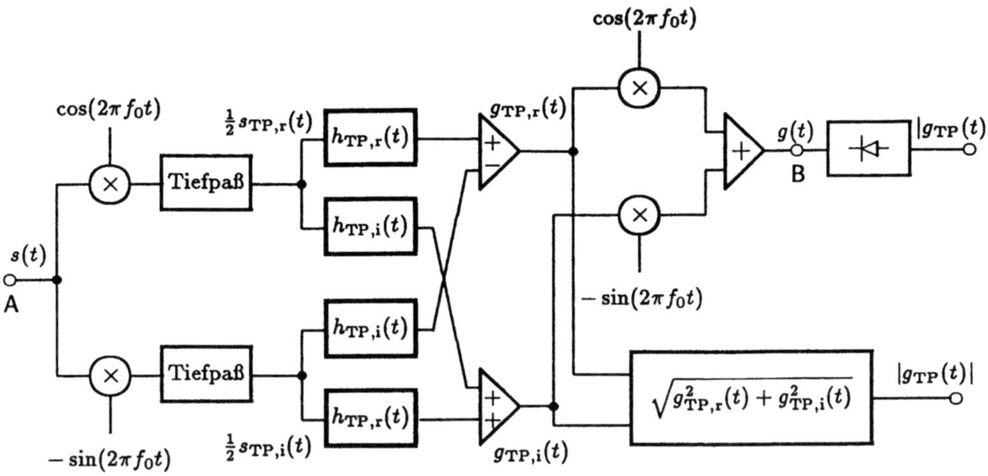

Bild 5.6 Realisierung eines äquivalenten Tiefpaßsystems nach Gleichung (5.44).

Diese wichtige Beziehung stellt eine Vorschrift zur Realisierung des einem Bandpaß äquivalenten Tiefpaßsystems dar. Bild 5.6 zeigt ein solches System. Das Bandpaßsignal $s(t)$ wird am Eingang aufgespalten und zwei Mischern (Multiplizierern) zugeführt. Durch Multiplikation mit $\cos(2\pi f_0 t)$ und $-\sin(2\pi f_0 t)$ und anschließende Tiefpaßfilterung, welche die Signalspektren in der Umgebung von $|f| = 2f_0$ unterdrückt, entstehen das halbe Inphasesignal $\frac{1}{2}s_{\text{TP,r}}(t)$ und das halbe Quadratursignal $\frac{1}{2}s_{\text{TP,i}}(t)$. Die Signale werden, wie im Bild gezeigt, vier Tiefpässen mit den (reellen) Impulsantworten $h_{\text{TP,r}}(t)$ und $h_{\text{TP,i}}(t)$ zugeführt. Die Tiefpaßausgangssignale werden gemäß Glchg. (5.44) verknüpft. Sie liefern die beiden Quadraturkomponenten $g_{\text{TP,r}}(t)$ und $g_{\text{TP,i}}(t)$ des gefilterten Bandpaßsignals. Durch Multiplikation mit $\cos(2\pi f_0 t)$ und $-\sin(2\pi f_0 t)$ werden sie wieder auf den Träger f_0 hochgemischt und man erhält $g(t)$.

Anhand des Eingangssignals $s(t)$ bei A und des Ausgangssignals $g(t)$ bei B kann man nicht entscheiden, ob die Filterung unmittelbar durch einen Bandpaß oder durch ein äquivalenten Tiefpaß erfolgt.

Meist sind wir nur an der Umhüllenden des gefilterten Ausgangssignals interessiert. Analog zu Glchg. (5.30) ergibt sie sich zu

$$|g_{\text{TP}}(t)| = \sqrt{g_{\text{TP,r}}^2(t) + g_{\text{TP,i}}^2(t)} \tag{5.45}$$

Unten rechts in Bild 5.6 ist gezeigt, daß man sich das Wiederhochmischen ersparen und die Umhüllende nach der letzten Gleichung berechnen kann.

5.5 Radarkopf und Sendesignalaufbereitung

Der Radarkopf umfaßt die Subsysteme Sender, Antenne und Empfänger. Je nach Anforderungen an das Radar hinsichtlich Leistungsfähigkeit, zulässigem Raumbedarf und Kosten ergeben sich unterschiedliche Architekturen für den Radarkopf.

Von erheblicher Bedeutung in der Radartechnik ist die Kohärenz der Empfangssignale während der Zielverweilzeit. Kohärent sind zwei oder mehrere Bandpaßsignale dann, wenn zwischen ihren Phasen eine feste - im Gegensatz zu einer regellosen - Beziehung besteht. Wird beispielsweise das Sendesignal eines Pulsradars aus einem ununterbrochen schwingenden, hochstabilen HF-Generator abgeleitet, so bleibt bei einem Festziel (konstante Entfernung) die Differenz zwischen den Phasen der aufeinanderfolgenden Echopulse und der Phase des jeweils vorangehenden Sendepulses konstant. Bei einem Bewegtziel mit der Radialgeschwindigkeit v in der zeitabhängigen Entfernung $R(t)$ wächst dagegen diese Phasendifferenz von Periode zu Periode um $2\pi T_{\text{pw}} \cdot 2v/\lambda = 2\pi f_{\text{D}} T_{\text{pw}}$ an (s. auch Seite 2-34). Dabei sind T_{pw} die Pulswiederholperiode und f_{D} der Zieldoppler. In beiden Fällen sind die Echos kohärent, denn es besteht jeweils eine feste Beziehung zwischen den Phasen der einlaufenden Echos. Die Konstanz der Phasendifferenz (gleichbedeutend mit Doppler Null) im Falle eines Festzieles kann man als Kriterium zur Festzielerkennung und damit zur Festzielunterdrückung verwenden. Auch die zur S/N-Verbesserung verwendete kohärente Integration setzt ein festes Gesetz zwischen den Phasen aufeinanderfolgender Echos voraus.

Die verlangte hohe Kohärenz der Empfangssignale erfordert im Radarkopf einen relativ großen Aufwand. Im folgenden werden drei unterschiedliche Architekturen eines Radarkopfes beschrieben. Dabei folgen wir in der Reihenfolge der Aufzählung der historischen Entwicklung der Radartechnik, nicht zuletzt, um heute noch benutzte Begriffe wie bspw. COHO und STALO der leichteren Verständlichkeit wegen anhand desjenigen Radartyps zu beschreiben, bei dem sie ursprünglich entstanden.

Bild 5.7 zeigt ein *empfangsseitig kohärentes* Radar mit einem vergleichsweise preiswerten Magnetron als Leistungsquelle. Der Pulsmodulator erzeugt einen Videopuls sehr hoher Spannung im kV-Bereich, der das Magnetron während der Pulsdauer zu einer hochfrequenten Schwingung hoher Leistung anregt. Dabei ist jedoch die Phase von Puls zu Puls regellos. Der STALO (von Stabilized Local Oscillator) liefert ein hochstabiles CW-Signal, das um die ZF von bspw. 30 MHz oder 60 MHz unter oder über der Sendefrequenz f_t liegt. Ein über einen Richtkoppler ausgekoppelter, sehr kleiner Teil des Sendepulses wird im AFC-Mischer (AFC = Automatic Frequency Control) mit dem STALO-Signal gemischt, es entsteht ein trägerfrequenter ZF-Puls. Dieser wird einmal einem Frequenzdiskriminator zugeführt, der bei Frequenzablage des ZF-Pulses von der Sollfrequenz f_{ZF} das Magnetron motorisch nachstimmt, sodaß sich wieder $f_{\text{ZF}} = f_t - f_{\text{STALO}}$ einstellt. Zum anderen wird der ZF-Puls im sogen. Lockpuls-Verstärker verstärkt.

Der COHO (von Coherent Oscillator) stellt einen auf die ZF abgestimmten Oszillator dar. Er wird einige zehn Mikrosekunden vor jedem neuen Sendepuls

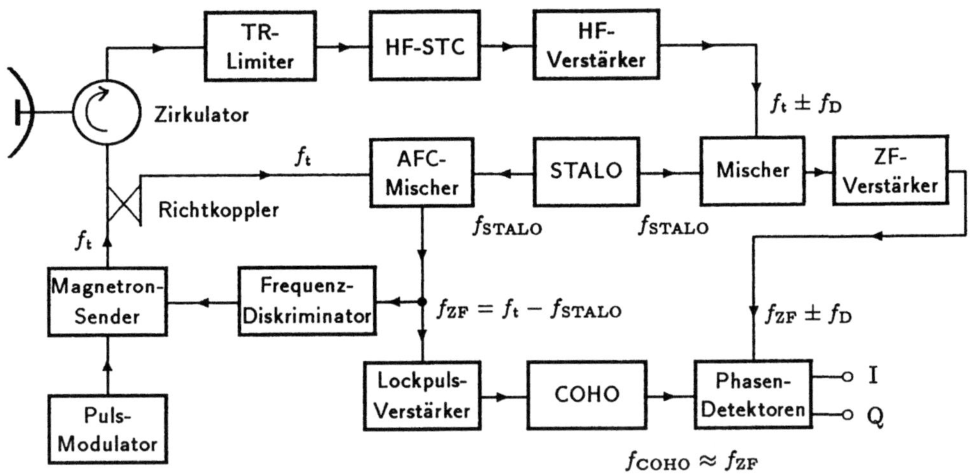

Bild 5.7 Empfangsseitig kohärentes Radar mit Leistungsoszillator (Magnetron) und analogem COHO. Typische Werte der Zwischenfrequenz f_{ZF} liegen bei 30 MHz oder 60 MHz.

ausgetastet und erst zum Zeitpunkt des Sendepulses, wenn nämlich der verstärkte Lockpuls eintrifft, wieder freigegeben. Der Lockpuls besitzt die Phase des Sendepulses und startet den nach der Austastung wieder freigegebenen COHO mit der Phase des Sendepulses, die dieser für das folgende Empfangsintervall beibehält ('it "locks" the COHO phase to the transmitter phase'). Wird das ZF-Signal mit Hilfe des COHO-Signals in zwei Phasendetektoren abgemischt, so erhalten wir die empfangsseitig kohärenten I- und Q-Komponenten des dem Bandpaß-Empfangssignal äquivalenten komplexen Tiefpaßsignals.

Das Sendesignal wird über einen Zirkulator – das ist eine Richtungsweiche, die das Signal an einem bestimmten Eingang nur im angezeigten Uhrzeigersinne zum nächstgelegenen Ausgang weitertransportiert – der Antenne zugeführt. Von der Antenne aufgefangene Echos gelangen über den Zirkulator zum TR-Limiter (transmit/receive limiter). Dieser Begrenzer hat die Aufgabe, den nachfolgenden, gegen hohe Spannungen empfindlichen Teil des Empfängers vor unvermeidbar überkoppelnden Spannungsspitzen des Sendepulses zu schützen. Die HF-STC stellt ein zeitabhängig gesteuertes Dämpfungsglied dar, um starke Echos aus dem Nahbereich abzuschwächen (s. Seite 2-14). Im HF-Verstärker wird das Empfangssignal rauscharm verstärkt und danach im Mischer mit Hilfe des STALO-Signals in den Zwischenfrequenzbereich abgemischt.

Für die einzelnen Signale des Blockdiagramms 5.7 gelten die in Tabelle 5.1 aufgeführten Beziehungen (bei den gepulsten Signalen nur während der Pulsdauer). Die Amplituden sind zur Vereinfachung gleich eins gesetzt, sie sind hier ohne Interesse. Man erkennt, daß die I/Q-Signale die regellose Sendephase φ_t nicht mehr enthalten. Damit sind die aufeinanderfolgenden Echos eines Zieles kohärent, da

Sendesignal: $s_t(t) = \cos(2\pi f_t t + \varphi_t)$
Empfangssignal: $s_r(t) = \cos\left(2\pi(f_t + f_D)\,t + \varphi_t + \varphi_r\right)$
$\left(\right.$**Empfangsphase φ_r für Ziel in der Entfernung R:** $\varphi_r = 2\pi \frac{2R}{c} f_t = 2\pi \frac{2R}{\lambda}\left.\right)$
STALO-Signal: $s_{STALO}(t) = \cos(2\pi f_{STALO}\, t + \varphi_{STALO})$
ZF-Signal: $s_{ZF}(t) = s_r(t) \cdot 2\, s_{STALO}(t)$ (Summenfrequenzterm unterdrückt) $= \cos\left(2\pi(f_t + f_D - f_{STALO})\,t + \varphi_t + \varphi_r - \varphi_{STALO}\right)$ $= \cos\left(2\pi(f_{ZF} + f_D)\,t + \varphi_t + \varphi_r - \varphi_{STALO}\right)$
Lockpuls: $s_L(t) = s_t(t) \cdot 2\, s_{STALO}(t)$ (Summenfrequenzterm unterdrückt) $= \cos(2\pi f_{ZF} t + \varphi_t - \varphi_{STALO})$
COHO-Signal: $s_{COHO}(t) = \cos(2\pi f_{ZF} t + \varphi_t - \varphi_{STALO})$ (Der COHO schwingt mit der ZF, ihm wird die Sendepuls- und Stalophase aufgeprägt)
I-Signal: $s_I(t) = s_{ZF}(t) \cdot 2\, s_{COHO}(t)$ (Summenfrequenzterm unterdrückt) $= \cos\left(2\pi(f_{ZF} + f_D)\,t + \varphi_t + \varphi_r - \varphi_{STALO}\right)$ $\cdot 2 \cos(2\pi f_{ZF} t + \varphi_t - \varphi_{STALO})$ $= \cos(2\pi f_D t + \varphi_r)$
Q-Signal: $s_Q(t) = \sin(2\pi f_D t + \varphi_r)$

Tabelle 5.1 Signale in einem empfangsseitig kohärenten Radarkopf.

ihre Phasen determiniert von der momentanen Entfernung R abhängen. Man kann sich auch klarmachen, daß kleine Abweichungen des COHO's von seiner Sollfrequenz $f_{COHO} = f_{ZF}$ die Kohärenz nicht beeinflussen.

Bei diesem Radartyp sind, wie erläutert, aufeinderfolgende Sendepulse nicht kohärent. Empfangsseitig wird aber Kohärenz dadurch erreicht, daß dem COHO die jeweilige Phase des neuen Sendepulses durch den Lockpuls aufgeprägt wird. Hierin liegt aber auch die Schwäche des klassischen Magnetronsenders. Der COHO muß, soll er die Sendephase annehmen, innerhalb der kurzen Zeit eines Sendepulses ($\approx 1\,\mu s$) einschwingen. Dazu muß sein Schwingkreis eine relativ große Dämpfung, d. h. eine kleine Güte besitzen. Das bedeutet aber unvermeidbar eine relativ geringe Frequenz- und damit Phasenstabilität des COHO.

Mit digitaler Technologie läßt sich dieses Problem des Magnetronsenders heute vermeiden. In Bild 5.8, das einen Magnetron-Radarkopf mit digitaler COHO-Signalaufbereitung zeigt, stellt der COHO einen durchschwingenden (also nicht ausgetasteten), hochstabilen Referenzoszillator dar. Ein auf die Zwischenfrequenz

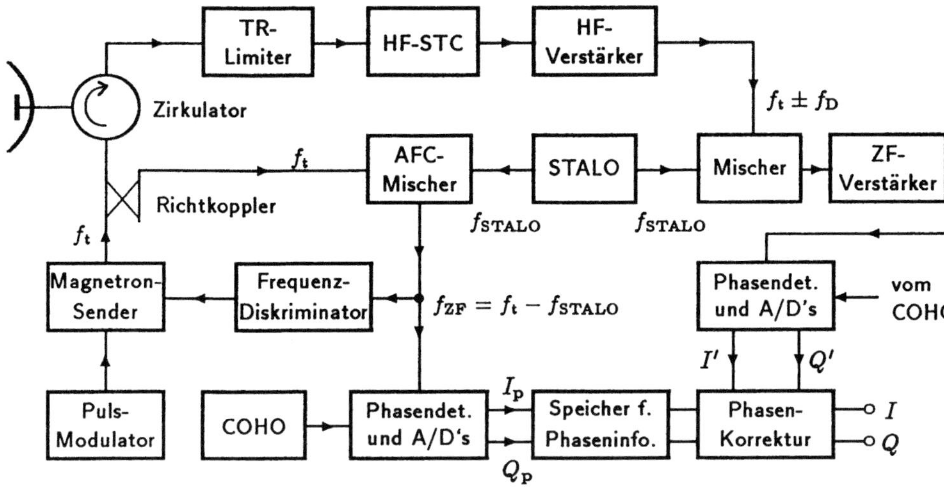

Bild 5.8 Empfangsseitig kohärentes Radar mit Leistungsoszillator (Magnetron) und digitaler COHO-Signal-Aufbereitung.

abgemischter, kleiner Teil des Sendepulses wird in zwei Phasendetektoren mit Hilfe des COHO-Signals in den Tiefpaßbereich verschoben. Wir erhalten die (analogen) Komponenten I_p und Q_p. Diese werden, etwa gegen Ende des Sendepulses, abgetastet und A/D-gewandelt. Sie enthalten die Information über die Phase des Sendepulses und werden für das folgende Empfangsintervall abgespeichert. In einer Phasenkorrekturschaltung werden nun die ebenfalls digitalisierten Komponenten I' und Q' des eigentlichen Empfangssignals mit Hilfe der gespeicherten Phaseninformation über den Sendepuls phasenkorrigiert. Als Ergebnis erhalten wir die kohärenten Komponenten I und Q.

Das Verfahren beruht also darauf, daß das COHO-Signal als Referenzsignal benutzt wird. Die Phase des auf die ZF abgemischten Sendepulses relativ zum COHO-Signal wird ermittelt und abgespeichert. Die Empfangssignale werden so phasenkorrigiert, daß das Empfangssignal um die Sendephase zurückgedreht wird. Damit fällt die regellose Sendephase wieder heraus.

Bild 5.9 zeigt den Radarkopf eines vollkohärenten Radars. Er benutzt statt eines Leistungsoszillators einen Leistungsverstärker. Die Sendefrequenz f_t entsteht durch Mischen des STALO-Signals mit dem COHO-Signal. Bei diesem Radar sind nicht nur die nach Abmischung mit dem COHO gewonnenen I/Q-Empfangssignale kohärent, sondern schon die Sendepulse, deshalb wird dieser Radartyp auch als *vollkohärentes Radar* bezeichnet.

Das Blockdiagramm ist selbsterklärend. Als Leistungsverstärker kann ein Kreuzfeldverstärker, ein Klystron oder eine Wanderfeldröhre verwendet werden. Es sind aber in steigendem Maße auch Halbleiter-Leistungsverstärker („Halbleiter-Sender") im Gebrauch. Sie erfordern die Parallelschaltung vieler Leistungstransistoren. Da ein Halbleitersender keine so hohen Puls-Spitzenlei-

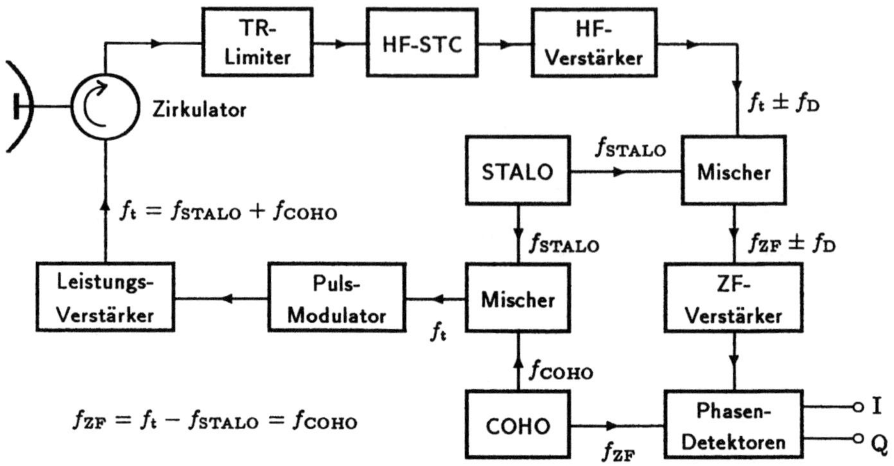

Bild 5.9 Vollkohärentes Radar mit Leistungsverstärker.

stungen bereitstellen kann wie eine der genannten Mikrowellenröhren, verwendet man bei solchen Radaren das Verfahren der Pulskompression. Es erlaubt lange Sendepulse niedriger Spitzenleistung (Kapitel 8).

Durch eine Betrachtung ähnlich der in Tabelle 5.1 erhält man für den vollkohärenten Radarkopf das I-Signal zu $s_I(t) = \cos(2\pi f_D\, t + \varphi_r)$. Beim Q-Signal wird der Cosinus durch den Sinus ersetzt. STALO- und COHO-Phase fallen also bei der Abmischung in den Tiefpaßbereich heraus, aber nur, solange sie konstant sind!

Für gute Festzielunterdrückung ist eine sehr hohe Kohärenz des Radarkopfes und damit eine hohe Stabilität vor allem des STALO's erforderlich. In Kapitel 7 werden wir näher darauf eingehen. Zur Orientierung sei hier nur mitgeteilt, daß die Frequenzstabilität des STALO's während der Zielverweilzeit ($\approx$ 50 ms) bei beachtlichen $10^{-11} \ldots 10^{-12}$ liegen muß.

In Spezifikationen wird die erforderliche „Stabilität" eines Oszillators meist durch ein Oszillator-Sollspektrum beschrieben. Ein idealer Oszillator der Frequenz f_0 besitzt als Spektrum zwei Dirac-Impulse bei $\pm f_0$. Bei einem praktischen Oszillator sind die beiden Dirac-Impulse aufgeweitet, besitzen also endliche Breite. Hinzu kommt ein „Phasenrauschen", das ein breites Frequenzband außerhalb der aufgeweiteten Dirac-Impulse belegt („noise floor"). Für hochkohärente Radare wird zum Beispiel gefordert, daß 1. die spektrale Leistungsdichte in nur 100 Hz Abstand vom Träger bereits mehr als 80 dB, und daß 2. in größerem Frequenzabstand die Leistung des breitbandigen Phasenrauschens überall mindestens 130 dB unter dem Träger liegen müssen (bezogen auf eine Meß-Bandbreite von 1 Hz). Das sind keine leicht zu erfüllenden Forderungen.

5.6 Allgemeine Struktur der kohärenten Radarsignalverarbeitung

Bild 5.10 zeigt die allgemeine Struktur des kohärenten Teils der Radarsignalverarbeitung. Dieser Teil besteht im allgemeinen aus

1. der I/Q- und A/D–Umsetzung
2. dem eigentlichen Filter (Pulskompressionsfilter und Dopplerfilter)
3. dem Betragsrechner

Das ZF-Signal wird mit Hilfe des COHO-Signals in zwei Phasendetektoren (Multiplizierer) in den Tiefpaßbereich abgemischt. Die entstehenden I/Q-Videosignale sind bipolar, sie werden als *kohärentes Video* bezeichnet. Es folgt das Einzelpuls-Matched Filter zur Optimierung des Einzelpuls-S/N. Bei einer Pulsdauer τ ist die 3 dB-Videobandbreite des Filters etwa $1/2\tau$. Dabei verstehen wir hier unter Videobandbreite die Breite des Durchlaßbereichs im positiven Frequenzbereich. Ein 1 μs langer Radarpuls erfordert also ein Einzelpuls-Matched Filter mit einer Videobandbreite von angenähert 0,5 MHz.

Das Einzelpuls-Matched Filter erfüllt ganz automatisch noch zwei weitere Aufgaben. Zum einen unterdrückt es die beim Abmischvorgang entstehende Signalkomponente bei der doppelten Zwischenfrequenz, nämlich das Signal mit der Frequenz $2f_{\text{ZF}} \pm f_{\text{D}}$. Zum anderen stellt es das bei jeder A/D-Umsetzung erforderliche Filter zur Bandbegrenzung des Eingangssignals dar, um das Abtasttheorem angenähert einhalten zu können (Anti-Aliasing-Filter). Es folgen pro Kanal ein Videoverstärker mit der Verstärkung V und der Analog-Digital-Umsetzer. Er wird mit der Abtastfrequenz $F_s = 1/T_s$ getaktet (nicht eingezeichnet). Die zeitkontinuierlichen Signale gehen in zeitdiskrete Signalfolgen mit der ganzzahligen Laufvariablen n über.

Bei der Abmischung in Bild 5.10 verwenden wir formal die doppelte COHO-Amplitude und vermeiden damit – im Gegensatz zu Bild 5.6 – den Faktor $\frac{1}{2}$ bei den Quadratursignalen. Aus einem ZF-Signal

$$s_{\text{ZF}}(t) = A\cos\Big(2\pi(f_{\text{ZF}} + f_{\text{D}})t + \varphi\Big) \tag{5.46}$$

wird somit bei fehlerfreier Abmischung mit $2\cos(2\pi f_{\text{ZF}} t)$

$$s_{\text{TP,r}}(t) = s_{\text{I}}(t) = VA\,\cos(2\pi f_{\text{D}} t + \varphi) \tag{5.47}$$

$$s_{\text{TP,i}}(t) = s_{\text{Q}}(t) = VA\,\sin(2\pi f_{\text{D}} t + \varphi) \tag{5.48}$$

In der Praxis sind die I/Q-Signale jedoch mit unvermeidlichen Fehlern behaftet, gekennzeichnet durch die gestrichenen Signalbezeichnungen. So weicht die erforderliche Phasendrehung des Q-Kanal-COHO-Signals um den Winkel ϕ vom Sollwert 90° ab, ebenso die Amplitude des Q-Videosignals um den Faktor $1 + \varepsilon$

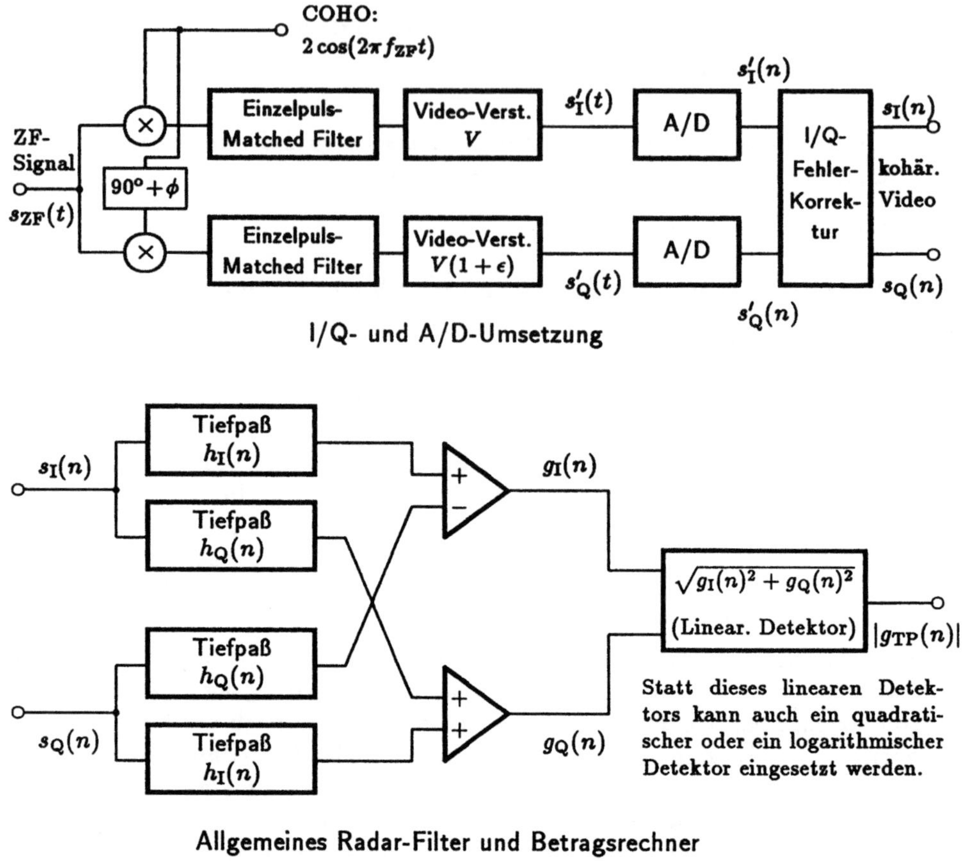

Bild 5.10 Allgemeine Struktur der kohärenten (digitalen) Radarsignalverarbeitung. (Nach der A/D-Umsetzung gehen die zeitkontinuierlichen Signale in zeitdiskrete Signalfolgen mit der ganzzahligen Laufvariablen n über.)

von derjenigen des I-Signals. Die Fehler können bei Bedarf korrigiert werden. Im nächsten Abschnitt wird näher darauf eingegangen. Anzumerken bleibt, daß wir von jetzt an die kürzeren Bezeichnungen $s_I(t)$, $s_Q(t)$, $h_I(t)$ und $h_Q(t)$ statt $s_{TP,r}(t)$, $s_{TP,i}(t)$, $h_{TP,r}(t)$ und $h_{TP,i}(t)$ verwenden werden.

Die fehlerkorrigierten I/Q-Signale $s_I(n)$ und $s_Q(n)$ werden dem eigentlichen Radarfilter zugeführt. Dieses besteht in seiner allgemeinsten Form aus 4 digitalen Tiefpässen mit den Impulsantworten $h_I(n)$ und $h_Q(n)$, vgl. Bild 5.6 und Glchg. (5.44). Die Tiefpässe enthalten bspw. sowohl das Dopplerfilter – entweder in Form eines MTI-Filters oder einer Dopplerfilterbank – wie auch das Pulskompressionsfilter (PKF), wenn es sich um ein Pulskompressionsradar handelt. Meist werden Dopplerfilter und PKF als getrennte Filter ausgeführt. Da es sich um lineare Filter handelt, kann ihre Reihenfolge beliebig gewählt werden. Zu beachten ist allerdings, daß die Signaldynamik am Ausgang des PKF um etwa den Kompressionsfaktor K größer ist als an seinem Eingang, bedingt durch den Kompressionsvorgang. Daher kann bei manchen Implementierungen eine Anordnung von Vorteil sein, bei der das PKF dem Dopplerfilter folgt. Denn dann kann das Dopplerfilter mit geringerer Dynamik ausgerüstet werden.

Durch die im Bild 5.10 gezeigte Verknüpfung der Tiefpaßausgänge erhält man die gefilterten I/Q-Signale $g_{\mathrm{I}}(n)$ und $g_{\mathrm{Q}}(n)$, aus denen der Betragsrechner die Umhüllende $|g_{\mathrm{TP}}(n)|$ des gefilterten Empfangssignals errechnet. Sie stellt das für die nichtkohärente Weiterverarbeitung erforderliche Signal dar. Diese Weiterverarbeitung besteht aus der Ableitung einer adaptiven Zielentdeckungsschwelle, der automatischen Zielentdeckung und der Schätzung der Zielparameter wie bspw. Entfernung, Azimut, Elevation und Geschwindigkeit.

Variationen der allgemeinen Struktur

Die in Bild 5.10 gezeigte allgemeine Struktur kann in Abhängigkeit vom Radartyp und den Anforderungen erhebliche Variationen erfahren. Auf die wichtigsten wollen wir kurz eingehen.

Die im Bild angedeutete Korrektur der Phasen- und Amplitudenfehler ϕ und ε ist je nach Anforderungen an das Radar nicht immer erforderlich. Sinnvollerweise verwendet man dann einen Teil des für die Korrektur eigentlich erforderlichen Aufwandes für Maßnahmen, um die Fehler von vornherein klein zu halten.

Bild 5.10 ist so zu interpretieren, daß – vom Systemstandpunkt aus gesehen – die Tiefpässe digitale FIR-Filter und FIR-Filterbänke oder FFT's und IFFT's darstellen oder eine Kaskade von diesen. Sie werden in zunehmendem Maße in frei programmierbaren digitalen Signalprozessoren sehr hoher Rechenleistung implementiert. Allerdings sind solche Implementierungen bestimmter *Pulskompressionsfilter* wegen der extrem hohen erforderlichen Rechenleistungen auch heute noch recht aufwendig. Man verwendet daher für PK-Filter oft eine zugeschnittene digitale Hardware. Auch der Einsatz analoger Verzögerungsleitungen, die mit akustischen Oberflächenwellen arbeiten (SAW-Bauelemente, von Surface Acoustic Wave), bringt wirtschaftliche und räumliche Vorteile, allerdings auf Kosten der Flexibilität. PK-Filter mit SAW-Bauelementen werden im ZF-Bereich betrieben, also vor der I/Q-Umsetzung.

Einige Teilfilter des allgemeinen Radarfilters können eine zur Frequenz Null symmetrische Übertragungsfunktion $H(f)$ besitzen, deren Frequenzgang eine gerade und deren Phasengang eine ungerade Funktion der Frequenz ist. Bei solchen Filtern entfallen die beiden Tiefpässe mit der Impulsantwort $h_{\mathrm{Q}}(n)$. Dazu zählen MTI-Filter und gewisse Pulskompressionsfilter, wie bspw. solche für ein Sendesignal mit Barker-Code.

An dieser Stelle soll auf die älteste und einfachste Struktur hingewiesen werden, nämlich auf ein Radar (ohne Pulskompression) mit einem analogen, sogen. Einfach-MTI (engl. Single Canceller) zur Festzielunterdrückung. Da seine Übertragungsfunktion die genannten Symmetrieeigenschaften aufweist, entfallen die beiden Filter mit der Impulsantwort $h_{\mathrm{Q}}(n)$. Um den Aufwand noch weiter zu reduzieren, verzichtete man auf den Q-Kanal, arbeitete also nur mit einem einzigen MTI-Filter im I-Kanal, also dem obersten Tiefpaß im Bild 5.10.

Wie erwähnt stehen die Tiefpässe in Bild 5.10 stellvertretend für digitale FIR-Filter oder FFT's und IFFT's. So könnte zum Beispiel das Pulskompressionsfilter mit FIR-Filtern und die nachfolgende Dopplerfilterbank mit einer FFT realisiert sein. Eine FFT ist einer Dopplerfilterbank gleichwertig (s. Kapitel 7). Umgedreht läßt sich ein Pulskompressionsfilter für bspw. ein Sendesignal mit linearer Frequenzmodulation (sogen. „Chirp") relativ wirtschaftlich und sehr flexibel durch eine sogen. schnelle Faltung (s. Abschnitt A.13) mittels FFT und IFFT realisieren. Eine nachfolgende Dopplerfilterbank könnte dagegen als eine Bank parallelgeschalteter FIR-Filter ausgeführt sein.

Digitale IIR-Filter wurden bisher in der Radartechnik trotz ihrer Flexibilität hinsichtlich der Gestaltung der Übertragungsfunktion bei vergleichsweise geringem Aufwand nicht sehr häufig eingesetzt. Sie finden sich aber in steigendem Maße in moderneren Radaren als MTI-Filter (Prewhitening-Filter), wenn steile Filterflanken verlangt werden. Ihr Nachteil ist die meist hinderliche, lange Einschwingzeit (theoretisch unendlich). Man kann sie allerdings künstlich verkürzen. Weiterhin störend bei IIR-Filtern ist die Tatsache, daß ein einzelner Störimpuls durch den Rückkopplungspfad des Filters sehr lange im Filter „zirkuliert". Er erscheint noch dazu am Filterausgang im Abstand der Pulsfolgeperiode und wird daher bei einer nachfolgenden Integration auch noch zu großer Amplitude aufintegriert.

Vor dem Einsatz frei programmierbarer Signalprozessoren war es üblich, die digitalen Tiefpässe von Bild 5.10 so zu takten, daß die Verarbeitung streng realzeitig („synchron") mit den angelieferten digitalen I/Q-Signalen $s_I(n)$ und $s_Q(n)$ erfolgte. Diese Art der Verarbeitung kann zu Einschränkungen beim Entwurf komplexer Abtaststrategien (Waveform Design) führen. Es liegt daher nahe, die Taktung der digitalen Verarbeitung im Radarfilter von der Abtastfrequenz des A/D-Umsetzers zu entkoppeln, den eigentlichen Signalprozessor also gewissermaßen „Off-line" zu betreiben. Man verwendet dazu am Eingang zwei oder mehrere, ausreichend groß bemessene Speicherblöcke. Während das aktuelle I/Q-Video in einen der Speicherblöcke eingelesen wird, werden die vorher in einem anderen Speicherblock abgespeicherten I/Q-Signale verarbeitet. Danach werden die Speicherblöcke zum Einlesen und Weiterverarbeiten gewechselt. Dieser Wechsel geschieht „burstweise", wenn das Radar bspw. Bursts von unterschiedlicher Zahl von Pulsen, PRF und HF abstrahlt. Die Taktfrequenz des eigentlichen Signalprozessors kann somit unabhängig von der A/D-Abtastfrequenz gewählt werden. Sein Durchsatz (engl. Throughput) muß stets größer sein als die Eingangsdatenrate.

Betragsrechner

Für die nichtkohärente Weiterverarbeitung wird das Betragssignal $|g_{TP}(n)|$ benötigt. Die Berechnung von

$$|g_{TP}(n)| = \sqrt{g_I^2(n) + g_Q^2(n)} \qquad (5.49)$$

ist relativ aufwendig.

Wie wir gleich sehen werden, benötigen wir für einen weniger rechenaufwendigen Näherungsalgorithmus die Beträge $|g_I(n)|$ und $|g_Q(n)|$. Liegen wie üblich die Signale $g_I(n)$ und $g_Q(n)$ in digitaler Form als n-Bit-Wörter (einschließlich Vorzeichen) mit Zweierkomplementdarstellung für negative Signalwerte vor, so können wir uns ihre Beträge $|g_I(n)|$ und $|g_Q(n)|$ dem Wertebereich von 0 bis $\sum_{i=1}^{n-1} 2^{-i} = 1 - 2^{-(n-1)} \approx 1$ zugeordnet denken, mit einer Schrittweite von $2^{-(n-1)}$. Die Beträge $|g_I(n)|$ und $|g_Q(n)|$ können also maximal den Wert $1 - 2^{-(n-1)} \approx 1$ annehmen.

Bei einer gedachten Zugrundelegung des Wertebereiches von 0 bis (nahezu) 1 für $|g_I(n)|$ und $|g_Q(n)|$ können wir zur Berechnung von Gleichung (5.49) den folgenden Näherungsalgorithmus anwenden:

$$\begin{aligned} &|g_{TP}(n)| \approx \\ \approx\; &\mathrm{a} \cdot \mathrm{Max}\Big\{|g_I(n)|, |g_Q(n)|\Big\} + \mathrm{b} \cdot \mathrm{Min}\Big\{|g_I(n)|, |g_Q(n)|\Big\} \\ &\text{wenn } |g_I(n)|, |g_Q(n)| < 1 \end{aligned} \qquad (5.50)$$

Er gestattet je nach Wahl der Koeffizienten a und b einen mehr oder weniger reduzierten Rechenaufwand. Dabei bedeuten $\mathrm{Max}\{x, y\}$ den größeren der beiden Werte x oder y und $\mathrm{Min}\{x, y\}$ den kleineren Wert.

In seiner einfachsten Form mit $\mathrm{a} = 1$ und $\mathrm{b} = 0$, also $|g_{TP}(n)| = \mathrm{Max}\{|g_I(n)|, |g_Q(n)|\}$ zeigt der Algorithmus einen größten (negativen) Fehler von etwa 29 %. Wählt man a = 1 und b = 0,5, so beträgt der größte (positive) Fehler etwa 12 %.

Beide Varianten dieses Algorithmus finden praktische Anwendung. Der Fehler muß vor allem dann klein gehalten werden, wenn bei der folgenden Zielparameter-Schätzung der Schätzalgorithmus – bspw. ein Schwerpunktsalgorithmus – die Amplituden $|g_{TP}(n)|$ benötigt.

Mittlerweile sind jedoch Schaltkreise verfügbar, die den Betrag nach Glchg. (5.49) und die zugehörige Phase aus $\mathrm{tg}\,\varphi = g_Q(n)/g_I(n)$ praktisch fehlerfrei berechnen. Sie werden beispielsweise auch als Koodinatenwandler zur Umsetzung von kartesischen Koordinaten in Polarkoordinaten eingesetzt.

5.7 Fehler und Verluste bei der I/Q- und A/D-Umsetzung

Amplituden- und Phasenfehler

Wenn $s_{\mathrm{ZF}}(t) = A\cos(2\pi(f_{\mathrm{ZF}} + f_{\mathrm{D}})t)$ das ZF-Eingangssignal in Bild 5.10 darstellt, dann können wir für die analogen I/Q-Signale am Eingang des A/D-Umsetzers schreiben, wenn wir – ohne Einbuße an Allgemeingültigkeit – dem Q-Kanal sowohl den Amplitudenfehler ε wie auch den Phasenfehler ϕ zuordnen (wobei zur Vereinfachung $V = 1$ gesetzt wird):

$$\begin{aligned} s_{\mathrm{I}}'(t) &= A\cos(2\pi f_{\mathrm{D}}t) \qquad (5.51) \\ s_{\mathrm{Q}}'(t) &= A(1+\varepsilon)\sin(2\pi f_{\mathrm{D}}t + \phi) \\ &= A(1+\varepsilon)\Big[\cos\phi\,\sin(2\pi f_{\mathrm{D}}t) + \sin\phi\,\cos(2\pi f_{\mathrm{D}}t)\Big] \end{aligned}$$

Das komplexe Tiefpaßsignal ist $s_{\mathrm{TP}}'(t) = s_{\mathrm{I}}'(t) + \mathrm{j}s_{\mathrm{Q}}'(t)$ und sein Spektrum $S_{\mathrm{TP}}'(f) = S_{\mathrm{I}}'(f) + \mathrm{j}S_{\mathrm{Q}}'(f)$. Aus den Zeitfunktionen erhalten wir die Teilspektren $S_{\mathrm{I}}'(f)$ und $S_{\mathrm{Q}}'(f)$ zu

$$\begin{aligned} S_{\mathrm{I}}'(f) &= \tfrac{1}{2}A\,\delta(f - f_{\mathrm{D}}) + \tfrac{1}{2}A\,\delta(f + f_{\mathrm{D}}) \qquad (5.52) \\ S_{\mathrm{Q}}'(f) &= -\mathrm{j}\,\tfrac{1}{2}A(1+\varepsilon)\cos\phi\;\delta(f - f_{\mathrm{D}}) + \mathrm{j}\,\tfrac{1}{2}A(1+\varepsilon)\cos\phi\;\delta(f + f_{\mathrm{D}}) \\ &\quad + \tfrac{1}{2}A(1+\varepsilon)\sin\phi\;\delta(f - f_{\mathrm{D}}) + \tfrac{1}{2}A(1+\varepsilon)\sin\phi\;\delta(f + f_{\mathrm{D}}) \qquad (5.53) \end{aligned}$$

Dann wird nach Zusammenfassung für kleine ε und ϕ

$$\begin{aligned} S_{\mathrm{TP}}'(f) &= S_{\mathrm{I}}'(f) + \mathrm{j}S_{\mathrm{Q}}'(f) \qquad (5.54) \\ &\approx A\,\delta(f - f_{\mathrm{D}}) + \Big\{\tfrac{1}{2}A\,(-\varepsilon + \mathrm{j}\phi)\Big\}\,\delta(f + f_{\mathrm{D}}) \qquad (5.55) \end{aligned}$$

Es entsteht also im zweiten Summanden ein Spiegelfrequenzsignal bei $f = -f_{\mathrm{D}}$ als Folge von Amplituden- und Phasenfehler. Der Ausdruck in geschweiften Klammern stellt seine komplexe Amplitude dar. Für kleine Fehler ϕ und ε ergibt sich für das Verhältnis von Leistung N_{sp} des „Spiegelzieles“ zur Leistung N_{z} des verursachenden Zieles aus der letzten Gleichung:

$$\frac{N_{\mathrm{sp}}}{N_{\mathrm{z}}} = \frac{1}{4}\,(\phi^2 + \varepsilon^2) \qquad (5.56)$$

Bei einem Phasenfehler von $\phi = 1°$ und einem Amplitudenfehler von $\varepsilon = 0{,}01 = 1\,\%$ liegt das Spiegelziel 40 dB unter dem Nutzsignal. Genügend große Störabstände von mehr als 40 ... 50 dB sind bei Radaren mit Dopplerfilterbank erforderlich. Ein starkes Ziel erzeugt sonst eine Falschzielmeldung bei der Spiegeldopplerfrequenz. Oder ein starkes Regenecho ruft eine Regenstörung im Spiegelfilter hervor, das dann durch die Wirkung der CFAR unempfindlicher gemacht wird. Schwache Ziele können in diesem Filter somit nicht entdeckt werden. Bei

Festzielen ($f_D = 0$) fällt das Spiegelziel mit dem verursachenden Ziel zusammen, deshalb haben die I/Q-Umsetzfehler keinen Einfluß auf die Festzielunterdrückung. Bei Radaren, die nur mit MTI-Filtern ausgerüstet sind, sind wesentlich größere Fehler zulässig, da Nutzziel und Spiegelziel in Doppler nicht getrennt werden.

Offset-Fehler

Besteht das ZF-Signal nur aus dem Empfängerrauschen, so werden die Mittelwerte der analogen I/Q-Signale Null: $\overline{s_I(t)} = \overline{s_Q(t)} = 0$. Durch Unsymmetrien in den Phasendetektoren und Videoverstärkern können sie jedoch von Null abweichen. Eine Abweichung (Gleichspannung) wird als Offset bezeichnet. Der Offsetfehler ist in Bild 5.10 nicht ausgewiesen. Er täuscht ein schwaches Festziel vor. Denn ein Festziel mit $f_D = 0$ erzeugt als I/Q-Signale ebenfalls Gleichspannungen.

Bei modernen Pulsdopplerradaren mit Dopplerfilterbank wird meist eine sogen. Bodenclutterkarte zur Ableitung einer adaptiven Entdeckungsschwelle – getrennt für jede der etwa 10^6 Radarauflösungszellen – verwendet. Der Offsetfehler täuscht in jeder an sich bodenclutterfreien Auflösungszelle ein Festziel vor, wodurch die Entdeckungsschwelle für Ziele mit der Dopplerfrequenz Null oder Vielfachen der PRF angehoben wird. Das Radar wird daher für solche Ziele unempfindlicher, und zwar im ganzen Erfassungsbereich. Daher müssen Offsetfehler bei diesem Radartyp stets korrigiert werden, um diesen scheinbaren S/N-Verlust zu beseitigen. Falschziele entstehen durch einen Offsetfehler nicht. Denn das vorgetäuschte schwache Festziel wird im Clutterfilter (Dopplerfilterbank oder MTI-Filter) unterdrückt.

Nichtlinearitäten von Phasendetektor und Videoverstärker

Die Kaskade von Phasendetektor und Videoverstärker in den I/Q-Kanälen ist dann exakt linear, wenn die bspw. am I-Videoverstärkerausgang gemessene Amplitude eines Festzieles mit der beliebigen Phase φ, nämlich $s_I(t) = V \cdot A \cdot \cos\varphi = B$, der Größe $C = A \cdot \cos\varphi$ des speisenden ZF-Signals $s_{ZF}(t) = A\cos(2\pi f_{ZF} t + \varphi)$ streng linear folgt. Man kann sich bei $C = A \cdot \cos\varphi$ entweder A festgehalten und $\cos\varphi$ variiert denken oder umgekehrt. Ist das ZF-Signal um f_D dopplerverschoben, so wird das I-Signal $s_I(t) = VA\cos(2\pi f_D t + \varphi)$ und es erscheint eine unverzerrte Cosinusschwingung der Frequenz f_D. Enthalten der Phasendetektor und/oder der Videoverstärker jedoch Nichtlinearitäten, so folgt B der Größe C nicht mehr linear. Ist nur ein Ziel mit dem Doppler f_D vorhanden, wird die Cosinusschwingung verzerrt. Bei mehreren Zielen unterschiedlicher Doppler ergeben sich Mischprodukte.

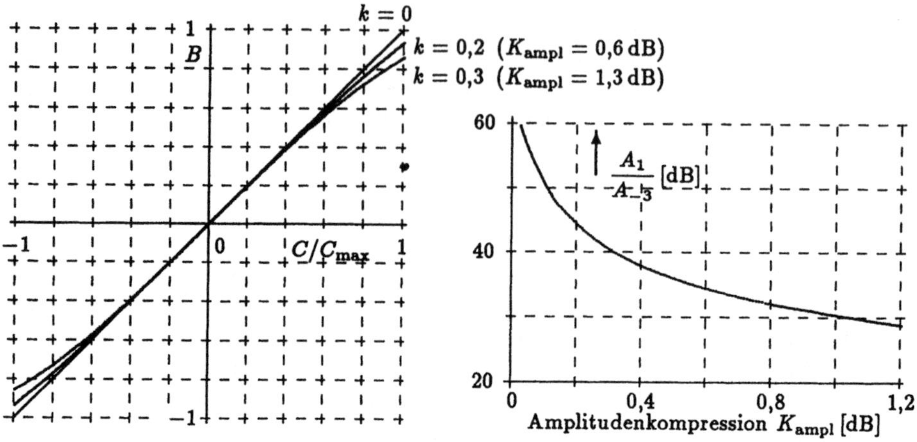

Bild 5.11 Nichtlinearitäten und ihre Folgen bei der I/Q-Umsetzung (*Hansen* [3]).
Links: Nichtlineare Kennlinien für verschiedene k mit Angabe der Amplitudenkompression K_{ampl} bei Vollaussteuerung.
Rechts: Amplitudenabstand A_1/A_{-3} in dB der dritten negativen Harmonischen von der Grundwelle als Funktion der Amplitudenkompression.

Wir nehmen gleiche Nichtlinearitäten in I- und Q-Kanal an. Sie können durch eine S-förmige Kennlinie der Form (s. Bild 5.11)

$$B = \frac{\sin\left(k\pi \dfrac{C}{C_{\mathrm{max}}}\right)}{k\pi} \qquad 0 \le k < 0{,}5 \tag{5.57}$$

angenähert werden (*Hansen* [3]). C ist die bipolare Eingangsgröße, wobei $|C| \le C_{\mathrm{max}}$ gilt. B ist die bipolare Ausgangsgröße. Die Normierung auf $k\pi$ wurde gewählt, damit für die lineare Kennlinie ($k \to 0$) $B = C/C_{\mathrm{max}}$ gilt. Je mehr sich k dem Wert 0,5 nähert, umso größer wird die Nichtlinearität. B ist übrigens identisch mit dem Kehrwert der Amplitudenkompression K_{ampl} bei Vollaussteuerung $|C| = C_{\mathrm{max}}$, also dem meist in dB angegebenen Abstand zwischen wahrer und streng linearer Ausgangsamplitude. Für $k = 0{,}2$ wird bei Vollaussteuerung die Amplitudenkompression 0,6 dB.

Die S-förmige Kennlinie bewirkt wegen ihrer ungeraden Symmetrie, daß bei einem Bewegtziel für die verzerrte Cosinusschwingung der Periode T_{D} im I-Kanal die allg. Beziehung $s_{\mathrm{I}}(t) = -s_{\mathrm{I}}(t + T_{\mathrm{D}}/2)$ gilt, eine Eigenschaft, die das Auftreten nur ungerader Harmonischer zur Folge hat (bei $s_{\mathrm{I}}(t) = s_{\mathrm{I}}(t + T_{\mathrm{D}}/2)$ würden nur gerade Harmonische entstehen).

Die stärkste Harmonische ist die dritte. Sie tritt mit negativer Amplitude auf und kann daher als $-\cos(2\pi \cdot 3f_{\mathrm{D}}t)$ geschrieben werden. Im Q-Kanal ergibt sich, wie man zeigen kann, $+\sin(2\pi \cdot 3f_{\mathrm{D}}t)$. Wenn wir jetzt den Zeitnullpunkt so verschieben, daß im I-Kanal aus $-\cos(2\pi \cdot 3f_{\mathrm{D}}t)$ die Schwingung $\cos(2\pi \cdot 3f_{\mathrm{D}}t)$ wird, so haben wir als Folge im Q-Kanal die Größe $-\sin(2\pi \cdot 3f_{\mathrm{D}}t)$.

Allgemein erzeugt ein Ziel mit einer negativen Dopplerfrequenz von $-3f_D$ im I-Kanal das Signal $\cos(2\pi(-3f_D)t) = \cos(2\pi \cdot 3f_D t)$ und im Q-Kanal das Signal $\sin(2\pi(-3f_D)t) = -\sin(2\pi \cdot 3f_D t)$. Ein Vergleich mit den im letzten Absatz gefundenen Beziehungen zwischen I-Signal und Q-Signal zeigt, daß die Nichtlinearität ein Ziel mit der dreifachen, negativen Dopplerfrequenz des empfangenen Zielechos hervorruft. Bild 5.11 zeigt links Kennlinien für verschiedene k, rechts ist der Amplitudenabstand der dritten, negativen Harmonischen von der Grundwelle dargestellt, in Abhängigkeit von der Amplitudenkompression K_{ampl}. Man erkennt, daß für 40 dB Abstand etwa $K_{ampl} < 0{,}3$ dB sein sollte. Das entspricht bei Vollaussteuerung einem k von etwa 0,15.

Bei geringerer Aussteuerung wächst der Störabstand natürlich an. Steuert man bei $k = 0{,}15$ nur zur Hälfte aus, wird $K_{ampl} = 0{,}08$ dB und der Störabstand steigt auf 53 dB.

Wahl der Abtastfrequenz bei der A/D-Umsetzung

Die Wahl der Abtastfrequenz $F_s = 1/T_s$ wird durch drei sich teilweise widersprechende Forderungen festgelegt:

1. Im allgemeinen wählt man in der digitalen Signalverarbeitung die Abtastfrequenz so, daß das Abtasttheorem ausreichend erfüllt wird. Bei einem Pulsradar mit einem Rechteckpuls der Dauer τ ergibt sich als 20 dB-Videobandbreite – darin ist nahezu die gesamte Signalenergie enthalten – bei dem meist gaußähnlichen Einzelpuls-Matched Filter mit einer 3 dB-Videobandbreite von $B_{V,3dB} = 0{,}75/2\tau = 0{,}38/\tau$ ein Wert von $B_{V,20dB} = 2{,}6\,B_{V,3dB} \approx 1/\tau$. Die Abtastfrequenz sollte also $F_s \geq 2/\tau$ und damit das Abtastintervall $T_s \leq 0{,}5\tau$ sein.

2. Da mit höherer Abtastfrequenz die Verarbeitungsgeschwindigkeit und der Speicherbedarf des Prozessors aber ansteigen und damit seine Kosten erhöhen, sollte die Abtastfrequenz andererseits so niedrig wie möglich gehalten werden.

3. Eine entsprechend dem Abtasttheorem gewählte Abtastfrequenz nach Forderung 1 ermöglicht die unverfälschte Rekonstruktion des abgetasteten Signals. *Eine solche Rekonstruktionsmöglichkeit hat aber in der Radartechnik nicht oberste Priorität.* Vielmehr wird gefordert, daß die Entdeckungswahrscheinlichkeit P_d bei vorgegebener Falschalarmwahrscheinlichkeit P_{fa} möglichst groß wird. Wir können also der Forderung 2 entgegenkommen, wenn wir uns vergewissern, daß bei einer reduzierten Abtastfrequenz die Entdeckungswahrscheinlichkeit nicht unzulässig vermindert wird. Glücklicherweise sinkt mit Wahl einer niedrigeren Abtastfrequenz auch die Falschalarmwahrscheinlichkeit. Als Folge davon kann man die Entdeckungsschwelle niedriger legen, was der absinkenden P_d entgegenwirkt [3].

Im allgemeinen liegt daher das Abtastintervall im Bereich $0{,}5 \leq T_s/\tau \leq 1$, weicht also ggf. merklich vom Abtasttheorem ab. Bei Pulskompressionsradaren wird gelegentlich der obigen Forderung 1 höhere Priorität eingeräumt und ein Abtastintervall von $\approx 0{,}5\tau_c$ gewählt (τ_c ist die komprimierte Pulslänge). Damit erreicht man neben kleineren Verlusten auch kleine Entfernungs-Nebenkeulen.

Quantisierungsverlust-Entfernung

Da bei der Abtastung im A/D-Umsetzer, d. h. der Quantisierung in Entfernung, im allgemeinen nicht exakt das Maximum eines Echopulses getroffen wird, entsteht ein S/N-Verlust. Diesen *Quantisierungsverlust-Entfernung* (engl. Range Gate Straddling Loss) bezeichnen wir mit $L_{\text{quant,R}}$. Er beschreibt in gewissem Sinne den zwischen den obigen Forderungen 1 bis 3 eingegangenen Kompromiß. Bild 5.12 zeigt die mit einer Monte-Carlo-Simulation erhaltenen Verluste für $P_d = 50\%$ und 90% in Abhängigkeit vom Verhältnis T_s/τ, wobei T_s das Abtastintervall und τ die Dauer des als nahezu rechteckförmig angenommenen Sendepulses ist. Verwendet wurde bei der Simulation ein gaußförmiges Matched Filter der zweiseitigen Bandbreite $B_{3dB} = 0{,}75/\tau$. Die 6 dB-Breite des MF-Ausgangspulses ist dann etwa τ.

In [4] wird gezeigt, daß mit steigendem T_s/τ die Bandbreite des Matched Filters vor dem A/D-Umsetzer prinzipiell kleiner gemacht werden müßte, um die Verluste zu minimieren. Allerdings ist für den in der Praxis vorliegenden Bereich $0{,}5 \leq T_s/\tau \leq 1$ der Effekt nicht sehr groß. Die in [4] analytisch errechneten S/N-Verluste decken sich etwa mit denen der $P_d = 50\%$-Kurve in Bild 5.12.

Erniedrigt man die Abtastfrequenz, so sinkt auch die P_{fa}. Das dann mögliche Niedrigerlegen der Entdeckungsschwelle zur Konstanthaltung der P_{fa} verringert den Verlust [3].

Quantierungsverlust-Amplitude

Die in der Radartechnik verwendeten A/D-Umsetzer besitzen im allgemeinen eine linear gestufte Kennlinie. Das bedeutet, daß der zu quantisierende Amplitudenbereich $U_{A/D} = [-U_{max}; U_{max}]$ der I/Q-Signale bei einem n-Bit-A/D-Umsetzer gleichmäßig in $2^n - 1$ Quantisierungsinkremente der Größe $\Delta = U_{A/D}/(2^n - 1)$ aufgeteilt wird. Der Umsetzer ordnet jedem der analogen Abtastwerte das nächstgelegene Vielfache des Quantisierungsinkrementes Δ zu. Dadurch entsteht ein Quantisierungsrauschen konstanter Amplitudenverteilung mit dem Effektivwert $U_q = \Delta/\sqrt{12}$. Das Quantisierungsrauschen addiert sich zum Systemrauschen U_N am A/D-Eingang. Drückt man U_N durch Vielfache m von Δ aus, schreibt also $U_N = m \cdot \Delta$, so ist die resultierende Rauschleistung am A/D-Ausgang proportional $U_N^2 + U_q^2 = (m\Delta)^2 + (\Delta/\sqrt{12})^2$. Daraus errechnet sich ein S/N-Verlust vom Eingang zum Ausgang des A/D, der sogenannte *Quantisierungsverlust-Amplitude* (engl. Quantization Loss). Es gilt

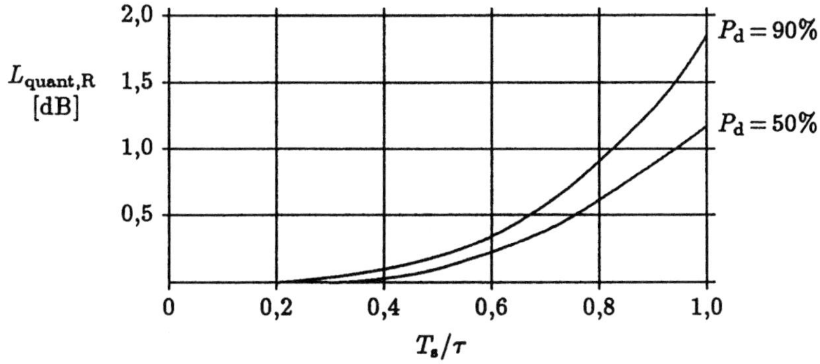

Bild 5.12 Quantisierungsverlust-Entfernung $L_{\text{quant,R}}$ als Funktion des normierten Abtastintervalles T_s/τ für $P_d = 50\%$ und 90%, erhalten durch eine Monte-Carlo-Simulation. Die Entdeckungsschwelle war fest eingestellt, derart, daß für eine sehr hohe Abtastfrequenz $P_{fa} = 10^{-6}$.

$$L_{\text{quant,A}} = 10\log\left(\frac{m^2 + \frac{1}{12}}{m^2}\right)\ \text{dB} \tag{5.58}$$

Für $m = 1$ wird $L_{\text{quant,A}} = 0{,}35\,\text{dB}$ und für $m = 2$ gilt $L_{\text{quant,A}} = 0{,}09\,\text{dB}$. Man ist versucht, das Systemrauschen und damit m durch entsprechende Verstärkungseinstellung relativ groß zu machen. Dann verringert sich allerdings der vom A/D-Umsetzer verarbeitbare Dynamikbereich, wie nachfolgend gezeigt wird.

Dynamikbereich des A/D-Umsetzers

Der maximal vom A/D-Umsetzer linear verarbeitbaren Spannung $U_{\max}$ entspricht im ZF-Bereich eine Amplitude des sinusförmigen ZF-Signals von ebenfalls $U_{\max}$. Die zugehörige Leistung des ZF-Signals ist proportional $U_{\max}^2/2$. Um den vom A/D-Umsetzer maximal verarbeitbaren Dynamikbereich identisch mit dem maximal verarbeitbaren Signal-zu-Rausch-Verhältnis oder Clutter-zu-Rausch-Verhältnis zu machen, definiert man als Dynamikbereich eines A/D-Umsetzers sinnvollerweise das Leistungsverhältnis

$$\begin{aligned} D_{\text{p,A/D}} &= \frac{U_{\max}^2/2}{U_N^2} = \frac{\left((2^n-1)\Delta/2\right)^2/2}{(m\Delta)^2} = \frac{1}{2}\left(\frac{2^n-1}{2m}\right)^2 \\ &= 10\log\left(\frac{1}{2}\left(\frac{2^n-1}{2m}\right)^2\right)\ \text{dB} \end{aligned} \tag{5.59}$$

Während man zur Verringerung des Quantisierungsverlustes die Größe m – und damit das dem A/D zugeführte Systemrauschen – durch entsprechende Vorverstärkung möglichst groß wählen möchte, sollte sie andererseits klein sein, um einen großen Dynamikbereich zu erzielen.

Zu beachten ist jedoch, daß das Systemrauschen durch die Addition des Quantisierungsrauschens in seiner Gauß'schen Amplitudenverteilung, auf der alle P_d, P_{fa}-Berechnungen beruhen, gestört wird, und zwar umso mehr je größer der relative Anteil des Quantisierungsrauschens ist. Diese Verfälschung der Amplitudenverteilung führt zu S/N-Verlusten. In der Praxis hat sich gezeigt, daß diese Verluste unter einigen Zehnteln dB gehalten werden können, wenn $m = 1 \ldots 3$ gewählt wird. Unvollkommenheiten der A/D-Wandler, wie Abweichungen von der theoretischen Gleichverteilung der Amplitude des Quantisierungsrauschens, spielen für die Wahl von m innerhalb des angegebenen Bereiches auch eine Rolle.

Bei einem $n = 12$ Bit A/D-Umsetzer erhält man für $m = 1$ einen Dynamikbereich von $D_{p,A/D} = 63\,\text{dB}$, für $m = 2$ sind es 6 dB weniger, also 57 dB.

Korrektur der I/Q-Umsetzungsfehler

Wir nehmen jetzt an, daß die fehlerbehafteten I/Q-Signale von Bild 5.10 auch Offsetfehler δ_I und δ_Q enthalten und bezeichnen sie daher mit $s''_I(n)$ und $s''_Q(n)$. Wenn T_s das Abtastintervall des A/D-Umsetzers ist, so können wir zur Abkürzung für die Momentanphase des abgetasteten Signals $2\pi f_D n T_s + \varphi = \alpha$ setzen. Wir erhalten für die fehlerbehafteten I/Q-Signale:

$$s''_I(n) = A\cos\alpha + \delta_I \tag{5.60}$$

$$s''_Q(n) = A(1+\varepsilon)\sin(\alpha+\phi) + \delta_Q \tag{5.61}$$

Man kann die Offsetfehler δ_I und δ_Q dadurch bestimmen, daß man in beiden Kanälen den Mittelwert einer sehr großen Zahl N von Rauschproben bspw. während der Radartotzeiten bestimmt. Dann ist

$$\delta_I = \frac{1}{N}\sum_{n=1}^{N} s''_I(n) \qquad \text{und} \qquad \delta_Q = \frac{1}{N}\sum_{n=1}^{N} s''_Q(n) \qquad N \to \infty \tag{5.62}$$

Die in der Radartotzeit vieler Perioden gemessenen Fehler δ_I und δ_Q werden in der Folgezeit von $s''_I(n)$ und $s''_Q(n)$ abgezogen. Diese gehen dabei in $s'_I(n)$ und $s'_Q(n)$ über, wie in Bild 5.13 gezeigt. Gleichzeitig wird ein neuer Meßzyklus gestartet.

Wir schreiben jetzt links die mit Amplituden- und Phasenfehlern ε und ϕ behafteten I/Q-Signale an, rechts die fehlerfreien:

$$s'_I(n) = A\,\cos\alpha \qquad\qquad s_I(n) = A\,\cos\alpha$$

$$s'_Q(n) = A(1+\varepsilon)\,\sin(\alpha+\phi) \qquad\qquad s_Q(n) = A\,\sin\alpha$$

Aus diesen 4 Gleichungen erhält man für kleine ε und ϕ nach einigen Umformungen

$$s_I(n) = s'_I(n) \tag{5.63}$$

$$s_Q(n) = s'_Q(n) - \varepsilon\, s'_Q(n) - \phi\, s'_I(n) \tag{5.64}$$

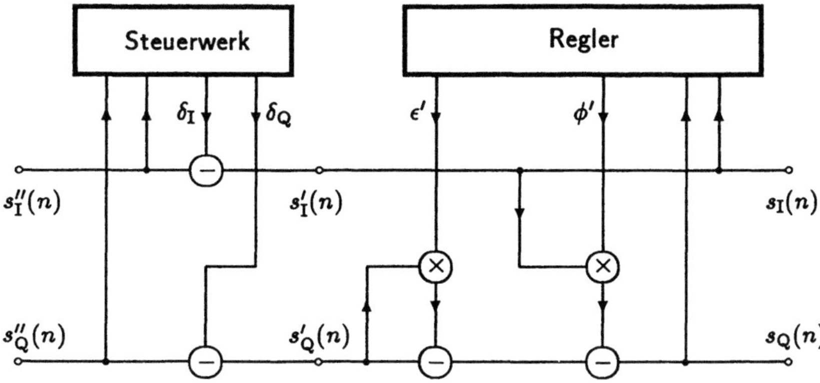

Bild 5.13 Korrektur der Offsetfehler δ_I und δ_Q durch eine Steuerung und des Amplitudenfehlers ϵ sowie des Phasenfehlers ϕ durch eine Folgeregelung. Es verbleiben sehr kleine Schleppfehler $\epsilon' - \epsilon$ und $\phi' - \phi$.

Bild 5.13 zeigt eine mögliche Korrekturschaltung. Sie benutzt eine Folgeregelung, bei der sehr kleine Schleppfehler $\varepsilon' - \varepsilon$ und $\phi' - \phi$ verbleiben. Es ist also $\varepsilon' \approx \varepsilon$ und $\phi' \approx \phi$.

Die Fehler ε und ϕ lassen sich mit Testsignalen oder auch mit Hilfe natürlicher Cluttersignale ermitteln. Bei einer sehr großen Zahl von Proben eines Cluttersignals, das auch Zufallsziele enthalten kann, ist nämlich die Momentanphase α gleicherverteilt. Daher müssen bei fehlerfreiem Signal gleichhäufig folgende Kombinationen auftreten:

$$[I_+, Q_+]\ [I_-, Q_+]\ [I_+, Q_-]\ [I_-, Q_-]$$

Dabei bedeutet I_+, daß $s_I(n)$ positiv ist, bei I_- ist es negativ. Aus

$$s'_Q(n) = A(1+\epsilon)\sin(\alpha+\phi) = A(1+\epsilon)\big[\sin\alpha\ \cos(\phi) + \cos\alpha\ \sin\phi\big] \tag{5.65}$$

wird für kleine ϵ und ϕ

$$\phi = \frac{s'_Q(n)}{s'_I(n)} - \tan\alpha \tag{5.66}$$

Bei verschwindendem Winkelfehler, also $\phi = 0$, muß der Mittelwert einer großen Zahl von Proben des Quotienten $s'_Q(n)/s'_I(n)$ bei gleichverteiltem α Null sein, da auch das Ensemble der zugehörigen Proben von $\tan\alpha$ mittelwertfrei ist. Bei endlichem Winkelfehler ergibt sich jedoch ein dem Winkelfehler proportionaler Mittelwert. Da die Maxima von $s'_I(n)$ und $s'_Q(n)$ gleich sind, leuchtet ein, daß sich der Phasenfehler ϕ bei einer ausreichend großen Zahl von Signalproben allein aus den Vorzeichen von $s'_I(n)$ und $s'_Q(n)$ berechnen läßt:

$$\phi = c_1 \sum_{n=1}^{N} \frac{\operatorname{sgn}\big(s'_Q(n)\big)}{\operatorname{sgn}\big(s'_I(n)\big)} = c_1 \sum_{n=1}^{N} \Big\{\operatorname{sgn}\big(s'_I(n)\big)\cdot\operatorname{sgn}\big(s'_Q(n)\big)\Big\} \qquad N \to \infty \tag{5.67}$$

Dabei ist die Konstante c_1 proportional dem Kehrwert der Probenzahl N und die Vorzeichenfunktion $\mathrm{sgn}(x)$ ist definiert als

$$\mathrm{sgn}(x) = \begin{cases} +1 & \text{für} \quad x > 0 \\ 0 & \text{für} \quad x = 0 \\ -1 & \text{für} \quad x < 0 \end{cases}$$

Wegen $s_\mathrm{I}(n) = A\cos\alpha$ und $s_\mathrm{Q}(n) = A\sin\alpha$ müssen außerdem bei fehlendem Amplitudenfehler wegen der gleichverteilten Momentanphase α und der gleichen I/Q-Amplituden A die Betragsmittelwerte $\overline{|s_\mathrm{I}(n)|}$ und $\overline{|s_\mathrm{Q}(n)|}$ gleich sein. Der Amplitudenfehler wird daher

$$\varepsilon = c_2 \sum_{n=1}^{N} \mathrm{sgn}\Big(|s'_\mathrm{I}(n)| - |s'_\mathrm{Q}(n)|\Big) \qquad N \to \infty \tag{5.68}$$

wobei c_2 wieder proportional dem Kehrwert der Probenzahl ist. Eine andere Methode der Fehlerermittlung und Korrektur ist in [5] angegeben.

Literaturverzeichnis

[1] Woodward, P. M.: *Probability and Information Theory with Applications to Radar,* Pergamon Press, Oxford, 1964.

[2] Lüke, H.D.: *Signalübertragung,* Springer-Verlag, 1990.

[3] Hansen, G.V.: *Topics in Radar Signal Processing,* Microwave Journal, March 1984, p. 24.

[4] Rohling, H., Schürmann, J.: *Zur Wahl von Tiefpaßfilter und Abtastrate bei der digitalen Radarsignalverarbeitung,* ntzArchiv, Bd. 4 (1982) H. 2, S. 35-40.

[5] Churchill, F.E., Ogar, G.W., Thompson, B.J.: *The Correction of I and Q Errors in a Coherent Processor,* IEEE Trans. AES, VOL. AES 17, No. 1, January 1981, pp. 131-136.

6 Matched Filter, Likelihood Ratio Filter und Prewhitening Filter

6.1 Übersicht

Das Matched Filter – ein an das erwartete Echosignal angepaßtes Filter – nimmt in der kohärenten Verarbeitung von Radarsignalen eine zentrale Stellung ein. Man unterscheidet zwischen Filtern für den einzelnen Echopuls und solchen für eine Echopulsfolge. Innerhalb dieser beiden Gruppen wird wiederum nach weißem oder farbigem Störsignal unterschieden.

Nach Formulierung der Aufgabenstellung an ein Matched Filter – sie läßt sich aus dem *Neyman-Pearson-Test* der mathematischen Statistik ableiten – werden Impulsantwort und Übertragungsfunktion des Einzelpuls-Matched Filters bei weißem Störsignal abgeleitet. Als erwartete Signale lassen wir auch solche mit komplexen Zeitfunktionen zu, wie wir ihnen bei der Tiefpaßverarbeitung („I/Q- oder Quadraturverarbeitung") von Bandpaßsignalen begegnen. Das Matched Filter ist einem Korrelator gleichwertig, der die Kreuzkorrelation zwischen dem Empfangssignal und dem Sendesignal berechnet.

Die Behandlung des Matched Filters für ein farbiges Störsignal zeigt, daß in diesem Falle die Impulsantwort nicht explizit angegeben werden kann, sondern nur in Form einer Integralgleichung. Das Filter läßt sich in ein Prewhitening-Filter zur Unterdrückung des farbigen Störsignals auf den Pegel des Rauschens und in ein nachfolgendes Matched Filter für das etwas geänderte Zielsignal aufspalten. Zum Beispiel sind alle MTI-Filter mehr oder weniger vollkommene Prewhitening Filter.

Von großer Bedeutung für Pulsdoppler- und MTD-Radare ist ein Filter zur unmittelbaren Optimierung der Zielentdeckung – das Matched Filter optimiert das Signal-zu-Rauch-Verhältnis – bei Empfang einer in ein farbiges Störsignal eingebetteten Pulsfolge. Sein Entwurf wird aus dem sogenannten Likelihood Ratio Test der statistischen Entscheidungstheorie abgeleitet. Deshalb wird ein solches Filter auch als Likelihood Ratio Filter bezeichnet. Es ist einerseits in Form eines FIR-Filters oder Transversalfilters realisierbar, andererseits durch eine FFT nur näherungsweise darstellbar.

Es wird gezeigt, daß das Likelihood Ratio Filter – bei Gauß'scher Amplitudenverteilung des Störsignals – mit dem Matched Filter identisch ist.

Zum Schluß wird der Entwurf eines Prewhitening-Filters für eine Pulsfolge erläutert, das ebenfalls als FIR-Filter realisierbar ist. Seine Filtergewichte sind proportional der ersten Zeile oder Spalte der Kovarianzmatrix des Störsignals.

6.2 Matched Filter für Einzelpuls bei weißem Störsignal

Aufgabenstellung an ein Matched Filter

Die Aufgabe eines Matched Filters läßt sich aus der Arbeitsweise eines automatischen Zieldetektors ableiten (s. Bild 3.1). Bei ihm wird das Empfangssignal nach der Filterung durch das Matched Filter und anschließender Hüllkurvendetektion (=Bildung des Betrags der komplexen Umhüllenden) mit einer Schwelle verglichen. Ein Signal, das die Schwelle überschreitet, wird als Zielecho angesehen. Die Höhe der Schwelle bestimmt die Falschalarmwahrscheinlichkeit. Dieser Entdeckungsalgorithmus entspricht dem *Neyman-Pearson-Test* der Statistik (vgl. Abschnitt 3.2).

Damit ein Echosignal mit hoher Wahrscheinlichkeit die Schwelle überschreitet und gleichzeitig die Wahrscheinlichkeit von Falschalarmen klein gehalten wird[1], muß das Filter zu einem bestimmten Zeitpunkt t_0 die momentane, positive oder negative Signalamplitude $g(t_0)$ maximieren und die momentane Amplitude des begleitenden Rauschens konstanter, spektraler Leistungsdichte („weißes" Rauschen) minimieren. Da die momentane Rauschamplitude eine Zufallsgröße mit nichtdeterminiertem Verlauf darstellt, kann sie nur über eine Minimierung der effektiven Rauschspannung U_N klein gehalten werden. Um von der Polarität des momentanen Signals unabhängig zu werden, betrachten wir statt der Signalamplitude $g(t_0)$ ihr Quadrat $g^2(t_0)$. In der Signaltheorie ist das aber die momentane Signalspitzenleistung (an einem gedachten Lastwiderstand von $1\,\Omega$). Sinnvollerweise verwenden wir auch beim Rauschen das Quadrat der effektiven Rauschspannung, also die mittlere Rauschleistung N (an $1\,\Omega$). Dann ergibt sich als Aufgabenstellung an das Matched Filter: *es soll zu einem geeigneten Zeitpunkt t_0 das Verhältnis („Kontrast") von momentaner Signalspitzenleistung zu mittlerer Rauschleistung maximieren.* Wenn wir auch komplexe Signale wie zum Beispiel komplexe Tiefpaßsignale in unsere Überlegungen einbeziehen, müssen wir für die Signalspitzenleistung $g(t_0)g^*(t_0) = |g(t_0)|^2$ statt $g^2(t_0)$ schreiben. Damit erhalten wir folgende Forderung an das Matched Filter:

$$\boxed{\left(S/N\right)_{\mathrm{sp}} = \frac{|g(t_0)|^2}{U_\mathrm{N}^2} = \frac{|g(t_0)|^2}{N} \to \text{Maximum}} \qquad (6.1)$$

[1]Bei einem Radar ist das Erreichen einer sehr kleinen Zahl von Falschalarmen genauso wichtig wie die eigentliche Zielentdeckung. So wird zum Beispiel ein Hinderniswarnradar für Boden- oder Luftfahrzeuge (Hubschrauber) vom Nutzer als ungeeignet angesehen werden, wenn zwar jedes Hindernis entdeckt wird, aber bei jeder Mission eine größere Zahl von Falschalarmen auftritt. Allerdings stellen rauschbedingte Falschalarme kein Problem dar, sondern Echos von störenden Objekten auf der Erdoberfläche oder in der Luft wie bspw. von Vögeln.

Der genaue Verlauf des Ausgangssignals des Matched Filters ist ohne Bedeutung. Das steht im Gegensatz zu anderen Bereichen der Nachrichtentechnik, wo am Empfängerausgang ein möglichst unverfälschtes Abbild des Sendesignals gewünscht wird. In der Radartechnik liegt uns jedoch nur daran, mit möglichst großer Wahrscheinlichkeit eine Entdeckungsschwelle zu überschreiten (vgl. Bild 3.2), und sei es für ein beliebig kleines Zeitintervall.

Intuitiv erkennt man, daß man ein Filter anstreben müßte, das während des Signaleinlaufs die Signalenergie speichert, um sie, nachdem das gesamte Signal eingelaufen ist – nur so können wir von der gesamten Signalenergie Gebrauch machen – in Form eines sehr kurzen Impulses auszugeben, vgl. Bild 6.1. Die gesamte Signalenergie ist dann auf ein kleines Zeitintervall komprimiert. Das Matched Filter muß also eine Art Kompressionseffekt zeigen. Als Folge davon werden die *momentane* Leistung und damit die Amplitude sehr groß und die Entdeckungsschwelle wird mit hoher Wahrscheinlichkeit überschritten. Dabei haben wir unterstellt, daß beim Rauschen kein Kompressionseffekt auftritt.

Es sei im Vorgriff auf Kapitel 8 vorweggenommen, daß die Größe der Kompression, die das Matched Filter bewirken kann, vom *Zeit-Bandbreite-Produkt* des Signals abhängt. Ein einfacher, geträgerter Rechteckpuls hat – wie gleich noch gezeigt werden wird – ein Zeit-Bandbreite-Produkt von nur 1 und erfährt in seinem zugehörigen Matched Filter eine Kompression um ebenfalls den Faktor 1, wird also praktisch nicht komprimiert, aber trotzdem S/N-optimiert. Die Sendesignale von Pulskompressionsradaren haben dagegen Zeit-Bandbreite-Produkte von typisch 10...200. Sie werden in ihrem zugehörigen Matched Filter, das dann Pulskompressionsfilter genannt wird, um den Wert des Zeit-Bandbreite-Produktes, also um den Faktor 10...200 komprimiert, wobei ihre Amplituden um den gleichen Faktor anwachsen.

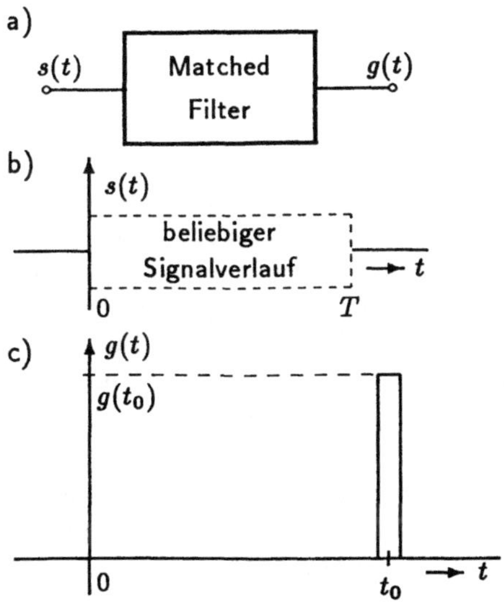

Bild 6.1 Idealisierte Aufgabenstellung an ein Matched Filter:
Wird dem Filter (a) als Eingangssignal $s(t)$ ein Signal endlicher Dauer T mit beliebigem Signalverlauf (b) zugeführt, so soll das Filter die gesamte Signalenergie sammeln und diese Energie in Form eines auf ein möglichst kurzes Zeitintervall komprimierten Pulses ausgeben (c). Das Signalmaximum soll nicht vor $t = t_0 \geq T$ auftreten, denn nur so können wir von der gesamten Signalenergie Gebrauch machen. Dann wird die Amplitude ein Maximum und die Entdeckungsschwelle am ehesten überschritten.

Impulsantwort und Übertragungsfunktion des Einzelpuls-Matched Filters bei weißem Störsignal

Nachfolgend werden der Betrag der Übertragungsfunktion $|H_m(f)|$, die Impulsantwort $h_m(t)$ und die vollständige Übertragungsfunktion $H_m(f)$ abgeleitet, und zwar mehr heuristisch, um die Arbeitsweise eines Matched Filters anschaulicher darstellen zu können, als dies mit einer formalen aber mathematisch exakten Ableitung möglich wäre. Letztere wird in Abschnitt 6.5 nachgeholt.

Bei den folgenden Ableitungen denken wir uns Sende- und Empfangssignal kohärent in den Tiefpaßbereich abgemischt. Wir erhalten dann das einem Bandpaß-Matched-Filter äquivalente Matched Filter im Tiefpaßbereich. Diese Darstellung ist praxisnah, da Matched Filter meist im Tiefpaßbereich eingesetzt werden.

Bei Betrachtung des Betrags $|S(f)|$ des beliebigen Sendesignalspektrums $S(f)$ von Bild 6.2 c) erkennt man, daß das zugehörige Matched Filter unterhalb der Frequenz f_1 und oberhalb der Frequenz f_2 undurchlässig sein sollte, da in diesen Frequenzbereichen nur störende Rauschleistung durchgereicht würde. Im Frequenzintervall $[f_1; f_2]$ dagegen sollte das Filter umso durchlässiger sein, je größer dort der Betrag $|S(f)|$ des Signalspektrums ist. Intuitiv vermutet man, daß der Amplitudengang $|H_m(f)|$ des Filters dem Betrag $|S(f)|$ des Spektrums proportional sein sollte. Das führt zu der Beziehung

$$|H_m(f)| = c\,|S(f)| \tag{6.2}$$

Dabei ist c eine reelle, positive Konstante.

Die vollständige Übertragungsfunktion $H_m(f)$ des Matched Filters erhalten wir wie folgt. Ist $h_m(t)$ seine Impulsantwort, so wird sein Ausgangssignal zum Zeitpunkt t_0 – als Antwort auf das durch Rauschen $n(t)$ verfälschte Echo $s(t)$ – durch ein Faltungsintegral beschrieben:

$$g(t_0) = \int_{-\infty}^{\infty} \Big[s(t) + n(t)\Big]\, h_m(t_0 - t)\, dt \tag{6.3}$$

Bild 6.2 b) zeigt in der ersten Zeile das in den Tiefpaßbereich abgemischte Sendesignal $s(t)$ und darunter das durch Rauschen gestörte Empfangssignal $s(t)+n(t)$. Der Einfachheit halber haben wir die Zielentfernung zu Null angenommen. In der letzten Gleichung nimmt die Impulsantwort in der Form $h_m(t_0 - t)$ die Rolle einer Bewertungsfunktion an, mit der alle Signalwerte des Eingangssignals im Zeitintervall $-\infty \le t \le t_0$ multipliziert und dann zum Ausgangssignal $g(t)$ aufaddiert werden. Wie sollte nun diese Bewertungsfunktion aussehen, damit möglichst nur Signal und wenig Rauschen vom Filter durchgereicht wird?

In Analogie zur Ableitung der Glchg. (6.2) erkennt man, daß die Bewertungsfunktion $h_m(t_0 - t)$ zu allen Zeiten gleich Null sein muß, zu denen das Signal $s(t)$ nicht existiert. Denn zu diesen Zeiten würde nur unnützes Rauschen bewertet

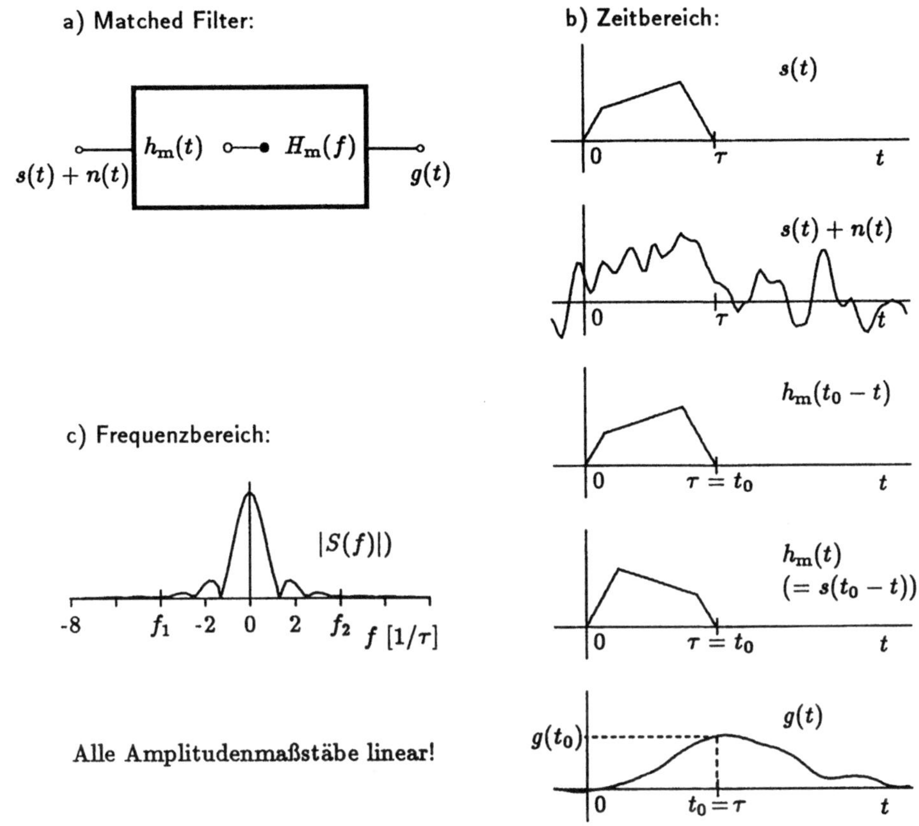

Bild 6.2 Zur Ableitung des Matched Filters im Zeit- und Frequenzbereich.

und aufaddiert werden. Im Intervall $0 \leq t \leq \tau$ ist man dagegen intuitiv geneigt, die Bewertungsfunktion proportional dem Signal $s(t)$ zu machen. Wir bekommen dann mit c als einer reellen, positiven Konstanten die dritte Zeile von oben in Bild 6.2 b):

$$h_m(t_0 - t) = c\, s(t) \tag{6.4}$$

und durch „Entspiegelung" in der Zeile darunter $h_m(t) = c\, s(t_0 - t)$. In Abschnitt 6.5 wird gezeigt, daß für den allgemeinen Fall eines komplexen Signals $s(t)$ gilt:

$$\boxed{h_m(t) = c\, s^*(t_0 - t)} \tag{6.5}$$

Der frühestmögliche Zeitpunkt t_0, zu dem das Signalmaximum am Ausgang verfügbar sein kann, entspricht dem Ende des Echosignals bei $t = t_0 = \tau$. Denn erst dann kann das Filter von der *gesamten* Signalenergie Gebrauch machen. Nach Glchg. (6.5) ist die Impulsantwort des Matched Filters also gleich dem *zeitinversen oder gespiegelten, konjugiert komplexen Sendesignal, verschoben um t_0 in positiver Richtung.* In der untersten Zeile von Bild 6.2 b) ist das Ausgangssignal $g(t)$ gezeigt. Es steigt von $t = 0$ bis $t = t_0 = \tau$ an, erreicht dort seine maximale Amplitude (dieser Zeitpunkt kann durch Rauschen etwas verfälscht sein) und fällt dann wieder ab. Die Form des Ausgangssignals $g(t)$ ist von der des erwarteten Empfangssignals $s(t)$ sehr verschieden. Man erkennt auch, daß das im Signal $g(t)$ noch vorhandene Rauschen wesentlich schmalbandiger und in der Amplitude kleiner ist als das Eingangsrauschen $n(t)$. Darin kommt der S/N-Gewinn durch das Filter zum Ausdruck. Eine Entdeckungsschwelle könnte bei vorgegebener Falschalarmwahrscheinlichkeit beim Signal $g(t)$ viel niedriger gelegt werden als im ungefilterten Signal $s(t) + n(t)$, wodurch eine wesentlich höhere Entdeckungswahrscheinlichkeit erzielt wird.

Durch Fourier-Transformation der Glchg. (6.5) erhalten wir schließlich die Übertragungsfunktion des Filter zu (der Phasenfaktor $\mathrm{e}^{-\mathrm{j}\,2\pi f t_0}$ hat seine Ursache in der bei einem realisierbaren Filter erforderlichen Laufzeit von t_0)

$$\boxed{H_\mathrm{m}(f) = \mathrm{c}\, S^*(f)\,\mathrm{e}^{-\mathrm{j}\,2\pi f t_0}} \tag{6.6}$$

Das Matched Filter wird also durch das Sendesignal $s(t)$ und sein Spektrum $S(f)$ und damit durch das erwartete Empfangssignal vollständig beschrieben: es ist *an das Signal angepaßt*, daher der Name *Matched Filter.*

Das Signal-Rausch-Verhältnis am Matched Filter-Ausgang

Bei Vernachlässigung des Rauschens erhält man das Ausgangssignal $g(t_0)$ des Matched Filters zum Zeitpunkt t_0 durch eine Fourier-Rücktransformation zu

$$g(t_0) = \int_{-\infty}^{\infty} H_\mathrm{m}(f)\, S(f)\,\mathrm{e}^{\mathrm{j}\,2\pi f t_0}\, df = \mathrm{c} \int_{-\infty}^{\infty} |S(f)|^2\, df \tag{6.7}$$

Ist $L(f) = N_0/2$ die zweiseitige und konstante, spektrale Leistungsdichte (N_0 ergibt sich aus der Radargleichung (2.57) zu $N_0 = kT_\mathrm{sys}$), so gilt für die Ausgangs-Rauschleistung, unter Benutzung der Gleichungen (6.6), (A.150) und (A.168),

$$N = \frac{N_0}{2} \int_{-\infty}^{\infty} |H_\mathrm{m}(f)|^2\, df = \mathrm{c}^2 \frac{N_0}{2} \int_{-\infty}^{\infty} |S(f)|^2\, df \tag{6.8}$$

Also wird das maximal erreichbare Verhältnis $(S/N)_\mathrm{sp}$ von Signalspitzenleistung zu mittlerer Rauschleistung am Filter-Ausgang:

$$\left(\frac{S}{N}\right)_{sp} = \frac{|g(t_0)|^2}{N} = \frac{2}{c^2 N_0} \frac{\left| c \int\limits_{-\infty}^{\infty} |S(f)|^2 \, df \right|^2}{\int\limits_{-\infty}^{\infty} |S(f)|^2 \, df} = \frac{2E}{N_0}$$

Dabei ist $E = \int_{-\infty}^{\infty} |S(f)|^2 \, df$ die Signalenergie. Das maximale $(S/N)_{sp}$ und damit die Entdeckbarkeit eines Zieles hängen also *nicht etwa von der Signalform, Signaldauer oder der Signalbandbreite ab, sondern nur von der Signalenergie und der Rauschleistungsdichte* N_0.

Da in der Radartechnik aber die Signalleistung beim S/N als $S = |g(t_0)|^2/2$ definiert ist, folgt aus der letzten Beziehung für das Matched Filter

$$\left(\frac{S}{N}\right)_{sp} = 2\,\frac{S}{N} = 2\,\frac{E}{N_0} \qquad \text{und damit} \qquad \frac{S}{N} = \frac{E}{N_0} \tag{6.9}$$

Das am Ausgang eines Matched Filters vorhandene S/N – das sich bspw. aus der Radargleichung (2.49) ergibt – ist also gleich der dem Empfänger zugeführten Energie, dividiert durch die Rauschleistungsdichte $N_0 = \text{const}\, kT_{sys}$. Bei einem Mismatched Filter mit dem Verlust L_{mf} ist $S/N = (E/N_0)/L_{mf}$.

6.3 Beispiele für Einzelpuls-Matched Filter

Ideales Matched Filter für den Rechteckpuls

Sehr häufig wird ein Matched Filter für einen Sendepuls mit Rechteck-Umhüllender benötigt. Das Filter wird im allg. nach der I/Q-Umsetzung – also im Tiefpaßbereich – eingesetzt, wie in Bild 5.10 gezeigt. Bild 6.3 a) zeigt das eigentliche Sendesignal, einen trägerfrequenten Rechteckpuls, und in Zeile b) das in den Tiefpaßbereich abgemischte Sendesignal, nämlich einen bei $t = 0$ beginnenden Rechteckpuls der Dauer τ. Darunter ist in c) die Impulsantwort des Matched Filters aufgetragen. Wegen der Symmetrie des Sendesignals ist sie mit diesem identisch. In Zeile d) ist das Ausgangssignal dargestellt, ein Dreieckpuls der doppelten Dauer 2τ des Sendepulses. Die letzte Zeile zeigt den sinc-förmigen Amplitudengang des Matched Filters.

Zeit-Bandbreite-Produkt des Rechteckpulses:
Im Zusammenhang mit der Frage nach dem Kompressionseffekt des Einzelpuls-Matched Filters für den Rechteckpuls ist dessen Zeit-Bandbreite-Produkt von

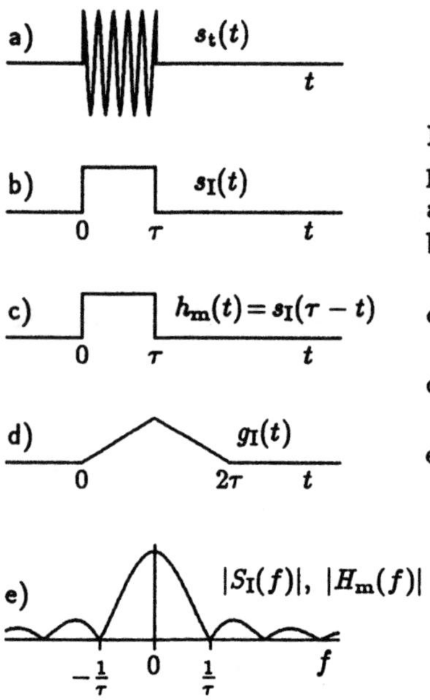

Bild 6.3 Ideales Matched Filter für den Rechteckpuls im Videobereich:
a) Sendesignal $s_t(t)$.
b) Empfangssignal $s_I(t)$ im I-Kanal (ohne Rauschen).
c) Impulsantwort $h_m(t)$ des Matched Filters im I-Kanal.
d) Ausgangssignal $g_I(t)$ des Matched Filters im I-Kanal.
e) Empfangsspektrum bzw. Übertragungsfunktion im I-Kanal (Mittenfrequenz $f=0$). (Beim Sendespektrum $|S_t(f)|$ ist die Mittenfrequenz $f = f_t$).

Interesse. Zur Definition einer effektiven Signalbandbreite B_n – die übliche 3 dB-Bandbreite ist hier wenig geeignet – rufen wir uns in Erinnerung, daß die Energie E eines Signals mit dem Spektrum $S(f)$ gleich $\int_{-\infty}^{\infty} |S(f)|^2\, df$ ist, also gleich der Fläche unter der Kurve $|S(f)|^2$. Wir definieren als effektive Bandbreite die Breite B_n eines Rechtecks, dessen Höhe gleich dem quadrierten Maximum des Betragsspektrums $|S(f)|^2_{max}$ und dessen Fläche $B_n\,|S(f)|^2_{max}$ gleich der Energie E des Signals ist. Bei Tiefpaßsignalen ist oft $|S(f)|^2_{max} = |S(0)|^2$. Dann wird die effektive Signal-Bandbreite

$$B_n = \frac{1}{|S(0)|^2} \int_{-\infty}^{\infty} |S(f)|^2\, df \tag{6.10}$$

Ersetzt man das Spektrum $S(f)$ durch eine Übertragungsfunktion $H(f)$, so erhält man die effektive Bandbreite eines Filters. Sie ist mit der in Glchg. (2.2) definierten Rauschbandbreite B_n identisch. Bei einem Bandpaßsignal oder -filter mit der Mittenfrequenz f_m ersetzt man die Bezugsfrequenz $f=0$ durch f_m und damit $|S(0)|$ durch $|S(f_m)|$. Die so definierte Bandbreite eines Rechteckpulses der Dauer τ mit dem Spektrum $S(f) = \tau \operatorname{sinc}(\tau f)$ wird $B_n = 1/\tau$, vgl.dazu Glchg. (2.47). Damit wird das

$$\text{Zeit-Bandbreite-Produkt des Rechteckpulses} = \tau \cdot B_n = 1 \tag{6.11}$$

Das in Bild 6.3 d) gezeigte Ausgangssignal des Matched Filters zeigt eine Halbwertsdauer von τ. Das Filter maximiert zwar das S/N auf einen Wert von $S/N = E/N_0$, erzielt aber beim Rechteckpuls wegen $B\tau = 1$ keine Kompression.

Praktisches Matched Filter für Rechteckpuls

Ein (analoges) Filter mit dem Frequenzgang von Bild 6.3 e) ist wirtschaftlich nicht realisierbar. Man verwendet daher meist ein Filter mit nahezu Gauß'schem Frequenzgang, dem dann notwendigerwiese eine Gauß'sche Impulsantwort des Filters entspricht.

Man kann zeigen, daß ein Filter mit gaußförmigem Frequenzgang das Matched Filter für einen Rechteckpuls der Dauer τ dann mit den geringsten S/N-Verlusten annähert, wenn seine zweiseitige 3 dB-Bandbreite $B_{3\mathrm{dB}} = 0{,}75/\tau$, die Videobandbreite also $B_{\mathrm{V,3dB}} = 0{,}375/\tau$ beträgt. Der Matched Filter-Verlust ist dabei $L_{\mathrm{mf}} = 0{,}52\,\mathrm{dB}$. Bild 6.4 zeigt die Kennwerte eines Matched Filters für einen Puls von $\tau = 1\,\mu\mathrm{s}$ Dauer. Bemerkenswert ist, daß das Filter auf die Amplitude des seinem Entwurf zugrundeliegenden Pulses von $1\,\mu\mathrm{s}$ Dauer garnicht voll einschwingt, sondern nur 85% erreicht.

Der Filter-Entwurf für beliebige Pulsdauer τ soll kurz beschrieben werden. Man legt als erstes den beiderseitigen Abschlußwiderstand R_{B} des Filters fest.

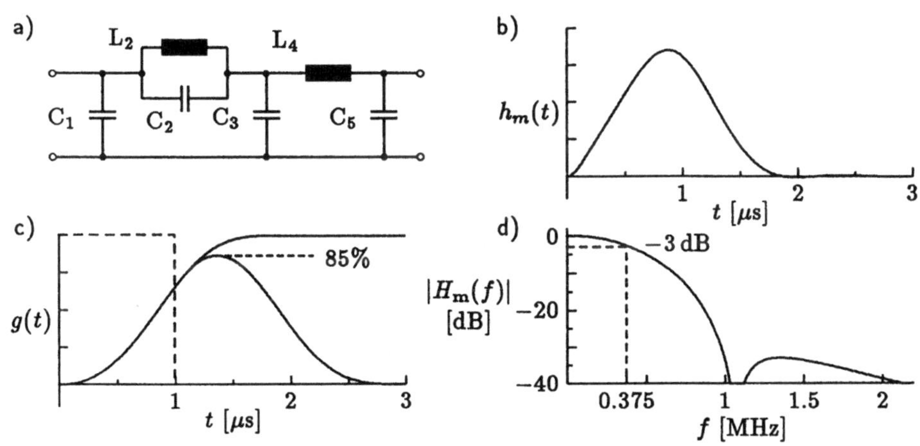

Bild 6.4 Angenäherter Gauß-Tiefpaß als praktisches Matched Filter für einen Rechteckpuls von $1\,\mu\mathrm{s}$ Dauer:

a) Schaltung (Berechnung der Elemente siehe Text).

b) Die Impulsantwort $h_{\mathrm{m}}(t)$ zeigt einen angenähert gaußförmigen Verlauf.

c) Antwort $g(t)$ auf sowohl einen $1\,\mu$s-Rechteckpuls (gestrichelt) wie auch einen sehr langen Puls. Bei ersterem erreicht $g(t)$ nur 85% der Amplitude des langen Pulses. Die „Eigenanstiegszeit" des Filters, gemessen zwischen den 10%- und 90%-Amplituden, entspricht etwa der Dauer des Rechteckpulses.

d) Amplitudengang $|H_{\mathrm{m}}(f)|$ in logar. Maßstab. Die 3 dB-Videobandbreite beträgt 0,375 MHz, die minimale Sperrdämpfung 34 dB. Eine lineare Darstellung würde den angenähert Gauß'schen Frequenzgang besser erkennen lassen (s. Bild 2.10).

Der Matched Filter-Verlust beträgt $L_{\mathrm{mf}} = 0{,}52\,\mathrm{dB}$.

Dann ergeben sich die Induktivitäts- und Kapazitätswerte L_i und C_i der Spulen und Kondensatoren aus

$$L_i = l_i \frac{R_B \tau}{2\pi} \qquad \text{und} \qquad C_i = c_i \frac{\tau}{2\pi R_B} \tag{6.12}$$

Dabei sind die c_i und l_i gegeben durch

$$\begin{array}{lll} c_1 = 0{,}5182 & c_2 = 0{,}3970 & c_3 = 5{,}798 \\ c_5 = 1{,}316 & l_2 = 2{,}203 & l_4 = 1{,}059 \end{array}$$

Für $\tau = 1\,\mu s$ und $R_B = 50\,\Omega$ werden zum Beispiel

$$\begin{array}{lll} C_1 = 1{,}650\,\text{nF} & C_2 = 1{,}264\,\text{nF} & C_3 = 18{,}46\,\text{nF} \\ C_5 = 4{,}189\,\text{nF} & L_2 = 17{,}53\,\mu\text{H} & L_4 = 8{,}427\,\mu\text{H} \end{array}$$

Die Übertragungsfunktion hat eine Nullstelle bei $f_p = 1{,}069/\tau$.

Matched Filter für ein phasenkodiertes Sendesignal

Die mit einem Matched Filter erzielbare Kompression bei Signalen mit Zeit-Bandbreite-Produkten von $BT \gg 1$ betrachten wir anhand eines pulsintern (engl. intrapulse) phasencodierten Sendesignals (s. auch Kapitel 8). Dabei wollen wir eine Phasenumtastung (engl. Phase Shift Keying (PSK)) verwenden. Der Sendepuls der Dauer T wird nach Bild 6.5 in $N = 13$ Subpulse der Dauer τ_c unterteilt und der Folge $k(n)$ dieser Subpulse der binäre Code

$$k(n) = +1 \quad +1 \quad +1 \quad +1 \quad +1 \quad -1 \quad -1 \quad +1 \quad +1 \quad -1 \quad +1 \quad -1 \quad +1 \tag{6.13}$$

zugeordnet. Bei jedem Vorzeichenwechsel wird die Phase des hochfrequenten Trägers um 180° umgetastet. Dieser Code wird als 13-er Barker Code bezeichnet. Bild 6.5 zeigt in der obersten Zeile das Sendesignal $s_t(t)$ und darunter das kohärent in den Tiefpaßbereich abgemischte Empfangssignal $s_I(t)$ des I-Kanals. Die Zielentfernung ist der Einfachheit halber zu $R = 0$ angenommen und eine mögliche Dopplerverschiebung sowie das Systemrauschen sind vernachlässigt. Das Empfangssignal des I-Kanals läßt sich schreiben als

$$s_I(t) = \sum_{n=1}^{N} k(n)\,\text{rect}\left(\frac{t - \frac{\tau_c}{2} - (n-1)\,\tau_c}{\tau_c}\right) \tag{6.14}$$

Die Impulsantwort $h_{m,I}(t)$ des I-Kanal-Matched Filters ist in der dritten Zeile von oben in Bild 6.5 gezeigt. Sie ist nach Glchg. (6.5) $h_{m,I}(t) = s_I(t_0 - t)$ mit $t_0 \geq T = N\tau_c$. Wir wählen $t_0 = N\tau_c$ und bekommen

$$\begin{aligned} h_{m,I}(t) &= \sum_{n=1}^{N} k(n)\,\text{rect}\left(\frac{N\tau_c - t - \frac{\tau_c}{2} - (n-1)\,\tau_c}{\tau_c}\right) \\ &= \sum_{n=1}^{N} k(N+1-n)\,\text{rect}\left(\frac{t - \frac{\tau_c}{2} - (n-1)\,\tau_c}{\tau_c}\right) \end{aligned} \tag{6.15}$$

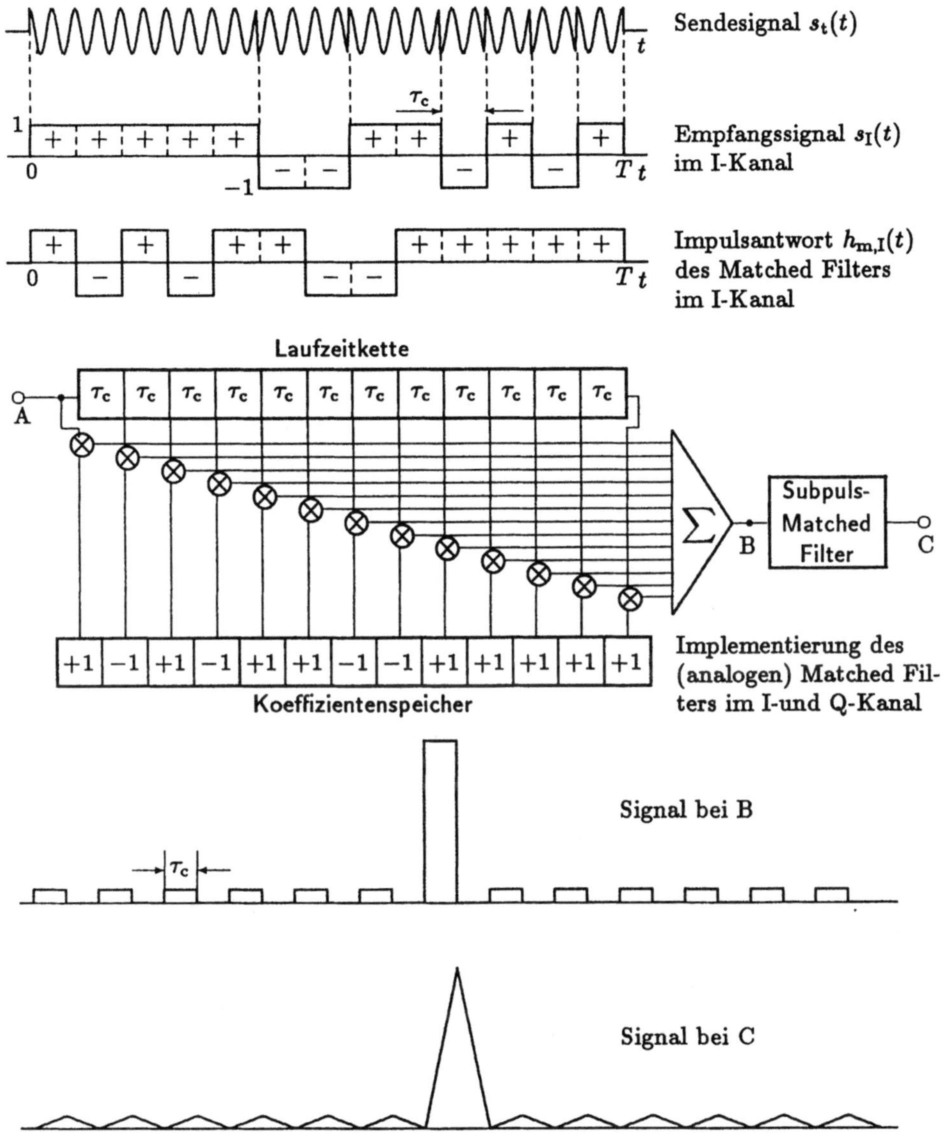

Bild 6.5 Phasenumgetastetes Sendesignal mit 13-er Barker-Code und zugehöriges Matched Filter. Die Schaltung vom Eingang bei Punkt A bis zum Punkt B wird auch als „Codefilter“ bezeichnet. Codefilter und Subpuls-Matched Filter sind linear und können daher vertauscht werden.

Das Spektrum des Empfangssignals $s_I(t)$ ergibt sich durch eine Fourier-Transformation von Glchg. (6.14) zu

$$S_I(f) = \tau_c \operatorname{sinc}(\tau_c f) \cdot \sum_{n=1}^{N} k(n)\, e^{-j\,2\pi(n-\frac{1}{2})\tau_c f} \tag{6.16}$$

Sein Betrag ist in Bild 6.6 aufgetragen. Typisch für die Phasenumtastung sind die Aufzipfelungen, wobei eine „harte" Phasenumtastung wegen der dann vorhandenen Rechtecksubpulse ein $\sin x/x$-Spektrum mit seinen großen Seitenzipfeln zur Folge hat. Bei einem mehr stetigen, d. h. „weichen" Phasenübergang wird der Seitenzipfelpegel ganz erheblich verkleinert.

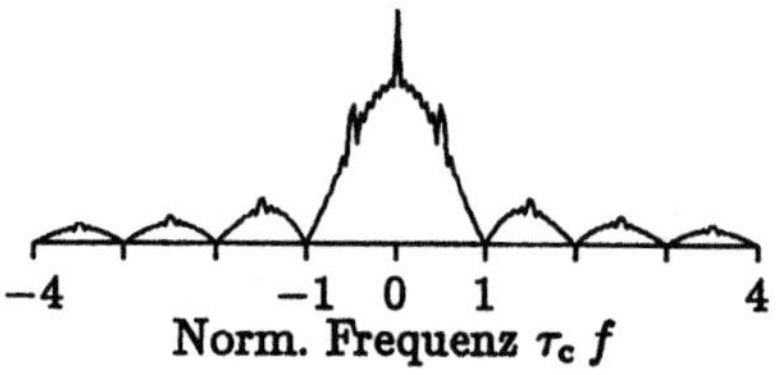

Bild 6.6 Betragsspektrum $|S_I(f)|$ des 13-er Barker-Code-Signals (τ_c ist die komprimierte Pulslänge).

Eine mögliche, analoge Realisierung des Matched Filters für den 13-Bit Barker-Code mit einer Laufzeitkette ist in der Mitte von Bild 6.5 gezeigt. Dabei ist das gesamte Matched Filter in ein sogen. „Codefilter" und ein (ideales) „Subpuls-Matched Filter" unterteilt. Da beide Filter lineare Systeme sind, ist ihre Reihenfolge an und für sich beliebig. Das Subpuls-Matched Filter formt die Rechteck-Subpulse der Dauer τ_c in Dreieckpulse der Dauer $2\tau_c$ um.

Das Ausgangssignal zeigt einen Hauptpuls der *Halbwertsbreite* τ_c, es wird also um den sogen. Kompressionsfaktor $K = N = 13$ gegenüber dem Eingangssignal der Dauer $N\tau_c$ komprimiert. Gleichzeitig wird die Amplitude des Hauptpulses um ebenfalls den Kompressionsfaktor K gegenüber der Amplitude am Eingang vergrößert (beachte die Änderung des Amplituden-Maßstabes in Bild 6.5).

Die Bandbreite des Signals $s_I(t)$ wird durch die des Subpulses bestimmt. Diese ist $B = 1/\tau_c$ (s. Glchg. (6.11)). Da $s_I(t)$ eine Dauer von $T = N\tau_c$ besitzt, wird das Zeit-Bandbreite-Produkt $TB = N\tau_c/\tau_c = N = 13$, also gleich der Zahl der Subpulse. Der Kompressionsfaktor ist daher gleich dem Zeit-Bandbreite-Produkt:

$$K = T \cdot B = N \tag{6.17}$$

Das Ausgangssignal zeigt neben dem Hauptpuls unerwünschte, aber unvermeidbare Seitenzipfel. Sie haben eine Amplitude von 1, ihr Abstand zum Hauptpuls beträgt also nur 22,3 dB. Sie können u. U. zu Falschalarmen führen. Methoden zur Reduzierung der Seitenzipfel werden in Kapitel 8 behandelt.

Bei Betrachtung des Filters von Bild 6.5 erkennt man, wenn man Bild 2.11 zum Vergleich heranzieht, daß die Pulskompression auch als eine kohärente Integration der $N = 13$ Subpulse aufgefaßt werden kann. Denn wie in Bild 2.11 werden alle Subpulse gleichphasig gemacht, bevor sie aufaddiert werden. Diese

Interpretation der Pulskompression als kohärente Integration ist für sehr viele Betrachtungen hilfreich (und auch bei frequenzmodulierten Signalen möglich). So läßt sich mit Hilfe von Glchg. (2.52) sofort die S/N-Verbesserung I_{SNR} durch das Pulskompressionsfilter angeben. Sie ist gleich der Zahl N der integrierten Subpulse, also gleich dem Zeit-Bandbreite-Produkt oder dem Kompressionsfaktor:

$$I_{\text{SNR}} = B \cdot T = K \tag{6.18}$$

Mit $N = 13$ wird $I_{\text{SNR}} = 10 \log 13 = 11{,}1\,\text{dB}$.

6.4 Das Matched Filter als Korrelator

Ist $s(t)$ ein unverfälschtes und möglicherweise komplexes Echo des Sendesignals und $n(t)$ das Empfängerrauschen, so ist das Empfangssignal $z(t) = s(t) + n(t)$. Die Impulsantwort $h_{\text{m}}(t)$ des zugehörigen Matched Filters ist $h_{\text{m}}(t) = s^*(t_0 - t)$. Dabei ist t_0 der Zeitpunkt, zu dem das Signalmaximum am Matched Filter-Ausgang erscheint. Das Ausgangssignal des Matched Filters wird

$$g(t) \;=\; h_{\text{m}}(t) * z(t) = s^*(t_0 - t) * z(t) \tag{6.19}$$

$$\;=\; \int_{-\infty}^{\infty} s^*(t_0 - \theta)\, z(t - \theta)\, d\theta = \int_{-\infty}^{\infty} s^*(\theta)\, z(\theta + t - t_0)\, d\theta \tag{6.20}$$

Der Formelsammlung von Anhang A kann man entnehmen, daß $g(t)$ als Kreuzkorrelationsfunktion (KKF) zwischen dem Empfangssignal und dem Sendesignal aufgefaßt werden kann, wobei wir $t_{\text{v}} = t - t_0$ als Verschiebungsvariable auffassen:

$$g(t_{\text{v}}) \;=\; \Big(g(t = t_0 + t_{\text{v}})\Big) =$$

$$\;=\; \int_{\infty}^{\infty} s^*(\theta)\, z(\theta + t_{\text{v}})\, d\theta = \int_{\infty}^{\infty} s^*(\theta - t_{\text{v}})\, z(\theta)\, d\theta = r_{sz}(t_{\text{v}}) \tag{6.21}$$

Bild 6.7 erläutert die Bildung der KKF bei reellen Signalen.

Vernachlässigt man das Rauschen $n(t)$ im Empfangssignal $z(t)$, so ist $z(t) = s(t)$ und das Ausganssignal des Matched Filters wird gleich der *Autokorrelationsfunktion (AKF) des Sendesignals*:

$$g(t_{\text{v}}) = \int_{-\infty}^{\infty} s^*(\theta)\, s(\theta + t_{\text{v}})\, d\theta = r_{ss}(t_{\text{v}}) \tag{6.22}$$

Die AKF erreicht mit $r_{ss}(0)$ ihr Maximum, also mit $t_{\text{v}} = t - t_0 = 0$ wie gefordert bei $t = t_0$.

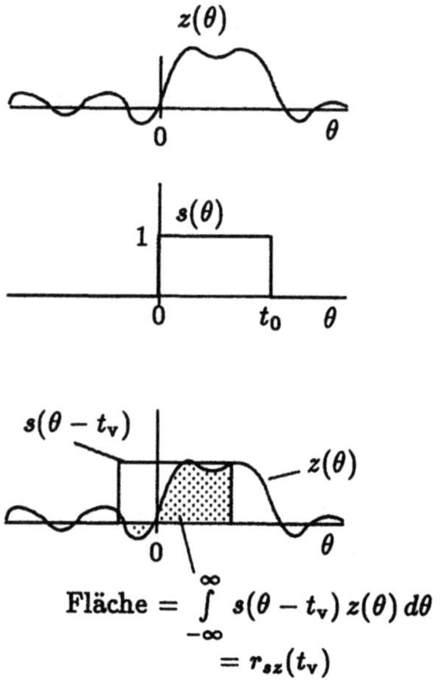

Bild 6.7 Das Matched Filter-Ausgangssignal stellt die Kreuzkorrelationsfunktion $r_{sz}(t_v)$ dar zwischen dem Sendesignal $s(\theta)$ und dem Empfangssignal $z(\theta)$: ein Abbild $s(\theta - t_v)$ des Sendesignals wird am (gespeichert gedachten) Empfangssignal vorbeigeschoben – durch kontinuierliches Ändern von t_v – und die jeweils sich gegenüberstehenden, nicht abzählbar unendlich vielen Signalwerte von Empfangssignal $z(\theta)$ und Referenzsignal $s(\theta - t_v)$ werden miteinander multipliziert und die Teilprodukte zu $r_{sz}(t_v)$ aufaddiert. Alle Signale wurden als reell angenommen.

Das Ausgangssignal des Matched Filters liegt also bereits fest, wenn das Sendesignal spezifiziert ist. So ist bspw. bei einem Rechteckpuls der Dauer τ als (reellem) Sendesignal das Matched Filter-Ausgangssignal ein Dreieckpuls der doppelten Dauer 2τ (vgl. Bild A.30), da der Dreieckpuls die AKF des Sendesignals darstellt. Beim 13-er Barker-Code als Sendesignal nimmt das Ausgangsignal die Form des Signals in Bild 6.5 am Punkt C an. Dieses Signal ist somit gleich der AKF des 13-er Barker-Codes.

Die Implementierung eines Korrelators nach Glchg. (6.21) zeigt Bild 6.8. Dabei sind reelle Signale angenommem. Zur Erklärung stellen wir uns als Sendesignal (im Tiefpaßbereich) einen 13-er Barker-Code vor. Die Verzögerung t_v in Bild 6.8 muß so gewählt werden, daß bei Einlaufen des ersten Subpulses des verrauschten Empfangssignals $z(\theta)$ auch der erste Subpuls des als Referenzsignal wirkenden Sendesignals $s(\theta)$ erscheint. Korrespondierende Subpulse müssen den Multiplizierer deckungsgleich erreichen. Dann tritt zum Zeitpunkt des erwarteten Zielechos, also wenn sich *alle* Subpulse von Empfangssignal und Referenzsignal deckungsgleich gegenüberstehen, ein maximales Ausgangssignal auf. Da nun aber der Zeitpunkt des Eintreffens eines Echos im allg. nicht bekannt ist, müßte man eine Bank von sehr vielen Korrelatoren mit unterschiedlichen Verzögerungen bereitstellen. Das wäre sehr aufwendig.

Demgegenüber ist beim Matched Filter das Referenzsignal (Sendesignal) in Form der Impulsantwort gewissermaßen *hardwaremäßig in das Filter eingebaut.* Das Filter korreliert jedes Echo, unabhängig vom Zeitpunkt seines Eintreffens, mit dem eingebauten Referenzsignal so, daß zum Zeitpunkt $t_L + t_0$ ein maximales Ausgangssignal auftritt. Dabei ist t_L die Echolaufzeit.

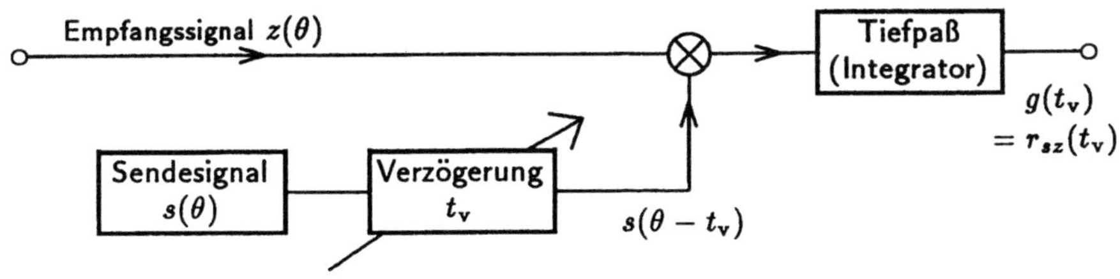

Bild 6.8 Aufbau eines Korrelators mit gespeichertem reellem Sendesignal $s(\theta)$ und einstellbarer Verzögerung t_v. Wird ein reelles Zielecho zum Zeitpunkt t erwartet, muß das Sendesignal um $t_v = t - t_0$ verzögert werden. Dabei ist t_0 die Dauer des Sendesignals.

Ein Korrelator nach Bild 6.8 besitzt nur Vorteile, wenn der Zeitpunkt des Eintreffens eines Signals relativ genau bekannt ist. Das Verfahren der Kreuzkorrelation wurde erfolgreich zur Entdeckung von Radarechos vom Mond und auch von Planeten verwendet. Ihre Entfernung ist angenähert bekannt. Es können Sendesignale großen Zeit-Bandbreite-Produkts verwendet werden. Die Empfangssignale wurden aufgezeichnet und später in einem Rechner mit dem Sendesignal kreuzkorreliert. Daraus konnte dann auch die Entfernung genauer bestimmt werden.

6.5 Matched Filter für farbige Störsignale

Neben weißem Rauschen treten in der Radartechnik farbige Störsignale auf, also solche, deren Leistungsdichtespektrum $L_c(f)$ frequenzabhängig ist. Typische Beispiele dafür sind Boden- und Regenclutter. Wir werden in diesem Abschnitt das Matched Filter für farbige Störsignale ableiten. Dabei fällt auch die exakte Ableitung für das gegen weißes Rauschen wirksame Matched Filter mit ab.

Wir gehen von der Aufgabenstellung an das Matched Filter nach Glchg. (6.1) aus, nämlich der Maximierung des Verhältnisses von Signalspitzenleistung zu mittlerer Rauschleistung. Das Filter-Ausgangssignal ist $g(t) = s(t) * h_m(t)$. Dabei sind $s(t)$ das Eingangssignal und $h_m(t) \circ\!\!-\!\!\bullet\ H_m(f)$ die Impulsantwort bzw. die Übertragungsfunktion des Matched Filters. An dessen Ausgang erhalten wir das Spektrum $G(f) = S(f) \cdot H_m(f)$. Durch Fourier-Rücktransformation bekommen wir das gesuchte Ausgangssignal zum Zeitpunkt t_0:

$$g(t_0) = \int_{-\infty}^{\infty} G(f)\, e^{j\,2\pi f t_0}\, df = \int_{-\infty}^{\infty} S(f)\, H_m(f)\, e^{j\,2\pi f t_0}\, df \qquad (6.23)$$

Die farbige Störleistung mit der Spektraldichte $L_c(f)$ denken wir uns durch weißes Rauschen mit der konstanten Spektraldichte N_0 erzeugt, das über ein Filter mit der Übertragungsfunktion $H_c(f)$ geleitet wird. Es ist

$$L_c(f) = N_0\,|H_c(f)|^2 \tag{6.24}$$

und die mittlere Störleistung N am Ausgang wird

$$N = N_0 \int_{-\infty}^{\infty} |H_c(f)|^2\,|H_m(f)|^2\,df \tag{6.25}$$

Wir bilden den Quotienten des Betragsquadrats von Glchg. (6.23) und von Glchg. (6.25), erweitern aber (6.23) mit $|H_c(f)|$. Da für zwei komplexe Zahlen a und b die Beziehung $|a|^2 \cdot |b|^2 = \big|a \cdot |b|\big|^2$ gilt, erhalten wir

$$\left(\frac{S}{N}\right) = \frac{|g(t_0)|^2}{N} = \tag{6.26}$$

$$= \frac{1}{N_0} \cdot \frac{\left| \int\limits_{-\infty}^{\infty} \frac{S(f)}{|H_c(f)|} \cdot H_m(f)\,|H_c(f)|\,e^{j\,2\pi f t_0}\,df \right|^2}{\int\limits_{-\infty}^{\infty} \Big|H_m(f)\,|H_c(f)|\Big|^2\,df} \quad \left(= \frac{1}{N_0}\,\frac{\left|\int\limits_{x_1}^{x_2} u(x)\cdot v(x)\,dx\right|^2}{\int\limits_{x_1}^{x_2} \big|v(x)\big|^2\,dx} \right)$$

Wir suchen dasjenige $H_m(f)$, das (S/N) maximiert, für das also (S/N) in $(S/N)_{sp}$ übergeht. Dazu verwenden wir die Integralform der sogen. Schwarzschen Ungleichung für komplexwertige Funktionen $u(x)$ und $v(x)$:

$$\left| \int_{x_1}^{x_2} u(x)\,v(x)\,dx \right|^2 \le \int_{x_1}^{x_2} |u(x)|^2\,dx \cdot \int_{x_1}^{x_2} |v(x)|^2\,dx \tag{6.27}$$

Das Gleichheitszeichen gilt, wenn $v(x) = c\,u^*(x)$. Dabei ist c eine beliebige, auch komplexe Konstante. Gleichung (6.26) nimmt nach der Schwarzschen Ungleichung ein Maximum an, wenn wir setzen

$$\frac{S(f)}{|H_c(f)|} = u(x) \qquad \text{und} \qquad H_m(f)\,|H_c(f)|\,e^{j\,2\pi f t_0} = v(x) \tag{6.28}$$

sowie

$$v(x) = c\,u^*(x) \tag{6.29}$$

Aus den Glchgn. (6.28) und (6.29) erhalten wir damit das Matched Filter für ein farbiges Störsignal zu

$$\boxed{H_m(f) = c\,\frac{S^*(f)\,e^{-j\,2\pi f t_0}}{|H_c(f)|^2} = c N_0\,\frac{S^*(f)\,e^{-j\,2\pi f t_0}}{L_c(f)}} \tag{6.30}$$

Beim Matched Filter für weißes Rauschen wird $|H_c(f)|^2 = L_c(f)/N_0 = 1$ und aus Glchg. (6.30) wird Glchg. (6.6). Durch eine Fourier-Transformation von (6.6) ergibt sich Glchg. (6.5). Damit haben wir formal die Ableitung des Matched Filters für weißes Rauschen nachgeholt.

Aus den Glchgn. (6.26), (6.28) und (6.29) erhalten wir für das maximal erreichbare Verhältnis von Signalspitzenleistung zu farbiger Störleistung

$$\left(\frac{S}{N}\right)_{\text{sp}} = \frac{1}{N_0} \int_{-\infty}^{\infty} \left| \frac{S(f)}{|H_c(f)|} \right|^2 df \tag{6.31}$$

Schreiben wir Glchg. (6.30) um in

$$H_{\text{m}}(f) \cdot L_c(f) = cN_0\, S^*(f)\, \mathrm{e}^{-\mathrm{j}\,2\pi f t_0}$$

und nehmen davon die Fourier-Rücktransformierte, so wird, da das Störleistungsspektrum $L_c(f)$ die Fourier-Transformierte der im allg. komplexen AKF $r_{cc}(t)$ des Störsignals ist,

$$h_{\text{m}}(t) * r_{cc}(t) = \int_{-\infty}^{\infty} h_{\text{m}}(\theta)\, r_{cc}(t-\theta)\, d\theta = cN_0\, s^*(t-t_0)$$

Da das Signal $s^*(t-t_0)$ nur im Intervall $0 \le t \le t_0$ existiert, läßt sich zeigen [4], daß man für die Impulsantwort $h_{\text{m}}(t)$ endgültig folgende Integralgleichung erhält:

$$\boxed{\int_0^{t_0} h_{\text{m}}(\theta)\, r_{cc}(t-\theta)\, d\theta = \text{const} \cdot s^*(t_0 - t) \qquad 0 \le t \le t_0} \tag{6.32}$$

Der Zeitpunkt, zu dem S/N am Filterausgang ein Maximum wird, entspricht der Dauer t_0 des Signals. Die Integralgleichung ist in vielen Fällen nicht geschlossen lösbar, wohl aber in dem praktisch interessanten Fall zeitdiskreter Signale. In Abschnitt 6.8 wird aus Glchg. (6.32) die Impulsantwort $h_{\text{m}}(t)$ des Matched Filters für in farbiges Rauschen eingebettete, zeitdiskrete Signale abgeleitet und gezeigt, daß bei normalverteiltem Störsignal das sogen. Likelihood Ratio Filter mit dem Matched Filter identisch ist.

Aufspaltung des Matched Filters für farbige Störsignale

Schreibt man Glchg. (6.30) um in die Form

$$H_{\text{m}}(f) = \mathrm{c}\, \frac{1}{|H_c(f)|} \cdot \frac{S^*(f)\, \mathrm{e}^{-\mathrm{j}\,2\pi f t_0}}{|H_c(f)|} \tag{6.33}$$

so läßt sich das Matched Filter als Reihenschaltung zweier Filter mit den Übertragungsfunktionen $H_1(f)$ und $H_2(f)$ auffassen, wobei

$$H_1(f) = \frac{1}{|H_c(f)|} \quad \text{und} \quad H_2 = c\,\frac{S^*(f)\,e^{-j2\pi f t_0}}{|H_c(f)|} \tag{6.34}$$

Das erste Filter $H_1(f)$ liefert an seinem Ausgang ein weißes Störsignal, da mit Gleichung (6.24)

$$L_c(f)/|H_c(f)|^2 = N_0\,|H_c(f)|^2/|H_c(f)|^2 = N_0$$

Es wird daher auch als *Prewhitening Filter* oder als „Weißmacher" bezeichnet. Das zweite Filter $H_2(f)$ stellt ein Matched Filter gegen weißes Rauschen für das durch das erste Filter geänderte Signalspektrum $S(f)/|H_c(f)|$ dar.

Wir werden in Kapitel 7 sehen, daß bei sehr vielen praktischen Radaren näherungsweise die hier beschriebene Aufteilung in die beiden Filter $H_1(f)$ und $H_2(f)$ vorliegt. Zum Beispiel verwendet ein MTI-Radar zur Bodenclutterunterdrückung ein MTI-Filter mit nachfolgender nichtkohärenter Integration. Das MTI-Filter stellt eine Approximation des Prewhitening Filters $H_1(f)$ dar, und der nichtkohärente Integrator ist eine wenn auch nur grobe (aber oft preiswerte) Annäherung an das gegen weißes Rauschen wirksame Matched Filter $H_2(f)$ (dabei ist hier $H_2(f)$ als Matched Filter für eine Pulsfolge aufzufassen, wie es im folgenden Abschnitt beschrieben wird).

6.6 Matched Filter für eine Pulsfolge bei weißem Störsignal

Wir haben bisher das Matched Filter für einen Einzelpuls betrachtet. Üblicherweise reflektiert ein Ziel während der Zielbeleuchtungszeit viele Sendepulse. Der Signalprozessor muß daher neben dem Matched Filter für den Einzelpuls ein nachfolgendes Matched Filter für die Pulsfolge bereitstellen. Dessen Arbeitsweise können wir aus den Überlegungen in Bild 6.1 ableiten: es muß alle Einzelpulse einlaufen lassen - nur so können wir von der gesamten, in der Pulsfolge enthaltenen Energie Gebrauch machen - sie in gleiche Phasenlage bringen und danach zu einem Summenpuls aufaddieren (integrieren). Ein solches Filter entspricht einem kohärenten Integrator, wie er in Abschnitt 2.8 beschrieben wurde.

Zur Ableitung der Struktur eines Matched Filters für eine Pulsfolge, eingebettet in weißes Rauschen[2], betrachten wir den klassischen Fall eines Radars mit rotierender Reflektorantenne. Es arbeite im Burstbetrieb, d. h. es sende

[2]Das Matched Filter für eine Pulsfolge bei farbigem Störsignal wird in Abschnitt 6.8 abgeleitet, nach Einführung der Vektor- und Matrix-Schreibweise.

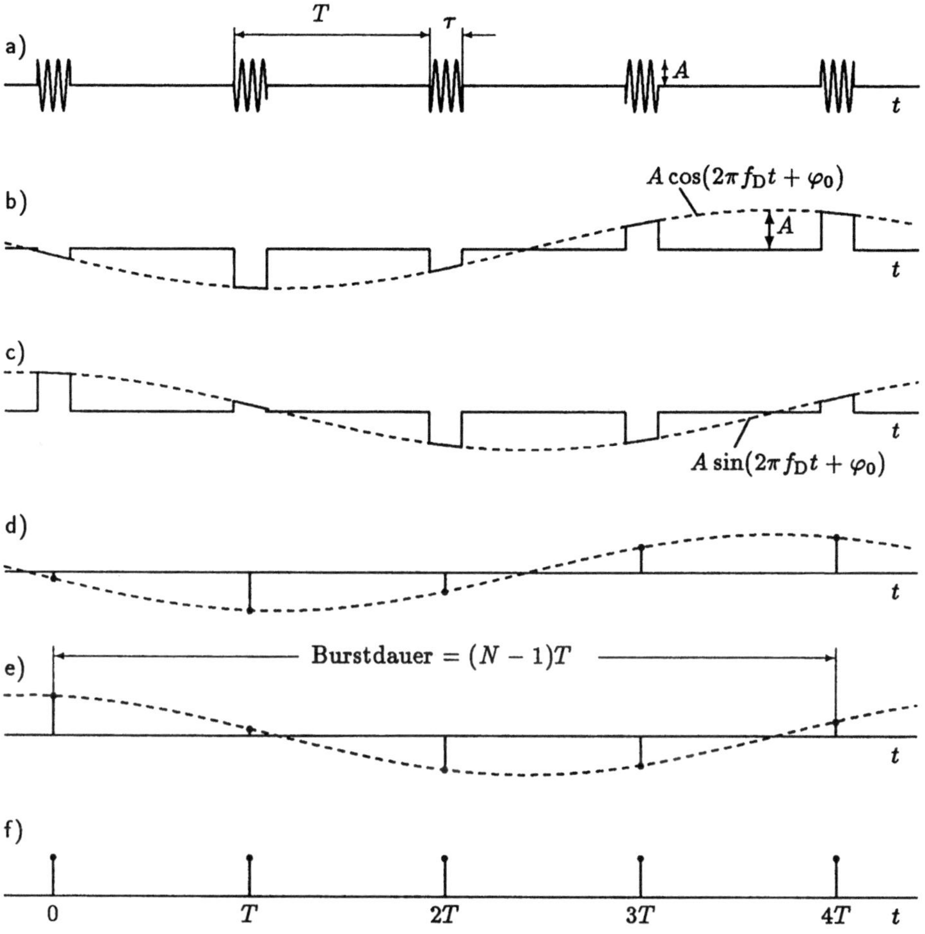

Bild 6.9 Echos eines Zieles während eines Bursts der Länge $N = 5$.
a) ZF-Signal: kohärente Echopulsfolge.
b) I-Signal: kohärentes Video mit Amplitude $A\cos(2\pi f_D t + \varphi_0)$.
c) Q-Signal: kohärentes Video mit Amplitude $A\sin(2\pi f_D t + \varphi_0)$.
d) und e) Abtastwerte der Echopulse im I/Q-Kanal bei einmaliger Abtastung pro Puls (der Abtastzeitpunkt liegt im allg. nicht in der Pulsmitte).
f) Nach der Betragsbildung $\sqrt{I^2 + Q^2}$ betragen die Abtastwerte konstant A.
Das Bild verdeutlicht die oft benutzte Modellvorstellung, nach der die Echos eines Zieles mit dem Doppler f_D als Abtastwerte einer Cosinus/Sinus-Schwingung der Frequenz f_D aufgefaßt werden können. Zur Abkürzung haben wir $T_{pw} = T$ gesetzt.

Bursts von je N Pulsen konstanter HF und PRF aus, empfange deren Echos und verarbeite diese separat für jeden einzelnen Entfernungsring. Das Verarbeitungsergebnis am Ende eines Bursts basiert also nur auf den Echos dieses Bursts.

Bild 6.9 zeigt die Echos im ZF-Bereich und darunter die nach kohärenter Abmischung in den Tiefpaßbereich erhaltenen I/Q-Signale. Der A/D-Umsetzer taste einmal pro Puls ab. Damit erhalten wir die in d) und e) gezeigten Abtastwerte, wobei wir unterstellt haben, daß wir bei der Abtastung zufällig die Mitte jedes Echopulses getroffen haben. Die diskreten Zeitfunktionen für die Abtastwerte der I/Q-Signale lassen sich mit Hilfe der Dirac-Funktion (s. Abschnitt A.6) in der folgenden Form schreiben, wenn für das Pulswiederholintervall abkürzend $T_{\text{pw}} = T$ gesetzt wird:

$$s_{\text{I}}(t) = \sum_{n=0}^{N-1} A\cos(2\pi f_{\text{D}} nT + \varphi_0)\cdot\delta(t-nT) \tag{6.35}$$

$$s_{\text{Q}}(t) = \sum_{n=0}^{N-1} A\sin(2\pi f_{\text{D}} nT + \varphi_0)\cdot\delta(t-nT) \tag{6.36}$$

Dabei ist f_{D} der Zieldoppler, φ_0 die (zufällige) Anfangsphase, und zur Vereinfachung haben wir angenommen, daß die Amplitude A während des Bursts konstant bleibt (Rechteck-Antennenfunktion). Wir fassen die I/Q-Signale zu einem komplexen Tiefpaßsignal zusammen und erhalten

$$s_{\text{TP}}(t) = s_{\text{I}}(t) + \text{j}\, s_{\text{Q}}(t) = \sum_{n=0}^{N-1} A\,\text{e}^{\text{j}\,(2\pi f_{\text{D}} nT+\varphi_0)}\cdot\delta(t-nT) \tag{6.37}$$

Das Maximum des Ausgangssignal können wir frühestens am Ende des Bursts, also zum Zeitpunkt $t_0 = (N-1)T$ erhalten, wie man sich mit Hilfe des Bildes 6.9 klarmachen kann. Damit wird nach Glchg. (6.5) die komplexe Impulsantwort des Matched Filters im Tiefpaßbereich

$$\begin{aligned} h_{\text{m,TP}}(t) &= s^*_{\text{TP}}\big((N-1)T-t\big) = A\sum_{n=0}^{N-1} \text{e}^{-\text{j}\,(2\pi f_{\text{D}}(N-1-n)T+\varphi_0)}\cdot\delta(t-nT) \\ &= A\,\text{e}^{-\text{j}\,(2\pi f_{\text{D}}(N-1)T+\varphi_0)}\cdot\sum_{n=0}^{N-1}\text{e}^{\text{j}\,2\pi f_{\text{D}} nT}\cdot\delta(t-nT) \end{aligned} \tag{6.38}$$

Da der komplexe, konstante Faktor $A\text{e}^{-\text{j}(2\pi f_{\text{D}}(N-1)T+\varphi_0)}$ das Signal-Rausch-Verhältnis nicht ändert, können wir ihn gleich 1 setzen. Dann wird die komplexe Impulsantwort des Tiefpaß-Matched Filters, wenn wir zur Abkürzung $h_{\text{m,TP}}(t) = h_{\text{m}}(t)$ setzen,

$$\begin{aligned} h_{\text{m}}(t) &= \sum_{n=0}^{N-1}\text{e}^{\text{j}\,2\pi f_{\text{D}} nT}\cdot\delta(t-nT) \qquad (6.39) \\ &= \sum_{n=0}^{N-1}\cos(2\pi f_{\text{D}} nT)\cdot\delta(t-nT) + \text{j}\sum_{n=0}^{N-1}\sin(2\pi f_{\text{D}} nT)\cdot\delta(t-nT) \end{aligned}$$

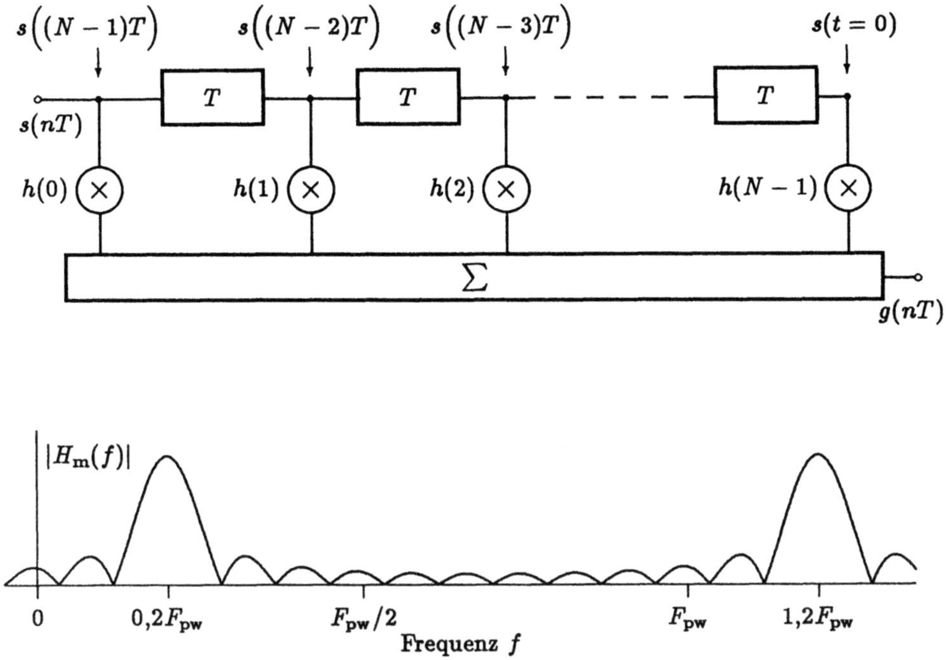

Bild 6.10 Ein komplexes FIR-Filter als Dopplerfilter im Tiefpaßbereich und seine Übertragungsfunktion:

Oben: FIR-Filter mit komplexem Eingangssignal $s(nT)$ und komplexen Filtergewichten $h(n)$. Solche Filter arbeiten meist im Blockbetrieb, d. h. nach „Laden" mit den N Abtastwerten eines Bursts wird das Ausgangssignal berechnet, danach werden sie gelöscht. Das Filter läßt sich durch 4 reelle FIR-Filter in einer Verknüpfung nach Bild 5.10 realisieren.

Unten: Betrag der (periodischen) Übertragungsfunktion $|H_m(f)|$ für $f_D = 0{,}2 \cdot F_{pw}$ bei einer Burstlänge von $N = 12$ ($F_{pw} = 1/T_{pw} = 1/T$ ist die PRF).

Dies ist aber die Impulsantwort eines FIR-Filters mit komplexen Filterkoeffizienten, wie es in Bild 6.10 gezeigt ist (s. auch Abschnitte A.11 und A.13 im Anhang). Ein solches komplexes FIR-Filter läßt sich nach Bild 5.10 durch 4 reelle FIR-Filter oder Transversalfilter mit den reellen Impulsantworten $h_{m,I}(nT)$ und $h_{m,Q}(nT)$ realisieren (vgl. auch die der Schaltung von Bild 5.10 zugrundeliegende Glchg. 5.44 und das zugehörige Bild 5.6).

Nach Glchg. (6.39) erhält man die reellen Filtergewichte oder Filterkoeffizienten der FIR-Filter nach Weglassen des jetzt uninteressanten Zeitbezuges durch die Dirac-Impulsfolgen zu

$$h_{m,I}(n) = \cos(2\pi f_D nT) \qquad 0 \le n \le N-1 \tag{6.40}$$

$$h_{m,Q}(n) = \sin(2\pi f_D nT) \qquad 0 \le n \le N-1 \tag{6.41}$$

Ein nach Bild 5.10 mit diesen Impulsantworten aufgebautes Filtersystem zeigt ein großes Ausgangssignal nur bei Zielen mit einem Doppler nahe f_D. Es hat also Bandpaßcharakter und wird als Dopplerfilter bezeichnet. Seine Übertragungsfunktion ergibt sich durch Fourier-Transformation der Glchg. (6.39), vgl. Formelsammlung A.15 im Anhang, zu

$$\begin{aligned} H_m(f) &= \sum_{n=0}^{N-1} e^{j\,2\pi f_D nT} \cdot e^{-j\,2\pi f nT} \\ &= \sum_{n=0}^{N-1} e^{-j\,2\pi nT(f-f_D)} \\ &= \sum_{n=0}^{N-1} \left\{ \cos\left(2\pi nT(f-f_D)\right) - j\,\sin\left(2\pi nT(f-f_D)\right) \right\} \end{aligned} \tag{6.42}$$

Bild 6.10 zeigt den Betrag der periodischen Übertragungsfunktion.

Ein solches Dopplerfilter ist, wie man sich klarmachen kann, identisch mit dem in Bild 2.11 beschriebenen kohärenten Integrator. Denn das Matched Filter für die Pulsfolge macht alle Echos gleichphasig und addiert sie auf. *Dopplerfilter, kohärenter Integrator und Matched Filter für eine Pulsfolge sind daher nur unterschiedliche Bezeichnungen für das gleiche Filter.* Um alle Ziele innerhalb eines erwarteten, größeren Dopplerbereiches zu erfassen, muß dieser Bereich in kleinere Intervalle von der Bandbreite eines Dopplerfilters aufgeteilt und jedem Intervall ein Dopplerfilter zugeordnet werden. Man spricht dann von Dopplerfilterbank.

Wie wir in Abschnitt 2.6 (vgl. Bild 2.9) gesehen hatten, ist beim Pulsradar der Zieldoppler nur eindeutig, wenn er im Bereich $|f_D| < F_{pw}/2$ liegt. Wir brauchen mit der Dopplerfilterbank nur den Dopplerbereich $-F_{pw}/2 \leq f_D \leq F_{pw}/2$ zu erfassen, da höhere positive oder negative Doppler sich auf diesen Bereich abbilden. Man kann zeigen, daß im allgemeinen bei einem Burst von N Sendepulsen N Dopplerfilter genügen, diesen Bereich von der Größe der PRF abzudecken.

6.7 Likelihood Ratio Filter

Wir betrachten wie im letzten Abschnitt das Problem der optimalen Zielentdeckung bei Vorliegen einer *Echopulsfolge,* diesmal jedoch in Gegenwart eines *farbigen* Störsignals. Da Störsignale im allgemeinen zufällige Signale sind, liegt es nahe, das Problem der optimalen Zielentdeckung mit den Methoden der statistischen Entscheidungstheorie anzugehen. Dabei wird sich herausstellen, daß der dieser Theorie entnommene Likelihood Ratio-Test, zu deutsch Wahrscheinlichkeits-Verhältnis-Test, zur gleichen Verarbeitungsvorschrift führt wie das Matched Filter für die Echopulsfolge (*Wirth,* 1966 [1]). Das gilt allerdings nur, wenn das Störsignal *normalverteilt* ist, was aber in der Praxis meist zutrifft. Man bezeichnet einen Signalprozessor, der auf dem Wahrscheinlichkeits-Verhältnis-Test basiert, als Likelihood Ratio-Prozessor oder -Filter [2].

Die vieldimensionale Wahrscheinlichkeitsdichte eines komplex normalverteilten Störsignals

Zur Formulierung des Likelihood Ratio-Tests benötigen wir die Kenntnis der vieldimensionalen Wahrscheinlichkeitsdichteverteilung des als stationär und ergodisch angenommenen, farbigen Störsignals. Zu deren Ableitung gehen wir von dem Modell eines im Burstbetrieb arbeitenden Radars mit bspw. mechanisch drehender Antenne aus, wie es eingangs des letzten Abschnittes beschrieben wurde (vgl. dazu Bild 6.9). Wir nehmen zunächst an, daß im betrachteten Entfernungsring – im Gegensatz zu Bild 6.9 – keine Zielechos sondern neben Empfängerrauschen nur Störechos in Form von Boden- und/oder Regenclutter vorhanden seien. Die Abtastwerte (Echos) der I/Q-Signale zu den Zeitpunkten $t=0, T, 2T, \dots, (N-1)T$ seien allgemein mit $x_\mathrm{I}(nT)=x_\mathrm{I}(n)$ und $x_\mathrm{Q}(nT)=x_\mathrm{Q}(n)$ bezeichnet. Dabei wurde für das Pulswiederholintervall abkürzend $T_\mathrm{pw} = T$ gesetzt. Ziehen wir $x_\mathrm{I}(n)$ und $x_\mathrm{Q}(n)$ zum komplexen Signal $x(n)=x_\mathrm{I}(n) + \mathrm{j}\, x_\mathrm{Q}(n)$ zusammen, so lassen sich die N Störechos aus dem betrachteten Entfernungsring zu einem komplexen Spaltenvektor $\mathbf{x}$ zusammenfassen, wobei $x(0)$ der Abtastwert bei $t=0$ und $x(N-1)$ der bei $t=(N-1)T$ ist:

$$\mathbf{x} = \begin{bmatrix} x(0) \\ x(1) \\ \vdots \\ x(n) \\ \vdots \\ x(N-1) \end{bmatrix} = \begin{bmatrix} x_\mathrm{I}(0) + \mathrm{j}\, x_\mathrm{Q}(0) \\ x_\mathrm{I}(1) + \mathrm{j}\, x_\mathrm{Q}(1) \\ \vdots \\ x_\mathrm{I}(n) + \mathrm{j}\, x_\mathrm{Q}(n) \\ \vdots \\ x_\mathrm{I}(N-1) + \mathrm{j}\, x_\mathrm{Q}(N-1) \end{bmatrix} \tag{6.43}$$

Wir bezeichnen im folgenden Vektoren mit fetten, nichtkursiven Kleinbuchstaben und Matrizen mit fetten, nichtkursiven Großbuchstaben. Ihre Elemente sind im allgemeinen komplex. Die Grundlagen der Theorie reeller und komplexer

Vektoren und Matrizen finden sich in [3], einige Bemerkungen zur numerischen Berechnung von Operationen mit komplexen Matrizen sind im nachfolgenden Abschnitt 6.8 zusammengefaßt.

Die komplexen Abtastwerte $x(n)$ des Störsignals sind Zufallsgrößen, die einer *mittelwertfreien, komplexen Normalverteilung* gehorchen (die $x_I(n)$ und $x_Q(n)$ sind Zufallsgrößen einer mittelwertfreien, *reellen* Normalverteilung). Ursache für die Normalverteilung ist, daß sich ein Echo $x(n)$ aus der Summe der Reflexionen sehr vieler „Elementarreflektoren" zufälliger und gleichverteilter Phasen und zufälliger Amplituden zusammensetzt. Nach dem zentralen Grenzwertsatz der Statistik führt das auf eine Normalverteilung.

Zwei Echos $x(n)$ und $x(n+\nu)$ sind im allg. korreliert ($\nu \leq (N-1-n)$). Denn beim Drehen der Antenne verlassen innerhalb der Zielverweilzeit einige Elementarreflektoren bspw. der Erdoberfläche die Antennenkeule, einige neue kommen hinzu, die meisten aber verbleiben innerhalb der Keule. Das führt zu einer merklichen Korrelation aufeinanderfolgender Echos.

Die Korrelation zweier Echos $x(n)$ und $x(n+\nu)$ wird durch den Erwartungswert des Produktes $x(n)\,x^*(n+\nu)$, also $E\{x(n)\,x^*(n+\nu)\}$, beschrieben. Dieser Erwartungswert ist bei der hier vorliegenden mittelwertfreien Verteilung gleich der Kovarianz von $x(n)$ und $x(n+\nu)$. Bei völlig fehlender Korrelation verschwindet der Erwartungswert. Durch eine geeignete Mittelung über viele Signalvektoren $\mathbf{x}$ ergibt sich die sogen. *Kovarianzmatrix* $\mathbf{K}$ des Störsignals, die als Elemente obige Erwartungswerte enthält. Sie ist definiert als

$$\mathbf{K} = E\Big\{\mathbf{x}\mathbf{x}^*\Big\} \tag{6.44}$$

Dabei bedeutet $\mathbf{x}^*$ den *transjugierten*, d. h. transponierten und konjugierten Spaltenvektor, also einen Zeilenvektor mit den konjugiert komplexen Elementen des zugehörigen Spaltenvektors. In der englischsprachigen Literatur wird oft $\mathbf{x}^\dagger$ statt $\mathbf{x}^*$ geschrieben. Die Kovarianzmatrix

$$\begin{aligned}
\mathbf{K} &= E\Big\{\mathbf{x}\mathbf{x}^*\Big\} \qquad (6.45)\\
&= E\left\{\begin{bmatrix} x(0)\\ x(1)\\ \vdots\\ x(n)\\ \vdots\\ x(N-1)\end{bmatrix}\cdot\Big[x^*(0)\;\; x^*(1)\cdots x^*(n)\cdots x^*(N-1)\Big]\right\}\\
&= E\left\{\begin{bmatrix} x(0)x^*(0) & x(0)x^*(1) & \cdots & x(0)x^*(N-1)\\ x(1)x^*(0) & x(1)x^*(1) & \cdots & x(1)x^*(N-1)\\ \vdots & \vdots & \ddots & \vdots\\ x(N-1)x^*(0) & x(N-1)x^*(1) & \cdots & x(N-1)x^*(N-1)\end{bmatrix}\right\}
\end{aligned}$$

stellt eine quadratische $(N \times N)$-Matrix dar. Den Erwartungswert einer Matrix erhält man definitionsgemäß, wenn man ihre Elemente durch ihre Erwartungswerte ersetzt. Also wird mit $x_i\, x_i^* = |x_i|^2$ die komplexe Kovarianzmatrix

$$\mathbf{K} = E\left\{\mathbf{x}\,\mathbf{x}^*\right\} \tag{6.46}$$

$$= \begin{bmatrix} E\{|x(0)|^2\} & E\{x(0)x^*(1)\} & \cdots & E\{x(0)x^*(N-1)\} \\ E\{x(1)x^*(0)\} & E\{|x(1)|^2\} & \cdots & E\{x(1)x^*(N-1)\} \\ \vdots & \vdots & \ddots & \vdots \\ E\{x(N-1)x^*(0)\} & E\{x(N-1)x^*(1)\} & \cdots & E\{|x(N-1)|^2\} \end{bmatrix}$$

$$= \begin{bmatrix} k_{00} & k_{01} & k_{02} & k_{03} & \cdots & k_{0(N-1)} \\ k_{10} & k_{11} & k_{12} & k_{13} & \cdots & k_{1(N-1)} \\ k_{20} & k_{21} & k_{22} & k_{23} & \cdots & k_{2(N-1)} \\ \vdots & \vdots & \vdots & \vdots & \ddots & \vdots \\ k_{(N-1)0} & k_{(N-1)1} & k_{(N-1)2} & k_{(N-1)3} & \cdots & k_{(N-1)(N-1)} \end{bmatrix}$$

Wichtige Eigenschaften von Kovarianzmatrizen:
Die Kovarianzmatrix praktischer Störsignale ist stets *positiv definit*. Das heißt, daß im Zusammenhang mit einem beliebigen, auch komplexen Vektor $\mathbf{x}$ die sogenannte *quadratische Form*, nämlich der Ausdruck

$$Q = \mathbf{x}^*\,\mathbf{K}\,\mathbf{x} \tag{6.47}$$

stets eine reelle und positive Zahl ist für alle Vektoren, die keine Nullvektoren sind. Denn die Multiplikation des Zeilenvektors $\mathbf{x}^*$mit der Matrix $\mathbf{K}$ ergibt wieder einen Zeilenvektor. Seine Multiplikation mit dem Spaltenvektor $\mathbf{x}$ liefert eine skalare Größe, im allg. eine komplexe Zahl, deren Imaginärteil hier aber verschwindet. Der Realteil ist stets positiv.

Weiter ist eine Kovarianzmatrix $\mathbf{K}$ mit komplexen Elementen k_{lm} eine sogenannte *Hermite*'sche Matrix, für die $k_{lm} = k_{ml}^*$ gilt. Daraus folgt, daß die transjugierte Matrix $\mathbf{K}^*$, also die transponierte Matrix mit konjugiert komplexen Elementen, gleich der Ausgangsmatrix ist:

$$\mathbf{K}^* = \mathbf{K} \tag{6.48}$$

Die Determinante $\det(\mathbf{K})$ einer positiv definiten Matrix ist stets $\neq 0$. Eine solche Matrix $\mathbf{K}$ hat eine Kehrmatrix oder invertierte Matrix $\mathbf{K}^{-1}$ derart, daß $\mathbf{K}\,\mathbf{K}^{-1} = \mathbf{I}$. Dabei ist $\mathbf{I}$ die Einheitsmatrix

$$\mathbf{I} = \begin{bmatrix} 1 & 0 & \cdots & 0 \\ 0 & 1 & \cdots & 0 \\ \vdots & \vdots & \ddots & \vdots \\ 0 & 0 & \cdots & 1 \end{bmatrix} \tag{6.49}$$

Die Kehrmatrix ist auch wieder positiv definit, d. h. der Ausdruck $\mathbf{x}^* \mathbf{K}^{-1} \mathbf{x}$ ist immer eine reelle, positive Zahl. Auch läßt sich zeigen, daß $\mathbf{K}^{-1}$ wieder eine Hermite'sche Matrix ist.

Da wir das Störsignal als stationär angenommen haben, ist die Kovarianz (als Maß für die Korrelation) zweier beliebiger Echos des Bursts nur von dem zwischen ihnen liegenden Zeitintervall abhängig, gemessen als Vielfaches der Radarperiode. Also sind alle die Elemente k_{lm} der Kovarianzmatrix gleich, für welche die Differenz $(l - m) = \text{const}$ und positiv ist, und sie nehmen den konjugiert komplexen Wert k_{lm}^* an, wenn $(l - m) = -\text{const}$.

Zusammenfassend bedeutet dies, daß alle Elemente entlang einer Nebendiagonale (Diagonale parallel zur Hauptdiagonale) gleich sind und die Elemente einer oberen Nebendiagonale (oberhalb der Hauptdiagonale) gleich den konjugiert komplexen Elementen auf der entsprechenden unteren Nebendiagonale sind. Außerdem können wir in unserem Falle die mittleren Leistungen aller Störechos, nämlich $E\{|x(n)|^2\}$, als gleich annehmen. Damit sind auch die Elemente entlang der Hauptdiagonale gleich. Eine solche Matrix wird auch als *Toeplitz*-Matrix bezeichnet. Damit können wir die Kovarianzmatrix kürzer in der folgenden Form schreiben:

$$\mathbf{K} = \begin{bmatrix} k_0 & k_1^* & k_2^* & k_3^* & \cdots & \cdots & k_{(N-1)}^* \\ k_1 & k_0 & k_1^* & k_2^* & \ddots & \cdots & k_{(N-2)}^* \\ k_2 & k_1 & k_0 & \ddots & \ddots & \cdots & k_{(N-3)}^* \\ k_3 & k_2 & \ddots & \ddots & \ddots & \cdots & k_{(N-4)}^* \\ \vdots & \vdots & \vdots & \vdots & \vdots & \vdots & \vdots \\ k_{N-1} & \cdots & \cdots & \cdots & \cdots & \cdots & k_0 \end{bmatrix} \tag{6.50}$$

Wir werden die Elemente von Kovarianzmatrizen im nächsten Kapitel im Zusammenhang mit dem Entwurf von Dopplerfilterbänken berechnen.

Mit diesen Vorkenntnissen können wir jetzt die komplexe, N-dimensionale und mittelwertfreie Normalverteilung der aus der additiven Überlagerung von Rauschen, Bodenclutter und Regenclutter bestehenden N Echos (Abtastwerte) eines Bursts anschreiben. Sie ist mit $\det(\mathbf{K})$ als Determinante der Kovarianzmatrix $\mathbf{K}$ [4, 5, 6]

$$\boxed{p(\mathbf{x}) = p(\mathbf{x}|H_0) = \frac{1}{\pi^N \det(\mathbf{K})}\, \mathrm{e}^{-\mathbf{x}^* \mathbf{K}^{-1} \mathbf{x}}} \tag{6.51}$$

Die Schreibweise $p(\mathbf{x}|H_0)$ einer bedingten Wahrscheinlichkeitsdichte soll andeuten, daß sie unter der Bedingung „kein Ziel vorhanden (Hypothese $\mathrm{H_0}$)" gilt.

Anmerkung:

In der Literatur [1, 2, 4, 6] findet sich noch eine andere, reelle Schreibweise der Glchg. (6.51), die man wie folgt erhält. Man bildet aus dem komplexen N-zeiligen Vektor $\mathbf{x}$ der Glchg. (6.43) den reellen Vektor doppelter Zeilenzahl $2N$, den wir mit $\underline{\mathbf{x}}$ bezeichnen wollen:

$$\underline{\mathbf{x}} = \begin{bmatrix} x_I(0) \\ x_I(1) \\ x_I(2) \\ \vdots \\ x_I(N-1) \\ x_Q(0) \\ x_Q(1) \\ x_Q(2) \\ \vdots \\ x_Q(N-1) \end{bmatrix} \tag{6.52}$$

Man erhält damit eine reelle Kovarianzmatrix $\underline{\mathbf{K}}$ der Dimension $(2N \times 2N)$ zu $\underline{\mathbf{K}} = \mathrm{E}\{\underline{\mathbf{x}}\,\underline{\mathbf{x}}^{\mathrm{T}}\}$. Nach [4, 6] wird damit die N-dimensionale komplexe Normalverteilung in reeller Schreibweise

$$p(\underline{\mathbf{x}}) = p(\underline{\mathbf{x}}|H_0) = \frac{1}{(2\pi)^N \sqrt{\det(\underline{\mathbf{K}})}}\, \mathrm{e}^{-\frac{1}{2}\underline{\mathbf{x}}^{\mathrm{T}}\,\underline{\mathbf{K}}^{-1}\,\underline{\mathbf{x}}} \tag{6.53}$$

Dabei bedeutet $\underline{x}^{\mathrm{T}}$ den transponierten Vektor $\underline{x}$. Vergleiche auch die Bemerkungen zu Glchg. (6.80). Wir werden im folgenden mit der kompakteren und anschaulicheren Form der Gleichung (6.51) weiterarbeiten.

Wahrscheinlichkeitsdichte bei Anwesenheit eines Zielsignals

Es sei jetzt ein Ziel mit der Amplitude A, der Dopplerfrequenz f_{D} und der Anfangsphase φ_0 in dem betrachteten Entfernungsring vorhanden. Die Abtastwerte der Zielechos in den beiden Quadraturkanälen zum Zeitpunkt $t = nT$ mit $(n = 0, \ldots, N-1)$ sind $s_{\mathrm{I}}(nT) = s_{\mathrm{I}}(n) = A\,\cos(2\pi f_{\mathrm{D}} nT + \varphi_0)$ und $s_{\mathrm{Q}}(nT) = s_{\mathrm{Q}}(n) = A\,\sin(2\pi f_{\mathrm{D}} nT + \varphi_0)$. Wir können die N Zielechos zu einem Spalten-Zielvektor zusammenfassen:

$$\mathrm{s} \;=\; A \begin{bmatrix} s(0) = \cos(\varphi_0) + \mathrm{j}\,\sin(\varphi_0) \\ s(1) = \cos(2\pi f_{\mathrm{D}} T + \varphi_0) + \mathrm{j}\,\sin(2\pi f_{\mathrm{D}} T + \varphi_0) \\ \vdots \\ s(n) = \cos(2\pi f_{\mathrm{D}} n)T + \varphi_0) + \mathrm{j}\,\sin(2\pi f_{\mathrm{D}} nT + \varphi_0) \\ \vdots \\ s(N-1) = \cos(2\pi f_{\mathrm{D}}(N-1)T + \varphi_0) + \mathrm{j}\,\sin(2\pi f_{\mathrm{D}}(N-1)T + \varphi_0) \end{bmatrix}$$

$$= \;A \cdot \mathrm{e}^{\mathrm{j}\varphi_0} \begin{bmatrix} 1 \\ \mathrm{e}^{\mathrm{j}2\pi f_{\mathrm{D}} T} \\ \vdots \\ \mathrm{e}^{\mathrm{j}2\pi f_{\mathrm{D}} nT} \\ \vdots \\ \mathrm{e}^{\mathrm{j}2\pi f_{\mathrm{D}}(N-1)T} \end{bmatrix} \tag{6.54}$$

Wir haben zur Vereinfachung unterstellt, daß die Zielamplitude A während eines Bursts konstant bleibt.

Bei Anwesenheit eines Zieles wird aus der mittelwertfreien Normalverteilung des Störsignals eine mittelwertbehaftete. Denn die additiv den mittelwertfreien Störechos überlagerten Zielechos entsprechen den Erwartungswerten der Summe von Stör- und Zielechos. Damit wird die N-dimensionale komplexe Normalverteilung für den Fall „Störung plus Signal (Hypothese H_1)“

$$\boxed{p(\mathbf{x}) = p(\mathbf{x}|H_1) = \frac{1}{\pi^N \det(\mathbf{K})}\, e^{-(\mathbf{x}-\mathbf{s})^* \mathbf{K}^{-1} (\mathbf{x}-\mathbf{s})}} \tag{6.55}$$

Dabei ist $(\mathbf{x}-\mathbf{s})^*$ der transjugierte Vektor $(\mathbf{x}-\mathbf{s})$.

Likelihood Ratio-Test

Zur Entscheidung darüber, ob in den N Abtastwerten eines Empfangsvektors $\mathbf{x}$ ein Ziel „versteckt“ ist oder nicht, können wir das Wahrscheinlichkeits-Verhältnis oder Likelihood Ratio der Verteilungsdichten $p(\mathbf{x}|H_1)$ für „Ziel vorhanden“ und $p(\mathbf{x}|H_0)$ für „kein Ziel vorhanden“ heranziehen. Je größer dieses Verhältnis wird, umso wahrscheinlicher ist die Anwesenheit eines Zieles. Wir berechnen daher das Likelihood-Verhältnis

$$L(\mathbf{x}) = \frac{p(\mathbf{x}|H_1)}{p(\mathbf{x}|H_0)} = e^{-(\mathbf{x}-\mathbf{s})^* \mathbf{K}^{-1} (\mathbf{x}-\mathbf{s}) + \mathbf{x}^* \mathbf{K}^{-1} \mathbf{x}} \geq \eta_1 \tag{6.56}$$

und entscheiden uns für die Hypothese „H_1 = Ziel“, wenn die reelle und positive Zahl $L(\mathbf{x})$ gleich oder größer als eine bestimmte Schwelle η_1 ist. Ein solcher Test wird als Likelihood Ratio-Test oder Wahrscheinlichkeits-Verhältnis-Test bezeichnet. Wir werden später feststellen, daß ein Prozessor, der $L(x)$ berechnet, also der Likelihood Ratio-Prozessor oder das Likelihood Ratio Filter, einem Matched Filter zur S/N-Maximierung gleichwertig ist, wenn die Störsignale eine Normalverteilung besitzen (wie wir sie bei den bisherigen Ableitungen vorausgesetzt haben). Das ist in der Radartechnik meist der Fall.

Das Likelihood-Verhältnis wird dann ein Maximum, wenn wir als Signalvektor $\mathbf{s}$ in Glchg. (6.56) denjenigen des erwarteten Zieles einsetzen. Man spricht dann gelegentlich auch von Maximum Likelihood Ratio-Test. Dieser Test ändert sich qualitativ nicht, wenn wir zur Eliminierung der Exponentialfunktion logarithmieren, da die Logarithmierung eine monotone Abbildung darstellt. Wir erhalten

$$\ln\left[L(\mathbf{x})\right] = -(\mathbf{x}-\mathbf{s})^* \mathbf{K}^{-1} (\mathbf{x}-\mathbf{s}) + \mathbf{x}^* \mathbf{K}^{-1} \mathbf{x} \geq \ln \eta_1 \tag{6.57}$$

und, da mit der Hermite'schen Matrix $\mathbf{K}^{-1}$ für die skalare, komplexe Größe

$(\mathbf{x}^* \mathbf{K}^{-1} \mathbf{s})$ die Beziehung [3]

$$(\mathbf{x}^* \mathbf{K}^{-1} \mathbf{s}) = (\mathbf{s}^* \mathbf{K}^{-1} \mathbf{x})^*$$

gilt, wird wegen $a + a^* = 2\,\mathrm{Re}(a)$

$$\ln \Big[L(\mathbf{x})\Big] = 2\,\mathrm{Re}(\mathbf{s}^* \mathbf{K}^{-1} \mathbf{x}) - \mathbf{s}^* \mathbf{K}^{-1} \mathbf{s} \geq \ln \eta_1 \tag{6.58}$$

Wir bilden

$$\mathrm{Re}(\mathbf{s}^* \mathbf{K}^{-1} \mathbf{x}) \geq \frac{1}{2}(\mathbf{s}^* \mathbf{K}^{-1} \mathbf{s}) + \frac{1}{2} \ln \eta_1 = \eta_2 \tag{6.59}$$

wobei die rechte Seite der Ungleichung von der gewählten Schwelle η_1 sowie – über den Zielvektor s – von Amplitude A, Doppler f_D und Anfangsphase φ_0 des Zieles wie ebenso – über die Kehrmatrix $\mathbf{K}^{-1}$ – von den Eigenschaften des Störsignals abhängt.

Nun sind in der Praxis Doppler, Amplitude und Anfangsphase unbekannt. Wir führen daher für eine ausreichend große Zahl diskreter Doppler $f_{\mathrm{D,k}}$ mit $k = 0, 1, \ldots, M-1$ insgesamt M Tests mit den Zielvektoren $\mathbf{s} = \mathbf{s}(f_{\mathrm{D,k}}) = \mathbf{s}_\mathrm{k}$ durch. Die unbekannte Amplitude A stört uns relativ wenig, wenn wir die resultierende neue Schwelle η_2 genügend tief legen. Wir bezahlen allerdings unsere Amplitudenunkenntnis mit einer erhöhten Falschalarmwahrscheinlichkeit P_fa. Denn wäre uns bspw. die Amplitude eines erwarteten Zieles als sehr groß bekannt, könnten wir die Schwelle sehr hoch legen, wodurch P_fa stark verringert würde.

Problematischer ist die unbekannte Anfangsphase φ_0 des Zieles. Setzen wir bspw. wegen unserer Unkenntnis der Phase einfach $\varphi_0 = 0$, so kann bei einer anderen Anfangsphase – trotz sehr hoher Zielamplitude – der Ausdruck $\mathrm{Re}(\mathbf{s}^* \mathbf{K}^{-1} \mathbf{x})$ sehr klein werden und sogar verschwinden (sogen. Blindphase). In einem solchen Fall wird allerdings $\mathrm{Im}(\mathbf{s}^* \mathbf{K}^{-1} \mathbf{x})$ sehr groß. Es liegt daher nahe, nicht den Realteil von $(\mathbf{s}^* \mathbf{K}^{-1} \mathbf{x})$ mit einer Schwelle zu vergleichen sondern den Betrag. Damit bekommen wir die aus dem Wahrscheinlichkeits-Verhältnis-Test abgeleitete Verarbeitungsvorschrift

$$\boxed{\;|\, \mathbf{s}_\mathrm{k}^* \mathbf{K}^{-1} \mathbf{x} \,| \geq \eta\;} \tag{6.60}$$

Die Schwelle η legt die Falschalarmwahrscheinlichkeit P_fa fest.

Wir bezahlen wie erwartet die Unkenntnis der Ziel-Anfangsphase mit einem erhöhten Bedarf an S/N für die Zielentdeckung (=S/N-Verlust) gegenüber dem Fall, daß die Anfangsphase bekannt und in den Wahrscheinlichkeits-Verhältnis-Test eingebaut wäre. Da in analoger Technik die Betragsbildung einen Hüllkurven-Detektor erfordert, wird dieser S/N-Verlust als „Detector Loss" bezeichnet. Er beträgt bei $P_\mathrm{d} = 0{,}9$ und $P_\mathrm{fa} = 10^{-6}$ etwa 0,4 dB und ist damit kleiner als intuitiv erwartet. Er steigt erst bei kleinem P_d stark an, also bei kleinem S/N, siehe dazu [7].

Impulsantwort des Likelihood Ratio Filters

Aus Glchg. (6.60) läßt sich der Aufbau eines Likelihood Ratio Filters ablesen. Das Produkt $\mathbf{s}_k^* \mathbf{K}^{-1}$ stellt einen Zeilenvektor dar, den wir mit $\mathbf{w}_k^T$ bezeichnen wollen (T steht für transponiert):

$$\mathbf{w}_k^T = \mathbf{s}_k^* \mathbf{K}^{-1} \tag{6.61}$$

Dann lautet die Verarbeitungsvorschrift

$$|\mathbf{w}_k^T \mathbf{x}| = \left|\sum_{n=0}^{N-1} w_k(n) \cdot x(n)\right| = \left|\sum_{n=0}^{N-1} h_k(N-1-n) \cdot x(n)\right| \geq \eta \tag{6.62}$$

Dabei entsprechen die $h_k(i)$ den *Koeffizienten der Impulsantwort*[3] eines FIR-Filters, denn der letzte Ausdruck stellt die diskrete Faltung eines Signalsatzes $x(i)$ mit der Impulsantwort $h_k(i)$ dar (vgl. Abschnitt A.13). Aus der letzten Gleichung folgt

$$h_k(n) = w_k(N-1-n) \tag{6.63}$$

Man kann zeigen, daß für den Zeilenvektor mit den gespiegelten Elementen $w_k^G(n) = w_k(N-1-n)$, den wir mit $\left(\mathbf{w}_k{}^T\right)^G$ bezeichnen wollen und der gleich dem gesuchten Zeilenvektor $\mathbf{h}_k{}^T$ der Impulsantwort ist, die Beziehung gilt

$$\left(\mathbf{w}_k{}^T\right)^G = \mathbf{h}_k{}^T = \text{const} \cdot \mathbf{s}_k^T \left(\mathbf{K}^{-1}\right)^T \tag{6.64}$$

da die invertierte Kovarianzmatrix hermitesch ist. Damit wird für den Spaltenvektor der Impulsantwort des Likelihood Ratio Filters endgültig, wenn wir die zufällige Anfangsphase φ_0 so wählen, daß $\text{const} = e^{-j(2\pi f_D (N-1)T + 2\varphi_0)} = 1$,

$$\mathbf{h}_k = \begin{bmatrix} h_k(0) \\ h_k(1) \\ \vdots \\ h_k(N-1) \end{bmatrix} = \left(\mathbf{s}_k{}^T \left(\mathbf{K}^{-1}\right)^T\right)^T = \mathbf{K}^{-1} \cdot \mathbf{s}_k \tag{6.65}$$

Dabei ist $\mathbf{K}$ die Kovarianzmatrix nach Glchg. (6.50) und $\mathbf{s}$ ist der erwartete Zielvektor nach Glchg. (6.54), wobei wir dort ohne Einbuße an Allgemeingültigkeit $A \cdot e^{j\varphi_0} = 1$ setzen können.

Wenn wir die komplexen Elemente des Empfangsvektors in $x(n) = x_I(n) + j\,x_Q(n)$ und die ebenfalls komplexen Elemente der Filter-Impulsantwort in $h_k(n) =$

[3]In der Literatur wird der Vektor $\mathbf{w}_k$ meist als Gewichtsvektor eines FIR-Filters bezeichnet. Er entspricht aber nicht der Impulsantwort des Filters, sondern ihrem Spiegelbild mit den Elementen $w_k(n) = h_k(N-1-n)$. Wie sich zeigen wird, ist es sinnvoll, manchmal mit dem Gewichtsvektor $\mathbf{w}_k$ zu arbeiten und manchmal mit dem Vektor $\mathbf{h}_k$ der Impulsantwort.

$h_{\mathrm{k,I}}(n) + \mathrm{j}\, h_{\mathrm{k,Q}}(n)$ zerlegen, bekommen wir aus der Verarbeitungsvorschrift nach Gleichung (6.62)

$$\begin{aligned}
&\sum_{n=0}^{N-1} h_{\mathrm{k}}(N-1-n)\, x(n) = \\
=\; &\sum_{n=0}^{N-1} \Big(h_{\mathrm{k,I}}(N-1-n) + \mathrm{j}\, h_{\mathrm{k,Q}}(N-1-n)\Big) \cdot \Big(x_{\mathrm{I}}(n) + \mathrm{j}\, x_{\mathrm{Q}}(n)\Big) \\
=\; &\sum_{n=0}^{N-1} h_{\mathrm{k,I}}(N-1-n)\, x_{\mathrm{I}}(n) - \sum_{n=0}^{N-1} h_{\mathrm{k,Q}}(N-1-n)\, x_{\mathrm{Q}}(n) \\
&+\mathrm{j} \left\{ \sum_{n=0}^{N-1} h_{\mathrm{k,Q}}(N-1-n)\, x_{\mathrm{I}}(n) + \sum_{n=0}^{N-1} h_{\mathrm{k,I}}(N-1-n)\, x_{\mathrm{Q}}(n) \right\}
\end{aligned} \tag{6.66}$$

Die letzte Gleichung beschreibt den Aufbau eines Likelihood Ratio Filters. Es besteht pro „Dopplerkanal“, d. h. für einen der M-Dopplerkanäle mit der Dopplerfrequenz $f_{\mathrm{D,k}}$, aus vier Transversal- oder FIR-Filtern, die wie in Bild 5.10 gezeigt verknüpft werden. Den $h_{\mathrm{I}}(n)$ und $h_{\mathrm{Q}}(n)$ von Bild 5.10 entsprechen die Filtergewichte $h_{\mathrm{k,I}}(i)$ und $h_{\mathrm{k,Q}}(i)$. Da der zu erfassende Dopplerbereich in M Kanäle aufgeteilt ist, ist eine Bank von $(M \times 4)$ FIR-Filtern erforderlich. Eine solche Anordnung wird als Dopplerfilterbank bezeichnet. Entwurf und Berechnung von Dopplerfilterbänken werden im nächsten Kapitel behandelt.

6.8 Numerische Berechnung von Operationen mit komplexen Matrizen und Vektoren

Zur numerischen Berechnung von Operationen mit komplexen Matrizen und Vektoren kann man eine komplexe Arithmetik vermeiden und mit reeller Arithmetik auskommen, wie im folgenden gezeigt wird [3].

Die Multiplikation bspw. zweier komplexer $(N \times N)$-Matrizen $\mathbf{A} = \mathbf{A}_{\mathrm{r}} + \mathrm{j}\,\mathbf{A}_{\mathrm{i}}$ und $\mathbf{B} = \mathbf{B}_{\mathrm{r}} + \mathrm{j}\,\mathbf{B}_{\mathrm{i}}$ ergibt

$$\mathbf{A}\,\mathbf{B} = (\mathbf{A}_{\mathrm{r}} + \mathrm{j}\,\mathbf{A}_{\mathrm{i}})(\mathbf{B}_{\mathrm{r}} + \mathrm{j}\,\mathbf{B}_{\mathrm{i}}) \tag{6.67}$$

$$= \mathbf{A}_{\mathrm{r}}\mathbf{B}_{\mathrm{r}} - \mathbf{A}_{\mathrm{i}}\mathbf{B}_{\mathrm{i}} + \mathrm{j}\,(\mathbf{A}_{\mathrm{r}}\mathbf{B}_{\mathrm{i}} + \mathbf{A}_{\mathrm{i}}\mathbf{B}_{\mathrm{r}}) \tag{6.68}$$

$$= \mathbf{C} = \mathbf{C}_{\mathrm{r}} + \mathrm{j}\,\mathbf{C}_{\mathrm{i}} \tag{6.69}$$

Aus $\mathbf{A}$ und $\mathbf{B}$ kann man (sogen. isomorphe, das sind „einander entsprechende“) Matrizen der Ordnung $2N$ wie folgt bilden:

$$\overline{\mathbf{A}} = \begin{bmatrix} \mathbf{A}_{\mathrm{r}} & -\mathbf{A}_{\mathrm{i}} \\ \mathbf{A}_{\mathrm{i}} & \mathbf{A}_{\mathrm{r}} \end{bmatrix} \quad \text{und} \quad \overline{\mathbf{B}} = \begin{bmatrix} \mathbf{B}_{\mathrm{r}} & -\mathbf{B}_{\mathrm{i}} \\ \mathbf{B}_{\mathrm{i}} & \mathbf{B}_{\mathrm{r}} \end{bmatrix} \tag{6.70}$$

Das Produkt $\overline{\mathbf{A}}\,\overline{\mathbf{B}}$ ergibt nach den Regeln der Matrizenmultiplikation

$$\overline{\mathbf{A}}\,\overline{\mathbf{B}} = \begin{bmatrix} \mathbf{A}_r & -\mathbf{A}_i \\ \mathbf{A}_i & \mathbf{A}_r \end{bmatrix} \begin{bmatrix} \mathbf{B}_r & -\mathbf{B}_i \\ \mathbf{B}_i & \mathbf{B}_r \end{bmatrix} \tag{6.71}$$

$$\overline{\mathbf{A}}\,\overline{\mathbf{B}} = \begin{bmatrix} \mathbf{A}_r\mathbf{B}_r - \mathbf{A}_i\mathbf{B}_i & -(\mathbf{A}_r\mathbf{B}_i + \mathbf{A}_i\mathbf{B}_r) \\ \mathbf{A}_r\mathbf{B}_i + \mathbf{A}_i\mathbf{B}_r & \mathbf{A}_r\mathbf{B}_r - \mathbf{A}_i\mathbf{B}_i \end{bmatrix} = \begin{bmatrix} \mathbf{C}_r & -\mathbf{C}_i \\ \mathbf{C}_i & \mathbf{C}_r \end{bmatrix} \tag{6.72}$$

Bei dieser Berechnung sind nur reelle Operationen mit den reellen Matrizen $\mathbf{A}_r$, $\mathbf{A}_i$, $\mathbf{B}_r$ und $\mathbf{B}_i$ erforderlich. Man erkennt, daß Glchg. (6.72) zu einem der Glchg. (6.68) entsprechenden Ergebnis führt. Die gesuchte Matrix $\mathbf{C} = \mathbf{C}_r + \mathrm{j}\,\mathbf{C}_i$ kann man der Glchg. (6.72) entnehmen. Es ist $\mathbf{C}_r = \mathbf{A}_r\mathbf{B}_r - \mathbf{A}_i\mathbf{B}_i$ und $\mathbf{C}_i = \mathbf{A}_r\mathbf{B}_i + \mathbf{A}_i\mathbf{B}_r$.

Analog der Bildung von $\overline{\mathbf{A}}$ aus $\mathbf{A}$ verfährt man mit einem Spaltenvektor $\mathbf{x}$ oder einem Zeilenvektor $\mathbf{x}^*$. Man bildet

$$\mathbf{x} = \mathbf{x}_r + \mathrm{j}\,\mathbf{x}_i \;\rightarrow\; \overline{\mathbf{x}} = \begin{bmatrix} \mathbf{x}_r & -\mathbf{x}_i \\ \mathbf{x}_i & \mathbf{x}_r \end{bmatrix} \tag{6.73}$$

und

$$\mathbf{x}^* = \mathbf{x}_r^T - \mathrm{j}\,\mathbf{x}_i^T \;\rightarrow\; \overline{\mathbf{x}^*} = \begin{bmatrix} \mathbf{x}_r^T & \mathbf{x}_i^T \\ -\mathbf{x}_i^T & \mathbf{x}_r^T \end{bmatrix} \tag{6.74}$$

Dabei bedeuten $\mathbf{x}_r^T$ und $\mathbf{x}_i^T$ die transponierten reellen Spaltenvektoren $\mathbf{x}_r$ und $\mathbf{x}_i$, sie sind also Zeilenvektoren.

Damit wird zum Beispiel der Spaltenvektor

$$\mathbf{y} = \mathbf{A}\mathbf{x} = (\mathbf{A}_r + \mathrm{j}\,\mathbf{A}_i)(\mathbf{x}_r + \mathrm{j}\,\mathbf{x}_i) = \mathbf{A}_r\mathbf{x}_r - \mathbf{A}_i\mathbf{x}_i + \mathrm{j}\,(\mathbf{A}_r\mathbf{x}_i + \mathbf{A}_i\mathbf{x}_r) \tag{6.75}$$

mit nur reellen Operationen wie folgt berechenbar:

$$\mathbf{y} = \mathbf{A}\mathbf{x} \;\rightarrow\; \overline{\mathbf{A}}\,\overline{\mathbf{x}} = \begin{bmatrix} \mathbf{A}_r & -\mathbf{A}_i \\ \mathbf{A}_i & \mathbf{A}_r \end{bmatrix} \begin{bmatrix} \mathbf{x}_r & -\mathbf{x}_i \\ \mathbf{x}_i & \mathbf{x}_r \end{bmatrix} \tag{6.76}$$

$$= \begin{bmatrix} \mathbf{A}_r\mathbf{x}_r - \mathbf{A}_i\mathbf{x}_i & -(\mathbf{A}_r\mathbf{x}_i + \mathbf{A}_i\mathbf{x}_r) \\ \mathbf{A}_r\mathbf{x}_i + \mathbf{A}_i\mathbf{x}_r & \mathbf{A}_r\mathbf{x}_r - \mathbf{A}_i\mathbf{x}_i \end{bmatrix} \tag{6.77}$$

Alle Summanden der letzten Matrix wie bspw. $\mathbf{A}_r\mathbf{x}_r$ stellen reelle Spaltenvektoren dar. Damit wird für den gesuchten Spaltenvektor $\mathbf{y} = \mathbf{y}_r + \mathrm{j}\,\mathbf{y}_i$ der Realteil nach Glchg. (6.77) $\mathbf{A}_r\mathbf{x}_r - \mathbf{A}_i\mathbf{x}_i$ und der Imaginärteil $\mathbf{A}_r\mathbf{x}_i + \mathbf{A}_i\mathbf{x}_r$, wie es Glchg. (6.75) verlangt.

Beispiel:

Es seien eine $(N \times N)$-Matrix $\mathbf{A}$ und ein N-zeiliger Spaltenvektor $\mathbf{x}$ mit $N=2$ gegeben:

$$\mathbf{A} = \begin{bmatrix} 1+\mathrm{j}\,3 & 2+\mathrm{j}\,4 \\ 2+\mathrm{j}\,2 & 3+\mathrm{j}\,3 \end{bmatrix} \qquad \text{und} \qquad \mathbf{x} = \begin{bmatrix} 2-\mathrm{j}\,3 \\ 4+\mathrm{j}\,5 \end{bmatrix}$$

Gesucht ist das Produkt $\mathbf{y} = \mathbf{A}\,\mathbf{x}$, ein komplexer Spaltenvektor. Wir bilden die

$(2N\text{x}2N)$-Matrix $\overline{\mathbf{A}}$ und den $(2N\text{x}2)$-„Vektor" $\overline{\mathbf{x}}$ und multiplizieren sie miteinander:

$$\overline{\mathbf{A}}\,\overline{\mathbf{x}} = \begin{bmatrix} 1 & 2 & -3 & -4 \\ 2 & 3 & -2 & -3 \\ 3 & 4 & 1 & 2 \\ 2 & 3 & 2 & 3 \end{bmatrix} \begin{bmatrix} 2 & 3 \\ 4 & -5 \\ -3 & 2 \\ 5 & 4 \end{bmatrix} = \begin{bmatrix} -1 & -29 \\ 7 & -25 \\ 29 & -1 \\ 25 & 7 \end{bmatrix}$$

Der gesuchte Spaltenvektor ist also

$$\mathbf{y} = \begin{bmatrix} -1 + \mathrm{j}\,29 \\ 7 + \mathrm{j}\,25 \end{bmatrix}$$

Einige Rechenregeln:
Es gelten folgende, leicht nachprüfbaren Rechenregeln:

$$\begin{array}{lcl} \mathbf{A}\,\mathbf{B} & \rightarrow & \overline{\mathbf{A}}\,\overline{\mathbf{B}} \\ \mathbf{A}^{-1} & \rightarrow & (\overline{\mathbf{A}})^{-1} \\ \mathbf{A}\,\mathbf{x} & \rightarrow & \overline{\mathbf{A}}\,\overline{\mathbf{x}} \\ \mathbf{x}^*\,\mathbf{A} & \rightarrow & \overline{\mathbf{x}^*}\,\overline{\mathbf{A}} \\ \mathbf{y}^*\mathbf{A}\,\mathbf{x} & \rightarrow & \overline{\mathbf{y}^*}\,\overline{\mathbf{A}}\,\overline{\mathbf{x}} \\ \mathbf{x}\,\mathbf{y}^* & \rightarrow & \overline{\mathbf{x}}\,\overline{\mathbf{y}^*} \\ \mathbf{x}^*\,\mathbf{y} & \rightarrow & \overline{\mathbf{x}^*}\,\overline{\mathbf{y}} \end{array}$$

und andere mehr. Das Zeichen $\rightarrow$ soll andeuten, daß die dadurch verknüpften Operationen nicht gleich sind, sondern sich nur entsprechen.

Anzumerken bleibt, daß man beim Produkt $\mathbf{A}\mathbf{x} \rightarrow \overline{\mathbf{A}}\,\overline{\mathbf{x}}$ statt mit

$$\overline{\mathbf{x}} = \begin{bmatrix} \mathbf{x}_r & -\mathbf{x}_i \\ \mathbf{x}_i & \mathbf{x}_r \end{bmatrix} \tag{6.78}$$

auch mit

$$\overline{\mathbf{x}} = \begin{bmatrix} \mathbf{x}_r \\ \mathbf{x}_i \end{bmatrix} \tag{6.79}$$

hätte rechnen können. Diese „verkürzte" Form ist aber im allg. nicht zulässig, wenn man bspw. einen Zeilenvektor mit einem Spaltenvektor multipliziert. Dann muß man die Formen nach Glchg. (6.74) und (6.73) verwenden, die immer zu richtigen Ergebnissen führen.

Von Interesse ist in diesem Zusammenhang ein Vergleich der quadratischen Formen $\mathbf{x}^*\,\mathbf{K}^{-1}\,\mathbf{x}$ von Glchg. (6.51), bei der $\mathbf{x}$ und $\mathbf{K}^{-1}$ komplexe Elemente enthalten, mit $\underline{\mathbf{x}}^T\,\underline{\mathbf{K}}^{-1}\,\underline{\mathbf{x}}$ von Glchg. (6.53), bei der $\underline{\mathbf{x}}$ und $\underline{\mathbf{K}}^{-1}$ nur aus reellen Elementen bestehen. Da die quadratische Form von Glchg. (6.53) eine reelle positive

Zahl ergibt, findet man hier den an und für sich komplexen Vektor $\mathbf{x}$ als

$$\underline{\mathbf{x}} = \begin{bmatrix} \mathbf{x}_r \\ \mathbf{x}_i \end{bmatrix} \qquad \text{und nicht als} \qquad \overline{\mathbf{x}} = \begin{bmatrix} \mathbf{x}_r & -\mathbf{x}_i \\ \mathbf{x}_i & \mathbf{x}_r \end{bmatrix} \tag{6.80}$$

Man kann zeigen, daß $\mathbf{x}^* \, \mathbf{K}^{-1} \, \mathbf{x} = \frac{1}{2} \underline{\mathbf{x}}^T \, \underline{\mathbf{K}}^{-1} \, \underline{\mathbf{x}}$ und $\left(\det(\mathbf{K})\right)^2 = 4^N \det(\underline{\mathbf{K}})$, womit man Glchg. (6.51) in Glchg. (6.53) umrechnen kann [6, 4].

6.9 Vergleich von Matched Filter und Likelihood Ratio Filter

Wie in Abschnitt 6.5 angekündigt, leiten wir jetzt die Impulsantwort des Matched Filters für eine in farbiges Rauschen eingebettete Pulsfolge ab. Dazu gehen wir von der allgemeinen Integralgleichung (6.32) für die Impulsantwort $h_m(t)$ des Matched Filters für farbiges Rauschen aus, bei der wir zur Vereinfachung const$\,=1$ setzen:

$$\int_0^{t_0} h_m(\theta)\, r_{cc}(t-\theta)\, d\theta = s^*(t_0 - t) \qquad 0 \le t \le t_0 \tag{6.81}$$

$s(t)$ ist das erwartete, möglicherweise komplexe Signal und $r_{cc}(t)$ ist die im allgemeinen komplexe Autokorrelationsfunktion des farbigen Störsignals.

Das erwartete Signal seien jetzt Folgen von N Echopulsen („Burst") eines einzelnen Entfernungsringes, ähnlich denen, die in in Bild 6.9 d und e gezeigt sind. Wir fassen die I/Q-Pulsfolgen eines Entfernungsringes zum komplexen Signal $s(t)$ zusammen. Dabei wollen wir uns jeden Puls durch einen Abtastwert ersetzt denken, der ihm bspw. in der Pulsmitte entnommen wird. Wir haben es also mit zeitdiskreten Signalen zu tun und können für die rechte Seite der letzten Gleichung dann schreiben

$$s^*(t_0 - t) = s^*\big((N-1-i)T\big) \sum_{i=0}^{N-1} \delta(t - iT) \tag{6.82}$$

da die Signaldauer $t_0 = (N-1)T$, wobei T die Pulsfolgeperiode ist.

Die gesuchte Impulsantwort $h_m(\theta)$ ist notwendigerweise auch zeitdiskret. Bei einem kausalen Filter ist sie allgemein (s. Abschnitt A.13)

$$h_m(\theta) = \sum_{n=0}^{\infty} h_m(nT)\, \delta(\theta - nT) \tag{6.83}$$

Wir setzen die beiden letzten Ausdrücke in Glchg. (6.81) ein:

$$\int_0^{t_0} r_{cc}(t-\theta) \sum_{n=0}^{\infty} h_m(nT)\, \delta(\theta - nT)\, d\theta = s^*\big((N-1-i)T\big) \sum_{i=0}^{N-1} \delta(t - iT) \tag{6.84}$$

Mit der Ausblendeigenschaft des Dirac-Impulses (s. Formelsammlung A.15) und unter Berücksichtigung der Integralgrenzen wird

$$\sum_{n=0}^{N-1} h_{\mathrm{m}}(nT)\, r_{\mathrm{cc}}(t-nT) = s^{*}\big((N-1-i)T\big) \sum_{i=0}^{N-1} \delta(t-iT) \tag{6.85}$$

Da die rechte Seite nur zu den Zeitpunkten $t = iT$ existiert, muß das auch auf der linken Seite der Fall sein. Wir erhalten

$$\sum_{n=0}^{N-1} r_{\mathrm{cc}}\big((i-n)T\big)\, h_{\mathrm{m}}(nT) = s^{*}\big((N-1-i)T\big) \sum_{i=0}^{N-1} \delta(t-iT) \tag{6.86}$$

Uns interessieren nur die links und rechts stehenden Folgen ohne ihre Zeitbezüge. Es wird daher

$$\sum_{n=0}^{N-1} r_{\mathrm{cc}}(i-n)\, h_{\mathrm{m}}(n) = s^{*}(N-1-i) \qquad 0 \le i \le N-1 \tag{6.87}$$

Daraus folgt das Gleichungssystem

$$\begin{array}{rcl} r_{\mathrm{cc}}(0)\, h_{\mathrm{m}}(0) + r_{\mathrm{cc}}(-1)\, h_{\mathrm{m}}(1) + \ldots + r_{\mathrm{cc}}\big(-(N-1)\big)\, h_{\mathrm{m}}(N-1) & = & s^{*}(N-1) \\ r_{\mathrm{cc}}(1)\, h_{\mathrm{m}}(0) + r_{\mathrm{cc}}(0)\, h_{\mathrm{m}}(1) + \ldots + r_{\mathrm{cc}}\big(-(N-2)\big)\, h_{\mathrm{m}}(N-1) & = & s^{*}(N-2) \\ \ldots\ldots\ldots\ldots\ldots\ldots\ldots\ldots\ldots\ldots\ldots\ldots\ldots\ldots\ldots\ldots\ldots\ldots & \ldots & \ldots\ldots\ldots \\ r_{\mathrm{cc}}(N-1)\, h_{\mathrm{m}}(0) + r_{\mathrm{cc}}(N-2)\, h_{\mathrm{m}}(1) + \ldots + r_{\mathrm{cc}}(0)\, h_{\mathrm{m}}(N-1) & = & s^{*}(0) \end{array} \tag{6.88}$$

In Matrixschreibweise kann man das kompakt zusammenfassen zu

$$\mathbf{K}\,\mathbf{h}_{\mathrm{k}} = (\tilde{\mathbf{s}}_{\mathrm{k}})^{\mathrm{G}} \tag{6.89}$$

Dabei sind $\mathbf{h}_{\mathrm{k}}$ ein Spaltenvektor, der die Impulsantwort des Matched Filters im k-ten Dopplerkanal beschreibt, und $(\tilde{\mathbf{s}}_{\mathrm{k}})^{\mathrm{G}}$ ein Spaltenvektor des erwarteten Zielechos nach Gleichung (6.54), jedoch mit konjugiert komplexen Elementen und in *gespiegelter* Reihenfolge. Man kann sich mit Hilfe von (6.54) klarmachen, daß $(\tilde{\mathbf{s}}_{\mathrm{k}})^{\mathrm{G}} = \mathrm{const} \cdot \mathbf{s}_{\mathrm{k}}$. Dabei ist $\mathrm{const} = \mathrm{e}^{-\mathrm{j}(2\pi f_{\mathrm{D}}(N-1)T + 2\varphi_0)}$. Da die Anfangsphase φ_0 unbekannt ist, können wir ohne Einbuße an Allgemeingültigkeit $\mathrm{const} = 1$ setzen. Die Matrix $\mathbf{K}$ enthält die Elemente $r_{\mathrm{cc}}(i-n)$ und entspricht, wie man zeigen kann, bei einem stationären Störsignal der Kovarianzmatrix nach Glchg. (6.50). Damit erhält man den Spaltenvektor der Impulsantwort des Matched Filters des k-ten Dopplerkanals zu

$$\boxed{\mathbf{h}_{\mathrm{k}} = \mathbf{K}^{-1} \cdot \mathbf{s}_{\mathrm{k}}} \tag{6.90}$$

Man erkennt, daß das Filter ein FIR-Filter ist. Durch einen Vergleich mit

Glchg. (6.65) findet man weiter: *das Likelihood Ratio Filter ist identisch mit dem Matched Filter.* Das heißt auch, daß die Optimierung der Zielentdeckung mit Hilfe der statistischen Entscheidungstheorie, also der Vergleich des berechneten Likelihood-Verhältnisses mit einer Schwelle, identisch ist mit der Optimierung des Signal-zu-Rausch-Verhältnisses. Zu beachten ist allerdings, daß das Likelihood Ratio Filter der Glchg. (6.65) nur für ein normalverteiltes Störsignal gilt, während bei der Ableitung des Matched Filters keine Annahmen bezüglich der Verteilungsdichte des Störsignals gemacht wurden. Deshalb führt die S/N-Optimierung bei einem nicht gaußverteiltem Signal nicht notwendigerweise zu einer optimierten Zielentdeckung im Sinne der Entscheidungstheorie.

6.10 Prewhitening Filter für eine Pulsfolge

Wir hatten in Abschnitt 6.5 das Matched Filter für ein farbiges Störsignal in ein *Prewhitening Filter* („Weißmacher") und in ein nachfolgendes Matched Filter aufgeteilt. Das Prewhitening Filter unterdrückt den farbigen Anteil des Störsignals, an seinem Ausgang erscheint weißes Rauschen und ein notwendigerweise mehr oder weniger geändertes Nutzsignal. An letzteres ist das nachfolgende Matched Filter angepaßt.

Von allgemeiner Bedeutung in der Radarsignalverarbeitung ist ein Prewhitening-Filter, das ein in einer *Echopulsfolge* enthaltenes farbiges Störsignal möglichst gut unterdrückt. Es ist daher nützlich, das theoretisch optimale Filter für diese Aufgabe zu kennen. Das Filter kann bei a priori-Kenntnis der Eigenschaften des Störsignals fest eingestellt sein, oder sich – nach realzeitiger Messung der Störsignaleigenschaften (aufwendig!) – fortlaufend adaptieren.

In der Praxis weicht man aus wirtschaftlichen Gründen vom optimalen Filter ab. Typische Beispiele für angenäherte Prewhitening Filter sind die MTI-Filter. So werden bspw. bei Pulsdopplerradaren mit einer großen Zahl M_B kohärent zu verarbeitender Pulse pro Burst und mit einer FFT-Filterbank zur Dopplerfilterung meist N sogen. Clutterfüllpulse hinzugefügt. Mit den ersten empfangenen N Echopulsen wird das MTI-Filter „geladen". Die an seinem Ausgang erscheinenden, folgenden M_B Pulse sind dann vom Clutter (nahezu) befreit und werden in der FFT-Filterbank weiterverarbeitet.

Zur Ableitung des zeitdiskreten Prewhitening Filters (*Wirth,* 1970, [8]) betrachten wir N aufeinanderfolgende Echos (Abtastwerte) $x(0) \dots x(N-1)$ eines Störsignals, bestehend aus der additiven Überlagerung von weißem Empfängerrauschen und stationärem, normalverteiltem Clutter, bspw. Bodenechos mit $f_D = 0$. Wir setzen voraus, daß die Clutterechos eine merkliche Korrelation nur über ein Zeitintervall besitzen, das kleiner ist als das Intervall der N Echos. Ist $r_{cc}(nT)$ die diskrete und bei Bodenclutter *reelle* Autokorrelationsfunktion (AKF), so soll also $r_{cc}(nT) \neq 0$ nur für $nT < NT$ gelten (zur Vereinfachung setzen wir im folgenden $T = T_{pw} = 1$).

Unter diesen Voraussetzungen kann man bei Kenntnis von $r_{cc}(n)$ aus $(N-1)$ Echos $x(0)\ldots x(N-2)$ einen Schätzwert $\widehat{x}(N-1)$ für das N-te Echo $x(N-1)$ vorhersagen, der einen minimalen mittleren quadratischen Fehler besitzt. Außerdem ist die Folge der Vorhersagefehler $u(i)=x(i)-\widehat{x}(i)$ unkorreliert, stellt also weißes Rauschen dar [8]. Fassen wir $u(i)$ als das Ausgangssignal eines linearen Filters auf, so ist dieses mit dem gesuchten Prewhitening Filter identisch.

Die bedingte Wahrscheinlichkeitsdichte des Auftretens des Echos $x(N-1)$ bei bereits aufgetretenen $x(0)\ldots x(N-2)$ bezeichnen wir mit

$$p\big(x(N-1)\,|x(0)\ldots x(N-2)\big)$$

Soll $x(N-1)$ mit minimalem mittlerem quadratischem Fehler geschätzt werden, so folgt nach dem Verfahren der Maximum Likelihood-Schätzung, wenn wir für den Schätzwert $\widehat{x}(N-1)$ schreiben, die Bedingung

$$\left.\frac{\partial\, p\big(x(N-1)|x(0)\ldots x(N-2)\big)}{\partial x(N-1)}\right|_{x(N-1)=\widehat{x}(N-1)}=0 \qquad (6.91)$$

Aus der Wahrscheinlichkeitsdichte für das Auftreten der Echos $x(0)\ldots x(N-1)$

$$p\big(x(0)\ldots x(N-1)\big)=p\big(x(0)\ldots x(N-2)\big)\cdot p\big(x(N-1)|x(0)\ldots x(N-2)\big) \quad (6.92)$$

und mit der Zusammenfassung der N Echos $x(0)\ldots x(N-1)$ zu einem Spaltenvektor $\mathbf{x}$ erhält man aus Glchg. (6.91)

$$\frac{1}{p\big(x(0)\ldots x(N-2)\big)}\cdot\left.\frac{\partial p(\mathbf{x})}{\partial x(N-1)}\right|_{x(N-1)=\widehat{x}(N-1)}=0 \qquad (6.93)$$

Die N-dimensionale, reelle Normalverteilung des Clutters ist nach Glchg. (6.51)

$$p(\mathbf{x})=\frac{1}{\pi^N\det(\mathbf{K})}\,\mathrm{e}^{-\mathbf{x}^*\mathbf{K}^{-1}\mathbf{x}} \qquad (6.94)$$

Dabei ist $\mathbf{K}^{-1}$ die invertierte reelle Clutter-Kovarianzmatrix. Nach den Regeln für die Differentiation von Matrizen [3] folgt aus den Glchgn. (6.93) und (6.94)

$$\frac{\partial\,(\mathbf{x}^*\mathbf{K}^{-1}\mathbf{x})}{\partial x(N-1)}=\left(\frac{\partial\,\mathbf{x}}{\partial x(N-1)}\right)^*\cdot 2\,\mathbf{K}^{-1}\mathbf{x}=0 \qquad \text{für } x(N-1)=\widehat{x}(N-1)$$

Bezeichnet man die Elemente der invertierten Kovarianzmatrix mit k'_{mn}, so wird aus der letzten Gleichung in ausführlicher Schreibweise

$$[0\ldots1]\cdot\begin{bmatrix} k'_{00} & \cdots & k'_{0(N-1)} \\ \vdots & \vdots & \vdots \\ \vdots & \vdots & \vdots \\ k'_{(N-1)0} & \cdots & k'_{(N-1)(N-1)}\end{bmatrix}\cdot\begin{bmatrix} x(0) \\ \vdots \\ \vdots \\ \widehat{x}(N-1)\end{bmatrix}=$$

$$=\big[k'_{(N-1)0}\cdots k'_{(N-1)(N-1)}\big]\cdot\begin{bmatrix} x(0) \\ \vdots \\ \vdots \\ \widehat{x}(N-1)\end{bmatrix}=0 \qquad (6.95)$$

Man bekommt

$$\sum_{i=0}^{N-2} k'_{(N-1)i} \cdot x(i) + k'_{(N-1)(N-1)} \cdot \widehat{x}(N-1) = \sum_{i=0}^{N-2} k'_{(N-1-i)0} \cdot x(i) + k'_{00} \cdot \widehat{x}(N-1) = 0$$

da wegen der Toeplitz-Eigenschaft von $\mathbf{K}^{-1}$ die Beziehung $k'_{(N-1)i} = k'_{(N-1-i)0}$ gilt. Aus der letzten Gleichung erhält man den Schätzwert $\widehat{x}(N-1)$ zu

$$\widehat{x}(N-1) = -\frac{1}{k'_{00}} \sum_{i=0}^{N-2} k'_{(N-1-i)0} \cdot x(i) \tag{6.96}$$

Damit wird der Vorhersagefehler oder das Fehlersignal

$$\boxed{u(N-1) = x(N-1) - \widehat{x}(N-1) = \frac{1}{k'_{00}} \sum_{i=0}^{N-1} k'_{(N-1-i)0} \cdot x(i)} \tag{6.97}$$

Diese Gleichung stellt eine Faltung der Folge $x(i)$ mit der Folge k'_{i0} dar. Der Prewhitening-Prozeß ist also als FIR-Filter realisierbar. Da das Filter aus den Echos $x(0) \ldots x(N-2)$ das Echo $\widehat{x}(N-1) \approx x(N-1)$ vorhersagt, spricht man auch von einem Prädiktionsfilter. Die N Filtergewichte $k'_{(N-1-i)0}$ mit $i = 0 \ldots N-1$ sind

proportional den Elementen der ersten Spalte (oder der ersten Zeile) der invertierten Kovarianzmatrix.

Wie in [8] gezeigt, gilt diese Aussage auch bei einer komplexen Clutter-Kovarianzmatrix, also beispielsweise bei Regenclutter.

Ist die eingangs gemachte Voraussetzung über die Dauer der Autokorrelationsfunktion des Clutters nicht erfüllt, ist also $r_{cc}(n) > 0$ für $n \geq N$, so sind aufeinanderfolgende Ausgangssignale des Filters nicht völlig dekorreliert. Der Clutter wird in einem solchen Fall nicht bis auf den Rest an weißem Empfängerrauschen unterdrückt. Auf Anwendungen kommen wir im nächsten Kapitel zurück.

Literaturverzeichnis

[1] Wirth, W.D.: *Bewegtziel-Erkennung bei Impulsradarsystemen,* Nachrichtentechnische Zeitschrift (NTZ), 1966, H. 5, S. 279-287.

[2] Schleher, C.D.: *MTI and Pulsed Doppler Radar,* Artech House, 1991.

[3] Zurmühl, R.; Falk, S.: *Matrizen und ihre Anwendungen,* Springer-Verlag, Berlin, 1984.

[4] Whalen, A.D.: *Detection of Signals in Noise,* Academic Press, 1971.

[5] Rohling, H.: *Zur Berechnung von Dopplerfilterbänken für die Radarsignalverarbeitung,* Wiss. Ber. AEG-TELEFUNKEN 53 (1980) H. 4-5, S. 145-153.

[6] Urkowitz, H.: *Signal Theory and Random Processes,* Artech House, 1983.

[7] Barton, D.K.: *Modern Radar System Analysis,* Artech House, 1988.

[8] Wirth, W.D.: *Die Unterdrückung von Störsignalen bei Kenntnis ihrer Korrelationsfunktion,* Nachrichtentechn. Zeitschr. (NTZ), 1970, H. 2, S. 64-70.

7 Dopplerverarbeitung

7.1 Übersicht

Unter Dopplerverarbeitung versteht man die Ausnutzung des Dopplereffektes zur Bewegtzielerkennung (gleichbedeutend mit Clutterunterdrückung), zur Bestimmung der Radialgeschwindigkeit und zur Zielklassifizierung. Wir betrachten in diesem Kapitel im wesentlichen nur die Bewegtzielerkennung.

Dazu werden einleitend die Eigenschaften von Clutter, wie Leistungsspektrum, AKF und Amplitudenverteilung, zusammengefaßt. Von Bedeutung bei Entwicklung, Abnahmeprüfungen und Betrieb/Wartung sind sinnvoll definierte Kenngrößen der Dopplerverarbeitung. Die Begriffe der Subclutter Visibility SCV, der Verbesserung I_{SIR} des Verhältnisses von Signalleistung zu Störleistung (vom engl. Signal-to-Interference Ratio) und des „klassischen" MTI-Improvementfaktors I werden erklärt und den entsprechenden Subsystemen zugeordnet.

Wir betrachten dann das MTI-Radar, gekennzeichnet durch die immer relativ kleine Zahl (≈ 3) der kohärent verarbeiteten Pulse, und gehen auf mögliche MTI-Filtertypen ein. Sie stellen Annäherungen an das ideale Prewhitening Filter dar. Ein besonderer Abschnitt ist der PRF-Staffelung zur Vermeidung von Blindgeschwindigkeiten gewidmet. Die Spektren des (entstaffelten) Empfangssignals werden erstmalig berechnet und dargestellt. Das erleichtert den Einblick in die Auswirkungen der Staffelung und ermöglicht die Berechnung der Improvementfaktor-Reduzierung. Abschließend wird die Improvementfaktor-Bilanz eines MTI-Radars erstellt.

Im Gegensatz zum älteren MTI-Radar ist bei dem neueren MTD-Radar, auch bezeichnet als LPRF-Pulsdoppler-Radar, die Zahl der kohärent verarbeiteten Pulse relativ groß (etwa > 5). Statt eines einzigen „breitbandigen" MTI-Filters verwendet es eine Dopplerfilterbank. Diese stellt meist eine recht gute Annäherung an ein Likelihood Ratio Filter oder Matched Filter für farbiges Rauschen dar. Ihr Entwurf wird ausführlich diskutiert. Die sogenannte I_{SIR}-Bilanz eines Pulsdoppler- oder MTD-Radars, aus der sich die erreichbare Subclutter Visibility (SCV) ergibt, wird abschließend erklärt.

Da das MTD-Radar gegenüber dem MTI-Radar ein sehr unterschiedliches Sendesignal verwendet, sind auch die Algorithmen zur Parameterschätzung recht unterschiedlich (s. Kapitel 10). Das Prinzip der „MTD-Signalverarbeitung" findet sich in bodengestützten Überwachungsradaren für die zivile Flugsicherung und militärische Luftraumüberwachung, in bordgestützten Multifunktionsradaren und in Artillerie-Ortungsradaren.

Improvementfaktor I, SIR-Improvement I_{SIR} und damit die SCV werden meist durch Geräteinstabilitäten des Radarkopfes begrenzt. Deshalb werden die Auswirkungen der wichtigsten Geräteinstabilitäten analysiert. Ein Verfahren zur Berechnung des Einflusses des STALO-Phasenrauschens auf I und I_{SIR} wird erläutert.

7.2 Das MTI-Prinzip

Die älteste Maßnahme zur Unterdrückung von Bodenechos ist das MTI-Verfahren. Die Abkürzung ist abgeleitet von „Moving Target Indicator", zu deutsch Bewegtzielanzeiger. Seine einfachste Ausführung ist das *Einfach-MTI*, das nur eine einzige Verzögerungsleitung (Speicher) benötigt. Es basiert auf der folgenden Überlegung.

Bei einem Festziel müssen wegen seiner konstanten Entfernung zum Radar aufeinanderfolgende Echopulse einer Entfernungszelle identisch sein. Subtrahiert man daher das – zum Beispiel in den Videobereich kohärent abgemischte – aktuelle Echo von dem Echo der letzten Periode, so wird die Differenz null. Bei Bewegtzielen verbleibt dagegen ein endlicher Rest. Man kann sich das anhand von Bild 6.9 klarmachen. Es zeigt die Echos eines beliebigen Zieles *in einem bestimmten Entfernungsring*. Die Echoamplituden bspw. im I-Kanal sind proportional $A\cos(2\pi f_{\text{D}} iT + \varphi_0)$. Bei einem Festziel mit $f_{\text{D}} = 0$ sind sie wegen $A\cos(\varphi_0) = \text{const}$ also konstant. Dabei sind A die Amplitude des ZF-Echopulses, T das Pulswiederholintervall, i ein ganzzahliger Laufindex und φ_0 eine beliebige Anfangsphase.

Man benötigt also zur Festzielunterdrückung oder – anders ausgedrückt – zur Bewegtzielanzeige einen Subtrahierer sowie einen Speicher, um die Echos des letzten Pulswiederholintervalls verfügbar zu haben. Ein damit aufgebautes Einfach-MTI ist in Bild 7.1a dargestellt. Es wird im Bereich des kohärenten Videos eingesetzt, zum Beispiel in Form zweier identischer, digitaler I/Q-Filter mit der Impulsantwort $h_{\text{I}}(n)$ in Bild 5.10 (die Filter mit $h_{\text{Q}}(n)$ entfallen wegen des zu $f = 0$ symmetrischen Amplitudenganges und antisymmetrischen Phasenganges).

Die Impulsantwort eines Einfach-MTI's ergibt sich aus Bild 7.1 zu $h_1(t) = \delta(t) - \delta(t-T)$. Da sie aus 2 Impulsen zu den Zeitpunkten $t = 0$ und $t = T$ besteht, wird dieser Filtertyp auch als 2-Puls-MTI (engl. 2-Pulse Canceller) bezeichnet. Durch Fourier-Transformation erhält man die Übertragungsfunktion zu

$$H_1(f) = 1 - \mathrm{e}^{-\mathrm{j}\,2\pi f T} \tag{7.1}$$

und daraus den in Bild 7.1d dargestellten Amplitudengang

$$|H_1(f)| = |2\,\sin(\pi f T)| \tag{7.2}$$

Wie wir im nächsten Abschnitt sehen werden, besitzt das Bodenclutterspektrum eine endliche Breite. Daher liefert ein Einfach-MTI mit seinem von Null aus linear

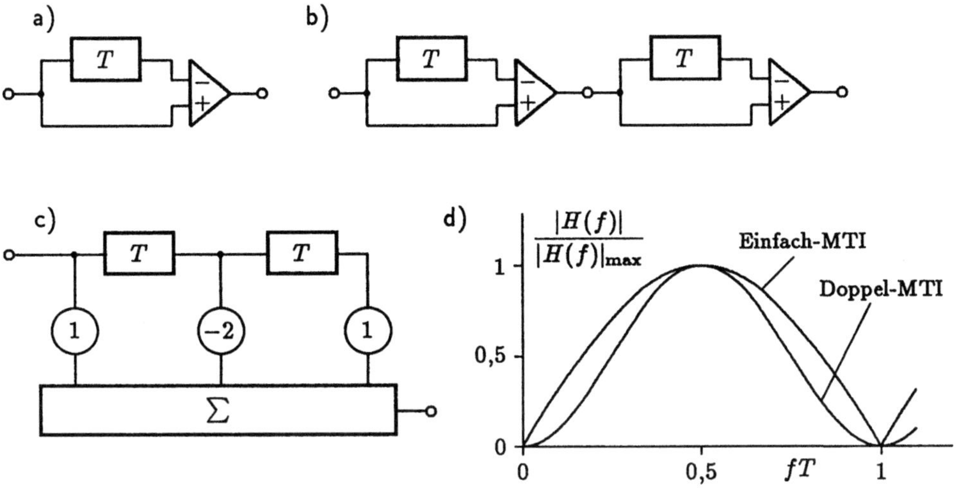

Bild 7.1 Schaltung und Amplitudengang einfacher MTI-Filter (FIR-Filter):
a) Einfach-MTI oder 2-Puls-MTI (der Block T stellt eine Verzögerungsleitung der Laufzeit T dar).
b) Doppel-MTI oder 3-Puls-MTI als Kaskade zweier Einfach-MTI's.
c) Doppel-MTI als Transversalfilter.
d) Normierter Amplitudengang von Einfach- und Doppel-MTI.

ansteigenden Amplitudengang nur eine sehr mäßige Bodenclutterunterdrückung. Zur Verbesserung kann man zwei Einfach-MTI-Filter hintereinanderschalten und erhält damit den nach Bild 7.1d quadratisch ansteigenden Amplitudengang des sehr häufig verwendeten *Doppel-MTI's*:

$$|H_2(f)| = 4\,\sin^2(\pi f T) \tag{7.3}$$

Man vergleiche dazu auch Bild 5.3d. Die Impulsantwort ist nach Bild 7.1b

$$h_2(t) = \delta(t) - 2\delta(t-T) + \delta(t-2T) \tag{7.4}$$

Die Hintereinanderschaltung kann man durch das in Bild 7.1c angegebene Transversalfilter ersetzen. Aufgrund seiner Impulsantwort wird das Doppel-MTI auch als 3-Puls-MTI (engl. 3-Pulse Canceller) bezeichnet. Weitere MTI-Filter werden später behandelt.

Mit $e^{j2\pi fT} = z$ erhält man nach Einsetzen in Glchg. (7.1) und Quadrieren die z-Übertragungsfunktion des Doppel-MTI's zu

$$H_2(z) = (1 - z^{-1})^2 = \frac{(z-1)^2}{z^2} \tag{7.5}$$

Sie besitzt also zwei Pole bei $z=0$ und zwei Nullstellen bei $z=1$, vgl. Bild A.19 im Anhang.

Die Amplitudengänge *aller* MTI-Filter zeigen bei der PRF und Vielfachen davon unvermeidbare Nullstellen. Die zugehörigen Radialgeschwindigkeiten bezeichnet man als Blindgeschwindigkeiten. Bei einem typischen Flughafen-Rundsichtradar mit $f_t = 3\,\text{GHz}$ und $F_{pw} = 1\,000\,\text{Hz}$ liegen sie nach Formel (2.43) bei etwa 180 km/h und Vielfachen davon. Da die Filter um die Blindgeschwindigkeiten herum relativ breite Sperrbereiche besitzen, ist ein Radar mit Doppel-MTI, wenn wir als Durchlaßbereich die 10 dB-Bandbreite definieren, in 38% des gesamten Dopplerbereiches blind.

Ein solches Radar wäre praktisch von wenig Nutzen. Zur Reduzierung der Blindbereiche verwendet man daher bei MTI-Radaren vorzugsweise eine sogenannte *Puls-zu-Puls-Staffelung* der PRF. Trotz PRF-Staffelung ist aber das MTI-Verfahren „blind" für tangential zum Radar fliegende Luftfahrzeuge.

7.3 Klassifizierung der Dopplerverarbeitung

Unter Dopplerverarbeitung versteht man die Ausnutzung des Dopplereffektes für eine oder mehrere der folgenden Aufgaben:

1. Bewegtzielerkennung bzw. Clutterunterdrückung.
2. Bestimmumg der Radialgeschwindigkeit.
3. Zielklassifizierung (bspw. Unterscheidung von Starrflüglern und Hubschraubern).

Wir betrachten nachfolgend nur die Bewegtzielerkennung und damit die Unterdrückung von Bodenclutter. Wir hatten in Abschnitt 5.3 anhand eines Beispiels gesehen, daß eine Clutterunterdrückung auf der Basis eines Einzelpulses nicht möglich ist. Wir brauchen dazu immer mehrere Pulse, also eine Pulsfolge. Aus Kapitel 6 folgt dann, daß bei der Dopplerverarbeitung immer die Aufgabe besteht, ein Likelihood Ratio-Filter oder ein Matched Filter für eine Pulsfolge zu entwerfen, das die Zielentdeckung bzw. den Signal-Stör-Abstand einer in eine farbige Störechofolge eingebetteten Zielechofolge maximiert. Diese Aufgabe läßt sich prinzipiell durch zwei Verfahren lösen, man vergleiche dazu auch die Bilder 5.3 d und e:

1. Mit einem Prewhitening-Filter unterdrückt man in einem ersten Schritt das farbige Cluttersignal bis auf den Pegel des unvermeidbaren weißen Systemrauschens. Darauf folgt ein Matched Filter für die nun in weißes Rauschen eingebettete (und möglicherweise geänderte) Pulsfolge in Form eines kohärenten Integrators zur Integration der vom Clutter befreiten Zielechos.

2. Man benutzt eine Bank von ausreichend vielen schmalbandigen Dopplerfiltern, die den gesamten Geschwindigkeitsbereich überdecken. Dieser ist wegen der Überfaltung der Zielspektren identisch mit dem PRF-Intervall. Jedes einzelne Dopplerfilter führt sowohl die Clutterunterdrückung wie auch die kohärente Integration der Zielechos durch.

Das Verfahren 1 wird bei MTI-Radaren, das Verfahren 2 bei MTD-Radaren angewendet. Dieser letzte Radartyp entstand, begünstigt durch die steigenden Möglichkeiten der digitalen Signalverarbeitung, Mitte der 70er Jahre [1]. Die Abkürzung MTD steht für Moving Target Detector.

Das MTI-Radar

Als angenähertes Prewhitening-Filter zur Clutterunterdrückung wird ein sogenanntes MTI-Filter verwendet. Zwei mögliche Typen, nämlich das Einfach- und das Doppel-MTI, kennen wir schon. Weitere Filtertypen folgen in Abschnitt 7.6. Der kohärente Integrator wird aus Kostengründen durch einen nicht ganz so wirksamen nichtkohärenten Integrator ersetzt, zum Beispiel durch einen Wanderfensterdetektor (s. Abschnitt 3.12.).

Der Einsatz eines nichtkohärenten Integrators statt eines kohärenten ist auch aus Verfahrensgründen notwendig, weil nämlich MTI-Radare zur Reduzierung der Zahl der Blindgeschwindigkeiten meist mit einer Puls-zu-Puls-Staffelung der PRF betrieben werden, die den wirtschaftlichen Einsatz eines kohärenten Integrators nicht zuläßt.

Kennzeichnend für ein MTI-Radar ist neben dem „breitbandigen“ MTI-Filter, wie es in Bild 5.3d angedeutet ist, die Tatsache, daß das Filter (aus systembedingten Gründen) immer nur wenige Pulse, etwa 2...5, verarbeitet. Damit sind der erreichbaren Clutterunterdrückung deutliche Grenzen gesetzt. Am verbreitetsten ist das 3-Puls-MTI-Filter.

Das MTD-Radar oder LPRF-Pulsdoppler-Radar

Es verwendet eine Bank von Dopplerfiltern wie sie Bild 5.3e zeigt. Die Filter besitzen im Bereich des Bodenclutters extrem niedrige Seitenzipfel. Ihre Amplitudengänge müssen nicht identisch sein. Da die Filter meist $N > 5$ Pulse verarbeiten, ist die Clutterunterdrückung wesentlich besser als bei MTI-Radaren.

Für $N > 16$ bietet sich aus wirtschaftlichen Gründen eine FFT als Filterbank an. Durch eine geeignete Wichtung müssen allerdings die Seitenzipfel, vor allem im Bereich des Bodenclutters, ausreichend klein gehalten werden. Es sei denn, man schaltet der FFT ein MTI-Filter zur Clutterunterdrückung vor. Dann werden die Seitenzipfelanforderungen stark verringert.

Das Sendesignal eines MTD-Radars unterscheidet sich stark von dem des MTI-Radars. Es sendet Bursts von bspw. M_B Pulsen konstanter PRF und HF aus, wechselt aber zur Reduzierung der Blindgeschwindigkeitseffekte die PRF von

Burst zu Burst. Zur Erzielung eines Frequenz-Agilitätsgewinns wird oft auch die HF gewechselt. Wegen der unterschiedlichen Sendesignale („Waveforms“) unterscheiden sich auch die Algorithmen zur Schätzung der Zielparameter Entfernung und Azimut (ggf. auch Elevation) bei MTI- und MTD-Radaren recht stark.

Anmerkung:
Unter Pulsdoppler-Radaren verstand man bisher solche mit hoher PRF und einer Dopplerfilterbank. Sie werden an Bord von Flugzeugen eingesetzt und sind geschwindigkeitseindeutig, aber entfernungsmehrdeutig (s. auch Abschnitt 2.6). In Anlehnung an diese Bezeichnung wird das MTD-Radar wegen seiner niedrigen PRF oft LPRF-Pulsdoppler-Radar genannt.

Anwendungsbereiche der beiden Radartypen

Bei Weitbereichs-Radaren ist – wie man sich leicht klarmachen kann – die Trefferzahl aufgrund der stets vorhandenen Forderung nach einer möglichst großen Datenrate, die auf eine kleine Zielverweilzeit führt, sehr begrenzt, gelegentlich beträgt sie sogar nur 2. Außerdem ist Bodenclutter im Weitbereich kein allzugroßes Problem, da die Antennenkeule meist schon vom Boden „abgehoben“ hat. Daher ist bei diesen Radaren im allgemeinen nur ein MTI-Verfahren anwendbar und auch ausreichend.

Nahbereichsradare wie bspw. ein Flugsicherungsradar für den Nahverkehr stellen dagegen selbst bei relativ hoher Datenrate von etwa $15\,\text{min}^{-1}$ noch Trefferzahlen von etwa 20 zur Verfügung, die den Einsatz des MTD-Verfahrens erlauben und wegen der relativ großflächigen Cluttergebiete infolge des nahezu am Boden aufliegenden Antennendiagramms auch notwendig machen. Man arbeitet meist mit 6 ... 10 kohärent in Dopplerfiltern verarbeiteten Pulsen.

Multifunktions-3D-Radare, die der Überwachung des Nah- und Weitbereichs dienen, verwenden sowohl MTI- wie auch MTD-Betriebsmodi.

7.4 Clutter-Eigenschaften

Nachfolgend werden die für dieses Kapitel benötigten Eigenschaften von Boden- und Regenclutter zusammengestellt.

Leistungsspektrum von Clutter

Interne Clutterfluktuation

Ermittelt man bei stillstehender Antenne das Leistungsspektrum ausgedehnten natürlichen Bodenclutters (seine flächenmäßige Ausdehnung ist wesentlich größer als die der Radarauflösungszelle), so stellt man fest, daß dieses Spektrum in guter

Näherung gaußförmig ist. Es kann durch eine Beziehung in Form einer Normalverteilung mit der Standardabweichung σ_f beschrieben werden. Letztere ist ein Maß für die spektrale Breite des Bodenclutters. Ursache des gaußförmigen Spektrums ist die windbewegte Vegetation, die sich dem Radar in Form vieler Elementarreflektoren mit normalverteilter, mittelwertfreier Geschwindigkeit (Doppler) der Standardabweichung σ_v darbietet. Man spricht von interner Clutterfluktuation. Werte für σ_v finden sich in der Tabelle 7.1. Dabei ergibt sich die „Dopplerverschiebung" σ_f zu

$$\sigma_f = \frac{2\sigma_v}{\lambda} \tag{7.6}$$

Das Clutterspektrum ist dann

$$L_c(f) = P_c \frac{1}{\sqrt{2\pi}\,\sigma_f} e^{-\frac{1}{2}\left(\frac{f}{\sigma_f}\right)^2} \tag{7.7}$$

Da wir ein Pulsradar betrachten, ist das Clutterspektrum notwendigerweise periodisch mit der PRF und P_c ist die in einer Keule enthaltene Clutterleistung.

Regenclutter, Seegangechos (Seeclutter) und Düppel weisen im allgemeinen größere Standardabweichungen σ_v auf als ausgedehnter Bodenclutter. Die Mittenfrequenz von Regenclutter wird von der mittleren Windgeschwindigkeit der Regenwolken bestimmt. Ist f_c der zugehörige Doppler, so gilt für ein solches Spektrum angenähert

$$L_c(f) = P_c \frac{1}{\sqrt{2\pi}\,\sigma_f} e^{-\frac{1}{2}\left(\frac{f-f_c}{\sigma_f}\right)^2} \tag{7.8}$$

Eine sehr große spektrale Breite von Regenclutter ist vorwiegend bei 2D-Radaren

Clutterart	Windgeschwindigkeit [km/h]	σ_v [m/s]
Bewaldetes, bergiges Gelände	≈ 0	0,02
ebenso	20	0,04
ebenso	50	0,12
ebenso	70	0,32
Seegangecho		0,70
Regenwolken		2
Düppel		1

Tabelle 7.1 Standardabweichungen σ_v der Geschwindigkeitsverteilung verschiedener Clutterarten (nach *Barton* [2]).

mit ihrer meist sehr großen Breite des Strahlungsdiagramms in der Elevation zu beobachten. Ursache ist eine Windscherung, das sind mit der Höhe stark schwankende Windgeschwindigkeiten.

Scanning-Effekt

Beim Schwenken des Antennendiagramms über ausgedehntem Bodenclutter werden innerhalb eines Pulswiederholintervalles einige neue Elementarreflektoren (Scatterer) erfaßt, einige alte verlassen das Diagramm, die Mehrzahl aber verbleibt. Nehmen wir die Radarumgebung als „eingefroren" an (d. h. es existiert keine interne Clutterfluktuation), dann läßt sich – wie man experimentell zeigen kann – das Clutterspektrum ebenfalls durch Glchg. (7.7) beschreiben. Dabei kennzeichnet σ_f die durch den Scanning-Effekt, oft etwas ungenau auch als „Abtast-Effekt" bezeichnet, bewirkte Aufweitung des Clutterspektrums.

Auch das Spektrum eines *einzelnen diskreten Festziels* wird bei gaußförmigem Antennendiagramm durch Glchg. (7.7) beschrieben. Denn für den spektralen „Kammzahn" bei $f_D = 0$, also nach der kohärenten Abmischung in den Videobereich, findet man mit Glchg. (5.8) unter Zuhilfenahme der Formelsammlung im Anhang (c ist eine Konstante)

$$L_c(f) = c \cdot \left[gs \left(\frac{f}{B_{tot}} \right) \right]^2 = c \cdot e^{-2 \cdot 4 \ln 2 \left(\frac{f}{B_{tot}} \right)^2} = c \cdot e^{-5{,}546 \left(\frac{f}{B_{tot}} \right)^2} \qquad (7.9)$$

was man in Glchg. (7.7) umschreiben kann. Ist M_S die Trefferzahl, so erhält man mit $B_{tot} = 0{,}883/T_{tot}$ und $T_{tot} = M_S T$ die normierte, spektrale Clutter-Standardabweichung oder halbe Clutterbandbreite zu

$$\sigma_f T = \frac{\sqrt{\ln 2}}{\pi} \frac{1}{M_S} = \frac{0{,}265}{M_S} \qquad (7.10)$$

Beispiele von Clutterspektren

Im S-Band wird die spektrale Clutterbreite von Wald bei 70 km/h Windgeschwindigkeit $\sigma_f = 2 \cdot 0{,}32/0{,}1 = 6{,}4$ Hz. Bei einer PRF von 1 000 Hz ist dann $\sigma_f T = 0{,}0064$. Für eine typische Trefferzahl eines Nahbereichsradars von $M_S = 16$ wird dagegen die durch den Scanning-Effekt hervorgerufene spektrale Aufweitung $\sigma_f T = 0{,}265/16 = 0{,}017$. Im allgemeinen überwiegt also der Scanning-Effekt beträchtlich. Anders ist es bei Regenclutter. Hier liegen typische Werte bei $\sigma_v = 2$ m/s, sodaß sich für das gleiche T wie oben eine normierte Clutterbreite von $\sigma_f T = 0{,}04$ ergibt. Bei Regenclutter tritt also der Scanningeffekt oft gegenüber der internen Clutterfluktuation zurück. Für die resultierende Standardabweichung $\sigma_{\mathrm{f,res}}$ von Scanningeffekt und interner Clutterbewegung gilt

$$\sigma^2_{\mathrm{f,res}} = \sigma^2_{\mathrm{f,scann}} + \sigma^2_{\mathrm{f,icf}} \tag{7.11}$$

Dabei sind $\sigma_{\mathrm{f,scann}}$ die Standardabweichung, wenn nur der Scanningeffekt wirksam ist, und $\sigma_{\mathrm{f,icf}}$ die Standardabweichung, wenn nur interne Clutterfluktuation vorliegt.

Bild 7.2 zeigt das Bodenclutter-Leistungsspektrum mit einer für Nah- und Mittelbereichsradare typischen Trefferzahl von $M_{\mathrm{S}}=16$, die zu $\sigma_{\mathrm{f}}T=0{,}017$ führt, in linearer und logarithmischer Darstellung.

AKF und Kovarianzmatrix von Clutter

Für den allgemeinen Fall auch bewegten Clutters erhält man durch eine Fourier-Rücktransformation von Glchg. (7.8) die Autokorrelationsfunktion (AKF) von Clutter zu (*Wiener-Khintchine*-Theorem, Abschnitt A.14)

$$\boxed{r_{\mathrm{cc}}(\tau) = P_{\mathrm{c}} \cdot \mathrm{e}^{-2\pi^2(\sigma_{\mathrm{f}}\tau)^2} \cdot \mathrm{e}^{\mathrm{j}\,2\pi f_{\mathrm{c}}\tau}} \tag{7.12}$$

Für den Entwurf von Likelihood Ratio-Filtern benötigt man oft die Kovarianzmatrix $\mathbf{K}$ des Clutters, siehe Glchg. 6.49. Ihre Elemente k_{lm} leiten sich aus

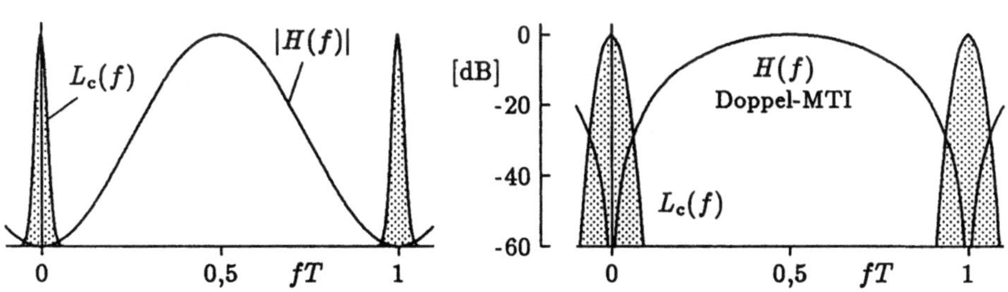

Bild 7.2 Gaußförmiges Leistungsspektrum $L_{\mathrm{c}}(f)$ von Bodenclutter mit $\sigma_{\mathrm{f}}T = 0{,}017$ (entspricht einer Trefferzahl von $M_{\mathrm{S}}=16$):
Links: Lineare Darstellung ($|H(f)|$ ist der Amplitudengang eines Doppel-MTI's).
Rechts: Logarithmische Darstellung.

der AKF ab, sie sind gegeben durch

$$k_{lm} = P_c \cdot e^{-2\pi^2(l-m)^2(\sigma_f T)^2} \cdot e^{j\,2\pi(l-m)f_c T} \tag{7.13}$$

Es ist also $k_{lm} = k^*_{ml}$ (Hermite'sche Matrix) und alle Elemente entlang einer bestimmten Nebendiagonalen sind gleich (Toeplitz-Matrix). Für $f_c = 0$ erhält man die (reellen) Elemente der Kovarianzmatrix für Bodenclutter.

Amplitudenverteilung von Bodenclutter

Der mittlere Rückstrahlquerschnitt $\overline{\sigma}$ natürlichen Bodenclutters ist proportional einem Reflexionsfaktor σ^0 und der Fläche A der Radarauflösungszelle [7]:

$$\overline{\sigma} = \sigma^0 A = \sigma^0 \cdot R \cdot \theta_{3\mathrm{dB}} \cdot \frac{c\,\tau}{2} \tag{7.14}$$

Dabei ist R die Entfernung der betrachteten Auflösungszelle, $\theta_{3\mathrm{dB}}$ die azimutale Breite der Antennenkeule, τ die Pulslänge und c die Lichtgeschwindigkeit. σ^0 ist abhängig von der Bodenbeschaffenheit (Bewuchs, Bebauung, Feuchtigkeit usw.) und kann daher als Zufallsgröße aufgefaßt werden. Eine empirisch ermittelte Verteilung findet sich in [7]. Danach überschreiten 10% aller Bodenclutter-behafteten Zellen einen Wert von

$$\sigma^0 = \frac{3{,}2 \cdot 10^{-3}}{\lambda} \qquad (\lambda = \text{Wellenlänge in m}) \tag{7.15}$$

Isoliert stehende Gebäude sowie Türme, Brücken und dgl. werden als Punktziele bezeichnet, die in der oben erklärten Verteilung nicht enthalten sind. Unabhängig von der Wellenlänge zeigen solche Punktziele im allgemeinen Rückstrahlquerschnitte von typisch $10^3 \ldots 10^4\,\mathrm{m}^2$ [7].

Nach den Gleichungen (7.14) und (7.15) liefern zum Beispiel 10% aller Auflösungszellen in einer Entfernung von $R = 30\,\mathrm{km}$ bei einem C-Band-Radar ($\lambda = 0{,}055\,\mathrm{m}$) mit einer Pulslänge von $\tau = 0{,}3\,\mu\mathrm{s}$ und einer Keulenbreite von $\theta_{3\mathrm{dB}} = 1{,}5°$ einen Clutter-Rückstrahlquerschnitt von $\overline{\sigma} \geq 2056\,\mathrm{m}^2$. Für ein Ziel von $0{,}5\,\mathrm{m}^2$ Rückstrahlquerschnitt ist also das Signal-zu-Clutter-Verhältnis $S/C = 10\,\log(0{,}5/2056) = -36\,\mathrm{dB}$. Bei einer Pulslänge von $\tau = 2\,\mu\mathrm{s}$ wäre es $S/C = -44\,\mathrm{dB}$. *Gute Entfernungsauflösung erhöht also das Signal-zu-Clutter-Verhältnis.* Bei Artillerie-Ortungsradaren ist oft $S/C \leq -60\,\mathrm{dB}$!

7.5 Kenngrößen der Dopplerverarbeitung

Im Bereich von einerseits LPRF-Boden- und Schiffsradaren und andererseits HPRF- und MPRF-Bordradaren werden unterschiedliche Kenngrößen zur Beschreibung der Zielentdeckung über Clutter verwendet. Das wird sich aufgrund der sehr unterschiedlichen Betriebsarten und Clutterumgebungen auch zukünftig kaum ändern. Wir betrachten im folgenden die Kenngrößen von LPRF-Radaren.

Mit dem Einsatz von Filterbänken statt „breitbandiger" MTI-Filter im MTD-Bodenradar wurde zwangsläufig die Frage nach der Weiterverwendung bzw. Ergänzung der bisher in diesem Bereich verwendeten Kenngrößen aufgeworfen [3]. Insbesondere erwies sich der „klassische" MTI-Improvementfaktor I zur Kennzeichnung der Eigenschaften von Filterbänken als ungeeignet. Wir folgen bei der Definition der Kenngrößen und ihrer Zuordnung zu den Radarsubsystemen den Darstellungen in [3, 4, 5, 6]. Dabei wird sich herausstellen, daß der MTI-Improvementfaktor I einen Sonderfall der dopplerabhängigen SIR-Verbesserung I_{SIR} darstellt.

Subclutter Visibility (SCV)

Die SCV beschreibt die Fähigkeit, Ziele in Gegenwart von Clutter – wir betrachten zunächst Bodenclutter – zu entdecken. Sie ist wie folgt definiert:

Die Subclutter Visibility gibt den Faktor an, um den die Signalleistung kleiner als die Clutterleistung sein darf, um das Ziel gerade noch mit vorgegebener mittlerer Entdeckungswahrscheinlichkeit $\overline{P_{\mathrm{d}}}$ und Falschalarmwahrscheinlichkeit P_{fa} zu entdecken. Ziel- und Clutterleistung beziehen sich auf den Einzelpuls, und die radiale Geschwindigkeit des Ziels ist gleichverteilt.

Wenn nicht anders angegeben, ist das Ziel nichtfluktuierend, $\overline{P_{\mathrm{d}}} = 50\%$ (u. a. wegen der dann möglichen exakteren Messungen), $P_{\mathrm{fa}} = 10^{-6}$, und der Clutter ist antennenmodulierter Bodenclutter mit einer Amplitude, die den verfügbaren Dynamikbereich gerade voll aussteuert. Die mittlere Entdeckungswahrscheinlichkeit $\overline{P_{\mathrm{d}}}$ ist der Mittelwert, den man erhält, wenn man – für ein bestimmtes Verhältnis S/C von Signalleistung S zu Clutterleistung C – die Entdeckungswahrscheinlichkeiten für viele gleichverteilte Zieldoppler bestimmt und die erhaltenen P_{d}'s mittelt (s. Bild 7.4). Wir kommen darauf noch zurück. Die obige Definition der SCV unterscheidet sich von der in [3, 7] gegebenen nur durch die Vorgabe einer über viele Zieldoppler *gemittelten* Entdeckungswahrscheinlichkeit.

Nach Bild 7.3 wird das am Eingang des Radarkopfes und damit der Dopplerverarbeitung anliegende Verhältnis von Signalleistung-zu-Störleistung, bezeichnet als $(\mathrm{SIR})_{\mathrm{ein}}$, vom englischen Signal-to-Interference Ratio, um den Faktor I_{SIR} verbessert. Dieser Faktor wird als *SIR-Improvement* oder *SIR-Verbesserung* bezeichnet. Unter Störung oder englisch Interference verstehen wir die Summe von Rauschleistung und Clutterleistung.

Am Eingang des automatischen Zieldetektors oder des ggf. ihm vorgeschalteten nichtkohärenten Integrators beträgt das Verhältnis von Signal-zu-Störung dann $I_{\mathrm{SIR}} \cdot (\mathrm{SIR})_{\mathrm{ein}}$. Das an dieser Stelle zur Zielentdeckung mit spezifierten P_{d} und P_{fa} benötigte Verhältnis von Signal-zu-(Rest-)Störung wird als Clutter Visibility Faktor $V_{\mathrm{c}}(n)$ bezeichnet. Ist der Restclutter deutlich kleiner als das verbleibende, weiße Systemrauschen, so geht $V_{\mathrm{c}}(n)$ in den Detektierbarkeitsfaktor $D_0(n)$ eines nichtfluktuierenden Zieles über. Die Größe n beschreibt die Zahl

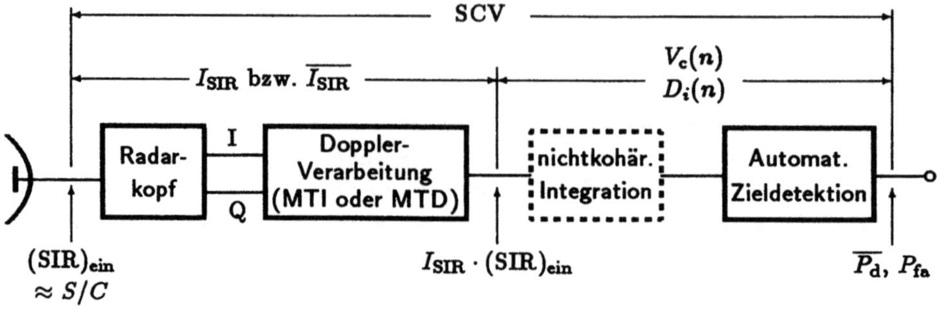

Bild 7.3 Zum Geltungsbereich der Kennwerte SCV, I_{SIR} und $V_c(n)$ oder $D_i(n)$: Die SCV ist die Über-alles-Kenngröße für die Zielentdeckung in Clutter, während I_{SIR} nur die Dopplerverarbeitung (MTI oder Filterbank) und $V_c(n)$ oder $D_i(n)$ nur den Zieldetektor (einschl. einer ev. vorhandenen nichtkohärenten Integration) beschreiben. CFAR-Verluste können in $V_c(n)$ oder $D_i(n)$ untergebracht werden.

der nichtkohärent integrierten Pulse. Ist $I_{SIR} \cdot (SIR)_{ein} = V_c(n)$, so ist eine Zielentdeckung gerade möglich. Nun ist aber $(SIR)_{ein} = S/(N + C)$, wenn S die Signalleistung, N die Rauschleistung und C die Clutterleistung am Eingang der Dopplerverarbeitung darstellen. Bei großer Clutterleistung, d. h. $C \gg N$, wird deshalb $(SIR)_{ein} \approx S/C$. Damit erhält man für das für eine Entdeckung maximal zulässige Clutter-zu-Signal-Verhältnis – es entspricht der SCV – die Beziehung $C/S = SCV = I_{SIR}/V_c(n) \approx I_{SIR}/D_0(n)$. Nun ist aber I_{SIR} frequenzabhängig. Wir können diese Frequenzabhängigkeit beseitigen, indem wir I_{SIR} über der Frequenz zu $\overline{I_{SIR}}$ mitteln. Damit erhalten wir für die Subclutter Visibility

$$\boxed{SCV = \frac{\overline{I_{SIR}}}{V_c(n)} \approx \frac{\overline{I_{SIR}}}{D_0(n)} \qquad \overline{P_d} = 50\%} \tag{7.16}$$

Ist bspw. die Reststörung weiß, so ist für $\overline{P_d} = 50\%$, $P_{fa} = 10^{-6}$ und $n = 1$ (keine nichtkohärente Integration) nach Bild 3.5 $D_0(1) = 11{,}2\,\text{dB}$. Stellt der Dopplerprozessor ein SIR-Improvement von $\overline{I_{SIR}} = 57\,\text{dB}$ zur Verfügung, so wird die $SCV = (57 - 11{,}2)\,\text{dB} = 45{,}8\,\text{dB}$. Das heißt, die Clutterleistung kann rund 38 000 mal größer als die Zielleistung sein, trotzdem wird das Ziel noch mit $\overline{P_d} = 50\%$ entdeckt.

Anmerkungen zur Verwendung einer mittleren Entdeckungswahrscheinlichkeit $\overline{P_d}$ und einer mittleren SIR-Verbesserung $\overline{I_{SIR}}$

Die Entdeckungswahrscheinlichkeit für Ziele verschiedenen Dopplers aber mit gleichem $S/C \approx (SIR)_{ein}$ ist wegen der Frequenzabhängigkeit von I_{SIR} unterschiedlich. Man berechnet daher für ein bestimmtes, am Zieldetektor anliegendes Verhältnis von Signal-zu-(Rest-)Störung $(\mathrm{SIR})_{\mathrm{ein}} \cdot I_{\mathrm{SIR}} \approx S/C \cdot I_{\mathrm{SIR}}$ die P_{d}'s für viele gleichverteilte Doppler. Durch Mittelung erhält man $\overline{P_{\mathrm{d}}}$.

Bild 7.4 zeigt in Kurve 1 die Funktion $\overline{P_{\mathrm{d}}} = f\big((\mathrm{SIR})_{\mathrm{ein}}\big) = f(1/\mathrm{SCV})$ für den I_{SIR}-Verlauf von Bild 7.26 oben (MTD-Radar ohne PRF-Staffelung). Dabei ist angenommen, daß die Reststörung weißes Rauschen ist und Einzelpulsentdeckung vorliegt (die Pulse eines Bursts sind zu einem einzigem Summenpuls aufintegriert). Bei Kurve 2 wurde eine PRF-Staffelung von Burst zu Burst angewendet und über den Bereich von $f_{\mathrm{D}} = 0$ bis zur ersten Blindgeschwindigkeit des gestaffelten Systems gemittelt (s. Bild 7.26 unten). Den Kurven kann man die SCV für eine vorgegebene mittlere $\overline{P_{\mathrm{d}}}$ entnehmen. So ist für $\overline{P_{\mathrm{d}}} = 50\%$ zum Beispiel bei Kurve 1 $\mathrm{SCV}_1 = 44{,}6\,\mathrm{dB}$ und bei Kurve 2 wird $\mathrm{SCV}_2 = 46{,}3\,\mathrm{dB}$.

Nach Bild 7.26 (oben und unten) ist für die Kurve 1 $\overline{I_{\mathrm{SIR}}} = 55{,}8\,\mathrm{dB}$ und für die Kurve 2 $\overline{I_{\mathrm{SIR}}} = 57{,}4\,\mathrm{dB}$. Nach Glchg. (7.16) wird mit $D_0(1) = 11{,}2\,\mathrm{dB}$ für $\overline{P_{\mathrm{d}}} = 50\%$ sowie $P_{\mathrm{fa}} = 10^{-6}$ (Bild 3.5) dann $\mathrm{SCV}_1 = (55{,}8 - 11{,}2)\,\mathrm{dB} = 44{,}6\,\mathrm{dB}$, sowie entsprechend $\mathrm{SCV}_2 = 46{,}2\,\mathrm{dB}$. Die Formel (7.16) liefert also für $\overline{P_{\mathrm{d}}} = 50\%$ SCV-Werte, die sehr gut mit den exakt berechneten SCV's aus Bild 7.4 übereinstimmen. Will man die SCV für zum Beispiel $\overline{P_{\mathrm{d}}} = 90\%$ berechnen, so

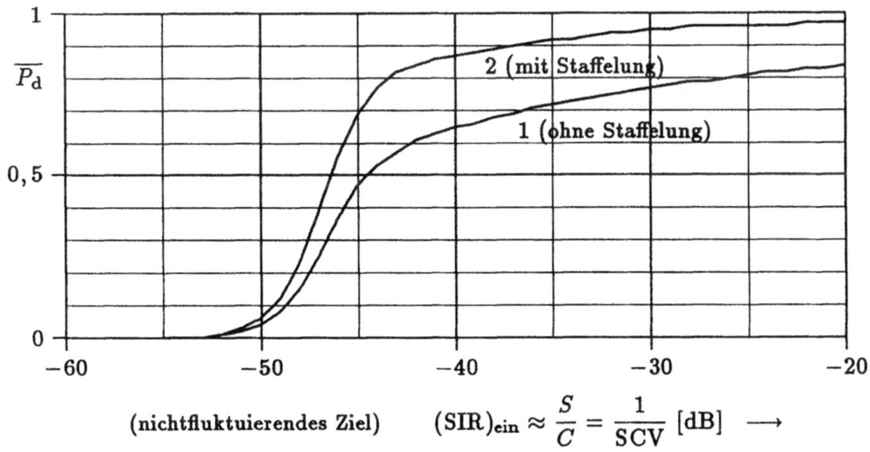

Bild 7.4 Mittlere Entdeckungwahrscheinlichkeit $\overline{P_{\mathrm{d}}}$ als Funktion des Signal-Stör-Verhältnisses $(\mathrm{SIR})_{\mathrm{ein}}$. Bei starkem Clutter ist $(\mathrm{SIR})_{\mathrm{ein}}$ identisch mit dem Signal-zu-Clutter-Verhältnis S/C und damit mit dem Kehrwert der SCV. Mit solchen Kurven kann man einerseits bestätigen, daß in guter Näherung die Beziehung $\mathrm{SCV} = \overline{I_{\mathrm{SIR}}}/D_0(n)$ gilt, wenn man die SCV – wie üblich – für ein nichtfluktuierendes Ziel und $\overline{P_{\mathrm{d}}} = 50\%$ definiert. Andererseits erkennt man die Notwendigkeit der Einführung des Velocity Response-Verlustes L_{VR}, wenn man mit größeren P_{d}'s arbeiten will. Kurve 1 wurde mit der ungestaffelten I_{SIR}-Charakteristik von Bild 7.26 oben, Kurve 2 mit der gestaffelten im Bild unten erhalten. Weitere Erläuterungen zu den Kurven finden sich im Text.

bekäme man mit dem Bild 3.5 entnommenen $D_0(1) = 13{,}2\,\mathrm{dB}$ für das Beispiel von Kurve 2 in Bild 7.4 nach Glchg. (7.16) eine SCV von $(57{,}4 - 13{,}2)\,\mathrm{dB} = 44{,}2\,\mathrm{dB}$. Der Kurve 2 entnimmt man aber dagegen einen Wert von nur 37,5 dB.

Infolge der Einbrüche und Welligkeiten der I_{SIR}-Kurven von Bild 7.26 ist leicht einzusehen, daß hohe Entdeckungswahrscheinlichkeiten überproportional große $(\mathrm{SIR})_{\mathrm{ein}}$ erfordern. Daher liefert die Beziehung (7.16) bei hohen P_{d}'s zu optimistische SCV-Werte. Um das zu korrigieren, führen wir den sogenannten *Velocity Response-Verlust* L_{VR} ein, der die Welligkeit von I_{SIR} über der Frequenz berücksichtigt. Damit erhalten wir für die SCV die allgemeinere Beziehung

$$\mathrm{SCV} = \frac{\overline{I_{\mathrm{SIR}}}}{V_{\mathrm{c}}(n) \cdot L_{\mathrm{VR}}} \approx \frac{\overline{I_{\mathrm{SIR}}}}{D_0(n) \cdot L_{\mathrm{VR}}} \tag{7.17}$$

Der Velocity Response-Verlust L_{VR} hat Ähnlichkeit mit dem Fluktuationsverlust, auch er ist P_{d}-abhängig und steigt mit großer P_{d} sehr stark an.

In unserem obigen Beispiel für $\overline{P_{\mathrm{d}}} = 90\%$ ergibt sich der Velocity Response-Verlust zu $L_{\mathrm{VR}} = (44{,}2 - 37{,}5)\,\mathrm{dB} = 6{,}7\,\mathrm{dB}$. Aus den Kurven von Bild 7.4 und der Glchg. (7.17) wird deutlich, daß für $\overline{P_{\mathrm{d}}} \approx 50\%$ stets die Beziehung (7.16) verwendet werden kann, da dann $L_{\mathrm{VR}} \approx 1 = 0\,\mathrm{dB}$.

Allgemeine Bemerkungen zur SCV

Man beachte, daß die Leistungsfähigkeit zweier Radare, Ziele über Clutter zu entdecken, nur mittels *zweier* Kennwerte verglichen werden kann, nämlich der SCV *und der Größe der Auflösungszelle.* Um gleiche Zielentdeckung zu gewährleisten, muß das Radar mit der größeren Auflösungszelle auch eine größere SCV besitzen, da bei ihm ein Ziel von vornherein gegen mehr Clutter konkurrieren muß.

Man muß sich darüber im klaren sein, daß die SCV keine Kenngröße darstellen soll, mit der man in einer konkreten Situation die Entdeckbarkeit eines Zieles über Clutter genau berechnen kann. Dazu sind schon die räumliche Verteilung des Clutters und seine Leistung nicht genau genug bekannt. Dagegen kann aber der Radar-Betreiber die allgemeine Leistungsfähigkeit ähnlicher Radare zur Zielentdeckung über Clutter vergleichen, wenn er deren SCV und Auflösungszelle kennt. Da zur Minimierung der Entwicklungsrisiken neue Radare sinnvollerweise durch Fortentwicklung und Extrapolation existierender, bewährter Radare entstehen, kann der Radar-Entwickler mit Hilfe seiner Kenntnis der SCV des älteren Radars und dessen Eigenschaften zur Zielentdeckung über Clutter einerseits und der berechneten SCV des neuen Radars andererseits dessen zu erwartende Leistungsfähigkeit sehr gut abschätzen.

In die Kenngröße SCV gehen über I_{SIR} und $V_{\mathrm{c}}(n)$ bzw. $D_0(n)$ *fast alle* Eigenschaften des Radars *und* der Clutterumgebung ein. Darauf und auf die Schwierigkeiten einer immer korrekten Interpretation der Kennwerte geht *Ward* in einer sehr anschaulichen Arbeit [3] ein. Dort finden sich auch Verfahren zur praktischen Messung der SCV. Auf eine wenig aufwendige Meßmethode werden wir noch eingehen. Die Genauigkeit, mit der die SCV bestimmt werden kann, liegt bei etwa 1 ... 2 dB.

Wie Bild 7.3 entnommen werden kann, beschreibt die SCV die „Über-alles-Performance" des Radars hinsichtlich der Zielentdeckung in Clutter und ist daher ein für den Betreiber nützlicher – und zudem sehr anschaulicher – Kennwert. Dagegen kennzeichnen I_{SIR} und auch der noch zu beschreibende MTI-Improvementfaktor I nur die Dopplerverarbeitung des Radars, sind also radarinterne Parameter.

Eine andere Möglichkeit, die Zielentdeckung in Clutter ohne Zuhilfenahme des Begriffs der SCV zu beschreiben, ergibt sich wie folgt. Allgemein kann man die Entdeckungswahrscheinlichkeit als Funktion des Signal/Stör-Verhältnisses beschreiben:

$$P_{\mathrm{d}} = f\left(\frac{S}{C+N}\right) \tag{7.18}$$

Man berechnet P_{d} für viele gleichverteilte Zieldoppler. Durch Mittelung erhält man gemäß

$$\overline{P_{\mathrm{d}}} = f\left(\frac{\frac{S}{N}}{1+\frac{C}{N}}\right) \tag{7.19}$$

Kurvenscharen $\overline{P_{\mathrm{d}}} = f(S/N)$ mit C/N als Parameter. Wie man vermuten kann, enthält diese Darstellung indirekt die Subclutter Visibility. Dividiert man nämlich das für eine vorgegebene, mittlere $\overline{P_{\mathrm{d}}}$ erforderliche S/N durch das C/N der jeweiligen Kurve, so erhält man $(S/N)/(C/N) = S/C$. Das für $\overline{P_{\mathrm{d}}} = 50\%$ größtmögliche S/C entspricht dem Kehrwert der SCV. Somit enthalten diese Kurven eine ähnliche Information wie die oben gezeigte Kurve $\overline{P_{\mathrm{d}}} = f(1/\mathrm{SCV})$.

SIR-Verbesserung I_{SIR}

Die Verbesserung im Signal-zu-Stör-Verhältnis vom Eingang zum Ausgang der Dopplerverarbeitung ist gegeben durch

$$I_{\mathrm{SIR}} = \frac{\left(\frac{S}{N+C+C_{\mathrm{E}}}\right)_{\mathrm{aus}}}{\left(\frac{S}{N+C}\right)_{\mathrm{ein}}} \tag{7.20}$$

Die Größen S, N und C stellen die Signal-, Rausch- und Clutterleistungen dar, je nach Index am Eingang oder Ausgang der Dopplerverarbeitung. C_{E} ist eine am Ausgang erscheinende, geräteeigene Störsignalleistung, die durch Instabilitäten im HF-Kopf (Phasen- und Amplitudenmodulation des Sende-/Empfangssignals, Brumm, PRF-Jitter usw.) verursacht wird. Sie tritt nur auf, wenn am Eingang Clutterleistung C anliegt und ist dieser im allgemeinen proportional.

Wir definieren die folgenden Kenngrößen unter der Gleichungsnummer (7.21)

$$\text{Signal/Rausch-Verbess. } I_{\text{SNR}} = \frac{\left(\frac{S}{N}\right)_{\text{aus}}}{\left(\frac{S}{N}\right)_{\text{ein}}} = \frac{S_{\text{aus}}}{S_{\text{ein}}} \cdot \frac{N_{\text{ein}}}{N_{\text{aus}}} = G_S(f) \cdot A_N$$

$$\text{Signal/Clutter-Verbess. } I_{\text{SCR}} = \frac{\left(\frac{S}{C}\right)_{\text{aus}}}{\left(\frac{S}{C}\right)_{\text{ein}}} = \frac{S_{\text{aus}}}{S_{\text{ein}}} \cdot \frac{C_{\text{ein}}}{C_{\text{aus}}} = G_S(f) \cdot A_C$$

$$\text{Stabilitätsfaktor } I_{\text{stab}} = \frac{\left(\frac{S}{C_E}\right)_{\text{aus}}}{\left(\frac{S}{C}\right)_{\text{ein}}} = \frac{S_{\text{aus}}}{S_{\text{ein}}} \cdot \frac{C_{\text{ein}}}{C_{\text{E,aus}}} = G_S(f) \cdot A_{CE}$$

Alle Größen sind wegen der Frequenzabhängigkeit von $G_S(f) = S_{\text{aus}}/S_{\text{ein}}$ dopplerabhängig, wobei $f = f_D$ den Zieldoppler darstellt. Dagegen sind die Rauschdämpfung A_N und die Clutterdämpfung A_C wie auch die Größe $A_{CE} = C_{\text{ein}}/C_{\text{E,aus}}$ für das geräteeigene Störsignal für ein bestimmtes Dopplerfilter (MTI-Filter oder Filter einer MTD-Filterbank) frequenzunabhängig. Mit den eben definierten Kenngrößen kann man Glchg. (7.20) umschreiben in

$$\frac{1}{I_{\text{SIR}}} = \frac{1}{1+\frac{C}{N}} \cdot \left\{ \frac{1}{I_{\text{SNR}}} + \frac{\frac{C}{N}}{I_{\text{SCR}}} + \frac{\frac{C}{N}}{I_{\text{stab}}} \right\} \tag{7.22}$$

Wir verstehen hier und im folgenden unter C/N das Clutter-zu-Rausch-Verhältnis am Eingang der Dopplerverarbeitung.

In einer clutterfreien Umgebung mit $C/N = 0$ wird wie erwartet I_{SIR} gleich der Signal-zu-Rausch-Verbesserung (S/N-Gewinn): $I_{\text{SIR}} = I_{\text{SNR}}$. Ist dagegen Clutter das dominierende Störsignal mit etwa $C/N > 10\,\text{dB}$, so ist in guter Näherung

$$\frac{1}{I_{\text{SIR}}} = \frac{1}{\frac{C}{N} \cdot I_{\text{SNR}}} + \frac{1}{I_{\text{SCR}}} + \frac{1}{I_{\text{stab}}} \tag{7.23}$$

Mit steigendem C/N wächst I_{SIR}. Wir setzen eine lineare Verarbeitung voraus (eine Clutterbegrenzung reduziert die Clutterunterdrückung, da Spektralanteile des Clutters entstehen, die in den Durchlaßbereich des Clutterfilters fallen). Das größtmögliche C/N ist dann gleich dem verfügbaren Dynamikbereich D_p des Signalprozessors, der im allgemeinen durch den A/D-Umsetzer festgelegt wird, man vgl. dazu Abschnitt 2.4 und Abschnitt 5.7 mit Glchg. (5.59). Für das maximal erreichbare SIR-Improvement können wir daher endgültig schreiben[1]

$$\boxed{\frac{1}{I_{\mathrm{SIR}}} = \frac{1}{D_{\mathrm{p}}\, I_{\mathrm{SNR}}} + \frac{1}{I_{\mathrm{SCR}}} + \frac{1}{I_{\mathrm{stab}}}} \tag{7.24}$$

Diese Beziehung ist von großer praktischer Bedeutung:

1. Da die Signal-zu-Rausch-Verbesserung I_{SNR} maximal gleich der Zahl M_{B} der kohärent integrierten Pulse ist, finden wir folgende leicht anzugebende obere Grenze, die nicht überschritten werden kann:

$$I_{\mathrm{SIR}} \leq D_{\mathrm{p}}\, M_{\mathrm{B}} \tag{7.25}$$

   Damit ist nach Glchg. (7.16) auch die obere Grenze für die SCV leicht anzugeben: $\mathrm{SCV} = \overline{I_{\mathrm{SIR}}}/D_0(n) \leq I_{\mathrm{SIR}}/D_0(n)$. Ist zum Beispiel der Dynamikbereich $D_{\mathrm{p}} = 58\,\mathrm{dB}$ und werden $M_{\mathrm{B}} = 8$ Pulse integriert, so kann I_{SIR} maximal gleich $(58 + 10\log 8)\,\mathrm{dB} = 67\,\mathrm{dB}$ werden. Mit $D_0(n) = 11{,}2\,\mathrm{dB}$ (s. auch Beispiel nach Glchg. (7.16)), wird $\mathrm{SCV} \leq (67 - 11)\,\mathrm{dB} \approx 56\,\mathrm{dB}$.

2. Auch der in der Praxis erreichbare Wert ist oft leicht abzuschätzen. Der Dynamikbereich ist durch Glchg. 5.59 gegeben. I_{SNR} ist um den SNR-Verlust (S/N-Verlust) von im Mittel etwa 1,5 dB kleiner als M_{B}. Die Clutterunterdrückung I_{SCR} ist bei einer MTD-Filterbank meist ausreichend groß (> 70 dB), sodaß der Term mit I_{SCR} vernachlässigt werden kann. Für I_{stab} liegen meist Erfahrungswerte vor. Mit den Werten unter 1. wird $D_{\mathrm{p}} \cdot I_{\mathrm{SNR}} = 65{,}5\,\mathrm{dB}$ und mit $I_{\mathrm{stab}} = 60\,\mathrm{dB}$ erhält man für den mittleren Dopplerbereich des PRF-Intervalles endgültig ein maximales $I_{\mathrm{SIR}} = 58{,}9\,\mathrm{dB}$. Der für die Berechnung der SCV benötigte Mittelwert $\overline{I_{\mathrm{SIR}}}$ liegt im allgemeinen um etwa 2 ... 4 dB unter dem maximalen I_{SIR}. In unserem Beispiel wird also $\overline{I_{\mathrm{SIR}}} \approx (58{,}9 - 3) \approx 56\,\mathrm{dB}$. Nach Formel (7.16) erhält man dann mit $D_0(1) = 11{,}2\,\mathrm{dB}$ die SCV zu $(56 - 11{,}2) \approx 45\,\mathrm{dB}$.

3. Im allgemeinen können D_{p}, I_{SNR} und I_{SCR} in sehr guter Näherung berechnet, I_{stab} muß gemessen werden. Liegen die Werte vor, kann man sofort erkennen, wodurch I_{SIR} begrenzt wird, nämlich entweder durch den Dynamikbereich D_{p} in Verbindung mit I_{SNR}, durch mangelnde Clutterunterdrückung im Clutterfilter (I_{SCR}), durch Geräteinstabilitäten (I_{stab}) oder durch mehrere Größen gleichzeitig. Meist geben die Geräteinstabilitäten die obere Grenze für I_{SIR} vor.

[1] Wir unterstellen also bei der Angabe der SIR-Verbesserung I_{SIR}, daß – ebenso wie bei der Angabe der SCV – der Clutter den Dynamikbereich voll aussteuert.

MTI-Improvementfaktor I

Der klassische MTI-Improvementfaktor ist definiert als der durch das MTI-Filter erzielte Gewinn im Signal-zu-Clutter-Verhältnis S/C [3, 7]. Dabei ist das Signal als gleichverteilt im Doppler angenommen. Aus dieser Definition lassen sich die folgenden Beziehungen ableiten:

$$\begin{aligned} I &= \left. \frac{\left(\frac{S}{C}\right)_{\text{aus}}}{\left(\frac{S}{C}\right)_{\text{ein}}} \right|_{\substack{\text{Zieldoppler} \\ \text{gleichverteilt}}} \\ &= \frac{\overline{S_{\text{aus}}}}{S_{\text{ein}}} \cdot \frac{C_{\text{ein}}}{C_{\text{aus}}} = \overline{G_S(f)} \cdot A_C = \frac{N_{\text{aus}}}{N_{\text{ein}}} \cdot A_C = \frac{\left(\frac{C}{N}\right)_{\text{ein}}}{\left(\frac{C}{N}\right)_{\text{aus}}} \end{aligned} \tag{7.26}$$

Da sich ein zufälliges, d. h. im Doppler gleichverteiltes Signal wie Rauschen verhält, ist der mittlere Signalgewinn $\overline{G_S(f)}$ gleich dem Rauschgewinn $N_{\text{aus}}/N_{\text{ein}}$.

Nach Glchg. (7.21) ist $I_{\text{SCR}} = G_S(f)\, A_C$ und daher erhält man wegen der Frequenzunabhängigkeit der Clutterdämpfung A_C die folgende Beziehung zwischen dem Improvementfaktor I und der *mittleren* SCR-Verbesserung I_{SCR}

$$\overline{I_{\text{SCR}}} = \overline{G_S(f)} \cdot A_C = I \tag{7.27}$$

Bei MTI-Radaren ist – im Gegensatz zu einem MTD-Radar – in sehr vielen Fällen in Glchg. (7.24) $I_{\text{SCR}} \ll D_p \cdot I_{\text{SNR}}$. Damit wird aus Glchg. (7.24) nach der Mittelung über das PRF-Intervall, wenn wir die Geräteinstabilitäten zunächst vernachlässigen,

$$\overline{I_{\text{SIR}}} \approx \overline{I_{\text{SCR}}} = I \tag{7.28}$$

Zur Berechnung der SCV eines MTI-Radars geht man mit $I \approx \overline{I_{\text{SIR}}}$ in die Gleichung (7.16). Zu beachten ist aber die bei MTI-Radaren fast immer nachfolgende nichtkohärente Integration, die den Clutter Visibility-Faktor $V_c(n)$ beeinflußt, ebenso die Tatsache, daß aufeinanderfolgende Ausgangssignale des MTI-Filters, entlang eines Entfernungsringes, korreliert sind. Das mindert die Zahl der statistisch voneinander unabhängigen Pulse bei der Integration [11]. Im Abschnitt 7.9 über die Improvementfaktor-Bilanz wird das an einem Beispiel erläutert.

Zwischen dem Improvementfaktor I und der SCR-Verbesserung I_{SCR} von Gleichung (7.21) kann man noch die Beziehung

$$I_{\text{SCR}} = \frac{(S/C)_{\text{aus}}}{(S/C)_{\text{ein}}} = \frac{(S/N)_{\text{aus}}}{(S/N)_{\text{ein}}} \cdot \frac{N_{\text{aus}}}{N_{\text{ein}}} \cdot A_C$$

ableiten. Daraus erhält man

$$I_{\text{SCR}} = I_{\text{SNR}} \cdot I \tag{7.29}$$

Die SCR-Verbesserung I_{SCR} ist also gleich der SNR-Verbesserung mal dem MTI-Improvementfaktor I.

Nachteile bei der Anwendung des MTI-Improvementfaktors I:
Im Gegensatz zum SIR-Improvement I_{SIR} gibt es bei I keine einfach abzuschätzende Obergrenze. Weiterhin ist zum Beispiel bei zwei sich überlappenden Dopplerfiltern mit I allein nicht zu entscheiden, ab welcher Frequenz das benachbarte Filter eine bessere Bewegtzielerkennung liefert, wohl aber mit I_{SIR}. Die Anwendung von I ist bei MTI-Radaren mit mäßiger Clutterunterdrückung sinnvoll, wenn nämlich $\overline{I_{\text{SIR}}} \approx \overline{I_{\text{SCR}}} \approx I$. Andererseits können diese auch mit Hilfe der neu eingeführten SIR-Verbesserung I_{SIR} analysiert werden.

Superclutter Visibility

Durch die Verfügbarkeit hochauflösender Bodenclutter-Karten ist es möglich geworden, für jede Radarauflösungszelle eine aus der Größe des mittleren Clutter-Rückstrahlquerschnittes dieser Zelle berechnete Entdeckungsschwelle abzuleiten. Da in vielen Zellen der Bodenclutter nur schwach ist, können ausreichend starke Ziele in diesen Zellen die Schwelle überschreiten und entdeckt werden. Man bezeichnet diesen Effekt als *Superclutter Visibility*.

Interclutter Visibility

Ein Radar mit guter Entfernungsauflösung hat die Fähigkeit, Bodencluttergebiete „aufzureißen", das heißt, das Cluttergebiet in Zellen mit starkem und schwachem Clutter und in clutterfreie Zellen zu zerlegen. Der Einsatz einer hochauflösenden Bodenclutter-Karte ermöglicht es, ein Ziel in einer clutterfreien oder clutterarmen Zelle auch dann zu entdecken (ohne Clutterfilter), wenn diese Zelle von Zellen mit großem Clutter umgeben ist. Da mit steigender Entfernungsauflösung in einem Bodencluttergebiet immer mehr clutterfreie und clutterarme Zellen – inmitten von Zellen mit stärkerem Clutter – entstehen, können in immer mehr Zellen Ziele entdeckt werden. Man bezeichnet diesen Effekt als *Interclutter Visibility*.

7.6 MTI-Radar

Der prinzipielle Aufbau eines MTI-Radars wird erläutert, danach werden zwei Verfahren zur Berechnung des Improvementfaktors angegeben. Anschließend betrachten wir die möglichen Typen von MTI-Filtern, nämlich das Binomial-MTI-Filter, das Optimum-MTI-Filter, das Prewhitening-Filter und abschließend IIR-MTI-Filter. Dabei wird sich herausstellen, daß das „klassische“ 3-Puls-Binomial-MTI (Doppel-MTI) in der Praxis meist ausreicht.

Aufbau eines MTI-Radars

Der Radarkopf des in Bild 7.5 gezeigten MTI-Radars kann eine der in den Bildern 5.7 bis 5.9 angegebenen Architekturen annehmen. Meist werden die analogen I/Q-Signale dem Signalprozessor übergeben, die Phasendetektoren sind noch Bestandteil des Empfängers und damit des Radarkopfes.

Der kohärente Teil des Signalprozessors hat eine Struktur ähnlich der von Bild 5.10. Er beginnt mit den beiden Einzelpuls-Matched-Filtern, gefolgt von zwei Videoverstärkern und den beiden A/D-Umsetzern. Auf eine I/Q-Fehlerkorrektur kann bei MTI-Radaren im allgemeinen verzichtet werden. Das MTI-Filter wird durch die in Bild 5.10 angegebenen Tiefpässe gebildet. Wegen der Symmetrieeigenschaften der MTI-Übertragungsfunktion entfallen die Tiefpässe mit der Impulsantwort $h_Q(n)$, es sind also nur zwei Tiefpässe als MTI-Filter erforderlich.

Nach der Betragsbildung wird das nun nichtkohärente Video einer CFAR-Einrichtung zugeführt, die für eine konstante Falschalarmrate bei der nachfolgenden (visuellen, d. h. manuellen, oder automatischen) Zieldetektion sorgen soll. Effektiv bewirkt sie eine Absenkung des noch verbleibenden Boden-Restclutters und von Regenclutter auf das Niveau des Systemrauschens.

Das sogenannte *Normal-Video* erhält man durch Berechnung des Betrags des komplexen, kohärenten Videos am Ausgang der I/Q-A/D-Umsetzung. Es entspricht der Hüllkurve des ZF-Signals und enthält – im Gegensatz zum *MTI-Video* – alle Echos, also die von Bewegt- *und* Festzielen. In clutterfreien Gebieten liefert das Normal-Video die größere Reichweite, da die MTI-Verarbeitung unvermeidbar S/N-Verluste verursacht und gegen tangential fliegende Luftfahrzeuge blind ist. Nach der Betragsbildung wird auch das Normal-Video einer CFAR-Schaltung zugeführt.

Eine Auswahlschaltung reicht in clutterfreien Gebieten Normal-Video, sonst MTI-Video zur Weiterverarbeitung durch. Sie kann fest vorprogrammiert oder in Form einer Bodenclutterkarte selbstlernend sein. Die Bodenclutterkarte ist aufwendig, hat aber den Vorteil, auch dann *automatisch* auf MTI-Video umzuschalten, wenn abnormale Ausbreitungsbedingungen („Ducting“) auftreten und dadurch sonst nicht sichtbarer Bodenclutter erscheint.

Bei einfacheren Radaren oder für Wartungszwecke wird das nichtkohärente Video integriert und auf einem Rohvideo-Sichtgerät dargestellt. Von Wichtigkeit

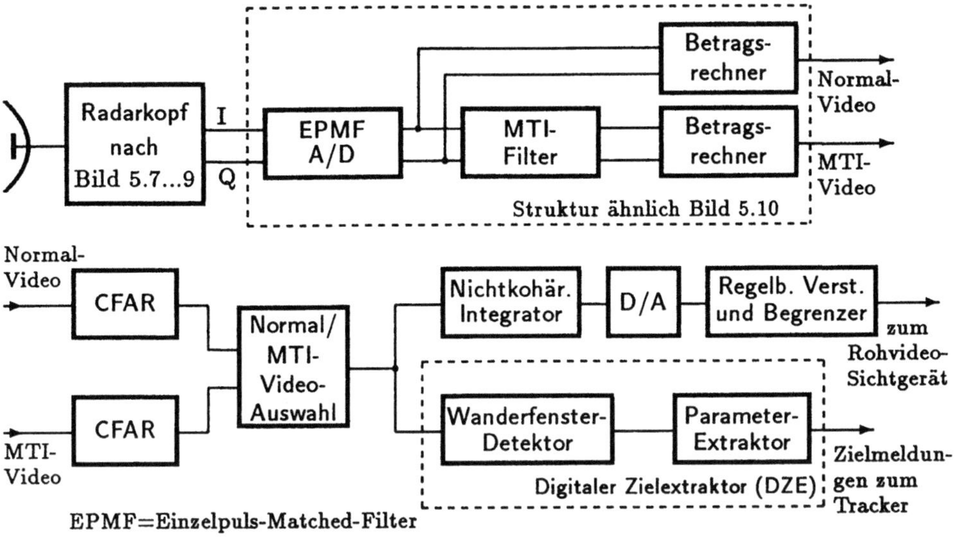

Bild 7.5 Aufbau eines typischen MTI-Radars. Man bezeichnet das mit dem Betragsrechner hüllkurvendetektierte und nicht MTI-gefilterte Signal, das die Echos von Fest- und Bewegtzielen enthält, als *Normal-Video*. Das MTI-gefilterte Signal wird *MTI-Video* genannt. Es enthält nur die Echos von Bewegtzielen. Das Rohvideo-Sichtgerät wird für Wartungszwecke verwendet. Es liefert dem erfahrenen Wartungstechniker oft mehr Information über die Radarumgebung (Wetter- und andere Störechos) und über den Zustand des Radargeräts selbst als das „synthetische" Video des DZE.

sind der regelbare Verstärker mit Begrenzer. Da die Helligkeitsaussteuerung des Rohvideo-Sichtgeräts mit Nachleuchtschirm nur einen Dynamikbereich von etwa 12 dB besitzt, muß der Begrenzer alle Signale bei etwa 12 dB über dem Rauschen begrenzen. Die Verstärkung des regelbaren Verstärkers wird so eingestellt, daß noch einige Rauchspitzen auf dem PPI (Plan Position Indicator) zu sehen sind ($P_{fa} \approx 10^{-6}$).

Bei automatisierter Zielauswertung wird das Videosignal ebenfalls nichtkohärent integriert. Dazu wird in einem nicht eingezeichneten binären Einzelpuls-Detektor (sogen. „erste Schwelle") jede Entfernungszelle auf Vorhandensein eines Echopulses überprüft. Diese werden ggf. als „Einsen" in einen Wanderfensterdetektor eingeschrieben, der als binärer nichtkohärenter Integrator wirkt. Nach einem (m–aus–M)-Kriterium entscheidet eine „zweite Schwelle" auf Vorhandensein eines Zieles (s. Abschnitt 3.12).

Auf den Wanderfensterdetektor folgen Algorithmen zur Ermittlung der Zielparameter Entfernung und Azimut sowie einiger Zielgüte-Kriterien wie bspw. der azimutalen Zielausdehnung als Maß für das vorliegende S/N. Diese Algorithmen sind hier unter der Bezeichnung Parameter-Extraktor zusammengefaßt. Der Komplex Wanderfenster-Detektor plus Parameter-Extraktor ist auch unter dem Namen Digitaler Zielextraktor (DZE) bekannt.

Berechnung des Improvementfaktors I

Verfahren 1:
Ist $H(f)$ die Übertragungsfunktion des MTI-Filters und $L_c(f)$ das Clutter-Leistungsspektrum, so sind, wenn $F = F_{pw}$ die Pulswiederholfrequenz PRF bezeichnet, die Clutterdämpfung A_C und die mittlere Signalverstärkung $\overline{G_S(f)}$ in Glchg. (7.26) gegeben durch

$$A_C = \frac{\int_0^F L_c(f)\,df}{\int_0^F L_c(f)\,|H(f)|^2\,df} \qquad \overline{G_S(f)} = \frac{1}{F}\int_0^F |H(f)|^2\,df \tag{7.30}$$

Man erhält dann den Improvementfaktor aus $I = \overline{G_S(f)} \cdot A_C$. Das Leistungsspektrum $L_c(f)$ kann Glchg. (7.7) entnommen werden.

Verfahren 2:
Wir betrachten ein FIR-Filter mit (möglicherweise) komplexen Gewichten $w_0 \ldots w_{N-1}$, die wir zum Spaltenvektor $\mathbf{w}$ zusammenfassen (man beachte, daß nach der in diesem Buch verwendeten Definition die Filter-Gewichte $w_0 \ldots w_{N-1}$ gleich den Koeffizienten $h_{N-1} \ldots h_0$ der *gespiegelten* Impulsantwort des Filters sind). Die komplexen Signal-Abtastwerte, die das FIR-Filter gerade enthalten möge, seien im Spaltenvektor $\mathbf{x}$ zusammengefaßt. Dann ist das skalare Ausgangssignal $y = \mathbf{w}^T \mathbf{x}$. Im folgenden wird unter $\mathbf{w}^T$ ein transponierter Spaltenvektor, also ein Zeilenvektor, verstanden, unter $\mathbf{w}^*$ ein transjugierter Vektor (also ein transponierter Vektor mit konjugiert komplexen Elementen, s. auch Abschnitt 6.7) und unter $\mathbf{w}^{(*)}$ ein Spaltenvektor mit konjugiert komplexen Elementen. E{ } bedeutet den Erwartungswert von { }.

Mit diesen Definitionen wird die Clutterleistung am Ausgang des Filters, wenn das Eingangssignal $\mathbf{x}$ nur Clutter mit der Clutter-Kovarianzmatrix $\mathbf{K} = C_{ein}\,\mathbf{K}_c$ enthält, wobei C_{ein} die Clutterleistung darstellt und die auf C_{ein} normierte Matrix $\mathbf{K}_c$ in der Hauptdiagonalen nur Einsen aufweist,

$$\begin{aligned} C_{aus} = \mathrm{E}\{|y|^2\} &= \mathrm{E}\{yy^*\} = \mathrm{E}\{(\mathbf{w}^T\mathbf{x})(\mathbf{w}^T\mathbf{x})^*\} = \mathrm{E}\{(\mathbf{w}^T\mathbf{x})(\mathbf{x}^T\mathbf{w})^*\} \\ &= \mathrm{E}\{(\mathbf{w}^T\mathbf{x})(\mathbf{x}^*\mathbf{w}^{(*)})\} = \mathbf{w}^T\,\mathrm{E}\{\mathbf{x}\,\mathbf{x}^*\}\,\mathbf{w}^{(*)} \\ &= C_{ein} \cdot \mathbf{w}^T\,\mathbf{K}_c\,\mathbf{w}^{(*)} \end{aligned} \tag{7.31}$$

da $\mathrm{E}\{x\,x^*\} = C_{ein}\mathbf{K}_c$, man vergleiche dazu auch die Beziehungen 6.43 und 6.45.

Liegt am Eingang nur Rauschen an, so erhält man, da weißes Rauschen als Kovarianzmatrix das Produkt $N_{ein}\,\mathbf{I}$ besitzt, wobei $\mathbf{I}$ die Einheitsmatrix und N_{ein}

die Eingangs-Rauschleistung darstellen, für die Rauschleistung am Ausgang

$$N_{\text{aus}} = N_{\text{ein}} \cdot \mathbf{w}^{\mathrm{T}}\, \mathbf{I}\, \mathbf{w}^{(*)} = N_{\text{ein}} \cdot \mathbf{w}^{\mathrm{T}}\, \mathbf{w}^{(*)} \tag{7.32}$$

Damit bekommt man für den Improvementfaktor

$$I = \frac{N_{\text{aus}}}{N_{\text{ein}}} \cdot \frac{C_{\text{ein}}}{C_{\text{aus}}} = \frac{\mathbf{w}^{\mathrm{T}}\, \mathbf{w}^{(*)}}{\mathbf{w}^{\mathrm{T}}\, \mathbf{K}_c\, \mathbf{w}^{(*)}} \tag{7.33}$$

Da die Gewichte eines MTI-Filters reell sind, ist hier $\mathbf{w}^{(*)} = \mathbf{w}$. Man ermittelt den Improvementfaktor I aus der letzten Gleichung unter Benutzung von Routinen für komplexe Matrix-Algebra auf einem Rechner.

Mögliche MTI-Filtertypen

Binomial-MTI-Filter

Die 2-Puls- und 3-Puls-MTI-Filter (Einfach- und Doppel-MTI) gehören zur Klasse der Binomial-MTI-Filter, deren Amplitudengang im allgemeinen Falle des n-Puls-MTI's gegeben ist durch

$$|H(f)| = \left|\, 2\, \sin(\pi f T)\, \right|^m \tag{7.34}$$

Dabei ist $m = n - 1$ die Zahl der Verzögerungsleitungen oder Speicher. Man kann das n-Puls-MTI aus einer Kaskade von Einfach-MTI's zusammensetzen. Sinnvoller sind kompaktere FIR-Filter mit den Binomialkoeffizienten

$$h_k = (-1)^k \frac{m(m-1)\dots(m-k+1)}{1 \cdot 2 \cdot 3 \cdots k} = (-1)^k \binom{m}{k} \qquad k = 0, 1, \dots, n-1 \tag{7.35}$$

Zur Erinnerung: $\binom{m}{0} = \binom{m}{m} = 1$. Tabelle 7.2 enthält die Binomialkoeffizienten für $n = 2 \dots 6$.

n	$\overline{G_\mathrm{S}(f)}$ in [dB]	Binomialkoeffizienten
2	3,0	1, –1
3	7,8	1, –2, 1
4	13,0	1, –3, 3, –1
5	18,5	1, –4, 6, –4, 1
6	24,0	1, –5, 10, –10, 5, –1

Tabelle 7.2 Mittlerer Signalgewinn $\overline{G_\mathrm{S}(f)}$ (=Rauschgewinn $G_\mathrm{N} = 1/A_\mathrm{N}$) und Gewichte von n-Puls-Binomial-MTI's.

Für ein Clutterspektrum gemäß Glchg. (7.7) erhält man für die Improvementfaktoren des Einfach-, Doppel- und Dreifach-MTI's mit Hilfe der Gleichung (7.30) die angenäherten Beziehungen [7]

$$I_1 \approx \frac{M_S^2}{1{,}39} \qquad I_2 \approx \frac{M_S^4}{3{,}84} \qquad I_3 \approx \frac{M_S^6}{16{,}0} \tag{7.36}$$

Dabei ist M_S die Trefferzahl, die zugehörige normierte halbe Clutterbandbreite $\sigma_f T$ ergibt sich aus Gleichung (7.10). Die *exakten* Kurven für die Improvementfaktoren, berechnet mit Glchg. (7.33), finden sich in Bild 7.6.

Das Optimum-MTI-Filter

Wir benutzen die eben abgeleitete Beziehung (7.33)

$$I = \frac{\mathbf{w}^T \, \mathbf{w}^{(*)}}{\mathbf{w}^T \, \mathbf{K}_c \, \mathbf{w}^{(*)}}$$

für den MTI-Improvementfaktor bei Clutter mit der auf die Clutterleistung C_{ein} normierten Kovarianzmatrix $\mathbf{K}_c$ und fragen nach dem Gewichtsvektor $\mathbf{w}_{opt}$, der I maximiert. In der letzten Gleichung stellt I den Kehrwert eines sogen. Rayleigh-Quotienten dar und man kann zeigen [9], daß $\mathbf{w}_{opt}$ derjenige Eigenvektor der Matrix $\mathbf{K}_c$ ist, der zu dem kleinsten Eigenwert gehört. Dessen Kehrwert ist gleich dem Improvementfaktor I [8]. Die Elemente k_{lm} der Matrix $\mathbf{K}_c$ erhält man aus Glchg. (7.13). Die gesuchten Größen $\mathbf{w}_{opt}$ und I ermittelt man mit geeigneten Routinen zur Berechnung von Eigenwerten und Eigenvektoren einer Matrix auf einem Rechner (zum Beisiel einem PC). In Bild 7.6 ist der so berechnete Improvementfaktor für Optimum-MTI-Filter aufgetragen.

Prewhitening-Filter als MTI-Filter

Man kann das von *Wirth* angegebene Prewhitening-Filter (vgl. Abschnitt 6.9) als MTI-Filter benutzen (wenn auch die Bedingung $r_{cc}(n) \approx 0$ bei einem n-Puls-MTI im allg. nicht erfüllt wird). Die Gewichte dieses Filtertyps sind proportional den Elementen der ersten Spalte der *invertierten* Kovarianzmatrix $\mathbf{K}_{st}$ des Störsignals, bestehend aus Clutter plus Rauschen, die wir schreiben können als

$$\mathbf{K}_{st} = \text{const} \left(\mathbf{K}_c + \frac{1}{\frac{C}{N}} \mathbf{I} \right) \tag{7.37}$$

Freie Entwurfsparameter für das Filter sind das Clutter-zu-Rausch-Verhältnis C/N am Eingang und die in der Clutterkovarianzmatrix $\mathbf{K}_c$ implizit enthaltene Trefferzahl M_S oder die spektrale Clutterbreite $\sigma_f T = 0{,}265/M_S$. $\mathbf{I}$ ist die Einheitsmatrix und $N \cdot \mathbf{I}$ die Kovarianzmatrix von Rauschen.

IIR-Filter als MTI-Filter

Die bisher behandelten MTI-Filter sind FIR-Filter (Finite Impulse Response) und bieten als solche keine sehr breiten Möglichkeiten einer speziellen Formung des Amplitudengangs. Das läßt sich mit Hilfe der z-Transformation leicht übersehen, siehe dazu Abschnitt A.11 im Anhang A. Bild A.19 im Anhang zeigt die Lage der beiden Nullstellen und Pole eines Doppel-MTI's.

Zur Erzielung beispielsweise eines breiteren Sperrbereiches muß man die beiden Nullstellen in Bild A.19 nicht auf den Punkt $z=1$ plazieren, sondern in seiner Umgebung. Dabei müssen sie nicht unbedingt auf dem Einheitskreis liegen, wenn nur eine endliche Sperrdämpfung und keine echten Nullstellen verlangt werden. Die beiden Nullstellen sind zueinander konjugiert komplex und die Filtergewichte bleiben reell. Das 3-Puls-Prewhitening-Filter verfährt zum Beispiel so.

Erweiterte Möglichkeiten für den Filterentwurf erhält man beim Einsatz von IIR-Filtern (Infinite Impulse Response), da man dann noch Pole – aus Stabilitätsgründen nur innerhalb des Einheitskreises – zur Formung des Amplitudenganges heranziehen kann. Insgesamt lassen sich bei IIR-Filtern mit weniger Verzögerungsleitungen (Speichern) steilere Flanken als bei FIR-Filtern erzielen. Diesem Vorteil steht aber als gravierender Nachteil der IIR-Filter ihr ungünstiges Einschwingverhalten gegenüber. Sie besitzen eine sehr lange Einschwingzeit (theoretisch unendlich), die bei vielen Radaranwendungen wegen der stets knappen Zielverweilzeit stark stört. Unter gewissen Randbedingungen läßt sie sich verkürzen, allerdings sind diese nicht immer erfüllt. Weiterhin können einzelne Störpulse – zum Beispiel asynchrone Sendepulse benachbarter Radare – sehr lange Zeit in IIR-Filtern „zirkulieren“ ehe sie genügend abklingen. Da ein einzelner aufgefangener Störimpuls im IIR-Filter im Abstand des Pulswiederholintervalles zirkuliert, wird er in dem meist nachfolgenden nichtkohärenten Integrator hochintegriert und ruft Falschalarme hervor.

Praktisch benutzte MTI-Filter

In Bild 7.6 ist der Improvementfaktor für das Binomial- und das Optimum-n-Puls-MTI als Funktion der Trefferzahl M_S bzw. der Clutterbreite $\sigma_f T = 0{,}265/M_S$ aufgetragen, und zwar für $n=2\ldots5$. Man erkennt, daß insbesondere für das in der Praxis viel benutzte 3-Puls-MTI das übliche Doppel-MTI mit den für eine digitale Verarbeitung günstigen Binomial-Gewichten 1,–2,1 dem aufwendigeren Optimum-MTI mit nichtganzzahligen Gewichten vorzuziehen ist. Denn die I unterscheiden sich nur um knapp 2 dB. Die folgende Tabelle 7.4 zeigt weiter, daß sich beim 3-Puls-MTI auch der Einsatz eines Prewhitening-Filters statt eines Doppel-MTI's nicht lohnt. Es liefert nur einen um ebenfalls knapp 2 dB erhöhten Improvementfaktor und zeigt einen nahezu identischen Amplitudengang, wie man den Impulsantworten von Tabelle 7.4 entnehmen kann.

Es muß noch auf eine ungünstige Eigenschaft von Optimum- und Binomial-MTI-Filtern hingewiesen werden, wenn mehr als $n=3$ Pulse verarbeitet werden,

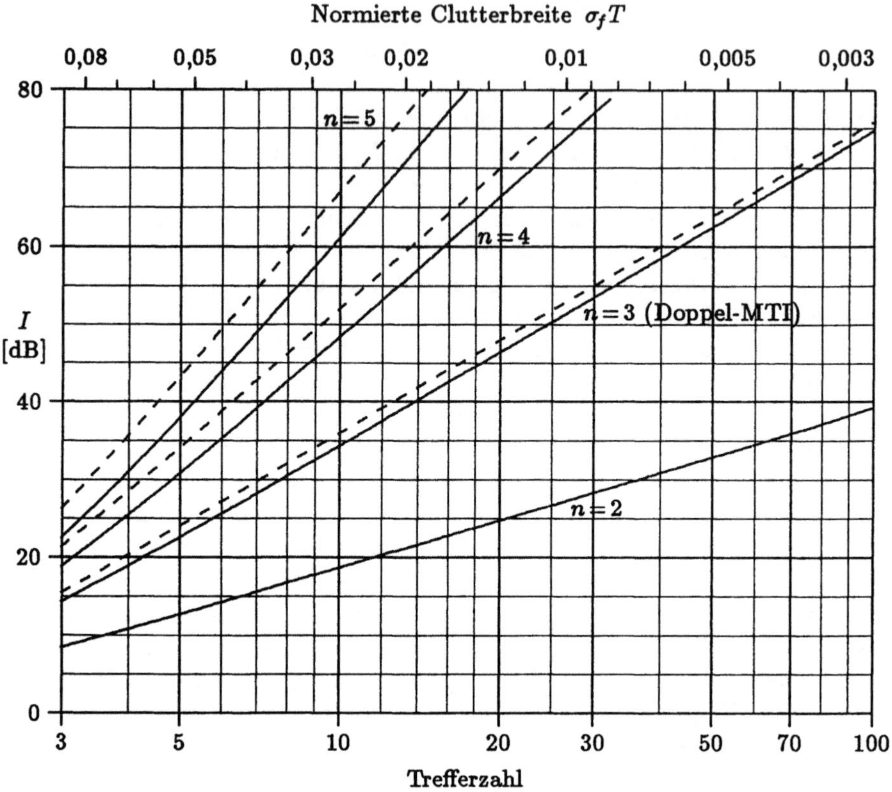

Bild 7.6 MTI-Improvementfaktoren I für n-Puls-MTI's mit $n = 2, 3, 4, 5$. Die Kurven für das Binomial-MTI sind ausgezogen, die für das Optimum-MTI gestrichelt. Man erkennt, daß für ein 3-Puls-MTI das Binomial-MTI immer ausreichen dürfte. Zur Umrechnung von Trefferzahl M_S in normierte Clutterbreite $\sigma_f T$ dient Glchg. (7.10).

die dazu führt, daß dann ein Prewhitening-Filter (oder sehr ähnliches Filter) vorzuziehen ist. Bild 7.7 zeigt oben in linearem Maßstab den Amplitudengang $|H(f)|$ von Binomial-MTI-, Optimum-MTI- und Prewhitening-Filter für $n = 5$ bei einer Vorgabe von $I_{soll} \geq 58\,\text{dB}$. In linearer Darstellung unterscheiden sich Binomial- und Optimum-MTI (Kurven 1,2) praktisch nicht. Dagegen läßt die logarithmische Darstellung im Bild unten einen sehr geringfügigen Unterschied erkennen. Mit steigendem n wird beim Optimum- und Binomial-MTI der Durchlaßbereich immer schmaler. Man erkennt das zum Beispiel an der nur im oberen Teilbild gezeigten, gestrichelten Kurve 4 für das Optimum-MTI für $n = 7$.

Ursache ist der als Optimierungskriterium herangezogene Improvementfaktor $I = \overline{G_S(f)}\, A_C$. Als Mittelwert führt er auch dann zu einem Optimum, wenn $G_S(f)$ in einem breiten Bereich des PRF-Intervalles sehr klein bleibt, dafür aber im restlichen Bereich sehr große Werte annimmt. Das führt einerseits zu einem breiten Sperrbereich mit einem andererseits trotzdem sehr großen Improvementfaktor, der z. B. wegen Geräteinstabilitäten gar nicht ausgenutzt werden kann. Um das Optimum-MTI zu verbessern, müßte man einen Teil seines bei großem n stets vorhandenen Überschuß-Improvementfaktors einem flacheren Amplitudengang opfern. Dies aber tut das Prewhitening-Filter, das sich daher als MTI-Filter für $n \geq 4$ empfiehlt. Man kann auch im Sinne eines allgemeinen Filterentwurfs die $(n-1)$ Nullstellen eines n-Puls-MTI's in der z-Ebene so plazieren, daß bei Erreichen eines vorgegebenen Improvementfaktors ein möglichst breiter und flacher Durchlaßbereich entsteht. Das untere Teilbild 7.7 zeigt zum Beispiel, daß das Prewhitening-Filter in der z-Ebene zwei Nullstellen auf $z=1$ und zwei konjugiert komplexe Nullstellen in die unmittelbare Umgebung von $z=1$ legt.

Die folgende Tabelle 7.3 enthält die Impulsantworten der MTI-Filter von Bild 7.7, normiert auf eine Wortlänge von 12 Bit einschl. Vorzeichen. Durch einen Vergleich mit Glchg. (A.79) erkennt man, daß Binomial- und Optimum-MTI lineare Phasengänge besitzen, nicht aber das Prewhitening-Filter. Ein linearer Phasengang ist jedoch für MTI-Filter auch nicht erforderlich. Tabelle 7.4 zeigt die Impulsantworten von Binomial-, Optimum- und Prewhitening-Filter-MTI für $n=3$ (Doppel-MTI) mit ihren nur geringfügigen Unterschieden.

$h(n)$	Binomial-MTI	Optimum-MTI	Prewhitening-Filter
$h(0)$	342	349	375
$h(1)$	-1365	-1372	-326
$h(2)$	2047	2047	-1266
$h(3)$	-1365	-1372	2047
$h(4)$	342	349	-831

Tabelle 7.3 Impulsantworten der 5-Puls-MTI-Filter von Bild 7.7.

$h(n)$	Binomial-MTI	Optimum-MTI	Prewhitening-Filter
$h(0)$	1,000	1,004	0,998
$h(1)$	−2,000	−2,000	−2,000
$h(2)$	1,000	1,004	1,012
I [dB]	42,3	44,1	44,1

Tabelle 7.4 Impulsantworten und Improvementfaktoren von 3-Puls-MTI-Filtern. Dabei ist eine Trefferzahl von $M_S = 16$ angenommen.

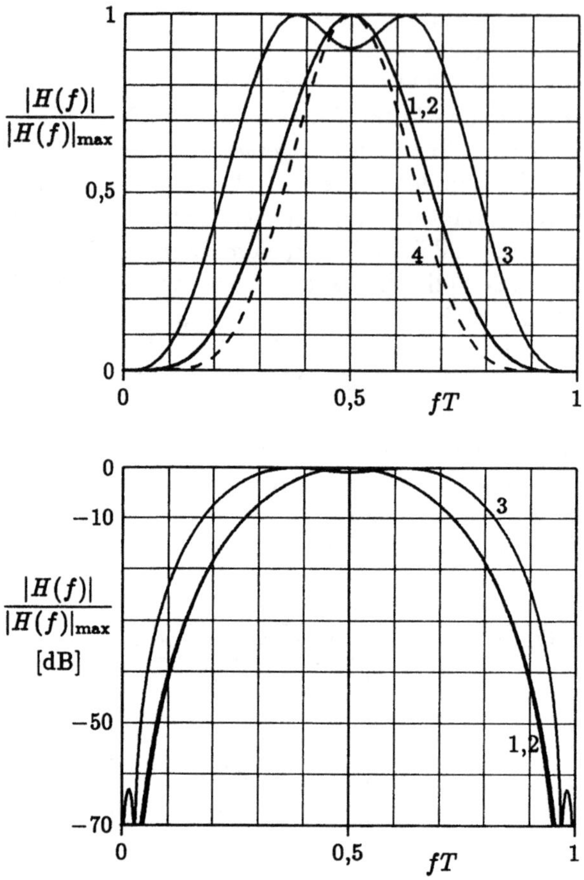

Bild 7.7 Amplitudengang von 5-Puls-MTI's:
1. Optimum-MTI
2. Binomial-MTI
3. Prewhitening-Filter
4. Gestrichelt: 7-Puls-Optimum-MTI.

Trefferzahl=16
I_1 = 83 dB
I_2 = 77 dB
I_3 = 58 dB.

Amplitudengang in logarithmischem Maßstab. Man erkennt den nur sehr geringfügigen Unterschied zwischen demOptimum-MTI und dem Binomial-MTI.

Step Scan-MTI-Radar

Die auf das PRF-Intervall normierte Breite des Clutterspektrums wird bei Radaren mit kontinuierlich drehender Antenne nach Glchg. (7.10) von der Trefferzahl M_S bestimmt. Trefferzahlen deutlich unter 10 führen zu derart breiten Clutterspektren, relativ zum PRF-Intervall, daß das MTI-Filter einen sehr großen Dopplerbereich sperrt, wodurch die Zielentdeckung stark eingeschränkt wird.

Kleine Trefferzahlen – bis herunter zu 2 – ergeben sich zum Beispiel bei 3D-Radaren, die mit einer einzigen Suchkeule den Raum abtasten. Meist verwendet man dabei eine in der Elevation elektronisch gesteuerte Antenne, deren Suchkeule ruckartig von einer Elevationsstellung in die nächste gebracht wird, während die Antenne kontinuierlich im Azimut weiterdreht. Das MTI arbeitet dann im Step Scan-Betrieb (Block- oder Batchbetrieb). Nach Erreichen jeder neuen Elevationsstellung werden bspw. 3 Pulse ausgesendet. Mit den 3 Echos wird ein Doppel-MTI geladen, das sich dann im eingeschwungenen Zustand befindet. Man erhält ein einziges, vom Clutter nahezu befreites Ausgangssignal. Zur Berechnung des

Improvementfaktors muß man die (fiktive) Trefferzahl verwenden, die sich beim Durchgang des Zieles innerhalb der azimutalen 3 dB-Breite der Suchkeule ergibt. Dabei ist M_S oft relativ hoch, zum Beispiel 30. Das ergäbe bei einem Doppel-MTI einen Improvementfaktor von 53 dB.

7.7 PRF-Staffelung bei MTI-Radaren

Ein MTI-Radar mit konstanter Pulswiederholfrequenz (PRF) zeigt periodisch wiederholte, relativ breite Blindbereiche. Die zugehörige, sogen. *Dopplercharakteristik* ist in Bild 7.8 oben dargestellt (die Dopplercharakteristik entspricht hier der Leistungs-Übertragungsfunktion $|H(f)|^2$). Zum Hinausschieben der ersten Blindgeschwindigkeit *und* zur Einebnung der Dopplercharakteristik insgesamt wird bei MTI-Radaren fast auschließlich mit einem variablen Pulswiederholintervall (VIP von Variable Interpulse Period) gearbeitet, meist bezeichnet als *PRF-Staffelung von Puls-zu-Puls* (engl. Pulse-to-Pulse Staggered PRF). Bild 7.8 zeigt unten das Ergebnis einer Vierfach-Staffelung. Die erste Blindgeschwindigkeit tritt bei etwa

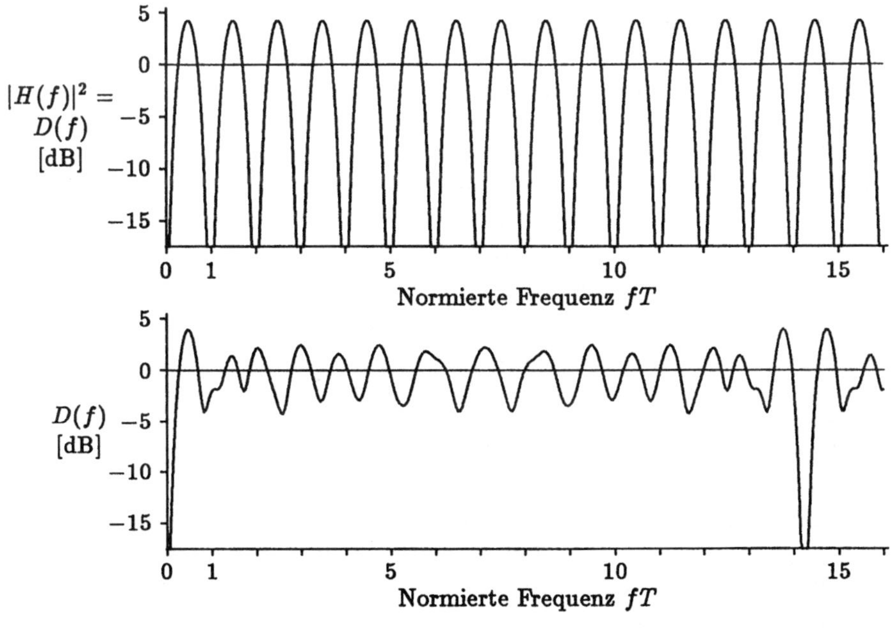

Bild 7.8 Oben: Dopplercharakteristik $D(f)$ eines Doppel-MTI's bei konstanter PRF (T =Pulswiederholintervall T_{pw}).
Unten: Dopplercharakteristik eines Doppel-MTI's bei Vierfach-Staffelung der PRF im Verhältnis 11 : 16 : 13 : 17 (T =mittleres T_{pw}).

der 14-fachen PRF auf. Die Dopplercharakteristik zeigt einen stark eingeebneten Verlauf. Diese Wirkung der PRF-Staffelung läßt sich wie folgt erklären.

Durch die Staffelung des Sendesignals und die vor dem MTI-Filter erfolgende *Entstaffelung*[2] des Empfangssignals treten neben dem eigentlichen Zieldoppler *zusätzliche* Spektralanteile auf. Fällt nun bei einer Blindgeschwindigkeit der Zieldoppler in eine Nullstelle des MTI-Filters, so führen die dagegen meist im Durchlaßbereich liegenden neuen Spektralanteile zu einem merklichen Ausgangssignal: das Radar ist bei diesem Zieldoppler nicht mehr blind. Ein Nachteil der PRF-Staffelung ist, daß auch bei Bodenclutter neue – wenn auch sehr kleine – Spektralanteile entstehen, die in den Filter-Durchlaßbereich fallen. Daher wird der erreichbare Improvementfaktor durch die Puls-zu-Puls-PRF-Staffelung begrenzt.

Wir behandeln am Anfang die praktischen Aspekte der Puls-zu-Puls-PRF-Staffelung. Zum Schluß werden das Spektrum des gestaffelten und wieder entstaffelten Signals – mit seiner Hilfe läßt sich die Begrenzung des Improvementfaktors ermitteln – und die Dopplercharakteristik berechnet.

Wirkungsweise der PRF-Staffelung

Ein gestaffeltes Sendesignal verwendet sich wiederholende Sequenzen von Q unterschiedlichen Pulswiederholintervallen $T_1, T_2, \ldots, T_Q$, wie in Bild 7.9a mit $Q=4$ schematisch dargestellt. Die der instrumentierten Reichweite entsprechenden Empfangszeitintervalle sind schattiert. Bild 7.9c zeigt die Echos eines Bewegtzieles, wobei ein Abtastwert pro Echopuls und die Entfernung $R=0$ angenommen wurde. Die Abtastwerte der Echopulse werden „entstaffelt" indem das aktuelle Signal um das aktuelle τ_m verzögert wird. Bei Anwendung eines n-Puls-MTI's sind $(n-1)$ Radarperioden abgespeichert. Die Speicher werden nach der Verzögerung um τ_m ausgelesen. In der Wirkung entspricht das Bild 7.9b, in dem alle Perioden um das jeweils zugehörige τ_m verzögert sind. Dadurch ergibt sich eine konstante PRF für die (entstaffelten) Echos, bevor sie den Bewertungskoeffizienten des MTI-Filters zugeführt werden.

In Bild 7.9d sind die entstaffelten Abtastwerte der Echopulse gezeigt. Man sieht leicht ein, daß sie zusätzlich zum eigentlichen Zieldoppler noch andere Spektralanteile enthalten müssen. Mit Hilfe des auf den Seiten 7–37ff. berechneten Spektrums wurde Bild 7.10 ermittelt, welches das (periodische) Spektrum von Echos verschiedener normierter Zieldoppler $f_D T$ im fundamentalen Dopplerintervall $0 \leq fT \leq 1$ zeigt. Das Bild veranschaulicht, daß neben der spektralen Gaußkeule beim (normierten) Zieldoppler $f_D T$ (bzw. seiner Überfaltung in das fundamentale Dopplerintervall), die wir als „Hauptkeule" bezeichnen, zusätzliche Spektralanteile in Form von „Nebenkeulen" auftreten. Die Zahl der Nebenkeulen ist Q, aber eine Nebenkeule fällt immer mit der Hauptkeule zusammen, sodaß $Q-1$ erkennbare Nebenkeulen verbleiben.

[2]Siehe Anmerkung zur Entstaffelung auf Seite 7–43.

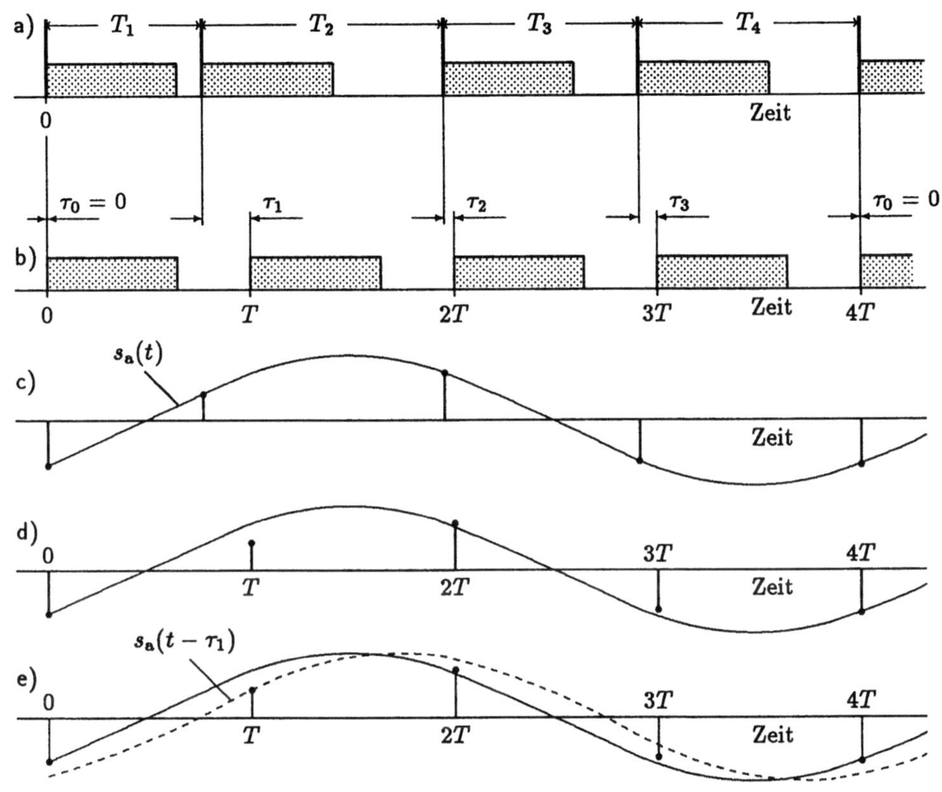

Bild 7.9 Staffelung des Sendesignals und Entstaffelung des Empfangssignals:

a) Gestaffelte PRF der Sendepulse mit zugehöriger Empfangszeit (schattiert). Die Länge der Staffelsequenz ist $Q = 4$.

b) Entstaffelte Empfangssignale.

c) Gestaffelte Abtastwerte der empfangenen Echopulse eines Zieles beliebigen Dopplers f_D, bei einem Abtastwert pro Echopuls (Zielentfernung=0 angenommen).

d) Entstaffelte Abtastwerte. Man erkennt, daß die Abtastwerte des entstaffelten Signals neben der Frequenz f_D noch andere Spektralanteile enthalten müssen.

e) Zur Ableitung des Spektrums des entstaffelten Signals (s. Glchg. (7.47):
Der entstaffelte Abtastwert bei $t = kT$ $(0 \leq k \leq Q-1)$ ist dem zeitverschobenen Signal $s_a(t-\tau_k)$ entnommen zu denken. Gezeigt ist als Beispiel $k = 1$.

Die Amplituden der Nebenkeulen und der (resultierenden) Hauptkeule sind eine Funktion des Zieldopplers. Bild 7.10a zeigt die Hauptkeule eines Festzieles, Nebenkeulen erkennen wir erst nach 50-facher Vergrößerung in Bild 7.10b. Sie stellen Clutterenergie im Durchlaßbereich des MTI-Filters dar, wodurch der Improvementfaktor begrenzt wird. Bild 7.10c zeigt das Spektrum eines Echos mit dem Zieldoppler $f_D T = 1$, bei dem das ungestaffelte Radar blind ist. Neben der in die Filter-Nullstellen fallenden Hauptkeule erkennen wir Nebenkeulen größerer Amplitude im Durchlaßbereich: das Radar ist bei diesem Zieldoppler nicht mehr blind. Die Teilbilder 7.10d und e enthalten die Spektren bei anderen Zieldopplern. Bild 7.10f zeigt ein Ziel bei der *ersten Blindgeschwindigkeit des gestaffelten Radars*. Bei dem gewählten Staffelverhältnis ist der normierte Blinddoppler $f_D T = 28{,}25$. Die Teilbilder 7.10f und a besitzen identische Spektren.

Wahl des Staffelverhältnisses

Die folgende empirische Methode der Wahl des Staffelverhältnisses nach *Shrader* [7] mit vorzugsweise einer Länge Q der Staffelsequenz von $Q = 3 \ldots 5$ hat sich in der Praxis bewährt. Man gibt die erste Blindgeschwindigkeit $v_{b,st}$ des gestaffelten Radars, die wir *angenähert* erreichen wollen, als ein ganzzahliges Vielfaches k_0 der Blindgeschwindigkeit v_b des ungestaffelten Radars vor, setzt also $v_{b,st} \approx k_0 \cdot v_b$. Zu der Zahl k_0 werden bei $Q = 3$ die Zahlen $-1, 0, +1$, bei $Q = 4$ die Zahlen $-3, +2, -1, +3$ und bei $Q = 5$ die Zahlen $-6, +5, -4, +4, +1$ addiert. Man erhält dadurch Zahlenfolgen $A_1, A_2 \ldots A_Q$. Die A_i dürfen keinen gemeinsamen Teiler > 1 besitzen. Das Verhältnis von A_{max}/A_{min} bezeichnen wir mit γ. Man berechnet dann das zur geforderten instrumentierten Reichweite benötigte Pulswiederholintervall und vergrößert dieses um den Faktor γ. Wir bezeichnen dieses verlängerte PRI mit T_0. Aufgrund der Entstehung der Zahlenfolge A_i gilt die Näherung

$$k = \frac{A_1 + A_2 + \ldots + A_Q}{Q} \approx k_0 \tag{7.39}$$

Wir wählen die Pulswiederholintervalle zu

$$T_i = A_i \frac{T_0}{k}, \tag{7.40}$$

Dann entspricht T_0 dem mittleren Pulswiederholintervall T:

$$T_0 = T = \frac{T_1 + T_2 + T_3 + \ldots + T_Q}{Q} \tag{7.41}$$

Unsere Vorgabe $v_{b,st} \approx k_0 \cdot v_b$ ist mit $v_{b,st} = k \cdot v_b$ erfüllt, da $k_0 \approx k$. Es gilt dann mit Glchg. (7.39)

$$\boxed{\frac{v_{b,st}}{v_b} = \frac{f_{b,st}}{f_b} = \frac{A_1 + A_2 + A_3 + \ldots + A_Q}{Q}} \tag{7.42}$$

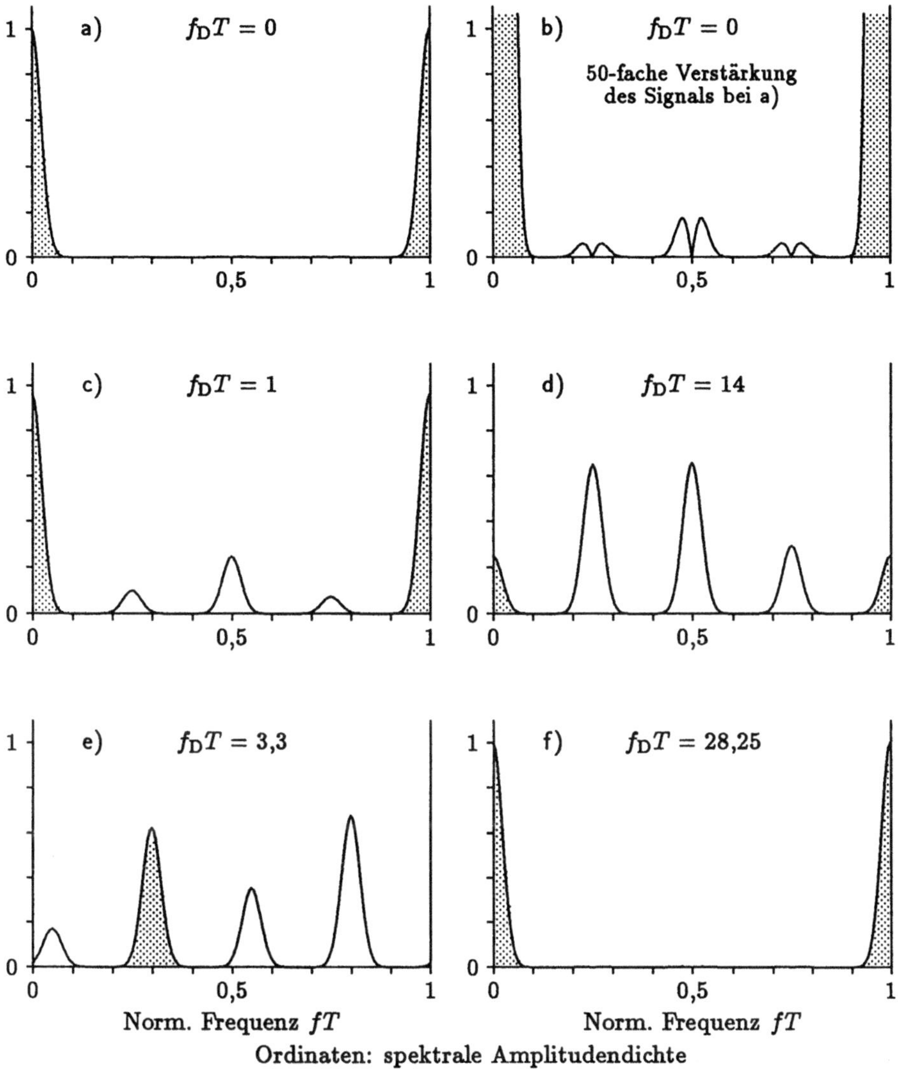

Bild 7.10 Die Spektren eines im Verhältnis 25 : 30 : 27 : 31 gestaffelten Empfangssignals nach der Entstaffelung, am MTI-Filter-Eingang. Die Trefferzahl ist 16. Vom periodischen Spektrum ist nur das fundamentale PRF-Intervall gezeigt ($0 \leq fT \leq 1$). a) und b) zeigen ein Festziel (in allen Teilbildern sind die spektralen „Hauptkeulen" schattiert). Bei b) läßt die 50-fache Verstärkung des Signals erkennen, daß Clutterleistung in Form spektraler „Nebenkeulen" in den Durchlaßbereich eines MTI-Filters gestreut wird. *Das begrenzt den erreichbaren Improvementfaktor.*
c) zeigt ein Ziel bei der ersten Blindgeschwindigkeit des ungestaffelten Systems, d) und e) andere Zieldoppler und f) ein Ziel bei der ersten Blindgeschwindigkeit des gestaffelten Systems (dabei ist $f_{b,st}T = (25 + 30 + 27 + 31)/4 = 28{,}25$).

Dabei ist v_b die Blindgeschwindigkeit, die sich für das mittlere Pulswiederholintervall T ergibt und $f_{b,st}$ sowie f_b sind die zu $v_{b,st}$ und v_b gehörenden Doppler.

Damit keine Dopplercharakteristiken entstehen, die – verstreut über den ganzen Dopplerbereich – viele sehr tiefe Einbrüche besitzen, darf k_0 nicht größer sein als etwa 10 bei $Q = 3$, etwa $k_0 = 30$ bei $Q = 4$ und etwa $k_0 = 60$ bei $Q = 5$. Üblicherweise liegt der tiefste Einbruch bei der *ersten* Blindgeschwindigkeit des ungestaffelten Radars, abgesehen von den Nullstellen bei der Geschwindigkeit Null und den Blindgeschwindigkeiten des gestaffelten Radars. Mit steigendem $\gamma = A_{max}/A_{min} = T_{max}/T_{min}$ wird dieser Einbruch kleiner, wie Bild 7.11 zeigt (T_{max} und T_{min} stellen das längste und kürzeste PRI einer Staffelsequenz dar). Jedoch wird der Improvementfaktor dann stärker begrenzt, wie man den Kurven von Bild 7.12 entnehmen kann. Sie wurden mit Hilfe des unten abgeleiteten Spektrums des entstaffelten Signals berechnet. Sie stimmen gut mit den auf andere Art ermittelten Kurven in [7] überein. Zu beachten ist auch, daß die Perioden mit T_{max} und T_{min} unmittelbar aufeinanderfolgen sollen, damit die Sendeleistung über ein möglichst kurzes Zeitintervall gemittelt wird. Das erhöht die Senderstabilität.

Als Dopplercharakteristik $D(f_D T) = D(x_D)$ bezeichnen wir das Verhältnis von Leistung am Ausgang des MTI-Filters bei allen Frequenzen zur Leistung des speisenden, gestaffelten Signals mit dem (normierten) Zieldoppler $f_D T = x_D$. Dabei ist vorausgesetzt, daß die Echos aller PRI's zum Ausgangssignal beitragen. Man erreicht dies durch Annahme einer Trefferzahl $M_S \to \infty$ (eingeschwungener Zustand). Eine mit Rechner auswertbare Beziehung für $D(x_D)$ – bei *beliebigem* MTI-Filter – wird am Ende dieses Abschnittes abgeleitet. Bild 7.13 zeigt die Dopplercharakteristiken für einige Staffelverhältnisse bei einem Doppel-MTI.

Beispiel zur Berechnung eines Staffelverhältnisses:
Bei einem Nahbereichsradar mit einer zu instrumentierenden Reichweite von 100 km werden eine Staffellänge von $Q = 4$ und $k_0 = 28$ gewählt. Man erhält das Staffelverhältnis zu $A_1 : A_2 : A_3 : A_4 = 25 : 30 : 27 : 31$. Dann ist $\gamma = 1{,}24$. Einer instrumentierten Reichweite von 100 km entspricht ein PRI von 667 μs, das wir um den Faktor $\gamma = 1{,}24$ auf $T_0 = 827\,\mu s$ vergrößern. Mit $k = (\sum A_i)/Q = 113/4 = 28{,}25$ wird $T_0/k = 29{,}27\,\mu s$ und daher $T_1 = 25 \cdot 29{,}27\,\mu s = 731{,}8\,\mu s$. Es bleibt damit für das kürzeste PRI eine akzeptable Totzeit übrig (ist sie zu groß, wählen wir T_0 kleiner). Weiter erhalten wir $T_2 = 878{,}1\,\mu s$, $T_3 = 790{,}3\,\mu s$, $T_4 = 907{,}4\,\mu s$. Eine Kontrolle ergibt $T = (\sum T_i)/Q = 826{,}9\,\mu s$, also Übereinstimmung mit $T_0 = 827\,\mu s$. Ein Beispiel für die Ermittlung der Begrenzung des Improvementfaktors durch Staffelung zeigt die Improvementfaktor-Bilanz in Tabelle 7.6.

Einige Aspekte der Puls-zu-Puls-PRF-Staffelung

Wie man anhand der Dopplercharakteristiken von Bild 7.13 erkennt, macht es vielfach wenig Sinn, den Amplitudengang von MTI-Filtern – zum Beispiel durch den Einsatz von IIR-Filtern – so formen zu wollen, daß ein eingeebneter Durchlaßbereich mit steilen Flanken zum Sperrbereich hin entsteht. Denn eine Ein-

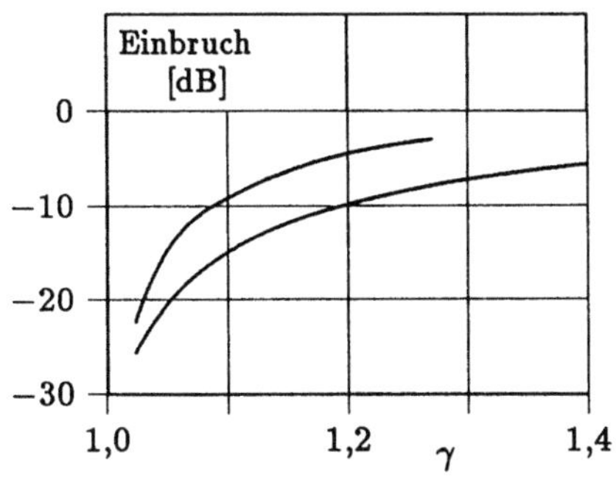

Bild 7.11 Angenäherte Einbrüche in der Dopplercharakteristik bei der ersten (untere Kurve) und der zweiten (obere Kurve) Blindgeschwindigkeit des ungestaffelten Systems in Abhängigkeit von $\gamma = \frac{\text{Maximale Periode}}{\text{Minimale Periode}}$.

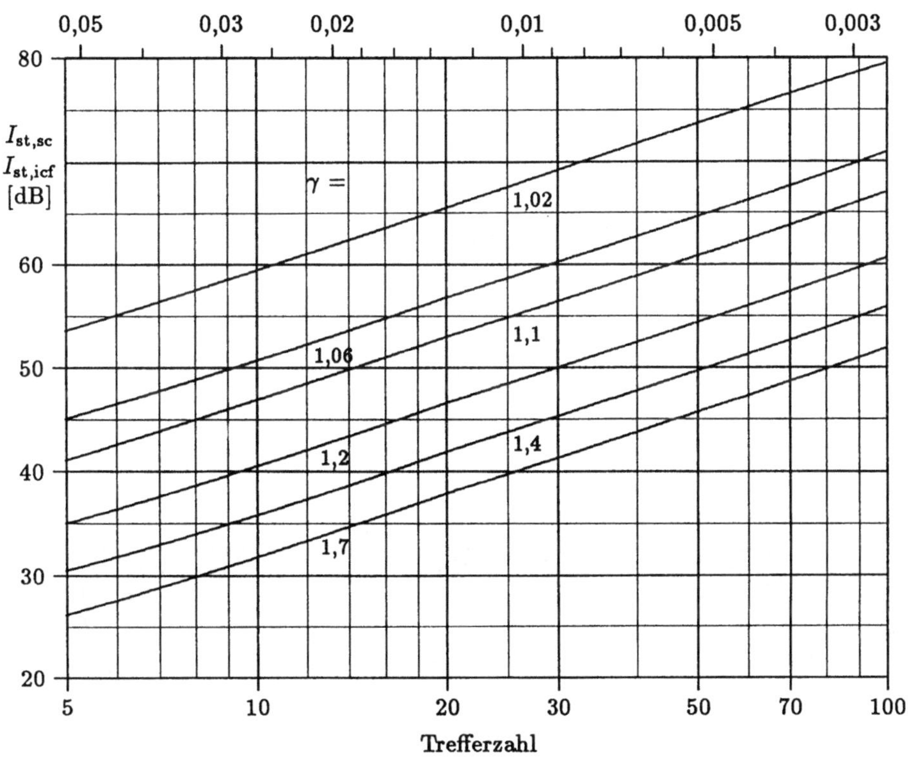

Bild 7.12 Angenäherte Begrenzungen des MTI-Improvementfaktors durch PRF-Staffelung bei kontinuierlich drehender Antenne („Scanning“: $I_{st,sc}$) oder interner Clutterfluktuation ($I_{st,icf}$). Die Kurven gelten in guter Näherung für *alle* MTI-Filtertypen $\left(\gamma = \frac{\text{MaximalePeriode}}{\text{Minimale Periode}}\right)$. Ihre Berechnung erfolgte mit Hilfe der Glchgn. (7.30), (7.55) und (7.56).

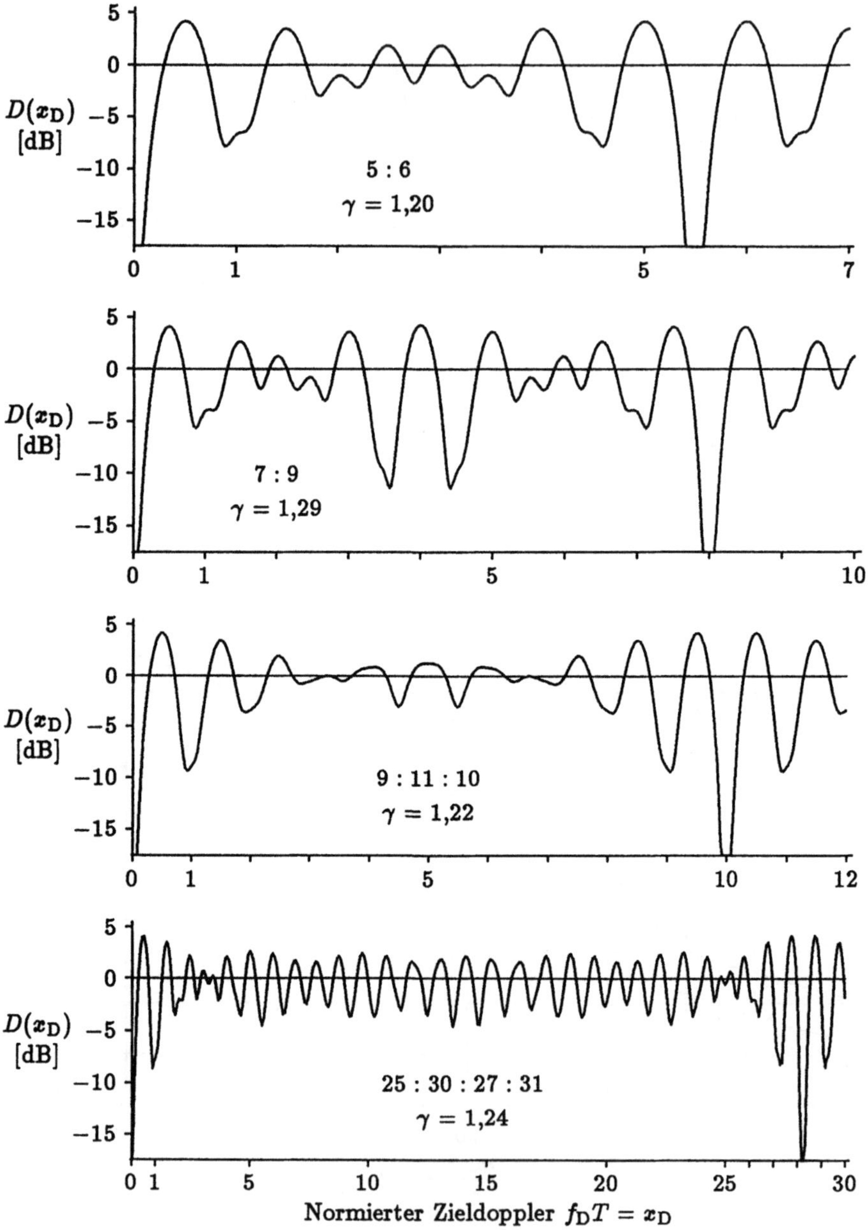

Bild 7.13 Dopplercharakteristiken $D(x_D)$ für verschiedene Staffelverhältnisse und Doppel-MTI. Die 0-dB-Linie entspricht bei allen Kurven in guter Näherung dem mittleren Leistungsgewinn eines Doppel-MTI's von 7,8 dB (s. Tabelle 7.2).

ebnung *über den ganzen Dopplerbereich* erhält man kostengünstiger durch die PRF-Staffelung.

Ein Nachteil der Staffelung zeigt sich beim Auftreten von Überreichweitenclutter. Da für solche Festzielechos die Zeitbezüge von Bild 7.9 „durcheinandergewürfelt" sind, wird Überreichweitenclutter nicht unterdrückt. Da er meist nur innerhalb eng begrenzter, azimutaler Winkelintervalle auftritt, kann man innerhalb dieser auf konstante PRF umschalten. Die verringerte Zielentdeckung infolge der vielen Blindgeschwindigkeiten muß man in Kauf nehmen.

Prinzipiell müßten MTI-Radare, wenn sie für Meßzwecke mit einem synthetischen Festzielecho bei einer Trefferzahl $M_S \to \infty$ gespeist werden (z. B. Echobox), mit Staffelung dieselbe Festzielunterdrückung zeigen wie ohne Staffelung. Gelegentlich beobachtet man aber eine deutliche Verschlechterung bei Staffelung. Die Ursache sind Geräte-Instabilitäten, die ein Störspektrum in der *unmittelbaren* Umgebung von $f=0$ liefern. Im ungestaffelten Falle unterdrückt das MTI-Filter diese Störung genügend gut. Bei Staffelung werden jedoch gemäß Bild 7.10b Spektralanteile in den Durchlaßbereich des Filters gestreut. Sie sind meist die Ursache der beobachteten Verschlechterung der Festzielunterdrückung.

Die Begrenzung des erreichbaren Improvementfaktors durch PRF-Staffelung kann nach [7] durch ein MTI-Filter mit zeitabhängigen Gewichten reduziert werden. Jedoch lohnt sich das erst dann, wenn die staffelungs-bedingte Begrenzung andere Begrenzungen deutlich überwiegt. Meist ist das nicht der Fall, man vergleiche dazu die Improvementfaktor-Bilanz im nächsten Abschnitt.

Spektrum des entstaffelten Signals

Bild 7.9a zeigt die Puls-zu-Puls gestaffelten Sendepulse eines MTI-Radars mit den zugehörigen, schattierten Empfangsintervallen (ihre Dauer entspricht der instrumentierten Reichweite). Als Länge Q der sogenannten *Staffelsequenz* wurde 4 gewählt. Die Folge der gestaffelten Sendepulse im Videobereich läßt sich nach Bild 7.9a und b vereinfachend – aber für unsere Zwecke ohne Einbuße an Allgemeingültigkeit – durch eine Folge von Dirac-Impulsen ersetzen:

$$\text{Sendepulsfolge} = \sum_{n=-\infty}^{\infty} \sum_{m=0}^{Q-1} \delta(t - mT + \tau_m - nQT) \tag{7.43}$$

Dabei sind $T=1/F$ das mittlere Pulswiederholintervall

$$T = \frac{1}{Q} \sum_{i=1}^{Q} T_i \tag{7.44}$$

F die mittlere Pulswiederholfrequenz und die T_i die unterschiedlich großen Pulswiederholintervalle einer Staffelsequenz.

Wir gehen zur Veranschaulichung der folgenden Überlegungen von einem Radar mit mechanisch drehender Antenne und gaußförmigem Antennendiagramm aus. Die Zielverweilzeit sei T_{tot} und damit die Trefferzahl $M_S = T_{\text{tot}}/T$. Dem reellen und dopplerverschobenen (noch nicht gepulsten und nicht antennenmodulierten) Bandpaß-Empfangsignal $\cos(2\pi(f_t + f_D)t)$ entspricht das äquivalente komplexe Tiefpaßsignal $e^{j\,2\pi f_D t}$. Dabei haben wir ohne Einbuße an Allgemeingültigkeit für die folgenden Ableitungen die Amplitude mit eins und die Anfangsphase mit null angesetzt. Wir multiplizieren das Tiefpaßsignal mit der Antennen-Beleuchtungsfunktion $\text{gs}\big(t/(M_S T)\big)$, s. Formelsammlung im Anhang A, und erhalten:

$$s_a(t) = \text{gs}\left(\frac{t}{M_S T}\right) e^{j2\pi f_D t} \;\circ\!\!-\!\!\bullet\; \text{const} \cdot \text{gs}(1{,}133\, M_S T(f - f_D)) = S_a(f) \quad (7.45)$$

Damit wird das antennenmodulierte und gepulste, aus gestaffelten Abtastwerten bestehende Empfangs-Tiefpaßsignal von Bild 7.9c (der Index g steht für gestaffelt)

$$s_g(t) = \sum_{n=-\infty}^{\infty} \sum_{m=0}^{Q-1} s_a(t)\, \delta(t - mT + \tau_m - nQT) \quad (7.46)$$

Das einlaufende Signal wird um das aktuelle τ_m verzögert und die gespeicherten Signale werden nach Ende dieser Verzögerung ausgelesen. Dadurch entsteht ein *entstaffeltes* Signal mit konstantem Pulswiederholintervall T, wie man Bild 7.9d entnehmen kann. Wir können es schreiben als (der Index e steht für entstaffelt)

$$s_e(t) = \sum_{m=0}^{Q-1} s_a(t - \tau_m) \sum_{n=-\infty}^{\infty} \delta(t - mT - nQT) \quad (7.47)$$

Mit Hilfe der folgenden Beziehung (s. Formelsammlung)

$$\sum_{n=-\infty}^{\infty} \delta(t - nQT) = \text{rep}_{QT}\big[\delta(t)\big] \;\circ\!\!-\!\!\bullet\; \frac{F}{Q} \sum_{n=-\infty}^{\infty} \delta\left(f - n\frac{F}{Q}\right) \quad (7.48)$$

erhält man das Spektrum durch eine Fourier-Transformation zu

$$S_e(f) = \sum_{m=0}^{Q-1} S_a(f)\, e^{-j2\pi\tau_m f} * \frac{F}{Q} \sum_{n=-\infty}^{\infty} \delta\left(f - n\frac{F}{Q}\right) e^{-j2\pi mTf} \quad (7.49)$$

Um das Spektrum zum Schluß in Form zweier Summanden zu erhalten, von denen der eine die periodisch wiederholten Gaußkeulen des ungestaffelten Radars, die sogenannten „Hauptkeulen“, darstellt, und der andere die zusätzlich auftretenden „Nebenkeulen“ beschreibt, setzen wir gemäß Bild 7.14

$$S_a(f)\, e^{-j2\pi\tau_m f} = S_a(f)\, e^{-j\beta} = S_a(f) + A\, e^{-j\alpha} \quad (7.50)$$

Mit der im Bild 7.14 abgeleiteten Beziehung und der Abtasteigenschaft der Diracfunktion wird aus Glchg. (7.49)

$$
\begin{aligned}
S_\mathrm{e}(f) \;=\;& \left\{ \sum_{m=0}^{Q-1} \left(S_\mathrm{a}(f) - \mathrm{j}\, 2 S_\mathrm{a}(f)\, \sin(\pi\tau_m f)\, \mathrm{e}^{-\mathrm{j}\pi\tau_m f} \right) \right\} * \\
& * \left\{ \frac{F}{Q} \sum_{n=-\infty}^{\infty} \mathrm{e}^{-\mathrm{j}\,2\pi \frac{mn}{Q}} \cdot \delta\left(f - n\frac{F}{Q} \right) \right\}
\end{aligned}
\tag{7.51}
$$

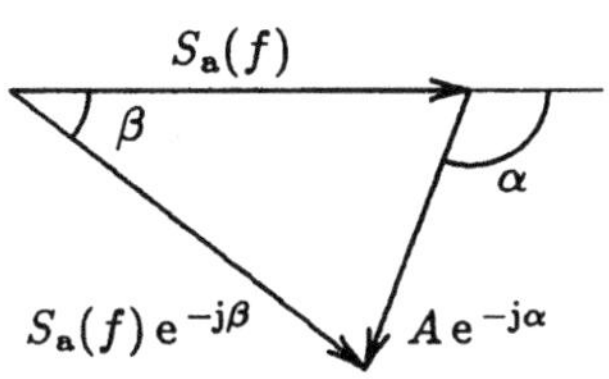

Bild 7.14 Zur Ableitung des Spektrums des enstaffelten Signals:
Im nebenstehenden Bild ist mit $\beta = 2\pi\tau_\mathrm{m} f$ der Winkel $\alpha = \frac{\pi}{2} + \pi\tau_\mathrm{m} f$.
Durch einfache Subtraktion findet man:

$$
\begin{aligned}
A\,\mathrm{e}^{-\mathrm{j}\alpha} &= S_\mathrm{a}(f)\left(\mathrm{e}^{-\mathrm{j}\beta} - 1\right) \\
&= -\mathrm{j}\, 2 S_\mathrm{a}(f)\, \sin(\pi\tau_\mathrm{m} f)\, \mathrm{e}^{-\mathrm{j}\pi\tau_\mathrm{m} f}
\end{aligned}
$$

Durch Ausführung der Faltung erhält man mit der Verschiebungseigenschaft des Dirac-Impulses

$$
\begin{aligned}
S_\mathrm{e}(f) \;=\;& \sum_{n=-\infty}^{\infty} \sum_{m=0}^{Q-1} \frac{F}{Q} S_\mathrm{a}\left(f - n\frac{F}{Q} \right) \mathrm{e}^{-\mathrm{j}\,2\pi\frac{mn}{Q}} - \\
& - \sum_{n=-\infty}^{\infty} \sum_{m=0}^{Q-1} \mathrm{j}\, 2 \frac{F}{Q} S_\mathrm{a}\left(f - n\frac{F}{Q} \right) \sin\left(\pi\tau_m \left(f - n\frac{F}{Q} \right) \right) \\
& \cdot \mathrm{e}^{-\mathrm{j}\pi\tau_m \left(f - n\frac{F}{Q} \right)}\, \mathrm{e}^{-\mathrm{j}\,2\pi\frac{mn}{Q}}
\end{aligned}
\tag{7.52}
$$

Man kann sich leicht klarmachen, daß für ganzzahlige $i = \ldots -2, -1, 0, 1, 2 \ldots$

$$
\sum_{m=0}^{Q-1} \mathrm{e}^{-\mathrm{j}\,2\pi\frac{mn}{Q}} = \begin{cases} 0 & \text{für} \quad \dfrac{n}{Q} \neq i \\[2ex] Q & \text{für} \quad \dfrac{n}{Q} = i \end{cases}
\tag{7.53}
$$

Wir normieren die Frequenz auf T und setzen zur Abkürzung $fT = x$ sowie $\tau_m / T = \alpha_m$. Statt des allgemeinen Ausdrucks $S_\mathrm{a}(f)$ schreiben wir jetzt gemäß Glchg. (7.45) ausführlicher $S_\mathrm{a}(fT) = S_\mathrm{a}(x) = \mathrm{const} \cdot \mathrm{gs}\big(1{,}133\, M_\mathrm{S}(x - x_\mathrm{D})\big)$, wobei $f_\mathrm{D} T = x_\mathrm{D}$. Wir setzen zur Vereinfachung $\mathrm{const} \cdot F = 1$ und erhalten durch Anwendung von Glchg. (7.53) auf die erste Zeile von Glchg. (7.52) für das Spektrum des entstaffelten Empfangssignals endgültig

$$S_e(x) = \sum_{i=-\infty}^{\infty} \mathrm{gs}\Big(1{,}133\, M_\mathrm{S}(x - x_\mathrm{D} - i)\Big) - \tag{7.54}$$

$$- \sum_{n=-\infty}^{\infty} \left\{ \sum_{m=0}^{Q-1} \mathrm{j}\, \frac{2}{Q}\, \mathrm{gs}\left(1{,}13\, M_\mathrm{S}\left(x - x_\mathrm{D} - \frac{n}{Q}\right)\right) \cdot \right.$$

$$\left. \cdot \sin\left(\pi\alpha_m\left(x - \frac{n}{Q}\right)\right)\, \mathrm{e}^{-\mathrm{j}\left(\pi\alpha_m\left(x-\frac{n}{Q}\right)+2\pi\frac{mn}{Q}\right)} \right\}$$

Dabei stellt der erste Summand die periodisch wiederholten spektralen Gaußkeulen des ungestaffelten Radars dar (Hauptkeulen). Der zweite Summand beschreibt die bei Staffelung im normierten Abstand von $1/Q$ periodisch auftretenden *zusätzlichen* Gaußkeulen (Nebenkeulen). Sie setzen sich jeweils aus der vektoriellen Addition von Q einzelnen Keulen zusammen. Da eine der Nebenkeulen auf die Hauptkeule fällt, wird die daraus resultierende Hauptkeule je nach Phasenlage mehr oder weniger verkleinert. Bei einem ungestaffelten Radar verschwinden wie erwartet der gesamte zweite Summand und damit die Nebenkeulen, da wegen $\tau_m = 0$ alle $\alpha_m = \tau_m/T = 0$.

Zur numerischen Berechnung des Spektrums innerhalb des fundamentalen Dopplerintervalles kann man $S_e(x)$ aufteilen in $S_e(x) = \mathrm{HK}(x) + \mathrm{NK}(x)$. Dabei sind $\mathrm{HK}(x)$ die – von $x = x_\mathrm{D}$ ausgehend – periodisch im Abstand $x = 1$ wiederholten *resultierenden* Hauptkeulen und $\mathrm{NK}(x)$ die im Abstand $x = 1/Q$ periodisch wiederholten, *verbleibenden* Nebenkeulen. Für das Quadrat der Spektren von Hauptkeule und Nebenkeulen *im fundamentalen Dopplerintervall* $0 \le x \le 1$ erhält man aus Glchg. (7.54) die für eine Rechnerauswertung geeigneten Beziehungen der Tabelle 7.5 auf der gegenüberliegenden Seite. Man kann ihnen ebenso wie der letzten Gleichung entnehmen, daß für den ungestaffelten Fall ($\alpha_m = 0$) wie erwartet die Hauptkeulen nur aus den Gaußkeulen des Summenausdrucks der zweiten Zeile der Gleichung (7.55) bestehen und die Nebenkeulen der Glchg. (7.56) verschwinden. Die Gleichungen wurden zur Berechnung der Spektren von Bild 7.10 verwendet. Sie dienten auch der Ermittlung der in Bild 7.12 dargestellten Begrenzungen des Improvementfaktors in Abhängigkeit von der Trefferzahl M_S bzw. der spektralen Clutterbreite $\sigma_f T$. Da die zur Limitierung führenden Spektralanteile in den Durchlaßbereich des MTI-Filters gestreut werden, gelten die Kurven von Bild 7.12 in guter Näherung für *alle* MTI-Filter.

$$|\mathrm{HK}(x)|^2 = \tag{7.55}$$
$$\sum_{i=i_1}^{i_2} \mathrm{e}^{-7{,}119\, M_S^2\, (x - x_D - i)^2} \cdot$$
$$\cdot \left\{ \left(1 - \frac{2}{Q} \sum_{m=0}^{Q-1} \sin^2\left(\pi\alpha_m (x - i)\right) \right)^2 + \right.$$
$$\left. + \left(\frac{2}{Q} \sum_{m=0}^{Q-1} \sin\left(\pi\alpha_m (x - i)\right) \cos\left(\pi\alpha_m (x - i)\right) \right)^2 \right\}$$

$$|\mathrm{NK}(x)|^2 = \tag{7.56}$$
$$\sum_{i=i_1-1}^{i_2} \left[\sum_{n=1}^{Q-1} \mathrm{e}^{-7{,}119\, M_S^2 \left(x - x_D - i - \frac{n}{Q}\right)^2} \cdot \right.$$
$$\cdot \left\{ \left(\frac{2}{Q} \sum_{m=0}^{Q-1} \sin\left(\pi\alpha_m \left(x - i - \frac{n}{Q}\right)\right) \sin\left(\pi\alpha_m \left(x - i - \frac{n}{Q}\right) + \right. \right. \right.$$
$$\left. \left. + 2\pi m \frac{n}{Q}\right) \right)^2 +$$
$$+ \left(\frac{2}{Q} \sum_{m=0}^{Q-1} \sin\left(\pi\alpha_m \left(x - i - \frac{n}{Q}\right)\right) \cos\left(\pi\alpha_m \left(x - i - \frac{n}{Q}\right) + \right. \right.$$
$$\left. \left. \left. \left. + 2\pi m \frac{n}{Q}\right) \right)^2 \right\} \right]$$

Dabei sind

$$\begin{aligned} i_1 &= \{\text{ganzzahliger Anteil von } -x_D\} - 1 && \text{für } x_D \geq 0 \\ i_1 &= \text{ganzzahliger Anteil von } |x_D| && \text{für } x_D < 0 \\ i_2 &= i_1 + 2 \end{aligned}$$

(Ganzzahliger Anteil = Zahl nach Abschneiden der Nachkommastellen)
Die Grenzen müssen wie angegeben gewählt werden, um die in das fundamentale Dopplerintervall hineinragenden Anteile von Keulen an den „Enden“ der beiden benachbarten PRF-Intervalle zu berücksichtigen.

Tabelle 7.5 Für Rechnerauswertung geeignete Beziehungen (7.55) und (7.56) für die Hauptkeule und die Nebenkeulen des Signalspektrums innerhalb des fundamentalen Dopplerintervalles. Sie werden u. a. zur Berechnung der Kurven von Bild 7.12 benötigt.

Dopplercharakteristik

Die Dopplercharakteristik ist definiert als das Verhältnis – im „eingeschwungenen“ Zustand – von Leistung am MTI-Filter-Ausgang bei allen Frequenzen zur Leistung des speisenden *gestaffelten* Signals. Zur Berechnung dieses Quotienten gehen wir wie folgt vor (ein anderer Weg findet sich in [10]). Der „eingeschwungene“ Zustand entspricht einer unendlichen Trefferzahl. Damit gehen die Gaußkeulen der Glchg. (7.54) in Dirac-Funktionen über:

$$\mathrm{gs}\big(1{,}133\, M_{\mathrm{S}}(x - x_{\mathrm{D}} - i\big) \to \delta(x - x_{\mathrm{D}} - i) \tag{7.57}$$

Bezeichnen wir die Übertragungsunktion des MTI-Filters allgemein mit $H(x)$, wobei $x = fT$, so folgt für das Linienspektrum $G(x) = S_e(x) \cdot H(x)$ am Ausgang des MTI-Filters aus Glchg. (7.54) die folgende Beziehung

$$\begin{aligned} G(x) \;=\; & \sum_{i=-\infty}^{\infty} H(x)\,\delta(x - x_{\mathrm{D}} - i) - \\ & - \sum_{n=-\infty}^{\infty} \left\{ \sum_{m=0}^{Q-1} \mathrm{j}\, \frac{2}{Q}\, H(x)\, \delta\left(x - x_{\mathrm{D}} - \frac{n}{Q}\right) \cdot \sin\left(\pi \alpha_m \left(x - \frac{n}{Q}\right)\right) \cdot \right. \\ & \left. \cdot\, \mathrm{e}^{-\mathrm{j}\left(\pi\alpha_m\left(x - \frac{n}{Q}\right) + 2\pi\frac{mn}{Q}\right)} \right\} \end{aligned} \tag{7.58}$$

Mit der Abtasteigenschaft der Dirac-Funktion wird

$$\begin{aligned} G(x) \;=\; & \sum_{i=-\infty}^{\infty} H(x_{\mathrm{D}} + i)\,\delta(x - (x_{\mathrm{D}} + i)) - \\ & - \sum_{n=-\infty}^{\infty} \left\{ \sum_{m=0}^{Q-1} \mathrm{j}\, \frac{2}{Q}\, H\left(x_{\mathrm{D}} + \frac{n}{Q}\right) \cdot \sin(\pi\alpha_m x_{\mathrm{D}}) \cdot \right. \\ & \left. \cdot\, \mathrm{e}^{-\mathrm{j}\left(\pi\alpha_m x_{\mathrm{D}} + 2\pi\frac{mn}{Q}\right)} \cdot \delta\left(x - \left(x_{\mathrm{D}} + \frac{n}{Q}\right)\right) \right\} \end{aligned} \tag{7.59}$$

Das Spektrum $G(x)$ stellt ein periodisches Linienspektrum dar, mit Linien bei $x = x_{\mathrm{D}} + i$ und $x = x_{\mathrm{D}} + n/Q$, wobei $-\infty \leq i, n \leq \infty$. Zur Berechnung des gesuchten Quotienten ist es ausreichend, die Ausgangsleistung der Spektrallinien innerhalb einer Dopplerperiode zu ermitteln, zur Vereinfachung der Rechnung sinnvollerweise in der Periode $x_{\mathrm{D}} \leq x \leq x_{\mathrm{D}} + 1$. Das Linienspektrum in dieser Periode ist

$$\begin{aligned} G_{\mathrm{p}}(x) \;=\; & H(x_{\mathrm{D}})\,\delta(x - x_{\mathrm{D}}) - \\ & - \sum_{n=0}^{Q-1} \left\{ \sum_{m=0}^{Q-1} \mathrm{j}\, \frac{2}{Q}\, H\left(x_{\mathrm{D}} + \frac{n}{Q}\right) \sin(\pi\alpha_m x_{\mathrm{D}}) \cdot \right. \\ & \left. \cdot\, \mathrm{e}^{-\mathrm{j}\left(\pi\alpha_m x_{\mathrm{D}} + 2\pi\frac{mn}{Q}\right)} \cdot \delta\left(x - x_{\mathrm{D}} - \frac{n}{Q}\right) \right\} \end{aligned} \tag{7.60}$$

Da wir nur an den Amplituden der Spektrallinien interessiert sind, können wir die Dirac-Funktionen weglassen. Wenn wir noch berücksichtigen, daß in der letzten Gleichung die Spektrallinie für $n=0$ im zweiten Summanden auf dieselbe Frequenz fällt wie die des ersten Summanden, erhalten wir nach einigen Manipulationen für die Leistung am Ausgang des MTI-Filters innerhalb der betrachteten Dopplerperiode in Abhängigkeit vom normierten Doppler x_{D} des speisenden Signals

$$\begin{aligned} |G_{\mathrm{p}}(x_{\mathrm{D}})|^2 \;=\; & |H(x_{\mathrm{D}})|^2 \cdot \left|1 - \mathrm{j}\,\frac{2}{Q}\sum_{m=0}^{Q-1} \sin(\pi\alpha_m x_{\mathrm{D}})\;\mathrm{e}^{-\mathrm{j}\,\pi\alpha_m x_{\mathrm{D}}}\right|^2 - \\ & - \sum_{n=1}^{Q-1}\left|\mathrm{j}\,\frac{2}{Q}\sum_{m=0}^{Q-1} H\left(x_{\mathrm{D}}+\frac{n}{Q}\right)\;\sin(\pi\alpha_m x_{\mathrm{D}})\,\mathrm{e}^{-\mathrm{j}\left(\pi\alpha_m x_{\mathrm{D}}+2\pi\frac{mn}{Q}\right)}\right|^2 \end{aligned} \tag{7.61}$$

Da die Eingangsleistung der „speisenden Spektrallinie" bei $x=x_{\mathrm{D}}$ in Glchg. (7.57) mit eins angenommen wurde, ist das Verhältnis von Ausgangsleistung bei allen Frequenzen zur Eingangsleistung – also unsere gesuchte Dopplercharakteristik – gleich $D(x_{\mathrm{D}})=|G_{\mathrm{p}}(x_{\mathrm{D}})|^2$. Aus der letzten Gleichung erhält man die folgende für eine Rechnerauswertung aufbereitete Beziehung, wobei abkürzend $x_{\mathrm{D}}=x$ gesetzt wurde:

$$\begin{aligned} D(x_{\mathrm{D}}) = D(x) = & \\ |H(x)|^2 & \left[\left\{1-\frac{2}{Q}\sum_{m=0}^{Q-1}\sin^2(\pi\alpha_m x)\right\}^2 + \left\{\frac{2}{Q}\sum_{m=0}^{Q-1}\sin(\pi\alpha_m x)\,\cos(\pi\alpha_m x)\right\}^2\right] \\ & + \sum_{n=1}^{Q-1}\left|H\left(x+\frac{n}{Q}\right)\right|^2 \left[\left\{\frac{2}{Q}\sum_{m=0}^{Q-1}\sin(\pi\alpha_m x)\cos(\pi\alpha_m x + 2\pi\frac{mn}{Q})\right\}^2\right. \\ & \qquad \left. + \left\{\frac{2}{Q}\sum_{m=0}^{Q-1}\sin(\pi\alpha_m x)\sin(\pi\alpha_m x + 2\pi\frac{mn}{Q})\right\}^2\right] \end{aligned} \tag{7.62}$$

Man erkennt, daß für den ungestaffelten Fall wegen $\alpha_m=0$ die erwartete Beziehung $D(x)=|H(x)|^2$ gilt. Mit Glchg. (7.62) wurden die Dopplercharakteristiken von Bild 7.13 berechnet.

Anmerkung zur Entstaffelung

Wie man sich überlegen kann, treten bereits durch die Staffelung Nebenkeulen auf. Das gilt auch für ein gestaffelt abgetastetes Gleichstromsignal ($f_{\mathrm{D}}=0$), das man ohne Antennenmodulation beschreiben kann durch ($F=1/T$)

$$g_{\mathrm{Gl,g}}(t) = \sum_{n=-\infty}^{\infty} \sum_{m=0}^{Q-1} \delta(t - mT + \tau_m - nQT) \quad \circ\!\!-\!\!\bullet \quad \text{Spektrum mit „Hauptlinien" bei } f=nF \text{ und „Nebenlinien" bei } f=nF/Q$$

Wird das gestaffelt abgetastete Gleichstromsignal entstaffelt, verschwinden die Nebenlinien, da

$$g_{\mathrm{Gl,e}}(t) = \sum_{n=-\infty}^{\infty} \delta(t - nT) \quad \circ\!\!-\!\!\bullet \quad \text{Spektrum nur mit „Hauptlinien" bei } f=nF$$

und es verbleiben nur die Hauptlinien. Deshalb ist eine Clutterunterdrückung mit dem entstaffelten Signal möglich: die „Gleichstromlinie" bei $f=0$ wird total und Spektrallinien in ihrer unmittelbaren Umgebung ($f \approx 0$) werden noch ausreichend gut unterdrückt.

Liest man bei einem Digital-MTI die RAM-Speicher synchron mit dem gerade einlaufenden, aktuellen Signal aus und führt die Signale den Bewertungskoeffizienten des Filters zu, so ist diese Arbeitsweise der eines FIR-Filters äquivalent, das mit einem entstaffelten Signal gemäß Bild 7.9d gespeist wird. *Die Entstaffelung stellt sich also praktisch von selbst ein.*

7.8 Improvementfaktor-Bilanz und SCV eines MTI-Radars

Die Subclutter Visibility und damit die Zielentdeckung über Clutter wird im wesentlichen durch den „Über-alles-Improvementfaktor" I_{res} bestimmt, wobei

$$I_{\mathrm{res}} = \overline{G_S(f)} \left(\frac{C_{\mathrm{ein}}}{C_{\mathrm{aus,1}} + C_{\mathrm{aus,2}} + C_{\mathrm{aus,3}} + \ldots} \right) \tag{7.63}$$

Dabei sind die $C_{\mathrm{aus},i}$ diejenigen Restclutterleistungen am MTI-Filter-Ausgang, die zum Beispiel allein durch den Scanning-Effekt, allein durch die interne Clutterfluktuation oder auch allein durch die PRF-Staffelung plus Scanning-Effekt entstehen. Die letzte Gleichung läßt sich umschreiben in

$$\frac{1}{I_{\mathrm{res}}} = \frac{1}{I_{\mathrm{sys}}} + \frac{1}{I_{\mathrm{ger}}} = \frac{1}{I_{\mathrm{sc}}} + \frac{1}{I_{\mathrm{icf}}} + \frac{1}{I_{\mathrm{st,sc}}} + \frac{1}{I_{\mathrm{st,icf}}} + \ldots + \frac{1}{I_{\mathrm{ger}}} \tag{7.64}$$

Die Bedeutung der Indizes geht aus der folgenden Tabelle 7.6 hervor, welche die Improvementfaktor-Bilanz eines MTI-Radars zeigt.

Man erkennt, daß bei dem gewählten Beispiel der Scanning-Effekt dominiert, gefolgt von der Improvementfaktor-Begrenzung $I_{\mathrm{st,sc}}$ durch PRF-Staffelung und Scanning. Die restlichen Improvementfaktor-Begrenzungen sind zu vernachlässigen.

Begrenzung des Improvementfaktors durch	Bez.	Entnehmbar	I_i [dB]
Scanning-Effekt ($M_S = 16$ Treffer)	I_{sc}	Bild 7.6	42
Interne Clutterfluktuation (Wind 50 km/h; $\sigma_f T = 0{,}0022$)	I_{icf}	Tab. 7.1 Glch. (7.6) Bild 7.6	77
PRF-Staffelung und Scanning ($\gamma = 1{,}20$)	$I_{st,sc}$	Bild 7.12	44
PRF-Staff. und int. Clutterfluktuation (wie oben: $\sigma_f T = 0{,}0022$)	$I_{st,icf}$	Bild 7.12	62
Systemparameter insgesamt	I_{sys}		40
Instabilitäten des Radargerätes bis einschl. A/D-Umsetzer	I_{ger}	Messung (s. Text)	53
Über-alles-Improvementfaktor	I_{res}		40

Tabelle 7.6 Improvementfaktor-Bilanz.
Parameter: $\lambda = 23\,\text{cm}$ (L-Band), PRF = 400 Hz, Trefferzahl $M_S = 16$, Doppel-MTI.

Die gerätebedingte Begrenzung I_{ger} kann wie nachfolgend beschrieben gemessen werden. Man richtet die Antenne auf ein möglichst stabiles Festziel, das den A/D-Umsetzer nahezu voll aussteuern soll (ev. variables Dämpfungsglied verwenden). Ersatzweise kann statt eines realen Festzieles auch eine Echobox verwendet werden. Die A/D-Ausgangssignale einer größeren Zahl von Radarperioden werden gespeichert und einem Rechner zugeführt. Dieser simuliert das verwendete MTI-Filter und berechnet für jede Radarperiode die Leistung des MTI-Filter-Ausgangssignals (Quadrat der Amplitude). Anschließend erfolgt eine Mittelung, sie liefert die Summe ($C_{E,aus} + N_{aus}$) von geräteeigenem Störsignal und Rauschen am Ausgang. Wir wiederholen diese Meßprozedur bei abgeschaltetem Sender, also ohne Festzielecho, und erhalten N_{aus}. Die Differenz der beiden Meßergebnisse liefert die am Filterausgang vorhandene Reststörleistung $C_{E,aus}$. Da die Eingangsleistung C_{ein} bekannt ist, läßt sich mit $C_{E,aus}$ das gesuchte I_{ger} aus $I_{ger} = \overline{G_S(f)} \cdot C_{ein}/C_{E,aus}$ berechnen. Beim Doppel-MTI ist $\overline{G_S(f)} = 7{,}8\,\text{dB}$.

Zur Abschätzung der erreichbaren SCV benötigen wir den Clutter Visibility-Faktor $V_c(n = M_S)$ (vgl. Bild 7.3). Dabei müssen wir berücksichtigen, daß das Rauschen am Ausgang des MTI-Filters von Puls-zu-Puls korreliert ist (durch die Wirkung des Filters). Man kann die Auswirkung dieser Korrelation durch eine

Reduktion der Anzahl der integrierbaren, statistisch voneinander unabhängigen Pulse von M_S auf N_e beschreiben [11]. Für ein Doppel-MTI ist

$$N_e \approx 0{,}5 M_S \qquad (7.65)$$

Aus Bild 3.9 erhält man für ein nichtfluktuierendes Ziel und $P_d = 0.5$ sowie $P_{fa} = 10^{-6}$ den Clutter Visibility-Faktor mit $N_e = 0{,}5 \cdot 16 = 8$ zu $V_c(n = N_e) \approx D_0(n = N_e) = 4\,\text{dB}$. Der CFAR-Verlust und der Verlust durch binäre Integration (wir setzen die Anwendung eines Wanderfenster-Detektors voraus) können zusammen mit etwa 2,5 dB angesetzt werden. Damit wird $V_c \approx 7\,\text{dB}$ und die SCV ergibt sich aus SCV $\approx I/V_c$ zu SCV $\approx 40 - 7 = 33\,\text{dB}$.

Wir zeigen noch, daß beim MTI-Radar meist $\overline{I_{SIR}} \approx \overline{I_{SCR}} = I$ gilt. Bei einem Dynamikbereich von $D_p = 50\,\text{dB}$ und einem Doppel-MTI mit $I_{SNR} = 10 \log M_B = 10 \log 3 = 4{,}8\,\text{dB}$ wird $D_p I_{SNR} = 54{,}8\,\text{dB}$. Für das der Tabelle zugrundegelegte Beispiel erhält man für den normierten Zieldoppler $f_D T = 0{,}5$ nach Formel (7.70) $I_{SCR} = 46{,}6\,\text{dB}$. Damit wird ohne Berücksichtigung von I_{stab} nach Glchg. (7.24) $I_{SIR} = 46{,}0\,\text{dB}$, also gilt $I_{SIR} \approx I_{SCR}$ und damit auch $\overline{I_{SIR}} \approx \overline{I_{SCR}} = I$.

7.9 Das MTD-Radar oder Pulsdoppler-Radar

Das MTD-Radar verwendet als Clutterfilter eine Dopplerfilterbank und verarbeitet wesentlich mehr als nur etwa drei Pulse kohärent wie ein typisches MTI-Radar. Die Verwendung einer Dopplerfilterbank wurde bereits 1966 von *Wirth* vorgeschlagen [12] und auch untersucht [13], eine breite Einführung scheiterte damals an der zu teuren und voluminösen Hardware. Am Massachusetts Institute of Technology (MIT) entwarfen *Muehe* und Mitarbeiter in den 70-er Jahren unter Ausnutzung der stetigen Fortschritte im Bereich der digitalen Hardware ein völlig neuartiges Konzept der Signalverarbeitung für Rundsuch-Radare [1]. Sie nannten es Moving Target Detector (MTD) und schlossen die Entwicklung zweier Prototypen Anfang der 80-er Jahre ab. Inzwischen hat das MTD-Verfahren sowohl bei der Flugsicherung wie auch bei militärischen Überwachungsradaren und Artillerie-Ortungsradaren eine breite Anwendung gefunden. Zunächst werden Abtaststrategie und Sendesignal („Waveform") eines MTD-Radars beschrieben, danach sein prinzipieller Aufbau.

Sendesignal

Ein MTD-Radar strahlt Sequenzen von (Puls-)Bursts ab, wie in Bild 7.15 erklärt. Das Radar arbeitet im sogenannten Blockbetrieb oder Batchbetrieb: die Dopplerfilterbank wird unmittelbar vor Beginn eines neuen Bursts von allen Signalen „geleert" und danach mit den Echos des aktuellen Bursts gespeist. Sind alle Echos dieses Bursts eingelaufen, berechnet das Dopplerfilter – pro Entfernungszelle – ein *einziges* komplexes (I/Q-)Ausgangssignal. Es liegt also – im Gegensatz zu vielen,

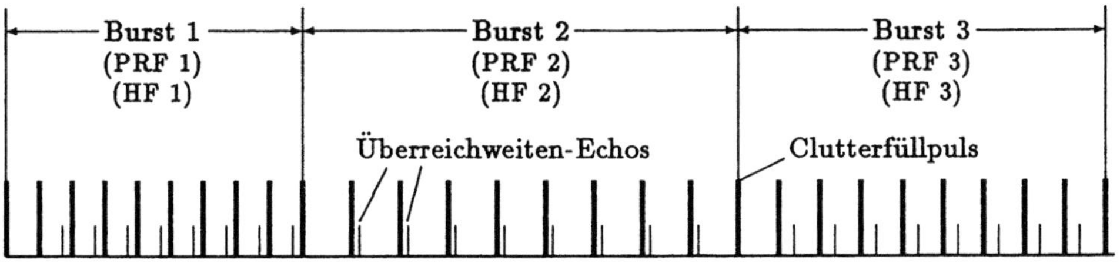

Bild 7.15 Sendesignal eines MTD-Radars mit 3 Bursts unterschiedlicher PRF und HF. Pro Burst werden 9 Pulse abgestrahlt, der jeweils erste dient als Clutterfüllpuls, das heißt die Echos innerhalb des ersten PRI werden nicht ausgewertet. Werden die Dopplerfilter mit den Echos der restlichen 8 PRI's „geladen", die sie kohärent integrieren, so befindet sich das Filter bezüglich des Überreichweitenclutters im eingeschwungenen Zustand und der Clutter wird sehr gut unterdrückt.
Das Zeitintervall eines Bursts wird als Coherent Processing Interval (CPI) bezeichnet.

aber nicht allen MTI-Radaren – keine von Puls zu Puls „gleitende" Arbeitsweise vor, sondern eine „springende" (engl. hopping) von Burst zu Burst.

Um die Echos eines Burst kohärent verarbeiten zu können, müssen PRF und HF innerhalb eines Bursts konstant bleiben. Zur Vermeidung niedriger Blindgeschwindigkeiten und um die Dopplercharakteristik insgesamt möglichst gut einzuebnen, wird die PRF jedoch von Burst zu Burst gewechselt (gestaffelt)[3]. Infolge dieser *Blockstaffelung* ist auch die Unterdrückung von Überreichweitenclutter möglich. Um einen Frequenz-Agilitätsgewinn und ggf. eine bessere ECM-Festigkeit zu erzielen, kann man auch die HF von Burst zu Burst ändern. Für das Zeitintervall eines Bursts hat sich die Bezeichnung *Coherent Processing Interval (CPI)* eingebürgert.

Wir bezeichnen die Trefferzahl pro Zielverweilzeit mit M_S und die Zahl der Bursts pro Zielverweilzeit mit M_{BB}. Daraus ergibt sich die Zahl der Pulse pro Burst zu $M'_B = M_S/M_{BB}$. Von diesen M'_B Pulsen dienen M_F Pulse als sog. Clutter-Füllpulse, deren Echos von der weiteren Verarbeitung ausgeschlossen werden müssen, vgl. Bild 7.15. Für die Filterbank stehen also nur $M_B = M'_B - M_F$ Pulse zur kohärenten Verarbeitung zur Verfügung. Beim Sendesignal-Entwurf (engl. Waveform Design) bestimmt man unter Vorgabe der zu instrumentierenden Reichweite und der Zielverweilzeit näherungsweise zuerst die Trefferzahl M_S. Man legt dann die Zahl M_{BB} der Bursts pro Zielverweilzeit fest, die wegen der Burst-zu-Burst-PRF-Staffelung mindestens 2 betragen muß. Die Zahl der Pulse pro Burst sollte $M_B \geq 5$ sein. Bei vorgegebener Trefferzahl M_S kann man die Zahl der Pulse pro Burst erhöhen, wenn man die Zahl der Bursts pro Zielverweilzeit klein hält,

[3]Eine Puls-zu-Puls-Staffelung wäre theoretisch möglich, würde aber eine sehr große Zahl von Dopplerfiltern erfordern, wie man sich anhand der Spektren der von Puls-zu-Puls gestaffelten Signale von Bild 7.10 klarmachen kann. Es wäre außerdem nicht nur das PRF-Intervall mit Filtern abzudecken, sondern das Intervall bis zum ersten Blinddoppler des gestaffelten Systems. Auch ließe eine Puls-zu-Puls-Staffelung keine Unterdrückung von Überreichweitenclutter zu.

also bspw. $M_{BB} = 2$ macht. Dieser Weg ist im allgemeinen dem umgekehrten Weg – nämlich der Vergrößerung der Zahl M_{BB} der Bursts pro Zielverweilzeit auf Kosten der Zahl der Pulse pro Burst – vorzuziehen. Denn je größer die Zahl der kohärent verarbeiteten Pulse, umso besser wird die Clutterunterdrückung und die Zielentdeckung im Rauschen. Die Zahl der erforderlichen Dopplerfilter ist etwa M_B, also gleich der Zahl der kohärent verarbeiteten Pulse. Mehr Filter vergrößern den Hardwareaufwand, verringern aber den Quantisierungsverlust-Doppler (s. Abschnitt 4.3), bei weniger als M_B Filtern jedoch wird dieser Verlust im allgemeinen zu groß.

Beispiel für Sendesignal-Entwurf:
Ein 2D-S-Band-Nahbereichsradar mit mechanisch rotierender Antenne soll eine instrumentierte Reichweite von 100 km und eine Datenrate von 0,25 s^{-1} (=15 Umdrehungen pro Minute) besitzen. Die Keulenbreite der Antenne sei 1,5°. Aufgrund der Reichweitenforderung wird das PRI 6,67 (μs/km)$\cdot$100 km$=$667 μs lang, wir verlängern aber wegen der beabsichtigten Burst-zu-Burst-PRF-Staffelung auf $1{,}2 \cdot 667 = 800\,\mu s$. Damit ergibt sich die Trefferzahl nach Glchg. (2.50) wegen $F_{pw} = 1/800\,\mu s$ und $T_A = 4$ s zu $M_S = (1{,}5 \cdot 1250 \cdot 4)/360 \approx 21$. Wir wählen, etwas konservativ, $M_{BB} = 2$ Bursts pro Zielverweilzeit und $M'_B = 9$ Pulse pro Burst. Um Überreichweitenclutter – zum Beispiel durch ein Gebirge in 120 km Entfernung – unterdrücken zu können, sehen wir $M_F = 1$ Clutterfüllpuls vor. Damit verbleiben $M_B = M'_B - M_F = 9 - 1 = 8$ kohärent verarbeitbare Pulse. Wird auch die HF von Burst zu Burst gewechselt, spricht man von Frequenzagilität und erzielt einen Agilitätsgewinn.

Bei einem zweikanaligen Radar, wie sie bei der Flugsicherung aus Gründen einer extrem hohen Verfügbarkeit wenigstens eines Radarkanals meist eingesetzt werden, kann man beide Kanäle betrieblich nutzen. Die Sendepulse werden zeitlich geringfügig versetzt (einige μs). Die Frequenzen der beiden Kanäle werden um mindestens die Differenz Δf nach Gleichung (3.27) unterschiedlich gewählt. Dann ergibt sich nach Zusammenführung der verarbeiteten Empfangssignale der beiden Kanäle ein Frequenz-Diversity-Gewinn. Auf diesen muß man bei der Wartung eines der beiden Kanäle natürlich verzichten.

Vorteile des MTD-Radars gegenüber dem MTI-Radar

Gegenüber einem MTI-Filter ermöglicht die Verwendung einer Dopplerfilterbank eine bessere Zielentdeckung über Bodenclutter. In typischen Fällen kann die SCV um mehr als 10 dB gesteigert werden. Während das MTI-Radar bei Regenclutter nur eine Superclutter Visibility ermöglicht, d. h. zur Entdeckung muß das Zielecho größer sein als das Clutterecho, erzielt man mit der Filterbank bei Regenclutter eine Subclutter Visibility. Ein Ziel wird also auch entdeckt, wenn der Regenclutter erheblich größer ist als das Zielecho. Allerdings müssen sich beide im Doppler gut unterscheiden. Das ist jedoch sehr häufig der Fall, insbesondere bei einer Staffelung der PRF von Burst zu Burst. Flugzielechos sind meist

Doppler-mehrdeutig und fallen deshalb in aufeinanderfolgenden Bursts in unterschiedliche Dopplerfilter. Bei den im allg. Doppler-eindeutigen Regenechos ist das nicht der Fall. Weiterhin läßt sich aus Amplitude, Doppler und räumlicher Verteilung der Radarechos Information über die Wettersituation wie Niederschlagsrate (Rückstrahlquerschnitt), Radialgeschwindigkeit von Regenwolken und räumliche Ausdehnung eines Regengebietes entnehmen. Ebenso kann man das Auftreten von Vogelzügen („Angels") feststellen. Diese können dem Luftverkehr gefährlich werden.

Das MTD-Radar gestattet auch die Messung der Radialgeschwindigkeit [14], die bei der Zielverfolgung von Nutzen sein kann (ggf. auch zur Falschzielerkennung). Die zunächst prinzipiell vorhandene Doppler-Mehrdeutigkeit der Messung kann mehr oder weniger reduziert oder auch ganz aufgelöst werden, abhängig von den Parametern der Waveform, vor allem der Zielverweilzeit (M_{BB}, M_{B}). Man kommt dabei jedoch meist in Konflikt mit dem Wunsch nach einer hohen Datenrate.

Das MTD-Verfahren verbessert mit seiner Bodenclutterkarte auch die Entdeckung tangential oder nahezu tangential sich bewegender Luftfahrzeuge. Eine Normal-/MTI-Video-Umschaltung, die beim MTI-Radar den Bodenclutter-Konturen nur ganz grob angepaßt werden kann, ist nicht mehr erforderlich.

Die Dopplerfilterbank ermöglicht oder stützt über eine Spektralanalyse auch eine Zielklassifizierung, also bspw. die Unterscheidung von Hubschraubern und Starrflüglern. Da die Turbinenschaufeln eines Starrflüglers den Rotorechos eines Hubschraubers ähnliche Dopplersignaturen ergeben, wird zur Klassifizierung noch die vom Tracker gelieferte Geschwindigkeitsinformation herangezogen. Dadurch wird die Falschklassifizierungswahrscheinlichkeit genügend klein gehalten.

Geräteeigene Störsignale, zum Beispiel eine Störlinie bei der Netzfrequenz oder einem Vielfachen davon, setzen beim MTI-Radar wegen der erforderlichen Schwellenanhebung die Empfindlichkeit im gesamten Dopplerbereich herab, beim MTD-Radar dagegen nur in dem von der Störung betroffenen Dopplerfilter.

Aufbau eines MTD-Radars

Der Aufbau eines MTD-Radars ist in Bild 7.16 gezeigt, auch andere Architekturen sind möglich. Nach der I/Q- und A/D-Umsetzung werden die I/Q-Signale des aktuellen CPI's oder Bursts in einen der CPI-Speicherblöcke eingeschrieben. Nach Ende dieses CPI's wird dieser Speicherblock zur nachfolgenden Verarbeitung ausgelesen und die I/Q-Signale des neuen Bursts werden in einem parallelen CPI-Speicherblock abgelegt.

Mit dieser Art der Zwischenspeicherung der Signale am Ausgang der I/Q- und A/D-Umsetzung kann man die Signalverarbeitung zeitlich vom Takt des Radarkopfes entkoppeln und die Signalverarbeitung Off-Line, aber doch ausreichend realzeitig durchführen (s. auch Abschnitt 5.6). Man wird flexibler hinsichtlich der Verwendung komplexerer Abtaststrategien. Zum Beispiel muß bei der Raumabtastung mit einer einzigen Suchkeule eines 3D-Radars die zu instrumentierende

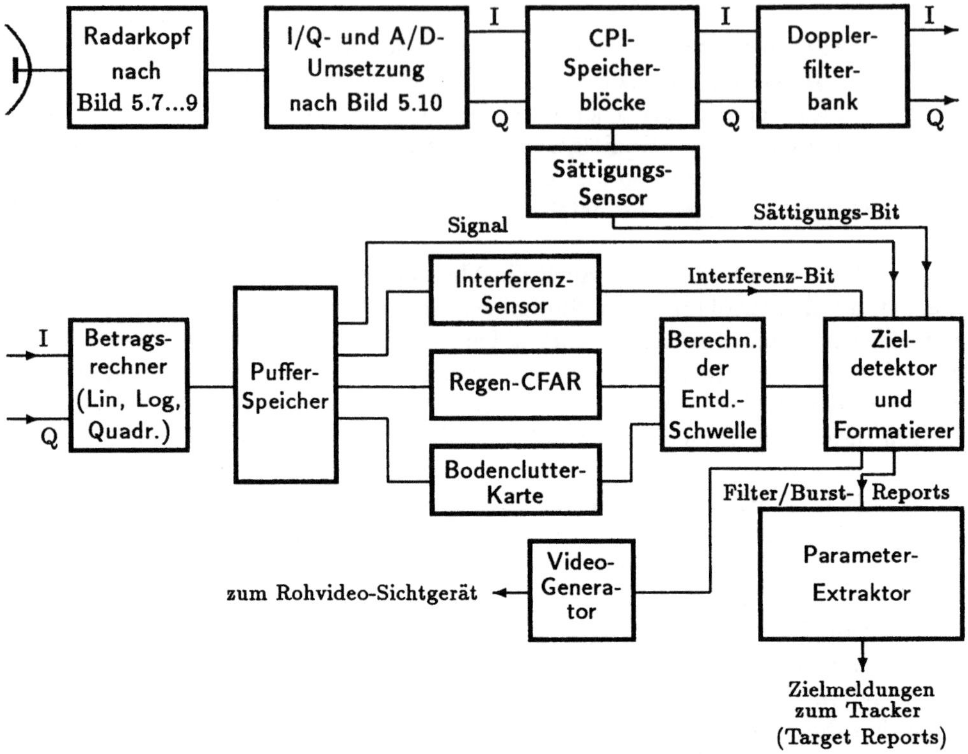

Bild 7.16 Architektur eines MTD-Radars oder LPRF-Pulsdoppler-Radars (s. Text). Die CPI-Speicherblöcke gestatten eine – ausreichend realzeitige – Off-Line-Signalverarbeitung. Damit sind komplexere Abtaststrategien möglich, weil Wartezeiten vermieden werden können. Diese würden insbesondere bei 3D-Radaren auftreten, wenn eine einzige Suchkeule Bursts stark unterschiedlicher PRF abstrahlt.

Reichweite in Abhängigkeit von der Elevation geändert werden. Aufeinanderfolgende CPI's besitzen dann meist stark unterschiedliche Längen. Das würde ohne solche Zwischenspeicherung unerwünschte Wartezeiten erfordern.

Das Laden des CPI-Speicherblocks muß zwangsläufig realzeitig erfolgen, d.h. pro Radarperiode werden die Signale aufeinanderfolgender Entfernungszellen eingeschrieben: Speisung *in Entfernungsrichtung.* Die nachfolgende Dopplerfilterbank (DFB) liest jedoch den Speicherblock so aus, daß – beginnend bei der ersten Entfernungszelle – nacheinander die Signale dieser Zelle in aufeinanderfolgenden Radarperioden ausgelesen werden. Bei kontinuierlich im Azimut suchenden Radaren spricht man von einem Auslesen *in Azimutrichtung.* Einen Speicher, der in „Entfernungsrichtung" beschrieben und in „Azimutrichtung" ausgelesen wird, bezeichnet man auch als *Corner Turning Memory.*

Diese Art des Auslesens ermöglicht der DFB die sofortige Berechnung eines (einzigen) I/Q-Ausgangssignals für jedes Filter der Bank, fortlaufend für jede

Entfernungszelle in aufsteigender Reihenfolge. Von jedem I/Q-Ausgangssignal wird im Betragsrechner der Betrag ermittelt, je nach Algorithmus der lineare, quadrierte oder logarithmierte. Der Betragsrechner simuliert also einen linearen, quadratischen oder logarithmischen Detektor. Jeder der Detektoren hat für bestimmte Weiterverarbeitungsaufgaben Vor- und Nachteile.

Die Betragssignale werden pro Filter nach Entfernungszellen geordnet in einem Pufferspeicher abgelegt. Der Regen-CFAR-Algorithmus berechnet für die jeweils im Zieldetektor aktuelle Zelle einen Schwellwert aus den Signalen der Umgebung dieser Zelle, der bspw. bei Vorhandensein von Regenechos in dem betrachteten Filter ansteigt. Das oder die sogen. „Nullfilter“ speisen eine Bodenclutterkarte. Sie werden Nullfilter genannt, weil ihre Mittenfrequenzen in der Umgebung der Frequenz null liegen. Sie enthalten die Bodenclutterechos. Die Bodenclutterkarte berechnet für jede der (etwa 10^6) zweidimensionalen Auflösungszellen der gesamten Radarumgebung einen zusätzlichen, aus der mittleren Clutteramplitude der Zelle abgeleiteten Schwellwert. Die Schwellwerte des Regen-CFAR-Algorithmus und der Bodenclutterkarte werden mit der aus dem Empfängerrauschen abgeleiteten „Basisschwelle“ zu einer kombinierten CFAR-Schwelle zusammengefaßt, die als Entdeckungsschwelle im Zieldetektor dient.

Der Sättigungssensor prüft, ob der durch den A/D-Umsetzer festgelegte Dynamikbereich überschritten wurde, ggf. gibt er eine Meldung an den Formatierer. Ebenso prüft der Interferenzsensor, ob Störsignale wie bspw. Sendepulse fremder Radare vorhanden sind.

Entfernungszelle nach Entfernungszelle werden die Signale aller Dopplerfilter dem Zieldetektor zugeführt. Bei Überschreiten der kombinierten Entdeckungsschwelle wird im Formatierer ein sogen. Filter-Report generiert, der etwa folgende Informationen enthält: Nummer des Filters, Nummer der Entfernungszelle, Amplitude, Interferenz-Meldung und Sättigungs-Meldung. In einem sogen. Burst-Report faßt der Formatierer die Zustandsdaten des laufenden Bursts zusammen, wie zum Beispiel Azimut, PRF, HF, STC-Einstellung und andere mehr und übergibt sie – zusammen mit den Filter-Reports – dem Parameter-Extraktor.

Dieser berechnet die Zielparameter wie Entfernung, Azimut und – wenn es das Sendesignal (Zahl der Bursts pro Zielverweilzeit, Zahl der Pulse pro Burst) erlaubt – auch die Radialgeschwindigkeit und faßt sie mit einer Meldung über die Qualität der Zieldaten zu einer Zielmeldung (Target Report) für den Zielverfolgungsrechner (Tracker) zusammen. Die Qualität der Zieldaten wird beeinflußt durch die Zielamplitude, durch eventuelle Meldungen des Sättigungs- und Interferenzsensors und ob ein Ziel nur in einem, in zwei oder in mehreren Bursts entdeckt wurde. Auf die Schätzung der Zielparameter wird noch eingegangen.

Der Videogenerator erzeugt bei jeder Schwellwertüberschreitung einen synthetischen Videopuls. Dadurch erhält man eine Art analoges Videosignal, das auf dem Rohvideo-Sichtgerät für Wartungszwecke dargestellt wird. Außerdem wird noch Normalvideo ausgegeben, abgenommen an geeigneter Stelle vor der kombinierten CFAR-Schwelle, um den Bodenclutter-Hintergrund anzeigen zu können (nicht eingezeichnet).

7.10 Dopplerfilterbank mit komplexen FIR-Filtern

Man unterscheidet zwei Arten von Dopplerfilterbänken (DFB):

1. Bank aus parallelen FIR-Filtern (Transversalfiltern)
2. FFT als Filterbank

Die FFT (Fast Fourier Transform) wird nur aus Gründen der Hardware-Ersparnis und/oder wegen des größeren Datendurchsatzes verwendet. Dieser Vorteil der FFT macht sich ab etwa $M_\text{B} = 16$ kohärent zu integrierender Pulse bemerkbar, und damit also ab 16 paralleler Filter. Nachteilig bei der FFT ist, daß alle Filter identische Amplitudengänge besitzen (abgesehen von den Mittenfrequenzen) und in konstanten Abständen über das PRF-Intervall verteilt sind. Dagegen läßt sich bei einer FIR-Filterbank der Filterabstand beliebig wählen und der Amplitudengang jedes einzelnen Filters beliebig formen. Glücklicherweise besteht bei Filterbänken mit mehr als etwa 16 Filtern keine große Notwendigkeit, den Amplitudengang jedes einzelnen Filters individuell zu formen, ganz im Gegensatz zu bspw. einer FIR-Filterbank mit nur 8 Filtern. Die angegebenen Nachteile der FFT-Filterbank sind auch der Grund dafür, daß Likelihood Ratio Filter mit ihr nicht realisiert werden können.

Einleitend wird die Berechnung der Verbesserungen I_SNR, I_SCR und I_SIR für beliebige Filter angegeben, also auch für FFT-Filter. Anschließend gehen wir auf DFB's mit FIR-Filtern ein, im nächsten Abschnitt auf solche mit einer FFT.

Berechnung der SNR-, SCR- und SIR-Verbesserungen

Verfahren 1:

Es sei noch einmal darauf hingewiesen, daß wir unter

$$w(n) = h(N-1-n) \qquad n = 0, 1, \ldots, N-1 \tag{7.66}$$

die Elemente eines Filtergewichtsvektors $\mathbf{w}$ verstehen. Entsprechend der letzten Beziehung sind sie gleich den Elementen des gespiegelten Vektors $\mathbf{h}$ der Impulsantwort des Filters.

Gemäß einer Ableitung ähnlich der von Glchg. (7.31) findet man für die Signalleistung S_aus am Ausgang eines FIR-Filters (eine FFT läßt sich auf eine Bank von FIR-Filtern zurückführen), wenn $\mathbf{w}^\text{T}$ den transponierten Spaltenvektor $\mathbf{w}$ und $\mathbf{w}^{(*)}$ denjenigen mit konjugiert komplexen Elementen darstellen,

$$S_\text{aus} = S_\text{ein}\, \mathbf{w}^\text{T}\, \mathbf{M}_\text{s} \mathbf{w}^{(*)} \tag{7.67}$$

Dabei ist S_ein die Signalleistung des einzelnen Echopulses am Eingang und $\mathbf{M} = S_\text{ein}\, \mathbf{M}_\text{s}$ die Kovarianzmatrix des Signals mit dem Doppler f_D. Die (normierte) Matrix $\mathbf{M}_\text{s}$ besitzt in der Hauptdiagonalen nur Einsen. Ihre Elemente m_{lm} sind

$$m_{lm} = e^{j\,2\pi(l-m)f_D T} \tag{7.68}$$

Unter Berücksichtigung von Glchg. (7.32) erhält man für die Verbesserung I_{SNR} im Signal-zu-Rausch-Verhältnis

$$I_{SNR} = \frac{S_{aus}}{S_{ein}} \cdot \frac{N_{ein}}{N_{aus}} = \frac{\mathbf{w}^T \mathbf{M}_s \mathbf{w}^{(*)}}{\mathbf{w}^T \mathbf{w}^{(*)}} \tag{7.69}$$

Für die Verbesserung I_{SCR} im Signal-zu-Clutter-Verhältnis bekommt man durch eine analoge Vorgehensweise

$$I_{SCR} = \frac{S_{aus}}{S_{ein}} \cdot \frac{C_{ein}}{C_{aus}} = \frac{\mathbf{w}^T \mathbf{M}_s \mathbf{w}^{(*)}}{\mathbf{w}^T \mathbf{K}_c \mathbf{w}^{(*)}} \tag{7.70}$$

wobei gemäß Glchg. (7.31) $\mathbf{K}_c$ die normierte Clutter-Kovarianzmatrix darstellt. Ihre Elemente k_{lm} entnimmt man Gleichung (7.13), wobei dort für Bodenclutter $f_c = 0$ gilt und $P_c = 1$ zu setzen ist.

Für die Verbesserung I'_{SIR} im Signal-zu-Stör-Verhältnis bekommt man (ohne Berücksichtigung der geräteeigenen Störsignale) für ein beliebiges eingangsseitiges Clutter-zu-Rausch-Verhältnis $(C/N)_{ein}$

$$I'_{SIR} = \frac{S_{aus}}{S_{ein}} \cdot \frac{(C+N)_{ein}}{(C+N)_{aus}} = \frac{\mathbf{w}^T \mathbf{M}_s \mathbf{w}^{(*)} \cdot (C+N)_{ein}}{\mathbf{w}^T \left\{ C_{ein} \left[\mathbf{K}_c + \frac{1}{\left(\frac{C}{N}\right)_{ein}} \mathbf{I} \right] \right\} \mathbf{w}^{(*)}} \tag{7.71}$$

Darin ist $\mathbf{I}$ die Einheitsmatrix. Mit $C_{ein} \gg N_{ein}$ und wenn man gemäß unserer Definition von I_{SIR} nach Glchg. (7.24) annimmt, daß der Clutter den Dynamikbereich D_p voll aussteuert, also $(C/N)_{ein} = (C/N)_{ein,\,max} = D_p$ gilt, wird

$$I_{SIR} = \frac{\mathbf{w}^T \mathbf{M}_s \mathbf{w}^{(*)}}{\mathbf{w}^T \left(\mathbf{K}_c + \frac{1}{D_p} \mathbf{I} \right) \mathbf{w}^{(*)}} \tag{7.72}$$

I_{SIR} läßt sich bei bekanntem I_{SNR}, I_{SCR} und D_p unter Vernachlässigung von I_{stab} auch aus Glchg. (7.24) berechnen.

Verfahren 2:

Eine andere Möglichkeit zur Berechnung von I_{SNR} und I_{SCR} ergibt sich mit Hilfe der Definitionsgleichungen (7.21). Der Signalgewinn $G_S(f_k)$ für ein Ziel mit dem

Doppler f_k ist

$$G_\mathrm{S}(f_\mathrm{k}) = \frac{\int\limits_0^F |H_\mathrm{k}(f)|^2 \, |S(f - f_\mathrm{k})|^2 \, df}{\int\limits_0^F |S(f - f_\mathrm{k}|^2 \, df} \tag{7.73}$$

mit $S(f - f_\mathrm{k})$ als Zielspektrum und $H_\mathrm{k}(f)$ als Übertragungsfunktion des k-ten Dopplerfilters. $F = 1/T$ ist die PRF. Für eine Gauß'sche Antennenfunktion wird das Leistungsspektrum eines Zieles im k-ten Dopplerkanal (ohne Berücksichtigung der endlichen Signalbandbreite)

$$|S(f - f_\mathrm{k})|^2 = \mathrm{const} \cdot \mathrm{rep}_\mathrm{F} \left\{ \mathrm{e}^{-7{,}119 \left(M_\mathrm{S}(f - f_\mathrm{k}) T \right)^2} \right\} \tag{7.74}$$

Für die Rauschdämpfung A_N von Glchg. (7.21) gilt

$$A_\mathrm{N} = \frac{\int\limits_0^F L_\mathrm{n}(f) \, df}{\int\limits_0^F |H_\mathrm{k}(f)|^2 \, L_\mathrm{n}(f) \, df} \tag{7.75}$$

mit $L_\mathrm{n}(f)$ als Rauschleistungsspektrum. Es wird $I_\mathrm{SNR} = G_\mathrm{S}(f_\mathrm{k}) \cdot A_\mathrm{N}$. Man beachte, daß sich ein etwas anderes I_SNR ergibt, wenn beim gleichen Filter der Zieldoppler um einen kleinen Betrag Δf von der Filtermittenfrequenz f_k abweicht.

Zur Berechnung von I_SCR ersetzt man in der letzten Gleichung A_N durch A_C und $L_\mathrm{n}(f)$ durch das Clutterleistungsspektrum $L_\mathrm{c}(f)$. I_SIR erhält man mit Hilfe von I_SNR, I_SCR und D_p wieder aus Gleichung (7.24) (I_stab vernachlässigt).

Allgemeine Eigenschaften komplexer FIR-Filter

Für eine Dopplerfilterbank benötigen wir nach Abschnitt 5.4 und den Bildern 5.6 und 5.10 Filter mit komplexer Impulsantwort $h(n) = h_\mathrm{I}(n) + \mathrm{j}\, h_\mathrm{Q}(n)$. Sie werden mit komplexen Signalen $s(n) = s_\mathrm{I}(n) + \mathrm{j}\, s_\mathrm{Q}(n)$ gespeist und geben komplexe Signale $g(n) = g_\mathrm{I}(n) + \mathrm{j}\, g_\mathrm{Q}(n)$ ab. Man bezeichnet sie daher als komplexe Filter. Formal läßt sich ein komplexes FIR-Filter darstellen wie in Bild 7.17 oben gezeigt.

Die Übertragungsfunktion $H(f)$ erhält man allgemein aus der Fourier-Transformation der Impulsantwort (s. Glchg. (A.118))

$$h(t) = \sum_{n=0}^{N-1} h(n) \delta(t - nT) = \sum_{n=0}^{N-1} \left\{ h_\mathrm{I}(n) + \mathrm{j}\, h_\mathrm{Q}(n) \right\} \delta(t - nT) \tag{7.76}$$

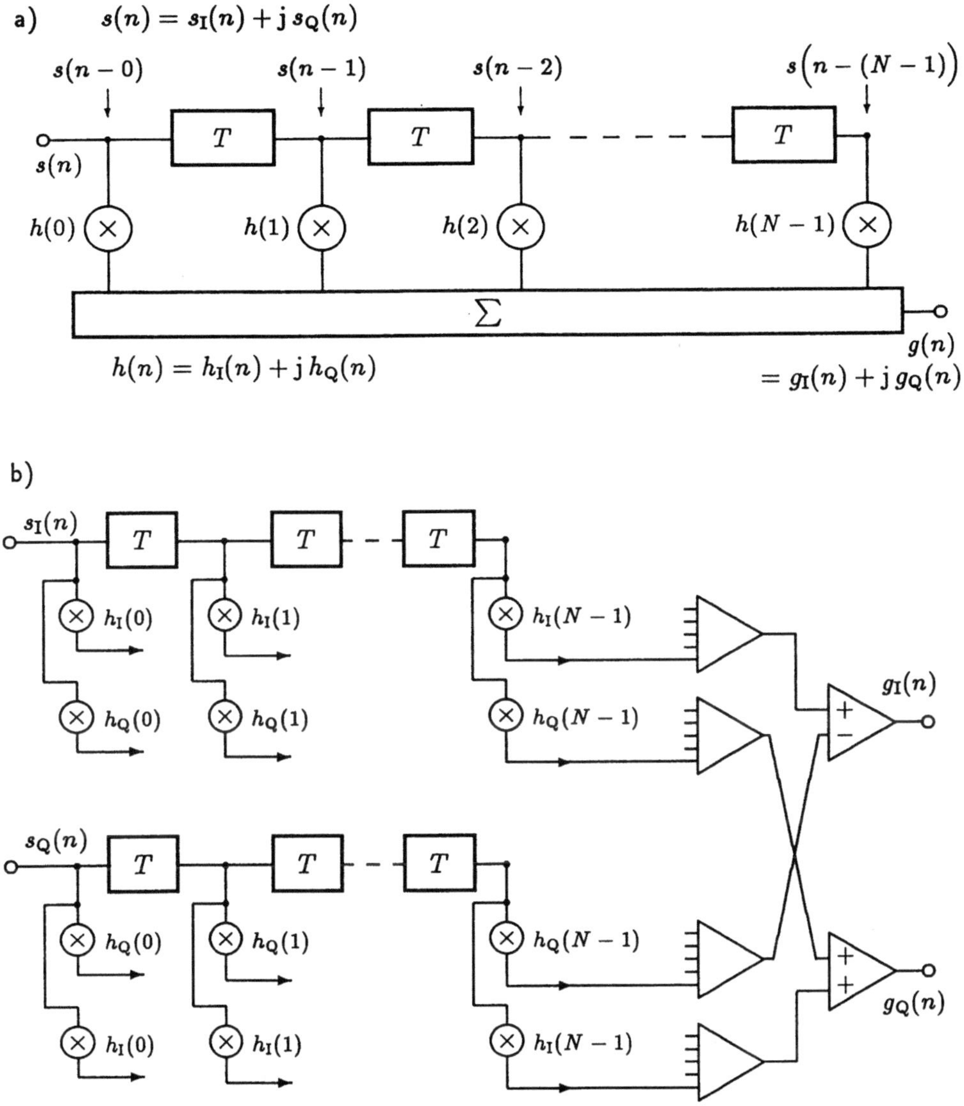

Bild 7.17 Komplexes FIR-Filter (Transversalfilter):

a) Modell eines komplexen FIR-Filters mit komplexen Ein- und Ausganssignalen und komplexer Impulsantwort. Gleichung (7.78) kann die Übertragungsfunktion entnommen werden.

b) Realisierung des Modells in a) mit reellen Multiplizierern. Sie ergibt sich aus der Glchg. (7.79) und ist identisch mit dem Aufbau des allg. Radarfilters in Bild 5.10.

Mit $\delta(t - nT)$ ○—● $\mathrm{e}^{-\mathrm{j}\,2\pi nTf}$ wird

$$H(f) = \sum_{n=0}^{N-1} \left\{h_\mathrm{I}(n) + \mathrm{j}\, h_\mathrm{Q}(n)\right\} \mathrm{e}^{-\mathrm{j}\,2\pi nTf} \tag{7.77}$$

und unter Benutzung der Euler-Formel

$$\boxed{\begin{aligned} H(f) \;=\; & \sum_{n=0}^{N-1} h_\mathrm{I}(n)\, \cos(2\pi nTf) + \sum_{n=0}^{N-1} h_\mathrm{Q}(n)\, \sin(2\pi nTf) \\ & +\mathrm{j} \left\{ \sum_{n=0}^{N-1} h_\mathrm{Q}(n)\, \cos(2\pi nTf) - \sum_{n=0}^{N-1} h_\mathrm{I}(n)\, \sin(2\pi nTf) \right\} \end{aligned}} \tag{7.78}$$

Beispiel:
Bei dem Dopplerfilter nach Bild 6.10 ist, wie dort gezeigt,

$$h_\mathrm{I}(n) = \cos(2\pi nTf_\mathrm{D}) \qquad \text{und} \qquad h_\mathrm{Q}(n) = \sin(2\pi nTf_\mathrm{D})$$

Setzt man diese Koeffizienten in die letzte Gleichung ein, so erhält man die Übertragungsfunktion analog zu Glchg. (6.42) als

$$H(f) = \sum_{n=0}^{N-1} \left\{ \cos\left(2\pi nT(f - f_\mathrm{D})\right) - \mathrm{j}\, \sin\left(2\pi nT(f - f_\mathrm{D})\right) \right\}$$

Sie ist in Bild 6.10 dargestellt.

Um eine Vorschrift zur Realisierung des in Bild 7.17 oben gezeigten komplexen FIR-Filters zu erhalten, berechnen wir das zeitdiskrete Ausgangssignal $g(n)$. Wir erhalten es durch eine diskrete lineare Faltung nach Glchg. (A.122) zu

$$\begin{aligned} g(n) \;&=\; h(n) * s(n) = \sum_{m=0}^{N-1} h(m)\, s(n-m) \qquad (7.79) \\ &=\; \sum_{m=0}^{N-1} \Big(h_\mathrm{I}(m) + \mathrm{j}\, h_\mathrm{Q}(m)\Big) \cdot \Big(s_\mathrm{I}(n-m) + \mathrm{j}\, s_\mathrm{Q}(n-m)\Big) \\ &=\; \sum_{m=0}^{N-1} h_\mathrm{I}(m)\, s_\mathrm{I}(n-m) - \sum_{m=0}^{N-1} h_\mathrm{Q}(m)\, s_\mathrm{Q}(n-m) \\ &\quad +\mathrm{j} \left\{ \sum_{m=0}^{N-1} h_\mathrm{I}(m)\, s_\mathrm{Q}(n-m) + \sum_{m=0}^{N-1} h_\mathrm{Q}(m)\, s_\mathrm{I}(n-m) \right\} \end{aligned}$$

Die 4 Summanden beschreiben 4 reelle Tiefpässe mit den Koeffizienten $h_\mathrm{I}(n)$ und $h_\mathrm{Q}(n)$ der Impulsantworten. Bild 7.17 zeigt unten die Realisierung des komplexen Dopplerfilters gemäß der Vorschrift Glchg. (7.79)

Realisierung eines komplexen FIR-Filters für Blockbetrieb

Praktische FIR-Filter für DFB's verwenden als Schlüsselbauelemente RAM-Speicher und reelle bzw. komplexe Multiplizierer ($\geq$ 16 Bit) oder auch programmierbare DSP-Chips (Digital Signal Processor). Es werden sowohl Festkomma- wie auch Fließkomma-Arithmetik benutzt.

Durch den Burst- oder Block-Betrieb, bei dem als Filterantwort auf N Echopulse nur ein einziges Ausgangssignal erforderlich ist, ergibt sich bei der Realisierung eine beachtliche Hardware-Ersparnis. Würde ein Filter nach Bild 7.17 unten realisiert, so wären bei $N=8$ insgesamt $8 \times 4 = 32$ reelle Multiplizierer erforderlich oder 8 komplexe. Durch den Batchbetrieb reduziert sich der Bedarf auf vier reelle oder einen komplexen. Zur Erläuterung folgt die Beschreibung einer möglichen Realisierung eines FIR-Filters für Batchbetrieb unter Verwendung eines *einzigen komplexen* Multiplizierers.

Nach Bild 7.18 werden die für eine bestimmte Entfernungszelle nacheinander im Abstand eines PRI's einlaufenden reellen und imaginären Eingangssignale $s_I(n)$ und $s_Q(n)$ – wobei $n = 0, 1, 2, \ldots, N-1$ – im komplexen Multiplizierer mit den entsprechenden reellen und imaginären Koeffizienten $h_I(N-1-n)$ und $h_Q(N-1-n)$ der Impulsantwort so verknüpft, daß die Terme

$$\begin{aligned} g_I(n) &= s_I(n)\, h_I(N-1-n) - s_Q(n)\, h_Q(N-1-n) \\ g_Q(n) &= s_I(n)\, h_Q(N-1-n) + s_Q(n)\, h_I(N-1-n) \end{aligned}$$

entstehen.

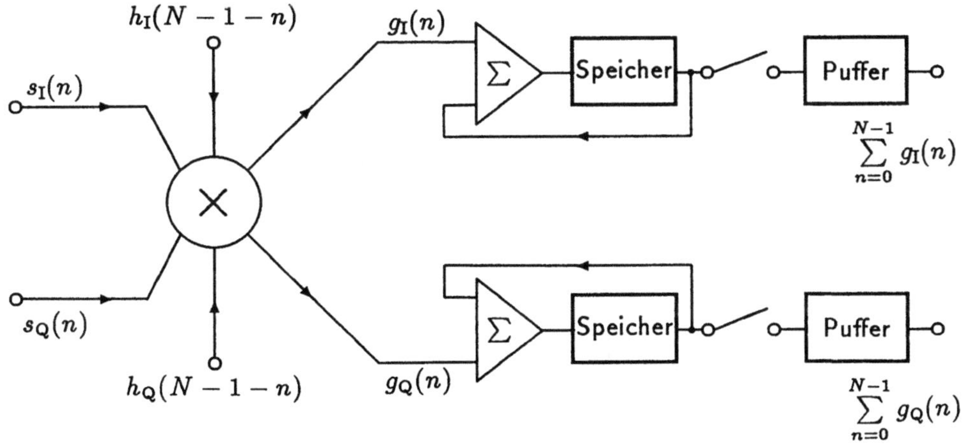

Bild 7.18 Mögliche Realisierung eines komplexen Filters für Batchbetrieb bei beliebigem N unter Verwendung eines einzigen komplexen Multiplizierers.

Bei $n=0$ sind die beiden Speicher im Bild leer und die Ergebnisse werden eingeschrieben. Für die folgende Periode werden die enstehenden Terme $g_I(1)$ und $g_Q(1)$ den abgespeicherten Ergebnissen $g_I(0)$ und $g_Q(0)$ zuaddiert und so weiter. Am Ende eines Bursts stehen dann die gewünschten Filter-Ausgangssignale $\sum_{n=0}^{N-1} g_I(n)$ und $\sum_{n=0}^{N-1} g_Q(n)$ zur Verfügung. Der geöffnete Schalter wird geschlossen und die Signale werden zur Weiterverarbeitung in die beiden Puffer übernommen und die beiden Speicher geleert. Die beschriebenen Operationen werden zeitlich unmittelbar hintereinander für jede Entfernungszelle in aufsteigender Reihenfolge durchgeführt. Zur Steigerung des Datendurchsatzes kann man bei der Filter-Realisierung von den meist „spiegelbildlichen" Übertragungsfunktionen der Dopplerfilter Gebrauch machen (die komplexen Filterkoeffizienten zweier spiegelbildlicher Filter sind bis auf das Vorzeichen des Imaginärteils identisch).

Dopplerfilterbank mit allgemeinen FIR-Filtern

Die FIR-Filter einer Dopplerfilterbank können so dimensioniert werden, daß die $M_B - 1$ Nullstellen jedes Filters derart in der z-Ebene plaziert werden, daß sich die gewünschten Amplitudengänge ergeben, insbesondere der Clutter-Sperrbereich mit ausreichender Breite und Sperrdämpfung. Andererseits lassen sich bei der Fenster-Methode (Window Method) durch Wahl einer geeigneten Wichtung der Eingangssignalfolge, wie bspw. der Tschebyscheff-Wichtung, Filter entwerfen, die im gesamten Dopplerbereich einen konstanten und hohen Seitenzipfelabstand aufweisen, der zur Bodenclutterunterdrückung ausreicht [7].

Mit den Koeffizienten $h_k(n)$ der Impulsantwort solcher Filter und den sich daraus ergebenden Elementen $w_k(n) = h_k(N-1-n)$ des Filter-Gewichtsvektors $\mathbf{w}_k$ des k-ten Dopplerfilters lassen sich die Kenngrößen I_{SNR}, I_{SCR} und I_{SIR} berechnen. Ein Filterentwurf, wie hier beschrieben, ist natürlich nicht optimal im Sinne eines Likelihood Ratio Filters oder Matched Filters. Aus diesem Grunde sollten die Kennwerte einer Likelihood Ratio Filterbank zum Vergleich herangezogen werden, um beurteilen zu können, wie weit man vom Optimum entfernt ist.

Dopplerfilterbank mit Likelihood Ratio Filtern

Nach Gleichung (6.64) ist der Vektor der Impulsantwort eines Likelihood Ratio Filters (LR-Filter)

$$\mathbf{h}_k = \mathbf{K}^{-1}\,\mathbf{s}_k = \text{const}\left[\mathbf{K}_c + \frac{1}{D_p}\mathbf{I}\right]^{-1}\mathbf{s}_k \tag{7.80}$$

Unter $\mathbf{K}$ verstehen wir hier die Kovarianzmatrix des aus Clutter und Rauschen bestehenden, resultierenden Störsignals und unter $\mathbf{K}_c$ die normierte Kovarianz-Matrix des Bodenclutters allein (sie enthält in der Hauptdiagonalen nur Einsen). $\mathbf{I}$ ist die Einheitsmatrix. Der erwartete Zielvektor $\mathbf{s}_k$ ergibt sich aus Glchg. (6.53)

$(C/N)_{max} = D_p = 58$ dB Trefferz. $M_S = 16$ Pulse/Burst $M_B = 8$

Kurve	$f_k T$ [dB]	L_{SNR} [dB]	I_{SCR} [dB]	I_{SIR} [dB]	L_{SIR} [dB]
Nr. 1	0,45	0,6	80,6	66,3	0,8
Nr. 2	0,20	4,4	66,8	61,2	5,8
Nr. 3	0,10	21,2	45,7	42,7	24,3

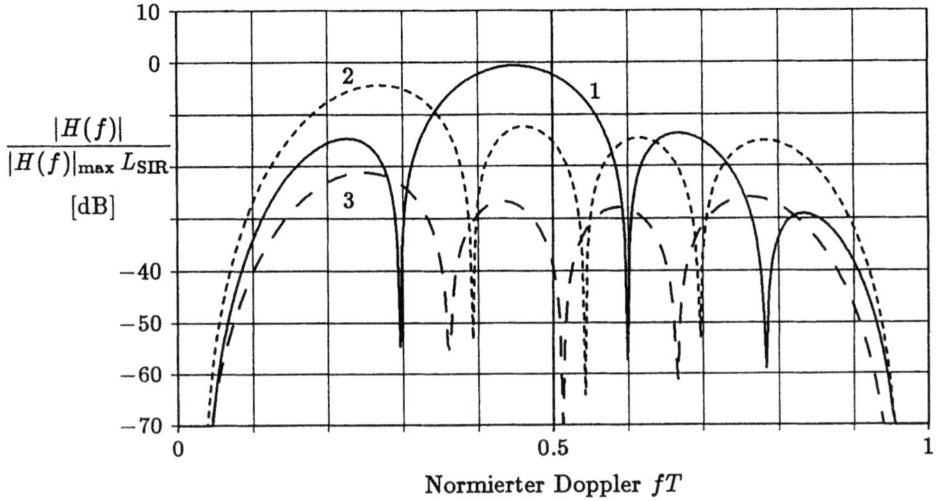

Bild 7.19 Normierter Amplitudengang und Kennwerte von LR-Filtern.
Filter 1 liegt im mittleren Bereich des PRF-Intervalles und besitzt eine Hauptkeule (Durchlaßbereich) beim erwarteten Zieldoppler (=nominale Mittenfrequenz $f_k T$). Die Filter 2 und 3 befinden sich im Randbereich des Bodenclutters, sie zeigen keine auf ihre Mittenfrequenz zentrierte Hauptkeule und das Filter 3 weist deutlich schlechtere Kennwerte als das Filter 1 auf. Sinnvollerweise kann daher nur der Dopplerbereich von etwa $fT = 0{,}25 \ldots 0{,}75$ durch Filter abgedeckt werden. Zur Orientierung: mit $M_S = 16$ ist der Bodenclutter bei $fT = 0{,}05$ auf -20 dB und bei $fT = 0{,}1$ auf -79 dB abgefallen.

mit der Dopplerfrequenz $f_D = f_k$ für den k-ten Dopplerkanal. Die Elemente der Clutter-Kovarianzmatrix erhält man aus Glchg. (7.13). Bild 7.19 zeigt drei Filter für die normierten Zieldoppler $f_k T = 0{,}45$, 0,2 und 0,1. Die Impulsantworten wurden mit Glchg. (7.80) ermittelt, die Übertragungsfunktionen mit Glchg. (7.78). Die Trefferzahl bei mechanisch rotierender Antenne mit gaußförmigem Strahlungsdiagramm ist $M_S = 16$ und die Zahl der Pulse pro Burst ist $M_B = 8$. Als Dynamikbereich D_p wurden 58 dB angenommen.

Das Filter für ein Ziel mit dem Doppler $f_k T = 0{,}45$ besitzt eine auf den Zieldoppler zentrierte „Hauptkeule" und relativ große Seitenzipfel mit nur etwa 13 dB Abstand zur Hauptkeule (Rechteckwichtung). Die beiden anderen Filter mit ihren Zieldopplern von $f_k T = 0{,}2$ bzw. 0,1 liegen bereits im Randbereich des Bodenclutters und zeigen keine Hauptkeule mit einem Maximum bei den entsprechenden Zieldopplern. Denn die Filter müssen dort schon anfangen zu sperren. Sie versuchen daher, soviel wie möglich Signalleistung aus dem Bereich der Nebenzipfel des Signalspektrums „herauszuholen" (denn infolge der Rechteckfensterung durch das CPI weist das Signalspektrum ausgeprägte Seitenzipfel aus).

In der Praxis setzt man Filter in den Randbereichen nicht ein, sie werden hier nur gezeigt, um die Arbeitsweise des LR-Filters zu verdeutlichen. Die erreichbaren Verbesserungen I_{SCR} und I_{SIR} sind im Bild angegeben, ebenso die SNR-Verluste L_{SNR} und SIR-Verluste L_{SIR} der Filter. Alle Werte gelten für die angegebenen, nominellen Mittenfrequenzen der Filter.

Der SNR-Verlust L_{SNR} ist stets bezogen auf die bei idealer kohärenter Integration von $N = M_B$ Pulsen erreichbare Verbesserung $I_{SNR} = M_B$, der SIR-Verlust L_{SIR} auf die in der Mitte des PRF-Intervalles maximal erreichbare Verbesserung $I_{SIR} = (C/N)_{max} \cdot M_B = D_p \cdot M_B$.

Theoretisch würde man für eine vollständige LR-Filterbank unendlich viele Filter benötigen. Berechnet man für eine sehr große Zahl von Filtern die erzielbare Verbesserung I_{SIR} im Signal-zu-Stör-Verhältnis, so erhält man die in Bild 7.20 gezeigte Kurve $(M_B/M_S =) 8/16$. Im mittleren Frequenzbereich ist $I_{SIR,max} =$ 66,3 dB und $\overline{I_{SIR}}$ wird 63,6 dB.

Die anderen Kurven geben Aufschluß über den I_{SIR}-Verlauf für andere Werte M_B der Zahl der Pulse pro Burst und andere Trefferzahlen M_S. Man erkennt einerseits, daß I_{SIR} und der Durchlaßbereich für $M_B = 16$ und $M_S = 32$ sehr groß werden, und daß sie andererseits für $M_B = 3$ ($\approx$ Doppel-MTI) stark schrumpfen. Allerdings darf man nicht vergessen, daß mit $M_B = 3$ und $M_S = 16$ etwa $16/3 \approx 5$ Pulse zur nichtkohärenten Nachintegration zur Verfügung stehen. Durch sie läßt sich die Performance-Einbuße gegenüber den Sendesignalen mit $M_B > 3$ um mehrere dB verringern.

Bei Radaren mit Step-Scan-Betrieb, die also nicht mit kontinuierlich drehender Antenne arbeiten, kann man bei der Berechnug solcher Kurven eine fiktive Trefferzahl aufgrund der internen Clutterfluktuation zugrundelegen. Man ermittelt mit den Angaben aus Tabelle 7.1 und mit Glchg. (7.6) die Größe σ_f und dann die Trefferzahl als $M_S = 0{,}265/\sigma_f T$.

In der Praxis kommt man mit einer endlichen Zahl von Filtern aus, die sich ausreichend überlappen müssen. Dadurch wird der Dopplerbereich gewissermaßen quantisiert. Der SNR- oder S/N-Verlust, der durch diese Quantisierung, also die nicht beliebig gute Überlappung, auftritt, wird als Quantisierungsverlust-Doppler $L_{quant,D}$ (engl. Filter Spacing Loss oder Filter Straddling Loss) bezeichnet, man vergleiche auch Abschnitt 4.3.

Man wählt die Zahl der Filter etwa gleich der Zahl M_B der Pulse pro Burst. Mehr Filter lohnen meist den Aufwand nicht, weniger Filter lassen den Quantisierungsverlust-Doppler zu stark ansteigen.

Ein großer Nachteil der LR-Filter wie bspw. des Filters bei der Frequenz $f_k T = 0{,}45$ in Bild 7.19 ist der geringe Seitenzipfelabstand von nur etwa 13 dB relativ zur Hauptkeule. In vielen Anwendungsfällen kann Regenclutter in

Kurve	M_B	M_S	$I_{SIR,max}$ [dB]	$\overline{I_{SIR}}$ [dB]
3/16	3	16	48,2	43,9
5/16	5	16	63,6	59,3
8/16	8	16	66,3	63,6
8/32	8	32	66,6	64,5
16/32	16	32	69,9	68,5

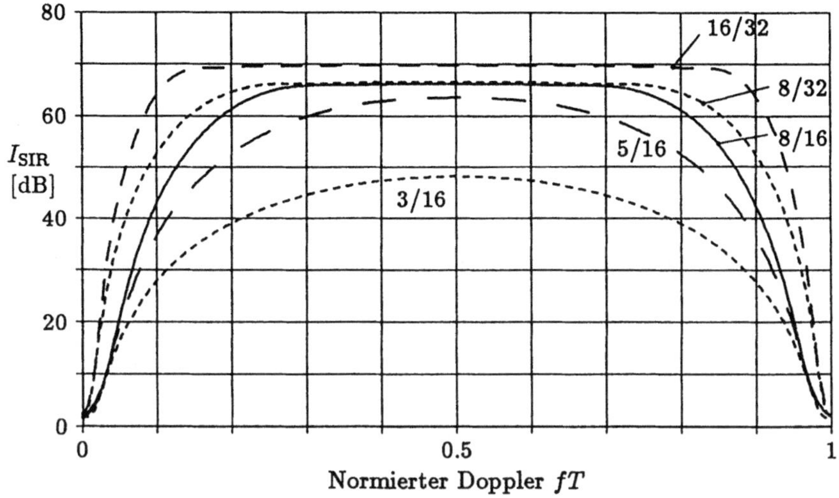

Bild 7.20 Maximal erreichbare Signal-zu-Stör-Verbesserung I_{SIR} als Funktion der Frequenz mit der Zahl M_B der Pulse/Burst und der Trefferzahl M_S als Parameter. Der Dynamikbereich wurde zu $D_p = (C/N)_{max} = 58$ dB angenommen.

den gesamten Seitenzipfelbereich fallen. Dadurch wird möglicherweise ein Nutzziel im Durchlaßbereich (Hauptkeule) des Filters maskiert. Wir müssen daher den Seitenzipfelabstand vergrößern.

Modifizierte Likelihood Ratio-Dopplerfilterbank

In der Clutter-Kovarianzmatrix haben wir nur Bodenclutter berücksichtigt. Da uns die Eigenschaften von Regenclutter im voraus unbekannt sind, können wir ihn nicht in die Kovarianz-Matrix aufnehmen. Wir gehen aber davon aus, daß Regenclutter im gesamten PRF-Intervall auftreten kann. Unsere Forderung an ein modifiziertes LR-Filter ist dann: es soll erstens um die Filter-Mittenfrequenz (erwarteter Zieldoppler) herum gut durchlässig sein, soll zweitens im Bereich des Bodenclutters extrem sperren und soll drittens im übrigen Dopplerbereich so undurchlässig sein, wie es die ersten beiden Bedingungen zulassen. Das läuft im wesentlichen auf eine Vergrößerung des Seitenzipfelabstandes relativ zur Hauptkeule des Filters hinaus. Wie üblich, erhält man eine Seitenzipfelreduktion durch

Wichtung der Signalfolge, in unserem Falle durch Einführung einer Wichtungsmatrix **V** in Glchg. (6.64) [15]. Es wird dann aus Glchg. (7.80) mit const = 1

$$\boxed{\mathbf{h}_\mathrm{k} = \left[\mathbf{K}_\mathrm{c} + \frac{1}{g}\mathbf{I}\right]^{-1} \cdot \mathbf{V} \cdot \mathbf{s}_\mathrm{k}} \tag{7.81}$$

mit

$$\mathbf{V} = \begin{bmatrix} v(0) & 0 & \cdots & 0 \\ 0 & v(1) & \cdots & 0 \\ \vdots & \vdots & \ddots & \vdots \\ 0 & 0 & \cdots & v(N-1) \end{bmatrix} \tag{7.82}$$

Die Wichtungsmatrix **V** enthält in der Diagonalen die Wichtungsfolge $v(n)$, die wir zum Wichtungsvektor **v** zusammenfassen können. Der Faktor g hat hier die Stelle von $(C/N)_{\mathrm{ein,max}} = D_\mathrm{p}$ in Glchg. (7.80) eingenommen. Infolge der eingeführten Wichtung mit **V** muß im allgemeinen $g \ll (C/N)_{\mathrm{ein,max}} = D_\mathrm{p}$ gewählt werden, sonst bekommt man unbefriedigende Übertragungsfunktionen. Die weiter unten berechneten Filter werden die erforderlichen Werte von g zeigen.

Bekanntlich erhält man Wichtungsfolgen z. B. durch Abtastung geeigneter analoger Fensterfunktionen. Bei einer kleinen Zahl $N = M_\mathrm{B} \leq 16$ der zu integrierenden Pulse ist es wichtig, die Fensterfunktion in der Mitte der Inkremente abzutasten [16], in welche die Dauer der Funktion unterteilt wird. Man erreicht damit eine größere Nebenzipfelabsenkung als bei Abtastung am Anfang des Inkrementes. Verwendet man z. B. eine Hamming-Wichtung, so ergibt sich die Wichtungsfolge aus der bekannten Hamming-Formel durch Verschieben um $1/(2N)$ zu

$$g(n) = 0{,}54 + 0{,}46 \cos\left(2\pi\left(\frac{n}{N} + \frac{1}{2N} - \frac{1}{2}\right)\right) \qquad 0 \leq n \leq N-1 \tag{7.83}$$

Jede Wichtung verursacht unvermeidbar einen SNR-Verlust, bezeichnet als Wichtungsverlust, da die Hauptkeule des Filters breiter als die Hauptkeule des Signalspektrums wird und das Filter daher zusätzliche Rauschleistung aufnimmt. Die Hamming-Wichtung vergrößert den Seitenzipfelabstand auf etwa 41 dB, was mit einem SNR-Verlust von etwa 1,4 dB bezahlt werden muß.

Für einen allgemeinen Filterentwurf wünschen wir uns jedoch eine variable Wichtung, bei der man nahezu beliebig Seitenzipfelabstand gegen Wichtungs-SNR-Verlust eintauschen kann, unter der Nebenbedingung einer angenäherten Minimierung des Verlustes. *Rohling* und *Schürmann* haben eine solche Wichtung angegeben [16]. Sie leitet sich aus einem Optimierungskriterium in Form eines Rayleigh-Quotienten ab:

$$\frac{\mathbf{v}^\mathrm{T}\,\mathbf{Q}_\alpha\,\mathbf{v}}{\mathbf{v}^\mathrm{T}\,\mathbf{v}} \longrightarrow \text{Maximum} \tag{7.84}$$

Dabei ist $\mathbf{v}^{\mathrm{T}} = [v_0, v_1, \ldots, v_{N-1}]$, der gesuchte Wichtungsvektor. $\mathbf{Q}_\alpha$ ist eine symmetrische Toeplitzmatrix mit den Elementen

$$q_{lm} = \begin{cases} 2\alpha & \text{für } l = m \\ \dfrac{\sin\left(2\pi\alpha(l-m)\right)}{\pi(l-m)} & \text{für } l \neq m \end{cases} \tag{7.85}$$

wobei $l, m = 0, 1, \ldots, N-1$ und $-0{,}5 \leq \alpha \leq 0{,}5$.

Man erhält den gesuchten Wichtungsvektor $\mathbf{v}$ als denjenigen Eigenvektor der Matrix $\mathbf{Q}_\alpha$, der zum maximalen Eigenwert der Matrix gehört. Über den Parameter α oder auch $\alpha' = \alpha N$ läßt sich Seitenzipfelabstand gegen SNR-Verlust eintauschen.

Bild 7.21 kann man den Parameter α' für einen vorgegebenen Seitenzipfelabstand und den sich daraus zwangsläufig ergebenden Wichtungsverlust entnehmen, und zwar für $N = 5$, 8 und 16. Für andere Werte von N läßt sich α' grob abschätzen. Allerdings gelten diese Werte für α' exakt nur für LR-Filter gegen weißes Rauschen ($(C/N) \ll 1$; man beachte, daß N hier die Rauschleistung beschreibt). Für den Filterentwurf bei $(C/N) \gg 1$, der uns hier interessiert, stellen sich für den Seitenzipfelabstand und den SNR-Verlust etwas andere Werte ein, besonders bei Filtern im Randbereich des Bodenclutterspektrums. Trotzdem geht man für den iterativen Filterentwurf von dem Bild 7.21 entnommenen α'

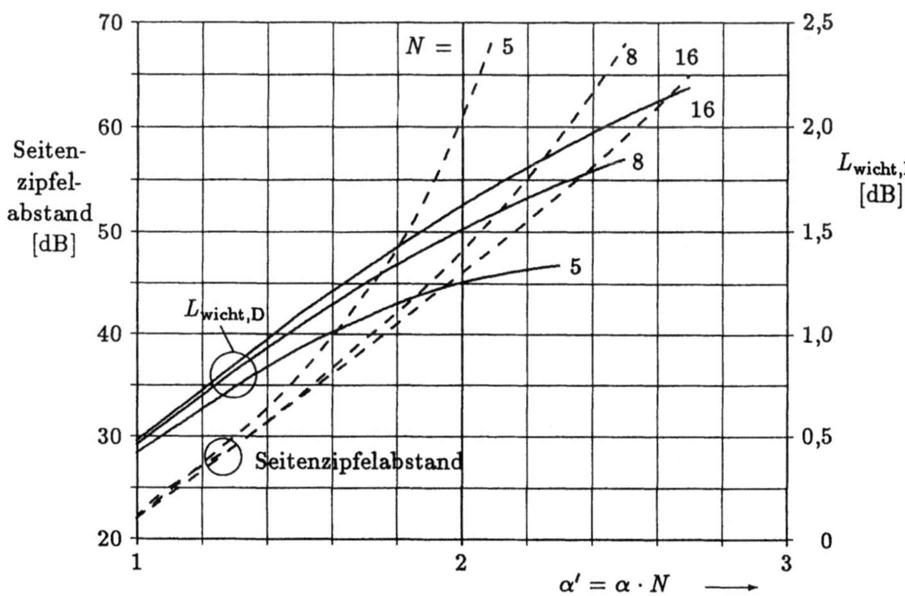

Bild 7.21 Seitenzipfelabstand und Wichtungsverlust-Doppler $L_{\text{wicht,D}}$ als Funktion des Parameters $\alpha' = \alpha \cdot N$ bei den für kleine N konzipierten Fensterfunktionen gemäß Gleichung (7.84) nach *Rohling/Schürmann* [16].

aus. Dabei ist es zweckmäßig, ein Programm zu verwenden, das nach Eingabe aller Parameter zunächst den Wichtungsvektor **v** berechnet und dann den Vektor der Impulsantwort nach Glchg. (7.81). Damit läßt sich der Amplitudengang $|H(f)|$ nach Glchg. (7.78) auf einem Monitor anzeigen und begutachten, gleichzeitig können die nach den Glchgn. (7.69), (7.70) und (7.72) oder auch (7.24) berechneten Kennwerte $I_{\rm SNR}$, $I_{\rm SCR}$ und $I_{\rm SIR}$ angezeigt werden.

Entwurfsparameter für das Filter und damit Eingabeparameter sind:

1. Trefferzahl $M_{\rm S}$ oder spektrale Clutterbreite $\sigma_f T$.
2. Clutterdoppler $f_{\rm c}$.
3. Zieldoppler $f_{\rm D}$ (nominale Filtermittenfrequenz).
4. Zahl $M_{\rm B}$ der Pulse pro Burst.
5. Faktor g in Glchg. (7.81).
6. Größe α' zur Berechnung des Wichtungsvektors. Der Startwert wird Bild 7.21 entnommen.

Zur Berechnung von $I_{\rm SIR}$ muß noch der Dynamikbereich $D_{\rm p} = (C/N)_{\rm ein,max}$ eingegeben werden.

Ein solches Programm für den Filterentwurf, z.B. in Pascal unter Verwendung zahlreicher mathematischer Routinen für komplexe Matrix-Algebra geschrieben, liefert auf einem für numerische Rechnungen gut ausgestatteten Rechner (zum Beispiel auch einem PC) den Amplitudengang $|H(f)|$ und alle Kennwerte des Filters für $N \leq 16$ in weniger als einer Minute. Man startet den Filterentwurf mit einem Bild 7.21 entnommenen Wert für α' und einem Wert für g von etwa 20 dB. Das endgültige Filter ergibt sich iterativ durch Ändern von α' und g sowie – bei den Filtern im Randbereich des Bodenclutters – auch durch geringfügiges Ändern der nominalen Filter-Mittenfrequenz.

Beispiel einer Dopplerfilterbank mit modifizierten Likelihood Ratio Filtern

Wir gehen von dem in Abschnitt 4.5 entworfenen Mittelbereichsradar mit einer instrumentierten Reichweite von 300 km aus, dessen Daten in den Tabellen 4.1 und 4.3 zusammengefaßt sind. Das Sendesignal sieht 2 Bursts pro Beambreite vor, jeder Burst hat $M_{\rm B}' = 9$ Pulse, davon ist der erste ein Clutterfüllpuls, um Überreichweitenclutter unterdrücken zu können. Die Zahl der verarbeitbaren Pulse beträgt dann $M_{\rm B} = 8$. Der A/D-Umsetzer besitze 12 Bit einschließlich Vorzeichen, das Systemrauschen sei auf $m = 1{,}8$ Umsetzer-Inkremente eingestellt. Nach Glchg. (5.59) wird der Dynamikbereich dann $D_{\rm p} = 58$ dB. Da das Clutterspektrum und damit der notwendige Sperrbereich relativ breit sind, verwenden wir zwei gegenüber der Frequenz null um $fT = \pm 0{,}09$ versetzte „Nullfilter“ zur

Filter Nr.	$f_k T$	M_S	M_B	α'	g	D_p	I_{SNR}	L_{SNR}	I_{SCR}	I_{SIR}	L_{SIR}
					(alle Werte in dB)						
0	0.090	16	8	1,8	−100	58	7,69	1,34	3,6	3,6	63,4

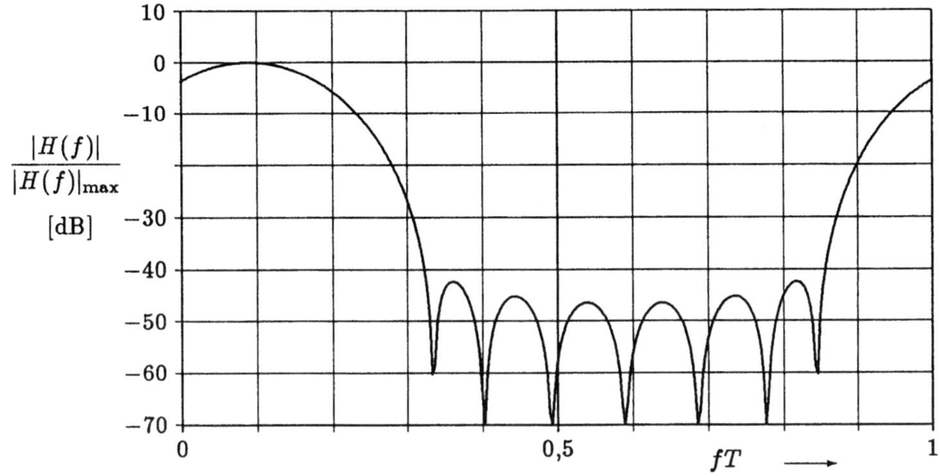

Filter Nr.	$f_k T$	M_S	M_B	α'	g	D_p	I_{SNR}	L_{SNR}	I_{SCR}	I_{SIR}	L_{SIR}
					(alle Werte in dB)						
1	0.270	16	8	1,5	30	58	8,06	0,97	60,1	59,2	7,9

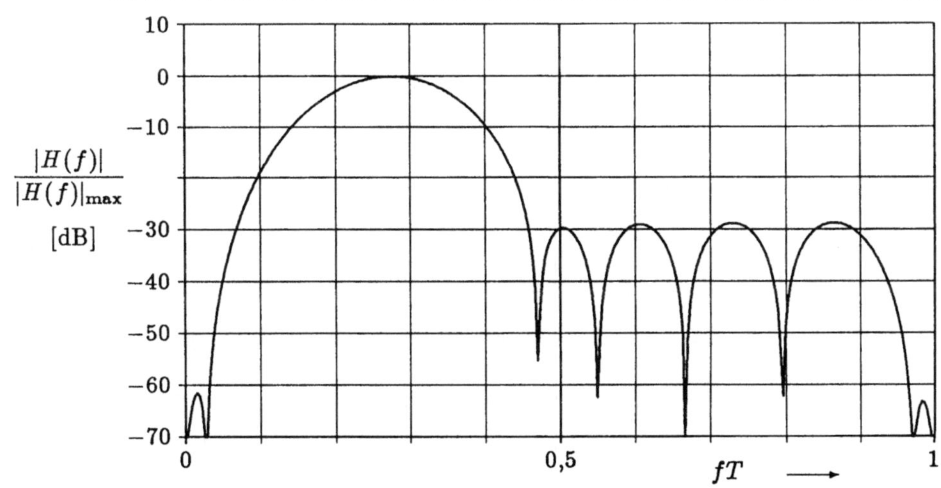

Bild 7.22 Filter einer Dopplerfilterbank mit 8 Filtern:
Oben: Filter Nr. 0 (erstes „Nullfilter", das zweite ergibt sich durch Spiegelung an $fT=0$, besitzt also eine Mittenfrequenz von $f_kT=-0{,}09$ bzw. 0,91).
Unten: Filter Nr. 1.
f_kT ist die normierte nominale Mittenfrequenz des k-ten Filters.

Filter Nr.	$f_k T$	M_S	M_B	α'	g	D_p	I_{SNR}	L_{SNR}	I_{SCR}	I_{SIR}	L_{SIR}
					(alle Werte in dB)						
2	0.350	16	8	2,0	25	58	7,51	1,52	75,7	65,1	1,9

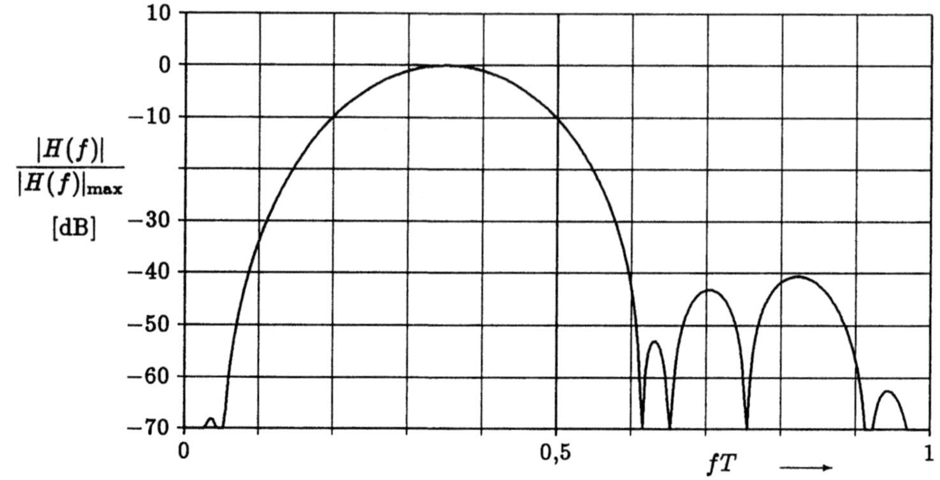

Filter Nr.	$f_k T$	M_S	M_B	α'	g	D_p	I_{SNR}	L_{SNR}	I_{SCR}	I_{SIR}	L_{SIR}
					(alle Werte in dB)						
3	0.450	16	8	2,0	22	58	7,50	1,53	75,7	65,1	1,9

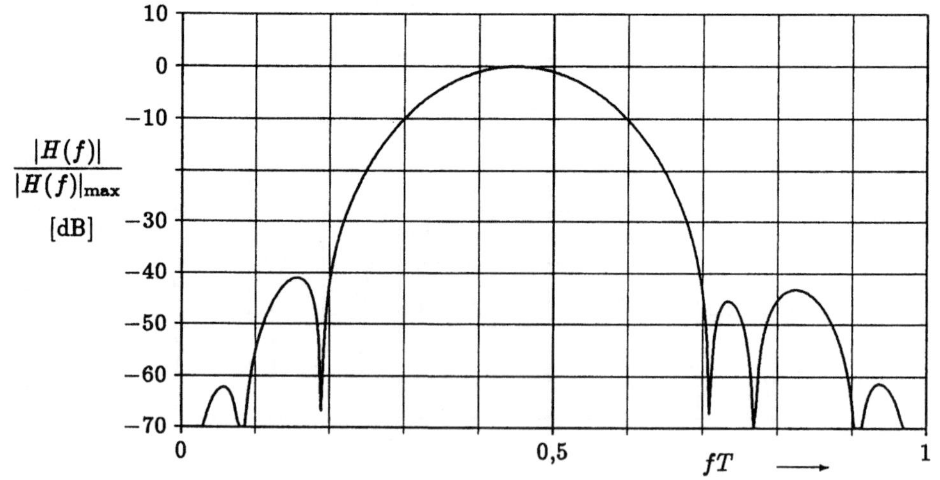

Bild 7.23 Filter einer Dopplerfilterbank mit 8 Filtern:
Oben: Filter Nr. 2.
Unten: Filter Nr. 3.
$f_k T$ ist die normierte nominale Mittenfrequenz des k-ten Filters.

Zielentdeckung in diesem Dopplerbereich. Die Filter werden auch zur Speisung der Bodenclutterkarte verwendet. Eine Zielentdeckung mit diesen Nullfiltern ist möglich, wenn entweder kein Clutter in dem momentan ausgeleuchteten Gebiet vorhanden ist oder wenn die Zielamplitude merklich größer als die Clutteramplitude ist (Superclutter Visibility). Da für die Filterbank insgesamt $M_B = 8$ Filter erforderlich sind, bleiben für den mittleren Bereich des PRF-Intervalles 6 Filter übrig, drei davon im Bereich $fT < 0,5$. Die restlichen drei sind Filter „gespiegelt" an der Frequenz $fT = 0,5$, ihre Kennwerte sind mit Ausnahme der Mittenfrequenzen identisch mit denen der ersten 3 Filter.

Wir wählen – der Konvention folgend – für die Darstellung der Filter den auf das Pulswiederholintervall T normierten Frequenzbereich $0 \leq fT \leq 1$. Physikalisch sinnvoller wäre der Bereich $-0,5 < fT < 0,5$.

Bild 7.22 zeigt oben als Filter Nr. 0 eines der beiden Nullfilter und unten Filter Nr. 1, Bild 7.23 die Filter Nr. 2 und Nr. 3. Gleichzeitig sind alle Kenngrößen angegeben. Die Entwurfs-Zielwerte für diese Kenngrößen hängen entscheidend von den Anforderungen an das Radar und von der spezifizierten Clutterumgebung ab, die hier angestrebten sind nicht allgemeingültig.

Bei Filter Nr. 1 liegt das Maximum des Amplitudengangs schon etwas oberhalb der nominalen Mittenfrequenz von $f_k T = 0,27$. Ein $\alpha' > 1,5$ brachte kein besseres Seitenzipfelverhalten und ein $g > 30\,\text{dB}$ ließ zwar I_{SCR} und damit I_{SIR} etwas ansteigen, dafür wurde aber das Seitenzipfelverhalten deutlich schlechter.

7.11 Dopplerfilterbank mit FFT (DFT)

Prinzipiell führt eine FFT oder DFT eine Spektralanalyse eines abgetasteten, also zeitdiskreten Signals durch. Das Spektrum des Eingangssignals ist immer kontinuierlich und wegen der Abtastung periodisch. Eine DFT ist nun nichts anderes als ein ***Abtaster im Frequenzbereich***, der bei N zugeführten Abtastwerten im Zeitbereich N Abtastwerte des zugehörigen Spektrums ausgibt.

Das Eingangssignal wird, wie in Bild 7.24 gezeigt, stets mit einer Fensterfunktion (Wichtungsfunktion) multipliziert, im einfachsten Falle mit einer Rechteckfunktion, um eine Signalfolge *endlicher* Dauer zu erhalten. Nur eine solche kann von der DFT verarbeitet werden. Der Multiplikation des Signals mit der Fensterfunktion entspricht im Frequenzbereich die Faltung des Signalspektrums mit dem Spektrum der Fensterfunktion. Das resultierende Spektrum weicht mehr oder weniger stark von dem zu analysierenden Signalspektrum ab. Es ist dieses etwas verfälschte und kontinuierliche Spektrum, von dem die DFT Abtastwerte ausgibt. Bild 7.24 veranschaulicht diesen Sachverhalt.

Das Bild zeigt als Eingangssignal die Gaußkeule eines Zielspektrums im fundamentalen Dopplerintervall. Die Trefferzahl M_S soll deutlich größer als die Zahl $M_B = N$ der Pulse pro Burst sein. Die Fensterfunktion läßt nur N Echos passieren. Das Spektrum am Ausgang der Fensterung oder Wichtung wird dadurch verbreitert, außerdem werden die Seitenzipfel des Fensterspektrums gewissermaßen über die Faltung auf das Signalspektrum „übertragen“. Die DFT tastet dieses verfälschte Signalspektrum ab und gibt N spektrale Abtastwerte aus. Durch geeignete Fensterfunktionen (Dauer, Form) versucht man die Verfälschung des Signalspektrums auf ein verträgliches Maß zu reduzieren.

Wir bezeichnen den k-ten spektralen Abtastwert, den die DFT ausgibt, mit $S(k)$. Nach Glchg. (A.111) für die DFT ergibt er sich mit der Wichtungsfolge $v(n)$ zu[4]

$$S(k) = \sum_{n=0}^{N-1} \left\{ s(n) \cdot v(n) \right\} \mathrm{e}^{-\mathrm{j} \frac{2\pi}{N} nk} \tag{7.86}$$

Um die *Gleichwertigkeit von DFT und einer Bank paralleler FIR-Filter* aufzuzeigen, betrachten wir jetzt ein solches FIR-Filter. Wir ordnen diesem Filter einen

[4]Wir können die Tilden von Glchg. (A.111) hier weglassen. Sie sollten dort nur verdeutlichen, daß die über eine DFT verknüpften, diskreten Zeit- und Spektralfunktionen stets periodisch sind. Da wir uns bei Anwendungen immer nur für die Grundperiode interessieren, sind die Tilden im folgenden ohne Belang.

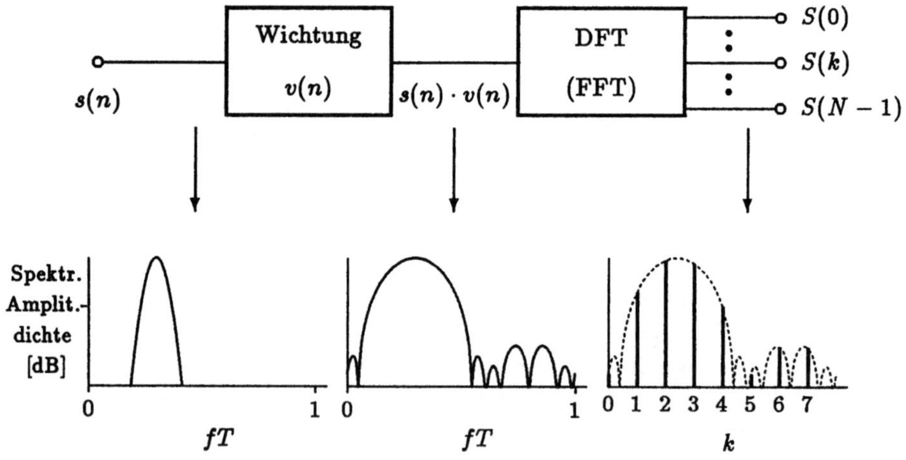

Bild 7.24 Interpretation der FFT als 1. spektraler Abtaster und als 2. Filterbank. Durch die Wichtung wird das zu analysierende Spektrum der Eingangsfolge $s(n)$ (links) mit dem Spektrum der Wichtungsfunktion gefaltet. Als unvermeidbare Konsequenz entsteht ein verbreitertes Spektrum mit Seitenzipfeln (Mitte). *Die DFT oder FFT ist nun weiter nichts als ein spektraler Abtaster, der N Abtastwerte des mehr oder weniger verfälschten Spektrums ausgibt* (rechts). Im Bild ist $N = 8$.
Man kann zeigen: aufeinanderfolgende *spektrale* Abtastwerte des k-ten Kanals sind identisch mit aufeinanderfolgenden *zeitlichen* Abtastwerten des Ausgangssignals eines Filters, das durch den k-ten Kanal der FFT gebildet wird (s. Kasten nächste Seite).

Gewichtsvektor mit den Elementen

$$w_k(n) = v(n)\,\mathrm{e}^{-\mathrm{j}\,\frac{2\pi}{N}nk} \qquad n,k = 0,1,\ldots,N-1 \tag{7.87}$$

zu. Diese Elemente entsprechen den gespiegelten Elementen des Vektors der Impulsantwort des Filters:

$$w_k(n) = h_k(N-1-n) \tag{7.88}$$

Ist das FIR-Filter mit einer Signalfolge $s(n)$ „geladen", so ist sein Ausgangssignal

$$g_k(n) = \sum_{n=0}^{N-1} s(n)\,w_k(n) = \sum_{n=0}^{N-1} s(n)\,v(n)\,\mathrm{e}^{-\mathrm{j}\,\frac{2\pi}{N}nk} \tag{7.89}$$

Ein Vergleich mit dem Ausgangssignal (7.86) der DFT zeigt, daß beide Signale identisch sind. Der k-te „Kanal" einer DFT liefert also dasselbe Ausgangssignal wie ein FIR-Filter mit der Impulsantwort

$$h_{k,\mathrm{DFT}}(t) = \sum_{n=0}^{N-1} v(N-1-n)\,\mathrm{e}^{-\mathrm{j}\,\frac{2\pi}{N}(N-1-n)k}\,\delta(t-nT) \tag{7.90}$$

Denken wir uns jetzt den ältesten Abtastwert der Signalfolge aus dem FIR-Filter hinausgeschoben, sodann einen neuen Signalwert nachgeschoben und gleichzeitig auch die DFT von diesem aufgefrischten Signalsatz genommen, so entspricht der neue spektrale Abtastwert $S(k)$ der DFT wieder dem entsprechenden Ausgangssignal des FIR-Filters. Man erkennt folgenden Zusammenhang:

> Aufeinanderfolgende spektrale Abtastwerte im k-ten Kanal der DFT – berechnet für laufend zugeführte Signalsätze der Länge N – sind identisch mit aufeinanderfolgenden Abtastwerten am Ausgang eines FIR-Filters im Zeitbereich. Den N Kanälen der DFT entspricht also eine Bank von N parallelen FIR-Filtern.

Damit ist die oft gestellte Frage beantwortet, wie man bei einer DFT-Filterbank, bei der man ja in den Frequenzbereich transformiert, wieder in den Zeitbereich zurückkommt: eine Rücktransformation ist nicht erforderlich, sie stellt sich gewissermaßen von selbst ein.

Man unterscheidet bei der DFT und bei FIR-Filtern zwischen gleitender und springender (engl. hopping) Arbeitsweise. Bei ersterer werden für jeden neu eingetroffenen Signalwert die N Ausgangssignale der DFT und die der N parallelen FIR-Filter aus den *jüngsten* N Eingangssignalen berechnet. Bei der uns interessierenden springenden Arbeitsweise (Block- oder Batchbetrieb) werden nach Ausgabe der Signale der DFT und der FIR-Filter alle N jüngsten Eingangssignale entfernt und ein komplett neuer Satz von N Eingangssginalen wird eingelesen, bevor neue Ausgangssignale berechnet werden. Das sogenannte Hop-Intervall ist hier N, bei der gleitenden Arbeitsweise ist es eins. Zwischenformen in Form einer überlappenden Arbeitsweise sind möglich.

Mit Hilfe der Glchgn. (7.77) und (7.90) erhält man die Übertragungsfunktion des k-ten Kanals der DFT zu

$$H_{\mathrm{k,DFT}}(f) = \sum_{n=0}^{N-1} v(N-1-n)\, \mathrm{e}^{-\mathrm{j}\frac{2\pi}{N}k(N-1-n)}\, \mathrm{e}^{-\mathrm{j}\,2\pi nTf} \tag{7.91}$$

Man kann das umschreiben in

$$H_{\mathrm{k,DFT}}(f) = \mathrm{e}^{\mathrm{j}\frac{2\pi k}{N}} \sum_{n=0}^{N-1} v(N-1-n)\; \mathrm{e}^{-\mathrm{j}\,2\pi nT\left(f-\frac{k}{NT}\right)} \tag{7.92}$$

Lassen wir den meist uninteressanten Phasenfaktor weg, so wird die Übertragungsfunktion des k-ten Kanals einer DFT mit $k=0,1,\ldots,N-1$

$$\boxed{\begin{aligned} H_{\mathrm{k,DFT}}(f) \;=\; & \sum_{n=0}^{N-1} v(N-1-n)\cdot\left\{\cos\left(2\pi nT\left(f-\frac{k}{NT}\right)\right)\right. \\ & \left. -\,\mathrm{j}\,\sin\left(2\pi nT\left(f-\frac{k}{NT}\right)\right)\right\} \end{aligned}} \tag{7.93}$$

Legen wir eine Rechteck-Fensterfunktion zugrunde und setzen $k/(NT)=f_{\mathrm{D}}$, so erhalten wir die Übertragungsfunktion des in Bild 6.10 angegebenen Dopplerfilters oder kohärenten Integrators, s. Glchg. (6.41):

$$H(f) = H_{\mathrm{k,DFT}}(f) = \sum_{n=0}^{N-1} \left\{\cos\left(2\pi nT(f-f_{\mathrm{D}})\right) - \mathrm{j}\,\sin\left(2\pi nT(f-f_{\mathrm{D}})\right)\right\}$$

Man kann der Beziehung (7.93) für die Übertragungsfunktionen der N Dopplerkanäle oder Dopplerfilter der DFT entnehmen, daß die Filter einen gegenseitigen normierten Frequenzabstand von $\Delta fT=1/N$ besitzen. Er kann nicht verändert werden. Weiterhin sind die Amplitudengänge $|H_{\mathrm{k,DFT}}(f)|$ aller Filter identisch. Im Gegensatz zu einer FIR-Filterbank ist daher eine selektive Manipulation am Amplitudengang nur eines Filters nicht möglich. Auch kann mit einer DFT eine LR-Filterbank nicht realisiert werden, da die Koeffizienten der Impulsantwort durch Glchg. (7.90) vorgegeben sind und sich nicht entsprechend Glchg. (7.81) einstellen lassen.

Für die Wichtungsfolge $v(n)$ kann man bei kleinem N neben den bekannten Wichtungen (Hamming, Tschebyscheff usw.) auch solche verwenden, die aus der Beziehung (7.84) gewonnen wurden, wobei man Bild 7.21 heranziehen kann, um mit Hilfe des gewünschten Seitenzipfelabstandes die Größe α' und den Wichtungs-SNR-Verlust zu finden.

Zur Bodenclutterunterdrückung ist in vielen Fällen der Seitenzipfelpegel im spektralen Bereich des Bodenclutterspektrums zu hoch. Man schaltet der DFT daher meist ein Doppel-MTI vor, das die Bodenclutterunterdrückung übernimmt und die Seitenzipfelanforderungen reduziert. Zu beachten ist, daß beim Doppel-MTI zwei Clutterfüllpulse eingeführt werden müssen, unabhängig von evtl. weiteren Clutterfüllpulsen zur Unterdrückung von Überreichweitenclutter. Erst nachdem das MTI-Filter eingeschwungen ist, dürfen seine Ausgangssignale durch die DFT verarbeitet werden, sonst reduziert sich die Clutterunterdrückung beträchtlich.

Zur Realisierung einer DFT bietet sich natürlich der effizientere FFT-Algorithmus an, seine Systemeigenschaften sind identisch mit denen der DFT, wie eingangs bereits erwähnt. Mögliche Architekturen der FFT finden sich in Textbüchern über Digitale Signalverarbeitung.

Die Übertragungsfunktion für den k-ten Dopplerkanal der Kaskade MTI-DFT ist mit Glchg. (7.92) (bei Weglassen des uninteressanten Phasenfaktors)

$$H_{\mathrm{k,MTI+DFT}}(f) = H_{\mathrm{MTI}}(f) \cdot \sum_{n=0}^{N-1} v(N-1-n)\,\mathrm{e}^{-\mathrm{j}\,2\pi n T\left(f-\frac{k}{NT}\right)} \tag{7.94}$$

Zur Berechnung der Kennwerte I_{SNR} und I_{SCR} verwendet man zweckmäßigerweise die Beziehungen (7.73), (7.74), (7.75) und (7.94). I_{SIR} erhält man danach aus Glchg. (7.24).

Es sei noch darauf hingewiesen, daß – wegen des MTI-Amplitudenganges – bei den Filtern nahe dem Clutterspektrum größere Seitenzipfel als bei den mittleren Filtern unvermeidbar sind.

7.12 SIR-Improvement-Bilanz und SCV eines MTD-Radars

Zielentdeckung im Rauschen: SNR-Verlust-Bilanz

Die Berechnung der Reichweite mit Hilfe der Radargleichung geht immer von der Situation „Ziel im clutterfreien Gebiet, d. h. Ziel im Rauschen“ aus. Beim MTI-Radar gehen daher die Eigenschaften des MTI-Kanals (Dopplerfilter) nicht in die übliche Reichweitenrechnung ein, nur die des Normalvideo-Kanals. Das ist beim MTD-Radar anders, hier durchläuft ein Echo immer ein einzelnes oder mehrere benachbarte Dopplerfilter. Beim Auftreten von Bodenclutter werden die Entdeckungsschwellen, vor allem in den Nullfiltern, automatisch hochgefahren.

Zur Berechnung der Reichweite mittels Radargleichung benötigen wir die durch die Dopplerfilterbank hervorgerufenen Verluste im Signal-zu-Rausch-

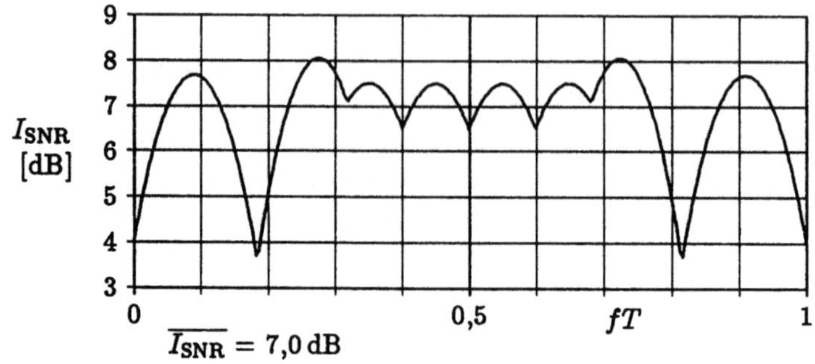

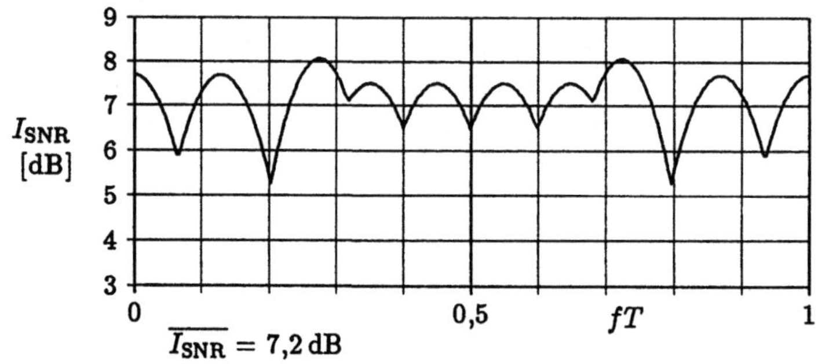

Bild 7.25 Signal-zu-Rausch-Verbesserung I_{SNR} als Funktion der Frequenz.
Oben: Dopplerfilterbank mit den Filtern der Bilder 7.22 und 7.23. Die Summe von Wichtungsverlust-Doppler $L_{wicht,D}$ und Quantisierungsverlust-Doppler $L_{quant,D}$ ist (10 log 8 – 7,0)dB = 2,0 dB.
Unten: Filterbank mit einem zusätzlichen Nullfilter. Die mittlere SNR-Verbesserung steigt nur um 0,2 dB.

Verhältnis. Referenz ist dabei der ideale kohärente Integrator des gedachten Referenzradars mit $I_{SNR} = 10 \log M_B$ dB. Für $M_B = 8$ wird $I_{SNR} = 9{,}0$ dB. Bild 7.25 zeigt oben die SNR-Verbesserung I_{SNR} in Abhängigkeit von der Frequenz für eine Filterbank mit 8 Filtern wie sie in den Bildern 7.22 und 7.23 gezeigt wurden (einschl. der nicht dargestellten, gespiegelten Filter). Im Bereich der Nullfilter ist eine größere Welligkeit unvermeidbar. Der mittlere SNR-Gewinn beträgt $\overline{I_{SNR}} = 7{,}0$ dB. Die Filterbank ruft also einen Verlust von 2,0 dB hervor. Er setzt sich zusammen aus dem Doppler-Wichtungsverlust – bei Mittelung über die Verluste L_{SNR} der 8 Filter beträgt dieser 1,3 dB – und dem Quantisierungsverlust-Doppler (Filter Spacing Loss) $L_{quant,D}$ von (2,0 – 1,3) dB = 0,7 dB (man vergleiche Tabelle 4.5).

Man ist versucht, die Welligkeit im Bereich der Nullfilter durch „Opfern" eines weiteren Nullfilters zu verringern. Bild 7.25 zeigt unten das Ergebnis, wenn man die Mittenfrequenz des ersten Filters zu $fT = 0$ wählt, die des zweiten zu $fT = 0{,}13$ und die des dritten zu $fT = 1 - 0{,}13 = 0{,}87$. Der Gewinn in

$\overline{I_{SNR}}$ beträgt nur bescheidene 0,2 dB. Das Beispiel läßt erkennen, daß es – wie behauptet – im allgemeinen ausreicht, die Zahl der Filter gleich der Zahl M_B der verarbeitbaren Pulse eines Bursts zu wählen. Mehr Filter bringen nur einen unerheblichen SNR-Gewinn.

Für ein Ziel im Zwickel zweier benachbarter Filter ergibt sich ein SNR-Gewinn wie folgt. Die Wahrscheinlichkeit, daß das Ziel wenigstens in einem der beiden Filter entdeckt wird, kann mit Hilfe der Beziehung (3.45) für die binäre Integration berechnet werden, wobei $M=2$ und $m=1$. Ist $P_{1,d}$ die Wahrscheinlichkeit, mit der das Ziel in jedem der beiden Filter entdeckt wird, so ist nach dem (1-aus-2)-Kriterium die Wahrscheinlichkeit der Entdeckung in wenigstens einem der beiden Filter

$$P_d = P_{1,d}(2 - P_{1,d})$$

Mit $P_{1,d}=0{,}7$ erhält man $P_d \approx 0{,}90$, bei $P_{fa}=10^{-6}$. Für $P_d=0{,}7$ benötigt man nach Bild 3.5 ein SNR = S/N = 12,1 dB, für $P_d=0{,}9$ sind es 13,2 dB. Also ist der SNR-Gewinn für ein Ziel im Filterzwickel (13,2 – 12,1) dB = 1,1 dB. Um diesen Betrag wird die Welligkeit verkleinert.

Zielentdeckung in Bodenclutter: I_{SIR}-Bilanz und SCV

In den Bildern 7.22 und 7.23 sind alle Filter-Kennwerte (einschließlich derjenigen der gespiegelten Filter) der betrachteten Dopplerfilterbank angegeben. Nimmt man für die Geräteinstabilitäten einen Wert von $I_{stab}=60$ dB für jedes Filter an, so bekommt man für die Filterbank eine I_{SIR}-Kurve für das PRF-Intervall wie in Bild 7.26 oben gezeigt. Die mittlere SIR-Verbesserung ist $\overline{I_{SIR}}=55{,}8$ dB. Da wir zur Verringerung der Blindgeschwindigkeitseffekte zwei Bursts pro Zielverweilzeit mit einer Burst-zu-Burst-PRF-Staffelung von 4:5 verwenden wollen, wird der erste Blinddoppler auf das 4-fache der höheren PRF hinausgeschoben. Die I_{SIR}-Charakteristik bei Staffelung ist in Bild 7.26 unten dargestellt. Man erhält sie, indem man für jeden Doppler den besseren I_{SIR}-Wert der beiden Bursts nimmt. Bei einem Zieldoppler f_D ergibt sich der I_{SIR}-Wert der beiden Bursts, wenn man mit dem Nachkomma-Anteil von f_D/PRF1 bzw. f_D/PRF2 in die Kurve von Bild 7.26 oben geht. Die mittlere SIR-Verbesserung bei Staffelung ist $\overline{I_{SIR}}=57{,}4$ dB.

Wir nehmen an, daß das restliche Störsignal am Ausgang der Dopplerfilter weiß ist. Dann ist der Detektierbarkeitsfaktor für ein nichtfluktuierendes Ziel und $P_d = 50\%$ sowie $P_{fa} = 10^{-6}$ $D_0(1) = 11{,}2$ dB. Die SCV ergibt sich dann – unter Annahme von CFAR- und ev. anderen Verlusten von insgesamt 2 dB – aus Glchg. (7.16) zu SCV = (57,4 – 11,2 – 2) ≈ 44 dB. Ein typisches MTD-Radar besitzt also eine um etwa 10 dB bessere SCV als ein typisches MTI-Radar (s. Abschnitt 7.8).

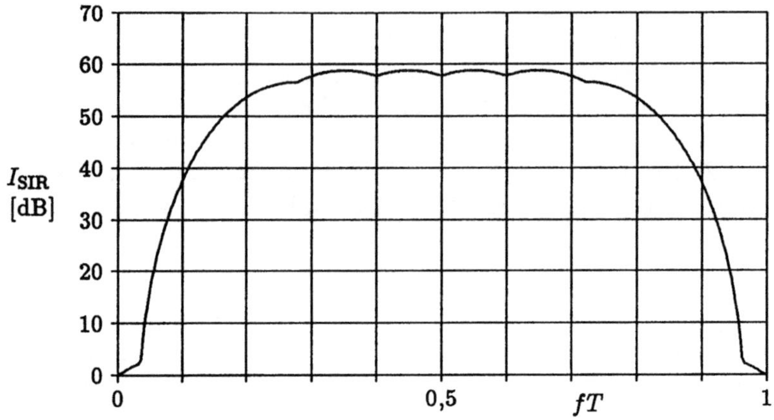

$I_{stab} = 60\,dB$ $\overline{I_{SIR}} = 55{,}8\,dB$

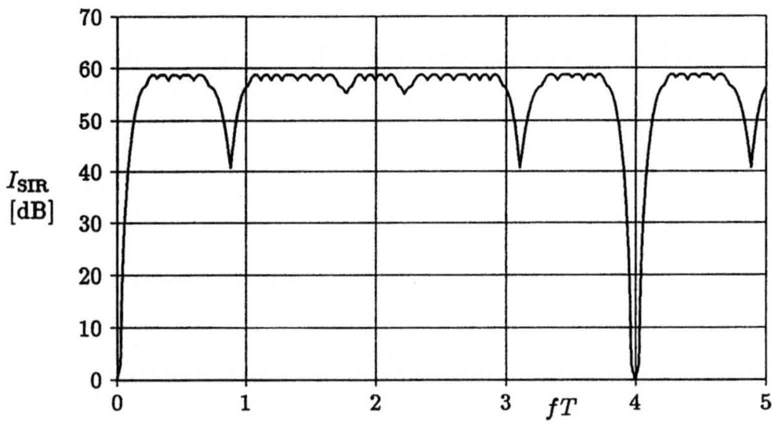

$I_{stab} = 60\,dB$ $\overline{I_{SIR}} = 57{,}4\,dB$

Bild 7.26 Signal-zu-Stör-Verbesserung I_{SIR} als Funktion der Frequenz.
Oben: Dopplerfilterbank mit den Filtern der Bilder 7.22 und 7.23.
Dabei ist angenommen, daß für die Geräteinstabilitäten in Glchg. (7.24) $I_{stab} = 60\,dB$ für alle Filter angesetzt werden muß.
Unten: I_{SIR} bei 2 Bursts pro Zielverweilzeit und einer Burst-zu-Burst-PRF-Staffelung von 4:5. Bei der Ableitung dieser Kurve wurde das jeweils bessere I_{SIR} der beiden Bursts genommen.

Indirekte Abschätzung der SCV

Für Prüfzwecke besitzen Radare meist, wie in Bild 7.27a gezeigt, je einen analogen Meßpunkt im I- und Q-Kanal vor den A/D-Umsetzern (bzw. analoge Meßpunkte vor der Dopplerfilterbank nach einer D/A-Rückumsetzung, falls vor der Dopplerverarbeitung eine digitale Pulskompression erfolgt). An diesen Meßpunkten kann man die Fähigkeit des Radars zur Zielentdeckung in Clutter ermitteln, d.h. die SCV angenähert bestimmen.

Bild 7.27a zeigt das am I-Kanal-Meßpunkt erscheinende Signal, hier zunächst Bodenclutter mit einem eingebetteten Flugziel, danach Rauschen mit einem weiteren Flugziel. Dargestellt sind 7 überlagerte Radarperioden. Weiter sind einige Beziehungen zur Bestimmung von Signalamplituden und Kenngrößen angegeben, abgeleitet aus den Angaben in Bild 7.27. Sie sind selbsterklärend. Der Effektiv wert (bipolaren) Gauß'schen Rauschens liegt etwa 15 dB (Faktor 5,6) unter dem sogenannten Quasi-Spitzenwert. Letzterer stellt den mit einem Oszilloskop bei sehr langsamer Zeitablenkung gemessenen Spitzen-Spitzen-Wert des Rauschens dar. Man kann so den Rauscheffektivwert bei nicht verfügbarem Effektivwertmesser recht gut abschätzen (Meßgenauigkeit etwa 1-2 dB).

In Bild 7.27b ist der Dynamikbereich D_p schematisch dargestellt, ebenso das Signal-zu-Rausch-Verhältnis des Minimum Detectable Signal, das wir mit MDS bezeichnen wollen. Mit einem kohärenten Testzielgenerator und einem automatischen Zieldetektor mit der Möglichkeit zur Bestimmung von P_d und P_{fa} kann man MDS messen, bspw. für $P_d = 50\%$ und $P_{fa} = 10^{-6}$. Wenn wir jetzt annehmen, daß vollaussteuernder Bodenclutter durch das Dopplerfilter weit unter den Pegel des Systemrauschens unterdrückt wird und der gerätebedingte Restclutter $C_{E,aus}$ ebenfalls merklich darunter liegt, so ist die erreichbare Subclutter Visibility ganz offensichtlich SCV [dB] = D_p [dB] − MDS [dB]. Merkliche rauschähnliche Geräteinstabilitäten führen bei Vorhandensein von Bodenclutter jedoch zu einer Erhöhung des Rauschens an den Ausgängen der Dopplerfilter: messen wir am Ausgang eines Dopplerfilters ohne anliegenden Bodenclutter eine Rauschleistung N_{aus}, so steigt sie bei vollaussteuerndem Bodenclutter dann auf $N_{aus} + C_{E,aus}$ an. Die Leistung des Ausgangsrauschens steigt also mit Clutter um den Faktor

$$E = \frac{N_{aus} + C_{E,aus}}{N_{aus}} \tag{7.95}$$

Da wir für den Restclutter $C_{E,aus}$ rauschähnliche Eigenschaften angenommen haben, können wir die Rauscherhöhung um den Faktor E als vom Eingang des Dopplerfilters herrührend annehmen. Geräteinstabilitäten wirken sich bei Clutter also wie eine Erhöhung des Eingangrauschens um den Faktor E aus. Die SCV ist dann

$$\boxed{\text{SCV [dB]} = D_p\,\text{[dB]} - \text{MDS [dB]} - \text{E [dB]}} \tag{7.96}$$

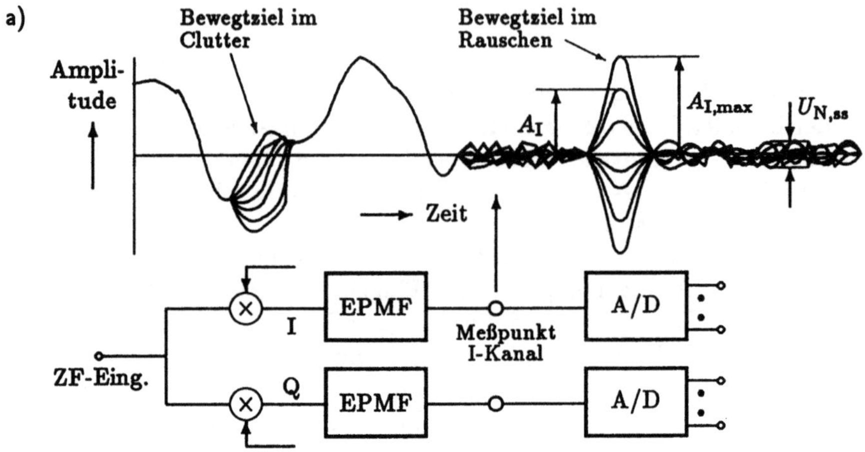

Ziel-Amplitude: $A = \sqrt{A_{\text{I}}^2 + A_{\text{Q}}^2}$

Effektivwert der Rauschspannung: $U_{\text{N,eff}} = U_{\text{N}} \approx U_{\text{N,ss}}/5{,}6$

Dynamikbereich: $D_{\text{p}}\,[\text{dB}] = 20 \log \left((A_{\text{I,max}}/\sqrt{2})/U_{\text{N}}\right)$

Minimum Detectable Signal: $\text{MDS} = 20 \log \left((A_{\text{MDS}}/\sqrt{2})/U_{\text{N}}\right)$

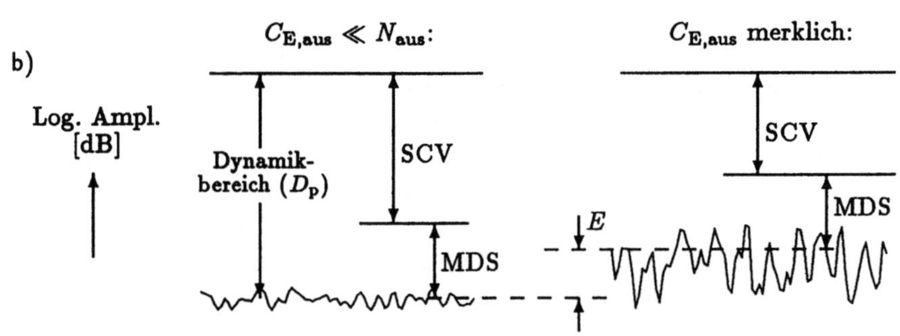

Bild 7.27 Zur indirekten Bestimmung der SCV:

a) Bewegtziel im Clutter und im Rauschen. Dargestellt ist ein Ausschnitt aus 7 überlagerten Radarperioden, wie er sich mit einem Oszilloskop am Meßpunkt im I-Kanal darbieten würde (EPMF=Einzelpuls Matched Filter).

b) Schematische Darstellung von Dynamikbereich, SCV und MDS entlang einer logar. Amplitudenachse. Ist der gerätebedingte und als rauschförmig angenommene Ausgangsrestclutter $C_{\text{E,aus}}$ sehr viel kleiner als das Ausgangsrauschen N_{aus}, so folgt aus dem Bild, wenn wir alle Größen in dB angeben, $\text{SCV} = D_{\text{p}} - \text{MDS}$. Bei merklichem $C_{\text{E,aus}}$ können wir die Erhöhung der Gesamtrauschleistung am Ausgang um den Faktor $E = (C_{\text{E,aus}} + N_{\text{aus}})/N_{\text{aus}}$ auf den Eingang beziehen, woraus dann die Beziehung $\text{SCV} = D_{\text{p}} - \text{MDS} - E$ folgt. Zur Bestimmung der Größe E siehe Text. MDS ist das SNR des „Minimum Detectable Signal" für beispielsweise $P_{\text{d}} = 50\%$ und $P_{\text{fa}} = 10^{-6}$.

Die auf diese Art und Weise ermittelte SCV bezieht sich immer auf ein Dopplerfilter. Um einen Mittelwert über alle Filter zu erhalten, kann man die SCV's aller Dopplerfilter mitteln.

Falls der Restclutter $C_{\mathrm{E,aus}}$ kein weißes Spektrum besitzt, also korreliert ist, steigt MDS an und die SCV wird kleiner. Dasselbe trifft zu, wenn – bei vernachlässigbaren Geräteinstabilitäten – der Clutter durch das Dopplerfilter nicht merklich unter den Pegel des Systemrauschens unterdrückt wird.

Die Formel (7.96) zeigt auch, daß – wenn ein Radar in Cluttergebieten auf den Betriebswert seiner P_{fa} eingestellt ist – der an den Meßpunkten von Bild 7.27a *leicht zu ermittelnde Dynamikbereich* D_{p} *die SCV sofort grob abzuschätzen gestattet.* Da MDS = 11,2 dB für $P_{\mathrm{d}} = 50\,\%$ und $P_{\mathrm{fa}} = 10^{-6}$, erhält man mit CFAR- und sonstigen Verlusten von angenommen 2 dB die SCV zu SCV [dB] = D_{p} [dB] − 13,2, wenn wir $E \approx 0$ dB annehmen.

Die Größe E – wir benötigen sie auch zur Ermittlung von I_{stab} – kann wie folgt gemessen werden: Wir zeichnen für eine große Anzahl von Bursts die (digitalen) Beträge der Signale einer Entfernungszelle an allen Ausgängen der Dopplerfilter bei abgeschaltetem Sender auf. Durch Quadrieren und Mitteln über alle Bursts erhalten wir die Rausch-Ausgangsleistungen aller Filter. Wir bezeichnen diejenige eines bestimmten Filters mit N_{aus}. Danach wird der Sender eingeschaltet und die Antenne auf ein markantes Festziel ausgerichtet (ersatzweise kann zur Simulation eines Festzieles auch eine Echobox verwendet werden, angekoppelt über einen Richtkoppler am Senderausgang). Mit Hilfe eines eingefügten, justierbaren Dämpfungsgliedes wird die Signalamplitude auf nahezu Vollaussteuerung des A/D eingestellt. Die Messung der Filter-Ausgangsleistungen wird wiederholt, wir erhalten eine um die Restcutterleistung $C_{\mathrm{E,aus}}$ erhöhte Leistung, also $N_{\mathrm{aus}} + C_{\mathrm{E,aus}}$. Damit läßt sich für jedes Dopplerfilter die Größe $E = (N_{\mathrm{aus}} + C_{\mathrm{E,aus}})/N_{\mathrm{aus}}$ und damit die SCV nach Glchg. (7.96) bestimmen.

Die erläuterte indirekte Bestimmung der SCV durch Messung

1. des Minimum Detectable Signal (MDS) und
2. der den Restclutter beschreibenden Größe E

ergab in der Praxis eine gute Übereinstimmung mit der von *Ward* in [3] angegebenen und für ein MTD-Radar entsprechend modifizierten „Test Target und Live Clutter"-Methode. Das gilt allerdings nur für rauschähnliche Geräteinstabilitäten. Eine Messung nach der Methode von *Ward* sollte daher bspw. bei Abnahmetests immer durchgeführt werden.

Zur Ermittlung von I_{stab} verwenden wir Glchg. (7.21). Es gilt

$$I_{\mathrm{stab}} = \frac{S_{\mathrm{aus}}}{S_{\mathrm{ein}}} \cdot \frac{C_{\mathrm{ein}}}{C_{\mathrm{E,aus}}} = \frac{S_{\mathrm{aus}}}{S_{\mathrm{ein}}} \cdot \frac{N_{\mathrm{ein}}}{N_{\mathrm{aus}}} \cdot \frac{N_{\mathrm{aus}}}{N_{\mathrm{ein}}} \cdot \frac{C_{\mathrm{ein}}}{C_{\mathrm{E,aus}}}$$

$$= \frac{(S/N)_{\mathrm{aus}}}{(S/N)_{\mathrm{ein}}} \cdot \frac{(C/N)_{\mathrm{ein}}}{C_{\mathrm{E,aus}}/N_{\mathrm{aus}}} = I_{\mathrm{SNR}} \cdot \frac{(C/N)_{\mathrm{ein}}}{C_{\mathrm{E,aus}}/N_{\mathrm{aus}}} \qquad (7.97)$$

Bei Vollaussteuerung durch den Clutter ist $(C/N)_{\mathrm{ein}}$ gleich dem Dynamikbereich

D_p des Signalprozessors und, da $C_{E,aus}/N_{aus} = E - 1$, erhält man die Beziehung

$$I_{stab} = \frac{D_p \cdot I_{SNR}}{E-1} \approx \frac{D_p \cdot M_B}{E-1} \tag{7.98}$$

7.13 Auswirkung von Geräteinstabilitäten

Allgemeine Beziehungen für die Begrenzung von Improvementfaktor I und SIR-Improvement I_{SIR}

Wir nehmen jetzt an, daß die Antenne feststehend, auf ein Festziel ausgerichtet und die Umgebung „eingefroren" sei (keine interne Clutterfluktuation). Die sehr kleinen, aber unvermeidbaren Geräteinstabilitäten wie zum Beispiel Puls-zu-Puls-Änderungen der Sendefrequenz, der COHO-Phase, der Pulslänge, der Pulswiederholfrequenz usw. nehmen wir als zufällig und nichtkorreliert an. Die *Änderung von Puls-zu-Puls* beschreiben wir zum Beispiel bei Phasenänderungen mit $\Delta\varphi$. Ist σ_φ^2 die Varianz der Phase als Maß für die *in einer bestimmten Radarperiode auftretende Abweichung vom Mittelwert*, so gilt $\overline{(\Delta\varphi)^2} = 2\sigma_\varphi^2$. Denn die Varianz der Differenz $(x-y)$ zweier identisch verteilter Zufallszahlen x und y der Varianz σ^2 ist $\mathrm{var}(x-y) = 2\sigma^2$. Ähnlich verfahren wir bei anderen Instabilitäten.

Die Geräteinstabilitäten werden auf dem Sende- und Empfangsweg dem Festzielecho aufgeprägt. Man kann die Cluttereingangsleistung C_{ein} in einen konstanten Anteil $C_{ein,k}$ und einen stets sehr kleinen, zufälligen Rauschanteil $C_{ein,r}$ aufteilen: $C_{ein} = C_{ein,k} + C_{ein,r}$. Damit wird der MTI-Improvementfaktor nach Gleichung (7.26)

$$I = \overline{G_S(f)} \cdot A_C = \overline{G_S(f)} \cdot \frac{C_{ein,k} + C_{ein,r}}{C_{aus,k} + C_{aus,r}} \tag{7.99}$$

Dabei haben wir den Restclutter am MTI-Filter-Ausgang ebenso aufgeteilt wie den Clutter am Eingang. Wegen der Rauscheigenschaften von $C_{ein,r}$ gilt, da der mittlere Signalgewinn $\overline{G_S(f)}$ mit dem Rauschgewinn identisch ist, die Beziehung $C_{aus,r} = \overline{G_S(f)} \cdot C_{ein,r}$. Nehmen wir an, daß der konstante Clutteranteil komplett gelöscht wird ($C_{aus,k} = 0$), so bekommen wir für das maximal mögliche I

$$I_{max} = \overline{G_S(f)} \cdot \frac{C_{ein,k} + C_{ein,r}}{\overline{G_S(f)}\, C_{ein,r}} \tag{7.100}$$

und damit

$$I_{\max} = \frac{C_{\text{ein}}}{C_{\text{ein,r}}} \tag{7.101}$$

Das heißt, der maximal erreichbare Improvementfaktor $I_{\max}$ ist gleich dem Verhältnis von Eingangsclutterleistung zum Rauschanteil dieser Leistung.

Bei einer Dopplerfilterbank eines MTD-Radars wird die Größe I_{stab} der Glchg. (7.24), welche die durch Geräteinstabilitäten gesetzte Grenze der erreichbaren SIR-Verbesserung I_{SIR} beschreibt, nach Glchg. (7.21)

$$I_{\text{stab}} = G_{\text{S}}(f) \cdot A_{\text{CE}} = G_{\text{S}}(f)\,\frac{C_{\text{ein,k}} + C_{\text{ein,r}}}{C_{\text{aus,r}}} \tag{7.102}$$

Nun ist aber

$$G_{\text{S}}(f) = \frac{S_{\text{aus}}}{S_{\text{ein}}} = \frac{S_{\text{aus}}}{S_{\text{ein}}} \cdot \frac{N_{\text{ein}}}{N_{\text{aus}}} \cdot \frac{N_{\text{aus}}}{N_{\text{ein}}} = \frac{(S/N)_{\text{aus}}}{(S/N)_{\text{ein}}} \cdot G_{\text{N}} \tag{7.103}$$

Der erste Faktor ganz rechts entspricht dem SNR-Gewinn I_{SNR}. Damit gilt

$$I_{\text{stab}} = I_{\text{SNR}} \cdot G_{\text{N}}\,\frac{C_{\text{ein,k}} + C_{\text{ein,r}}}{G_{\text{N}} \cdot C_{\text{ein,r}}} \tag{7.104}$$

und mit $C_{\text{ein,k}} + C_{\text{ein,r}} = C_{\text{ein}}$ wird endgültig

$$I_{\text{stab}} = \frac{C_{\text{ein}}}{C_{\text{ein,r}}} \cdot I_{\text{SNR}} = I_{\max} \cdot I_{\text{SNR}} \tag{7.105}$$

Analyse einzelner Instabilitäten

Die nachfolgend analytisch ermittelten Einflüsse von Geräteinstabilitäten (s. auch [17]) auf die erreichbaren $I_{\max}$ und I_{stab} lassen sich bei einer fertigen Radaranlage *einzeln* nur mit einem teilweise kaum vertretbaren Aufwand messen. Sie dienen der Spezifikation der Teilkomponenten des Radars und werden – sollte die direkte Messung zu aufwendig sein – bei der „Über-alles-Messung" von $I_{\max}$ bzw. I_{stab} und der SCV miterfaßt.

Phasensprung $\Delta\varphi$ beim Sender oder Phasenfehler $\Delta\varphi$ beim COHO: Nach der kohärenten Abmischung in den Videobereich kann die (komplexe) Amplitude zu einem beliebigen Zeitpunkt während des hier als rechteckig angenommenen Echopulses eines Festzieles durch einen Zeiger der Länge A und des Phasenwinkels φ_0 beschrieben werden. In der folgenden Radarperiode besitze die

Amplitude wieder die Größe A, der Phasenwinkel sei jedoch um $\Delta\varphi$ gesprungen. Dann ist für kleine $\Delta\varphi$ die Leistung des Rauschanteils gleich

$$\left|A e^{j\varphi_0} - A e^{j(\varphi_0+\Delta\varphi}\right|^2 \approx A^2(\Delta\varphi)^2$$

Mit $C_{ein} = A^2$ und $C_{ein,r} = A^2\,\overline{\Delta\varphi^2}$ wird wegen $\sigma_\varphi^2 = \overline{\Delta\varphi^2}/2$ (s. Seite 7–78)

$$I_{max} = \frac{C_{ein}}{C_{ein,r}} = \frac{A^2}{A^2\overline{\Delta\varphi^2}} = \frac{1}{\overline{\Delta\varphi^2}} = \frac{1}{2\sigma_\varphi^2} \tag{7.106}$$

Frequenzänderung des Senders:

Wir denken uns den rechteckigen Festziel-Echopuls der Dauer τ, der Amplitude A und der Anfangsphase φ_0 wieder kohärent abgemischt. In der nächsten Radarperiode habe sich die Sendefrequenz um Δf geändert. Dann ist die Energie der Differenz zweier Echos (=Energie des Clutter-Rauschanteils)

$$E_r = A^2 \int_0^\tau \left|e^{j\varphi_0} - e^{j(2\pi\Delta f t+\varphi_0)}\right|^2 dt \tag{7.107}$$

Die (einfache) Auswertung dieses Integrals liefert für sehr kleine $\Delta f\,\tau$ die Beziehung $E_r = 4A^2(\pi\Delta f)^2\tau^3/3$ und, da die Eingangsenergie gleich $A^2\tau$ ist, wird, wenn wir Δf^2 durch seinen Mittelwert $\overline{\Delta f^2} = 2\sigma_f^2$ ersetzen,

$$I_{max} = \frac{A^2\tau}{E_r} = \frac{1}{\frac{4}{3}(\pi\tau)^2\overline{\Delta f^2}} = \frac{1}{\frac{8}{3}(\pi\tau\sigma_f)^2} \tag{7.108}$$

Frequenzänderung von STALO oder COHO:

Ändert sich die STALO-Frequenz während der Laufzeit t_L eines Festzielechos um Δf, so ist dies in der Wirkung gleichbedeutend mit einem Fehler der COHO-Phase von $\Delta\varphi = 2\pi\Delta f\,t_L$. Damit wird nach Glchg. (7.106)

$$I_{max} = \frac{1}{(2\pi t_L)^2\overline{\Delta f^2}} = \frac{1}{2(2\pi\sigma_f t_L)^2} \tag{7.109}$$

Dieselbe Beziehung gilt auch für eine COHO-Frequenzänderung.

PRF-Jitter:

Tritt PRF-Jitter auf, so sind zwei aufeinanderfolgende Pulse nicht deckungsgleich. Die Energie ihrer Differenz können wir als Rauschanteil eines Echopulses auffassen. In der Praxis wird das Einzelpuls-Matched Filter für einen Rechteckpuls der Dauer τ meist durch ein Gaußfilter mit der (zweiseitigen) Bandbreite $B_{3\,dB} = 0{,}75/\tau$ angenähert. Das Ausgangssignal $s(t)$ ist dann in ausreichender Näherung ein Gaußpuls der Amplituden-Halbwertsbreite τ:

$$s(t) = e^{-4\ln 2 (t/\tau)^2} = e^{-2{,}773(t/\tau)^2} \tag{7.110}$$

Die Energie der Differenz zweier um ΔT verschobener Pulse ist

$$E_r = \int\limits_{-\infty}^{\infty} \left[s(t) - s(t + \Delta T)\right]^2 dt \tag{7.111}$$

und bei kleinem ΔT wegen $s(t + \Delta T) \approx s(t) + \frac{ds}{dt} \Delta T$ in guter Näherung

$$E_r = \Delta T^2 \int\limits_{-\infty}^{\infty} \left(\frac{ds}{dt}\right)^2 dt \tag{7.112}$$

Die Energie des Eingangspulses ist $E_k = \int_{-\infty}^{\infty} s^2(t)\, dt$. Verwendet man den Gaußpuls der Glchg. (7.110), so erhält man nach Auswertung der Integrale und Ersatz von ΔT^2 durch seinen Mittelwert $\overline{\Delta T^2} = 2\sigma_T^2$

$$I_{max} = \frac{E_k}{E_r} = \frac{1}{4 \ln 2} \frac{\tau^2}{\overline{\Delta T^2}} = \frac{1}{8 \ln 2} \left(\frac{\tau}{\sigma_T}\right)^2 \tag{7.113}$$

Die letzte Beziehung gilt für ein Radar ohne Pulskompression (PK). Bei einem Radar mit PK und der unkomprimierten Pulsdauer τ ist die Bandbreite um das Zeit-Bandbreiten-Produkt $B\tau$ größer als bei einem Radar ohne PK, also wird der Rauschanteil der Clutterleistung ebenfalls um $B\tau$ größer [7]. Damit gilt

$$I_{max} = \frac{1}{(8 \ln 2) B\tau} \left(\frac{\tau}{\sigma_T}\right)^2 \tag{7.114}$$

Bei Radaren ohne PK ist $B\tau = 1$ zu setzen.

Pulsbreiten-Jitter:
Wir stellen uns vor, daß der Puls der momentanen Periode an der Rückflanke um $\Delta\tau$ länger (oder kürzer) ist als der Puls der vorhergehenden Periode. Dann ist der Rauschanteil der Eingangsclutterleistung nur die Hälfte derjenigen, die beim PRF-Jitter ermittelt wurde. Damit gilt

$$I_{max} = \frac{1}{(4 \ln 2) B\tau} \left(\frac{\tau}{\sigma_\tau}\right)^2 \tag{7.115}$$

A/D-Abtast-Jitter:
Wir denken uns von dem Gaußpuls $s(t)$ nach Gleichung (7.110) einen Abtastwert zum Zeitpunkt t_0 entnommen. Ist der Abtastzeitpunkt in der nächsten Periode $t_0 + \Delta t_a$, so ist die Leistung der Differenz der beiden Abtastwerte, also die Leistung des Rauschanteils,

$$\left[s(t_0) - s(t_0 + \Delta t_a)\right]^2 \approx \left(\Delta t_a \cdot \frac{ds}{dt}\right)^2_{t=t_0} \tag{7.116}$$

Die Differenzleistung hängt vom Abtastzeitpunkt ab, sie verschwindet (bei der Näherung) für $t_0 = 0$ und wird, wie man zeigen kann, ein Maximum bei $t_0 = \tau/\sqrt{8\ln 2} \approx \tau/2$. Wir berechnen den Mittelwert des Rauschanteils für alle Abtastzeitpunkte $-\tau/2 \leq t_0 \leq \tau/2$. Man bekommt

$$\overline{L_\mathrm{r}} = \frac{1}{\tau/2}\,\overline{\Delta t_\mathrm{a}^2}\int\limits_0^{\tau/2}\left(\frac{ds}{dt}\right)^2 dt \approx 1{,}2\,\frac{\overline{\Delta t_\mathrm{a}^2}}{\tau^2} \tag{7.117}$$

Der Mittelwert der Leistungen der Abtastwerte ist

$$\overline{L_\mathrm{k}} = \frac{1}{\tau/2}\int\limits_0^{\tau/2} s^2(t)\,dt \approx 0{,}69 \tag{7.118}$$

Damit erhalten wir als Näherungswert für die Improvementfaktor-Begrenzung

$$I_\mathrm{max} = \frac{\overline{L_\mathrm{k}}}{\overline{L_\mathrm{r}}} = \frac{0{,}69}{1{,}2}\,\frac{\tau^2}{\overline{\Delta t_\mathrm{a}^2}} \approx \frac{1}{4}\,\frac{\tau^2}{\sigma_{t_\mathrm{a}}^2} \tag{7.119}$$

Handelt es sich um ein Pulskompressions-Radar und erfolgt die Pulskompression vor dem A/D, so wird wie oben der Rauschanteil um das Zeitbandbreitenprodukt vergrößert:

$$I_\mathrm{max} = \frac{1}{4B\tau}\,\frac{\tau^2}{\sigma_{t_\mathrm{a}}^2} \tag{7.120}$$

Erfolgt die Pulskompression nach dem A/D-Wandler, so muß nach [7] die Gleichung (7.119) mit $1/(B\tau)^2$ multipliziert werden:

$$I_\mathrm{max} = \frac{1}{4(B\tau)^2}\,\frac{\tau^2}{\sigma_{t_\mathrm{a}}^2} \tag{7.121}$$

Amplituden-Jitter:
Tritt in der Pulsamplitude A von einem Puls zum nächsten eine Änderung ΔA auf, so ist der Rauschanteil der Clutterleistung $\overline{\Delta A^2}$ und es gilt

$$I_\mathrm{max} = \frac{A^2}{\overline{\Delta A^2}} = \frac{A^2}{2\sigma_\mathrm{A}^2} \tag{7.122}$$

Quantisierungsrauschen durch A/D:
Bei einem n-Bit-A/D-Umsetzer mit dem Aussteuerbereich $[-U_\mathrm{max}; U_\mathrm{max}]$ beträgt die Leistung des Quantisierungsrauschens (Varianz)

$$\sigma_\mathrm{q}^2 = \frac{(2U_\mathrm{max})^2}{12\cdot(2^n-1)^2} \tag{7.123}$$

Das Rauschen von I- und Q-Kanal ist nicht korreliert, die gesamte Rauschleistung ist dann $C_{\mathrm{ein,r}} = 2\sigma_q^2$. Der maximal erreichbare Improvementfaktor hängt von der Aussteuerung des A/D ab. Nimmt man wie in [7] eine mittlere Aussteuerung von 3 dB unter $U_{\max}$ an, so erhält man für $I_{\max}$ die Beziehung

$$I_{\max} = \frac{C_{\mathrm{ein}}}{C_{\mathrm{ein,r}}} = \frac{U_{\max}^2}{2} \cdot \frac{1}{2\sigma_q^2} = 0{,}75(2^n - 1)^2 \tag{7.124}$$

In Tabelle 7.7 sind die vorstehenden Ergebnisse zusammengefaßt. Ein Beispiel gibt Aufschluß über die für $I_{\max} = 60\,\mathrm{dB}$ maximal zulässigen Instabilitäten. Am schwierigsten ist die Forderung an den STALO einzuhalten. Die erforderliche Kurzzeit-Frequenzkonstanz beträgt $3 \cdot 10^{-11}$. Auch die Forderung an den COHO-Phasenfehler ist bei Magnetron-Radaren sehr hoch.

Sind die Ursachen der Instabilitäten voneinander unabhängig – was oft der Fall ist – addieren sich die Clutterrauschleistungen und es ergibt sich für den resultierenden Improvementfaktor

$$\frac{1}{I_{\mathrm{max,res}}} = \sum_i \frac{1}{I_i} \tag{7.125}$$

Für den Fall der Dopplerfilterbank, bei der wir statt mit I mit I_{SIR} arbeiten, wird $I_{\mathrm{SIR,max}} = I_{\mathrm{stab}} = I_{\max} \cdot I_{\mathrm{SNR}}$, wobei I_{SNR} die Verbesserung des Signal-Rausch-Verhältnisses darstellt, die angenähert gleich der Zahl M_{B} der kohärent integrierten Pulse eines Bursts ist.

Pulsinterne Frequenz- oder Phasenänderungen sind dann *ohne Einfluß* auf $I_{\max}$ oder I_{stab}, wenn sie sich *von Puls zu Puls exakt wiederholen.*

Begrenzung des Improvementfaktors I und der SIR-Verbesserung I_{SIR} durch das STALO-Rauschen.

Nach Bild 5.9 werden das Sendesignal und das Signal zum Abmischen des Empfangssignals in den ZF-Bereich vom STALO abgeleitet. Wir hatten schon in Tabelle 7.7 gesehen, daß die Anforderungen an die Kurzzeitstabilität des STALO's sehr hoch sind. Um die Begrenzung von I und I_{SIR} durch STALO-Instabilitäten numerisch erfassen zu können, müssen wir sein Leistungsspektrum messen, es aufgrund verschiedener Effekte korrigieren und danach die gesamte Rauschleistung des korrigierten Spektrums innerhalb der Empfängerbandbreite bestimmen. Sie entspricht der Größe $C_{\mathrm{ein,r}}$ in Glchg. (7.101), wobei wir vereinfachend eine Trägerleistung (Clutterleistung) von $C_{\mathrm{ein}} = 1\,\mathrm{W}$ annehmen. Dann ist $I_{\max} = 1\,\mathrm{W}/C_{\mathrm{ein,r}}$ und $I_{\mathrm{stab}} = I_{\max} \cdot I_{\mathrm{SNR}}$.

Jeder Oszillator zeigt neben dem relativ leicht genügend klein zu haltenden Amplitudenrauschen (Begrenzung!) ein sehr breitbandiges Phasenrauschen, das Rauschleistung in den Frequenzbereich der zu erwartenden Zieldoppler streut. Schwache Ziele werden dadurch maskiert. Zum Beispiel zeigt ein Quarzoszillator

Instabilität	$I_{\max}$	**Beispiel**
Sender-/COHO-Phase	$\frac{1}{2\sigma_\varphi^2}$	$\sigma_\varphi \leq 0{,}04°$
Sendefrequenz	$\frac{1}{\frac{8}{3}(\pi\sigma_f\,\tau)^2}$	$\frac{\sigma_f}{f} \leq 4\cdot 10^{-8}$
STALO-Frequenz	$\frac{1}{2(2\pi\sigma_f\,t_\mathrm{L})^2}$	$\frac{\sigma_f}{f} \leq 3\cdot 10^{-11}$
COHO-Frequenz	$\frac{1}{2(2\pi\sigma_f\,t_\mathrm{L})^2}$	$\frac{\sigma_f}{f} \leq 6\cdot 10^{-9}$
PRF-Jitter	$\frac{1}{8\ln 2\cdot(B\tau)}\left(\frac{\tau}{\sigma_T}\right)^2$	$\sigma_T \leq 0{,}4$ ns
Pulsbreiten-Jitter	$\frac{1}{4\ln 2\cdot(B\tau)}\left(\frac{\tau}{\sigma_\tau}\right)^2$	$\sigma_\tau \leq 0{,}6$ ns
A/D-Jitter (PK vor A/D)	$\frac{1}{4(B\tau)}\left(\frac{\tau}{\sigma_{t_a}}\right)^2$	$\sigma_{t_a} \leq 0{,}5$ ns
A/D-Jitter (PK nach A/D)	$\frac{1}{4(B\tau)^2}\left(\frac{\tau}{\sigma_{t_a}}\right)^2$	
Amplituden-Jitter	$\frac{1}{2}\left(\frac{A}{\sigma_A}\right)^2$	$\frac{\sigma_A}{A} \leq 0{,}7\cdot 10^{-3}$
Quantisierungsrauschen	$0{,}75\,(2^n-1)^2$	$n \geq 11$ Bit
Es gilt: $I_{\max}\,[\mathrm{dB}] = 10\log(I_{\max})$	$I_\mathrm{stab} = I_{\max}\cdot I_\mathrm{SNR} \approx I_{\max}\cdot M_\mathrm{B}$	

Definitionen:

$\sigma_\varphi \rightarrow$ Phasenänderung
$\sigma_f \rightarrow$ Frequenzänderung
$\sigma_T \rightarrow$ PRI-Änderung
$\sigma_\tau \rightarrow$ Pulsbreitenänderung
t_L = Echolaufzeit
$\sigma_A \rightarrow$ Amplitudenänderung
$\sigma_{t_a} \rightarrow$ A/D-Abtastjitter
n = Zahl der Bits
τ = (unkomprimierte) Pulsdauer
$B\tau$ = Zeit-Bandbreite-Produkt
$B\tau = 1$ beim Radar ohne Pulskompression

Parameter des Beispiels:

$I_{\max,\mathrm{soll}} = 60\,\mathrm{dB}$
Für $M_\mathrm{B} = 8$ ist $I_\mathrm{stab} = 69\,\mathrm{dB}$
$f_\mathrm{Sender} \approx f_\mathrm{STALO} = 5\,000\,\mathrm{MHz}$
$f_\mathrm{COHO} = 30\,\mathrm{MHz}$
$\tau = 1\,\mu s$ $B\tau = 1$
$t_\mathrm{L} = 670\,\mu s$ (100 km)

Tabelle 7.7 Einfluß von Geräteinstabilitäten auf den maximal erreichbaren Improvementfaktor $I_{\max}$ und die erreichbare SIR-Verbesserung $I_{\mathrm{SIR},\max} = I_\mathrm{stab} = I_{\max}\cdot M_\mathrm{B}$. (Setzt man in der Tabelle die Störleistung (Varianz) σ_x^2 gleich der halben Leistung der Puls-zu-Puls-Änderung Δx, also $\sigma_x^2 = \Delta x^2/2$ (s. Seite 7–78), so stimmen die Beziehungen für $I_{\max}$ in für den praktischen Gebrauch ausreichender Näherung mit den in [7] angegebenen überein.) Man beachte auch, daß bei STALO- und/oder COHO-Frequenzinstabilitäten $I_{\max}$ über die Echolaufzeit t_L *entfernungsabhängig* ist.

ein sehr breitbandiges Rauschen relativ großer Rauschleistungsdichte („Rauschfuß"). Sein Vorteil ist der sehr schnelle Abfall der Rauschleistung zu beiden Seiten des Trägers. Bei einem Hohlraum-Oszillator ist es umgekehrt, die Rauschleistung fällt – ausgehend vom Träger – langsamer als beim Quarzoszillator ab, es bildet sich jedoch kein ausgesprochener Rauschfuß aus. Das „Weitab-Rauschen" ist geringer als beim Quarzoszillator. Man realisiert daher einen STALO oft als einen über einen Phase-Locked-Loop an einen Quarzoszillator angebundenen Hohlraum-Oszillator [19].

Um den Effekt der bei Nahbereichsechos auftretenden *Rauschunterdrückung durch Korrelation mit dem STALO-Abmischsignal* verstehen und quantitativ erfassen zu können, gehen wir kurz auf die Theorie der Phasenmodulation ein.

Allgemein gilt für einen mit einem sinusförmigen Signal der Frequenz f_m phasenmodulierten Träger der Frequenz f_t

$$s(t) = \cos\left(2\pi f_\mathrm{t} t + \mu \sin(2\pi f_\mathrm{m} t)\right) \tag{7.126}$$

Der *Phasenhub* μ wird auch als *Modulationsindex* bezeichnet. Das Spektrum dieses Signals ist [18]

$$S(f) = \sum_{n=-\infty}^{\infty} J_n(\mu) \cdot \frac{1}{2}\Big\{\delta(f - f_\mathrm{t} - n f_\mathrm{m}) + \delta(f + f_\mathrm{t} + n f_\mathrm{m})\Big\} \tag{7.127}$$

Dabei sind die $J_n(\mu)$ Besselfunktionen n-ter Ordnung erster Gattung. Beim Phasenrauschen von Oszillatoren ist der Modulationsindex stets sehr klein, dann treten für eine diskrete Frequenz f_m nur die ersten Seitenbänder auf ($n = \pm 1$) und es gilt

$$J_0(\mu) \approx 1 \quad \text{und} \quad J_1(\mu) \approx \frac{\mu}{2} \quad \text{sowie} \quad J_{-1}(\mu) \approx -\frac{\mu}{2} \tag{7.128}$$

Damit ist das Verhältnis der Leistung P_2S beider Seitenbänder zur Leistung P_t des Trägers

$$\frac{P_\mathrm{2S}}{P_\mathrm{t}} = \frac{J_1^2(\mu) + J_{-1}^2(\mu)}{J_0^2(\mu)} = \frac{\mu^2}{2} \tag{7.129}$$

Die Leistung des Phasenrauschens kann man messen, wenn man ein Meßfilter bekannter Bandbreite (zum Beispiel 1 kHz) über den interessierenden Frequenzbereich bspw. oberhalb des Trägers verschiebt und seine Ausgangsleistung mißt. Die stets interessierende Leistung *beider* Seitenbänder erhält man durch Verdopplung der Meßwerte (+3 dB) und die Leistung pro Hertz Bandbreite durch Abzug von in diesem Falle 10 log(1kHz/1 Hz) = 30 dB. Man gibt das Rauschleistungsspektrum meist in dB unter der Trägerleistung an, geschrieben als dBc. Für die nachfolgende Analyse müssen wir das Rauschleistungsspektrum beider Seitenbänder nochmals um 3 dB vergrößern, da der STALO sowohl beim Sendesignal wie auch – über das Abmischen – beim Empfangssignal beteiligt ist.

Bild 7.28 zeigt oben ein [19] entnommenes S-Band-STALO-Spektrum, das durch Gerade im doppelt-logarithmischen Koordinatensystem angenähert und wie erläutert um 6 dB angehoben wurde. Wir müssen das Spektrum aufgrund folgender Effekte korrigieren [7]:

1. Rauschunterdrückung durch Korrelation

2. Rauschunterdrückung durch das Clutterfilter

3. Amplitudengang des Einzelpuls-Matched-Filters.

Rauschunterdrückung durch Korrelation:
Der aus dem STALO abgeleitete, „phasenverrauschte“ Sendepuls wird nach Reflexion an einem Festziel beim Empfang wieder mit Hilfe des STALO-Signals abgemischt. Es leuchtet ein, daß – bezogen auf relativ niedrige Seitenband-Frequenzen (etwa < 1 000 Hz) des Phasenrauschspektrums – Echos aus dem Nahbereich den STALO in nahezu demselben Zustand vorfinden, in dem er sich bei der Erzeugung des Sendepulses befunden hat. Daher hebt sich das Phasenrauschen bei niederen Rauschfrequenzen teilweise heraus.

Das Sendesignal der Frequenz $f_t = f_{\mathrm{STALO}} + f_{\mathrm{ZF}}$ (s. Bild 5.9) ist zum Zeitpunkt der Sendepulserzeugung, wenn wir nur eine diskrete Frequenz f_m des Rauschspektrums betrachten,

$$s_1(t) = \cos\left[2\pi(f_{\mathrm{STALO}} + f_{\mathrm{ZF}})t + \mu\,\sin(2\pi f_{\mathrm{m}}t)\right] \tag{7.130}$$

Das STALO-Signal zum Zeitpunkt des Empfangs des Echopulses mit der Laufzeit t_{L} ergibt sich damit zu

$$s_2(t) = \cos\left[2\pi f_{\mathrm{STALO}}(t - t_{\mathrm{L}}) + \mu\,\sin\left(2\pi f_{\mathrm{m}}(t - t_{\mathrm{L}})\right)\right] \tag{7.131}$$

Beim Abmischen wird das Produkt $s_1(t)\cdot s_2(t)$ gebildet. Vom Ergebnis interessiert nur der Term $s_\Delta(t)$ mit der Differenzfrequenz. Dieser wird, wenn wir einen Faktor $\frac{1}{2}$ weglassen,

$$\begin{aligned} s_\Delta(t) &= \cos\Big[2\pi f_{\mathrm{ZF}}t + \mu\left(1 - \cos(2\pi f_{\mathrm{m}}t_{\mathrm{L}})\right)\sin(2\pi f_{\mathrm{m}}t) \\ &\qquad + \mu\,\sin(2\pi f_{\mathrm{m}}t_{\mathrm{L}})\,\cos(2\pi f_{\mathrm{m}}t) + 2\pi f_{\mathrm{STALO}}\,t_{\mathrm{L}}\Big] \end{aligned} \tag{7.132}$$

Mit

$$\begin{aligned} a &= \mu\,\sin(2\pi f_{\mathrm{m}}t_{\mathrm{L}}), \qquad b = -\mu\left(1 - \cos(2\pi f_{\mathrm{m}}t_{\mathrm{L}})\right) \\ \tan\phi &= \frac{b}{a}, \qquad \mu' = \sqrt{a^2 + b^2} \quad \text{und} \quad \varphi_{\mathrm{L}} = 2\pi f_{\mathrm{STALO}}t_{\mathrm{L}} \end{aligned}$$

findet man

$$s_\Delta(t) = \cos\left[2\pi f_{\mathrm{ZF}}t + \mu'\,\cos(2\pi f_{\mathrm{m}}t + \phi) + \varphi_{\mathrm{L}}\right] \tag{7.133}$$

Das ist ein phasenmoduliertes Signal mit dem *Modulationsindex* oder *Phasenhub* μ', wobei aus dem Vorhergehenden folgt:

$$\mu' = 2\mu \sin(\pi f_{\rm m} t_{\rm L}) \tag{7.134}$$

Nach Glchg. (7.129) ist das Verhältnis von Störleistung beider Seitenbänder zur Trägerleistung

$$\left(\frac{P_{2S}}{P_{\rm t}}\right)' = \frac{\mu'^2}{2} = 2\,\mu^2 \sin^2(\pi f_{\rm m} t_{\rm L}) \tag{7.135}$$

Damit wird die Dämpfung oder Unterdrückung $A_{\rm r}$ der „Rauschfrequenz" $f_{\rm m}$

$$A_{\rm r} = \frac{(P_{2S}/P_{\rm t})}{(P_{2S}/P_{\rm t})'} = \frac{\mu^2/2}{2\,\mu^2 \sin^2(\pi f_{\rm m} t_{\rm L})} = \frac{1}{4\,\sin^2(\pi f_{\rm m} t_{\rm L})} \tag{7.136}$$

Man erkennt, daß die Unterdrückung periodisch mit $\pi f_{\rm m} t_{\rm L}$ erfolgt. Für uns ist nur der Bereich $\pi f_{\rm m} t_{\rm L} < 1$ der ersten Periode nutzbar. Wir ersetzen für eine *grobe* Näherung den Sinus durch sein Argument:

$$A_{\rm r} \approx \frac{1}{4(\pi f_{\rm m} t_{\rm L})^2} \qquad \pi f_{\rm m} t_{\rm L} \le 1 \tag{7.137}$$

Die Echolaufzeit für eine Entfernung R ist $t_{\rm L} = 2R/c$ und damit

$$A_{\rm r} \approx \frac{c^2}{4\pi^2 f_{\rm m}^2 4R^2} = \frac{\rm const}{(\rm f_m\, R)^2} \tag{7.138}$$

Die Dämpfung $A_{\rm r}$ steigt also zu niederen Frequenzen hin mit 20 dB/Dekade an.

Die für eine diskrete Frequenz $f_{\rm m}$ gefundene Beziehung können wir wegen des stets kleinen Phasenhubs μ, der immer nur zwei Seitenbänder $J_{\pm 1}(\mu)$ entstehen läßt, auf das gesamte Rauschspektrum übertragen. Daher wird die Rauschleistung wegen der im Bereich $\pi f_{\rm m} t_{\rm L} = (2\pi f_{\rm m} R)/c \le 1$ angenähert gültigen Beziehung (7.138) von der Frequenz

$$\boxed{f_{\rm m} = \frac{c}{2\pi R}} \tag{7.139}$$

an abwärts mit 20 dB/Dekade gedämpft. Dabei ist für R die maximale Entfernung des Bodenclutters einzusetzen.

Rauschunterdrückung durch Clutterfilter:
Bei einem m-fach-Binominal-MTI-Filter kann man nach Glchg. (7.34) für niedrige Frequenzen in *grober* Näherung schreiben:

$$|H_{\rm MTI}(f)|^2 = |2\,\sin(\pi f T)|^{2m} \approx (2\pi f T)^{2m} \qquad \pi f T \le 1 \tag{7.140}$$

Im doppelt-logarithmischen Koordinatensystem läßt sich daher die Leistungsübertragungsfunktion für niedrige Frequenzen durch Gerade mit der Neigung 20 dB/Dekade für ein Einfach-MTI, 40 dB/Dekade für ein Doppel-MTI, 60 dB/Dekade für ein Dreifach-MTI usw. annähern. Als normierte Eckfrequenzen $f_{eck}T$ setzen wir die Schnittpunkte dieser Geraden mit einer Horizontalen in Höhe des mittleren Leistungsgewinns $\overline{G_S(f)}$ (s. Tabelle 7.2) fest: $(2\pi f_{eck}T)^{2m} = \overline{G_S(f)}$. Oberhalb der Eckfrequenz nähern wir die Leistungsübertragungsfunktion einfach durch eine horizontale Gerade mit 0 dB Leistungsgewinn an. Die normierten Eckfrequenzen ergeben sich für das Einfach-, Doppel- und Dreifach-MTI zu $f_{eck}T = 0{,}225$, 0,249 und 0,262 [7].

Bei anderen Filtertypen wird der niedere Frequenzbereich ebenfalls durch geeignete Gerade mit konstanter Neigung in dB/Dekade angenähert. Die Güte der Annäherung ist im allgemeinen nicht sehr kritisch, wie aus dem nachfolgenden Beispiel für ein MTD-Radar mit Dopplerfilterbank hervorgehen wird.

Rauschunterdrückung durch Einzelpuls-Matched Filter:
Das obere Ende der Empfangsbandbreite wird im allgemeinen durch den Frequenzgang des Einzelpuls-Matched-Filters geformt. Bei den oft verwendeten 2-Pol-Filtern nach Bild 6.4 nähert man den Frequenzgang ab dem 3 dB-Punkt durch eine Gerade mit einer Neigung von 40 dB/Dekade an.

Beispiel zur Ermittlung von I_{max} und I_{stab}

Im folgenden Beispiel, ähnlich dem in [7] gegebenem, wollen wir für ein MTD-Radar die durch den STALO verursachte Begrenzung von I_{SIR}, also I_{stab}, bestimmen. Bild 7.28 zeigt oben gestrichelt das gemessene Einseitenbandspektrum eines S-Band-STALO's [19], angenähert durch Gerade, in doppelt-logarithmischer Darstellung. Um beide Seitenbänder und die Beteiligung des STALO's beim Sende- und Empfangsvorgang zu erfassen, erhöhen wir um 6 dB (ausgezogene Kurve).

In der Mitte des Bildes sind die Korrekturfunktionen $K(f)$ dargestellt. Für die Rauschunterdrückung durch Korrelation nehmen wir eine maximale Clutterentfernung von $R = 100\,\text{km}$ an. Dann ergibt sich die zugehörige Eckfrequenz, von der an eine Rauschunterdrückung nach Gleichung (7.138) mit 20 dB/Dekade erfolgt, aus der Beziehung (7.139) zu $f_m = c/(2\pi R) = 477\,\text{Hz}$. Die Frequenzen $f < f_m = 477\,\text{Hz}$ des Rauschspektrums werden mit const/f^2 gedämpft.

Wir verwenden bei dem betrachteten MTD-Radar eine Dopplerfilterbank nach den Bildern 7.22 und 7.23 und betrachten stellvertretend für alle Dopplerfilter das Filter Nr. 1 von Bild 7.22. Zur Ableitung einer Annäherung seines niederfrequenten Frequenzganges durch eine Gerade mit konstanter Neigung in dB/Dekade ist in Bild 7.29 $|H(f)|^2$ des Filters im Bereich $1\,\text{Hz} \leq f \leq 270\,\text{Hz}$ aufgetragen ($\text{PRF} = 1\,000\,\text{Hz}$). Wir nähern den Frequenzgang konservativ durch die in Bild 7.29 eingezeichnete Gerade an. Sie beginnt bei 240 Hz mit 35 dB/Dekade zu fallen. Sie ist als weitere Korrekturfunktion in Bild 7.28 übernommen.

Das Radar hat eine Pulslänge von $\tau = 0{,}3\,\mu s$ und damit besitzt das gaußförmige 2-Pol-Einzelpuls-Matched Filter eine (einseitige) Videobandbreite von $B_{v,3dB} = 0{,}375/\tau = 1{,}25\,\text{MHz}$. Von dieser Frequenz an fällt die Übertragungsfunktion mit 40 dB/Dekade ab.

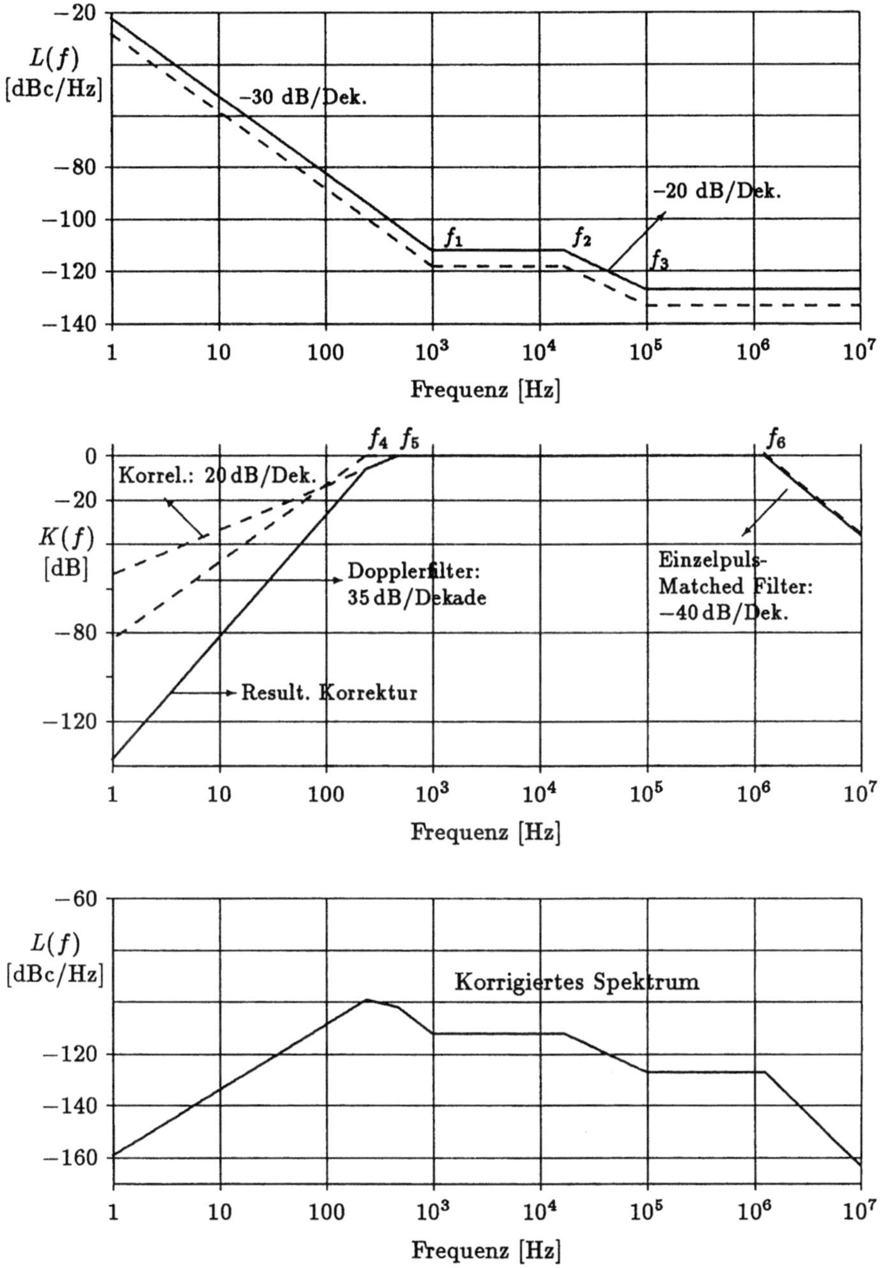

Bild 7.28 Korrektur des STALO-Spektrums.
Oben: Einseitenband-Spektrum (gestrichelt) und wirksames Spektrum (ausgezogen).
Mitte: Korrekturfunktionen.
Unten: Korrigiertes Spektrum.
($f_1 = 1$ kHz; $f_2 = 17$ kHz; $f_3 = 100$ kHz; $f_4 = 240$ Hz; $f_5 = 477$ Hz; $f_6 = 1{,}25$ MHz.)

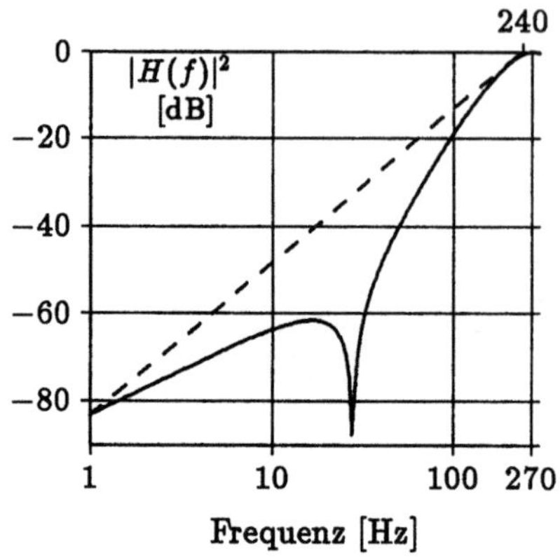

Bild 7.29 Zur Abschätzung der Korrektur $K(f)$ durch Dopplerfilter Nr. 1 von Bild 7.22. Der im *logarithmischen* Maßstab dargestellte Frequenzbereich von 1 Hz bis 270 Hz enthält einen (kleinen) Seitenzipfel bei 17 Hz und das Maximum der Filter-Hauptkeule bei 270 Hz. Das Quadrat des Frequenzganges wird, etwas konservativ, durch die gestrichelte Gerade mit einer Neigung von 35 dB pro Dekade angenähert.

Abschnitt	f_a [Hz]	f_e [Hz]	α [dB/Dek.]	$L(f_a)$ [dB$_c$/Hz]	P_i [10^{-9} W]
1	1	240	25	−159	8
2	240	477	−10	−99	21
3	477	1 000	−30	−102	12
4	1 000	17 000	0	−112	101
5	17 000	100 000	−20	−112	90
6	100 000	1 250 000	0	−128	230
7	1 250 000	10 000 000	−40	−128	84
		Summe integrierte Leistung:			$546 \cdot 10^{-9}$ W

$I_{max} = 10 \log (546 \cdot 10^{-9})^{-1} = 63\,\text{dB}$

$I_{stab} = I_{max} \cdot I_{SNR} \approx I_{max} \cdot M_B = 72\,\text{dB}$ für $M_B = 8$

Tabelle 7.8 Integrierte Störleistungen P_i der einzelnen Abschnitte des korrigierten STALO-Spektrums von Bild 7.28 unten zur Bestimmung von I_{max} und I_{stab}. Dabei ist zur Vereinfachung eine Trägerleistung von 1W angenommen. f_a und f_e sind die Anfangs- und Endfrequenzen eines Abschnittes, α seine Neigung. $L_i(f_a)$ ist die spektrale Leistungsdichte bei f_a im i-ten Abschnitt.

Im unteren Teil des Bildes 7.28 ist das korrigierte STALO-Spektrum gezeigt, mit insgesamt 7 geradlinigen Abschnitten. Für alle Abschnitte wurden durch Integration die Teilleistungen

$$P_i = \int_{f_a}^{f_e} L_i(f)\,df \tag{7.141}$$

innerhalb der einzelnen Frequenzintervalle ermittelt (mit Hilfe eines nur wenige Zeilen enthaltenden Programmes zur numerischen Integration auf einem Rechner). Sie sind in Tabelle 7.8 zusammengefaßt. Die dazu benötigten spektralen Leistungsdichten $L_i(f)$ bei einer beliebigen Frequenz f innerhalb des i-ten Abschnitts mit der Anfangsfrequenz f_a und der Neigung α in dB/Dekade leiten sich ab zu

$$L_i(f) = L_i(f_a) \cdot 10^{\left\{\frac{\alpha}{10}\log\left(\frac{f}{f_a}\right)\right\}} \tag{7.142}$$

Die Teilleistungen werden addiert, sie ergeben $C_{\text{ein,r}} = 546 \cdot 10^{-9}\,\text{W}$. Mit $C_{\text{ein}} = 1\,\text{W}$ wird $I_{\max} = C_{\text{ein}}/C_{\text{ein,r}} = 10\log(546 \cdot 10^{-9})^{-1} = 63\,\text{dB}$. Dann erhalten wir für das gesuchte I_{stab} wie in der Tabelle angegeben $I_{\text{stab}} \approx 72\,\text{dB}$ für $M_{\text{B}} = 8$.

Man erkennt anhand der Tabelle 7.8, daß die Güte der Annäherung des Frequenzganges des Dopplerfilters nicht sehr kritisch ist. Man beachte weiterhin, daß aufgrund der Vorgabe über die maximale Bodenclutter-Entfernung die ermittelten Werte für $I_{\max}$ und I_{stab} nur für die Clutter-Entfernung 100 km gelten. Bei näher gelegenem Clutter werden die Werte größer, bei weiter entfernt gelegenem kleiner.

Literaturverzeichnis

[1] Muehe, C.E., Cartledge, L., Drury, W.H., Hofstetter, E.M., Labitt, M., McCorison, P.B., Sferrino, V.J.: *New Techniques Applied to Air-Traffic Control Radars,* Proc. IEEE, vol. 62, June 1974, pp. 716-723.

[2] Barton, D.K.: *Radar System Analysis,* Artech House, 1976.

[3] Ward, H.R.: *Clutter Filter Performance Measures,* IEEE Intern. Radar Conference, 1980, Washington, pp. 231-239.

[4] Hansen, V.G.: *A Comparison of the Performance Against Clutter of Optimum, Pulsed Doppler and MTI Processors,* IEEE Intern. Radar Conference, 1980, Washington, pp. 211-218.

[5] Ludloff, A., Füchter, N., Hagedorn, F., Minker, M., Rohling, H.: *Doppler Processing, Waveform Design and Performance Measures for some Pulsed Doppler and MTD Radars,* Ortung und Navigation 3/1981, S. 417-457, und 1/1982, S. 5-54.

[6] Hansen, V.G.: *Optimum Pulse Doppler Search Radar Processing and Practical Applications,* IEE Intern. Radar Conference, 1982, London, pp. 138-143.

[7] Shrader, W.W., Hansen, V. G.: *MTI-Radar,* Chapter 15 in *Radar Handbook* (M.I. Skolnik, ed.), McGraw-Hill, 1990.

[8] Capon, J.: *Optimum Weighting Functions for the Detection of Sampled Signals in Noise,* IEEE-Trans. on Information Theory, vol. IT-10, April 1964, pp. 152-159.

[9] Zurmühl, R., Falk, S.: *Matrizen und ihre Anwendungen,* Springer-Verlag, 1984.

[10] Thomas, H.W., Abram, T.M.: *Stagger period selection for moving-target radars,* Proc. IEE, vol. 123,no. 3, March 1976, pp. 195-199.

[11] Hall, W.M., Ward, H.R.: *Signal-to-Noise Loss in Moving Target Indicator,* IEEE-Proc., vol. 56, February 1968, pp. 233-234.

[12] Wirth, W.D.: *Bewegtziel-Erkennung bei Impulsradarsystemen,* Nachrichtentechn. Zeitschr. (NTZ), 1966, H. 5, S. 279-287.

[13] Bühring, W., Wirth, W.D.: *Die Entdeckung bewegter Ziele aus Festzielstörungen mit dem Doppler-Filtersystem,* Nachrichtentechn. Zeitschr. (NTZ), 1971, H. 2, S. 72-76.

[14] Ludloff, A., Minker, M.: *Reliability of Velocity Measurement by MTD Radar,* IEEE Transactions on Aerospace and Electronic Systems, AES-21, July 1985, pp. 522-528.

[15] Rohling, H.: *Zur Berechnung von Dopplerfilterbänken für die Radarsignalverarbeitung,* Wiss. Berichte AEG-TELEFUNKEN 53/1980, Nr. 4-5, S. 145-153.

[16] Rohling, H., Schürmann, J.: *Diskrete Fensterfunktionen für die Kurzzeitspektralanalyse,* AEÜ (Archiv f. Elektronik u. Übertragungstechnik), Band 34, 1/1980, S. 7-15.

[17] Steinberg, B.D.: *MTI Radar Filters,* Part IV Chapter 2 in *Modern Radar* (R.S. Berkowitz, ed.), John Wiley & Sons, 1965.

[18] Lüke, H.D.: *Signalübertragung,* Springer-Verlag, 1990.

[19] Rupp, A.: *Radarempfänger – seine Bausteine in moderner Technik,* Kapitel 6 in *Radartechnik* (G. Käs, Herausg.), expert verlag Grafenau/Württ., 1981.

8 Pulskompression

8.1 Übersicht

Sinn des Pulskompressionsverfahrens ist es, über Sendepulsdauer einerseits und Entfernungsauflösung andererseits frei verfügen zu können. Die Wahl des einen Parameters soll nicht gleichzeitig den anderen festlegen.

Diese Forderung kann man erfüllen, wenn man Sendesignale mit großen Zeit-Bandbreite-Produkten $\tau B \gg 1$ verwendet. Erzeugt werden solche Signale durch eine pulsinterne Modulation der Frequenz oder Phase des Trägers. Das zu einem solchen Signal gehörende Matched Filter führt dann automatisch eine Kompression des Echopulses durch, daher der Name Pulskompression (PK).

Nach Beantwortung der Frage „Wozu Pulskompression?“ werden die – leider auch vorhandenen – Nachteile des PK-Verfahrens erläutert und Hinweise zur Auswahl des Sendesignals gegeben. Zur Veranschaulichung der Doppleremfindlichkeit von Sendesignalen verwendet man die sogen. Ambiguity-Funktion. Es werden die Auto- und Kreuz-Ambiguity-Funktion entwickelt, aus denen sich wichtige Eigenschaften für alle Sendesignale ableiten lassen. Anschließend werden folgende Modulationsarten behandelt:

1. Lineare Frequenzmodulation (FM oder LFM)
2. Nichtlineare Frequenzmodulation (NLFM)
3. Biphasenmodulation
4. Polyphasenmodulation

Zur Reduktion der störenden Entfernungsnebenkeulen oder -seitenzipfel werden leicht Signal-fehlangepaßte, sogen. Mismatched Filter (MMF) eingesetzt. Der Entwurf eines für beliebige Signale geeigneten Mismatched Filters wird skizziert. Es läßt sich als FIR-Filter realisieren.

Zum Abschluß gehen wir auf die digitale Erzeugung beliebiger Sendesignale ein und auf die Realisierung digitaler Pulskompressionsfilter in Form von FIR-Filtern oder mit Hilfe der segmentierten schnellen Faltung.

8.2 Allgemeine Aspekte der Pulskompression

Wozu Pulskompression?

Große Reichweite eines Radars erfordert eine große mittlere Sendeleistung. Diese läßt sich bei einem Pulsradar mit vorgegebener PRF nur durch eine Steigerung der Pulsspitzenleistung erreichen. Eine große Pulsspitzenleistung ist aber schwierig zu beherrschen (Spannungsfestigkeit der Hohlleiter-Komponenten u. a. m.) und oft – zum Beispiel bei Halbleitersendern – überhaupt nicht realisierbar. Das Verfahren der Pulskompression (PK) gestattet nun, die mittlere Sendeleistung durch Vergrößern der Pulsdauer zu steigern. Mit einer pulsinternen Phasen- oder Frequenzmodulation – eine Amplitudenmodulation würde die Leistungskapazität des Senders nicht voll ausschöpfen – kann dabei gleichzeitig eine beliebige Entfernungsauflösung sichergestellt werden. Denn die Entfernungsauflösung und damit die Entfernungsmeßgenauigkeit werden, wie in Kapitel 10 gezeigt wird, *nur durch die Signalbandbreite B bestimmt,* die durch die pulsinterne Modulation beliebig groß gemacht werden kann. Mit Hilfe des Pulskompressionsverfahrens kann man also *über Sendepulsdauer und damit mittlere Leistung einerseits und Entfernungsauflösung andererseits frei verfügen.*

Eine hohe Entfernungsauflösung ist auch wegen der damit verbundenen Verbesserung des Signal/Clutter-Verhältnisses immer wünschenswert. Diese Verbesserung tritt ein, da Boden- und Regenclutter die Radarauflösungszelle meist ganz füllen, die Abmessungen eines typischen Radarzieles aber wesentlich kleiner als die der Auflösungszelle sind. Bei Verkleinerung der Radarauflösungszelle wächst damit das Signal-zu-Clutter-Verhältnis S/C oder SCR am Radareingang.

Das „klassische“ Radarsendesignal des einfachen geträgerten Rechteckpulses einerseits und das Sendesignal eines PK-Radars andererseits unterscheiden sich durch ihr Zeit-Bandbreite-Produkt τB, wobei τ die Dauer des Sendepulses ist. Im erstgenannten Fall ist $\tau B \approx 1$, im zweiten Fall $\tau B \gg 1$. *Pulskompression ist also die Anwendung von Sendesignalen mit großem Zeit-Bandbreite-Produkt τB.* Das Matched Filter der Glchg. (6.5) komprimiert bei einem PK-Radar den Echopuls der Dauer τ um den Kompressionsfaktor $K =$ Zeit-Bandbreite-Produkt τB auf die Dauer $\tau_c = \tau/K$ und vergrößert seine Amplitude um ebenfalls den Faktor K. Im Falle des PK-Radars bezeichnet man dessen Matched Filter meist als Pulskompressionsfilter, abgekürzt PKF.

Ein weiterer Vorteil der PK ist die relative Unempfindlichkeit gegenüber ungewollten oder gewollten Störsignalen (ECM). Denn das Pulskompressionsfilter stellt für Störsignale ein stark Signal-fehlangepaßtes Filter dar, es ist ja an die spezielle pulsinterne Modulation des Sendesignals („Sendecode“) angepaßt.

Das Pulskompressionsverfahren hat Ähnlichkeit mit dem Spread Spectrum-Verfahren der Nachrichtenübertragung. Bei diesem wird durch eine geeignete Codierung die Signalbandbreite ebenfalls extrem vergrößert (gespreizt). Das belegte Frequenzband kann von weiteren Signalquellen mit jeweils eigener Codierung benutzt werden. Da der Empfänger die Codierung kennt, kann er durch

Decodierung die ursprüngliche Nachricht zurückgewinnen. Das Spread Spectrum-Verfahren ist wie das Pulskompressionsverfahren sehr immun gegenüber Störungen. Da die gesamte Energie über ein sehr großes Frequenzband verteilt wird, ist es im militärischen Falle außerdem einem gegnerischen Empfänger oft unmöglich, überhaupt die Existenz einer gerade stattfindenden Nachrichtenübertragung zu erkennen.

Nachteile der Pulskompression

Die Anwendung des PK-Verfahrens zeigt, wie nicht anders zu erwarten, auch Nachteile. Sie sind nachfolgend aufgelistet und werden anschließend erläutert:

1. Entfernungsnebenkeulen (sogenannter Eigenclutter)
2. Dopplerempfindlichkeit des PKF-Ausgangssignals
3. Range-Doppler-Coupling (RDC)
4. Blindentfernung
5. Möglicherweise Einschränkungen bei der Anwendung von STC
6. Magnetron-Sender nicht einsetzbar.

Zu 1:
Das Matched Filter-Ausgangszeitsignal zeigt vor und hinter dem Hauptpuls eines Zieles Entfernungsseitenzipfel oder -nebenkeulen. Die Seitenzipfel eines starken Zieles können erstens ein schwaches Ziel maskieren und zweitens zu Falschzielmeldungen führen. Letztere müssen durch geeignete CFAR-Algorithmen unterdrückt werden. Um diese möglichst einfach halten zu können, sollten die Nebenkeulen möglichst homogen sein, d. h. nahezu gleiche Amplituden besitzen. Man bezeichnet die Nebenkeulen eines Zieles auch als Eigenclutter.
Zu 2:
Bei Pulsradaren ohne PK sind große Zieldoppler zulässig, ehe sich zu große S/N-Verluste des Matched Filter-Ausgangssignals einstellen. Bei PK-Radaren ist dagegen der zulässige Dopplerbereich, innerhalb dessen noch keine zu hohen S/N-Verluste und zu großen Nebenkeulen auftreten, meist stark eingeschränkt. Aus diesem Grunde muß in manchen Fällen eine Bank paralleler, Doppler-korrigierter Pulskompressionsfilter eingesetzt werden. Zur Beurteilung der Dopplerempfindlichkeit eines Sendesignals wird meist eine 3D-Darstellung der sogen. Ambiguity-Betragsfunktion herangezogen. Der S/N-Verlust bei Dopplerverschiebung ist bei linearer und nichtlinearer FM sowie bei der Polyphasenmodulation eine Funktion des normierten Dopplers f_D/B und ist nahezu unabhängig vom Kompressionsfaktor K. Bei der Biphasenmodulation ist dagegen der Verlust allein eine Funktion des auf die Dauer τ des unkomprimierten Pulses bezogenen Dopplers, also von $f_D\tau$, und ist dann ebenfalls unabhängig vom Kompressionsfaktor oder

der Codelänge. In der Literatur stellt man die Doppleremfindlichkeit bzw. den S/N-Verlust meist einheitlich als eine Funktion von f_D/B dar, die also bei allen Modulationsarten mit Ausnahme der Biphasenmodulation nahezu unabhängig vom Kompressionsfaktor ist.
Zu 3:
Bei einigen Modulationsarten wie linearer und nichtlinearer FM und Polyphasenmodulation tritt ein mit der Dopplerverschiebung wachsender Entfernungsfehler auf, d. h. das Maximum des MF-Ausgangsignals erscheint zeitlich versetzt zur wahren Zielentfernung. Man kann diesen Effekt für ein blindgeschwindigkeitsfreies sogenanntes RDC-MTI-Verfahren ausnutzen [7].
Zu 4:
Während des Sendens des langen Pulses muß der Empfänger blockiert werden. Ist der Sendepuls bspw. 33 μs lang, so ist das Radar 33 μs/(6,7 μs/km) $\approx$ 5 km blind. Um diesen Blindbereich zu vermeiden, kann man nach dem langen Puls einen sehr kurzen Puls aussenden, für dessen Echos ein eigener Empfangskanal bereitgestellt wird. Das vergrößert aber den Aufwand.
Zu 5:
Eine Nahechodämpfung (STC = Sensitivity Time Control) verleiht dem Echopuls eine Amplitudenmodulation. Das PKF ist an dieses modulierte Signal nicht mehr angepaßt. Die Folge sind ein mehr oder weniger großer S/N-Verlust und obendrein vergrößerte Nebenkeulen des PKF-Ausgangsignals. Eine genaue Abschätzung ist nur mit einer Simulation möglich. Der schädliche Einfluß der STC ist naturgemäß umso größer, je länger der unkomprimierte Sendepuls ist.
Zu 6:
Für Frequenz- oder Phasenmodulation sind Magnetron-Sender nicht einsetzbar.

Wahl der Modulationsart

Die Auswahl des Sendesignals und damit der Modulationsart wird im wesentlichen von folgenden Größen beeinflußt, die durch die Aufgabenstellung an das Radar festgelegt werden:

1. Entfernungsauflösung (Signalbandbreite)
2. Erwarteter Dopplerbereich der Ziele
3. Dauer des Sendepulses entsprechend der bereitzustellenden mittleren Sendeleistung (bestimmt mit 1. das Kompressionsverhältnis K und damit das Zeit-Bandbreite-Produkt)
4. Realisierungsmöglichkeiten und Kosten

In der Vergangenheit wurden einige Modulationsarten kaum verwendet, weil bei ihnen die Signalerzeugung und Signalverarbeitung auf zu große Realisierungsschwierigkeiten stieß. Solche Einschränkungen bei der Signalauswahl sind bei der heutigen digitalen Signalerzeugung und -verarbeitung kaum noch vorhanden. Kostenträchtig ist jedoch eine sehr große Signalbandbreite, die A/D-Abtastfrequenzen von etwa > 10 MHz erfordert.

Bild 8.1 verdeutlicht die Dopplerabhängigkeit des Maximums des PKF-Ausgangsignals als Maß für den S/N-Verlust für verschiedene Modulationsarten. Die Biphasenmodulation ist am Doppler-empfindlichsten, die lineare FM am wenigsten empfindlich. Nichtlineare FM und Polyphasenmodulation liegen dazwischen. Letztere zeigt einen stetigen Abfall des maximalen Ausgangssignals, überlagert von einer periodischen Fluktuation mit einer Amplitude von etwa 3 dB. Man beachte aber, daß bei einem durchaus noch akzeptablen Amplitudenabfall der Nebenkeulenpegel bereits prohibitiv hoch sein kann.

Der erwartete, auf die Signalbandbreite B normierte Dopplerbereich scheidet daher, wenn er relativ groß ist, die Biphasenmodulation aus. Es sei denn, man schaltet mehrere Doppler-korrigierte PKF parallel, die den erwarteten Dopplerbereich abdecken. Das erhöht den Aufwand, aber man ist frei vom Range-Doppler-Coupling der linearen und nichtlinearen FM sowie der Polyphasenmodulation.

Bevorzugte Kandidaten der Modulationsart werden in Zukunft die lineare und die nichtlineare FM sowie die Polyphasenmodulation mit dem (symmetrischen oder nichtsymmetrischen) P4-Code sein. Denn strebt man bei der an sich einfach zu realisierenden Biphasenmodulation eine Nebenzipfelreduktion an, so führt dies zwangsläufig auf Pulskompressionsfilter mit etwa ähnlichem Aufwand wie für den P4-Code, der aber nicht ganz so Doppler-empfindlich ist wie ein Biphasencode. Für den Biphasencode spricht allerdings das fehlende Range-Doppler-Coupling.

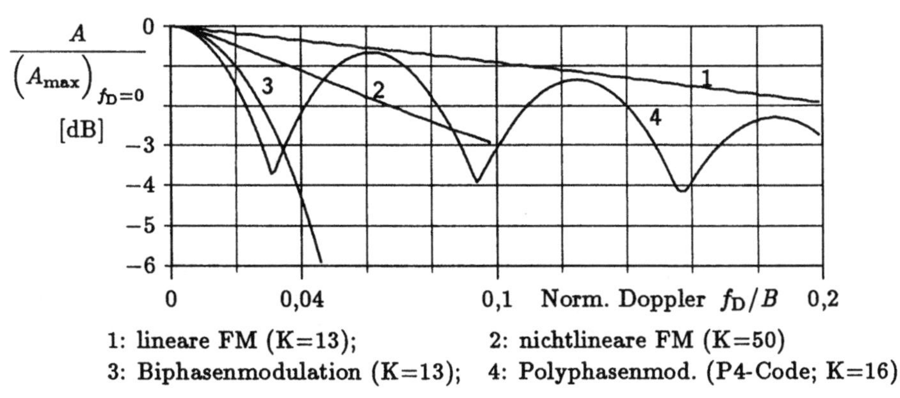

Bild 8.1 Dopplerabhängigkeit des Maximums A des PKF-Ausgangssignals, normiert auf das Maximum bei $f_D/B = 0$, bei verschiedenen Modulationsarten. Der Abfall des Maximums entspricht etwa dem S/N-Verlust. Die Kurven 1, 2 und 4 sind nahezu unabhängig vom Kompressionsfaktor K. Bei der Biphasenmodulation der Kurve 3 sind für eine Codelänge von $N = K = \tau B$ die normierten Doppler dieser Kurve mit $13/N$ zu multiplizieren (s. Glchg. (8.30)).

8.3 Die Ambiguity-Funktion

Ein Radar besitzt zur Optimierung der Zielentdeckung ein an das Sendesignal angepaßtes Filter, das Matched Filter (MF). Im allgemeinen ist dieses Filter für eine Dopplerverschiebung $f_D = 0$ des Echosignals entworfen. Zur Zielentdeckung wird der Betrag des Matched Filter-Ausgangssignals mit einer Schwelle verglichen und bei Schwellenüberschreitung eine Zielmeldung ausgegeben. Bei Radaren mit Pulskompression wird das Matched Filter auch als Pulskompressionsfilter (PKF) bezeichnet.

Meist zeigt das MF-Ausgangssignal lokale Maxima in der Zeit-Doppler-Ebene, das sind Seitenzipfel oder Nebenkeulen in der Entfernung oder im Doppler. Bei der Zielentdeckung oder bei der Auflösung in einer Mehrziel-Situation können diese zu Mehrdeutigkeiten (engl. Ambiguities) führen. Ebenso können die Nebenkeulen starker Ziele schwache Ziele maskieren.

Die nachfolgend hergeleitete Ambiguity-Betragsfunktion (ABF) liefert den Betrag des Ausgangssignals des Matched Filters als Funktion der Zeitverschiebung t_v und der Dopplerverschiebung f_D. Als Bezug dient ein Referenzziel bei $t_v = 0$ und $f_D = 0$, für welches das Matched Filter das größtmögliche Ausgangssignal ausgibt. In 3D-Darstellung läßt die Ambiguity-Betragsfunktion vorhandene Mehrdeutigkeiten in Form von Seitenzipfeln oder Nebenkeulen und auch S/N-Verluste (zurückgehende Signalmaxima) in der Entfernungs-Doppler-Ebene qualitativ gut erkennen.

Das kohärent in den Tiefpaßbereich abgemischte Sendesignal sei $u(t)$. Dann ist ein um f_D dopplerverschobenes Echosignal – unter Weglassung einer Proportionalitätskonstanten – gleich $u(t) \cdot e^{j\,2\pi f_D t}$. Das Ausgangssignal des Matched Filters mit der Impulsantwort $h(t)$, eine Funktion von t_v und f_D, ist zum Zeitpunkt $t = t_v$ durch ein Faltungsintegral gegeben:

$$g(t_v, f_D) = \int_{-\infty}^{\infty} u(t)\, e^{j\,2\pi f_D t} \cdot h(t_v - t)\, dt \tag{8.1}$$

Nach Glchg. (6.5) ist, wenn das Maximum des MF-Ausgangssignals bei $t = t_0$ beobachtet und $c = 1$ gesetzt wird, die MF-Impulsantwort für ein nicht-dopplerverschobenes Signal $h(t) = u^*(t_0 - t)$. Das MF-Ausgangssignal ist damit

$$g(t_v, f_D) = \int_{-\infty}^{\infty} u(t)\, e^{j\,2\pi f_D t} \cdot u^*(t + t_0 - t_v)\, dt \tag{8.2}$$

Der Konvention folgend setzen wir vereinfachend $t_0 = 0$, denken uns also das Sendesignal entsprechend der Zielentfernung zu einem Zeitpunkt $t < 0$ abgestrahlt. Dann ist die Ambiguity-Betragsfunktion oder ABF definiert als

$$|\chi(t_\mathrm{v}, f_\mathrm{D})| = \left| \int_{-\infty}^{\infty} u(t)\, u^*(t - t_\mathrm{v})\, \mathrm{e}^{\mathrm{j}\,2\pi f_\mathrm{D} t}\, dt \right| \tag{8.3}$$

Sie beschreibt den Betrag des MF-Ausgangssignals für Ziele, die in der Entfernung um t_v und im Doppler um f_D vom Referenzziel bei $t_\mathrm{v} = 0$ und $f_\mathrm{D} = 0$ versetzt sind. Die Ambiguity-Betragsfunktion stellt gewissermaßen den Betrag einer Korrelationsfunktion für eine kombinierte Zeit-Doppler-Verschiebung $t_\mathrm{v}, f_\mathrm{D}$ dar. Die Größe $\chi(t_\mathrm{v}, f_\mathrm{D})$ selbst – also ohne Betragsstriche – wird als Ambiguity-Funktion (AF) bezeichnet (man findet aber auch $|\chi(t_\mathrm{v}, f_\mathrm{D})|^2$ als Definition der AF). Die Ambiguity-Betragsfunktion läßt sich auch durch das (Tiefpaß-)Spektrum $U(f)$ des Echosignals $u(t)$ beschreiben, man beachte Glchg. (8.5).

Bild 8.2 zeigt die Ambiguity-Betragsfunktion eines Rechteckpulses der Dauer τ im Bereich $-1 \le t_\mathrm{v}/\tau \le 1$ und $-5 \le f_\mathrm{D}/B \le 5$, wobei wir die Bandbreite B als $B = 1/\tau$ definieren. Für den Dopplerschnitt bei $f_\mathrm{D} = 0$ ergibt sich der erwartete Dreieckpuls mit der Basisdauer 2τ. Für größere Dopplerverschiebungen treten in Entfernungsrichtung mehrere Maxima auf. Derart große Dopplerverschiebungen sind aber in der Praxis kaum vorhanden. Bei einem S-Band-Radar mit einer Pulslänge von $1\,\mu$s und einem Mach 3-Ziel wird bspw. $f_\mathrm{D}/B = 18\,000\,\mathrm{Hz}/1\,\mathrm{MHz} = 0{,}018$. Man kann Bild 8.2 entnehmen, daß sich dann immer noch ein Dreieckpuls ergibt. Bei Signalen mit großen Zeit-Bandbreite-Produkten dagegen ändert sich die Dopplerempfindlichkeit oft dramatisch.

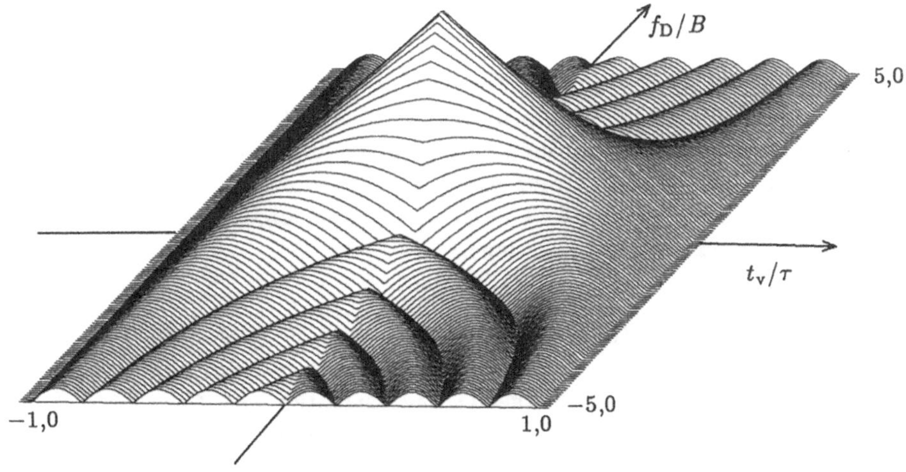

Bild 8.2 Ambiguity-Betragsfunktion (ABF) eines Rechteckpulses konstanter Trägerfrequenz der Dauer τ und der Bandbreite $B = 1/\tau$.

Die Kreuz-Ambiguity-Funktion

Um Entfernungs-Seitenzipfel – auf Kosten des S/N-Gewinns und unter Inkaufnahme einer größeren Dopplerempfindlichkeit – zu reduzieren, werden häufig leicht fehlangepaßte, sogen. *Mismatched Filter (MMF)* eingesetzt. Bezeichnet man allgemein die Impulsantwort des Matched- oder des Mismatched Filters mit $h(t)$, so bekommt man als verallgemeinerte Ambiguity-Betragsfunktion die Beziehung

$$|\chi(t_v, f_D)| = \left| \int_{-\infty}^{\infty} u(t)h(t_v - t)\, e^{j2\pi f_D t}\, dt \right| \tag{8.4}$$

Ist $h(t)$ die Impulsantwort des Matched Filters, so spricht man von *Auto-ABF* oder *ABF im engeren Sinne*, ist $h(t)$ die Impulsantwort des Mismatched Filters, so spricht man von *Kreuz-ABF*.

Wir können die Ambiguity-Funktion auch im Frequenzbereich darstellen. Das Filter-Ausgangsspektrum ist mit $u(t)\, e^{j2\pi f_D t} \circ\!\!-\!\!\bullet\ U(f-f_D)$ und $h(t) \circ\!\!-\!\!\bullet\ H(f)$ gleich $U(f-f_D)\, H(f)$. Das Signal zum Zeitpunkt $t = t_v$, eine Funktion von t_v und f_D, erhält man durch eine Fourier-Rücktransformation. Daraus folgt

$$|\chi(t_v, f_D)| = \left| \int_{-\infty}^{\infty} U(f - f_D)\, H(f)\, e^{j2\pi t_v f}\, df \right| \tag{8.5}$$

Im Falle des Matched Filters wird $H(f) = U^*(f) e^{-j2\pi t_0 f} = U^*(f)$ für $t_0 = 0$.

Für wenige Signalformen läßt sich die ABF in geschlossener Form anschreiben und daraus berechnen. Bei den meisten Signalen jedoch muß die Berechnung der ABF und vor allem die der Kreuz-ABF durch Computer-gestützte numerische Integration einer der Glchgn. (8.3), (8.4) oder (8.5) erfolgen (man verwendet den Algorithmus der schnellen Korrelation).

Eigenschaften der Ambiguity-Funktion

Es läßt sich zeigen, daß nachfolgende Eigenschaften der Auto- und Kreuz-Ambiguity-Funktionen gelten [1, 2]. Sie sind von großer praktischer Bedeutung beim Signalentwurf.

1. Das Maximum der Auto-Ambiguity-Betragsfunktion tritt bei $t_v = 0$ und $f_D = 0$ auf und ist gleich der Energie E des (äquivalenten Tiefpaß-)Signals $u(t)$:

$$|\chi(t_v, f_D)| \leq |\chi(0,0)| = \left| \int_{-\infty}^{\infty} u(t)\, u^*(t)\, dt \right| = \int_{-\infty}^{\infty} |u(t)|^2\, dt = E \tag{8.6}$$

2. Die Auto-Ambiguity-Betragsfunktion ist eine gerade Funktion (nicht aber die Kreuz-ABF) und damit symmetrisch zum Ursprung:

$$|\chi(-t_v, -f_D)| = |\chi(t_v, f_D)| \tag{8.7}$$

3. Das Volumen unter der Oberfläche der quadrierten Auto- oder Kreuz-ABF ist gleich dem Quadrat der Signalenergie und damit konstant:

$$\int_{-\infty}^{\infty} \int_{-\infty}^{\infty} |\chi(t_v, f_D)|^2\, dt_v df_D = E^2 \tag{8.8}$$

Dabei ist im Falle der Kreuz-ABF eine Normierung des Leistungsgewinns bzw. der Impulsantwort $h(t)$ des Mismatched Filters auf die Signalenergie angenommen: $\int_{-\infty}^{\infty} |h(t)|^2\, dt = E$.

Die Beziehung (8.8) ist wie folgt zu interpretieren. Das beschriebene Volumen und seine Verteilung in der Entfernungs-Doppler-Ebene kennzeichnen die Störung oder Interferenz, die von einem einzelnen Ziel verursacht wird. Die Glchg. (8.8) zeigt, daß das Volumen konstant ist und die Form des Sendesignals (Modulationsart) wie auch das Empfangsfilter (Matched oder Mismatched Filter) dieses Volumen nicht beeinflussen. Sie bestimmen aber seine räumliche Verteilung.

Man bezeichnet die von einem diskreten Ziel (z. B. Festziel) in seine „Entfernungs-Doppler-Umgebung gestreute Störenergie" als Eigenclutter (engl. Selfclutter). *Versucht man bei konstant gehaltener Signalenergie E durch eine Änderung der Form des Sendesignals oder durch ein Mismatched Filter Seitenzipfel in einer bestimmten Region der Entfernungs-Doppler-Ebene zu reduzieren, zum Beispiel entlang der Entfernungsachse, so muß das dort lokal reduzierte Volumen an anderer Stelle wieder auftauchen („Sandsack-Effekt").*

Welche Form der Ambiguity-Betragsfunktion ist erstrebenswert?

Die Beantwortung dieser Frage hängt von der Aufgabenstellung an das Radar ab. Wollen wir bei einem Überwachungsradar mit beliebigen Zieldopplern innerhalb eines Intervalles $[-f_{D,max}; f_{D,max}]$ mit einem einzigen Matched Filter auskommen, sollte die ABF einem Grat (engl. Ridge) konstanter Höhe entlang der Dopplerachse ähneln, der sich über obiges Intervall erstreckt.

Bei einem Einzelziel-Verfolgungsradar (in einer Mehrziel-Umgebung) mit hohen Anforderungen an die Auflösung ist dagegen eine ABF in Form einer schmalen Keule bei $t_v = 0$ und $f_D = 0$ und einem niedrigen, konstanten Seitenzipfelniveau erstrebenswert (engl. Thumbtack = Reißzwecke).

8.4 Lineare Frequenzmodulation

Bei der linearen Frequenzmodulation (FM) innerhalb eines Rechteckpulses steigt oder fällt die Frequenz zeitlinear über der Dauer τ des (unkomprimierten) Pulses um den positiven oder negativen Frequenzhub ΔF, ausgehend von der Startfrequenz $f_0 - \Delta F/2$, man vergl. Bild 8.3. Ist $\theta(t)$ die Momentanphase des Rechteck-Trägerpulses, so ist die Momentanfrequenz gegeben durch

$$f(t) = \frac{1}{2\pi}\frac{d\,\theta(t)}{dt} = f_0 + \frac{\Delta F}{\tau}t \qquad -\frac{\tau}{2} \le t \le \frac{\tau}{2} \tag{8.9}$$

Das Bandpaßsignal eines Rechteckpulses mit linearer FM und der Amplitude 1 läßt sich damit schreiben als

$$\begin{aligned} s_{\mathrm{BP}}(t) &= \cos\left(\theta(t)\right)\cdot \mathrm{rect}\frac{t}{\tau} = \cos\left\{2\pi\int\limits_{-\tau/2}^{t}\left(f_0 + \frac{\Delta F}{\tau}t\right)dt\right\}\cdot \mathrm{rect}\frac{t}{\tau} \\ &= \cos\left\{2\pi f_0 t + \pi\frac{\Delta F}{\tau}t^2 - \pi\tau\left(f_0 + \frac{\Delta F}{4}\right)\right\}\cdot \mathrm{rect}\frac{t}{\tau} \end{aligned} \tag{8.10}$$

Der Frequenzhub $|\Delta F|$ entspricht angenähert der Breite B des mit merklicher Amplitudendichte belegten Frequenzbandes, man definiert daher die Bandbreite bei linearer FM als $B = |\Delta F|$. Mischen wir kohärent mit der Mittenfrequenz f_0 des Bandpaßsignals ab, durch Multiplikation mit $2\,\mathrm{e}^{-\mathrm{j}\,2\pi f_0 t}$, so erhalten wir für das äquivalente Tiefpaß- oder I/Q-Signal

$$\boxed{s_{\mathrm{TP}}(t) = \mathrm{e}^{\mathrm{j}\,\pi\frac{\Delta F}{\tau}t^2}\cdot \mathrm{rect}\frac{t}{\tau} = \mathrm{e}^{\mathrm{j}\,\pi\tau\Delta F\left(\frac{t}{\tau}\right)^2}\cdot \mathrm{rect}\frac{t}{\tau}} \tag{8.11}$$

Dabei haben wir den uninteressanten Phasenterm $\pi\tau(f_0 + \Delta F/4)$ vernachlässigt. Als Kompressionsfaktor K definiert man die Größe

$$K = \tau|\Delta F| = \tau\,B = \text{Zeit-Bandbreite-Produkt} \tag{8.12}$$

Bild 8.3 d zeigt den Realteil (I-Signal) des Tiefpaß-Signals.

Man kann zeigen, daß für große Zeit-Bandbreite-Produkte das Spektrum des Signals von Glchg. (8.11) rechteckförmig wird und sich dann in guter Näherung schreiben läßt als [1]

$$S(f) = \mathrm{const}\cdot \mathrm{rect}\left(\frac{f}{B}\right)\,\mathrm{e}^{\mathrm{j}\,\varphi(f)} = \mathrm{const}\cdot \mathrm{rect}\left(\frac{f}{B}\right)\,\mathrm{e}^{-\mathrm{j}\,\pi\tau\Delta F\left(\frac{f}{B}\right)^2} \tag{8.13}$$

Ein FM-Signalspektrum wird vor allem durch die über der Frequenz quadratische Phase $\varphi(f) = -\pi\tau\Delta F(f/B)^2$ charakterisiert. Da für die Übertragungsfunktion des zugehörigen Matched Filters, also des Pulskompressionsfilters,

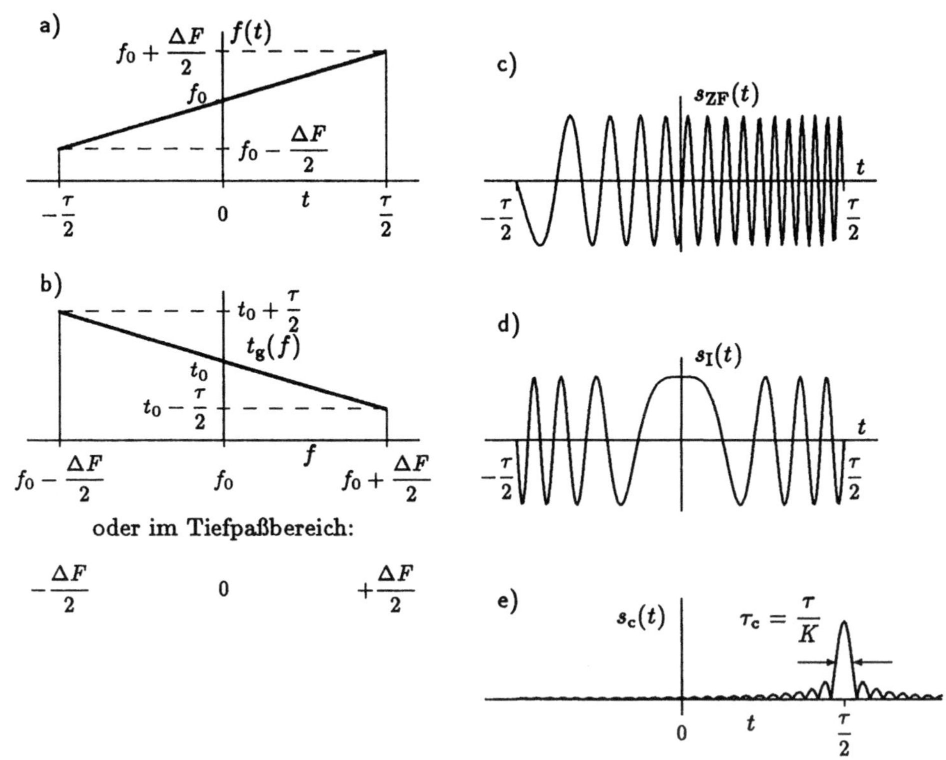

Bild 8.3 Sendepuls mit linearer Frequenzmodulation.
a) Zeitlinearer Frequenzverlauf $f(t)$ mit einem Hub von ΔF über der Pulsdauer τ.
b) Frequenzlineare (Gruppen-)Laufzeit $t_g(f)$ des Matched Filters mit einer Laufzeitdifferenz von τ (= dispersive Verzögerungsleitung im Bandpaß- oder Tiefpaßbereich).
c) HF- oder ZF-Signal.
d) Kohärentes Tiefpaß-, bspw. I-Signal. Die Frequenz ändert sich über der Pulsdauer von $-\Delta F/2$ über Null zu $+\Delta F/2$ hin.
e) Komprimierter Puls im Tiefpaßbereich. Er kann frühestens zum Ende der Pulsdauer τ auftreten, hier also bei $\tau/2$. Dann ist $t_0 = \tau/2$.

$H(f) = S^*(f)\,\mathrm{e}^{-\mathrm{j}\,2\pi t_0 f}$ gilt, erhält man für die Gruppenlaufzeit t_g des PKF die Beziehung

$$t_g(f) = -\frac{1}{2\pi}\frac{d\varphi(f)}{df} = t_0 - \tau\frac{f}{\Delta F} \qquad -\frac{|\Delta F|}{2} \le f \le \frac{|\Delta F|}{2} \tag{8.14}$$

Steigt z. B. die Frequenz während der Pulsdauer um den Frequenzhub $|\Delta F| = B$ an, so muß wegen der letzten Gleichung das PKF oder das Matched Filter prinzipiell eine dispersive Verzögerungsleitung mit einer Laufzeit besitzen, die, ausgehend von einem Anfangswert der Dauer $t_0 + \tau/2$, linear mit der Frequenz abfällt. Dann werden die zuerst eintreffenden, niederen Frequenzen stark verzögert, die später eintreffenden höheren Frequenzen weniger stark. Es wird erreicht, daß – etwas lose formuliert – *alle am unkomprimierten Puls beteiligten Frequenzen zur gleichen Zeit am Ausgang des Matched Filters eintreffen.* Dadurch wird der Echopuls der Dauer τ auf die Länge

$$\boxed{\tau_c = \frac{\tau}{K} = \frac{\tau}{\tau B} = \frac{1}{B}} \tag{8.15}$$

komprimiert, wie in Bild 8.3 e gezeigt.

Im Englischen wird ein linear frequenzmodulierter Puls häufig als Chirp-Signal oder einfach Chirp bezeichnet. Ursache dieser Bezeichnung ist das entstehende akustische Geräusch, wenn man einen solchen Puls (kleineren Frequenzhubs, wie er beim Sonar verwendet wird) in den Audiobereich abmischt.

Bild 8.4 zeigt die Betrags-Spektren von FM-Pulsen mit unterschiedlichen Kompresssionsverhältnissen. Mit steigendem K nähert sich das Spektrum mehr und mehr einem Rechteck an. Ein ideales Matched Filter liefert an seinem Ausgang dann wieder ein (reelles) Rechteckspektrum ab. Das MF-Ausgangssignal im Zeitbereich ist die Fourier-Rücktransformierte des Rechteckspektrums der Breite B und daher ein sinc-Puls mit nur 13 dB Seitenzipfelabstand. Also ist bei großem K das MF-Ausgangssignal von der Form $g(t) = \text{const} \cdot \text{sinc}(Bt) = \text{const} \cdot \text{sinc}(t/\tau_c)$,

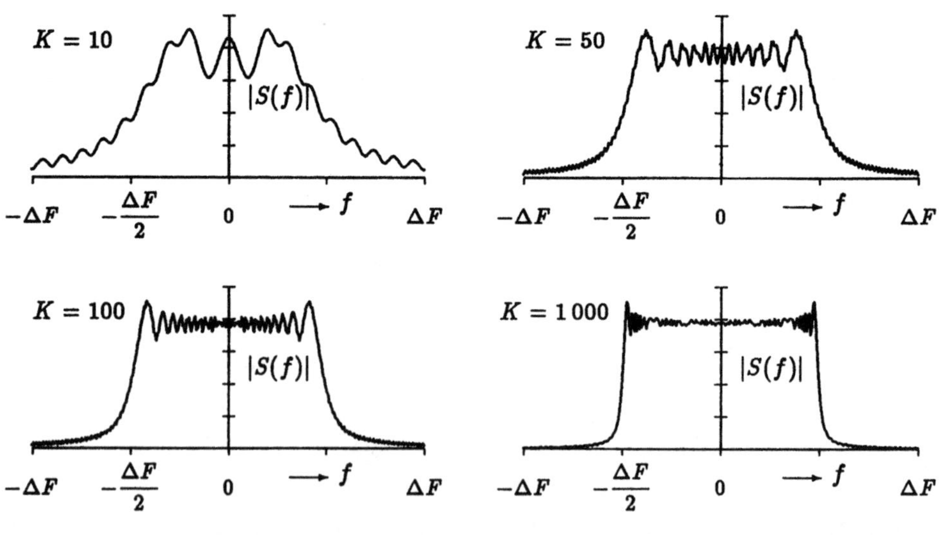

Bild 8.4 Betragsspektren von Sendepulsen mit linearer FM und einem Frequenzhub von $|\Delta F| = B$ für verschiedene Kompressionsverhältnisse K, nach kohärenter Abmischung in den Videobereich. Mit steigendem K nähert sich der Betrag des Spektrums einem Rechteck an.

wobei man zeigen kann, daß const $= K$. *Der Ausgangspuls wird also gegenüber dem Eingangspuls der Amplitude 1 und der Dauer τ in der Amplitude um den Kompressions-Faktor K vergrößert und in der Dauer um ebenfalls den Faktor K auf τ_c komprimiert.*

Wir normieren die Entfernungsverschiebung auf τ und die Dopplerverschiebung auf die Signalbandbreite B, setzen also zum Beispiel $x = t_v/\tau$ und $y = f_D/B$. Dann ist die Ambiguity-Betragsfunktion eines FM-Signals [1, 2], wenn $\mathrm{sgn}(\Delta F)$ das Vorzeichen von ΔF darstellt, gegeben durch

$$\begin{aligned} |\chi(x,y)| &= \left|(1-|x|)\,\mathrm{sinc}\Big[K(1-|x|)(y+\mathrm{sgn}(\Delta F)\,x)\Big]\right| && |x|<1 \\ &= 0 && \text{sonst} \end{aligned} \qquad (8.16)$$

Bild 8.5 zeigt oben die Ambiguity-Betragsfunktion eines Chirp-Signals mit $K = 13$ und positivem Frequenzhub $\Delta F = B$ im Bereich $-1{,}0 \leq t/t_v \leq 1{,}0$ und $-0{,}9 \leq f_D/B \leq 0{,}9$. Ihr Hauptbestandteil ist ein diagonal in der Entfernungs-Doppler-Ebene verlaufender „Bergrücken“ oder Hauptkamm (engl. Ridge). Mit steigendem Doppler nimmt das MF-Ausgangssignal langsam ab, wobei aber das Maximum immer weiter von $t_v = 0$ wegwandert. Bei Dopplerverschiebung tritt also eine Verschiebung der angezeigten Entfernung und damit ein Entfernungsfehler auf. Man spricht von *Range-Doppler-Coupling*. Man kann zeigen, daß für kleine Doppler f_D der normierte Entfernungsfehler

$$\frac{\Delta t_v}{\tau} = -\frac{f_D}{\Delta F} \quad \text{oder} \quad \frac{\Delta t_v}{\tau_c} = -K\frac{f_D}{\Delta F} = -\,\mathrm{sgn}(\Delta F)\,f_D\,\tau \qquad (8.17)$$

beträgt. Bei einem S-Band-Radar mit $K = 13$, $\Delta F = B = 3\,\mathrm{MHz}$ und einem Mach 3-Ziel ist $\Delta t_v/\tau_c \approx -13 \cdot 18\,000\,\mathrm{Hz}/3 \cdot 10^6\,\mathrm{Hz} = -0{,}08$ und der Fehler damit 8% der komprimierten Pulsdauer. Weiter zeigt Bild 8.5 unten einen Ausschnitt aus der ABF von oben, und zwar den Dopplerschnitt bei $f_D = 0$ und den sich anschließenden Dopplerbereich bis $f_D/B = 0{,}23$. Man erkennt, daß wegen des relativ kleinen K und des damit noch nicht ganz rechteckförmigen Spektrums das Ausgangssignal in der Feinstruktur der Seitenzipfel von der exakten sinc-Form abweicht. Der Entfernungsfehler mit steigendem Doppler ist gut sichtbar.

Seitenzipfelreduktion bei linearer FM

Zur Seitenzipfelreduktion kann man das bei linearer FM nahezu rechteckförmige Spektrum des MF-Ausgangssignals wichten, d. h. angenähert zu einer Gaußkurve formen, zum Beispiel mit einer Hamming-Wichtung. Man erreicht mit ihr theoretisch etwa 43 dB Seitenzipfelabstand, bezahlt dies aber mit einem S/N-Verlust von etwa 1,3 dB. Denn durch die Wichtung ist das PKF nicht mehr an das Rechteck-Signalspektrum angepaßt, im Sinne der Matched Filter-Theorie. Prinzipiell wird zur Wichtung ein der dispersiven Verzögerungsleitung vor- oder nachgeschaltetes Wichtungsfilter verwendet.

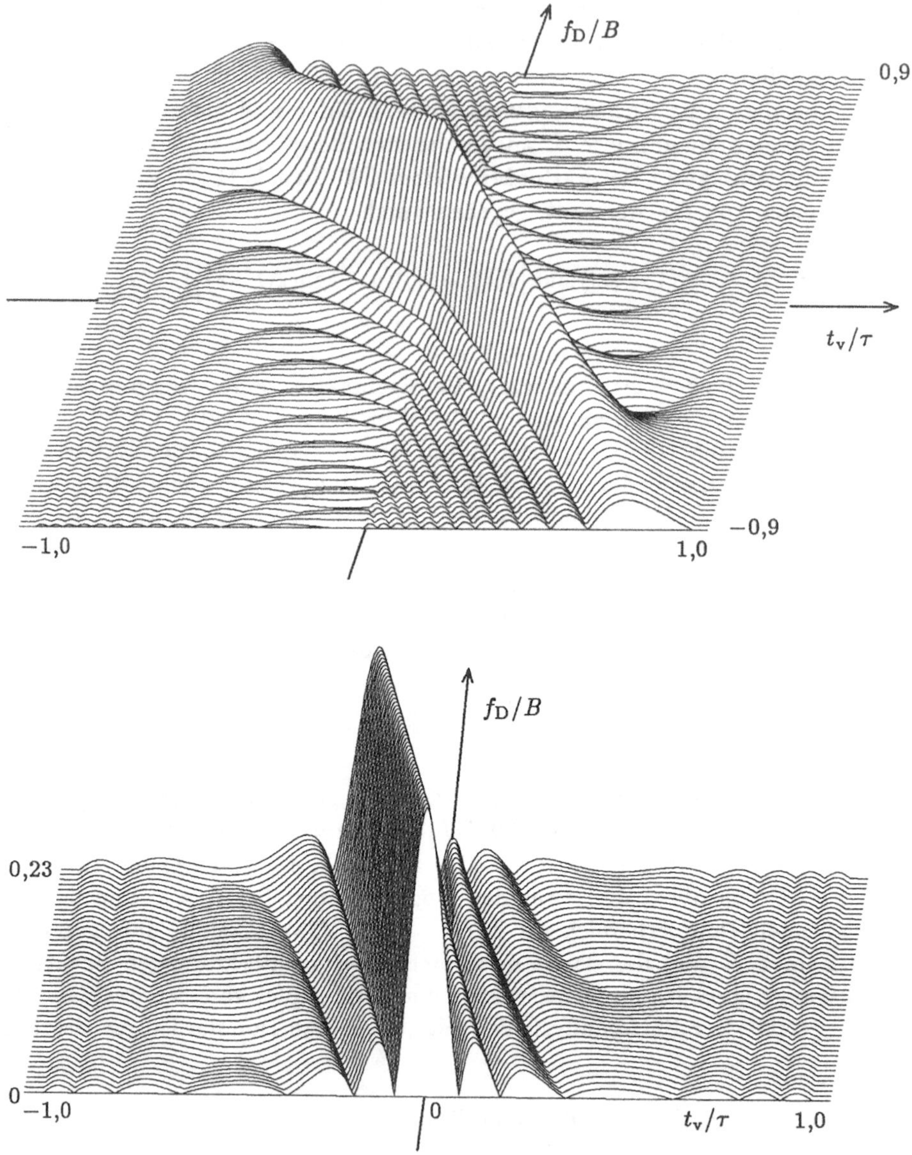

Bild 8.5 ABF eines Rechteckpulses mit linearer FM ($K = 13$).
Oben: Normierter Dopplerbereich $-0{,}9 \leq f_D/B \leq 0{,}9$.
Unten: Ausschnitt aus obiger ABF (mit etwas geändertem Amplitudenmaßstab) im Bereich $0 \leq f_D/B \leq 0{,}23$ mit Dopplerschnitt bei $f_D/B = 0$. Der Seitenzipfelabstand beträgt etwa ≥ 15 dB. Man beachte das „Range-Doppler-Coupling".

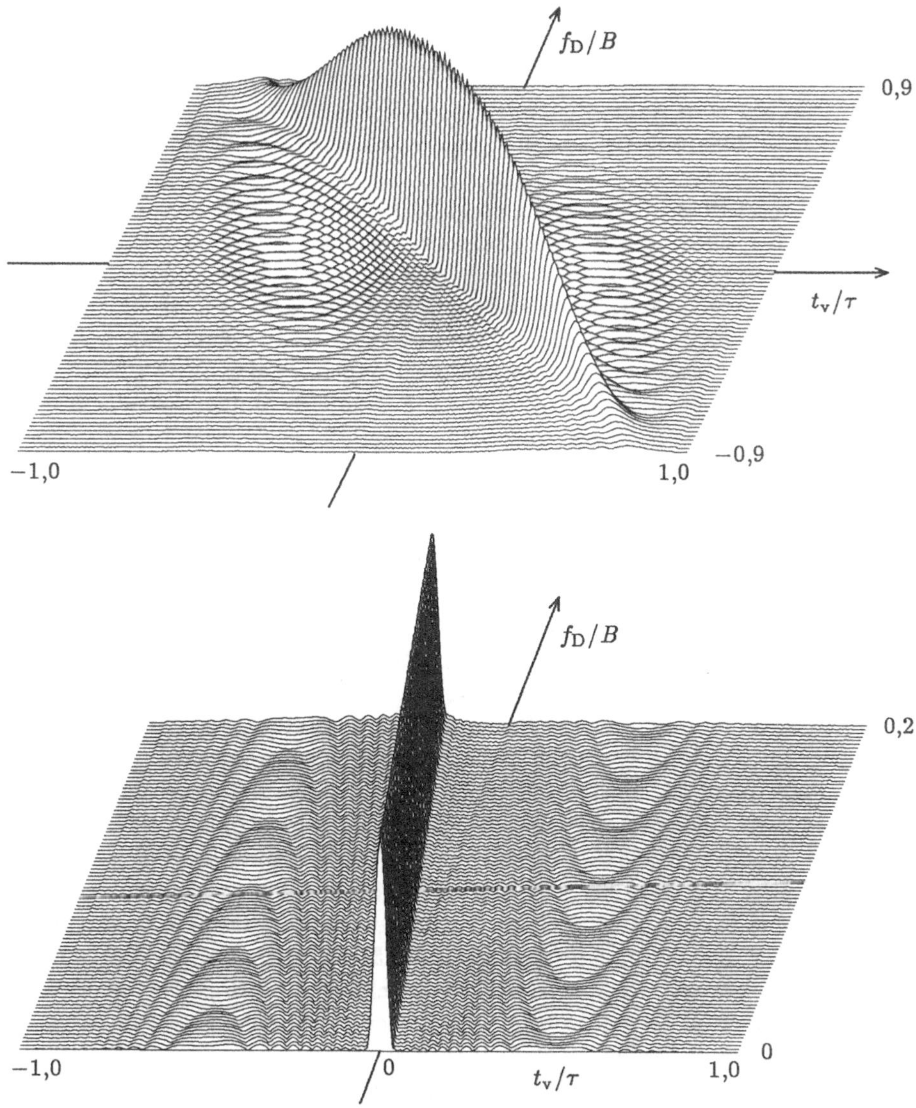

Bild 8.6 Kreuz-ABF eines Rechteckpulses mit linearer FM ($K = 50$) und Hamming-Wichtung des Matched Filter-Ausgangsspektrums.
Oben: Normierter Dopplerbereich $-0{,}9 \leq f_D/B \leq 0{,}9$.
Unten: Ausschnitt aus obiger Kreuz-ABF im Bereich $0 \leq f_D/B \leq 0{,}2$ mit Dopplerschnitt bei $f_D/B = 0$. Der Seitenzipfelabstand ist ≥ 32 dB und sinkt nur relativ langsam mit steigendem Doppler. Bei $f_D/B = 0{,}2$ beträgt er ≥ 27 dB.
Anmerkung: Die „Zähne" im oberen Bild entstehen durch Rasterung, d. h. durch die endliche Zahl von Bildpunkten, die durch Gerade verbunden werden. Sie sind keine Eigenschaft der ABF. Ähnliches gilt für einige folgende Bilder.

In der Praxis ist der Seitenzipfelabstand meist geringer als theoretisch erwartet, da insbesondere bei kleineren Zeit-Bandbreite-Produkten τB das Spektrum merklich von der Rechteckform abweicht. Mit der weiter hinten beschriebenen, allgemeineren Methode der Seitenzipfelunterdrückung lassen sich aber – auch bei kleineren τB – größere Nebenkeulenabstände erreichen, bei allerdings erhöhtem Aufwand.

In Bild 8.6 ist oben die Kreuz-Ambiguity-Betragsfunktion eines FM-Signals mit $K = 50$ bei Anwendung einer Hamming-Wichtung gezeigt. Darunter ist der Dopplerschnitt bei $f_D/B = 0$ sowie der anschließende Bereich bis $f_D/B = 0{,}2$ dargestellt. Der erreichte Seitenzipfelabstand ist 32 dB. Der Nebenkeulenabstand sinkt, wie u. a. aufgrund der durch Glchg. (8.8) beschriebenen Eigenschaften der Kreuz-ABF zu erwarten, mit steigendem Doppler wieder ab. So fällt er bei $f_D/B = 0{,}1$ auf 29 dB und bei $f_D/B = 0{,}2$ auf 26 dB. Dabei wird der höhere Seitenzipfelpegel teilweise durch eine Art „Pedestal" hervorgerufen, nicht durch ein Anwachsen der Seitenzipfelamplituden selbst.

8.5 Nichtlineare Frequenzmodulation

Bei der nichtlinearen Frequenzmodulation (NLFM) formt man den Betrag des Spektrums sowohl auf der Sendeseite wie auch auf der Empfangsseite so, daß sich resultierend ein gaußförmiges Betragsspektrum ergibt. Die Umhüllende des Sendepulses im Zeitbereich bleibt rechteckförmig. Das Matched Filter- oder PKF-Ausgangssignal im Zeitbereich besitzt dann gegenüber einer linearen FM deutlich reduzierte Seitenzipfel oder Nebenkeulen, *ohne daß die Seitenzipfelreduktion mit einem S/N-Verlust bezahlt werden müßte.* Ein Nachteil ist jedoch, daß – gegenüber der linearen FM ohne Wichtung – bei vorgegebener Bandbreite des Sende-Empfangskanals eine Verbreiterung der Hauptkeule des PKF-Ausgangssignals und damit eine geringe Einbuße an Entfernungsauflösung eintritt. Infolge der gestiegenen Realisierungsmöglichkeiten bei digitaler Signalverarbeitung, zumindest für Signale mit nicht zu großer Bandbreite, ist die nichtlineare FM recht attraktiv geworden.

Die NLFM basiert auf folgender grundsätzlicher Überlegung. Man kann durch eine pulsinterne, nicht-zeitlineare Frequenzmodulation den Betrag des Sendespektrums so gestalten, daß sein Verlauf angenähert der Wurzel aus einer gaußförmigen Kurve ähnelt (gestauchte Gaußkurve). Das wird dadurch erreicht, daß man während des Pulses mit der Momentanfrequenz $f(t)$ länger im Bereich der mittleren Frequenzen der belegten Bandbreite verweilt als im Bereich der Randfrequenzen. Wir bezeichnen dieses Sendespektrum mit $S(f) = |S(f)|\, e^{j\varphi(f)}$. Kennzeichnend für die NLFM ist die nicht-frequenzlineare Gruppenlaufzeit

$$t_g(f) = -\frac{1}{2\pi}\frac{d\varphi(f)}{df} \qquad \text{mit} \qquad \frac{d^2\varphi(f)}{df^2} \neq \text{const}$$

Das zugehörige Matched Filter auf der Empfangsseite besitzt die Übertragungsfunktion $H(f) = S^*(f)\,\mathrm{e}^{-j2\pi f t_0}$. Sein Ausgangsspektrum ist

$$G(f) = S(f) \cdot H(f) = S(f)\, S^*(f)\, \mathrm{e}^{-j2\pi f t_0} = |S(f)|^2\, \mathrm{e}^{-j2\pi f t_0} \tag{8.18}$$

Ein Matched Filter beseitigt durch seine zum Sendespektrum konjugiert komplexe Übertragungsfunktion immer eine ggf. vorhandene nicht-frequenzlineare Phase. Es verbleibt eine konstante Gruppenlaufzeit (eine Vorbedingung für kleine Seitenzipfel im Zeitbereich). Der Betrag des Filter-Ausgangsspektrums ist damit

$$|G(f)| = |S(f)| \cdot |H(f)| = |S(f)|^2 \tag{8.19}$$

Soll das zugehörige Signal im Zeitbereich kleine Seitenzipfel oder Nebenkeulen aufweisen, muß die Form dieses Ausgangsspektrums eine der bekannten gaußähnlichen Wichtungsfunktionen annähern, die wir hier mit $w(f)$ bezeichnen wollen.

Sowohl das Betragsspektrum des Sendesignals wie auch der Betrag der Übertragungsfunktion des Matched Filters müssen somit eine der Wurzel aus einer Wichtungsfunktion ähnliche Form besitzen, also gleich $\sqrt{w(f)}$ sein. Ihr Produkt $|S(f)|\,|H(f)| = |S(f)|^2$ ergibt die gewünschte Wichtungsfunktion selbst. Deren Fourier-Rücktransformierte – das Zeitsignal – besitzt dann kleine Seitenzipfel.

Den notwendigen Verlauf der Momentanfrequenz $f(t)$ über der Dauer des Sendepulses wie auch den Frequenzgang der Gruppenlaufzeit $t_g(f)$ der dispersiven Verzögerungsleitung des Matched Filters erhält man aus Überlegungen, die sich das Prinzip der *„stationären Phase“* [3] zunutze machen. Eine mehr heuristische Betrachtungsweise in [1] führt zu gleichen Ergebnissen. Eine Erläuterung einer der beiden Theorien würde hier zu weit führen.

Man kann aus ihnen ableiten, daß, um das gewünschte Sende-Betragsspektrum $|S(f)| = \sqrt{w(f)}$ zu erhalten, die Zeitfunktion der (Momentan-)Frequenz $f(t)$ der Beziehung

$$\frac{d\,f(t)}{dt} = \frac{c_1}{w(t)} \tag{8.20}$$

gehorchen muß. Dabei ist $w(t) = \widetilde{w}(t/\tau)$ eine Wichtungsfunktion im Zeitbereich und bis auf den Wechsel der normierten Variablen von f/B in t/τ identisch mit $w(f) = \widetilde{w}(f/B)$. Weiter ist c_1 ist eine Konstante. Bei der Integration der letzten Gleichung wählen wir die Integrationskonstante zu $f_0 - B/2$ und erhalten für den Verlauf der Momentanfrequenz

$$f(t) = f_0 - \frac{B}{2} + c_1 \int_{-\tau/2}^{t} \frac{1}{w(t)}\, dt \qquad -\frac{\tau}{2} \le t \le \frac{\tau}{2} \tag{8.21}$$

Die Konstante c_1 legen wir so fest, daß über der Pulsdauer τ der positive Frequenzhub $\Delta F = B$ erreicht wird. Bei einem negativen Frequenzhub wäre in der letzten Gleichung der Integralausdruck von $f_0 + B/2$ zu subtrahieren. Die Trägermittenfrequenz ist f_0.

Arbeitet man mit dem äquivalenten Tiefpaßsignal, ist $f_0 = 0$ und viele Beziehungen werden vereinfacht. Wir wollen deshalb alle nachfolgenden Überlegungen im Tiefpaßbereich durchführen. Den prinzipiellen Frequenzverlauf nach Glchg. (8.21) zeigt Bild 8.7, links. Man erkennt das längere Verweilen im Bereich der mittleren Frequenzen.

Für den Frequenzgang der Gruppenlaufzeit der dispersiven Verzögerungsleitung des Matched Filters (PKF) gilt die zur Glchg. (8.20) „duale" Beziehung

$$\frac{d\,t_g(f)}{df} = -\,c_2\,w(f) \tag{8.22}$$

Durch geeignete Wahl der Integrationskonstanten erhalten wir für einen positiven Frequenzhub

$$t_g(f) = t_0 + \frac{\tau}{2} - c_2 \int\limits_{-B/2}^{f} w(f)\,df \qquad -\frac{B}{2} \leq f \leq \frac{B}{2} \tag{8.23}$$

Wir wählen c_2 so, daß sich über dem Frequenzhub B ein Abfall der Gruppenlaufzeit um $\Delta t_g = \tau$ ergibt. Dabei ist t_0 eine beliebige, sich aus der Realisierung ergebende Laufzeit. Bei einem negativen Frequenzhub müßte in der letzten Gleichung der Summand mit dem Integralausdruck zu $t_0 - \tau/2$ addiert werden.

Das ideale Matched Filter oder PKF besteht bei der NLFM prinzipiell aus einer dispersiven Verzögerungsleitung, die über der Frequenz eine nichtlineare

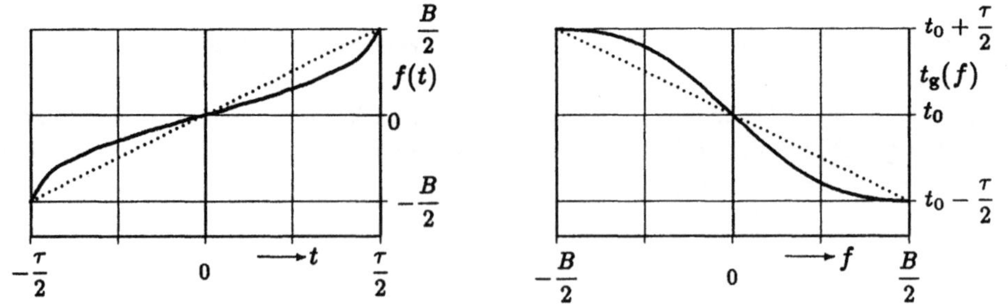

Bild 8.7 Sendepuls mit nichtlinearer Frequenzmodulation.
Links: Frequenzverlauf $f(t)$ während der Pulsdauer τ, nach Glchg. (8.26).
Rechts: Verlauf der Gruppenlaufzeit $t_g(f)$ des Matched Filters (PKF) über der Bandbreite B, nach Glchg. (8.27).
Das Spektrum und Seitenzipfelverhalten dieses Signals zeigt Bild 8.8.

Gruppenlaufzeit nach Glchg. (8.23) besitzt. Ihr vor- oder nachgeschaltet ist ein Wichtungsfilter konstanter Gruppenlaufzeit mit der Übertragungsfunktion

$$|H_1(f)| = \sqrt{w(f)} \tag{8.24}$$

Bezüglich der Systemfunktion entspricht dieses Filter bspw. dem Subpuls-Matched Filter bei Biphasenmodulation, ist aber wegen seiner wenig steilen Filterflanken als Anti-Aliasing-Filter vor der A/D-Umsetzung nicht so wirksam wie die sonst üblichen gaußförmigen Filter.

Im allgemeinen erreicht man die zu den verwendeten Wichtungsfunktionen $w(t)$ bzw. $w(f)$ gehörigen Seitenzipfelabstände auch theoretisch nur angenähert. Das liegt daran, daß die aus dem Prinzip der stationären Phase abgeleiteten Glchgn. (8.20) bis (8.23) exakt nur für Signale mit sehr großem Zeit-Bandbreite-Produkt, d. h. $\tau B \to \infty$ gelten.

Beispiel mit Hamming-Funktion

Als Beispiel für eine Wichtungsfunktion verwenden wir die Hamming-Wichtung

$$w(t) = \widetilde{w}\left(\frac{t}{\tau}\right) = \alpha + (1-\alpha)\cos\left(2\pi\frac{t}{\tau}\right) \qquad -\frac{\tau}{2} \le t \le \frac{\tau}{2} \tag{8.25}$$

die mit $\alpha = 0{,}52$ zufriedenstellende Ergebnisse für bspw. $K = \tau B \approx 50$ zeigt (bei der Hamming-Wichtung im engeren Sinne ist $\alpha = 0{,}54$). Berechnet man $f(t)$ nach Glchg. (8.21), spaltet einen linear mit der Zeit wachsenden Anteil ab und nähert den verbleibenden nichtlinearen Teil durch eine Fourier-Reihe an, so bekommt man für den Verlauf der Momentanfrequenz und die Fourier-Koeffizienten $G(n)$

$$\boxed{f(t) = B\frac{t}{\tau} + B\sum_{n=1}^{8} G(n)\sin\left(2\pi n\frac{t}{\tau}\right) \qquad -\frac{\tau}{2} \le t \le \frac{\tau}{2}} \tag{8.26}$$

$G(1) = -0.1145$ $G(2) = 0.0389$ $G(3) = -0.0169$ $G(4) = 0.0084$
$G(5) = -0.0044$ $G(6) = 0.0024$ $G(7) = -0.0014$ $G(8) = 0.0008$

Bild 8.7 zeigt links den damit berechneten Verlauf der Momentanfrequenz. Die Gruppenlaufzeit $t_g(f)$ als Funktion der Frequenz erhält man bei Verwendung der Hamming-Funktion Glchg. (8.25) mittels Integration aus Glchg. (8.23) zu

$$\boxed{t_g(f) = t_0 - \tau\frac{f}{B} - \frac{\tau}{2\pi}\left(\frac{1-\alpha}{\alpha}\right)\sin\left(2\pi\frac{f}{B}\right) \qquad -\frac{B}{2} \le f \le \frac{B}{2}} \tag{8.27}$$

Dabei wurde in der Hamming-Funktion t/τ durch f/B ersetzt. Bild 8.7 zeigt rechts den Verlauf der Gruppenlaufzeit $t_g(f)$ für $\alpha = 0{,}52$.

Für eine digitale Erzeugung des Sendesignals $s(t)$ benötigt man ggf. dessen Abtastwerte und für eine digitale Realisierung des PKF Abtastwerte seiner Übertragungsfunktion $H(f)$ bzw. seiner Impulsantwort. Man kann das Sendesignal

$$s(t) = \cos\big(\theta(t)\big) \quad \text{mit} \quad \frac{1}{2\pi}\frac{d\theta(t)}{dt} = f(t) \quad \text{aus} \quad \theta(t) = 2\pi \int_{-\tau/2}^{t} f(t)\,dt$$

unter Verwendung der Glchg. (8.26) durch numerische Integration berechnen. Ebenso erhält man den Phasenterm $\varphi(f)$ von

$$H(f) = \sqrt{w(f)}\,\mathrm{e}^{\mathrm{j}\,\varphi(f)} \quad \text{wegen} \quad \frac{d\varphi(f)}{df} = -2\pi t_g(f) \quad \text{aus} \quad \varphi(f) = -2\pi \int_{-B/2}^{f} t_g(f)\,df$$

mit Hilfe von Glchg. (8.27) ebenfalls durch numerische Integration.

Bild 8.8 enthält oben links das Betragsspektrum eines NLFM-Signals nach Glchg. (8.26) für $K = B\tau = 50$. Man erkennt im Vergleich zu Bild 8.4 oben rechts den Charakter einer gestauchten Gaußkurve. Im Bild sind weiter Autokorrelationsfunktionen (ABF's für $f_D/B = 0$) dargestellt. Dabei ist eine digitale Signalverarbeitung mit unterschiedlichen Abtastfrequenzen angenommen. Bei hoher Abtastfrequenz (quasi-kontinuierlicher Fall) ist der Seitenzipfelabstand ≥ 30 dB. Bei einer nur einmaligen Abtastung pro (fiktiven) Subpuls der Dauer $\tau_c = 1/B$ steigt der Seitenzipfelpegel an den Rändern der AKF stark an. Daher sind meist Abtastfrequenzen von $> 1/B$ erforderlich.

Bild 8.9 zeigt oben die ABF für den Bereich $-1 \leq f_D/B \leq 1$. Bei zum Beispiel negativen Dopplerverschiebungen gehen der zu positiven Entfernungen hin verschobenen und schon abgeschwächten Hauptkeule – die nichtlineare FM zeigt also wie erwartet auch ein Range-Doppler-Coupling – recht große Nebenkeulen voraus, die aber erst bei $t_v = 0$ einsetzen. Man kann diese Nebenkeulen auch als eine „aufgezipfelte Verbreiterung der Hauptkeule" auffassen. Bei positiven Dopplern folgen diese mit dem Doppler ansteigenden Nebenkeulen der nach links versetzten Hauptkeule.

Die ABF läßt erkennen, daß die nichtlineare FM bezüglich der Doppler-Abhängigkeit der Nebenkeulen empfindlicher als die lineare FM ist. Deshalb kommt ihre Anwendung im allgemeinen nur in Frage, wenn für die erwarteten Ziele etwa $f_D/B \leq 0{,}03$ gilt. Ein X-Band-Radar mit 30m-Entfernungsauflösung und Zieldopplern ≤ 3 Mach würde diese Bedingung z. B. gut erfüllen. Bild 8.9 zeigt unten weiter den Dopplerschnitt bei $f_D/B = 0$ mit dem erkennbar großen Seitenzipfelabstand und den sich daran anschließenden Dopplerbereich bis $f_D/B = 0{,}2$ (dem Signal liegt ein Frequenzverlauf $f(t)$ mit geringfügig anderen Fourier-Koeffizienten als denjenigen von Glchg. (8.26) zugrunde).

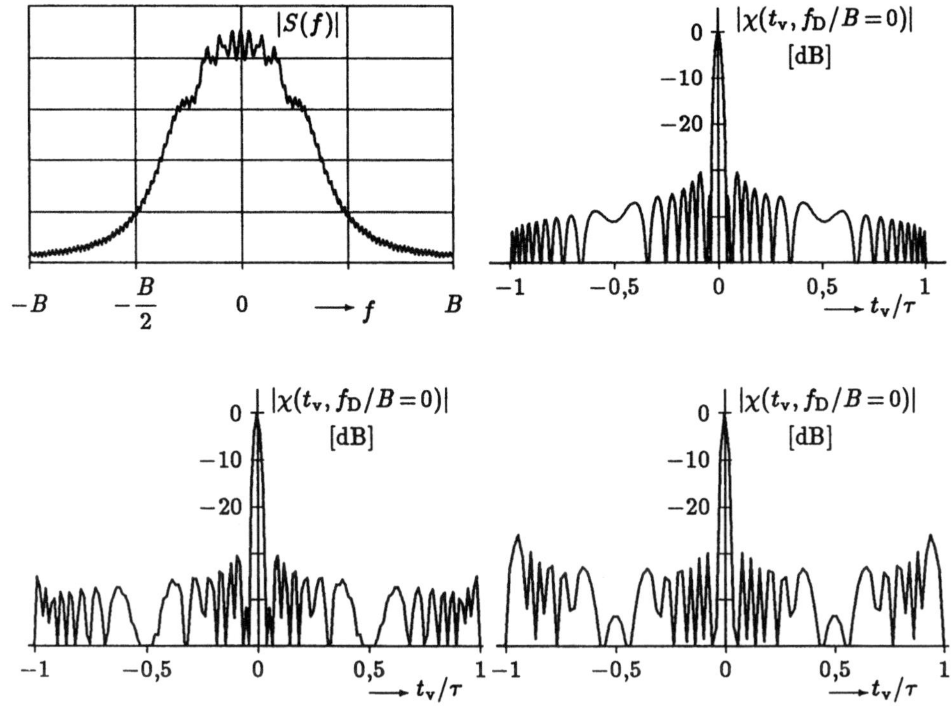

Bild 8.8 Beispiel für eine nichtlineare Frequenzmodulation mit $\tau B = K = 50$.

Oben links:	Spektrum des Sendesignals im Videobereich ($f_0 = 0$).
Oben rechts:	AKF des Sendesignals bei sehr hoher Abtastfrequenz Der S/N-Verlust ist vernachlässigbar.
Unten links:	AKF bei einer Abtastfrequenz von 1,5-mal pro Subpuls.
Unten rechts:	AKF bei einer Abtastfrequenz von 1-mal pro Subpuls. S/N-Verlust in der Praxis etwa 0,9 dB, bedingt durch nichtideales Matched Filter und die nur einmalige Abtastung pro Subpuls.
Man beachte:	1. Die Dauer des (fiktiven) Subpulses ist definitionsgemäß gleich $1/B$. 2. Die AKF ist identisch mit der ABF für $f_D/B = 0$ und stellt gleichzeitig das Ausgangssignal des idealen Matched Filters dar.

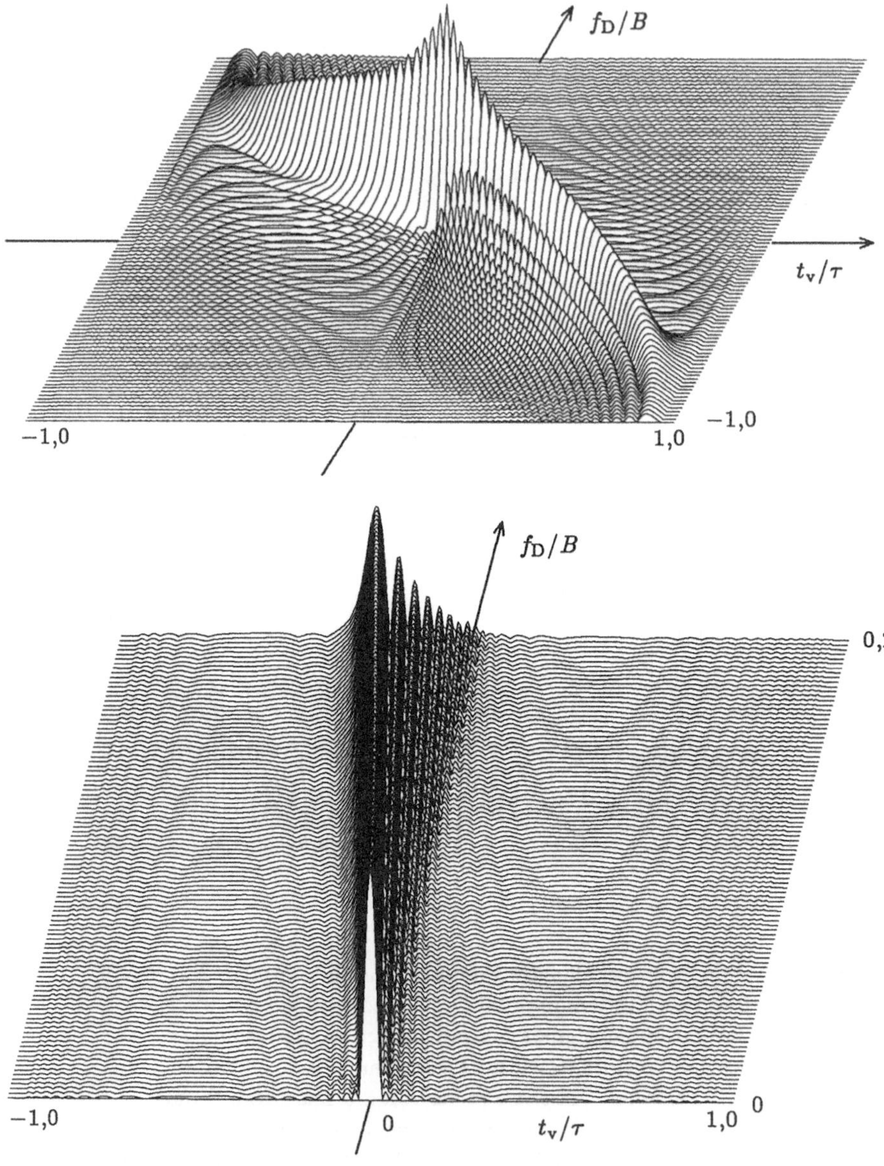

Bild 8.9 ABF eines Rechteckpulses mit nichtlinearer FM ($K = 50$).
Oben: Normierter Dopplerbereich $-1 \leq f_D/B \leq 1$.
Unten: Ausschnitt aus obiger ABF im Bereich $0 \leq f_D/B \leq 0{,}2$ mit Dopplerschnitt bei $f_D/B = 0$. Man beachte den relativ großen Seitenzipfelabstand von etwa $\geq 30\,\text{dB}$ bei $f_D/B = 0$, der aber mit steigendem Doppler rasch wieder kleiner wird.

8.6 Biphasenmodulation

Bei der Biphasenmodulation wird der Sendepuls der Dauer τ in N Subpulse der Dauer τ_c unterteilt. Den aufeinanderfolgenden Subpulsen wird ein Binärcode zugeordnet. Er enthält nur die Elemente +1 und −1 oder auch 1 und 0. Bei einem Wechsel des Codeelementes – bspw. von +1 zu −1 oder umgekehrt – wird die Phase des neuen Subpulses um 180° umgetastet.

Ein Beispiel für ein solches Sendesignal mit dem 13-er Barker-Code wurde in Abschnitt 6.3 auf Seite 6-10 gegeben. Bild 6.5 veranschaulicht das Sendesignal, das I-Empfangssignal, das Pulskompressionsfilter und dessen Ausgangssignal. Dem Bild entnimmt man, daß der unkomprimierte Empfangspuls der Dauer $\tau = N \cdot \tau_c$ auf die Dauer τ_c eines Subpulses komprimiert wird. Die Amplitude der Hauptkeule des komprimierten Signals beträgt $N = 13$, die jeder Nebenkeule 1. Daher ist der Seitenzipfelabstand 20 log(13/1) = 22,3 dB und somit um nahezu 10 dB besser als bei linearer FM.

Ein Signal mit Biphasencodierung läßt sich leicht unter Verwendung der rect-Funktion in geschlossener Form darstellen, man beachte die Glchg. (6.14), und damit sein Spektrum in geschlossener Form anschreiben. Das Betragsspektrum des 13-er Barker-Codes ist in Bild 6.6 gezeigt. Es besitzt aufgrund der Rechteck-Subpulse eine sinc-Grundform, weist aber recht scharfe Aufzipfelungen auf. Die Signalbandbreite eines biphasencodierten Signals wird definiert als

$$B = \frac{1}{\tau_c} \tag{8.28}$$

Daraus folgt für das Zeit-Bandbreite-Produkt

$$\text{Zeit-Bandbreite-Produkt} = B\tau = \frac{\tau}{\tau_c} = N = K \tag{8.29}$$

Dabei ist K wieder das Kompressionsverhältnis. Man kann die Codes für Biphasenmodulation unterteilen in

1. Optimale Binärcodes
2. Codes bestehend aus einer Folge maximaler Länge
3. Komplementäre Codes

Wie wir noch sehen werden, ist die ABF biphasencodierter Signale sehr dopplerabhängig. Das ist nur dann kein Nachteil, wenn entweder die erwarteten, normierten Dopplerverschiebungen f_D/B sehr klein bleiben, etwa $\leq$ 0,03, oder aber eine Bank paralleler, Doppler-korrigierter Pulskompressionsfilter eingesetzt werden kann (Aufwand!).

Der S/N-Verlust L_D bei Dopplerverschiebung ist [5]

$$L_D = \frac{1}{\text{sinc}^2(f_D\,\tau)} = \frac{1}{\text{sinc}^2(N f_D/B)} \tag{8.30}$$

Mit $N = 13$ erhält man die Kurve 3 von Bild 8.1.

Optimale Binärcodes

Ein solcher Code besitzt für eine gegebene Codelänge N den größtmöglichen Nebenkeulenabstand der AKF, d. h. der ABF für $f_D = 0$. In [4] sind die – mit einer Art Trial-and-Error-Methode auf einem Rechner ermittelten – optimalen Binärcodes bis zu einer Länge von $N = 40$ angegeben.

In die Klasse der Binärcodes fallen auch die Barker-Codes, deren Seitenzipfelamplitude konstant den Wert 1 besitzt. Barker-Codes existieren nur bis zu einer Länge von N=13. Tabelle 8.1 zeigt alle Barker-Codes. Den größten Seitenzipfelabstand zeigt der 13-er Code, er beträgt 22,3 dB, wie oben bereits angegeben. Dieser Wert läßt sich auch bei größeren Codelängen der optimalen Binärcodes nicht wesentlich vergrößern. So hat z. B. bei $N = 40$ der größte Seitenzipfel die Amplitude 3, die Hauptkeule 40 und damit wird der Seitenzipfelabstand $20 \log(40/3) = 22,5$ dB.

N	Code-Elemente
2	+ +
2	− +
3	+ + −
4	+ + − +
4	+ + + −
5	+ + + − +
7	+ + + − − + −
11	+ + + − − − + − − + −
13	+ + + + + − − + + − + − +

Tabelle 8.1 Barker Codes.

Folgen maximaler Länge

Bild 8.10 zeigt einen Generator zur Erzeugung einer Folge maximaler Länge (engl. Maximum Length Sequence). Er besteht aus n Schieberegistern und einem modulo 2-Addierer (Ausgang = Summe der Eingänge modulo 2: das bedeutet Ausgang = 0, wenn eine gerade Zahl von 1-en an den Eingängen anliegt, sonst Ausgang = 1). Ist beim Start das Schieberegister mit einer 1 in mindestens einer Stufe geladen und ist die Beschaltung geeignet gewählt, so entsteht beim Takten des Registers bspw. am Ausgang der n-ten Stufe eine sogen. Folge maximaler Länge. Es ist dies eine Folge von 0-en und 1-en, die für eine gegebene Zahl n von Registerstufen und für die gewählten Rückkopplungspfade über den modulo 2-Addierer die maximal mögliche Länge besitzt, ehe sie sich wiederholt. Die Länge der Folge ist $N = 2^n - 1$. Für eine gegebene Zahl von n Registerstufen kann man M verschiedene Folgen maximaler Länge erhalten. In [4] sind für eine

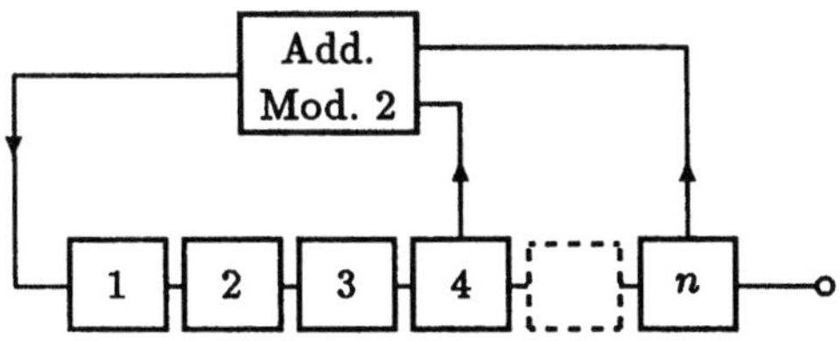

Bild 8.10 Generator zur Erzeugung einer Folge maximaler Länge mit Modulo 2-Addierer.

Stufenzahl n die Rückkopplungspfade, die Längen N der Folgen und die maximal mögliche Zahl M verschiedener Folgen für Generatoren bis $n = 20$ angegeben.

Folgen maximaler Länge besitzen Eigenschaften ähnlich denen einer regellosen (Binär-)Folge von 0-en und 1-en (man spricht daher auch von Pseudo-Random Sequences oder PR-Sequences):

1. Die Zahl der Nullen ist etwa gleich der Zahl der Einsen.

2. Die AKF ähnelt einem Dirac-Impuls.

Komplementäre Folgen

Man teilt den Sendepuls in zwei gleichlange Abschnitte auf und ordnet den beiden Abschnitten zwei Binärcodes zu, deren Seitenzipfel gleiche Amplituden entgegengesetzten Vorzeichens besitzen. Bei der resultierenden AKF (oder der ABF für $f_D = 0$) verschwinden dann die Seitenzipfel. In der Praxis tritt aber ein endlicher Seitenzipfelpegel auf, da vor allem schon bei geringer Dopplerverschiebung die Amplituden der Seitenzipfel der beiden Abschnitte voneinander abweichen.

Ambiguity-Betragsfunktion eines biphasenmodulierten Signals

Bild 8.11 zeigt oben die ABF des 13-er Barker-Codes im Bereich $-1{,}0 \leq t_v/\tau \leq 1{,}0$ und $-0{,}5 \leq f_D/B \leq 0{,}5$. Man erkennt die zentrale, sehr schmale Hauptkeule und viele, relativ große, über die Entfernungs-Doppler-Ebene verstreute Nebenkeulen. Bereits dieses Bild gestattet die grobe Abschätzung, daß man mit diesem (und anderen) Binärcodes nur bis zu normierten Dopplerverschiebungen von etwa $f_D/B < 0{,}1$ arbeiten kann. Andernfalls wird der S/N-Verlust zu groß oder „man sitzt einer Mehrdeutigkeit auf“. Dasselbe Bild enthält unten einen Auschnitt aus der oberen ABF im Dopplerbereich $-0{,}2 \leq f_D/B \leq 0{,}2$.

In Bild 8.12 oben ist ein weiterer Ausschnitt aus der ABF von Bild 8.11 unten gezeigt und zwar der Dopplerschnitt bei $f_D/B = 0$ und der sich daran anschließende Dopplerbereich bis $f_D/B = 0{,}08$. Man sieht hier genauer, daß – um einen größeren Abfall der Hauptkeule und ansteigende Nebenkeulen zu vermeiden – die normierte Dopplerverschiebung etwa den Wert $f_D/B = 0{,}03$ nicht überschreiten darf. Bei einer Reihe von Anwendungsfällen ist diese Bedingung

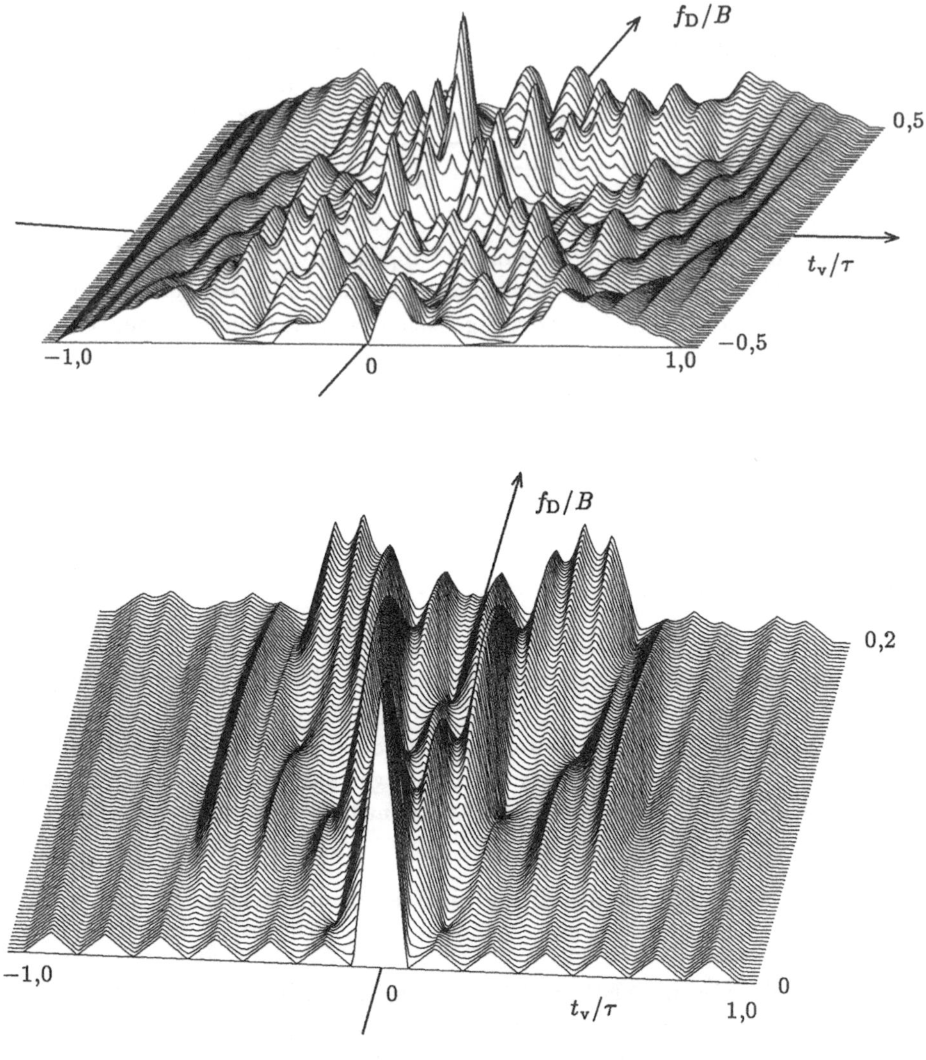

Bild 8.11 ABF eines Sendepulses mit Biphasenmodulation.
(13-er Barker-Code mit $B\tau = K = N = 13$).
Oben: Normierter Dopplerbereich $-0{,}5 \leq f_D/B \leq 0{,}5$.
Unten: Ausschnitt aus obiger ABF im Bereich $0 \leq f_D/B \leq 0{,}2$ mit Dopplerschnitt bei $f_D/B = 0$ (Seitenzipfelabstand $= 13/1$ oder 22 dB).
Man beachte, daß zur anschaulicheren 3D-Darstellung des Ausschnittes die Koordinaten des „Beobachter-Standorts" und der Amplitudenmaßstab verschieden von denen des oberen Bildes gewählt sind. Das erschwert andererseits den Vergleich beider Bilder etwas. Diese Anmerkung gilt auch für die folgenden Bilder.

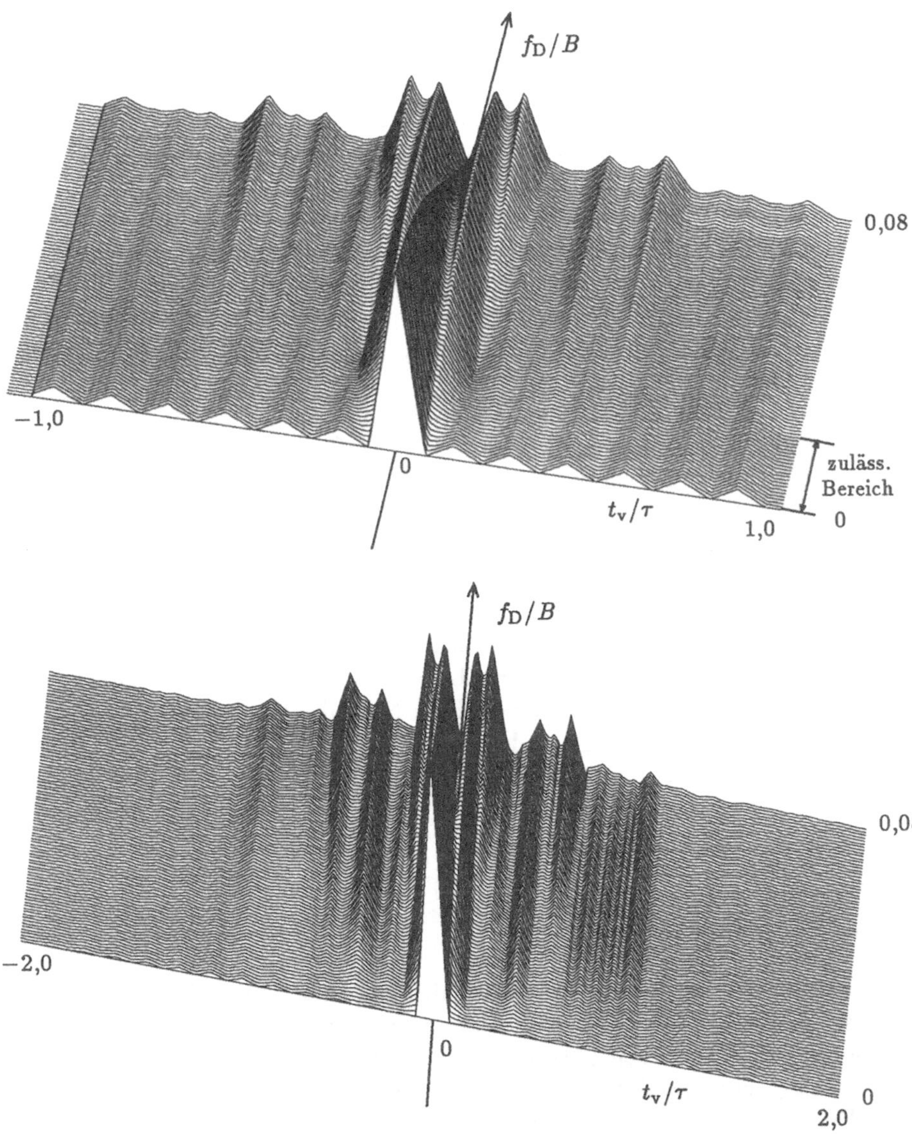

Bild 8.12 ABF eines Sendepulses mit Biphasenmodulation.
(13-er Barker-Code mit $B\tau = K = N = 13$).
Oben: Ausschnitt aus der ABF von Bild 8.11, unten, im Bereich $0 \leq f_D/B \leq 0{,}08$.
Unten: Kreuz-Amb.-Betragsfunktion bei einem Mismatched Filter der Länge $N = 37$ zur Erhöhung des Seitenzipfelabstandes auf 34 dB. Wird auch bei Dopplerverschiebung ein großer Seitenzipfelabstand verlangt, ist der zulässige Dopplerbereich mit dem MMF kleiner als im Bild oben mit dem MF.

erfüllt. So ist zum Beispiel bei einem C-Band-Radar mit $\tau_c = 0{,}3\,\mu s$ und $B = 1/\tau_c =$ 3,3 MHz für ein Mach 3-Ziel die normierte Dopplerverschiebung $f_D/B = 0{,}01$.

Seitenzipfelreduktion bei Biphasencodierung

Ein Verfahren zur Seitenzipfelreduktion bei Biphasencodierung wird ausführlich in [5] beschrieben. Es verwendet ein Mismatched Filter, ausgeführt als FIR-Filter (Transversalfilter), das im allgemeinen eine Länge besitzen muß, die deutlich über der Codelänge liegt. Auch nehmen die Koeffizienten eines solchen Filters nicht mehr die für eine digitale Verarbeitung sehr günstigen Werte ± 1 an, was aber bei den heutigen Möglichkeiten der digitalen Signalverarbeitung von nicht allzugroßer Bedeutung ist.

In [6] ist für den 13-er Barker-Code ein sehr einfach zu realisierendes, dem eigentlichen PKF nachzuschaltendes Wichtungsfilter angegeben. Man kann es aber auch in das PKF „hineinrechnen“, die Filterlänge beträgt dann 37. Der Seitenzipfelabstand wird 34 dB.

Bild 8.12 zeigt unten die Kreuz-Ambiguity-Betragsfunktion für den 13-er Barker Code bei Verwendung des in [6] beschriebenen Wichtungsfilters. Man erkennt im Vergleich mit der ABF im gleichen Bild oben die deutlich verkleinerten Seitenzipfel. Man sieht aber auch, daß diese schnell wieder mit steigender Dopplerverschiebung anwachsen: die Seitenzipfelreduktion vergrößert oft die Dopplerempfindlichkeit. Denn der erhöhte Nebenkeulenabstand soll ja auch bei Dopplerverschiebung möglichst erhalten bleiben.

8.7 Polyphasenmodulation

Frank-Polyphasencode

Dieser Code ist aus einem Stepped-Chirp-Sendepuls abgeleitet. Unter einem solchen Sendepuls verstehen wir einen frequenzmodulierten Puls, bei dem die Frequenz pulsintern nach jedem Zeitintervall von M Subpulsen der Dauer τ_c stufenförmig um die stets gleiche Differenzfrequenz $1/(M\tau_c)$ angehoben wird. Der Puls besitze M solcher Zeitintervalle, dann ist die Dauer τ des Sendepulses $\tau = M^2\tau_c$ und damit die Codelänge $N = M^2$. Die belegte Bandbreite ist wie bei der Biphasenmodulation gleich dem Kehrwert der Subpulsdauer, da $B = M/(M\tau_c) = 1/\tau_c$. Der Kompressionsfaktor ist identisch mit der Codelänge und dem Zeit-Bandbreite-Produkt, da $K = B\tau = BN\tau_c = N$.

Entnimmt man diesem gedachten Signal die Momentanphasen zu Beginn jedes Subpulses, so erhält man die Phasen des *Frank-Polyphasencodes*. Die Phase des k-ten Subpulses im i-ten Zeitintervall der Dauer $M\tau_c$ ist beim Frank-Code

$$\Theta_{i,k} = \frac{2\pi}{M}\, i\, k \qquad i,k = 0,1,\ldots,M-1 \tag{8.31}$$

Man kann die Codeelemente in Matrixform anordnen, wenn man i als Zeilennummer und k als Spaltennummer auffaßt. Die Folge der Codeelemente erhält man durch zeilenweises Lesen. Die Elemente einer Zeile werden auch als Gruppe bezeichnet und entsprechen den Momentanphasen der einer Gruppe zukommenden Frequenz des hypothetischen Stepped-Chirp-Signals. Der Frank-Code hat zwei Nachteile:

1. Er ist nicht sehr Doppler-tolerant.
2. Er ist ebenfalls sehr intolerant gegenüber der stets endlichen Bandbreite des Sende/Empfangskanals und läßt dadurch den theoretisch möglichen Seitenzipfelabstand von $\pi M = \pi\sqrt{N}$ für $N \to \infty$ nicht erreichen.

Modifizierte Polyphasencodes P1 und P2

Lewis, *Kretschmer* und *Wesley* [7] haben gezeigt, daß die Intoleranz des Frank-Codes gegenüber einer Bandbreitenbegrenzung dadurch entsteht, daß die größten Phasensprünge von Subpuls zu Subpuls im mittleren Bereich des Codes auftreten, das bedeutet im Bereich der mittleren Frequenzen des hypothetischen Stepped-Chirp-Signals. Infolge der Bandbreiteneinengung werden die Frequenzen im Bereich der größten Phasensprünge, also die mittleren Frequenzen, stärker gedämpft als die Randfrequenzen (das Signal schwingt nicht voll ein). Das führt zu einer gegenüber einer glockenkurvenähnlichen Wichtung „konträren" Wichtung, die relativ große Seitenzipfel hervorruft.

Diese Eigenschaften des Frank-Codes hängen eng mit der Tatsache zusammen, daß bei der Herleitung dieses Codes als Trägerfrequenz nicht die Frequenz der Mitte des belegten Frequenzbandes verwendet wird, sondern die Frequenz der ersten M Subpulse des hypothetischen Stepped-Chirp-Signals (der sogen. ersten Gruppe).

Legt man dagegen den Träger – oder bei Abmischung in den Tiefpaßbereich die Frequenz des Abmischoszillators – auf die Mitte des Signalspektrums, so werden die größten Phasensprünge an die Enden des Codes verbannt. Sie liegen dann im Bereich der Randfrequenzen. Damit werden diese bei Bandbreiteneinengung stärker gedämpft als die mittleren Frequenzen. Das ist günstig für den Seitenzipfelabstand. Diese Eigenschaft weist der sogenannte P1-Code auf [7], der wieder die Länge $N = M^2$ besitzt und dessen Phasen gegeben sind durch

$$\Theta_{i,k} = -\frac{\pi}{M}(M-1-2i)(iM+k) \qquad i,k = 0,1,\ldots,M-1 \tag{8.32}$$

Die Folge der Codeelemente ergibt sich wieder wie im Anschluß an Glchg. (8.31) beschrieben. Für gerade M existiert noch der sogenannte P2-Code, dessen Phasen symmetrisch zur Phase Null liegen. Deshalb ist auch die AKF dieses Codes reell und nicht komplex. Die Phasen sind

$$\Theta_{i,k} = \frac{\pi}{2M}(M-1-2i)(M-1-2k) \qquad i,k = 0,1,\ldots,M-1 \tag{8.33}$$

Die modifizierten Codes P1 und P2 besitzen aufgrund ihrer Ableitung aus einem Stepped-Chirp-Signal die relativ große Dopplerabhängigkeit des Frank-Codes und damit ähnliche Ambiguity-Betragsfunktionen.

Modifizierte Polyphasencodes P3 und P4

Statt bei einem Polyphasencode den Code-Elementen die Abtastwerte eines Stepped-Chirp-Signals zugrunde zu legen, kann man die Abtastwerte eines Chirps, also eines kontinuierlich zeitlinear frequenzmodulierten Signals verwenden. Daraus entstand zunächst der P3-Code [7]. Er ist intolerant gegenüber einer Bandbreitenbeschränkung wie der Frank-Code, weil der Träger wie bei letzterem nicht in der Bandmitte liegt. Er soll hier nicht weiter erörtert werden.

Beim P4-Code wird dagegen als Träger- und Abmischfrequenz die Frequenz der Bandmitte des zeitlinear frequenzmodulierten Signals verwendet. Dessen Abtastwerte ergeben den Code. Zur Ableitung des Codes verwenden wir die Zeitfunktion des linear frequenzmodulierten, symmetrisch zu $t=0$ liegenden äquivalenten Tiefpaßsignals der Gleichung (8.11). Mit $B=|\Delta F|=1/\tau_c$, $\tau=N\tau_c$ und $\operatorname{sgn}(\Delta F)$ = Vorzeichen von ΔF folgt

$$s_{\mathrm{TP}}(t)=\mathrm{e}^{\mathrm{j}\,\Theta(t)}=\mathrm{e}^{\mathrm{j}\pi\frac{\Delta F}{\tau}t^2}=\mathrm{e}^{\mathrm{j}\operatorname{sgn}(\Delta F)\frac{\pi}{N}\left(\frac{t}{\tau_c}\right)^2}\qquad -\frac{\tau}{2}\le t\le\frac{\tau}{2}\tag{8.34}$$

Um einen symmetrischen oder sogenannten palindromischen Code [7] zu erhalten, unabhängig davon, ob die Codelänge N gerade oder ungerade ist, tasten wir nach Bild 8.13 die Phasen des hypothetischen Chirps jeweils in der Mitte jedes Subpulses der Dauer τ_c ab. Ein palindromischer Code ist symmetrisch zur Codemitte und ergibt vorwärts oder rückwärts gelesen dieselbe Folge von Codeelementen.[1]

Wir können für t dann in der letzten Gleichung schreiben

$$t=(-N+1+2i)\,\frac{\tau_c}{2}\qquad \frac{\tau}{2}\le t\le\frac{\tau}{2}\ \text{ und } i=0,1,\ldots,N-1\tag{8.35}$$

Damit wird

$$\Theta(i\tau_c)=\operatorname{sgn}(\Delta F)\,\frac{\pi}{4N}\,(-N+1+2i)^2\qquad i=0,1,\ldots,N-1\tag{8.36}$$

Daraus ergibt sich der P4-Code für einen positiven Frequenzhub ΔF des hypothetischen Chirps – konstante Phasenterme kann man weglassen – zu

$$\boxed{\Theta_i=\frac{\pi}{N}i^2-\pi i\left(1-\frac{1}{N}\right)\qquad i=0,1,\ldots,N-1}\tag{8.37}$$

[1]Man beachte, daß nur die Phase des kohärenten Tiefpaßsignals einen symmetrischen Code ergeben kann. Die Phase des HF-Signals ändert sich dagegen monoton und ergibt deshalb einen „fortschreitenden“ Code.

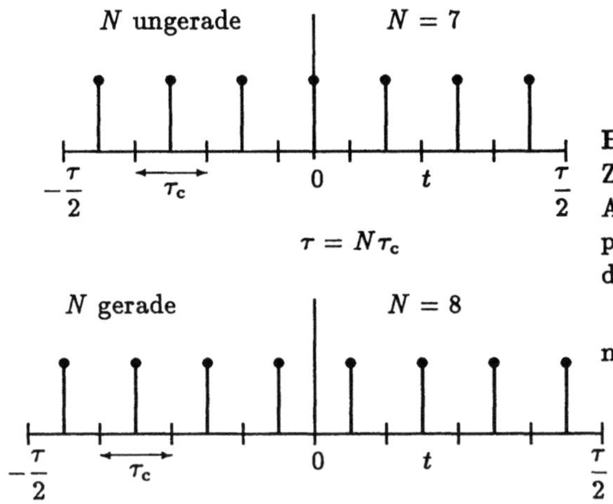

Bild 8.13
Zur Ableitung des P4-Codes. Abtastzeitpunkte der Phase des hypothetischen Chirp-Signals für gerade und ungerade Codelängen:
$t_{\mathrm{abtast}} = t = (-N + 1 + 2i)\frac{\tau_c}{2}$
mit $i = 0, 1, \ldots, N-1$

Anmerkungen zur letzten Gleichung:
1. Entnimmt man dem Chirpsignal die Phase zu Beginn jedes Subpulses, so wird aus Glchg. (8.35) $t = (-N + 2i)\tau_c/2$. Man bekommt damit unter Weglassung konstanter Phasenterme den oft benutzten, nichtsymmetrischen Code

$$\Theta_i = \frac{\pi}{N} i^2 - \pi i \qquad i = 0, 1, \ldots, N-1 \tag{8.38}$$

2. Definiert man die Laufvariable i für den Bereich $1 \leq i \leq N$, so führt die Formel (8.37), wieder unter Weglassung konstanter Phasenterme, auf den in [7] angegebenen symmetrischen oder palindromischen Code

$$\Theta_i = \frac{\pi}{4N}(2i-1)^2 - \frac{\pi}{2}(2i-1) \qquad i = 1, 2, \ldots, N \tag{8.39}$$

Bei einem negativen Frequenzhub ΔF des dem P4-Code zugrunde liegenden Chirps sind die rechten Seiten der drei letzten Gleichungen mit -1 zu multiplizieren.

Von allen Polyphasencodes ist der P4-Code wohl der für die Praxis interessanteste. Bild 8.14 zeigt oben die ABF eines P4-Codes der Länge N=16 im Dopplerbereich $-0{,}5 \leq f_D/B \leq 0{,}5$. Unten ist der Dopplerschnitt bei $f_D/B = 0$ gezeigt mit der sich anschließenden ABF bis $f_D/B = 0{,}2$. Charakteristisch ist die mit steigender Dopplerverschiebung erst abnehmende und dann wieder zunehmende Amplitude des „Hauptkammes (Ridge)" und das Range-Doppler-Coupling. Wie beim linear frequenzmoduliertem Signal ist der mit dem Kompressionsfaktor $K = N$ wachsende Entfernungsfehler

$$\frac{\Delta t_v}{\tau_c} = -\mathrm{sgn}(\Delta F) K \frac{f_D}{B} = -\mathrm{sgn}(\Delta F)\, f_D\, \tau \tag{8.40}$$

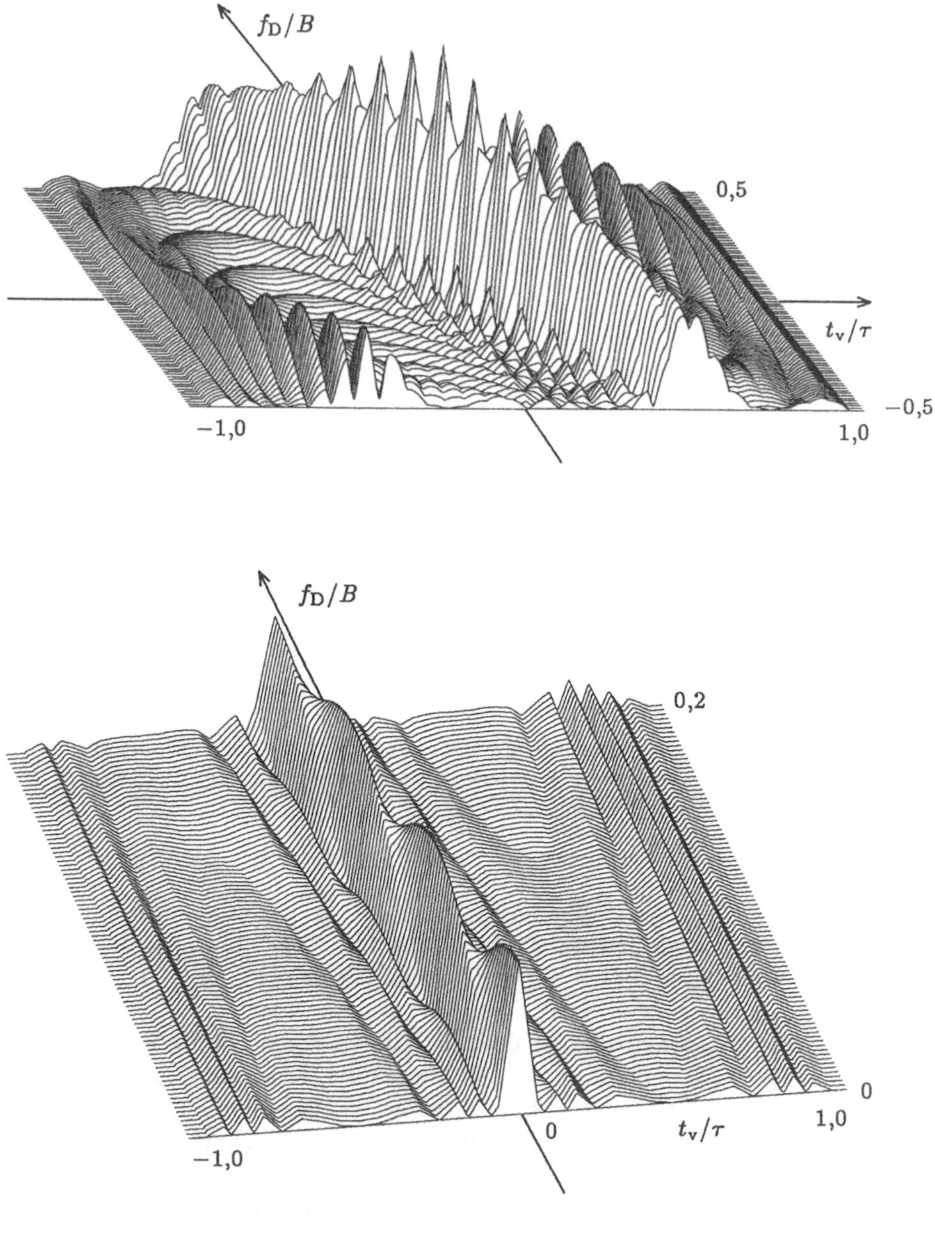

Bild 8.14 ABF eines Sendepulses mit Polyphasencode P4 der Länge $N = 16$.
Oben: Normierter Dopplerbereich $-0{,}5 \leq f_D/B \leq 0{,}5$.
Unten: Ausschnitt aus obiger ABF im Bereich $0 \leq f_D/B \leq 0{,}2$.

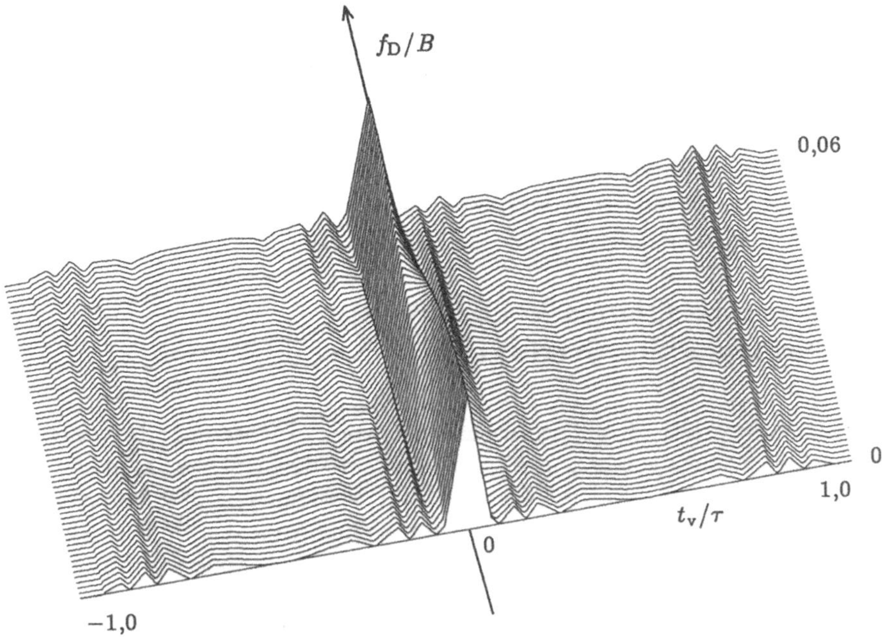

Bild 8.15 ABF eines Sendepulses mit Polyphasencode P4 der Länge $N=16$.
Ausschnitt aus der ABF von Bild 8.14 im Bereich $0 \leq f_D/B \leq 0{,}06$.

Bild 8.15 zeigt noch einen Ausschnitt aus der ABF des letzten Bildes unten im Bereich $0 \leq f_D/B \leq 0{,}06$. Man erkennt, daß im Minimum zwischen zwei benachbarten Hauptkeulen bei dem jeweiligen Dopplerschnitt ein breites Pulsdach entsteht.

Da der P4-Code aus einem linear frequenzmoduliertem Signal abgeleitet wurde, müssen einige Eigenschaften der beiden ABF's sich ähneln. Da der Code andererseits pro Subpuls nur einen Abtastwert des Chirps verwendet, müssen sich aber auch Unterschiede ergeben.

Der Seitenzipfelabstand ist größer als die etwa 13 dB des Chirps. Er steigt von etwa 16 dB bei $N = K = 10$ über 22 dB bei $N = 40$ auf etwa 26 dB bei $N = K = 100$ an und nimmt dann – im Gegensatz zum Frank-Code – wieder ab. Dabei reicht beim digitalen Pulskompressionsfilter eine einmalige Abtastung pro Subpuls aus. Sind die Nebenkeulen zu groß, so empfiehlt sich bspw. eine Reduktion mit Hilfe des nachfolgend angegebenen, allgemeinen Verfahrens. Weiter bleibt zu erwähnen, daß der Seitenzipfelpegel nicht sehr dopplerempfindlich ist, wie man den Bildern 8.14 und 8.15 entnehmen kann.

Der Hauptkamm der ABF des P4-Codes zeigt mit steigendem Doppler einen langsamen Abfall wie beim Chirp, was in Bild 8.14 kaum zu erkennen ist. Dem überlagert ist das gut sichtbare und schon erwähnte periodische An- und Abschwellen von etwa 2...4 dB, man vergleiche dazu Bild 8.1. Würde man dem P4-Code pro Subpuls der Dauer τ_c mehrere Abtastwerte eines Chirps zugrundelegen, so käme eine immer größere Annäherung seiner ABF an die eines linear frequenzmodulierten Sendepulse zustande. Insbesondere wäre eine Abnahme der periodischen Änderung der ABF-Hauptkeule zu beobachten.

8.8 Ein allgemeines Verfahren zur Nebenkeulen-Reduktion

Von *Hofele* [8] wurde ein allgemein anwendbares Verfahren zur Nebenkeulenreduktion für beliebige komplexwertige (äquivalente Tiefpaß-)Sendesignale angegeben, dessen Grundzüge nachfolgend erläutert werden. Wir betrachten dazu das Ausgangssignal eines Mismatched-Pulskompressionsfilters für ein Echosignal ohne Dopplerverschiebung. Wir wünschen uns ein Signal mit folgenden Eigenschaften:

1. großer Nebenkeulenabstand
2. konstanter Nebenkeulenpegel
3. kleiner S/N-Verlust gegenüber dem Matched Filter-Ausgangssignal.

Ein möglichst konstanter Nebenkeulenpegel ist erforderlich, um Falschzielmeldungen durch die noch verbleibenden Nebenkeulen mittels einfacher CFAR-Algorithmen wie bspw. dem Cell-Averaging- oder dem Ordered-Statistics-Algorithmus unterdrücken zu können.

Man beachte aber auch, daß eine Nebenzipfelreduktion mittels Mismatched Filter wegen der Eigenschaft der Kreuz-ABF nach Glchg. (8.8) den zulässigen Dopplerbereich im allgemeinen einschränkt. Denn relativ geringe Doppler lassen den Nebenzipfelpegel schnell wieder ansteigen.

Wir nehmen eine digitale Signalverarbeitung an und beschreiben das Echosignal durch die Signalfolge $s(n)$ der Länge M_s. Das Mismatched Filter ist ein FIR-Filter mit der Impulsantwort $h(n)$ der Länge M_h. Sowohl $s(n)$ wie auch $h(n)$ können komplex sein. Dann ist

$$s(n) = \begin{cases} \text{beliebig komplexwertig} & \text{für} \quad 0 \leq n \leq M_s - 1 \\ 0 & \text{sonst} \end{cases} \tag{8.41}$$

und

$$h(n) = \begin{cases} \text{beliebig komplexwertig} & \text{für} \quad 0 \leq n \leq M_h - 1 \\ 0 & \text{sonst} \end{cases} \tag{8.42}$$

Das MMF-Ausgangssignal ergibt sich durch eine Faltung nach Glchg. (A.122) zu

$$g(n) = s(n) * h(n) = \sum_{m=0}^{M_h-1} s(n-m) \cdot h(m) \qquad 0 \le n \le L-1 \tag{8.43}$$

Dabei ist L die Länge des Faltungsproduktes, also die maximal mögliche Zahl von Null verschiedener komplexer Abtastwerte des Ausgangssignals. Es gilt nach Glchg. (A.123) $L = M_s + M_h - 1$. Aus Glchg. (8.43) ergibt sich das folgende hinsichtlich $h(n)$ überbestimmte Gleichungsystem:

$$\begin{array}{rcl}
s(0)\cdot h(0) + 0\cdot h(1) + \ldots + 0\cdot h(M_h-1) & = & g(0) \\
s(1)\cdot h(0) + s(0)\cdot h(1) + \ldots + 0\cdot h(M_h-1) & = & g(1) \\
s(2)\cdot h(0) + s(1)\cdot h(1) + \ldots + 0\cdot h(M_h-1) & = & g(2) \\
\cdots\cdots\cdots\cdots\cdots\cdots\cdots\cdots\cdots\cdots & \cdots & \cdots\cdots \\
s(M_s-1)\cdot h(0) + s(M_s-2)\cdot h(1) + \ldots + 0\cdot h(M_h-1) & = & g(M_s-1) \\
0\cdot h(0) + s(M_s-1)\cdot h(1) + \ldots + 0\cdot h(M_h-1) & = & g(M_s) \\
0\cdot h(0) + 0\cdot h(1) + \ldots + 0\cdot h(M_h-1) & = & g(M_s+1) \\
\cdots\cdots\cdots\cdots\cdots\cdots\cdots\cdots\cdots\cdots & \cdots & \cdots\cdots \\
0\cdot h(0) + 0\cdot h(1) + \ldots + s(M_s-2)\cdot h(M_h-1) & = & g(L-2) \\
0\cdot h(0) + 0\cdot h(1) + \ldots + s(M_s-1)\cdot h(M_h-1) & = & g(L-1)
\end{array} \tag{8.44}$$

In Matrixschreibweise kann man das kompakt zusammenfassen zu

$$\mathbf{S_k} \cdot \mathbf{h_k} = \mathbf{g_k} \tag{8.45}$$

Der Index k steht für die komplexen Elemente von Matrix und Vektoren. Es sind $\mathbf{h_k}$ der Spaltenvektor der Impulsantwort des Filters mit M_h Elementen $h(0)\ldots h(M_h-1)$, $\mathbf{g_k}$ der Spaltenvektor des Ausgangssignals mit L Elementen $g(0)\ldots g(L-1)$ und $\mathbf{S_k}$ eine sich aus der Signalfolge $s(n)$ ergebende Matrix der Dimension $(L \times M_h) = \big((M_s + M_h - 1) \times M_h\big)$. Aus Glchg. (8.44) folgt

$$\mathbf{S_k} = \begin{bmatrix}
s(0) & 0 & 0 & \cdots & 0 \\
s(1) & s(0) & 0 & \cdots & 0 \\
s(2) & s(1) & s(0) & \cdots & 0 \\
\vdots & \vdots & \vdots & \vdots & \vdots \\
s(M_s-1) & s(M_s-2) & s(M_s-3) & \cdots & 0 \\
0 & s(M_s-1) & s(M_s-2) & \cdots & 0 \\
0 & 0 & s(M_s-1) & \cdots & 0 \\
\vdots & \vdots & \vdots & \vdots & \vdots \\
0 & 0 & 0 & \cdots & s(M_s-2) \\
0 & 0 & 0 & \cdots & s(M_s-1)
\end{bmatrix} \tag{8.46}$$

Ersetzt man in der letzten Matrix jedes komplexe Element $s(n) = s_I(n) + \mathrm{j}\, s_Q(n)$ durch die 2×2-Submatrix

$$\begin{bmatrix} s_I(n) & -s_Q(n) \\ s_Q(n) & s_I(n) \end{bmatrix} \tag{8.47}$$

und im Vektor $\mathbf{h_k}$ jedes komplexe Element $h(n) = h_I(n) + \mathrm{j}\, h_Q(n)$ durch einen „Subvektor" mit den beiden Elementen $h_I(n)$ und $h_Q(n)$, so nehmen die Matrix $\mathbf{S}$ die Dimension $(2L \times 2M_h)$ und der Vektor $\mathbf{h}$ die Länge $2M_h$ an. Den Index k haben wir weggelassen, da $\mathbf{S}$ und $\mathbf{h}$ jetzt nur noch reelle Elemente enthalten. Wir bekommen für das MMF-Ausgangssignal den Vektor $\mathbf{g}$ der Länge $2L$:

$$\mathbf{S} \cdot \mathbf{h} = \mathbf{g} = \begin{bmatrix} g_I(0) \\ g_Q(0) \\ g_I(1) \\ g_Q(1) \\ \vdots \\ g_I(L-1) \\ g_Q(L-1) \end{bmatrix} \tag{8.48}$$

Der Vektor $\mathbf{g}$ liefert also die I/Q-Ausgangssignalfolgen $g_I(n)$ und $g_Q(n)$. Er enthält in der Umgebung von $n = L/2$ die I/Q-Abtastwerte des Korrelationspulses und sonst die der Nebenzipfel.

Unser MMF-Wunschsignal $y(n)$ für den Betrag $|g(n)| = \sqrt{g_I^2(n) + g_Q^2(n)}$ besitzt endliche Abtastwerte nur im Bereich des Korrelationspulses. Im Nebenkeulenbereich dagegen sind die Abtastwerte $y(n)$ gleich Null (ideale Ambiguity-Funktion). Wegen der quadratischen Terme in $|g(n)|$ ist eine Rechner-gestützte Optimierung des Filterentwurfs unter Benutzung des Betragssignals nicht praktikabel. Wir minimieren daher jede einzelne Nebenkeule getrennt im I-Kanal und im Q-Kanal. Mit anderen Worten: wir verlangen, daß für jeden Wert der I/Q-Folgen die Bedingungen

$$\begin{aligned} |g_I(n) - y(n)| &\leq k\, d(n) \\ |g_Q(n) - y(n)| &\leq k\, d(n) \end{aligned} \tag{8.49}$$

erfüllt sind. Die Folge $d(n)$ ist für alle n wegen des geforderten homogenen Seitenzipfelpegels konstant und stellt eine Schranke für den Betrag der Differenz von I- bzw. Q-Ausgangssignal und dem Wunschsignal dar. Es gilt also $d(n) = \mathrm{const} > 0$. k ist eine positive reelle Größe, die beim Optimierungsprozeß minimiert wird. Die so definierte Bedingung kann man wegen Glchg. (8.48) in Matrixform zusammenfassen zu

$$|\mathbf{S}\,\mathbf{h} - \mathbf{y}| \leq k\, \mathbf{d} \tag{8.50}$$

Dabei sollen die Betragsstriche andeuten, daß nur die Beträge der reellen Elemente des Vektors $\mathbf{S}\,\mathbf{h} - \mathbf{y}$ verwendet werden. Da gleichzeitig noch der S/N-Verlust ein Minimum werden soll, erhält man endgültig den in [8] angegebenen Lösungsansatz für den Filterentwurf

$$\gamma\,\mathbf{h}^T\mathbf{h} + \beta\,k^2 \rightarrow \text{Minimum}$$
$$|\mathbf{S}\,\mathbf{h} - \mathbf{y}| \leq k\,\mathbf{d} \qquad (8.51)$$

$\mathbf{h}^T\mathbf{h}$ ist ein Maß für die Rauschleistung am Filterausgang, man vergleiche die Beziehung (7.32). Beim Rechner-gestützten Filterentwurf wird ein Wunschsignal $\mathbf{y}$ mit einstellbarer Breite des Korrelationspulses angenommen und alle Nebenkeulen werden auf Null gesetzt. Die Vorgaben für die reellen Konstanten γ und β gestatten Seitenzipfelabstand gegen S/N-Verlust einzutauschen oder umgekehrt. Auf Einzelheiten des mathematisch anspruchsvollen Filterentwurfs kann hier nicht eingegangen werden, sie finden sich in [8].

Beispiel für ein Mismatched Filter zur Nebenkeulenreduktion

Dem Beispiel wurde ein nicht-symmetrischer P4-Code nach Glchg. (8.38) der Länge $N = M_s = 13$ zugrunde gelegt. Der Nebenkeulenabstand soll ≥ 40 dB betragen. Erfahrungsgemäß reicht dafür eine Filterlänge von $M_h = 37$. Damit ist die Länge L des Ausgangssignals $L = 13 + 37 - 1 = 49$. Der Filterentwurf ergab die in Tabelle 8.2 angegebenen Filterkoeffizienten.

n	$h_I(n)$	$h_Q(n)$	n	$h_I(n)$	$h_Q(n)$
1	−3,35374	1,30816	19	−99,9654	−77,4738
2	−0,31876	−4,35513	20	−100,000	−21,8944
3	0,74568	3,23499	21	−56,6108	46,4150
4	−7,66999	−1,39457	22	47,1236	54,6694
5	0,99316	−7,72755	23	32,7089	−33,9729
6	7,90327	2,50345	24	−14,7486	11,0655
7	−3,35335	6,38370	25	15,9388	11,1801
8	−4,29450	4,94125	26	6,54368	9,03860
9	−11,1609	1,64034	27	12,2405	−3,34421
10	−8,14148	−1,55261	28	4,44930	−7,35395
11	−11,2083	−6,63806	29	−2,55510	−11,1623
12	−3,39918	−11,1907	30	−7,64702	−0,04898
13	−17,9054	−7,92394	31	−4,40272	2,28479
14	3,19473	−19,0802	32	6,93119	1,72878
15	19,6759	43,2343	33	−2,92456	−8,41830
16	−49,5987	51,7663	34	−4,53104	4,37034
17	−70,9612	−21,3157	35	4,73075	−1,88908
18	−77,1074	−67,6679	36	−3,79295	0,57032
			37	4,09170	0,60817

Tabelle 8.2 Filter-Koeffizienten eines Mismatched Filters (MMF) der Länge $M_h = 37$ zur Nebenkeulen-Reduktion bei einem P4-Polyphasencode der Länge $M_s = N = 13$ nach Glchg. (8.38).

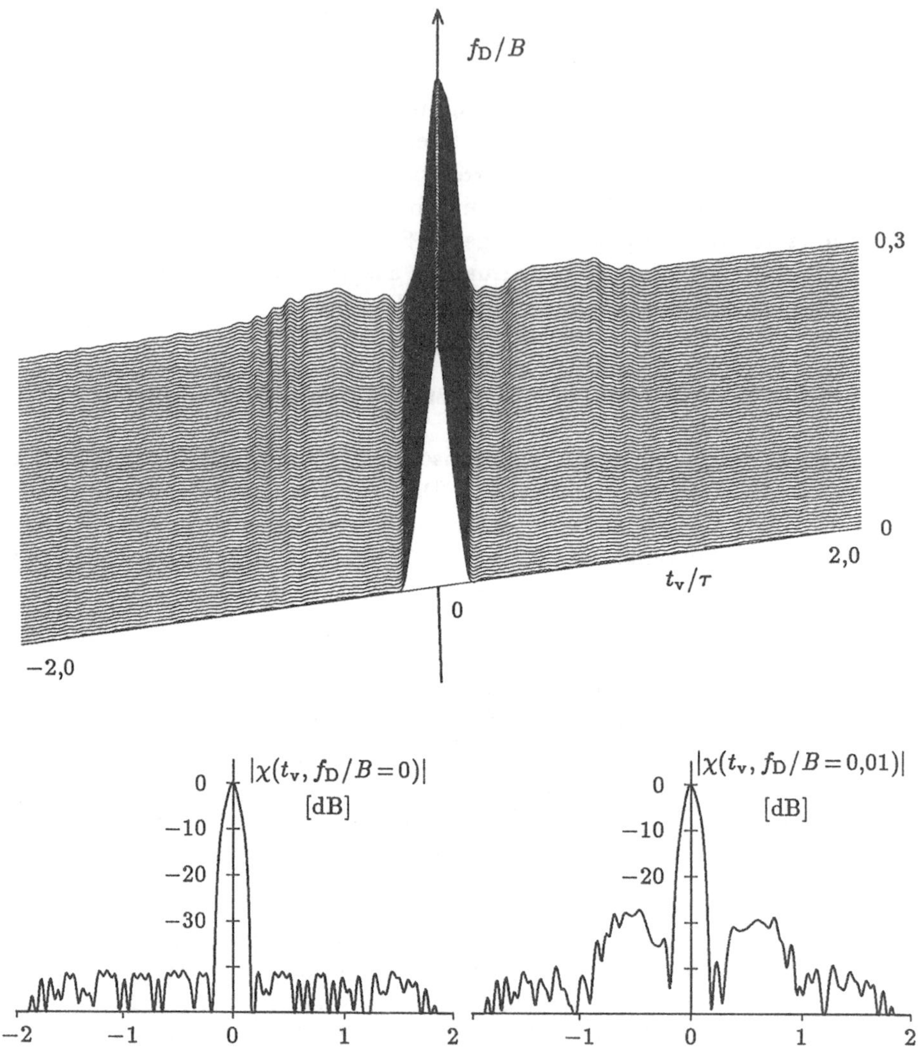

Bild 8.16 Kreuz-Ambiguity-Funktion eines Mismatched Filters der Länge $M_h = 37$ mit dem nichtsymmetrischen P4-Code der Länge $N = M_s = 13$. Die Länge des Ausgangssignals ist $L = M_s + M_h - 1 = 49$. Damit ist das Ausgangssignal von Null verschieden im Bereich $-((L-1)/2)/M_s = -1{,}85 \leq t_v/\tau \leq ((L-1)/2)/M_s = 1{,}85$.

Oben: Kreuz-ABF im Dopplerbereich $0 \leq f_D/B \leq 0{,}3$.

Unten: Dopplerschnitte bei $f_D/B = 0$ und 0,01. Entsprechend der Eigenschaft nach Glchg. (8.8) wächst der Seitenzipfelpegel bei Dopplerverschiebung rasch wieder an, das verdrängte Volumen taucht in der Nachbarschaft wieder auf. Angenommen ist eine quasi-analoge Verarbeitung (sehr große Zahl von Abtastwerten pro Subpuls) mit vorgeschaltetem Subpuls-Matched Filter.

Bild 8.16 zeigt oben die Kreuz-ABF im Dopplerbereich $0 \leq f_D/B \leq 0{,}3$ und im Entfernungsbereich $-2 \leq t_v/\tau \leq 2$. Man erkennt den großen Nebenkeulenabstand bei $f_D/B = 0$, der aber mit steigendem Doppler erwartungsgemäß wieder abnimmt. Zur Verdeutlichung sind im Bild unten die Dopplerschnitte für $f_D/B = 0$ und 0,01 mit logarithmischem Amplitudenmaßstab dargestellt. Bei $f_D/B = 0$ ist der Nebenkeulenabstand $\geq$ 41 dB, bei $f_D/B = 0{,}01$ ist er auf $\geq$ 27 dB und bei $f_D/B = 0{,}02$ (nicht gezeigt) auf $\geq$ 22 dB abgesunken. Der S/N-Verlust bei $f_D/B = 0$ ist 1,1 dB.

8.9 Realisierungsmöglichkeiten

Wir gehen nur auf die heute im Vordergrund stehenden digitalen Verfahren ein. Analoge Hardware in Form von SAW-Bausteinen zur Signalerzeugung und Pulskompression ist für einfache Anwendungen, die sehr kompakte Geräte geringer Verlustleistung erfordern, durchaus noch interessant (SAW = Surface Acoustic Wave). Angaben dazu finden sich in [4].

Signalerzeugung

Man berechnet die Abstastwerte des in eine möglichst niedrige Zwischenfrequenzlage abgemischt gedachten (Bandpaß-)Sendesignals bei ausreichend hoher Abtastfrequenz. Diese Abtastwerte werden zum Beispiel in einem Programmable Read Only Memory (PROM) abgespeichert. Das PROM stellt das Kernstück des in Bild 8.17 gezeigten Signalgenerators dar und wird mit der Abtastfrequenz ausgelesen. Die Folge von Abtastwerten wird D/A-gewandelt und einem Halteglied nullter Ordnung zugeführt (es hält die Ausgangsamplitude auf dem Pegel des letzten Abtastwertes bis zum Eintreffen eines neuen Abtastwertes fest). Das Halteglied stellt eine Annäherung an den idealen Rechtecktiefpaß dar, der nach dem Abtasttheorem aus der Folge von Abtastwerten das Originalsignal, in unserem Falle das gewünschte Sendesignal, herausfiltern würde. Zur ausreichenden Unterdrückung von Spektralanteilen außerhalb des Nutzbandes wird das Signal noch über einen Bandpaß geleitet, dessen Bandbreite etwas größer ist als die des Signals. Danach kann es in die Sendefrequenzlage hochgemischt werden. Um die Bandbreite des digital erzeugten Signals zu *vergrößern,* kann man das in niedriger ZF-Lage entstandene Sendesignal auch *vervielfachen.*

Die Rechner-gestützte Ermittlung der im PROM zu speichernden Abtastwerte des Sendesignals in niedriger ZF-Lage kann wie folgt geschehen. Man bestimmt zunächst das kontinuierliche äquivalente Tiefpaß-Sendesignal (komplexe Umhüllende des HF-Sendesignals). Seine Zeitfunktion $s_{TP}(t) = s_I(t) + \mathrm{j}\, s_Q(t)$ ist im allgemeinen komplex und damit ist das Betragsspektrum nicht symmetrisch zu $f = 0$. Das Signal ist weiterhin nicht bandbegrenzt, u. a. auch, weil es von

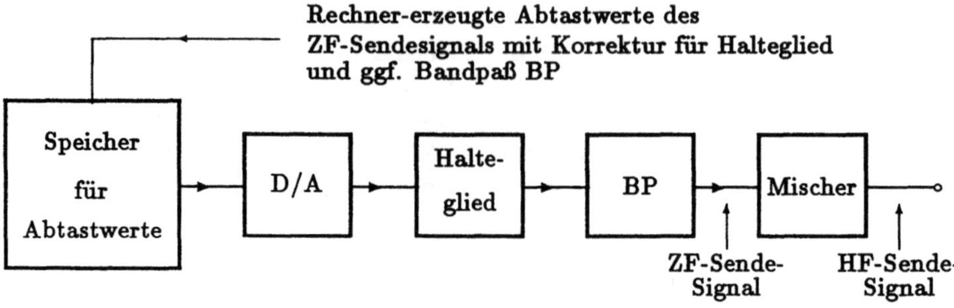

Bild 8.17 Digitale Erzeugung eines beliebigen Sendesignals im ZF-Bereich mit anschließendem Hochmischen in den HF-Bereich. Um die Realisierung zu erleichtern, wählt man eine möglichst niedrige Zwischenfrequenz.

endlicher Dauer ist (man vgl. Abschnitt A.10). Auch besitzt das Spektrum oft große Nebenkeulen.

Wir führen daher im Tiefpaßbereich eine geeignete Bandbegrenzung oder/und Reduktion der spektralen Nebenkeulen durch. Die Nebenkeulenreduktion wird z. B. bei der Biphasenmodulation einen Übergang von der abrupten Phasenumtastung auf eine stetige Phasendrehung während bspw. eines halben Subspulses darstellen.

Das Spektrum das Tiefpaßsignals wird in die gewünschte niedrige ZF-Lage verschoben, entweder durch Berechnung des Bandpaß-Sende-Zeitsignals $s(t) = s_I(t)\cos(2\pi f_{ZF}t) - s_Q(t)\sin(2\pi f_{ZF}t)$ gemäß Glchg. (5.32), oder durch Berechnung des Bandpaß-Sende-Spektrums $S(f) = \frac{1}{2}S_{TP}(f - f_{ZF}) + \frac{1}{2}S^*_{TP}(-f - f_{ZF})$ gemäß Glchg. (5.18).

An diesem Bandpaßsignal kann man den Fehler der Übertragungsfunktion $H_0(f)$ des Haltegliedes kompensieren. Denn dieses stellt nur eine Annäherung an den zur fehlerfreien Rekonstruktion eines Signals aus seinen Abtastwerten erforderlichen Rechteck-Tiefpaß dar. Ein Halteglied nullter Ordnung, das mit Abtastwerten in Takte der PROM-Auslesefrequenz $f_a = 1/t_a$ gespeist wird, besitzt folgende rechteckförmige Impulsantwort $h_0(t)$ und Übertragungsfunktion $H_0(f)$:

$$h_0(t) = c_1 \operatorname{rect}\left(\frac{t - t_a/2}{t_a}\right) \circ\!\!-\!\!\bullet\; c_2 \operatorname{sinc}(t_a f)\, e^{-j2\pi\frac{t_a}{2}f} = H_0(f) \qquad (8.52)$$

Dabei sind c_1 und c_2 Konstanten. Das Bandpaßsignalspektrum wird im Bereich $-f_a/2 \leq f \leq f_a/2$ mit $1/H_0(f)$ multipliziert. Der Zeitfunktion des resultierenden Spektrums werden Abtastwerte im Abstand $t_a = 1/f_a$ innerhalb der Sendepulsdauer τ entnommen. Sie stellen die im PROM zu speichernden Abtastwerte des Sendesignals in (möglichst niedriger) ZF-Lage dar.

Auf die beschriebene Art läßt sich jedes beliebige Sendesignal erzeugen. Bei der Bandbegrenzung ist zu beachten, daß eine ideale Bandbegrenzung ein unendlich ausgedehntes Zeitsignal zur Folge hat (s. Abschnitt A.10). Wir müssen daher sicher sein, daß in Abtastwerten der Zeitfunktion außerhalb der Sendepulsdauer nur eine vernachlässigbare Energie enthalten ist.

Aus technologischen und wirtschaftlichen Gründen ist die erzielbare Bandbreite digital erzeugter Signale begrenzt. Durch Vervielfachung des entstandenen ZF-Signals läßt sich jedoch die Bandbreite vergrößern, wobei allerdings die Anforderungen an die Fehlerfreiheit des digital erzeugten Signals steigen, da Fehler bei der Vervielfachung ebenfalls vervielfacht werden.

Bandbegrenzung bei Biphasenmodulation

Störend bei der Biphasenmodulation ist die abrupte Phasenumtastung, auf die ein Sender endlicher Bandbreite mit unerwünschten Amplitudeneinbrüchen an den Umschaltflanken reagiert. Abhilfe bringt eine stetige Phasendrehung bspw. innerhalb eines halben Subpulses. Das erreicht man – bei der Erzeugung des Sendesignals im ZF-Bereich – durch abruptes Umschalten der Frequenz von f_{ZF} auf eine Hilfsfrequenz $f_{\mathrm{h}} < f_{\mathrm{ZF}}$. Diese ergibt sich aus der Bedingung $2\pi f_{\mathrm{ZF}}\tau_{\mathrm{c}}/2 - 2\pi f_{\mathrm{h}}\tau_{\mathrm{c}}/2 = \pi$ zu $f_{\mathrm{h}} = f_{\mathrm{ZF}} - 1/\tau_{\mathrm{c}}$. Die Hilfsfrequenz wird für eine halbe Subpulsdauer beibehalten, danach wird auf f_{ZF} zurückgeschaltet.

Ein Sendesignal mit derart zeitlinearer Phasendrehung über $\tau_{\mathrm{c}}/2$ läßt sich mit dem in Bild 8.18 a angegebenen Modulator erzeugen. Man kann dem Bild folgende Zeitfunktion des zwischenfrequenten Sendesignals entnehmen:

$$
\begin{aligned}
s_{\mathrm{t}}(t) \;=\;& \\
&\sum_{n=0}^{N-1} k(n)\left\{\cos(2\pi f_{\mathrm{ZF}}t) - \cos(2\pi f_{\mathrm{h}}t)\right\} \operatorname{rect}\left[\frac{t - n\tau_{\mathrm{c}}}{\tau_{\mathrm{c}}}\right] \\
+\;& \sum_{n=0}^{N-1} k(n)\left\{\cos(2\pi f_{\mathrm{ZF}}t) + \cos(2\pi f_{\mathrm{h}}t)\right\} \operatorname{rect}\left[\frac{t - \tau_{\mathrm{c}}/2 - n\tau_{\mathrm{c}}}{\tau_{\mathrm{c}}}\right]
\end{aligned}
\tag{8.53}
$$

Dabei ist $k(n)$ die den Binärcode der Länge N beschreibende Folge von $+1$ und -1. Bild 8.18 b zeigt einen Ausschnitt aus dem ZF-Signal beim 13-er Barker-Code. Man erkennt die Frequenzumschaltungen bei $t/\tau_{\mathrm{c}} = 9$, 10 und 11. Der Simulation liegen $f_{\mathrm{ZF}} = 20\,\mathrm{MHz}$, $\tau_{\mathrm{c}} = 0{,}2\,\mu\mathrm{s}$ und damit $f_{\mathrm{h}} = 15\,\mathrm{MHz}$ zugrunde.

Das äquivalente Tiefpaß- oder Videosignal $s_{\mathrm{TP}}(t) = s_{\mathrm{I}}(t) + \mathrm{j}\,s_{\mathrm{Q}}(t)$ ergibt sich aus Glchg. (5.20)ff. durch Multiplikation von (8.53) mit $2\cos(2\pi f_{\mathrm{ZF}}t)$ und mit $-2\sin(2\pi f_{\mathrm{ZF}}t)$. Man erhält für das I-Signal

$$
\begin{aligned}
s_{\mathrm{I}}(t) \;=\;& \sum_{n=0}^{N-1} k(n)\left\{1 - \cos\left(2\pi(f_{\mathrm{ZF}} - f_{\mathrm{h}})t\right)\right\} \operatorname{rect}\left[\frac{t - n\tau_{\mathrm{c}}}{\tau_{\mathrm{c}}}\right] \\
+\;& \sum_{n=0}^{N-1} k(n)\left\{1 + \cos\left(2\pi(f_{\mathrm{ZF}} - f_{\mathrm{h}})t\right)\right\} \operatorname{rect}\left[\frac{t - \tau_{\mathrm{c}}/2 - n\tau_{\mathrm{c}}}{\tau_{\mathrm{c}}}\right]
\end{aligned}
\tag{8.54}
$$

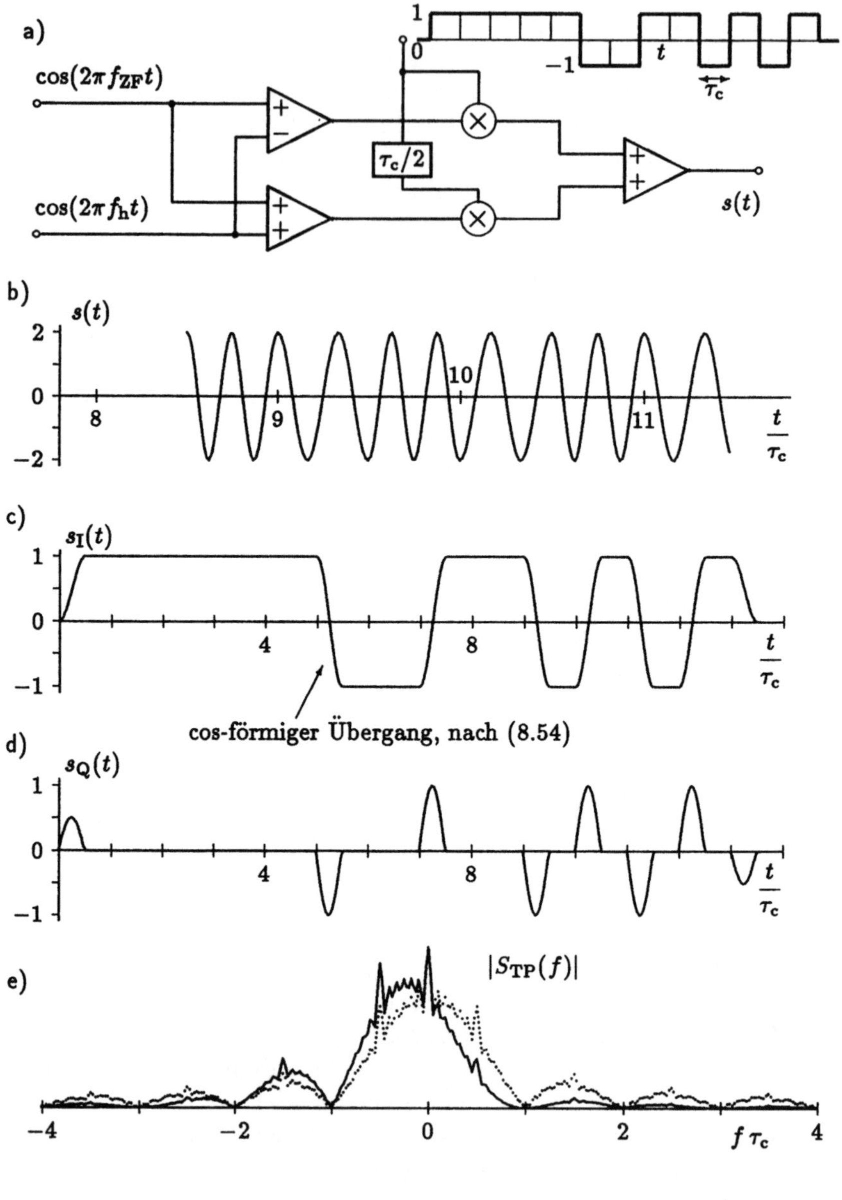

Bild 8.18 Weiche Phasenumtastung bei Biphasenmodulation ($N = 13$, Barker-Code).
a) Modulator zur Erzeugung eines ZF-Sendesignals konstanter Amplitude.
b) Ausschnitt aus dem ZF-Sendesignal $s(t)$: $f_{ZF} = 20$ MHz; $\tau_c = 0{,}2\,\mu$s.
c) Reelle Komponente des äquivalenten Tiefpaßsignals: I-Signal $s_I(t)$.
d) Imaginäre Komponente: Q-Signal $s_Q(t)$.
e) Betrag des Tiefpaß-Sendespektrums $|S_{TP}(f)|$ (nicht symmetrisch zu $f = 0$).
Das Spektrum eines hart umgetasteten Signals ist punktiert eingezeichnet. Das weich umgetastete Signal zeigt – bis auf eine – kleinere Nebenkeulen als das hart umgetastete Signal (man vgl. Bild 6.6).

und für das Q-Signal

$$\begin{aligned} s_Q(t) &= \sum_{n=0}^{N_1} k(n) \sin\left(2\pi(f_{ZF} - f_h)t\right) \operatorname{rect}\left[\frac{t - n\tau_c}{\tau_c}\right] \\ &- \sum_{n=0}^{N_1} k(n) \sin\left(2\pi(f_{ZF} - f_h)t\right) \operatorname{rect}\left[\frac{t - \tau_c/2 - n\tau_c}{\tau_c}\right] \end{aligned} \tag{8.55}$$

Das Inphase- und Quadratursignal sind in Bild 8.18 unter c) und d) aufgetragen. Die letzte Zeile des Bildes enthält das (Tiefpaß-)Sendespektrum. Mit Ausnahme des ersten linken Seitenzipfels sind alle Seitenzipfel deutlich kleiner als die bei harter Phasenumtastung. Das Spektrum ist aber unsymmetrisch zu $f = 0$. Um S/N-Verluste beim Empfang durch das symmetrisch zu $f = 0$ liegende PKF zu vermeiden, kann man bei der Erzeugung des Sendesignals im ZF-Bereich das Sendespektrum um etwa $f = 1/4\tau_c = (f_{ZF} - f_h)/4$ so verschieben, daß es zentrisch zu $f = f_{ZF}$ zu liegen kommt: man multipliziert mit $e^{j\,2\pi((f_{ZF}-f_h)/4)t}$ [9].

Pulskompressionsfilter

Pulskompressionsfilter erfordern gegenüber allen anderen Algorithmen der Radarsignalverarbeitung die höchste Rechenleistung, die grob in Millionen Operationen pro Sekunde, abgekürzt MOPS, gemessen werden kann. Zur Vereinfachung werden nur Additionen, Subtraktionen, Multiplikationen und Divisionen als Operationen gewertet. Aufgrund der hohen erforderlichen Rechenleistung wird für ein PKF meist kein frei programmierbarer DSP (Digital Signal Processor) eingesetzt, sondern eine zugeschnittene Hardware, die allerdings in ausreichendem Umfang programmierbar ist. Die zwei wichtigsten Implementierungsarten sind:

1. Komplexe FIR-Filter

2. Segmentierte schnelle Faltung für komplexe Signale

FIR-Filter

Sie eignen sich für Signale mit kleinem Zeit-Bandbreite-Produkt. Man verwendet bspw. Bauelemente für reelle FIR-Filter mit 8...16 Bit Wortlänge für die Koeffizienten und das Eingangssignal. Mit 4 reellen Filtern wird gemäß Bild 5.10 ein komplexes Filter realisiert. Die Länge oder Ordnung M_h des Filters hängt vom Kompressionsverhältnis K, dem Abtastintervall t_a, das die Zahl der Abtastwerte pro (ev. fiktiven) Subpuls festlegt, und der möglichen Forderung nach Seitenzipfelreduktion ab. Letztere vergrößert die erforderliche Filterlänge oft um den Faktor 2...4. Allgemein kann man ansetzen

$$M_h = \alpha\, K \qquad \text{mit } \alpha = 1 \ldots 6 \tag{8.56}$$

Für jeden Anzapf eines komplexen FIR-Filters werden 4 reelle Multiplikationen und 4 reelle Additionen benötigt. Damit ist die Rechenleistung P_C eines FIR-Filters

$$P_{C,FIR} = \frac{8M_h}{t_a} = \frac{8\alpha K}{t_a} \tag{8.57}$$

Für $K = 13$ (zum Beispiel 13-er Barker-Code), $\alpha = 2$ und $t_a = 200$ ns wird $P_C =$ 1 040 MOPS.

Segmentierte schnelle Faltung

Die segmentierte Faltung ist ausführlich in Kapitel A.13 des Anhangs A beschrieben. Bei ihr wird die beliebig lange Eingangssignalfolge $s(n)$ in überlappende oder nichtüberlappende Segmente aufgeteilt, abhängig davon, ob der Overlap-and-Save- oder der Overlap-and-Add-Algorithmus verwendet werden. Die Segmente werden mit der Impulsantwort $h(n)$ des Filters zirkular gefaltet. Die Faltungsprodukte ergeben – nach Ausführung einiger zusätzlicher Manipulationen – aneinandergereiht die gewünschte lineare Faltung $g(n) = s(n) * h(n)$ von Eingangssignal und Impulsantwort. Zur Steigerung der Recheneffizienz wird die Faltung mit Hilfe des Algorithmus der „Schnellen Faltung“ ausgeführt, beschrieben in Kapitel A.13 und Bild A.25.

Bild 8.19 zeigt eine mögliche Realisierung eines PKF (MF oder MMF) mit Hilfe der segmentierten, schnellen Faltung unter Verwendung des Overlap-and-Save-Algorithmus, man vgl. dazu Bild A.28. Wir fassen die Arbeitsweise tabellarisch wie folgt zusammen:

1. Die Länge M_h der Impulsantwort $h(n)$ des Filters ist gegeben. Die beliebig lange Eingangssignalfolge $s(n)$ wird in Teilfolgen $s_i(n)$ der Länge $L = M_s + M_h - 1$ segmentiert, wobei sich die Folgen um $M_h - 1$ Abtastwerte überlappen. M_s wird so gewählt, daß $L = M_s + M_h - 1 = 2^n$ (n ganzzahlig), L also eine Zweierpotenz, und $M_s \approx M_h$ ist. L ist die Länge des Faltungsproduktes $s(n) * h(n)$ nach Glchg. (A.123).

2. Die Folge $h(n)$ wird mit Nullen auf die Länge L aufgefüllt. Mit jeweils einer FFT der Länge $L = 2^n$ werden die spektralen Folgen $S_i(k)$ und $H(k)$ ermittelt. Die Berechnung von $H(k)$ geschieht im allgemeinen Offline, die $H(k)$ werden abgespeichert (im Bild durch die gestrichelte FFT angedeutet).

3. Es wird das Produkt $G_i(k) = S_i(k) \cdot H(k)$ berechnet.

4. Das Produkt wird mit Hilfe einer IFFT der Länge $L = 2^n$ in den Zeitbereich zurücktransformiert und ergibt die Folge $g_i(n)$.

5. Die Folge $g_i(n)$ ist die zirkulare Faltung von $s_i(n)$ mit $h(n)$. Bei dieser zirkularen Faltung haben sich aber $M_h - 1$ von Null verschiedene Werte der zu faltenden Folgen „gegenübergestanden“ (den Abtastwert bei $n = 0$ nicht

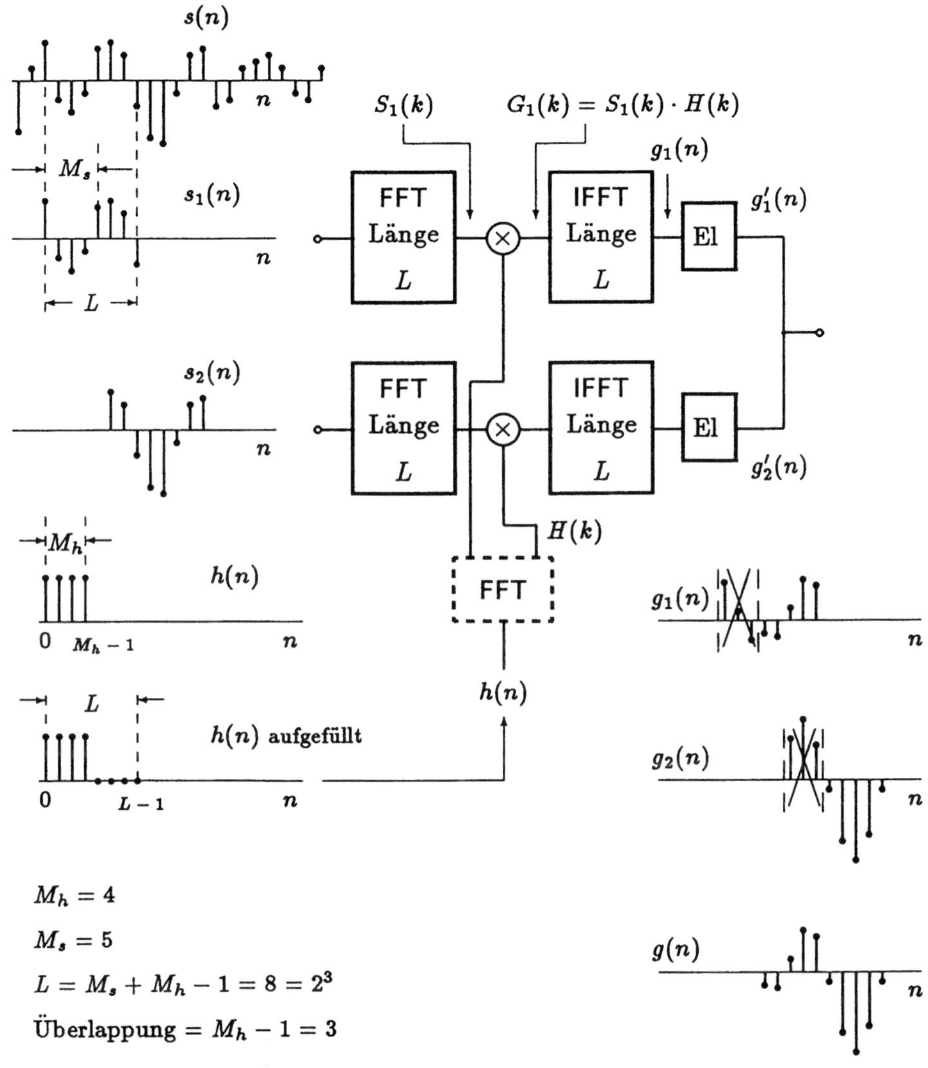

Bild 8.19 Pulskompressionsfilter für beliebige Signale auf der Basis der segmentierten schnellen Faltung unter Benutzung des Overlap-and-Save-Algorithmus. Die Beschreibung der Arbeitsweise findet sich im Text. Der Block El eliminiert die ungültigen Abtastwerte.

mitgerechnet). Daher sind die ersten $M_h - 1$ Werte der zirkularen Faltung falsch und werden unterdrückt. Man vergleiche dazu die Ausführungen in Kapitel A.13, insbesondere auch Bild A.26.

6. Die parallelen FFT/IFFT-Zweige verarbeiten sich überlappende Segmente $s_i(n)$ und $s_{i+1}(n)$. Dadurch ist der abgedeckte Entfernungsbereich praktisch unbegrenzt.

7. Die verbleibenden, nichtüberlappenden, sondern sich aneinanderreihenden Ausgangsfolgen $g_i'(n)$ und $g_{i+1}'(n)$ ergeben die gesuchte lineare Faltung $g(n) = s(n) * h(n)$.

Im Beispiel von Bild 8.18 wurde der besseren Darstellbarkeit wegen M_h sehr klein zu $M_h = 4$ und zur Vereinfachung $h(n) = \text{const}$ gewählt. Wegen der Forderung $L = M_s + M_h - 1$ und $M_s \approx M_h$ haben wir die Länge der Segmente zu $M_s = 5$ festgesetzt, womit $L = 8 = 2^3$.

Die Folge $h(n)$ wird durch Auffüllen mit Nullen auf die Länge L gebracht. Die Eingangsfolge $s_i(n)$ hätte für eine fehlerfreie zirkulare Faltung eigentlich die Länge M_s besitzen und mit $M_h - 1$ Nullen auf die Länge L aufgefüllt werden müssen. Der Algorithmus verwendet aber der Einfachheit halber statt Nullen die vorhandenen Abtastwerte der Folge $s_i(n)$. Damit werden die ersten $M_h - 1$ Werte der Ausgangsfolge falsch, sie werden unterdrückt, siehe Punkt 5 oben.

Man kann die Arbeitsweise mathematisch formal wie folgt zusammenfassen. Erforderlich ist die Berechnung der zirkularen Faltungen von Segmenten $s_i(n)$ mit $h(n)$, also

$$g_i(n) = \sum_{m=0}^{L-1} s_i(n-m)h(m) \qquad 0 \le n \le L-1 \tag{8.58}$$

mit $L = M_s + M_h - 1$. Dazu setzen wir eine FFT und IFFT (Radix-2) wie folgt ein:

$$\begin{aligned} g_i(n) &= \text{IFFT}\Big[\Big\{\text{FFT}\big[s_i(m)\big] = S_i(k)\Big\} \cdot H(k)\Big] && (8.59)\\ &= \sum_{k=0}^{L-1}\Big[\Big\{\sum_{m=0}^{L-1} s_i(m)\mathrm{e}^{-\mathrm{j}\frac{2\pi}{L}mk}\Big\} \cdot H(k)\Big] \cdot \mathrm{e}^{\mathrm{j}\frac{2\pi}{L}nk} && (8.60)\end{aligned}$$

In jeder Ausgangssignalfolge $g_i(n)$ sind die jeweils ersten $M_h - 1$ Werte falsch und werden unterdrückt, so daß die Folge $g_i'(n)$ entsteht:

$$g_i'(n) = \begin{cases} g_i(n) & \text{für} \quad M_h - 1 < n \le L-1 \\ 0 & \text{sonst} \end{cases} \tag{8.61}$$

Die aneinandergereihten Folgen $g_i'(n)$ stellen die gewünschte lineare Faltung $g(n) * h(n)$ dar.

Rechenleistung der segmentierten schnellen Faltung

Für eine L-Punkt-Radix-2-FFT werden 4 reelle Multiplikationen und 6 reelle Additionen für jede der $\log_2 L$ sogen. Butterfly-Sektionen gebraucht, um die $L/2$ Datenpaare jeder Sektion innerhalb eines Zeitintervalls von T_C zu verarbeiten. Damit wird die Rechenleistung pro FFT oder IFFT der Länge L

$$P_{C,FFT} = \frac{(4+6)\,\frac{L}{2}\,\log_2 L}{T_C} \tag{8.62}$$

Die gesamte installierte Rechenleistung des Bildes 8.19 ist dann – unter Vernachlässigung der komplexen Multiplikationen im Frequenzbereich – bei einer pro Zweig verfügbaren Rechenzeit von $T_C \approx Lt_a$ mit $t_a =$ Abtastintervall

$$P_{C,SF} \approx 2\,\frac{2\cdot(4+6)\frac{L}{2}\log_2 L}{Lt_a} \tag{8.63}$$

Wir vergleichen jetzt die erforderlichen Rechenleistungen des FIR-Filters mit denjenigen der segmentierten schnellen Faltung. Die Länge des FIR-Filters ist $M_h = \alpha K$. Für das Beispiel wählen wir $\alpha = 2$ und $t_a = 200\,\text{ns}$, also eine Entfernungsauflösung von 30 m.

Die folgende Tabelle 8.3 enthält für das gewählte Kompressionsverhältnis K die FIR-Länge M_h, die FFT-Länge $L = 2M_h$ der schnellen Faltung sowie die erforderlichen Rechenleistungen. Man erkennt, daß die schnelle Faltung dem FIR-Filter bei großem K deutlich überlegen ist. Bei kleinem K ist zu beachten, daß die schnelle Faltung mit ihrer FFT und IFFT ein relativ großes „Overhead" benötigt. Deshalb ist bei kleinerem K das FIR-Filter vorzuziehen, trotz der nominell höheren Rechenleistung in der Tabelle.

K	M_h	L	$P_{C,FIR}$ (MOPS)	$P_{C,SF}$ (MOPS)
16	32	64	1 280	600
32	64	128	2 560	700
64	128	256	5 120	800
128	256	512	10 240	900
256	512	1 024	20 480	1 000

Tabelle 8.3 Erforderliche Rechenleistungen $P_{C,FIR}$ und $P_{C,SF}$ für Pulskompressionsfilter mit FIR-Filtern der Länge M_h oder für die segmentierte schnelle Faltung (SF) mit einer FFT-Länge L. Für die Parameter des Beispiels siehe Text.

Literaturverzeichnis

[1] Rihaczek, A.W.: *Principles of High Resolution Radar,* McGraw-Hill, 1969.

[2] Levanon, N.: *Radar Principles,* John Wiley and Sons, 1988.

[3] Cook, C.E., Bernfeld, M.: *Radar Signals,* Academic Press, 1967.

[4] Farnett, E.C., Stevens, G.H.: *Pulse Compression Radar,* Chapter 10 in *Radar Handbook* (M.I. Skolnik, ed.), McGraw-Hill, 1990.

[5] Seidler, P.: *Nebenzipfelreduktion bei Impulskompression binär phasencodierter Signale,* Dissertation, RWTH Aachen, 1974.

[6] Rihaczek, A.W., Golden, R.M.: *Range Sidelobe Suppression for Barker Codes,* IEEE Transactions on Aerospace and Electronic Systems, AES-7, November 1971, pp. 1087-92.

[7] Lewis, B.L., Kretschmer, F.F., Wesley, W.S.: *Aspects of Radar Signal Processing,* Artech House, 1986.

[8] Hofele, F.X.: *Neues Pulskompressionsverfahren für aperiodische komplexwertige Signale,* 8. Radarsymposium der Deutschen Gesellschaft für Ortung und Navigation (DGON) München, 14.-16. September 1993.

[9] Minker, M., Hofele, F.X.: *Stetige Phasendrehung beim phasencodierten Signal am Beispiel des 13-er Barker-Codes,* 7. Radarsymposium der Deutschen Gesellschaft für Ortung und Navigation (DGON) Ulm, 10-12. Oktober 1989.

9 CFAR-Methoden

9.1 Übersicht

Am Ausgang der Verarbeitungsschritte Pulskompression und Dopplerverarbeitung können unvermeidbar noch folgende Clutter- oder Restclutter-Arten auftreten:

1. Regenclutter
2. Seeclutter
3. Ziel-Eigenclutter (Nebenkeulen eines Zielechos bei Pulskompression)
4. Bodenclutter
5. Echos des Straßenverkehrs
6. Angelclutter (vorwiegend Echos von Vogelgruppen)

Durch geeignete CFAR-Methoden (Constant False Alarm Rate) muß man dafür sorgen, daß beim Eintritt in solche Cluttergebiete einerseits die Falschalarmwahrscheinlichkeit angenähert konstant bleibt, andererseits aber noch Ziele entdeckt werden, deren Echoleistung die des Clutters deutlich übersteigt (Superclutter Visibility).

Bei Regenclutter und – unter gewissen Bedingungen – Seeclutter sowie Ziel-Eigenclutter verwendet man dazu entweder das Cell-Averaging-Verfahren oder auch – wegen seiner besseren Eigenschaften in einer Mehrzielumgebung – das Verfahren der geordneten Statistik oder engl. Ordered Statistic.

Um CFAR bei Bodenrestclutter am Ausgang eines MTI-Filters zu erhalten, kann man das ZF-Signal geeignet begrenzen. Wirksamer und mit weniger Verlusten behaftet ist der Einsatz einer Bodenclutterkarte. Ihr Bedarf an Speicherzellen (etwa 1-10 Mbyte) mit sehr kleiner Zugriffszeit stellt kein Problem mehr dar.

Stark störend sind in fast jeder Radarumgebung die Echos von Kraftfahrzeugen des Straßenverkehrs. Es wird eine sehr wirksame Methode zu ihrer wahlweisen Unterdrückung beschrieben. Das Kapitel schließt mit der Beschreibung eines Verfahrens zur Raum- und Doppler-selektiven Unterdrückung der – vor allem während der Vogelzüge im Frühjahr und Herbst auftretenden – Echos von Vogelgruppen, bezeichnet als Angelclutter.

9.2 Cell-Averaging-CFAR (CA-CFAR)

Arbeitsweise

Um die Falschalarmwahrscheinlichkeit bei Auftreten von Regenclutter, Seeclutter, Düppel und nahezu homogenen Pulskompressions-Nebenkeulen (Ziel-Eigenclutter) angenähert konstant zu halten, verwendet man das in Bild 9.1 angegebene Prinzip der *Cell-Averaging-CFAR* (CA-CFAR) oder der *Cell-Averaging-Greatest-Of-CFAR* (CAGO-CFAR) [1].

Das nach dem Einzelpuls-Matched-Filter und einer meist nachfolgenden Dopplerverarbeitung im allg. linear detektierte und digitalisierte Signal wird in einen Speicher eingeschrieben. Zur Veranschaulichung stellen wir uns ein Schieberegister vor. Der zeitliche Abstand zweier in benachbarten Zellen abgespeicherter Signalproben entspricht etwa der (ggf. komprimierten) Pulsdauer τ und damit der Ausdehnung einer Auflösungszelle in der Entfernung. Die Rausch- und Störsignale benachbarter Entfernungszellen können dann in erster Näherung als statistisch voneinander unabhängig angenommen werden, wenn wir ein Matched Filter der Bandbreite von etwa $1/\tau$ vor dem Detektor voraussetzen.

Die mittlere Speicherzelle wird als „Zelle unter Test" bezeichnet, da ihr Signal einem Komparator zugeführt und dort mit einer dem Schätzwert der mittleren Amplitude des Störhintergrundes proportionalen Entdeckungsschwelle verglichen wird. Der Schwellenfaktor α wird durch die gewünschte Falschalarmwahrscheinlichkeit P_{fa} festgelegt. Bei Schwellüberschreitung wird das Vorhandensein eines Zieles angenommen.

Zur Schätzung der mittleren Störamplitude werden die Signale von $L/2$ Entfernungszellen vor und hinter der Zelle unter Test summiert und – bei der zunächst betrachteten CA-CFAR – die beiden Teilsummen wiederum addiert. Die beiden Zellen in der unmittelbaren Nachbarschaft der Zelle unter Test werden zur Schätzung nicht herangezogen, denn sie können bei einem starken Zielecho merkliche Zielamplituden enthalten und daher die Schätzung des Störhintergrundes verfälschen.

Bei den folgenden Überlegungen nehmen wir an, daß das Störsignal stationär ist, das heißt, seine Kennwerte innerhalb des Referenzfensters nicht ändert. Die WDF's der Signale in den einzelnen Zellen sind damit identisch. Damit diese Bedingung in Regencluttergebieten angenähert erfüllt ist, soll die räumliche Ausdehnung des Referenzfensters etwa 2 km nicht überschreiten. Bei einer Pulsdauer von $\tau = 0{,}3\mu s$ sind das $L = 2000 m/(0{,}3\mu s \cdot 150\, m/\mu s) = 44$ Zellen.

Zur Schätzung des Störhintergrundes kann man naturgemäß nur eine endliche Zahl von Entfernungszellen heranziehen. Damit erhält man statt eines konstanten einen leicht fluktuierenden Schätzwert. Man muß daher für eine vorgegebene P_{fa} die Schwelle höher als bei einem konstanten Schätzwert legen. Für eine bestimmte Entdeckungswahrscheinlichkeit P_{d} ist daher ein höheres S/N erforderlich als bei einer aus $L \to \infty$ abgeleiteten Schwelle. *Dieser Mehrbedarf an S/N wird als CFAR-Verlust* L_{CFAR} *bezeichnet.*

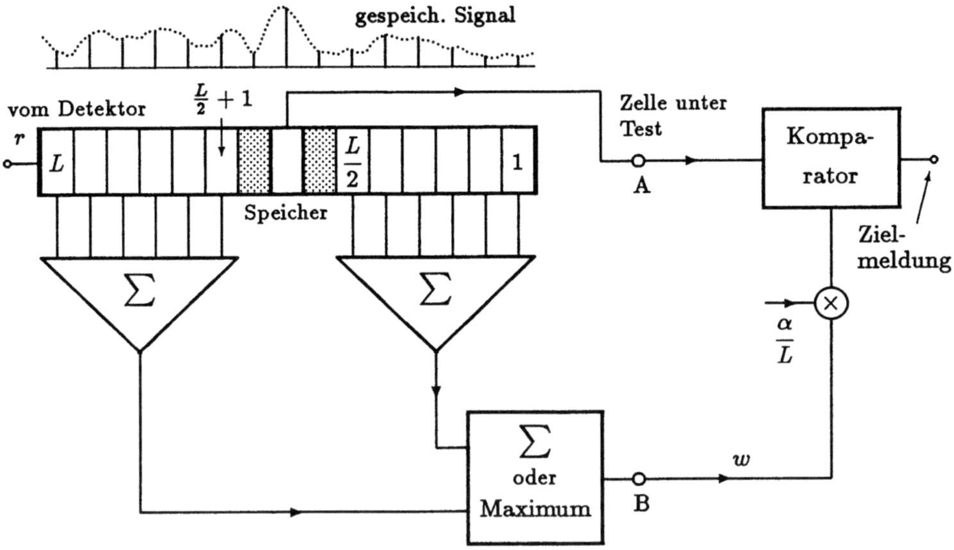

Bild 9.1 Prinzip der Cell-Averaging-CFAR (CA-CFAR). Wird statt der Summe das Maximum ausgewählt, so erhält man die Cell-Averaging-Greatest-of-CFAR (CAGO-CFAR). Die beiden schattierten Zellen werden zur Schwellenbildung nicht herangezogen, da sie Zielsignalenergie führen können.

Die CAGO-CFAR vermeidet gegenüber der CA-CFAR Falschalarme an den Kanten von Cluttergebieten. Ihr CFAR-Verlust ist um nur maximal etwa 0,3 dB größer als derjenige der CA-CFAR [2].

Berechnung des CFAR-Verlustes der CA-CFAR

Für den Radar-Systementwurf benötigen wir die zumindest angenäherte Kenntnis des CFAR-Verlustes L_{CFAR}, um die Verlustbilanz aufstellen zu können. Zur exakten Berechnung von L_{CFAR} muß das für vorgegebene P_{d} und P_{fa} erforderliche S/N der CA-CFAR nach Bild 9.1 berechnet und durch dasjenige S/N dividiert werden, das bei fester Schwelle erforderlich wäre. Für den *quadratischen* Detektor wurde ein effizienter Algorithmus zur numerischen Berechnung dieses Quotienten von *Mitchell* und *Walker* angegeben [3].

Wir wollen zur *ausreichend angenäherten* Ermittlung des CFAR-Verlustes das von *Rohling* vorgeschlagene einfachere Verfahren der Erhöhung des „Average Decision Threshold (ADT)“ [4] anwenden, bei dem die aufwendige Ermittlung des für vorgegebene P_{d} und P_{fa} erforderlichen S/N entfällt. Grundlage des Verfahrens ist folgende Überlegung.

Wegen der leicht fluktuierenden Entdeckungsschwelle bei Anwendung einer CFAR muß zur Einhaltung der geforderten P_{fa} der Erwartungswert (Mittelwert)

$E\{T_C\}$ der Schwelle etwas über derjenigen festen Schwelle T_{NC} liegen, die wir bei einem Zieldetektor ohne CFAR einzustellen hätten. Dabei steht hier T für Schwelle (Threshold), der Index C für „mit CFAR“ und NC für „ohne CFAR“ .

Damit ein Zielecho die etwas höhere CFAR-Schwelle $E\{T_C\}$ überschreiten kann, muß es gegenüber dem Nicht-CFAR-Fall ein um das Leistungs-Verhältnis $[E\{T_C\}/T_{NC}]^2$ größeres S/N aufweisen. Der CFAR-Verlust ist damit

$$L_{\mathrm{CFAR}}\ [\mathrm{dB}] = 20\ \log\left(\frac{E\{T_C\}}{T_{NC}}\right) \tag{9.1}$$

Nach diesem Verfahren läßt er sich für den in der Praxis meist benutzten linearen Detektor sehr einfach angeben. Notwendig dafür ist allerdings die Kenntnis des Schwellenfaktors α. Er ist P_{fa}-abhängig und kann [5] entnommen werden.

Aufgrund der Überlegungen, die zu Glchg. (9.1) führten, muß der so ermittelte CFAR-Verlust von der P_{d} und dem Zielmodell unabhängig sein. Das hat sich beim Vergleich mit den über $P_{\mathrm{d}}(S/N, L, P_{\mathrm{fa}})$ nach [3] errechneten CFAR-Verlusten für den in der Praxis interessanten P_{d}-Bereich von $45\% \leq P_{\mathrm{d}} \leq 95\%$ bestätigt. Bild 9.2 zeigt u. a. für den bisher betrachteten Fall der Einzelpulsentdeckung ($M=1$) die nach [3] berechneten Kurven und darin als Kreise die nach Glchg. (9.1) bzw. (9.8) ermittelten Werte. Man erkennt die gute Übereinstimmung. Man beachte übrigens, daß bei Einzelpulsentdeckung Swerling 1-Ziel und Swerling 2-Ziel identisch sind.

Das zufällige Ausgangssignal r des linearen Detektors in Bild 9.1 besitzt bei Rauschen, Regenclutter und – unter bestimmten Voraussetzungen – bei Seeclutter eine Rayleighverteilung nach Glchg. (3.11). Die Signale benachbarter Referenzzellen sind in guter Näherung identisch verteilt, besitzen also auch denselben Effektivwert der Störspannung, und seien statistisch voneinander unabhängig. Dann ist der Erwartungswert $E\{w\}$ der Summe w der Signale der Referenzzellen gleich dem L-fachen des Erwartungswertes des Signals einer einzelnen Zelle. Dieser ist nach Glchg. (3.12), wenn U_N der Effektivwert des Clutters vor dem linearen Detektor ist,

$$E\{r\} = \sqrt{\frac{\pi}{2}}\, U_N \tag{9.2}$$

Damit wird nach Bild 9.1 der Erwartungswert der adaptiven Schwelle

$$E\{T_C\} = \frac{\alpha}{L}\cdot E\{w\} = \frac{\alpha}{L}\cdot L\sqrt{\frac{\pi}{2}}\, U_N = \alpha\sqrt{\frac{\pi}{2}}\, U_N \tag{9.3}$$

Nach [5] ist die durch die P_{fa} festgelegte Schwelle beim linearen Detektor

$$\alpha = \sqrt{\frac{4}{\pi} L\left(P_{\mathrm{fa}}^{-1/L} - 1\right)\cdot\left[1 - \left(1 - \frac{\pi}{4}\right)\mathrm{e}^{-L+1}\right]} \tag{9.4}$$

Damit wird

$$E\{T_C\} = U_N\sqrt{2L\left(P_{\mathrm{fa}}^{-1/L} - 1\right)}\cdot\sqrt{1 - \left(1 - \frac{\pi}{4}\right)\mathrm{e}^{-L+1}} \tag{9.5}$$

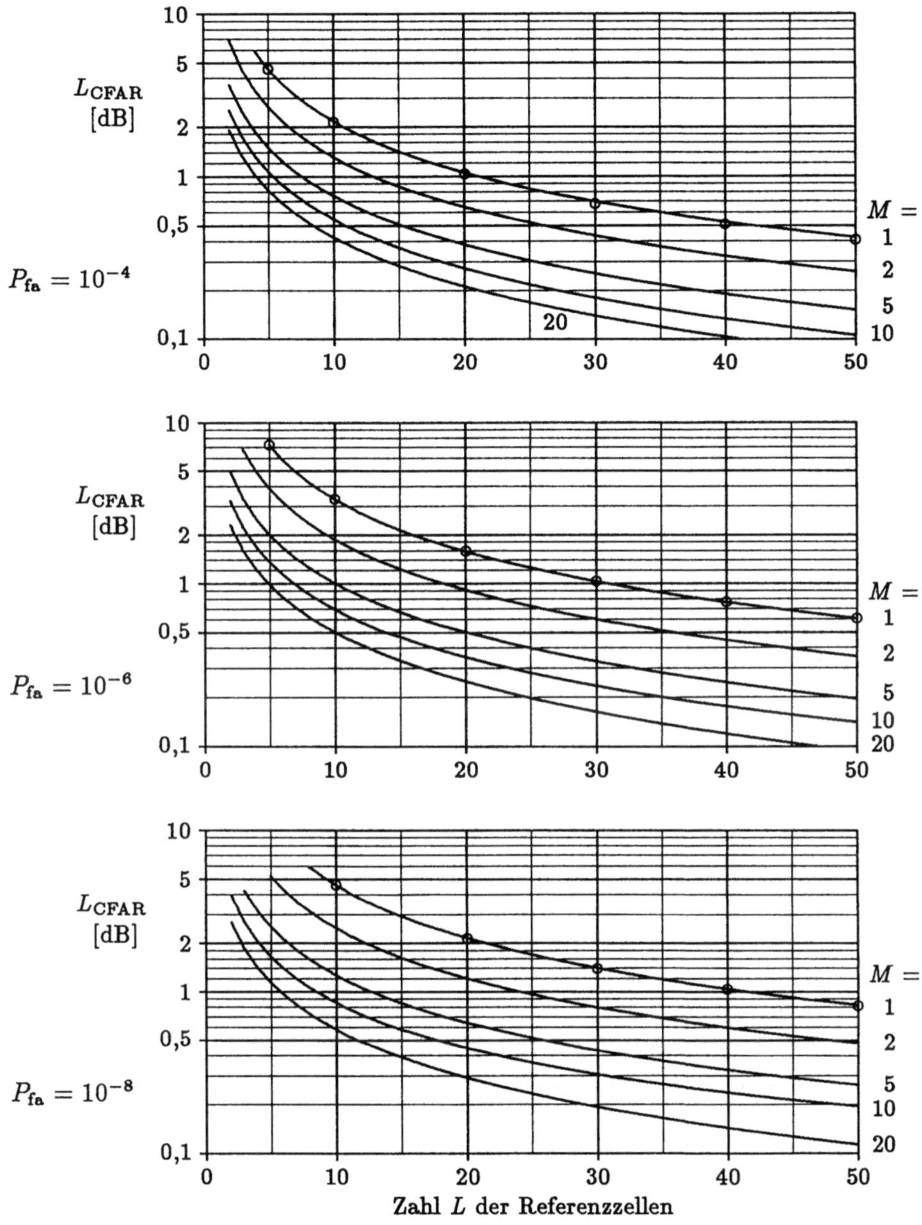

Bild 9.2 CFAR-Verlust L_{CFAR} der Cell-Averaging-CFAR mit quadratischem Detektor für ein Swerling 1-Ziel bei Einzelpulsentdeckung ($M = 1$) und bei nachfolgender nicht-kohärenter Integration von M Pulsen für drei Werte der P_{fa} und $P_{\text{d}} = 90\%$, ermittelt nach [3]. Die Abweichungen für andere Werte der P_{d}, andere Zielmodelle und einen linearen Detektor sind in der Praxis vernachlässigbar. Die Kreise stellen Werte dar, die mit Hilfe der einfachen Beziehung (9.8) berechnet wurden.

Nach Glchg. (3.15) ist die feste Schwelle T_{NC} im Nicht-CFAR-Fall

$$T_{\text{NC}} = \sqrt{-2 \ln P_{\text{fa}}}\, U_{\text{N}} \tag{9.6}$$

Wir erhalten daher für den CFAR-Verlust

$$\begin{aligned} L_{\text{CFAR}}\,[\text{dB}] &= 20 \log \frac{E\{T_{\text{C}}\}}{T_{\text{NC}}} \qquad (9.7) \\ &= 20 \log \left[\sqrt{\frac{L\left(P_{\text{fa}}^{-1/L} - 1\right)}{-\ln P_{\text{fa}}}} \cdot \sqrt{1 - \left(1 - \frac{\pi}{4}\right) \mathrm{e}^{-L+1}} \right] \end{aligned}$$

und daraus die einfache Näherungsformel

$$L_{\text{CFAR}}\,[\text{dB}] = 10 \log \left(\frac{L\left(P_{\text{fa}}^{-1/L} - 1\right)}{-\ln P_{\text{fa}}} \right) \qquad \text{für} \qquad L \geq 5 \tag{9.8}$$

Unter Verwendung der Glchgn. (3.35)ff. kann man zeigen, daß sich für den *quadratischen* Detektor dieselbe Beziehung ergibt, d. h. die nach Glchg. (9.1) berechneten CFAR-Verluste von linearem und quadratischem Detektor sind identisch. Für $L = 16$ und $P_{\text{fa}} = 10^{-6}$ erhält man einen CFAR-Verlust von 2,0 dB (man vgl. die Kurven von Bild 9.2 für $M = 1$). In [6] wird der CFAR-Verlust für den *quadratischen* Detektor als Verhältnis des für vorgegebene P_{fa}, P_{d} und L erforderlichen S/N zu dem bei $L \to \infty$ notwendigen S/N berechnet. Das Ergebnis der umfangreicheren Herleitung ist

$$L_{\text{CFAR}}\,[\text{dB}] = 10 \log \left[\frac{(P_{\text{d}}/P_{\text{fa}})^{1/L} - 1}{1 - P_{\text{d}}^{1/L}} \cdot \frac{\log P_{\text{d}}}{\log(P_{\text{fa}}/P_{\text{d}})} \right] \tag{9.9}$$

Obwohl der Verlust formal von P_{d} abhängig ist, zeigt eine numerische Auswertung, daß die Abweichungen für unterschiedliche P_{d} im Bereich $40\% \leq P_{\text{d}} \leq 95\%$ – und zur Glchg. (9.8) – bei weniger als etwa 0,02 dB liegen. Damit wird die Näherung (9.1) bestätigt und die dort gemachte Aussage der vernachlässigbaren Abhängigkeit des CFAR-Verlustes von der P_{d}.

In [7] wird die Entdeckungswahrscheinlichkeit $P_{\text{d}}(L, P_{\text{fa}}, S/N)$ der CA-CFAR mit linearem Detektor untersucht und ebenfalls gezeigt, daß die Unterschiede zwischen quadratischem und linearem Detektor vernachlässigbar sind.

CA-CFAR bei nichtkohärenter Integration von M Pulsen

Bild 9.3 zeigt oben die Anwendung einer nichtkohärenten Integration von M Pulsen im Anschluß an eine CA-CFAR. Statt eines Vergleiches des Signals der Zelle

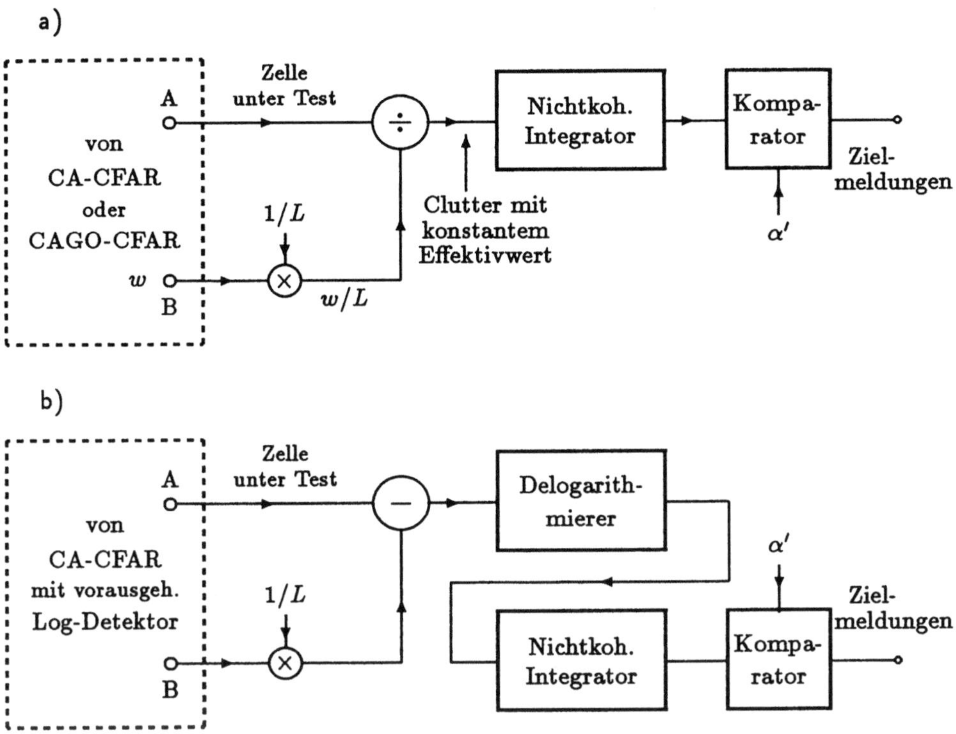

Bild 9.3 CFAR mit nachfolgender nichtkohärenter Integration.
a) CA-CFAR oder CAGO-CFAR (man vergleiche Bild 9.1).
b) CA-CFAR mit vorausgehendem, logarithm. Detektor: LOG-CA-CFAR. Statt der Division kann eine einfacher zu realisierende Subtraktion verwendet werden.

unter Test mit der Schwelle $(\alpha/L) \cdot w$ im Komparator wird das Signal durch die Größe w/L dividiert. Die Entdeckungsschwelle mit dem einstellbaren Schwellenfaktor α' zur Festlegung der P_{fa} befindet sich am Ausgang des nichtkohärenten Integrators.

Durch die Division (Normierung) erhält man – unabhängig von der Störleistung am Eingang des Detektors – eine konstante Störleistung am CA-CFAR-Ausgang: CFAR-Effekt. Bei Einsatz eines Wanderfensterdetektors als Integrator wird die Division durch die erste Schwelle (Komparator) ersetzt (Abschnitt 3.12). Das Ausgangsignal wird danach nichtkohärent integriert.

Ein Verfahren zur Berechnung der bei nichtkohärenter Integration von M Pulsen auftretenden CFAR-Verluste bei einem quadratischen Detektor kann man aus [3] ableiten. Damit wurden die Kurven für $M=1\ldots20$ in Bild 9.2 gewonnen (wie bereits erwähnt, stimmen die Kurven für $M=1$ mit den nach Glchg. (9.8) berechneten gut überein). Sie gelten für alle Swerling-Zielmodelle $0\ldots4$ und für den praktisch interessanten Bereich von $P_d = 45\% \ldots 95\%$. Auf die nahezu vernachlässigbaren Abweichungen bei Ersatz des quadratischen durch einen linearen Detektor wird in [7, 2] hingewiesen.

Da die Division in Bild 9.3 oben – zumindest bislang – schwierig zu realisieren war, ging man auf einen logarithmischen Detektor über, der die Division durch eine Subtraktion zu ersetzen gestattet. Außerdem kommt man dann mit weniger Bits bei vorgegebenem Dynamikbereich aus. Eine *Log-Cell-Averaging-CFAR* (LOG-CA-CFAR) mit nachfolgender nichtkohärenter Integration ist in Bild 9.3 unten dargestellt. Die LOG-CA-CFAR zeigt nach [8] einen höheren Verlust als die CA-CFAR. Man muß für gleiche Performance die Zahl der Referenzzellen auf $L_{\log} = 1{,}65\, L_{\text{lin}} - 0{,}65 \approx 1{,}65 L_{\text{lin}}$ erhöhen. Dabei ist $L_{\log}$ die Zahl der Referenzzellen bei logarithmischem Detektor und L_{lin} die bei linearem Detektor. Verglichen mit einer CA-CFAR mit bspw. $L_{\text{lin}} = L = 16$ Referenzzellen benötigt die LOG-CA-CFAR $L_{\log} = 16 \cdot 1{,}65 - 0{,}65 \approx 26$ Zellen, um keinen größeren CFAR-Verlust zu zeigen. Würde man bei 16 Zellen bleiben, wäre der zusätzliche Verlust bei $P_{\text{fa}} = 10^{-6}$ gegenüber der CA-CFAR nach Bild 9.2 etwa 1,3 dB ($L_{\text{CFAR}} = 3{,}3$ dB für $L_{\text{lin}} = L = (16 + 0{,}65)/1{,}65 \approx 10$ minus $L_{\text{CFAR}} = 2{,}0$ dB für $L_{\text{lin}} = L = 16$).

Die Rohvideo-Darstellung eines logarithmierten Videosignals auf einem PPI ist wegen des geringen Kontrastes unbefriedigend. Man delogarithmiert daher das Signal durch eine sogenannte Antilog-Schaltung vor der nichtkohärenten Integration. Auf die Zielentdeckung nach der Integration hat dies aber keinen Einfluß.

9.3 Ordered Statistic-CFAR (OS-CFAR)

Arbeitsweise

Nachteilig bei der CA-CFAR und CAGO-CFAR ist ihr sehr ungünstiges Verhalten in einer Mehrzielumgebung. Befinden sich zum Beispiel in der Testzelle ein schwaches Zielecho und in einer der Referenzzellen ein starkes Zielecho, so kann letzteres die adaptive Schwelle so stark anheben, daß das schwache Zielecho nicht entdeckt wird. Bei Anwesenheit mehrerer Zielechos in den Referenzzellen wird die Situation noch ungünstiger.

Rohling hat daher ein anderes CFAR-Verfahren vorgeschlagen, das aufgrund seiner Arbeitsweise als *Ordered Statistic-CFAR,* abgekürzt OS-CFAR, bezeichnet wird [4]. Bei ihr ordnet man die Signale der L Referenzzellen nach ihrer Größe in aufsteigender Reihenfolge, man vgl. dazu Bild 9.4. Bezeichnen wir die bei Rauschen oder rauschähnlichem Clutter wie Regenclutter vorhandene Zufallsgröße am Ausgang des Detektors mit r, so läßt sich eine nach Amplituden geordnete Folge der Signale der L Referenzzellen schreiben als

$$r_1 \leq r_2 \cdots \leq r_k \leq \cdots \leq r_L \tag{9.10}$$

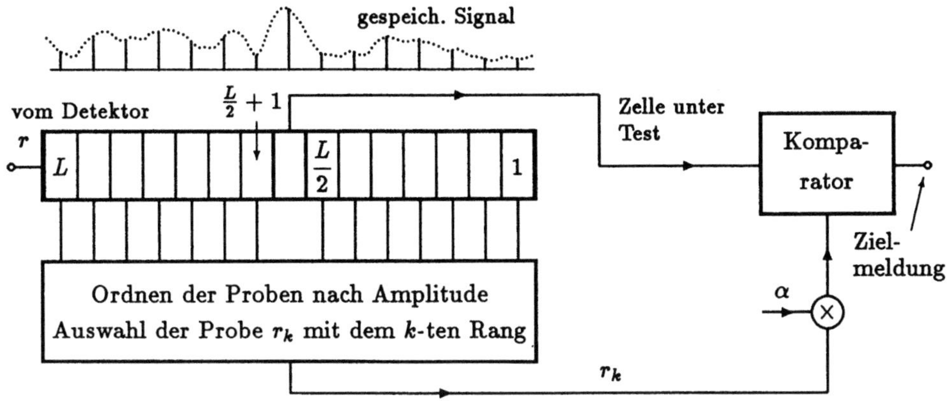

Bild 9.4 Prinzip der Ordered Statistic-CFAR (OS-CFAR).

Eine solche Folge wird als geordnete Statistik (engl. Ordered Statistic) bezeichnet. Die grundlegende Idee der Ordered Statistic-CFAR ist es nun, einen bestimmten Wert mit dem sogenannten Rang k, also r_k, als Schätzwert für den mittleren Störhintergrund heranzuziehen. Dieses Verfahren ist angelehnt an die Verwendung sogenannter Rank-Order-Operatoren in der digitalen Bildverarbeitung.

Die Entdeckungsschwelle der OS-CFAR ist somit, man vgl. Bild 9.4,

$$T_C = \alpha\, r_k \tag{9.11}$$

Sie ist – wie bei der CA-CFAR – eine Zufallsgröße und daher (leicht) fluktuierend. Wie sich herausstellen wird, liegt der günstigste Wert von k im Bereich $0{,}6\,L \leq k \leq 0{,}85\,L$.

Das sehr günstige Verhalten der OS-CFAR in einer Mehrzielumgebung ist leicht einzusehen. Ist zum Beispiel bei einer OS-CFAR mit $L = 32$ und $k = 24$ ein schwaches Zielecho in der Testzelle und ein sehr starkes Zielecho, das deutlich größer als der Clutter sein möge, in einer der Referenzzellen, so ist diese Situation gleichbedeutend mit einer OS-CFAR, bei der $k = 24$ beibehalten, aber L um 1 von 32 auf 31 verringert wird. Bei Anwesenheit zweier starker Ziele in den Referenzzellen würde L auf 30 verringert. Es leuchtet ein, daß der Schätzwert für den Störhintergrund nur geringfügig erhöht und die Entdeckung selbst eines schwachen Zieles in der Testzelle kaum gefährdet wird. Da man den Faktor, um den die Schwelle bspw. bei Anwesenheit eines Zieles höhergelegt wird, leicht berechnen kann, kann man auch den zusätzlichen S/N-Verlust angeben, der bei Anwesenheit eines oder mehrerer Ziele auftritt. Wir werden darauf zurückkommen. Vorab sei bemerkt, daß mit den Werten dieses Beispiels bei Anwesenheit zweier Ziele ein zusätzlicher Verlust von nur 0,6 dB auftritt. Bei der CA-CFAR dagegen würde das schwache Ziel in der Testzelle oft nicht entdeckt.

Bei der Ermittlung des optimalen Rangs k sind drei Forderungen zu erfüllen:

1. Ein abrupt einsetzendes Cluttergebiet großer Intensität darf auch temporär zu keiner erhöhten P_{fa} führen.

2. Ein in der Zelle unter Test befindliches Zielecho soll trotz Anwesenheit von J starken Zielen in den Referenzzellen nicht unterdrückt werden.

3. Der CFAR-Verlust in einer reinen Rauschumgebung soll möglichst klein sein.

Forderung 1 führt zu der Bedingung $k > L/2$. Denn hat die Vorderkante des einlaufenden Cluttergebietes die Testzelle erreicht, muß bereits eine Clutter enthaltende Zelle zur Schätzung des Störhintergrundes herangezogen werden, um einen Falschalarm zu vermeiden. Das ist bei $k > L/2$ stets der Fall. Forderung 2 führt zu der Bedingung, daß k um J kleiner sein muß als L, also $k < (L-J)$. Dann wird keines der (starken) Zielechos zur Störschätzung herangezogen. Bezüglich der Forderung 3 ergibt die nachfolgende Berechnung des CFAR-Verlustes, daß dieser ein sehr flaches Minimum bei $k \approx 0{,}8L$ durchläuft, wie Bild 9.5 entnommen werden kann. Man wird daher bei großem L den Rang zu $k \approx 0{,}8L$ wählen, bei kleinem L wird man darunter bleiben müssen, damit zwischen dem gewählten k und L „noch Platz für J Ziele ist".

Die OS-CFAR läßt sich natürlich wie die CA-CFAR nach Bild 9.3 auch einsetzen, wenn nachfolgend nichtkohärent integriert wird.

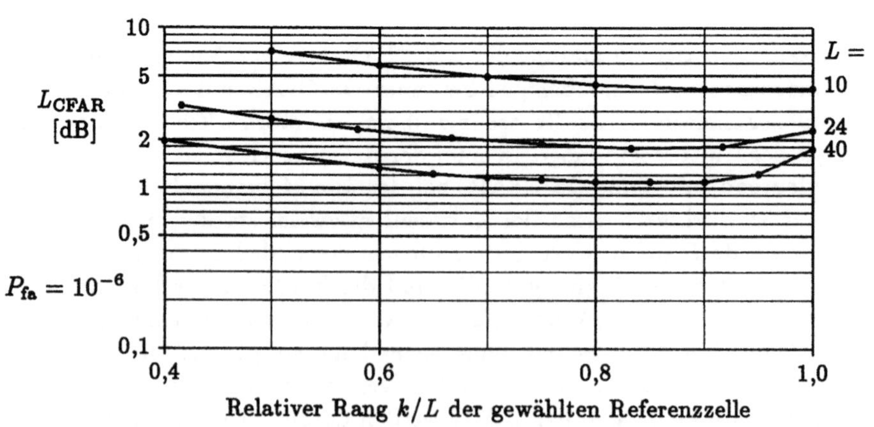

Bild 9.5 CFAR-Verlust der OS-CFAR in Abhängigkeit vom relativen Rang der zur Schwellenbildung herangezogenen Probe für drei Längen L des Referenzfensters. Der Verlust zeigt ein recht breites Minimum.

Berechnung des CFAR-Verlustes der OS-CFAR

Wir legen wieder den in der Praxis fast immer benutzen linearen Detektor zugrunde. Ähnlich Glchg. (9.1) ermitteln wir den CFAR-Verlust als das Verhältnis des Erwartungswertes $E\{T_C\}$ der adaptiven Schwelle zur festen Schwelle T_{NC} im Nicht-CFAR-Fall.

Der Erwartungswert oder Mittelwert der adaptiven Schwelle ist nach Bild 9.4

$$E\{T_C\} = \alpha\, E\{r_k\} \tag{9.12}$$

Dabei ist $E\{r_k\}$ der Erwartungswert des Signals mit dem k-ten Rang. Es gilt

$$E\{r_k\} = \int_0^\infty r\, p_k(r)\, dr \tag{9.13}$$

Die WDF $p_k(r)$ des Signals mit dem k-ten Rang ist nach [4]

$$p_k(r) = k \binom{L}{k} \left[1 - P(r)\right]^{L-k} \left[P(r)\right]^{k-1} p(r) \tag{9.14}$$

Dabei ist $P(r)$ die zur WDF $p(r)$ gehörende Verteilungsfunktion $P(r) = \int_0^r p(r)\, dr$. Die WDF $p(r)$ des Detektor-Ausgangssignals ist die Rayleigh-WDF nach Glchg. (3.11)

$$p(r) = \frac{r}{U_N^2}\, e^{-\frac{r^2}{2U_N^2}} \tag{9.15}$$

wobei U_N den Effektivwert des (rauschähnlichen) Clutters darstellt. Die Verteilungsfunktion erhält man zu

$$P(r) = 1 - e^{-\frac{r^2}{2U_N^2}} \tag{9.16}$$

Unter Verwendung der Glchgn. (9.14), (9.15) und (9.16) wird aus Glchg. (9.13) mit der Substitution

$$x^2 = \frac{r^2}{2\,U_N^2} \qquad \text{und} \qquad r dr = 2\,U_N^2\, x\, dx$$

der Erwartungswert

$$E\{r_k\} = 2\sqrt{2}\,U_N\, k \binom{L}{k} \int_0^\infty x^2 \left[e^{-x^2}\right]^{L-k+1} \left[1 - e^{-x^2}\right]^{k-1} dx \tag{9.17}$$

Eine numerische Integration ist einfach, da der Integrand mit steigendem x schnell gegen Null geht.

Wir benötigen noch den Schwellenfaktor α, der durch die P_{fa} festgelegt wird. Nach Glchg. (3.14) ist mit $U_S = \alpha\, r_k$ die Falschalarmwahrscheinlichkeit $P_{fa} =$

$e^{-(\alpha r_k)^2/(2U_N^2)}$. Da aber r_k eine Zufallsvariable ist, müssen wir über alle r_k mit Hilfe ihrer WDF $p_k(r)$ mitteln. Wir bekommen mit den Glchgn. (9.14) und (9.16)

$$\begin{aligned} P_{fa} &= \int_0^\infty e^{-\frac{(\alpha r)^2}{2U_N^2}} p_k(r)\,dr \qquad (9.18) \\ &= k\binom{L}{k}\int_0^\infty e^{-\frac{(\alpha r)^2}{2U_N^2}}\left[1-e^{-\frac{r^2}{2U_N^2}}\right]^{k-1}\left[e^{-\frac{r^2}{2U_N^2}}\right]^{L-k}\frac{r}{U_N^2}e^{-\frac{r^2}{2U_N^2}}\,dr \end{aligned}$$

Mit der Substitution $r^2/2U_N^2 = x$ und daraus $rdr/U_N^2 = dx$ wird nach einigen Manipulationen

$$P_{fa} = k\binom{L}{k}\int_0^\infty e^{-(\alpha^2+L-k+1)x}\left(1-e^{-x}\right)^{k-1}\,dx \qquad (9.19)$$

Dieses Integral läßt sich mit der Substitution $e^{-x} = t$ in das sogen. Eulersche Integral erster Gattung überführen. Für ganzzahliges α erhält man die Lösung

$$P_{fa} = \frac{L!}{(L-k)!}\,\frac{(\alpha^2+L-k)!}{(\alpha^2+L)!} \qquad (9.20)$$

Man erkennt die CFAR-Wirkung: P_{fa} ist von U_N unabhängig, es kommt in der Gleichung nicht vor, auch nicht implizit.

Für vorgegebenes P_{fa} läßt sich α aus der letzten Glchg. iterativ ermitteln. Dabei kann man zur Berechnung von $(\alpha^2+L-k)!$ und $(\alpha^2+L)!$ die für $x \gg 1$ geltende Stirlingsche Näherungsformel

$$\ln x! \approx \left(x+\frac{1}{2}\right)\ln x - x + \ln\sqrt{2\pi} + \frac{1}{12x} \qquad (9.21)$$

benutzen, die auch bei nicht ganzzahligem x bzw. α anwendbar ist.

Mit Hilfe der Glchgn. (9.20) sowie (9.21) zur iterativen Ermittlung von α bei vorgegebener P_{fa} und (9.17) können wir den Erwartungswert $E\{T_C\} = \alpha\,E\{r_k\}$ der adaptiven Schwelle berechnen.
Der CFAR-Verlust ist dann nach Glchg. (9.1)

$$L_{CFAR}\,[\mathrm{dB}] = 20\log\frac{E\{T_C\}}{T_{NC}} = 20\log\frac{\alpha\,E\{r_k\}}{T_{NC}} \qquad (9.22)$$

Die feste Schwelle im Nicht-CFAR-Fall ist nach Glchg. (3.15)

$$T_{NC} = U_N\sqrt{-2\ln P_{fa}} \qquad (9.23)$$

Die Kurven von Bild 9.6 und die Tabelle 9.1 wurden auf diese Art berechnet. Die Tabelle liefert für Fensterlängen $L = 6\ldots 50$ und den jeweils etwa optimalen

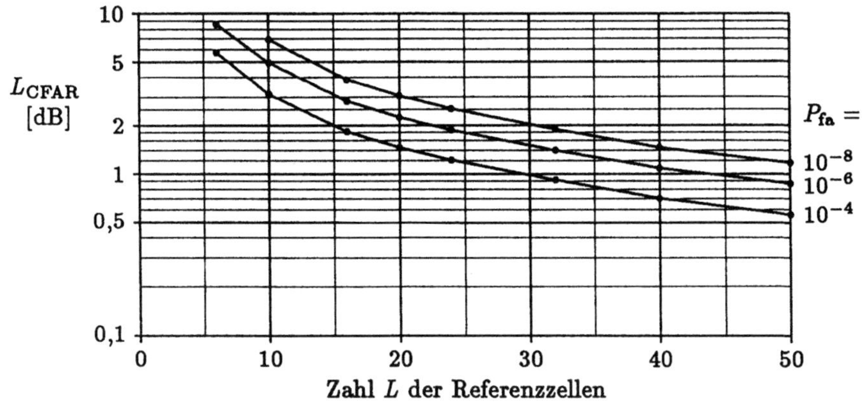

Bild 9.6 CFAR-Verlust L_{CFAR} der OS-CFAR mit linearem Detektor bei Einzelpulsentdeckung für drei Werte der P_{fa}. Die Kurven sind nahezu unabhängig vom Zielmodell und der P_d. Der Rang $k = k_{opt}$ der zur Schwellenbildung herangezogenen Probe liegt im Bereich von $k/L = 0{,}67 \ldots 0{,}80$, siehe dazu Tabelle 9.1.

Rang k den Schwellenfaktor α und den CFAR-Verlust L_{CFAR}. Für L_{CFAR} kann man auch die folgende, empirisch gefundene Näherungsformel benutzen, bei der für $L \geq 6$ und $k/L \geq 0{,}65$ der Fehler im dB-Wert des CFAR-Verlustes unter 10% liegt:

$$L_{CFAR}\,[\mathrm{dB}] = \frac{5{,}5 \log(1/P_{fa})}{L} \left[1 + 0{,}23 \left(\frac{L}{k}\right)^2\right] \tag{9.24}$$

Für den gleichen CFAR-Verlust der OS-CFAR gegenüber der CA-CFAR braucht man etwa 30% mehr Referenzzellen als bei letzterer. Das bereitet aber keinerlei Schwierigkeiten, da die Forderung der CA-CFAR nach konstanter Störleistung in allen Referenzzellen bei der OS-CFAR nicht relevant ist. Die OS-CFAR arbeitet zufriedenstellend auch dann, wenn z.B. das Cluttergebiet deutlich kleiner als die Ausdehnung des Referenzfensters ist.

Zusatzverlust der OS-CFAR in einer Mehrzielumgebung

Zur Veranschaulichung nehmen wir eine OS-CFAR mit $L = 32$, $k = 24$ und $P_{fa} = 10^{-6}$ an. Der Tabelle 9.1 entnehmen wir dafür $L_{CFAR} = 1{,}40\,\mathrm{dB}$ und $\alpha = 3{,}79$. Sind J sehr starke Ziele in den Referenzzellen vorhanden, so ist diese Situation einer OS-CFAR äquivalent, die nur eine Länge von $(L - J) = (32 - J)$ besitzt, aber den gleichen Rang $k = 24$ benutzt. Der durch die J Ziele ver-

L	k	Schw.-Faktor α	Erw.-Wert $\mathrm{E}\{r_k\}$	Eff. Schwelle $\alpha \cdot \mathrm{E}\{r_k\}$	L_{CFAR} [dB]
		$P_{\mathrm{fa}} = 10^{-4}$	Nicht-CFAR-Schwelle = 4,29		
6	4	6,26	1,33	8,35	5,78
10	7	4,25	1,45	6,17	3,15
16	12	3,33	1,59	5,30	1,83
20	15	3,16	1,61	5,08	1,46
24	18	3,06	1,62	4,94	1,22
32	24	2,93	1,63	4,77	0,92
40	32	2,65	1,76	4,66	0,71
50	40	2,60	1,77	4,58	0,56
		$P_{\mathrm{fa}} = 10^{-6}$	Nicht-CFAR-Schwelle = 5,26		
6	4	10,70	1,33	14,27	8,67
10	7	6,42	1,45	9,32	4,98
16	12	4,58	1,59	7,29	2,84
20	15	4,24	1,61	6,81	2,25
24	18	4,04	1,62	6,52	1,87
32	24	3,79	1,63	6,18	1,40
40	32	3,39	1,76	5,96	1,09
50	40	3,29	1,77	5,81	0,87
		$P_{\mathrm{fa}} = 10^{-8}$	Nicht-CFAR-Schwelle = 6,07		
10	7	9,32	1,45	13,52	6,96
16	12	5,96	1,59	9,49	3,88
20	15	5,38	1,61	8,64	3,07
24	18	5,03	1,62	8,13	2,54
32	24	4,64	1,63	7,55	1,89
40	32	4,09	1,76	7,18	1,46
50	40	3,94	1,77	6,95	1,17

Tabelle 9.1 Tabelle zu den Kurven der OS-CFAR in Bild 9.6. Für einen linearen Detektor, eine Referenzfensterlänge L und den Rang k sind der Schwellenfaktor α und der CFAR-Verlust bei Einzelpulsentdeckung angegeben. Weiter sind für eine Störspannung von $U_{\mathrm{N}} = 1\,\mathrm{Volt}$ der Erwartungswert $E\{r_k\}$ des Signals mit dem Rang k und die daraus abgeleitete effektive Schwelle $\alpha \cdot E\{r_k\}$ aufgeführt. Zum Vergleich sind die entsprechenden „Nicht-CFAR-Schwellen" = $\sqrt{-2\ln P_{\mathrm{fa}}}$ nach Glchg. (3.15) angegeben.

L_{eff}	Ziele	L_{CFAR} [dB]	ΔL_{CFAR} [dB]
32	0	1,40	0
31	1	1,68	0,28
30	2	2,00	0,60
29	3	2,36	0,96
28	4	2,77	1,37
$L = 32$ $k = 24$ $P_{fa} = 10^{-6}$			

Tabelle 9.2 Zusätzlicher CFAR-Verlust ΔL_{CFAR} der OS-CFAR bei Anwesenheit von 1...4 starken Zielechos im Referenzfenster.

ursachte zusätzliche CFAR-Verlust wird ermittelt, indem wir den neu sich einstellenden Erwartungswert $E\{T'_C\} = \alpha\, E\{r_k\}_{L-J}$ – bei konstant bleibendem α – ermitteln und durch den ohne zusätzliche Zielechos vorhandenen Erwartungswert $E\{T_C\} = \alpha\, E\{r_k\}_L$ dividieren. Tabelle 9.2 können die sehr kleinen Zusatzverluste entnommen werden. In [6] ist ein ähnliches Beispiel gegeben, bei dem der zusätzliche CFAR-Verlust jedoch über die Beziehung $P_d(S/N)$ und nicht über das Verhältnis $E\{T_C\}/T_{NC}$ ermittelt wurde. Die Nachrechnung dieses Beispiels mit dem hier verwendeten Verfahren führte zu gleichen Werten.

Zusätzliche, beliebig starke Ziele in den Referenzzellen gefährden also die Entdeckung schwacher Ziele in der Zelle unter Test nur wenig, ganz im Gegensatz zur CA-CFAR.

9.4 Eine Näherungsformel für den CFAR-Verlust der CA-CFAR und OS-CFAR

Taylor hat die Ergebnisse der bisher bekannten Arbeiten zur CA-CFAR zu einer empirischen Formel zusammengefaßt [9]. Sie berücksichtigt auch eine auf den CFAR-Detektor folgende nichtkohärente Integration von M Pulsen, gestattet also die näherungsweise Berechnung der Kurven von Bild 9.2. Die Formel schließt weiterhin den Fall einer merklichen Korrelation des Rauschens benachbarter Referenzzellen ein, wenn etwa das Abtastintervall T_s des A/D-Umsetzers kleiner als der Kehrwert der 6dB-Bandbreite des vorangehenden Einzelpuls-Matched-Filters ist. Ebenso ist eine durch ein MTI Filter verursachte Korrelation der Puls-zu-Puls-Signale (Periode-zu-Periode) der Referenzzellen berücksichtigt. Diese Korrelationen vergrößern den CFAR-Verlust. Die Näherungsformel lautet

$$L_{CFAR}\,[\mathrm{dB}] = \frac{5{,}5\,\log(1/P_{fa})}{B_{6dB}\,\Delta t \left(\dfrac{L+h_L}{1+h_L}\right) \left[\left(1-\dfrac{D_{6dB}}{\mathrm{PRF}}\right)\dfrac{M+h_M}{1+h_M}\right]^{0,7}} \qquad (9.25)$$

Dabei sind

P_{fa}	Falschalarmwahrscheinlichkeit
B_{6dB}	6 dB-Bandbreite des Einzelpuls-Matched Filters
Δt	der kleinere der beiden Werte von Abtastintervall T_s oder $1/B_{6dB}$ ($B_{6dB}\Delta t$ ist also stets ≤ 1)
L	Zahl der Referenzzellen
M	Zahl der nichtkohärent integrierten Pulse
h_L, h_M	$= 0$ für den quadratischen Detektor $= 0{,}09$ für den linearen Detektor $= 0{,}65$ für den logarithmischen Detektor
D_{6dB}	Breite des Sperrbereiches des Doppler-Filters (MTI-Filters)
PRF	Pulsfolgefrequenz

Die Formel gilt zunächst für die Verwendung einer CA-CFAR und stimmt für den Fall der Einzelpulsentdeckung in sehr guter Näherung mit Glchg. (9.8) überein, wenn $B_{6dB}\,\Delta t = 1$ und der Nennerausdruck in eckigen Klammern gleich 1 gesetzt wird. Sie gibt ebenfalls die bei einer nichtkohärenten Integration gültigen Kurven von Bild 9.2 in guter Näherung wieder, wenn zusätzlich $D_{6dB} = 0$.

Wird statt der quasi-analogen eine binäre Puls-zu-Puls-Integration (Wanderfenster-Detektor) angewendet, so ist der Nennerausdruck in eckigen Klammern wegzulassen. Als P_{fa} ist diejenige am Eingang des Wanderfensterdetektors zu verwenden. Ist wegen eines MTI-Filters $D_{6dB}/\mathrm{PRF} > 0$, so ist nach [9] statt des m – aus – M-Zielkriteriums ein Entdeckungskriterium

$$m'\text{-aus-}M' \quad \rightarrow \quad m\left(1 - \frac{D_{6dB}}{\mathrm{PRF}}\right)\text{-aus-}M\left(1 - \frac{D_{6dB}}{\mathrm{PRF}}\right)$$

allen Berechnungen zugrunde zu legen. Man rundet m' und M' auf ganzzahlige Werte auf und verwendet die Beziehung (3.45) zur Ermittlung von P_{fa} am Wanderfensterdetektor-Eingang als Funktion der am Ausgang gewünschten Falschalarmwahrscheinlichkeit.

Für $B_{6dB}\Delta t = 1$ und ohne nichtkohärente Integration gilt die Formel (9.25) für etwa $L \geq 5$ in ausreichender Näherung auch für die OS-CFAR, wenn man

$$h_L = 0{,}23(L/k)^2$$

setzt. Die näherungsweise Gültigkeit der Formel für die OS-CFAR bei $B_{6dB}\Delta t < 1$ und bei einer nachfolgenden nichtkohärenten Integration ist noch nicht untersucht worden.

9.5 CFAR-Methoden bei Boden-Restclutter

Ist die Entdeckungsschwelle des Zieldetektors auf das Systemrauschen eingestellt und erfaßt das Radar plötzlich Bodenclutter, so müßte dieser auf einen Pegel von etwa 10 dB unter den Rauscheffektivwert unterdrückt werden, damit die P_{fa} angenähert konstant bleibt. Das erfordert bei einem Eingangs-Clutter-zu-Rausch-Verhältnis von $C/N = 50$ dB eine Clutterunterdrückung von etwa 60 dB, die im allgemeinen ein MTI-Radar nicht und ein MTD-Radar auch nicht immer bereitstellen kann.

Um die P_{fa} trotzdem angenähert konstant zu halten, kann zum Beispiel der Clutter im ZF-Bereich – also vor dem MTI-Filter – durch Begrenzung so verkleinert werden, daß am Ausgang des Filters der Restclutter nur so groß ist wie das Rauschen in clutterfreien Gebieten. Ein anderes, besseres CFAR-Verfahren im Boden-Restclutter-Gebieten verwendet eine Bodenclutterkarte.

Begrenzung im ZF-Bereich

Dieses Verfahren wurde bei MTI-Radaren vor der Verfügbarkeit preiswerter Halbleiterspeicher fast durchweg eingesetzt. Gemäß Bild 9.7 werden das ZF-Signal und damit starke Cluttersignale im ZF-Bereich durch einen Begrenzer bewußt begrenzt. Der Begrenzungspegel – und damit der maximale Clutterpegel vor dem MTI-Filter – wird so eingestellt, daß am MTI-Filter-Ausgang der effektive Clutterrest etwa gleich dem Systemrauschen in clutterfreien Gebieten ist. Damit ist eine etwa konstante P_{fa} in einerseits Rauschgebieten und andererseits Boden-Restclutter-Gebieten vorhanden. Solche Radare arbeiten meist mit

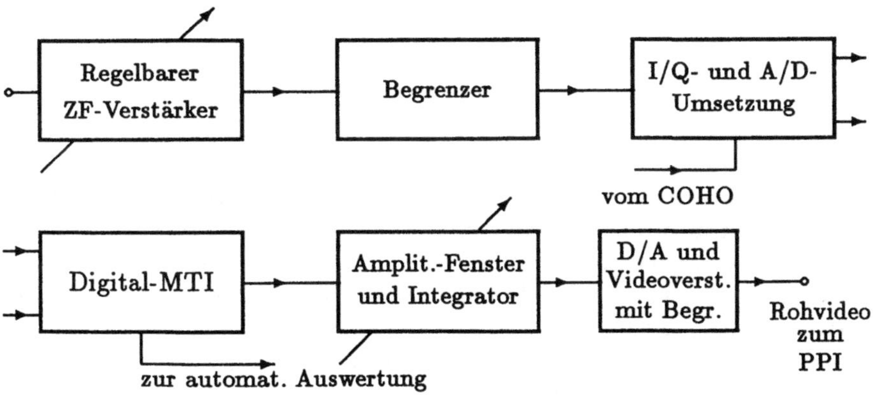

Bild 9.7 Begrenzung des ZF-Signals zur Erzielung von CFAR in Gebieten mit Boden(rest)clutter bei einem MTI-Radar mit sowohl Rohvideo-Darstellung als auch automatisierter Auswertung. Das Verfahren wurde vor der Verfügbarkeit von Bodenclutter-Karten fast ausschließlich verwendet.

einem Rohvideo-PPI für Wartungszwecke oder auch als Betriebssichtgerät. Da die Helligkeitsaussteuerung des Leuchtschirms der Bildröhre nur eine Dynamik von etwa 12 dB verarbeiten kann, muß – wenn starke Signale keinen „Lichthof" (engl. Blooming) verursachen sollen – das Signal durch einen 2. Begrenzer im Videobereich auf etwa 12 dB über dem Rauschen begrenzt werden.

Beim Einsatz eines Integrators wird der 2. Begrenzer durch ein vorgeschaltetes Amplitudenfenster mit einstellbarem Amplitudenbereich und einstellbarer Lage relativ zum Rauschen ersetzt. Es stellt sicher, daß einerseits noch einige Rauschspitzen als Anzeige für eine ausreichende Empfindlichkeit, andererseits keine Lichthöfe bei starken Zielen vorhanden sind.

Die Einstellung der beiden Begrenzer erfordert etwas Erfahrung. Bei Erhöhung der ZF-Verstärkung vor dem fest eingestellten Begrenzer entstehen in Bodencluttergebieten „schwarze Löcher" auf dem Bildschirm. Das Radar ist dann in diesen Gebieten zu unempfindlich. Eine richtige Einstellung ergibt in Restclutter-Gebieten ein etwa ähnliches „Schneegestöber" wie in Rauschgebieten. *Eine falsche Einstellung von Begrenzer und Amplitudenfenster kann das Radarbild völlig unbrauchbar machen!*

Bei diesem CFAR-Verfahren läßt sich der *wirksame* MTI-Improvementfaktor I recht einfach bestimmen. Der Restclutter ist $C_{\text{aus}} = C_{\text{ein}}/A_C$, wobei C_{ein} der Eingangsclutter und A_C die Clutterdämpfung durch das MTI-Filter sind. Man kann schreiben $C_{\text{aus}}/N_{\text{aus}} = C_{\text{ein}}/A_C \cdot 1/N_{\text{aus}}$, wenn N_{aus} das Ausgangsrauschen ist. Der Begrenzer wird so eingestellt, daß $C_{\text{aus}}/N_{\text{aus}} = 1$. Dann gilt

$$\frac{C_{\text{ein}}/A_C}{N_{\text{aus}}} = 1 \quad \text{und daraus} \quad \frac{C_{\text{ein}}}{N_{\text{ein}}} \cdot \frac{N_{\text{ein}}}{N_{\text{aus}}} \cdot \frac{1}{A_C} = 1 \tag{9.26}$$

Mit Hilfe von Glchg. (7.26) wird, da $N_{\text{aus}}/N_{\text{ein}} = \overline{G_s(f)}$,

$$\frac{C_{\text{ein}}}{N_{\text{ein}}} = \overline{G_s(f)} \cdot A_C = I \tag{9.27}$$

Das am Eingang des MTI-Filters gut abschätzbare Verhältnis $C_{\text{ein}}/N_{\text{ein}}$ ist also gleich dem wirksamen MTI-Improvementfaktor.

Dieses CFAR-Verfahren hat den großen Nachteil, daß durch die Begrenzung das Clutterspektrum stark verbreitert und damit die Clutterunterdrückung durch das MTI-Filter verschlechtert wird. Die Verschlechterung durch die Begrenzung ist abhängig vom Verhältnis Clutteramplitude zu Begrenzungspegel und erreicht oft Werte über 10 ... 20 dB.

Eigentümlich für den trotz Begrenzung noch vorhandenen Restclutter ist beim üblichen Einsatz von Doppel-MTI's das Auftreten großer „Clutterspikes" an den Stellen, an denen starker Clutter gerade in die Begrenzung kommt. Die Ursache dafür wird anschaulich in [10] erklärt. Da diese Spikes wie asynchrone Störimpulse wirken, *reduziert ein nachfolgender nichtkohärenter Integrator diese Art des Restclutters ganz beachtlich.*

Bodenclutter-Karte

Arbeitsweise

Für eine Bodenclutter-führende Auflösungszelle kann man eine CFAR-Entdeckungsschwelle ableiten, wenn man zum Beispiel die Signale dieser Zelle aus den jeweils L letzten Beleuchtungen oder Antennenumläufen in einer *Bodenclutter-Karte (Ground Clutter Map)* abspeichert [12]. Wir legen zur besseren Veranschaulichung im folgenden ein Radar mit mechanisch rotierender Antenne zugrunde, obwohl die Überlegungen auch für andere Abtaststrategien gelten. Als Entdeckungsschwelle verwenden wir den mit einem Schwellenfaktor α multiplizierten Mittelwert der L abgespeicherten Signale. Im Gegensatz zur CA-CFAR und OS-CFAR wird die Schwelle hier nicht aus den Signalen *benachbarter* Zellen abgeleitet, sondern aus den *zeitlich aufeinanderfolgenden* Signalen der Zelle unter Test selbst. Das Verfahren ist sehr ähnlich dem früher mittels Speicherröhren realisierten sogenannten Area-MTI, das aber infolge der Mängel dieser Speicher-Technologie eine unzureichende Stabilität zeigte.

Als Dimension einer Auflösungszelle wählt man bei einer Bodenclutter-Karte etwa Pulslänge × halbe Antennen-Keulenbreite. Dem Erfassungsbereich werden dann typischerweise etwa 10^6 Speicherzellen zugeordnet. Wollte man die Signale von bspw. $L = 20$ Antennenumläufen mit je 16 Bit Wortlänge abspeichern, so würden $20 \cdot 16 \cdot 10^6$ Bit = 40 MByte Speicherkapazität benötigt.

Man kann diesen meist zu großen Speicherbedarf reduzieren, wenn man statt des arithmetischen Clutter-Mittelwerts einen Mittelwert akzeptiert, der aus den exponentiell gewichteten Signalen vieler vorangegangener Antennenumläufe abgeleitet ist. Das führt auf ein rekursives Filter 1. Ordnung (Tiefpaß), wie es im Anhang in Bild A.20 bereits behandelt wurde und hier als Bild 9.8 gezeigt ist. Infolge des meist großen zeitlichen Abstandes zwischen zwei Beleuchtungen sind zeitlich aufeinanderfolgende Bodenechos einer Zelle statistisch voneinander unabhängig.

Die Bodenclutter-Karte von Bild 9.8 wird bei einem MTI-Radar vom Normalvideokanal und beim MTD-Radar vom Nullfilter (oder einem von zwei Nullfiltern) gespeist. Dem Bild entnimmt man für das Ausgangssignal des Summierers bei der i-ten Beobachtung

$$g(i) = (1-b) \cdot g(i-1) + b \cdot s(i) \qquad 0 < b < 1 \tag{9.28}$$

Ersetzt man darin $g(i-1)$ durch $g(i-1) = (1-b)\,g(i-2) + b\,s(i-1)$ und dann analog $g(i-2)$ wieder durch den entsprechenden Ausdruck usw., so erkennt man, daß endgültig

$$g(i) = b \sum_{k=0}^{\infty} (1-b)^k \cdot s(i-k) \tag{9.29}$$

gilt. Das Signal $g(i)$ bei der i-ten Beobachtung ist also gleich der Summe der mit $b(1-b)^k$ gewichteten Eingangssignale $s(i-k)$. Da $0 < (1-b) < 1$, werden „alte“

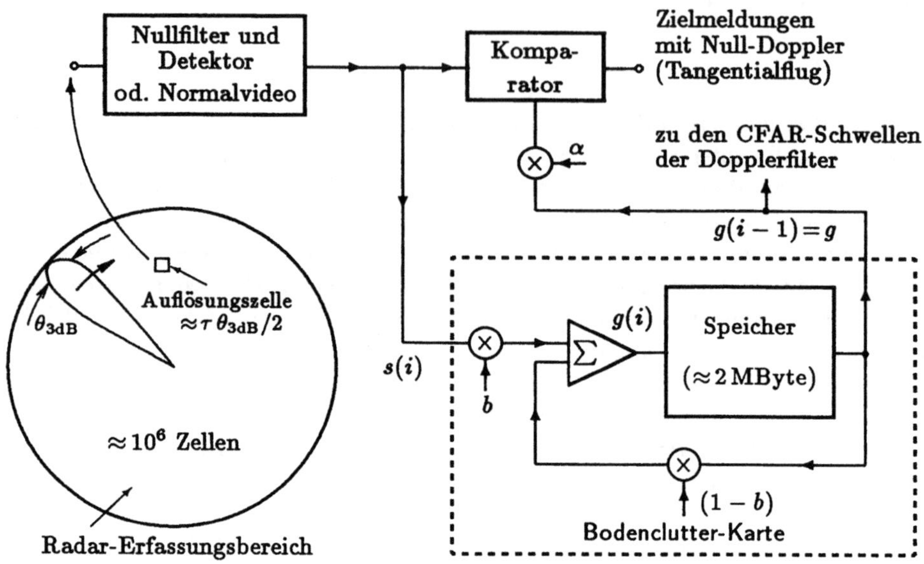

Bild 9.8 Prinzip der Bodenclutter-Karte. Sie ermöglicht erstens eine Entdeckung in Bodenclutter von Zielen mit Null-Doppler (Tangentialflug), also von Zielen im Null-Filter. Zweitens dient sie der Ableitung von CFAR-Schwellen gegen Boden(rest)clutter bei nicht ausreichender Clutterunterdrückung – bspw. durch Geräteinstabilitäten – in allen anderen Dopplerfiltern.

Signale zur Schwelle weniger beitragen als „jüngere“ Signale, die Wichtung ist gemäß $(1-b)^k$ exponentiell.

CFAR-Verlust mit Bodenclutter-Karte

Eine analytische Ermittlung des CFAR-Verlustes einer Bodenclutter-Karte ist für den Fall eines Swerling 1-Zieles und eines *quadratischen* Detektors möglich und wurde von *Nitzberg* angegeben [13]. Der Berechnungsgang wird nachfolgend etwas ausführlicher erläutert.

Die WDF der Clutterechos einer Zelle aus zeitlich aufeinanderfolgenden Beobachtungen ist eine Rayleighverteilung nach Glchg. (3.11) bezüglich der Signalspannung r. Sie ist eine Exponentialverteilung bezüglich des auf $2\,U_N^2$ normierten Spannungsquadrates $v = r^2/2\,U_N^2$, da nach den Glchgn. (3.11) und (3.9)

$$p_{s,v}(v) = p_{s,r}\big(r(v)\big)\cdot\left|\frac{dr(v)}{dv}\right| = \mathrm{e}^{-v} \tag{9.30}$$

Bei den WDF bedeutet der Index s, daß es sich um die des Signals $s(i)$ in Bild 9.8 handelt, die Indizes r und v sollen andeuten, ob das betrachtete Signal linear oder quadratisch detektiert wurde.

Eine Rayleighverteilung ergibt sich, weil die Bodenechos aus den Rückstrahlungen sehr vieler Elementarreflektoren bestehen. Nach dem zentralen Grenzwertsatz der Statistik gibt das eine Gaußverteilung der I/Q-Signale und eine Rayleighverteilung des Signals nach einem linearen Detektor (s. Kapitel 3.4).

Man beachte, daß sich die Rayleigh-Verteilung bzw. die Exponentialverteilung auf zeitlich aufeinanderfolgende Signale einer einzelnen Zelle bezieht. Diese Verteilungen haben nichts mit der räumlichen Verteilung des Bodenclutters von Zelle zu Zelle zu tun, die mehr einer Log-Normal-Verteilung oder auch Weibull-Verteilung ähnelt als einer Exponentialverteilung. Eine Darstellung dieses Sachverhalts findet sich in [11].

Bei der folgenden Ableitung sind – wegen des vorausgesetzten quadratischen Detektors – die in Bild 9.8 angegebenen Signale Spannungsquadrate. Wir nehmen ein Swerling 1-Ziel mit dem mittleren Signal-zu-Clutter-Verhältnis $\overline{S/N}$ am Eingang des Komparators an. Die bedingte WDF $p_{s,v}(v|\overline{S/N})$ des Eingangssignals der Bodenclutter-Karte – bei Anwesenheit von Clutter und Ziel – ermitteln wir mit $S/N = x$ und $\overline{S/N} = \overline{x}$ wie folgt. Es ist analog zu Glchg. (3.40) für den Einzelpuls, d. h. $M = 1$,

$$p_{s,v}(v|x) = \mathrm{e}^{-v-x} \cdot I_0\left(2\sqrt{vx}\right) \tag{9.31}$$

Für ein Swerling 1-Ziel wird in Glchg. (3.43) $K = 1$ und damit

$$w(x, \overline{x}) = \mathrm{e}^{-\frac{x}{\overline{x}}} \cdot \frac{1}{\overline{x}} \tag{9.32}$$

Die WDF $p_{s,v}(v, \overline{x})$ erhalten wir analog zu Glchg. (3.41) zu

$$\begin{aligned} p_{s,v}(v, \overline{x}) &= \int_0^\infty p_{s,v}(v|x) \cdot w(x, \overline{x})\, dx = \int_0^\infty \mathrm{e}^{-v-x} \cdot I_0\left(2\sqrt{vx}\right) \cdot \mathrm{e}^{-\frac{x}{\overline{x}}} \frac{1}{\overline{x}}\, dx \\ &= \frac{1}{\overline{x}} \mathrm{e}^{-v} \int_0^\infty \mathrm{e}^{-x(1+\frac{1}{\overline{x}})}\, I_0\left(2\sqrt{vx}\right)\, dx \end{aligned} \tag{9.33}$$

Das Integral hat die Lösung [6]

$$\frac{\overline{x}}{1+\overline{x}}\, \mathrm{e}^{\frac{v\overline{x}}{1+\overline{x}}}$$

womit

$$p_{s,v}(v, \overline{x}) = \frac{1}{1+\overline{x}}\, \mathrm{e}^{-\frac{v}{1+\overline{x}}} \tag{9.34}$$

Damit wird die Entdeckungswahrscheinlichkeit nach Glchg. (3.42) unter Berücksichtigung der zufälligen Schwelle $U_\mathrm{S} = \alpha g(i-1) = \alpha g$ mit der WDF $p_g(g)$, wobei wir wieder $\overline{x} = \overline{S/N}$ setzen,

$$P_\mathrm{d} = \int_0^\infty \left\{ \int_{\alpha g}^\infty \frac{1}{1+\overline{S/N}}\, \mathrm{e}^{-\frac{v}{1+\overline{S/N}}}\, dv \right\} p_g(g)\, dg = \int_0^\infty \mathrm{e}^{-\frac{\alpha g}{1+\overline{S/N}}}\, p_g(g)\, dg \tag{9.35}$$

Man erkennt aus dem rechts stehenden Ausdruck, daß P_d identisch ist mit der inversen Fourier-Transformierten der WDF des Clutterschätzwertes g, der sogenannten charakteristischen Funktion $Q(z)$, da diese definiert ist als [14]

$$Q(z) = \int_0^\infty p_g(g)\,\mathrm{e}^{\mathrm{j}\,2\pi z g}\,dg \tag{9.36}$$

wobei wir durch Vergleich

$$\mathrm{j}\,2\pi z = -\frac{\alpha}{1+\overline{S/N}} \tag{9.37}$$

finden. Da der Schätzwert g aus der Summe statistisch voneinander unabhängiger, mit $b(1-b)^k$ gewichteter früherer Cluttersignale besteht, ist nach den Gesetzen der Statistik die charakteristische Funktion von $p_g(g)$ gleich dem Produkt der charakteristischen Funktionen der WDF's der mit $b(1-b)^k$ gewichteten, früheren Cluttersignale $b(1-b)^k s(i-k)$. Mit Hilfe der Glchgn. (3.9), (9.34) und mit $\overline{x} = \overline{S/N} = 0$ findet man für die WDF $p_u(u)$ eines Summanden der Glchg. (9.29), wobei $u = b(1-b)^k v$ (man vgl. die Bemerkung über den Index v hinter Glchg. (9.30)),

$$p_u(u) = p_{s,v}\big(v(u)\big)\left|\frac{dv}{du}\right| = \frac{1}{b(1-b)^k}\,\mathrm{e}^{-\frac{u}{b(1-b)^k}} \tag{9.38}$$

Die zugehörige charakteristische Funktion ist die inverse Fourier-Transformierte des letzten Ausdrucks. Es gilt hier die Korrespondenz[1]

$$\frac{1}{b(1-b)^k}\,\mathrm{e}^{-\frac{u}{b(1-b)^k}} \;\bullet\!\!-\!\!\circ\; \frac{1}{1-\mathrm{j}\,2\pi z b(1-b)^k} \tag{9.39}$$

Da P_d gleich dem Produkt der charakt. Funktionen der WDF's aller Summanden von Glchg. (9.29) ist, erhält man mit Glchg. (9.37) endgültig

$$P_d = \frac{1}{\prod\limits_{k=0}^{K}\left[1+\dfrac{\alpha}{1+\overline{S/N}}\,b\,(1-b)^k\right]} \qquad K\to\infty \tag{9.40}$$

In [6] wird die folgende, für eine iterative Berechnung der Schwelle gut konvergierende Formel für P_{fa} angegeben, abgeleitet aus Glchg. (9.40) für $\overline{S/N}=0$:

$$P_{fa} = \frac{1}{1+\sum\limits_{l=0}^{L}\prod\limits_{k=0}^{l}\alpha\,\dfrac{b\,(1-b)^k}{1-(1-b)^{k+1}}} \qquad L\to\infty \tag{9.41}$$

[1] Die charakteristische Funktion $Q(z)$ kann als die inverse Fourier-Transformierte einer WDF, einer „Frequenzfunktion", also als eine „Zeitfunktion", aufgefaßt werden. Die Korrespondenz (9.39) erhält man aus der für den Exponentialpuls (Formelsammlung im Anhang) und mit der Korrespondenz $S(t)\;\circ\!\!-\!\!\bullet\; s(-f)$ für die Symmetrie zwischen Zeit- und Frequenzbereich.

Mit Hilfe der Glchgn. (9.40) und (9.41) und der Funktion $P_d(\overline{S/N}, P_{fa})$ für den Nicht-CFAR-Fall wurden die in Bild 9.9 angegebenen Kurven für den CFAR-Verlust einer CFAR mit Bodenclutter-Karte berechnet. Aus ihnen kann man die folgende Näherungsformel ableiten [9]:

$$L_{\mathrm{CFAR}} = \frac{5{,}5 \log(1/P_{fa})}{1 + \dfrac{2}{b}} \tag{9.42}$$

Ein typischer Wert für b ist $b = 0{,}125$. Damit wird für $P_{fa} = 10^{-6}$ $L_{\mathrm{CFAR}} = 1{,}94\,\mathrm{dB}$, was mit dem Bild 9.9 zu entnehmenden Wert gut übereinstimmt.

Einsatz der Bodenclutter-Karte

Beim MTD-Radar wird am Ausgang des Bodenclutter-führenden Nullfilters mit Hilfe der Bodenclutter-Karte die P_{fa} auf einem akzeptablen, einstellbaren Wert konstant gehalten und Ziele, die deutlich stärker als der Clutter sind, können entdeckt werden, sobald sie die Schwelle überschreiten: Superclutter-Visibility. Außerdem wird das Ausgangssignal der Bodenclutter-Karte, multipliziert mit jeweils einem geeigneten Schwellenfaktor, als CFAR-Schwelle in denjenigen Dopplerfiltern benutzt, die, entweder durch ihre spektrale Lage neben dem Bodenclutterspektrum oder infolge Geräteinstabilitäten, noch (schwachen) Bodenrestclutter führen.

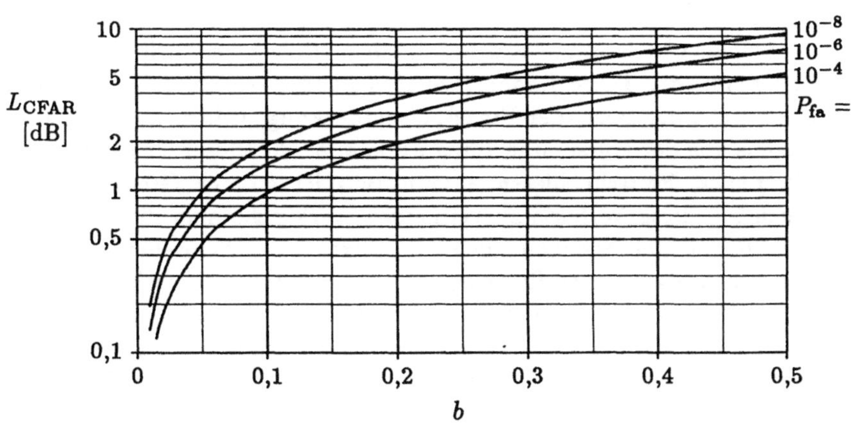

Bild 9.9 CFAR-Verlust L_{CFAR} einer Bodenclutter-Karte als Funktion des Rückkopplungsparameters b für $P_d = 0{,}9$ (quadratischer Detektor). Die Abweichungen für $P_d = 0{,}5$ liegen unter etwa 5% des dB-Wertes von L_{CFAR}.

Ebenso wird bei MTI-Radaren die Bodenclutter-Karte als clutteradaptive Schwelle verwendet und ersetzt die bisher übliche, sehr nachteilige Begrenzung des ZF-Signals. Langsam sich bewegender Clutter wie Regenclutter oder auch Vögel können zu Falschalarmen führen, wenn im Zuge der Bewegung vorher nicht belegte Zellen erreicht werden. Um dies zu verhindern kann man zur Mittelwertbildung Nachbarzellen heranziehen.

Das Einschwingverhalten der Bodenclutter-Karte kann man grob wie folgt abschätzen. Bei einem konstanten Eingangssignal der Amplitude 1 ist das Signal $g(i)$, wie man aus Bild A.20 herleiten kann,

$$g(i) = 1 - e^{i \ln(1-b)} \tag{9.43}$$

Damit $g(i)$ auf 90% seines endgültigen Wertes einschwingt, sind bei $b = 0{,}125$ etwa 17 Beleuchtungen oder Antennenumläufe notwendig. Mit kleiner werdendem b wächst die Einschwingzeit, andererseits wird der CFAR-Verlust kleiner.

Um eine Flut von Falschalarmmeldungen beim Einschalten der Bodenclutter-Karte aufgrund des Einschwingvorgangs zu vermeiden, setzt man alle Speicherzellen auf maximale Signalamplitude. Die Entdeckungsschwelle ist dann sehr hoch, sie wird erst während des Einschwingvorgangs allmählich abgesenkt. Man kann aber auch während des Einschwingvorganges den Filterkoeffizienten b von Umlauf zu Umlauf von großen zu kleineren Werten hin ändern.

9.6 Zusammenschaltung verschiedener CFAR-Schwellen

Sowohl die CFAR-Verluste der CA-CFAR, CAGO-CFAR oder OS-CFAR wie auch die der Bodenclutter-Karte sind bei Einzelpulsentdeckung und kleiner $P_{fa} \approx 10^{-6}$ mit 1..3 dB noch recht hoch. Da bei MTD-Radaren eine nichtkohärente Nachintegration – wenn überhaupt – von nur wenigen Pulsen möglich ist, werden sie auch kaum reduziert. Diese Radare arbeiten nahezu – vom CFAR-Standpunkt aus gesehen – auf der Basis der Einzelpulsentdeckung, jedoch nur scheinbar, da der Einzelpuls aus der kohärenten Integration von M_B Pulsen besteht.

Um in reinen Rauschgebieten – zum Beispiel an der Grenze des Erfassungsbereiches – diese Verluste zu vermeiden, vergleicht man die bspw. aus einer OS-CFAR und der Bodenclutter-Karte abgeleiteten Schwellen mit dem aus den Empfangstotzeiten vieler Radarperioden abgeleiteten Rauschmittelwert des Empfängers. Erst dann, wenn die CFAR-Schwellen diesen Mittelwert erkennbar überschreiten, werden sie wirksam geschaltet. Damit vermeidet man den CFAR-Verlust in Rauschgebieten auf Kosten einer geringfügig erhöhten P_{fa} bei schwachem Regen- oder Bodenclutter.

Bild 9.10 zeigt ein mögliches Beispiel der Zusammenschaltung der CFAR-Schwellen. Das Maximum der aus dem Empfängerrauschen abgeleiteten Schwelle T_N oder der Schwelle T_C der CFAR wird ausgewählt und mit dem zugehörigen Faktor K_N oder K_C multipliziert. Dieser Schwelle wird bei den Nicht-Nullfiltern

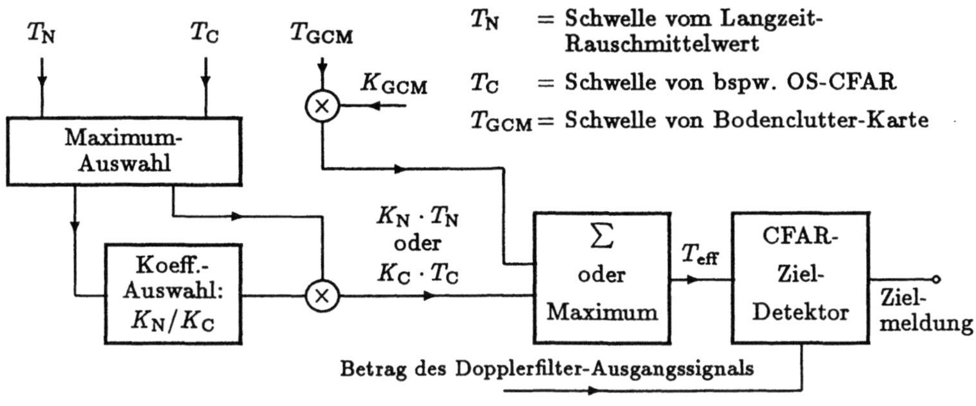

Bild 9.10 Zusammenschaltung verschiedener CFAR-Schwellen zu einer wirksamen Gesamtschwelle T_{eff} (GCM=Ground Clutter Map).

der Dopplerfilterbank die mit einem (evtl. von Filter zu Filter unterschiedlichen) Faktor K_{GCM} multiplizierte Schwelle T_{GCM} der Bodenclutter-Karte zuaddiert. Die Summe ergibt die für den CFAR-Zieldetektor wirksame Schwelle T_{eff}. Mit ihr werden die Betragssignale der Filterausgänge verglichen und bei Überschreitung eine Zielmeldung ausgegeben. Im Falle der Bodenclutter-führenden, sogen. Nullfilter, wird die Komparatorfunktion verwendet und entweder $K_N \cdot T_N$ bzw. $K_C \cdot T_c$ oder $K_{GCM} \cdot T_{GCM}$ als wirksame Schwelle T_{eff} weitergegeben.

9.7 Unterdrückung von Straßenverkehrsechos

Stark störend – vor allem bei der automatisierten Radardatenverarbeitung – sind die Echos des Straßenverkehrs. Das gilt insbesondere für Flughafen-Rundsichtradare mit ihrem meist starken Straßenverkehr in der Umgebung eines Flughafens.

Minker und *Kölle* haben ein sehr wirksames Verfahren zur wahlweisen Unterdrückung von Straßenverkehrsechos angegeben, bezeichnet als Straßenverkehrskarte oder Traffic Map [15]. Das Verfahren verwendet zwei Speicher A und B mit einer geographischen Auflösung ähnlich der einer Bodenclutter-Karte, wobei aber pro Speicherzelle nur eine 1 Bit Information für „Ziel anwesend“ oder „Ziel nicht anwesend“ abzuspeichern ist. Da Straßenverkehr nur bis grob 60 km vom Radar eingesehen werden kann (bei erhöhter Aufstellung), ist die erforderliche Speicherkapazität deutlich kleiner als die einer Bodenclutter-Karte.

Eine Lernphase zum Lernen des Straßenverkehrs von insgesamt etwa 15-30 min wird in eine Folge von Lern-Teilzeitintervallen von 1...2 min Dauer eingeteilt.

In der ersten Hälfte jedes Teilintervalls wird jeweils ein Bit in denjenigen Zellen des Speichers A gesetzt, in denen ein Zielecho vorhanden ist. In der zweiten Hälfte wird Speicher B beschrieben. Am Ende des Teilintervalls werden die beiden Speicherinhalte verglichen.

Es werden alle Speicherzellen der beiden Speicher gelöscht, die nicht in beiden Speichern belegt sind. Damit werden die Flugspuren von Luftfahrzeugen gelöscht, da die von ihnen belegten Zellen nicht in beiden Speichern identisch sind. Straßenverkehrsechos dagegen treten vorwiegend in den gleichen Speicherzellen auf und werden nicht gelöscht. Die nicht gelöschten Speicherzellen bspw. des Speichers A markieren also die Koordinaten von Straßenverkehrsechos.

Zu Beginn des folgenden Teilintervalles enthalten Speicher A und B nur die im ersten Intervall gelernten Straßenverkehrsechos. Sie lernen in dem laufenden Intervall ggf. neue Straßenverkehrsechos kennen, die beim abschließenden Vergleich der beiden Speicherinhalte das „geographische Bild" des Straßenverkehrs vervollständigen.

Die Verwendung vieler solcher aufeinanderfolgender kurzzeitiger Lern-Teilintervalle ist zunächst notwendig, um dicht belegte Flugstraßen nicht zu unterdrücken. Man nutzt dabei den Effekt der größeren zeitlichen Staffelung des Luftverkehrs in der Größenordnung mehrerer Minuten. Zum anderen werden wegen der insgesamt langen Lernphase, bestehend aus vielen Teilintervallen, auch weniger häufig befahrene Straßenabschnitte, die die Antenne einsehen kann, in die Straßenverkehrskarte aufgenommen.

Zielmeldungen, welche die Koordinaten der belegten Speicherplätze enthalten, werden mit einem Flag versehen an den Tracker weitergereicht als Kennzeichnung dafür, daß es sich wahrscheinlich um ein Straßenverkehrsecho handelt.

9.8 Unterdrückung von Angelclutter

Mit Angels („Engel") bezeichnete man früher Echos, deren Herkunft unbekannt war. Der überwiegende Teil dieses sogen. Angelclutters stammt von Vogelgruppen und tritt vorwiegend zur Zeit der Vogelzüge im Frühjahr und Herbst – vor allem auch während der Nacht – auf. Umgedreht machen sich einheimische Vögel vor allem bei Tage als „Clutter" bemerkbar. Bei starker Angelaktivität kann ohne Gegenmaßnahmen bspw. ein Mittelbereichsradar bis zu einer Entfernung von mehr als 50 km für die Luftverkehrskontrolle unbrauchbar werden!

Die Radarsignalverarbeitung soll Angelclutter einerseits unterdrücken, andererseits aber seine Anwesenheit melden. Denn Informationen über Vogelzüge sind wegen der von ihnen ausgehenden Gefahr für Triebwerke von Flugzeugen von Bedeutung.

Der mittlere Rückstrahlquerschnitt von Vogelgruppen liegt grob unter etwa $0{,}02\,\mathrm{m}^2$, so daß sie sich in der Signalamplitude von Flugzeugechos mit ihrem mittleren Rückstrahlquerschnitt von etwa $> 0{,}5\,\mathrm{m}^2$ gut unterscheiden. Bei MTD-

Radaren kann man daher das nachfolgend beschriebene Verfahren anwenden, das im Parameter-Extraktor per Software realisiert werden kann.

Man teilt den Erfassungsbereich in relativ große, konzentrisch zum Radarstandort gelegene Entfernungs-Azimut-Doppler-Zellen ein. Bezüglich des Dopplers wird das PRF-Intervall in bspw. 4 Dopplerzellen aufgeteilt. In jeder Zelle zählt man die Zahl der Ziele. Übersteigt diese Zahl einen möglicherweise Standort-abhängigen, plausiblen Wert, so wird das Vorhandensein von Angelclutter angenommen. Man fährt dann eine Schwelle hoch, die auf die „STC- und entfernungsbereinigte" Zielamplitude (Rückstrahlquerschnitt) angewendet wird. Ziele mit Amplituden unterhalb der Schwelle werden unterdrückt.

Man definiert echte Flugziele als solche, deren Amplituden einen Rückstrahlquerschnitt von bspw. $\sigma_0 \geq 0{,}5\,\mathrm{m}^2$ entsprechen. Die Regelung der Schwelle pro Zelle erfolgt dann in Abhängigkeit von der Zahl der Ziele (pro Zelle) mit $\sigma < \sigma_0$, aber auch solcher mit $\sigma > \sigma_0$. Denn infolge der Swerling 1-Zielen innewohnenden Fluktuation erzeugen echte Flugziele temporär auch Echos mit $\sigma < \sigma_0$. Bei Angelaktivität pendelt sich die Schwelle so ein, daß eine für den vorhandenen Luftverkehr plausible Zielzahl übrig bleibt. Andererseits sorgt eine obere, nicht überschreitbare Schranke der Schwelle dafür, daß Echos von Luftfahrzeugen kaum unterdrückt werden (Fluktuation vernachlässigt).

Das Verfahren hat den Vorteil, daß die Empfindlichkeit des Radars nur „lokal" in Raum und Doppler reduziert wird und nicht im ganzen Erfassungsbereich. Die „Höhe" der Schwelle gibt ein Maß für die Intensität der Angelaktivität.

Literaturverzeichnis

[1] Hansen, V.G.: *Constant False Alarm Rate Processing in Search Radars,* Radar – Present und Future, IEE Conf. Publication 105, London, October 1973.

[2] Hansen, V.G., Sawyers, J.H.: *Detectability Loss Due to „Greatest Of" Selection in a Cell-Averaging CFAR,* IEEE Transactions on Aerospace and Electronic Systems, AES-16, January 1980, pp. 115-118.

[3] Mitchell, R.L., Walker, J.F.: *Recursive Methods for Computing Detection Probabilities,* IEEE Transactions on Aerospace and Electronic Systems, AES-7, July 1971, pp. 671-676.

[4] Rohling, H.: *Radar CFAR Thresholding in Clutter and Multiple Target Situations,* IEEE Transactions on Aerospace and Electronic Systems, AES-19, July 1983, pp. 608-621.

[5] Di Vito, A., Moretti, G.: *Probability of False Alarm in CA-CFAR Device Downstream from Linear-Law Detector,* Electronic Letters, 25, December 1989, pp. 1692-1693.

[6] Levanon, N.: *Radar Principles,* John Wiley and Sons, 1988.

[7] Raghavan, R. S.: *Analysis of CA-CFAR Processors for Linear-Law Detection,* IEEE Transactions on Aerospace and Electronic Systems, AES-28, July 1992, pp. 661-665.

[8] Hansen, V.G., Ward, H.R.: *Detection Performance of the Cell Averaging LOG/CFAR Receiver,* IEEE Transactions on Aerospace and Electronic Systems, AES-8, September 1972, pp. 648-652.

[9] Taylor, J.W.: *Receivers,* Chapter 3 in *Radar Handbook* (M.I. Skolnik, ed.), McGraw-Hill, 1990.

[10] Shrader, W.W., Hansen, V.G.: *MTI-Radar,* Chapter 15 in *Radar Handbook* (M.I. Skolnik, ed.), McGraw-Hill, 1990.

[11] Rohling, H.: *Methoden und Leistungsfähigkeit der Radarzielentdeckung in inhomogenen Cluttergebieten,* Frequenz, 41 (1987) 5, S. 106-111.

[12] O'Donnell, R.M., Muehe, C.E., Labitt, M.: *Advanced Signal Processing for Airport Surveillance Radars,* EASCON October 1974, Washington, DC.

[13] Nitzberg, R.: *Clutter Map CFAR Analysis,* IEEE Transactions on Aerospace and Electronic Systems, AES-22, July 1986, pp. 419-421.

[14] Hänsler, E.: *Grundlagen der Theorie statistischer Signale,* Springer-Verlag, 1983.

[15] Kölle, H.-G., Minker, M.: *Ein Verfahren zur Erkennung von Landverkehrszielen bei Rundsuchradaren,* 7. Radarsymposium der Deutschen Gesellschaft für Ortung und Navigation (DGON) Ulm, 10-12. Oktober 1989.

10 Parameterschätzung

10.1 Übersicht

Die Parameterschätzung soll die Position des Zieles und seine Radialgeschwindigkeit in den vier Radarkoordinaten (Schräg-)Entfernung, Azimut, Elevation und Doppler mit möglichst kleinen Schätzfehlern liefern.

Nach der Entdeckung eines Zieles kennt man die Auflösungszelle, in der sich das Ziel befindet. Ohne weitere Signalverarbeitung muß das Ziel als gleichverteilt in der Zelle angenommen werden. Die Standardabweichung des Meß- oder Schätzfehlers beträgt dann $1/\sqrt{12} \approx 30\%$ der Ausdehnung der Zelle in der jeweiligen Radarkoordinate.

Man kann jedoch die Zielparameter mittels geeigneter Schätzalgorithmen oder „Schätzer" auf einen Bruchteil („Splittingfaktor") der Auflösungszelle genau bestimmen. Fehler, welche die Genauigkeit dieser Schätzung begrenzen, haben ihre Ursache im unvermeidbaren Rauschen, in suboptimalen Schätzern, in Ziel-Eigenschaften wie Glint und Szintillation und in Geräte-Unvollkommenheiten (Instrumentierungsfehler).

Es werden die rauschbedingten Meßfehler (Standardabweichungen) für theoretisch optimale wie auch für praktische Schätzer bei der Entfernungs-, Winkel- und Doppler-Schätzung angegeben und für typische Beispiele berechnet. Beigefügte Kurven gestatten, zum Beispiel die Zahl der erforderlichen A/D-Abtastwerte pro Pulsdauer oder auch die Zahl der Bursts pro Zielverweilzeit bei einem Pulsdoppler-Radar zu bestimmen, wenn Anforderungen an die Entfernungs- und Azimut-Meßgenauigkeit vorgegeben sind.

Ein Verfahren zur Reduktion von Doppler-Mehrdeutigkeiten bei einem LPRF-MTD-Radar wird beschrieben. Seine Wirksamkeit hängt weitgehend von der Zielverweilzeit ab. Es läßt sich sinngemäß auch für die Auflösung von Entfernungsmehrdeutigkeiten bei einem HPRF-Pulsdoppler-Radar anwenden.

Die Begriffe Glint und Szintillation werden erklärt und auf die durch sie hervorgerufenen Meßfehler eingegangen. Sie begrenzen zum Beispiel die Azimutmeßgenauigkeit bei Rundsuchradaren auf etwa $0{,}05 \ldots 0{,}1\,\theta_{3dB}$, wenn θ_{3dB} die Einweg-3 dB-Breite der Antennenkeule darstellt.

Als Beispiel wird die Parameterschätzung bei einem LPRF-MTD-Radar erklärt, die aufwendiger, aber auch genauer, als die bei einem MTI-Radar ist.

Abschließend wird auf die Zielauflösung eingegangen und deren Definition vervollständigt. Im allgemeinen läßt sich die Zielauflösung nur auf Kosten einer größeren Wahrscheinlichkei für Splitziele steigern. Von Splitzielen spricht man dann, wenn das Radar zwei Ziele meldet, aber nur eines anwesend ist.

10.2 Grundlagen der Parameterschätzung

Allgemeines

Unter Parameterschätzung versteht man die Messung oder Schätzung der Parameter eines Zieles in den vier Radarkoordinaten Entfernung, Doppler, Azimut und Elevation. Die beiden letzteren werden oft zu „Winkel“ zusammengefaßt. Vor der Durchführung der Schätzung müssen zwei Bedingungen erfüllt sein: das Ziel muß erstens entdeckt und muß zweitens in mindestens einer Radarkoordinate von anderen Zielen getrennt, das heißt aufgelöst sein.

Da die Zielentdeckung Priorität vor der Parameterschätzung hat – ein nicht entdecktes Ziel kann nicht vermessen werden – sollte das Radar zur Optimierung der Zielentdeckung ein Matched Filter (MF) besitzen. Zur Veranschaulichung der folgenden Überlegungen betrachten wir ein 2D-MTD-Radar mit mechanisch drehender Antenne. Es besitze ein Matched Filter für den Einzelpuls wie auch für die Folge der pro Zieldurchgang empfangenen Echopulse (Dopplerfilterbank).

Als Ausdehnung der Radarauflösungszelle in der Entfernung (Zeit) definieren wir, innerhalb gewisser Grenzen etwas willkürlich, die 3dB-Breite τ_{3dB} des Sendepulses und als azimutale Breite die 3dB-Breite θ_{3dB} des Einweg-Antennendiagramms. Das entspricht der 6dB-Breite des Zweiwegdiagramms, innerhalb dessen die Empfangsspannung auf die Hälfte ihres Maximums abfällt. Als Bandbreite der Auflösungszelle im Doppler nehmen wir den Kehrwert derjenigen Zielbeleuchtungszeit an, innerhalb deren die Echosignale kohärent verarbeitet werden. Diese entspricht in unserem Beispiel des MTD-Radars der Dauer eines CPI.

Die Prozesse „Zielentdeckung“ und „Parameterschätzung“ überlappen sich. Denn bereits mit der Zielentdeckung werden uns die Zielparameter grob bekannt: wir erfahren die oben definierte Radarauflösungszelle, in der sich das Ziel befindet. Die wahre Position des Zieles müssen wir als gleichverteilt innerhalb der Auflösungszelle annehmen. Da die Standardabweichung einer im Intervall Δ gleichverteilten Zufallsgröße $\sigma = \Delta/\sqrt{12} \approx 0{,}30\,\Delta$ beträgt, wird bspw. die Standardabweichung des Meßfehlers in der Entfernung $\sigma_t = 0{,}30\,\tau_{3dB}$ und im Azimut $\sigma_\theta = 0{,}30\,\theta_{3dB}$, unabhängig vom S/N des Zieles[1].

Es gibt durchaus Anwendungen, bei denen man sich mit diesen Standardabweichungen und der konstanten Fehlerverteilung zufrieden geben kann. Will man dagegen die Zielparameter in den jeweiligen Radarkoordinaten genauer kennen, so muß man die im folgenden beschriebenen Schätzalgorithmen mehr oder weniger gut annähern.

Anmerkung zum Begriff „Standardabweichung“:
Wir gebrauchen diesen Begriff und das Symbol σ im Sinne des englischsprachigen Begriffs „root mean square (rms) error“. Gemeint ist die Wurzel aus dem mittle-

[1] Oft wird ein „starkes“ Ziel in mehreren benachbarten Auflösungszellen entdeckt. Dann ordnet man bspw. bei der Azimutschätzung dem Ziel den Azimut $\theta = (\theta_1 - \theta_2)/2$ zu, wenn θ_1 der Azimut der ersten und θ_2 derjenige der letzten Zielmeldung ist.

ren quadratischen Fehler. Die WDF der Fehler braucht keine Normalverteilung und der mittlere Fehler braucht nicht Null sein (obwohl dies angenähert oft der Fall ist).

Schätzalgorithmus bei rauschgestörtem Empfangssignal

Bei Vorhandensein eines Matched Filters ist dessen Reaktion oder Antwort auf das erwartete (und zunächst ungestörte) Empfangssignal eine monoton ansteigende und nach Erreichen eines Maximums wieder monoton abfallende Funktion der betrachteten Radarkoordinate, in vielen Fällen gut angenähert durch eine Gaußfunktion.

Die Schätzung des gewünschten Parameters besteht nun nach Bild 10.1 darin, die genaue Lage z_0 des Maximums auf der betrachteten Radarkoordinate zu finden. Dies geschieht in der Praxis oft durch einen Schwerpunktalgorithmus (engl. centroiding), der den Schwerpunkt der Fläche unter dem MF-Ausgangssignal auf der betreffenden Radarkoordinate berechnet. Dabei wird vorausgesetzt, daß die MF-Antwort symmetrisch zur Lage des Maximums ist. Eine andere, gleichwertige Methode bildet die erste Ableitung der Antwort und bestimmt die Lage ihres Nulldurchgangs auf der betrachteten Radarkoordinate.

Die Bestimmung des Maximums nach der ersten Art wird umso genauer möglich sein, je größer die Krümmung der MF-Antwort in der Umgebung des Maximums ist. Das ist aber identisch mit einer großen Steigung der ersten Ableitung, was anschaulich eine hohe Meßgenaigkeit sicherstellt. Schwerpunktschätzer werden zum Beispiel bei der Entfernungs- und Azimutschätzung bei Rundsuchradaren angewendet. Das Verfahren der Bildung der ersten Ableitung liegt bspw. den Winkelmessungen mit Hilfe des Monopulsverfahrens zugrunde.

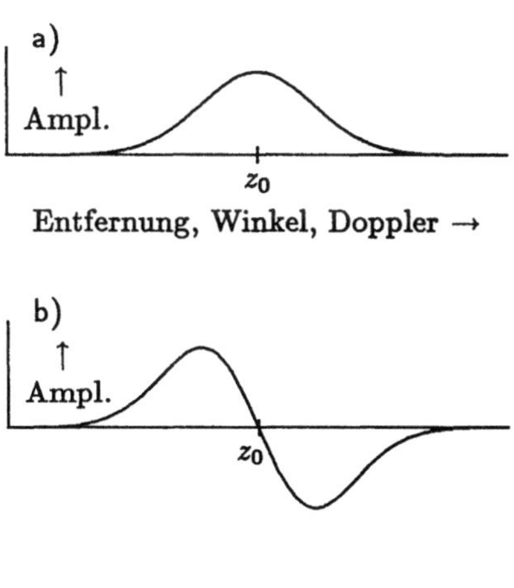

Bild 10.1 Zwei Verfahren zur Schätzung von Entfernung, Winkel und Doppler:
a) Man ermittelt die Lage z_0 des Schwerpunktes des Matched Filter-Ausgangssignals auf der betrachteten Radarkoordinate.
b) Man bestimmt die Lage z_0 des Nulldurchgangs der ersten Ableitung des MF-Ausgangssignals.
Bei digitaler Verarbeitung stehen statt des kontinuierlichen Signals nur seine Abtastwerte zur Verfügung.

Meßfehler-Klassifizierung

Die Fehler, die bei der genaueren Schätzung der Zielparameter auftreten, kann man in 4 Klassen einteilen:

1. Meßfehler durch das unvermeidbare Systemrauschen
2. Meßfehler durch einen suboptimalen Schätzalgorithmus oder Schätzer (engl. Estimator)
3. Meßfehler durch Ziel-Eigenschaften wie Glint und Szintillation
4. Meßfehler durch unvollkommenes Gerät

Bei relativ kleinem S/N, das natürlich ausreichend für eine Zielentdeckung sein muß, überwiegen meist die Meßfehler der 1. bis 3. Klasse, bei sehr großem S/N dagegen die der 2. bis 4. Klasse.

Nachfolgend werden, zunächst für ein Radar mit idealem Matched Filter, die optimalen Schätzalgorithmen zur Minimierung der Fehler der Klasse 1 erklärt und die minimal erreichbaren Standardabweichungen angegeben. Danach werden die Meßfehler behandelt, die sich bei Abweichungen vom Matched Filter und vom optimalen Schätzalgorithmus ergeben. Oft sind diese aber analytisch nicht zu erfassen, man muß dann auf Monte-Carlo-Simulationen zurückgreifen.

Wir studieren die Probleme der Parameterschätzung genauer am Beispiel der Entfernungsschätzung. Die Ergebnisse lassen sich leicht auf die anderen Radarkoordinaten übertragen.

10.3 Rauschbedingte Fehler bei der Entfernungsmessung

Das Radar besitze ein Matched Filter, und zur besseren Veranschaulichung nehmen wir eine rein analoge Signalverarbeitung und einen Sendepuls mit gaußförmiger Umhüllenden an. Dann ist das Ausgangssignal des Matched Filters wieder ein Gaußpuls.

Um die Zielentfernung zu bestimmen, müssen wir die Lage des Pulsmaximums schätzen. Dazu ermitteln wird die erste Ableitung des Signals. Die Lage des Maximums stimmt mit der Lage des Nulldurchgangs der Ableitung überein. Bild 10.2 zeigt den idealen Schätzalgorithmus als Blockschaltbild.

Durch das begleitende Rauschen wird der Nulldurchgang zufällig verlagert und dadurch die Meßgenauigkeit begrenzt. Es leuchtet ein, daß die Messung umso genauer sein wird, je größer die Steigung der Ableitung im Nulldurchgang ist. Das ist aber gleichbedeutend mit einer *großen Krümmung* im Maximum des MF-Ausgangspulses. Eine große Krümmung und damit große Änderungsgeschwindigkeit des Signals erfordert aber eine *große Signalbandbreite*. Man erkennt, daß

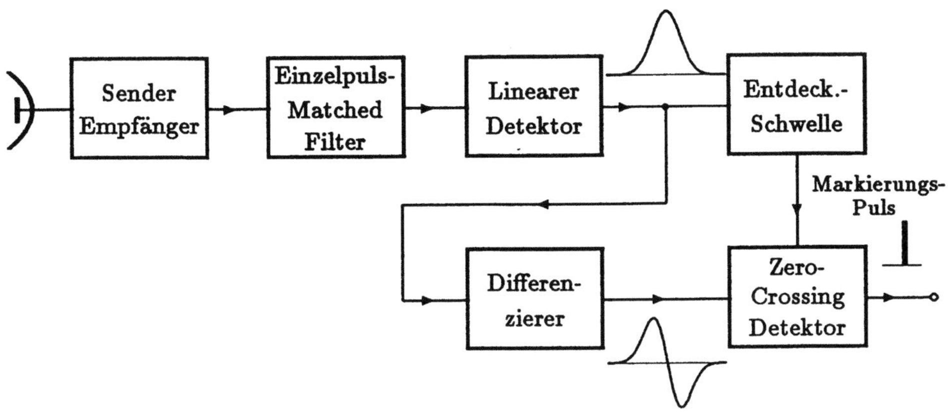

Bild 10.2 Idealer Schätzer zur Laufzeitmessung (Entfernung) eines Einzelpulses. Nach Überschreiten der Entdeckungsschwelle wird der Zero-Crossing-Detektor aktiviert. Beim Nulldurchgang des differenzierten Signals wird ein Markierungspuls ausgegeben, dessen Abstand zum Sendepuls die Laufzeit des Echos darstellt.

die Meßgenauigkeit mit der Bandbreite zunehmen muß. Außerdem leuchtet ein, daß die Standardabweichung des Meßfehlers mit steigendem S/N abnehmen wird, da dann das Rauschen den Nulldurchgang weniger verlagern kann.

Da das Matched Filter-Ausgangssignal schon durch das Sendesignal festgelegt ist, kann man vermuten, daß die minimal erreichbare Standardabweichung $\sigma_{\mathrm{t,min}}$ bei der Entfernungs-, d. h. auch Laufzeitmessung, bereits durch die Bandbreite des Sendesignals festgelegt ist. Das ist in der Tat der Fall. Es gilt die folgende Beziehung, die sich bei Einsetzen eines anderen Parameters als β auch auf die anderen Radarkoordinaten übertragen läßt [1, 2]:

$$\boxed{\sigma_{\mathrm{t,min}} = \frac{1}{\beta\,\sqrt{2E/N_0}}} \tag{10.1}$$

Während die Entdeckbarkeit eines Zieles nur vom Verhältnis der zugeführten Signalenergie E zur Rauschleistungsdichte $N_0 = \mathrm{const} \cdot kT_{\mathrm{sys}}$ abhängt, man beachte die Bemerkung nach Glchg. (6.9), ist die Standardabweichung des Meßfehlers zusätzlich umgekehrt proportional der *effektiven Bandbreite* β des Energiespektrums des Sendesignals. In der Literatur findet man oft die Schreibweise $2E/N_0 = \mathcal{R}$.

Nach Glchg. (6.9) ist im Matched Filter-Fall $E/N_0 = S/N$, wobei S/N das am MF-Ausgang vorhandene Signal-zu-Rausch-Verhältnis darstellt, das etwa 13 dB $\hat{=}$ 20 erreichen muß, um den Puls nahezu sicher entdecken zu können. Nach *Barton* und *Ward* [1] ist die „effektive Bandbreite" gegeben als die Wurzel aus dem normierten zweiten Moment des Energiespektrums:

$$\beta = \left[\frac{\int_{-\infty}^{\infty} (2\pi f)^2 \, |S(f)|^2 \, df}{\int_{-\infty}^{\infty} |S(f)|^2 \, df} \right]^{1/2} \tag{10.2}$$

Dabei sind $s(t)$ der Sendepuls und $S(f)$ sein Spektrum im Tiefpaßbereich. Man kann β auch durch die Steilheit der ersten Ableitung des MF-Ausgangssignals $g(t)$ im Tiefpaßbereich beschreiben. Dazu führen wir eine neue Zeitvariable z ein, deren Ursprung beim Zeitpunkt des Maximums des ungestörten MF-Ausgangssignals liegt. Es gilt [1]

$$\beta = \left[-\frac{1}{g(t)_{\max}} \cdot \left. \frac{d^2 g(z)}{dz^2} \right|_{z=0} \right]^{1/2} \tag{10.3}$$

Der Größe β^2 entspricht im Zeitbereich also die auf $g(t)_{\max}$ normierte zweite Ableitung des MF-Ausgangssignals an der Stelle $z=0$. Dies ist die Steigung der ersten Ableitung, also die Steigung des Differenzierer-Ausgangssignals von Bild 10.2, die anschaulich ein Maß für die Schätzgenauigkeit ist.

Minimale Standardabweichungen für einige Sendepulsformen bei idealem Matched Filter

Gaußpuls

Für den Gaußpuls $s(t) = A_{\max}\, e^{-1{,}386(t/\tau_{3dB})^2} = A_{\max}\, e^{-2{,}773(t/\tau_{6dB})^2}$ erhält man aus Glchg. (10.2) $\beta = 1{,}18/\tau_{3dB}$. Daher wird

$$\sigma_{t,\min} = \frac{\tau_{3dB}}{1{,}18\sqrt{2E/N_0}} = \frac{0{,}60}{\sqrt{S/N}}\,\tau_{3dB} = \frac{0{,}42}{\sqrt{S/N}}\,\tau_{6dB} \tag{10.4}$$

da $\tau_{6dB}/\tau_{3dB} = \sqrt{2}$. S/N ist das beim Pulsmaximum beobachtete Signal-zu-Rausch-Verhältnis. Es muß für $P_d = 90\%$ und $P_{fa} = 10^{-6}$ etwa 13 dB $\widehat{=}$ 20 betragen. Dann ist $\sigma_{t,\min} = 0{,}094\,\tau_{6dB}$. Bei $\tau_{6dB} = 1\,\mu s \,\widehat{=}\, 150\,m$ wäre $\sigma_{t,\min} \,\widehat{=}\, 14\,m$. Die Größe $\sqrt{S/N}/0{,}42$ in Glchg. (10.4) wird auch als *Splittingfaktor* bezeichnet. Er beträgt in diesem Fall etwa 11. Er beschreibt die Standardabweichung als Bruchteil der Auflösungszelle.

Rechteckpuls

Beim idealen Rechteckpuls $s(t) = \mathrm{rect}(t/\tau)$ der Dauer τ geht, da sein Spektrum $S(f) = \tau \cdot \sin(\pi\tau f)/(\pi\tau f)$ unendlich breit ist, der Meßfehler gegen Null. Ein solcher Puls ist aber nicht zu verwirklichen. Das Spektrum eines realisierbaren

Pulses können wir annähern, wenn wir es z. B. jenseits von $|f| \geq 2/\tau$ verschwinden lassen, dem Puls also eine Bandbreite von $4/\tau$ zubilligen, innerhalb deren das Spektrum endlich ist. Dann erhält man aus Glchg. (10.2) durch numerische Integration $\beta = 2{,}90/\tau$. Daher wird nach Glchg. (10.1) mit $E/N_0 = S/N$

$$\sigma_{\mathrm{t,min}} = \frac{\tau}{2{,}90\sqrt{2E/N_0}} = \frac{0{,}24}{\sqrt{S/N}}\,\tau \tag{10.5}$$

Wegen der größeren Bandbreite ist die Standardabweichung deutlich kleiner als die des Gaußpulses mit der 6 dB-Breite $\tau_{6\mathrm{dB}} = \tau$.

Rechteckpuls mit linearer FM

Ein Sendepuls mit rechteckförmiger Umhüllender der (relativ großen) Dauer τ sei pulsintern linear in der Frequenz moduliert und besitze ein sehr großes Zeit-Bandbreite-Produkt τB: Pulskompression. Dann ist das Sendespektrum $S(f)$ angenähert rechteckförmig, also $S(f) = \mathrm{const}\,\mathrm{rect}(f/B)$. Man erhält aus Gleichg. (10.2) $\beta = \pi B/\sqrt{3} = 1{,}81\,B$. Das Ausgangssignal des Matched Filters (PKF) ist ein komprimierter sinc-Puls der 3 dB-Breite $\tau_{\mathrm{c,3dB}} = 0{,}886/B$ mit dem Signal-zu-Rausch-Verhältnis $(S/N)_{\mathrm{c}} = E/N_0$, wenn E wieder die dem PKF zugeführte Signalenergie und N_0 die Rauschleistungsdichte ist. Also wird

$$\sigma_{\mathrm{t,min}} = \frac{1}{1{,}81\,B\sqrt{2E/N_0}} = \frac{0{,}44}{\sqrt{(S/N)_{\mathrm{c}}}}\,\tau_{\mathrm{c,3dB}} = \frac{0{,}32}{\sqrt{(S/N)_{\mathrm{c}}}}\,\tau_{\mathrm{c,6dB}} \tag{10.6}$$

Dabei sind $\tau_{\mathrm{c,3dB}}$ und $\tau_{\mathrm{c,6dB}} = 1{,}36\,\tau_{\mathrm{c,3dB}}$ die entsprechenden Pulsbreiten des komprimierten Pulses. Man beachte, daß bei allen betrachteten Pulsformen das S/N aus der kohärenten Integration von n Einzelpulsen mit dem Einzelpuls-S/N $(S/N)_1$ entstanden sein kann. Dieselbe Standardabweichung erhält man aber nach den Gesetzen der Statistik auch, wenn man bei n statistisch voneinander unabhängigen Einzelpulsen mit $(S/N)_1$ mißt und die n Ergebnisse mittelt. Es muß aber $(S/N)_1 \gg 1$ sein, sonst tritt ein zusätzlicher Detektorverlust auf (Detector Loss), auf den hier nicht eingegangen werden soll [2].

Entfernungsmessung mit Mismatched Filter

Der Sendepuls im Tiefpaßbereich sei $s(t)$ ○—● $S(f)$, das Mismatched Filter habe die Impulsantwort $h(t)$ und die Übertragungsfunktion $H(f)$, also $h(t)$ ○—● $H(f)$. Dann gilt nach [1] und nach Glchg. (6.9) mit der anschließenden Bemerkung über ein Mismatched Filter

$$\sigma_{\mathrm{t}} = \frac{\beta_h\sqrt{L_{\mathrm{mf}}}}{\beta_g^2\sqrt{2E/N_0}} = \frac{\beta_h}{\beta_g^2\sqrt{2S/N}} \tag{10.7}$$

Dabei ist β_h die effektive Bandbreite der Leistungs-Übertragungsfunktion des

Filters, gegeben durch

$$\beta_h = \left[\frac{\displaystyle\int_{-\infty}^{\infty} (2\pi f)^2 \, |H(f)|^2 \, df}{\displaystyle\int_{-\infty}^{\infty} |H(f)|^2 \, df} \right]^{1/2} \tag{10.8}$$

Und β_g ist die effektive Bandbreite des Amplitudenspektrums $G(f)=S(f)\cdot H(f)$ des Filter-Ausgangssignals:

$$\beta_g = \left[\frac{\displaystyle\int_{-\infty}^{\infty} (2\pi f)^2 \, |H(f)\cdot S(f)| \, df}{\displaystyle\int_{-\infty}^{\infty} |H(f)\cdot S(f)| \, df} \right]^{1/2} \tag{10.9}$$

Der Matched Filter-Verlust ist

$$L_{\mathrm{mf}} = \frac{\displaystyle\int_{-\infty}^{\infty} |S(f)|^2 \, df \cdot \int_{-\infty}^{\infty} |H(f)|^2 \, df}{\displaystyle\int_{-\infty}^{\infty} |S(f)\cdot H(f)|^2 \, df} \tag{10.10}$$

Als Beispiel betrachten wir den oben behandelten Rechteckpuls der Dauer τ mit der endlichen Bandbreite $B = 4/\tau$. Wir nehmen ein Mismatched Filter mit gaußförmigen Amplitudengang nach Glchg. (2.48) an, für das gilt $H(f) = \mathrm{e}^{-1{,}386(\tau f/0{,}75)^2}$. Durch numerische Integration erhalten wir aus den Glchgn. (10.8) bis (10.10)

$$\beta_g^2 = 4{,}3/\tau^2 \qquad \beta_h^2 = 4{,}0/\tau^2 \quad \text{und} \quad L_{\mathrm{mf}} = 1{,}07 \mathrel{\widehat{=}} 0{,}29\,\mathrm{dB}$$

Damit wird nach Glchg. (10.7)

$$\sigma_t = \frac{2{,}0}{4{,}3\sqrt{2S/N}}\,\tau = \frac{0{,}33}{\sqrt{S/N}}\,\tau \tag{10.11}$$

Die Standardabweichung ist also gegenüber dem Matched Filter-Fall nach Glchg. (10.5) um den Faktor 0,33/0,24 = 1,4 größer geworden.

Wir haben bisher bei der Berechnung der Standardabweichungen stets die Anwendung eines idealen Schätzalgorithmus oder Schätzers nach Bild 10.2 vorausgesetzt. Meist ist dieser zu aufwendig und wird nur angenähert, wodurch die bisher ermittelten Standardabweichungen natürlich größer werden.

Ein praktischer Entfernungs-Schätzer

Wir verlassen die bisher vorausgesetzte analoge Signalverarbeitung und betrachten ein MTD-Radar mit digitaler Signalverarbeitung. Am Ausgang eines Dopplerfilters erhalten wir um T_s auseinander liegende Abtastwerte des gefilterten

Empfangsignals. Dabei entspricht T_s dem Abtastintervall des A/D-Umsetzers. Man wählt meist $T_s/\tau = 0{,}5\ldots 1$, wenn τ die Sendepulsdauer ist. *Das genaue Verhältnis T_s/τ ist von Einfluß auf die erreichbare Meßgenauigkeit,* wir kommen darauf zurück. Bild 10.3 zeigt ein abgetastetes Signal bei Vorhandensein eines Zieles. Die Abtastwerte können wir – beginnend beim Sendepuls – mit dem Laufindex i durchnumerieren. Die Amplitude des i-ten Abtastwertes sei A_i. Zur Entfernungs- oder Laufzeitmessung müssen wir die Lage des Maximums des eingezeichneten, analogen Signals schätzen.

Dieser Schätzung muß aber der Entdeckungsprozeß vorangehen. Wir legen daher wie im Bild gezeigt eine Entdeckungsschwelle fest. Zur Schätzung der Lage t_z des Zielmaximums versuchen wir den Schwerpunkt des analogen Echopulses zu bestimmen. Dazu verwenden wir den Schwerpunkt-Schätzer

$$t_z = \frac{\sum_i i\,A_i}{\sum_i A_i} \cdot T_s \qquad (10.12)$$

Dabei stehen nur diejenigen Proben mit den Amplituden A_i zur Verfügung, welche die Schwelle überschritten haben.

Von Bedeutung ist die Frage, wieviele Abtastwerte pro Pulsdauer erforderlich sind, um den Meßfehler genügend klein zu halten. Bild 10.4 zeigt das Ergebnis einer Monte-Carlo-Simulation für einen Rechteckpuls mit gaußförmigem Mismatched Filter. Die Kurve zeigt, daß der Meßfehler deutlich ansteigt, wenn weniger als 2 Abtastwerte pro Pulsdauer vorhanden sind. Bei mehr als etwa 2 Abtastwerten ist die Standardabweichung nur um etwa 20% größer als beim idealen Schätzer nach Bild 10.2 und Glchg. (10.11).

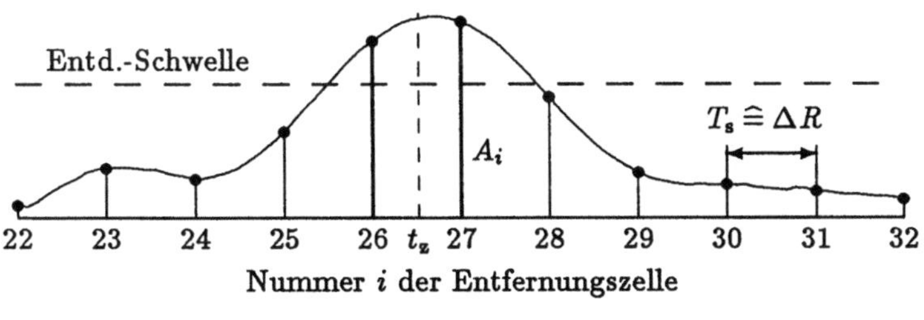

Bild 10.3 Schwerpunktschätzer zur Entfernungsmessung.
Die geschätzte Entfernung ist $t_z \mathrel{\widehat{=}} (26 \cdot A_{26} + 27 \cdot A_{27})\,\Delta R/(A_{26} + A_{27}) = 26{,}52\,\Delta R$, wenn ΔR das Entfernungsinkrement ist.

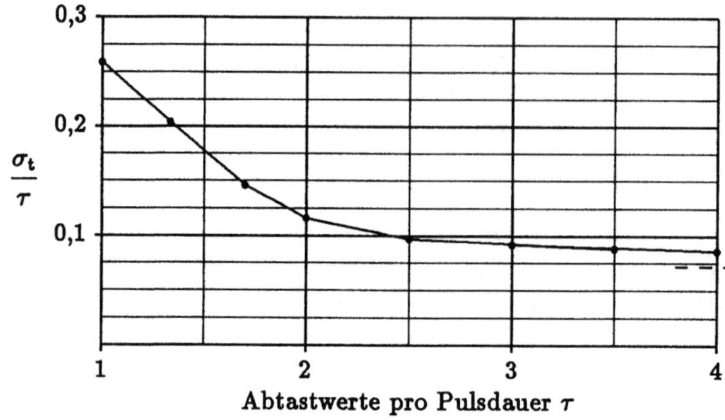

Bild 10.4 Fehler durch Rauschen bei der Entfernungsschätzung mit einem Schwerpunktschätzer in Abhängigkeit von der Zahl der A/D-Abtastwerte pro Pulsdauer τ und für ein S/N derart, daß $P_d = 90\%$ und $P_{fa} = 10^{-6}$ (Swerling 0). Bei weniger als zwei Abtastwerten steigt der Fehler merklich an. Beispiel: Ist $\tau = 0{,}3\,\mu s \,\widehat{=}\, 45\,\mathrm{m}$ und $P_d \geq 90\%$, so wird bei mehr als zwei Abtastwerten pro Pulsdauer etwa $\sigma_t \leq 5\,\mathrm{m}$ (andere Fehler wie Glint und Instrumentierungsfehler vernachlässigt).

10.4 Rauschbedingte Fehler bei der Winkelmessung

Wir behandeln die Winkelmessung am Beispiel der Azimutschätzung. Die Standardabweichung bei der Azimutschätzung ist analog zu Glchg. (10.1)

$$\sigma_{\theta,\min} = \frac{1}{\gamma\,\sqrt{2E/N_0}} \tag{10.13}$$

Es ist einleuchtend, daß die Genauigkeit der Winkelmessung von der Keulenbreite der Antenne abhängt und zwar – ähnlich wie bei der Entfernungsmessung – von der Krümmung der Keule im Maximum und damit von der Steigung der Ableitung dort. Eine starke Krümmung setzt aber eine große Apertur und eine günstige Apertur-Belegungsfunktion voraus. Nach [1] ist die auf die Wellenlänge λ bezogene „effektive Breite der Aperturbelegung“ (wir nehmen eine lineare Aperturbelegung $I(x)$ entlang der Koordinate x an):

$$\gamma = \frac{1}{\lambda}\left[\frac{\int_{-\infty}^{\infty}(2\pi x)^2\,|I(x)|^2\,dx}{\int_{-\infty}^{\infty}|I(x)|^2\,dx}\right]^{1/2} \tag{10.14}$$

Natürlich ist $I(x) = 0$ für $|x| \geq D/2$, wenn D die physikalische Apertur darstellt. γ läßt sich analog zu Glchg. (10.3) auch als Funktion der normierten Steigung der Ableitung des Strahlungsdiagrammes $F(\theta)$ darstellen.

Suchradar mit Gaußscher Antennenkeule

Wir betrachten als Beispiel eine Gaußsche Antennenkeule, die eine praktische Keule in dem hier interessanten Bereich der Hauptkeule gut annähert. Die Antenne gehöre zu einem Suchradar und werde mechanisch geschwenkt. Das Zweiweg-Strahlungsdiagramm $F(\theta)$ ist dann

$$F(\theta) = \mathrm{e}^{-2{,}773(\theta/\theta_{3\mathrm{dB}})^2} \tag{10.15}$$

Dabei ist $\theta_{3\mathrm{dB}}$ die Einweg-3dB-Breite, mit der Radarantennen üblicherweise spezifiziert werden. Sie ist identisch mit der Zweiweg-6dB-Breite. Die Aperturbelegung $I(x)$ erhält man durch eine Fourier-Transformation von $F(\theta)$ zu

$$I(x) = \mathrm{const}\,\mathrm{e}^{-3{,}560(\theta_{3\mathrm{dB}}\,x)^2} \tag{10.16}$$

Eine numerische Integration nach Glchg. (10.14) liefert $\gamma = 1{,}67/\theta_{3\mathrm{dB}}$, damit wird

$$\sigma_{\theta,\mathrm{min}} = \frac{\theta_{3\mathrm{dB}}}{1{,}67\sqrt{2E/N_0}} \tag{10.17}$$

Beim Schwenken der Antenne über das Ziel erhalten wir n Echopulse. Definitionsgemäß zählt man aber nur die $n = M_S$ Echopulse (Hits per Scan), die innerhalb der Einweg-3dB- bzw. der Zweiweg-6dB-Breite der Keule empfangen werden. Hätten alle Pulse das im Maximum gemessene $(S/N)_\mathrm{m}$, so wäre das resultierende S/N nach kohärenter Integration aller Pulse – wir gehen ja von einem Matched Filter auch für die Echopulsfolge aus – gegeben durch $n\,(S/N)_\mathrm{m} = E/N_0$. Nun ist aber einerseits das S/N der Pulse jenseits des Maximums geringer als $(S/N)_\mathrm{m}$, andererseits empfangen wir mehr als die n Pulse innerhalb der Einweg-3dB-Breite der Antenne. Wir müssen daher bei Weiterverwendung von $(S/N)_\mathrm{m}$ einen Korrekturfaktor einführen, den sogen. Beam Shape Faktor L_p. Damit ist

$$E/N_0 = \frac{n(S/N)_\mathrm{m}}{L_\mathrm{p}} \tag{10.18}$$

Aus dieser Definition des Beam Shape Faktors folgt für die Gaußkeule

$$L_\mathrm{p} = \theta_{3\mathrm{dB}} \left[\int_{-\infty}^{\infty} \left| \mathrm{e}^{-2{,}773(\theta/\theta_{3\mathrm{dB}})^2} \right|^2 d\theta \right]^{-1} = 1{,}33 \tag{10.19}$$

Damit wird endgültig

$$\sigma_{\theta,min} = \frac{\theta_{3\mathrm{dB}}}{1{,}67\,\sqrt{2E/N_0}} = \frac{\sqrt{L_\mathrm{p}}\,\theta_{3\mathrm{dB}}}{1{,}67\,\sqrt{2}\,\sqrt{n(S/N)_\mathrm{m}}} = \frac{0{,}49}{\sqrt{n(S/N)_\mathrm{m}}}\,\theta_{3\mathrm{dB}} \tag{10.20}$$

Da zur Entdeckung eines nichtfluktuierenden Zieles $n\,(S/N)_\mathrm{m}/L_\mathrm{p} \geq 13\,\mathrm{dB} \mathrel{\widehat{=}} 20$

sein muß, gilt in guter Näherung

$$\boxed{\sigma_\theta \leq 0{,}1\,\theta_{3\mathrm{dB}}} \tag{10.21}$$

Es ist prinzipiell also möglich, den Winkel mit einer Standardabweichung von weniger als einem Zehntel der 3dB-Breite der Antennenkeule zu messen. *Das gilt allerdings nur für den rauschbedingten Meßfehler.* Zielbedingte Fehler wie Glint und Szintillation begrenzen die azimutale Meßgenauigkeit oft auf $\sigma_\theta/\theta_{3\mathrm{dB}} \approx 0{,}1$.

Praktischer Winkelschätzer

Zur Azimutschätzung bei einem MTD-Suchradar kann man wie bei der Entfernungsschätzung den Schwerpunkt-Schätzer

$$\theta_z = \frac{\sum_i i\,A_i}{\sum_i A_i} \cdot \Delta\theta \tag{10.22}$$

einsetzen. θ_z ist der gesuchte Zielazimut, $\Delta\theta$ das Winkel-Encoder-Inkrement, i die laufende Inkrementnummer und die A_i sind die entdeckten Amplituden an der Stelle $i\,\Delta\theta$.

Bild 10.5 zeigt für ein MTD-Radar die relative Standardabweichung $\sigma_\theta/\theta_{3\mathrm{dB}}$ als Funktion der Zahl der Bursts pro Einweg-3 dB-Keule und damit der Zahl der „integrierten Pulse“ pro Keulenbreite, erhalten durch eine Monte-Carlo-Simulation. Dabei war das S/N so gewählt, daß jeweils $P_\mathrm{d} = 90\%$ bei $P_\mathrm{fa} = 10^{-6}$.

Bei weniger als zwei Signalproben pro 3 dB-Einweg- bzw. 6 dB-Zweiweg-Breite der Antennenkeule steigt die Standardabweichung des Azimutfehlers deutlich an, ähnlich wie in Bild 10.3 bei der Entfernungsschätzung. Zielbedingte Fehler wie Szintillation, d.h. Fluktuation, sind in dieser Simulation nicht enthalten.

10.5 Rauschbedingte Fehler bei der Dopplermessung

Zur Veranschaulichung der folgenden Überlegungen nehmen wir an, daß die Antenne auf das Ziel ausgerichtet sei und stillstehe. Das Radar strahle M_B Pulse im Abstand $T_\mathrm{pw} = 1/F_\mathrm{pw} = 1/\mathrm{PRF}$ ab. Dann ist die Dauer der Zielbeobachtung $T_\mathrm{tot} = M_\mathrm{B} T_\mathrm{pw}$. Diese Dauer bestimmt die Genauigkeit jeder rauschgestörten Frequenzmessung, wie man leicht einsieht: mißt man z. B. als Maß für die Frequenz die Abstände aufeinanderfolgender Nulldurchgänge einer rauschgestörten Sinusschwingung, so wird die Messung umso genauer sein, je mehr aufeinanderfolgende

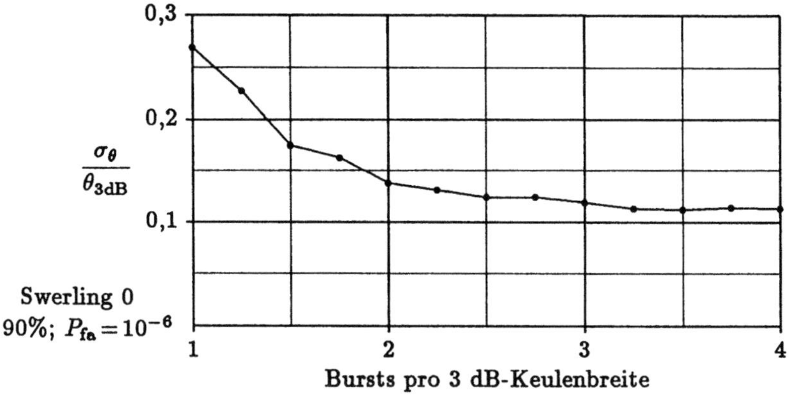

Bild 10.5 Relative Standardabweichung des durch Rauschen allein bedingten Azimutfehlers eines MTD-Radars in Abhängigkeit von der Zahl der Bursts pro Einweg-3 dB-Keulenbreite (= Zweiweg-6 dB-Keulenbreite) bei einem solchen S/N, daß $P_d = 90\%$. Man erkennt, daß bezüglich des Winkelfehlers etwa 2 Bursts ausreichend sind.

Abstände – gleichbedeutend mit länger werdender Beobachtungszeit – gemessen und danach gemittelt werden.

Das Radar besitze zur Optimierung der Entdeckung ein ideales Matched Filter, bestehend aus dem Einzelpuls-MF und einem grob auf den Zieldoppler abgestimmten Matched Filter für die Echopulsfolge, also einem Dopplerfilter. Da in der Praxis der Zieldoppler a priori nicht bekannt ist, verwendet man eine Filterbank. Zu beachten ist, daß der mit einem LPRF-Radar gemessene Doppler um Vielfache der PRF mehrdeutig sein kann, wie in Glchg. (2.41) angegeben. Nach Bild 5.3 „meldet sich" ein Ziel beliebigen Dopplers durch Überfaltung in einem oder mehreren benachbarten Filter(n) der Dopplerfilterbank, die nur einen Frequenzbereich von der Größe des PRF-Intervalls abzudecken braucht. Wir lassen im folgenden die Mehrdeutigkeit außer acht und betrachten ein Ziel mit bspw. einem Doppler innerhalb des Frequenzintervalles $-F_{pw}/2 < f_D \leq F_{pw}/2$ (man vgl. Bild 5.3).

In einem Gedankenexperiment nehmen wir die Dopplerschätzung wie folgt vor. Wir beleuchten das Ziel viele Male mit jeweils M_B Pulsen und versuchen, durch eine jedesmal unterschiedliche Verstimmung Δf des COHO's diejenige Verstimmung $(\Delta f)_0$ zu finden, bei der das Ausgangssignal des Dopplerfilters ein Maximum wird. Dann ist der gesuchte Zieldoppler $f_D =$ Dopplerfiltermittenfrequenz + $(\Delta f)_0$. Es leuchtet ein, daß die Verstimmung $(\Delta f)_0$ umso genauer ermittelt werden kann, je stärker der Amplitudengang des Filters (Betrag der Übertragungsfunktion) in der Umgebung seines Maximums gekrümmt ist.

Da voraussetzungsgemäß das Dopplerfilter an die Folge der M_B Sendepulse angepaßt und sein Amplitudengang daher umso schmaler ist, je größer die Zahl M_B der Pulse und damit die Zielbeobachtungszeit $T_{tot} = M_B T_{pw}$ wird, erscheint es einleuchtend, daß die Standardabweichung bei der Dopplermessung von der „effektiven Dauer“ α des Sendesignals abhängen muß. Nach [1] gilt

$$\sigma_{f,min} = \frac{1}{\alpha\sqrt{2E/N_0}} \tag{10.23}$$

Wenn wir das Sendesignal, bestehend aus der Folge der M_B Pulse, ganz allgemein mit $s(t)$ bezeichnen, ist

$$\alpha = \left[\frac{\int_{-\infty}^{\infty}(2\pi t)^2\,|s(t)|^2\,dt}{\int_{-\infty}^{\infty}|s(t)|^2\,dt}\right]^{1/2} \tag{10.24}$$

Rauschbedingter Dopplerfehler bei einem MTD-Radar mit Gauß'scher Antennenkeule

Für das Empfangssignal – es kann hier der Umhüllenden des äquivalenten Tiefpaßsignals der hochfrequenten Pulsfolge gleichgesetzt werden – gilt $s(t) = e^{-2{,}773(t/T_{tot})^2}$. Dabei ist T_{tot} die Zielverweilzeit (Time on Target). Sie entspricht hier im Azimut dem Einweg-3 dB- oder Zweiweg-6 dB-Strahlungsdiagramm der Antenne. Mit diesem $s(t)$ erhält man aus Glchg. (10.24)

$$\alpha = 1{,}89\,T_{tot} \tag{10.25}$$

$(E/N_0)_m$ sei das dem Einzelpuls-MF im Antennenmaximum zugeführte Verhältnis von Energie-zu-Rauschleistungsdichte (ENR). Hat das Einzelpuls-MF einen Verlust von L_{mf}, so ist das abgegebene ENR gleich $(E/N_0)_m/L_{mf} = (S/N)_m$. Bei Empfang von nominell $M_B = n$ Pulsen innerhalb der Zielverweilzeit T_{tot} ist dann das von einem idealen Dopplerfilter an den Schätzer abgegebene ENR $E/N_0 = n(S/N)_m/L_p$, wobei L_p der Beam Shape Faktor ist. Das Dopplerfilter bzw. die Dopplerfilter der Bank besitzen im allgemeinen einen Wichtungsverlust $L_{wicht,D}$ und einen Filterabstandsverlust $L_{quant,D}$, man vergleiche Abschnitt 4.3. Damit wird das dem Doppler-Schätzer zugeführte ENR

$$E/N_0 = \frac{n(S/N)_m}{L_p L_{mf,D}} \tag{10.26}$$

mit $L_{mf,D} = L_{quant,D} \cdot L_{wicht,D}$. Dabei ist – wie dargelegt – $(S/N)_m$ das im Antennenmaximum gemessene S/N am Einzelpuls-MF-Ausgang.

Werden alle während der Zielverweilzeit T_{tot} empfangenen Pulse kohärent im Dopplerfilter verarbeitet, so erhält man aus den Glchgn. (10.23), (10.25) und (10.26)

$$\sigma_f = \frac{\sqrt{L_p\,L_{mf,D}}}{1{,}89\,T_{tot}\sqrt{2n(S/N)_m}} = 0{,}37\sqrt{\frac{L_p\,L_{mf,D}}{n(S/N)_m}}\,\frac{1}{T_{tot}} \tag{10.27}$$

Zur Entdeckung muß ganz rechts der Kehrwert des Ausdrucks unter der Wurzel bei einem nichtfluktuierendem Ziel etwa $\geq 13\,\mathrm{dB} \mathrel{\hat{=}} 20$ sein. Dann ist bei einer typischen Verweilzeit von $T_{\mathrm{tot}} = 30\,\mathrm{ms}$

$$\sigma_{\mathrm{f}} \leq 2{,}8\,\mathrm{Hz} \quad \text{oder} \quad \sigma_{\mathrm{v}} \leq 0{,}5\,\lambda \cdot 2{,}8\,\mathrm{s}^{-1}$$

Bei einem S-Band-Radar mit $\lambda = 0{,}1\,\mathrm{m}$ wird die Standardabweichung bei der Messung der Radialgeschwindigkeit $\sigma_{\mathrm{v}} \leq 0{,}5\,\mathrm{km/h}$. *Die Bestimmung der Radialgeschwindigkeit über den Doppler ist immer genauer als ihre Ermittlung mit Hilfe von Entfernungsmessungen in Zeitabständen* Δt.

Ein praktischer Schätzer für die (mehrdeutige) Radialgeschwindigkeit (Doppler) bei einem MTD- oder Pulsdoppler-Radar.

Man unterteilt das PRF-Intervall, dessen Frequenzbereich meist durch M_{B} Filter abgedeckt wird, wobei M_{B} die Zahl der Pulse pro Burst ist, in N_{v} Dopplerinkremente, die durch fortlaufende sogen. Dopplernummern gekennzeichnet sind. Ein typischer Wert ist $N_{\mathrm{v}} = 64$. Die zu einem Ziel gehörige Dopplernummer wird durch Interpolation wie folgt ermittelt. Meldet sich das Ziel in mehr als einem Filter, so verwendet man die Nummern der Dopplerfilter mit der größten und zweitgrößten Amplitude sowie das Verhältnis der beiden Amplituden als Adressen für eine Look-up-Tafel, welche die gesuchte Dopplernummer N_{D} liefert. Der geschätzte Doppler ist dann $f_{\mathrm{D}} = F_{\mathrm{pw}}\, N_{\mathrm{D}}/N_{\mathrm{v}}$, wobei F_{pw} die PRF ist.

Die Look-up-Tafel erstellt man mit einer Rechner-Simulation: man speist antennenmodulierte Zielsignale gleichverteilter Radialgeschwindigkeit (Doppler) in die simulierte Dopplerfilterbank ein und ermittelt die Adressen für die Dopplernummern – d. h. die Nummern der Dopplerfilter mit der größten und zweitgrößten Amplitude sowie deren Verhältnis – für den jeweils bekannten Zieldoppler. Bei sogenannten Einzelfilter-Zielmeldungen, bei denen sich nur ein Dopplerfilter „meldet“, ordnet man die Dopplernummer der Filtermitte zu.

10.6 Reduktion oder Auflösung von Mehrdeutigkeiten

Ein LPRF-Radar ist mehrdeutig im Doppler, ein HPRF-Radar mehrdeutig in der Entfernung und ein MPRF-Radar ist mehrdeutig in beiden genannten Koordinaten oder „Domänen“ (man vgl. Abschnitt 2.6). Nachfolgend wird ein Verfahren zur Reduktion von Mehrdeutigkeiten am Beispiel der Dopplermessung bei einem LPRF-Pulsdoppler-Radar beschrieben [3]. Man kann es sinngemäß auch auf die Beseitigung der Entfernungsmehrdeutigkeiten bei HPRF-Radaren anwenden.

Wir gehen vom Doppler f_{D} auf die Radialgeschwindigkeit $v = f_{\mathrm{D}}\,\lambda/2$ über mit λ als Wellenlänge. Ist $F_{\mathrm{pw}} = F_k$ die PRF, dann wird die Blindgeschwindigkeit $v_{\mathrm{b},k} = F_k\,\lambda/2$. Bei der Dopplermessung, wie sie im letzten Abschnitt beschrieben wurde, erhalten wir einen Schätzwert $v_{0,k}$ für die Radialgeschwindigkeit, aus dem sich die wahre Geschwindigkeit $v_{i,k}$ ergibt zu

$$v_{i,k} = v_{0,k} + i \cdot v_{b,k} \qquad (i = \ldots, -1, 0, 1, \ldots) \tag{10.28}$$

Das unbekannte ganzzahlige i kennzeichnet die Mehrdeutigkeit der Geschwindigkeitsmessung: die wahre Geschwindigkeit ist gleich dem Schätzwert $v_{0,k}$ – gemessen bei der PRF F_k – plus einem ganzzahligen Vielfachen i der Blindgeschwindigkeit. Man bezeichnet das mehrdeutige $v_{i,k}$ als Typ A-Geschwindigkeitsinformation. Bei typischen LPRF-Radaren ist $v_{b,k} \approx 200\,\text{km/h}$, so daß die $v_{i,k}$ um Vielfache von etwa 200 km/h mehrdeutig sind.

Zur Reduktion oder Auflösung der Mehrdeutigkeiten wird das Ziel mit K Bursts zu je M_B Pulsen und unterschiedlichen PRF's $F_{k=1} \ldots F_{k=K}$ beleuchtet. Dabei ergibt sich für jeden Burst eine andere Blindgeschwindigkeit $v_{b,k}$. Daraus resultieren K Schätzwerte $v_{i,k}$ und ein Algorithmus sucht nun für alle PRF's diejenigen $i = i_k$, die alle Schätzwerte

$$v_{i,k} = v_{0,k} + i_k \cdot v_{b,k} \tag{10.29}$$

der rauschgestörten Einzelmessungen in ein kleines, bei der wahren Geschwindigkeit liegendes, „Korrelationsintervall" der Breite Δv fallen lassen. Damit sind alle i_k bekannt und man kann aus Glchg. (10.29) $v_{i,k}$ für jedes k bestimmen. Zur Verbesserung der Standardabweichung wird man die $v_{i,k}$ zu v_r mitteln. Die $v_{b,k}$ wählt man so, daß nach Kürzung durch gemeinschaftliche Faktoren *nur relative Primzahlen* $v'_{b,k}$, *d. h. paarweise teilerfremde Zahlen* verbleiben (Restklassen-Zahlensystem). Dann ist die wahre Geschwindigkeit, bezeichnet als Typ B-Geschwindigkeitsinformation,

$$v_B = v_r + p\, v_u \qquad (p = \ldots, -1, 0, 1, \ldots) \tag{10.30}$$

mit einem erhöhten Eindeutigkeitsbereich

$$-\,0{,}5\, v_u \leq v_r < 0{,}5\, v_u \tag{10.31}$$

und

$$v_u = \left(v'_{b,1} \cdot v'_{b,2} \cdots v'_{b,K}\right) \frac{v_{b,q}}{v'_{b,q}} \qquad (q = 1 \ldots K) \tag{10.32}$$

Da im allgemeinen $v_u \gg v_{b,k}$, sind die Mehrdeutigkeiten entweder aufgelöst oder zumindest stark reduziert. Leider muß man wegen der stets kleinen Zielverweilzeiten bei den meisten MTD-Radaren mit mechanisch drehender Antenne oft K zu nur $K = 2$ wählen.

Es kann dann vorkommen, daß keine Korrelation der Meßwerte $v_{i,k}$ im Korrelationsintervall erfolgt, wenn nämlich die Messungen bei den beiden PRF's wegen zu geringem S/N zu ungenau sind. Das bedeutet also eine Wahrscheinlichkeit $P_B < 100\%$ des Gelingens einer Messung zur Ermittlung einer Typ B-Geschwindigkeitsinformation mit erhöhtem Eindeutigkeitsbereich. Ebenso kann das Radar bei einem Burst blind sein, dann ist ebenfalls keine Korrelation möglich. Es besteht weiterhin eine endliche, wenn auch sehr kleine Wahrscheinlichkeit P_{fm} extremer Falschmessungen, bei denen die geschätzte Geschwindigkeit um Vielfache einer Blindgeschwindigkeit $v_{b,k}$ falsch ist.

Quantitative Angaben über die zu erwartende Zuverlässigkeit von Geschwindigkeitsmessungen nach diesem Verfahren – simuliert für ein typisches Flugsicherungs-Rundsuchradar – finden sich in [3]. Diese Zuverlässigkeit hängt im wesentlichen von der Zielverweilzeit ab, deren Dauer aber durch die meist geforderte hohe Datenrate begrenzt ist. Eine größere Zielverweilzeit würde eine sichere und mehrdeutigkeitsfreie Geschwindigkeitsschätzung ermöglichen. Man kann das Problem durch die Verwendung elektronisch gesteuerter Antennen entschärfen. Mit ihnen läßt sich die Zielverweilzeit zielabhängig verlängern, ohne daß die Datenrate zu stark reduziert wird.

10.7 Meßfehler durch Glint und Szintillation

Glint

Das Echo eines Radarzieles wie bspw. eines Flugzeugs setzt sich aus den (kohärenten) Rückstrahlungen einer sehr großen Zahl von Elementarreflektoren zusammen. Das von der Antenne aufgefangene Signal ist somit ein aus der Interferenz der Rückstrahlungen entstandenes, resultierendes Signal. Das Radar ordnet gewissermaßen die Zielposition dem ihm erkennbaren Rückstreuzentrum zu. Infolge der Interferenz wandert aber das Rückstreuzentrum in Abhängigkeit vom Aspektwinkel und von der Sendefrequenz über dem dreidimensionalen Ziel hin und her. Dieses Wandern ist Ursache von Meßfehlern in der Entfernung, im Winkel und im Doppler. Man bezeichnet diese Fehlerklasse als *Glint* (vom engl. Glint = Schimmer, Lichtschein).

Zu beachten ist, daß das effektive Rückstreuzentrum auch außerhalb der physikalischen Abmessungen des Zieles liegen kann (weil z.B. bei Mehrfachreflexionen an den Elementarstrahlern die Laufzeit einiger Elementarechos größer als die Laufzeit eines Echos vom physikalisch entferntesten Elementarreflektor sein kann). Nach [1] ergaben Untersuchungen, daß die durch Glint hervorgerufenen Standardabweichungen $\sigma_{g,t}$, $\sigma_{g,\theta}$ und $\sigma_{g,f}$ in den 3 Koordinaten Entfernung, Winkel und Doppler unabhängig vom S/N gegeben sind durch

$$\sigma_{g,r} \approx 0{,}3\, L_r \tag{10.33}$$

$$\sigma_{g,\theta} \approx 0{,}3\, \frac{L_q}{R} \tag{10.34}$$

$$\sigma_{g,f} \approx 0{,}3 \left(\frac{L_q\, \omega_z}{\lambda} \right) \tag{10.35}$$

Dabei sind L_r die Zielabmessung in radialer Richtung (Blickrichtung oder „Entfernungsrichtung“), L_q diejenige senkrecht zur Blickrichtung (engl. Cross Range),

R die Zielentfernung, λ die Wellenlänge und ω_z die Winkelgeschwindigkeit bei der Rotation des Zieles um eine Achse senkrecht zur Blickrichtung.

Szintillation (Amplitudenfluktuation)

Szintillation ist zu unterscheiden von Glint. Beider Ursache ist zwar die Interferenz vieler Rückstrahlungen, jedoch beschreibt Glint das Wandern des Rückstreuzentrums, Szintillation dagegen die Amplitudenschwankungen des Empfangssignals. Szintillation ist also gleichbedeutend mit dem Begriff der Zielfluktuation oder der Fluktuation des Rückstrahlquerschnittes (Swerling-Zielmodelle).

Sowohl für die Entdeckung wie auch für die Parameterschätzung ist das sogenannte Korrelationszeitintervall t_c von Bedeutung, um das Echos auseinanderliegen müssen, wenn sie – bezüglich ihres zufälligen Rückstrahlquerschnittes – statistisch voneinander unabhängig sein sollen.

Dekorrelation durch Entnahme von Signalproben in großen zeitlichen Abständen

Das Korrelationsintervall t_c läßt sich angenähert wie folgt bestimmen. Ein vereinfachtes Zielmodell, dargestellt in Bild 10.6, bestehe aus zwei durch eine nichtreflektierende Stange verbundenen Reflektoren, die um eine durch ihre Mitte und senkrecht auf der Zeichenebene stehende Achse mit der Winkelgeschwindigkeit ω_z rotiere. Die Dopplerverschiebung des oberen Reflektors ist

$$f_D = \frac{2v}{\lambda} = 2\,\frac{L_q}{2}\,\frac{\omega_z}{\lambda} = \omega_z\,\frac{L_q}{\lambda} \tag{10.36}$$

und die des unteren ist $-\omega_z L_q/\lambda$. Die „belegte" Bandbreite wird damit $B = 2\omega_z L_q/\lambda$.

Bei einem Modell mit sehr vielen gleichverteilten Reflektoren kann man zeigen, daß sein Doppler-Leistungsspektrum rechteckförmig ist und ebenfalls eine Bandbreite von $B = 2\omega_z L_q/\lambda$ besitzt. Es ist vergleichbar einem Rauschspektrum gleicher Bandbreite. Dessen Autokorrelationsfunktion (Fourier-Transformierte des Leistungsspektrums) ist proportional $\mathrm{sinc}(Bt) = \sin(\pi Bt)/(\pi Bt)$.

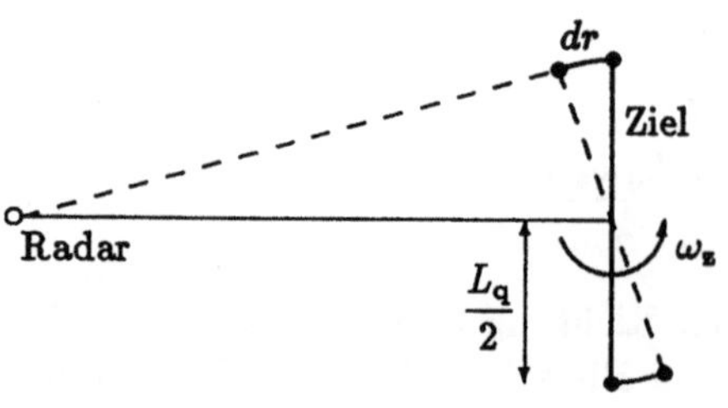

Bild 10.6 Zielmodell bestehend aus einer mit der Winkelgeschwindigkeit ω_z rotierenden, nichtreflektierenden Stange mit je einem Reflektor an jedem Ende. Die Radialgeschwindigkeit des oberen Reflektors ist

$$v = \frac{dr}{dt} = \frac{L_q}{2}\,\omega_z .$$

Es ist sinnvoll [1], als Korrelationsintervall die Zeit t_c zu definieren, bei der die erste Nullstelle von sinc(Bt) erreicht wird. Daraus folgt $\pi B t_c = \pi 2\omega_z L_q t_c/\lambda = \pi$ und damit für das Korrelationsintervall

$$t_c = \frac{\lambda}{2\,\omega_z L_q} \tag{10.37}$$

Die Winkelgeschwindigkeit ω_z (Änderungsgeschwindigkeit des Aspektwinkels) ist

$$\omega_z = v_z \frac{\sin\alpha}{R} \tag{10.38}$$

wenn v_z die Geschwindigkeit des Zieles und α der Winkel ist, den der Zielkurs mit der Verbindungslinie Radar-Ziel bildet. R ist die Zielentfernung. Ist T_0 die Zielbeobachtungszeit, so kann man während dieser Zeit maximal

$$n_e = 1 + \frac{T_0}{t_c} \tag{10.39}$$

statistisch voneinander unabhängige Signalproben (Pulse) erhalten. „Dekorrelation durch Zeit" ist oft bei Echos aus aufeinanderfolgenden Antennenumdrehungen bei einer Umlaufzeit T_a gegeben, da hier $T_a \gg t_c$ (Swerling 1-Ziel).

Dekorrelation durch Sendefrequenzänderung

Der dem Radar von einem Ziel mit vielen verteilten Elementarreflektoren angebotene Rückstrahlquerschnitt ist eine Zufallsgröße. Wir hatten schon in Abschnitt 3.9 anhand eines einfachen Zielmodells gesehen, daß die Amplituden zweier Echos als dekorreliert angesehen werden können, wenn sie von zwei nahezu gleichzeitig erfolgten Beleuchtungen des Zieles mit zwei Sendefrequenzen stammen, die sich um $\Delta f = f_c$ unterscheiden, wobei

$$f_c = \frac{c}{2L_r} \tag{10.40}$$

Hier ist $L_r = d$ die Zielabmessung in radialer Richtung und c die Lichtgeschwindigkeit. Die Dekorrelation aufeinanderfolgender Echos durch Beleuchtung mit ausreichend unterschiedlichen Frequenzen wird, wie in Abschnitt 3.9 beschrieben, zur Erzielung eines Frequenz-Agilitätsgewinns genutzt. Gestattet der Radarkopf eine Frequenzagilität innerhalb einer Bandbreite von ΔF, so lassen sich

$$n_e = 1 + \frac{\Delta F}{f_c} \tag{10.41}$$

statistisch voneinander unabhängige Echos erhalten. Ist z. B. $L_r = 10\,\text{m}$, so wird $f_c = 15\,\text{MHz}$. Läßt ein S-Band-Radar eine Agilität von 5% der Sendefrequenz zu, so kann man maximal $N_e = 1 + 0{,}05 \cdot 3\,\text{GHz}/15\,\text{MHz} = 11$ dekorrelierte Echos erhalten.

10.8 Begrenzung der Azimutmeßgenauigkeit durch Szintillation (Zielfluktuation)

Beim Swerling 1-Ziel sind definitionsgemäß die Echos innerhalb eines einzelnen Zieldurchganges „voll" korreliert, d. h. das Korrelationszeitintervall t_c ist sehr viel größer als die Zielverweilzeit. In einer solchen Situation tritt kein fluktuationsbedingter Winkelfehler auf.

In der Praxis jedoch verändert bspw. ein Flugzeug seinen Aspektwinkel geringfügig innerhalb der Zielverweilzeit erstens durch seinen Kurs gemäß Glchg. (10.38) und zweitens durch Vibrationen. Man kann diesen Effekten eine Rotation mit der resultierenden Winkelgeschwindigkeit ω_z zuordnen. Dabei liegt ω_z grob bei etwa $0{,}01\,\text{s}^{-1}$. Nach Glchg. (10.37) erhält man damit das Korrelationsintervall für ein S-Band-Radar ($\lambda = 0{,}1\,\text{m}$) und ein Ziel mit $L_q = 30\,\text{m}$ zu $t_c = \big(0{,}1/(2 \cdot 0{,}01 \cdot 30)\big)\,\text{s} = 167\,\text{ms}$. Bei $T_{tot} = 20\,\text{ms}$ ist also $T_{tot}/t_c = 0{,}12$. Dann wird nach [1] die minimal erreichbare Standardabweichung auf etwa $\sigma_\theta = 0{,}05\,\theta_{3dB}$ begrenzt. Der Winkelfehler wird dann am größten, wenn $T_{tot}/t_c \approx 1$. Dann ist $\sigma_\theta \approx 0{,}12\,\theta_{3dB}$. Mit steigendem $T_{tot}/t_c > 1$ nimmt der Winkelfehler wieder ab.

Sind dagegen die Echos beim Zieldurchgang *vollständig dekorreliert* (Swerling 2-Ziel), das heißt $T_{tot}/t_c \gg 1$, zum Beispiel durch Puls-zu-Puls-Frequenzagilität, so gilt nach [1]

$$\frac{\sigma_\theta}{\theta_{3dB}} = \frac{0{,}215}{\sqrt{n}} \tag{10.42}$$

Ein typisches MTD-Radar verwendet oft 2 Bursts pro Zielverweilzeit mit bspw. 8 Pulsen pro Burst. Bei Burst-zu-Burst-Frequenzagilität wäre dann in der letzten Formel $n = 2$, da die 8 Pulse pro Burst kohärent zu je einem Puls integriert werden. Simulationen haben jedoch ergeben, daß die Standardabweichung in diesem Fall um etwa den Faktor 1,5 kleiner ist als der nach der letzten Formel berechnete Wert. Bild 10.7 zeigt die Ergebnisse der Simulation. Die für Puls-zu-Puls-Frequenzagilität angegebene Formel (10.42) ist also bei Burst-zu-Burst-Frequenzagilität nicht gültig.

10.9 Beispiel zur Parameterschätzung: MTD-Radar

Die Schätzung der Zielparameter ist bei einem MTD-Rundsuchradar „verwickelter" als bei einem MTI-Radar. Sie soll anhand des in Bild 10.8 gezeigten Beispiels erläutert werden. Dargestellt ist ein Auschnitt aus dem Radar-Rasterbild,

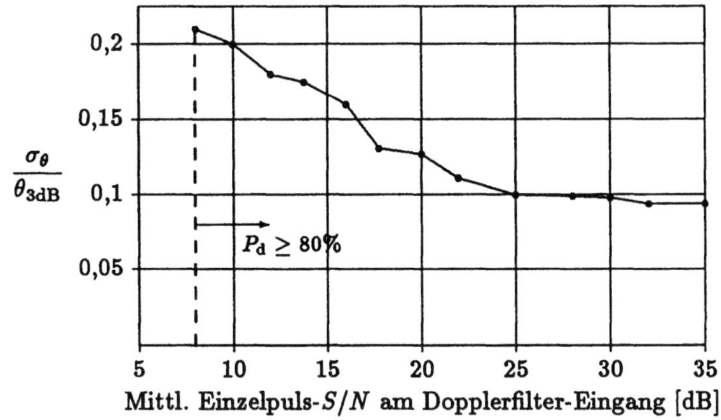

Bild 10.7 Relative Standardabweichung des Azimutfehlers eines MTD-Radars mit Burst-zu-Burst-Frequenz-Agilität in Abhängigkeit vom mittleren S/N am Dopplerfilter-Eingang (Monte-Carlo-Simulation). Die Zahl der Bursts pro Keulenbreite ist 2. Die Frequenzagilität (Szintillation) begrenzt die relative Standardabweichung $\sigma_\theta/\theta_{3dB}$ auf etwa $\geq$ 0,1. Bei großem $\overline{S/N}$ wird die Standardabweichung kleiner, wenn man eine alterniernde Frequenzagilität verwendet, also nur zwischen zwei festen Freqenzen wechselt.

umfassend die Entfernungsringe 82 bis 86 und den Azimutbereich von der 4. Radarperiode im Burst $n-1$ bis zur 2. Radarperiode im Burst $n+2$. Dem Bild kann man entnehmen, daß das Radar mit 6 Pulsen pro Burst arbeitet und die PRF alternierend von Burst zu Burst wechselt. Die Dopplerfilterbank besitze 6 Dopplerfilter.

Filtermeldungen, welche die Entdeckungsschwelle überschreiten, sind durch Pfeile symbolisiert, deren Länge proportional der Signalamplitude ist. Die Filtermeldungen werden jeweils in der letzten Periode eines Bursts ausgegeben.

Wir betrachten zunächst das starke Ziel. Es meldet sich erstmals im Burst $n-1$ und zwar im Entfernungsring 84 in zwei benachbarten Dopplerfiltern und im Entfernungsring 85 mit einer Einzelfiltermeldung (Single Filter Report). Im Burst n finden wir Filtermeldungen in den 3 benachbarten Entfernungsringen 83 bis 85 vor. Im Burst $n+1$ sind nochmals 2 Filtermeldungen im Entfernungsring 84 vorhanden.

Innerhalb jedes Entfernungsrings werden – wenn Meldungen aus zwei oder mehr benachbarten Filtern vorliegen – die Filtermeldungen mit der größten und zweitgrößten Amplitude verwendet, um mit Hilfe einer Look-up-Tafel den Doppler (Dopplernummer) und die Amplitude zu schätzen. Eingangsadressen für die Tafel sind die Filternummern und das Verhältnis der beiden Amplituden. Die Tafel selbst wird durch Simulation des Empfangssignals und eines Schwerpunktschätzers „Off-line“ erstellt.

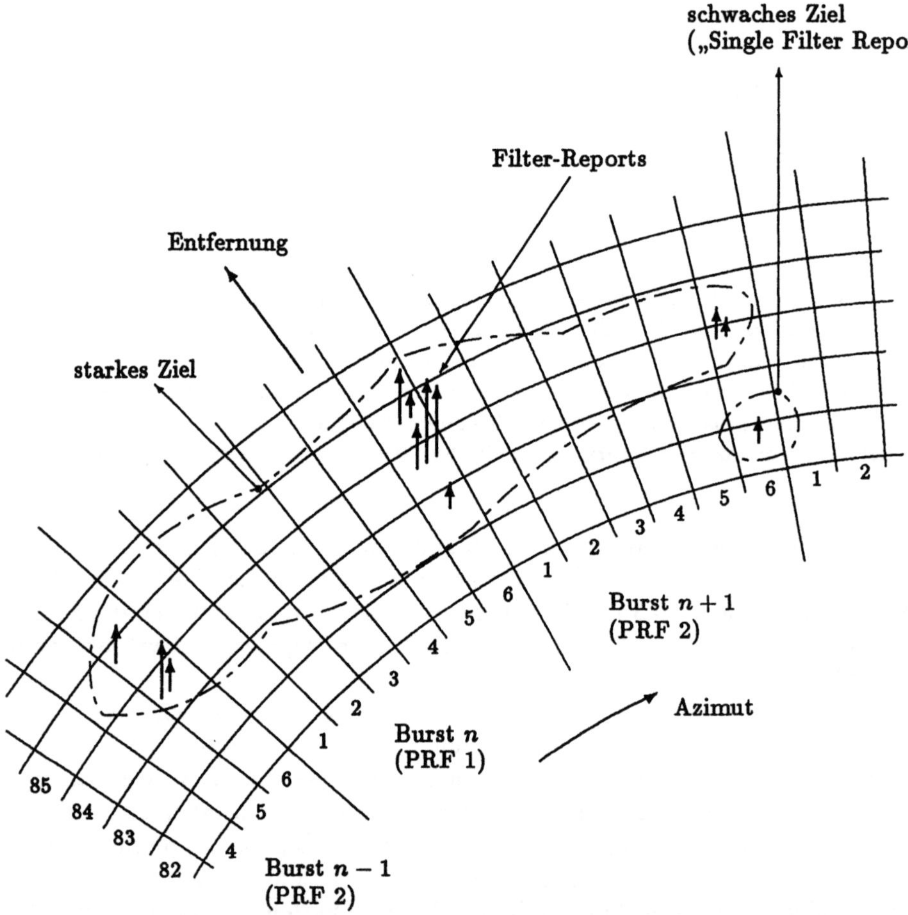

Bild 10.8 Zur Schätzung von Entfernung, Azimut und Doppler bei einem MTD-Radar. Das Beispiel zeigt ein Radar mit 6 Pulsen pro Burst und 2 Bursts pro Zielverweilzeit mit alternierender PRF. Die Pfeile symbolisieren Filtermeldungen (Filter Reports) einzelner Filter der hier insgesamt 6 Dopplerfilter. Die Pfeillänge ist proportional der Signalamplitude.

Liegen Meldungen aus benachbarten Entfernungsringen vor, so wird wiederum mit einem Schwerpunktschätzer die genauere Entfernung geschätzt. Amplitude und Doppler der weiterzuverarbeitenden „Burst Reports" werden jedoch dem Entfernungsring mit der größten Amplitude entnommen.

Nach diesen „burstweisen" Schätzungen von Entfernung, Amplitude und Doppler wird mit Hilfe eines Schwerpunktschätzers aus den in den aufeinanderfolgenden Bursts gemeldeten Amplituden und Nummern der jeweiligen (azimutalen) Winkelinkremente eines Winkel(shaft)encoders der Zielazimut bestimmt.

Der geschätzte Doppler ist stark mehrdeutig. Ein Verfahren zur Reduzierung oder gar Auflösung der Mehrdeutigkeiten wurde im Abschnitt 10.6 beschrieben. Diese gelingt umso zuverlssiger, je mehr Bursts pro Zielverweilzeit verwendet werden können.

In Bild 10.8 ist noch ein sehr schwaches Ziel gezeigt, es meldet sich nur in einer einzigen Entfernungszelle, in einem einzigen Dopplerfilter und einem einzigen Burst. In einem solchen Falle können als Zielparameter nur die gemeldete Amplitude und die jeweiligen Nummern des Entfernungsrings, des Filters und des Winkelinkrementes am Ende des Bursts ausgegeben werden.

10.10 Zielauflösung

Wir hatten in Abschnitt 10.2 gesehen, daß die Antwort des Matched Filters bei Anwesenheit eines Zieles eine – bei Abwesenheit von Rauschen – monoton ansteigende und nach Erreichen eines Maximums monoton abfallende Funktion der betrachteten Radarkoordinate ist, einer Gaußfunktion nicht unähnlich.

Sind 2 Ziele in der betrachteten Radarkoordinate benachbart, so ergeben sich unterschiedliche Antworten des Matched Filters. Sie hängen von den *Phasen* der beiden Zielechos und von ihren *Amplituden* ab. Zur Vereinfachung der Definition der Auflösung nimmt man daher meist gleiche Zielamplituden an.

Theoretisch definiert man die Auflösung meist als denjenigen Abstand der beiden Ziele, welcher der 6 dB-Breite des MF-Ausgangssignals eines Einzelzieles in der jeweiligen Koordinate entspricht. Eine solche Definition reicht aber zur genauen Beschreibung der erreichbaren Auflösung nicht aus. Sie muß um Angaben über die Wahrscheinlichkeit, mit der die Auflösung zweier benachbarter Ziele gelingt, ergänzt werden. Da die Auflösung oft nur auf Kosten des Auftretens von *Splitzielen* gesteigert werden kann, ist auch die Angabe einer Wahrscheinlichkeit für deren Auftreten erforderlich. Denn Splitziele stellen eine zusätzliche Belastung für den Zielverfolgungsrechner dar. Ein Splitziel liegt vor, wenn bei Vorhandensein nur eines Zieles das Radar deren zwei meldet.

Erschwert wird die azimutale Zielauflösung bei einem MTD-Radar, *wenn mit Burst-zu-Burst-Frequenzagilität gearbeitet wird.* Dann ist das vom Matched Filter, hier Dopplerfilter, ausgegebene Signal (Abtastwerte) beim Schwenken der Antenne über das Ziel kein Abbild einer nahezu monoton ansteigenden und wieder abfallenden Funktion. Vielmehr zeigen sich Maxima und Minima, hervorgerufen durch die Fluktuation des Rückstrahlquerschnittes von Burst zu Burst.

Ein intelligenter Auflösungsalgorithmus nimmt darauf Rücksicht und erklärt bspw. noch kein Zielende, wenn er ein erstes Minimum feststellt, bei vorangegangener *großer* Zielamplitude. Dann vermutet er, das Minimum sei durch die Zielfluktuation bedingt. Ist dagegen die Zielamplitude von vornherein klein, so wird er das Minimum dem Beginn eines benachbarten Zieles zuordnen. *Ein solcher Auflösungsalgorithmus läßt sich nur mit Hilfe einer Monte-Carlo-Simulation entwickeln und optimieren.*

Da sich ein Auflösungsalgorithmus natürlich gelegentlich irren wird, treten in der Praxis die folgenden beiden Möglichkeiten auf:

1. der Auflösungsalgorithmus erklärt nur ein Ziel als anwesend, obwohl zwei Ziele vorhanden sind
2. er erklärt zwei Ziele als anwesend obwohl nur eines vorhanden ist: Splitziel

Die Auflösung läßt sich dann in der Praxis wie folgt definieren: man gibt einen sinnvollen „Auflösungs"-Abstand A zweier benachbarter Ziele an und nennt die dabei vorhandene Auflösungswahrscheinlichkeit P_{aufl} und Splitzielwahrscheinlichkeit P_{spl}. Dabei gilt (für eine ausreichend große Zahl von Versuchen)

$$P_{\text{aufl}} = \frac{\text{Zahl der 2-Ziel-Meldungen bei Anwesenheit zweier Ziele im Abstand } A}{\text{Zahl der 2-Ziel-Meldungen bei Anwesenheit zweier weit separierter Ziele}} \tag{10.43}$$

$$P_{\text{spl}} = \frac{\text{Zahl der 2-Ziel-Meldungen bei Anwesenheit nur eines Zieles}}{\text{Zahl der Zielmeldungen insgesamt}} \tag{10.44}$$

Dabei sind Ziele gleichen Rückstrahlquerschnittes und gleichverteilte Phasen angenommen. Die Definition für P_{aufl} findet sich auch bei [4]. Im allgemeinen läßt sich die Auflösungswahrscheinlichkeit nur auf Kosten einer größeren Splitzielwahrscheinlichkeit steigern.

Literaturverzeichnis

[1] Barton, D.K., Ward, H.R.: *Handbook of Radar Measurement*, Artech House, 1984.

[2] Barton, D.K.: *Modern Radar System Analysis*, Artech House, 1988.

[3] Ludloff, A., Minker, M.: *Reliability of Velocity Measurement by MTD Radar*, IEEE Transactions on Aerospace and Electronic Systems, AES-21, July 1985, pp. 522-528.

[4] Taylor, J.W., Brunins, G.: *Design of a New Airport Surveillance Radar (ASR-9)*, Proceedings of the IEEE, vol. 73, No. 2, February 1985, pp. 284-289.

A Determinierte Signale und lineare Systeme

A.1 Übersicht

Die Radartechnik ist von Beginn an ein typisches Anwendungsgebiet für anspruchsvolle Verfahren der Signalverarbeitung gewesen – und ist es immer noch. Ein wesentlicher Grund dafür liegt in dem meist sehr kleinen Verhältnis von Nutzsignal zu Störsignal, mit dem der Radar-Signalprozessor seine dadurch schwierig gewordene Aufgabe der Zielentdeckung und Zielparameter-Schätzung bewältigen muß. Eine weiter erschwerende Nebenbedingung ist dabei die gleichzeitige Forderung nach einer sehr kleinen Wahrscheinlichkeit von Falschzielanzeigen. Mit immer wieder verbesserten und auch neuartigen Methoden der Modulation des Sendesignals und der Signalverarbeitung des Empfangssignals – ermöglicht durch technologische Fortschritte bei der Hardware – konnte die Leistungsfähigkeit von Radarsystemen laufend gesteigert werden.

Sowohl die Modulation – in der Radartechnik Bestandteil des sogenannten Waveform Design – wie auch die Signalverarbeitung sind stark mathematisch orientierte und abstrakte Arbeitsgebiete. Der auf diesen Gebieten tätige Ingenieur benötigt ein tiefgehendes Verständnis der Grundlagen der Signal- und Systemtheorie. Es erscheint zweckmäßig, die Grundlagen der Theorie der determinierten (vorausbestimmbaren) Signale und linearen Systeme als eine Art Repetitorium in einem Anhang zusammenzufassen. Dem Leser wird damit bei Bedarf sowohl eine Auffrischung wie auch eine Vertiefung seiner Kenntnisse – noch im Rahmen dieses Buches – ermöglicht.

In der folgenden Zusammenfassung der Theorie der determinierten Signale und linearen Systeme wird der physikalischen Interpretation von Signaloperationen der Vorzug vor mathematischer Strenge gegeben. Die Interpretation wird zusätzlich durch die Anwendung der von *Woodward* [1] eingeführten abgekürzten Schreibweisen für Elementarsignale und Elementaroperationen erleichtert. Die Erfahrung bei der Entwicklung von Systemkonzepten hat weiterhin gezeigt, daß es zweckmäßig ist, die diskreten Signale und Systeme der heute dominierenden digitalen Signalverarbeitung nur als einen Sonderfall der allgemeinen Theorie der kontinuierlichen Signale und Systeme zu betrachten. Der Entwicklungsingenieur kann sich dann bei Unklarheiten auf nur wenige Grundgesetze zurückziehen und, von diesen ausgehend, sein Problem neu überdenken. Das kann das Verständnis bei komplizierten Zusammenhängen erheblich erleichtern.

Bei dieser Betrachtungsweise haben wir es im Rahmen der Theorie der determinierten Signale und linearen Systeme mit nur zwei „Grundwerkzeugen" zu tun, nämlich den Fourier-Reihen und dem (genialen) Konzept des Dirac-Impulses.

Die fundamentalen Operationen an kontinuierlichen Signalen wie beispielsweise Fourier-Transformation, Faltung, Laplace-Transformation und Korrelation lassen sich daraus ebenso ableiten wie die beiden Abtasttheoreme und die gleichartigen Operationen an diskreten (digitalen) Signalen.

Nach einer Wiederholung der vom Berufsanfänger oft nur formal und weniger vom Verständnis her beherrschten komplexen (Modell-)Darstellung reeller Signale werden einleitend die auf der Theorie der Fourier-Reihen basierende Fourier-Transformation und das Konzept des Dirac-Impulses – gewissermaßen unsere beiden Grundwerkzeuge – erklärt. Mit ihrer Hilfe werden danach lineare und zeitinvariante, kontinuierliche Systeme beschrieben, das Faltungsintegral abgeleitet und die Laplace-Transformation kurz gestreift. Nach der Herleitung des zeitlichen und des spektralen Abtasttheorems erschließt sich uns dann die Welt der diskreten Signale und Systeme. Zu ihr gehören die z-Transformation, die Diskrete Fourier-Transformation (DFT) und die Varianten der diskreten Faltung. Ihnen kommt im Zeitalter der digitalen Signalverarbeitung[1] eine große Bedeutung zu. Abschließend wird das Konzept der Korrelation determinierter, sowohl kontinuierlicher wie auch diskreter Signale dargelegt. Tiefpaß- und Bandpaßsysteme werden im Rahmen der Anwendungen behandelt.

Für ein tieferes Studium wird auf die Literatur [2, 3] und für den an der historischen Entwicklung der Signal- und Systemtheorie interessierten Leser auch auf die bereits „klassischen" Bücher [4, 5] verwiesen. Eine Zusammenfassung wichtiger Elementarsignale in abgekürzter Schreibweise und eine Formelsammlung u. a. mit Korrespondenzen der kontinuierlichen und zeitdiskreten Fourier-Transformation sowie der z-Transformation und der DFT finden sich im Abschnitt A.15.

Zum Schluß sei darauf hingewiesen, daß es in der Signal- und Systemtheorie üblich ist, mit dimensionslosen Größen zu rechnen. Man denkt sich beispielsweise Spannungen auf 1 V und die Zeit auf 1 s normiert. Statt mit Größengleichungen arbeiten wir also mit Zahlenwertgleichungen (zugeschnittene Größengleichungen). Einerseits verliert man dadurch die Möglichkeit der Dimensionskontrolle, andererseits kann man mit den Zahlenwertgleichungen unterschiedliche physikalische Größen behandeln, also mit derselben Gleichung beispielsweise elektrische, akustische und optische Systeme beschreiben.

A.2 Fourier-Reihe in reeller Schreibweise

Sehr oft begegnen wir in der Nachrichtentechnik mehr oder weniger komplizierten Zeitfunktionen wie bspw. einer Folge von Rechteckpulsen, die einen *periodischen* Verlauf aufweisen. *Fourier* hat schon 1822 gezeigt , daß man periodische Funktionen durch eine Summe von Sinus- und Cosinus-Funktionen („Sinussignale")

[1] In der Radartechnik hat man bereits lange vor dem Aufkommen der digitalen Signalverarbeitung mit deren Filterstrukturen gearbeitet. Der Grund liegt darin, daß Pulsradare von Hause aus Abtastsysteme sind wie digitale Filter: auf die Zwischenfrequenz Null (Basisband) abgemischt, sind die Echos eines Zieles Abtastwerte seines Dopplersignals.

darstellen kann. Dies führt auf die bekannte Fourier-Reihe[2] einer in $T = 1/F$ periodischen Funktion $s(t) = s(t + kT)$ mit ganzzahligem k:

$$s(t) = a_0 + \sum_{n=1}^{\infty}(a_n \cos 2\pi nFt + b_n \sin 2\pi nFt) \tag{A.1}$$

a_0 ist der Gleichanteil oder Mittelwert von $s(t)$, a_1 und b_1 sind die Amplituden der Grundwelle, a_n und b_n die der $(n-1)$-ten Oberwelle.

Wie man sich durch Nachrechnen überzeugen kann, erhält man die Amplituden a_n und b_n, wenn man Glchg. (A.1) mit $\frac{2}{T}\cos(2\pi nFt)$ oder $\frac{2}{T}\sin(2\pi nFt)$ multipliziert und über eine Periode des Signals, beispielsweise über die Intervalle $[0,T]$ oder $[-T/2, T/2]$, integriert:

$$a_n = \frac{2}{T}\int_{-T/2}^{T/2} s(t)\,\cos(2\pi nFt)\,dt \qquad \text{und} \qquad b_n = \frac{2}{T}\int_{-T/2}^{T/2} s(t)\,\sin(2\pi nFt)\,dt \tag{A.2}$$

Der Gleichanteil a_0 eines Signals entspricht seinem Mittelwert

$$a_0 = \frac{1}{T}\int_{-T/2}^{T/2} s(t)\,dt \tag{A.3}$$

Man kann die Summe von Cosinus- und Sinusschwingungen in Gleichung (A.1) durch ein Summe von Cosinusschwingungen bestimmter Phasenlagen wie folgt ersetzen:

$$s(t) = a_0 + \sum_{n=1}^{\infty} d_n \cos(2\pi nFt - \varphi_n) \tag{A.4}$$

mit

$$d_n = \sqrt{a_n^2 + b_n^2} \qquad \text{und} \qquad \operatorname{tg}\varphi_n = \frac{b_n}{a_n} \tag{A.5}$$

Ist $s(t)$ eine gerade Funktion, also $s(-t) = s(t)$, so treten in Gleichung (A.1) wegen $b_n = 0$ nur Cosinusglieder auf. Ist das Signal $s(t)$ dagegen ungerade, also $s(-t) = -s(t)$, so besteht Gleichung (A.1) nur aus Sinusgliedern, da $a_n = 0$. Bei allen übrigen Funktionen treten Sinus- und Cosinusglieder gemeinsam auf. Man hat es durch geschickte Wahl des Zeitnullpunktes oft in der Hand, $s(t)$ gerade oder ungerade und damit Glchg. (A.1) einfach zu machen. Weist das Signal die dafür notwendige Symmetrie nicht auf, so kann man es stets in einen geraden Anteil $s_g(t)$ und einen ungeraden Anteil $s_u(t)$ zerlegen (s. Bild A.1):

$$s(t) = s_g(t) + s_u(t) \tag{A.6}$$

[2] Diese Möglichkeit der Darstellung eines periodischen Signals beruht auf der Orthogonalitätseigenschaft der Sinus/Cosinus-Funktion. Der Grenzübergang zum Fourier-Integral gestattet dann auch die Beschreibung aperiodischer Signale durch Sinussignale.

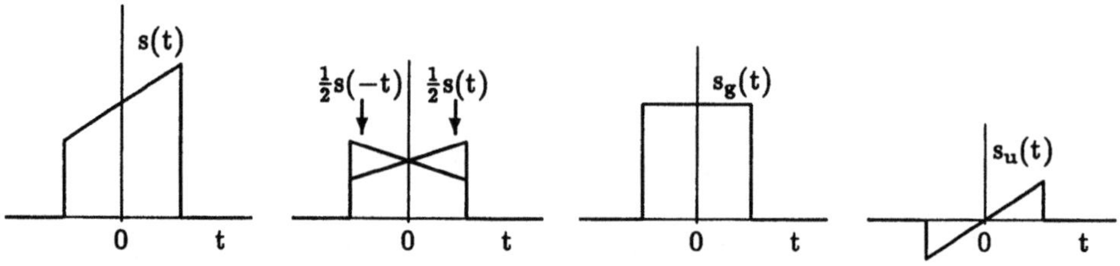

Bild A.1 Aufspaltung einer Funktion $s(t)$ in einen geraden Anteil $s_g(t)$ und einen ungeraden Anteil $s_u(t)$: $s(t) = s_g(t) + s_u(t)$

Darin sind

$$s_\mathrm{g}(t) = \tfrac{1}{2}\Big(s(t) + s(-t)\Big) \qquad \text{und} \qquad s_\mathrm{u}(t) = \tfrac{1}{2}\Big(s(t) - s(-t)\Big) \tag{A.7}$$

In diesen Formeln taucht die später oft wiederkehrende Zeit-Spiegelung einer Funktion $s(t)$ an der Ordinate auf: die zeitgespiegelte Funktion $s(-t)$ entsteht aus der Originalfunktion $s(t)$ durch einfaches Ersetzen von t durch $-t$. Man kann die Spiegelung auch interpretieren als ein Umklappen oder „Falten“ (das später behandelte Faltungsintegral hat hiervon seinen Namen) der rechten bzw. linken Halbebene um die Ordinate auf die jeweils andere Halbebene.

A.3 Komplexe Darstellung von Sinussignalen

Die Möglichkeit, eine komplizierte periodische Zeitfunktion durch eine Reihe einfacher Sinus- und Cosinusschwingungen darzustellen, erklärt die große Bedeutung der trigonometrischen Funktionen für die Nachrichtentechnik. Sie werden deshalb vielfach als Test- oder Elementarsignale für praktische und theoretische Untersuchungen an Systemen verwendet. Leider führt ihre Verwendung oft zu unhandlichen und schwierig auszuwertenden Formeln. Hier schafft ihre komplexe Darstellung Abhilfe. Wir können nämlich eine (reelle) Cosinusschwingung $s(t) = A\cos(2\pi f_0 t - \varphi_0)$ mit Hilfe der Euler'schen Formel

$$\mathrm{e}^{\mathrm{j}x} = \cos x + \mathrm{j}\sin x \tag{A.8}$$

und der daraus abgeleiteten Beziehungen

$$\cos x = \tfrac{1}{2}\Big(\mathrm{e}^{\mathrm{j}x} + \mathrm{e}^{-\mathrm{j}x}\Big) \tag{A.9}$$

$$\sin x = -\mathrm{j}\,\tfrac{1}{2}\Big(\mathrm{e}^{\mathrm{j}x} - \mathrm{e}^{-\mathrm{j}x}\Big) \tag{A.10}$$

darstellen durch

$$s(t) = A\cos(2\pi f_0 t - \varphi_0) = \frac{A}{2}\left(\mathrm{e}^{\mathrm{j}(2\pi f_0 t - \varphi_0)} + \mathrm{e}^{-\mathrm{j}(2\pi f_0 t - \varphi_0)}\right) \tag{A.11}$$

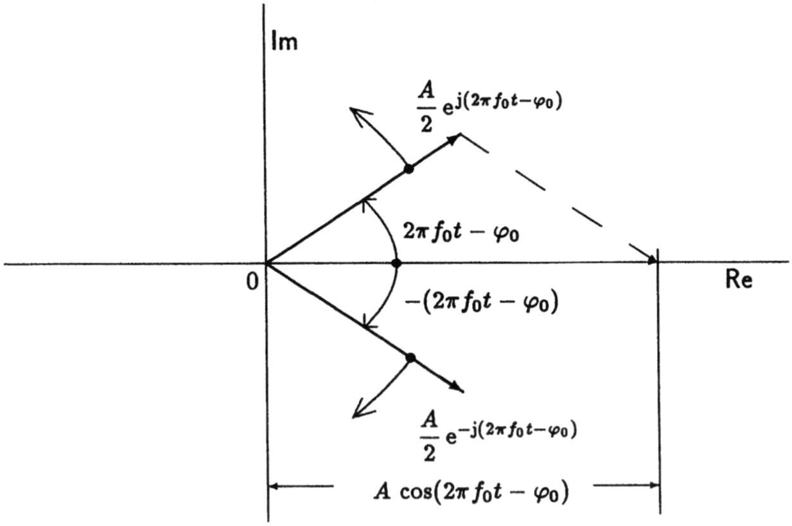

Bild A.2 Darstellung (Modellierung) des reellen Momentanwertes einer Cosinus-Schwingung $s(t) = A\cos(2\pi f_0 t - \varphi_0)$ als Vektoraddition zweier gegensinnig rotierender, komplexer Zeiger mit stets reeller Summe. Der im Uhrzeigersinn rotierende Zeiger hat das Auftreten negativer Frequenzen im Modell zur Folge.

Die physikalische Realität der cosinusförmigen Schwingung, beispielsweise der zeitliche Verlauf einer Spannung, wird also durch ein *Modell zweier Zeiger* dargestellt, die gegensinnig in der komplexen Ebene mit der Winkelgeschwindigkeit $\omega_0 = 2\pi f_0$ rotieren. Ihre vektorielle Addition ergibt den Momentanwert der Cosinusschwingung, eine stets reelle Größe trotz des komplexen Momentanwertes jedes der beiden Zeiger (Bild A.2). Dabei ordnen wir dem in positiver Richtung umlaufenden Zeiger die positive (Umlauf-)Frequenz $+f_0$, dem gegensinnig rotierenden Zeiger die negative Frequenz $-f_0$ zu.

Wir müssen uns darüber im klaren sein, daß dem realen physikalischen Vorgang nur eine positive Frequenz f_0 zukommt, daß wir aber eine negative Frequenz $-f_0$ hinzunehmen müssen, wenn wir unsere *Modellvorstellung* der rotierenden Zeiger (oder komplexen Zahlen) verwenden, um beispielsweise den Verlauf einer Spannung bei einem Experiment richtig vorauszusagen.

Bei Betrachtung von Bild A.2 wird klar, daß die zur vollständigen Beschreibung der realen cosinusförmigen Schwingung notwendige Information schon in den Daten eines der beiden Zeiger steckt (Amplitude A, Anfangsphase φ_0 und Frequenz f_0). Man kann daher eine zweite, völlig exakte Schreibweise der Form

$$s(t) = A\cos(2\pi F t - \varphi_0) = \mathrm{Re}\left[A e^{j(2\pi f_0 t - \varphi_0)}\right] = \mathrm{Re}\left[A e^{-j\varphi_0} e^{j2\pi f_0 t}\right] \qquad (A.12)$$

benutzen, wobei hier keine negativen Frequenzen auftreten. Re bedeutet den Realteil von [ ], Im den Imagiginärteil von [ ]. Es sei angemerkt, daß eine aus dieser Betrachtung abgeleitete Schreibweise beim sogenannten *Analytischen Signal* verwendet wird. Das gelegentlich benutzte Modell des analytischen Signals kommt ohne negative Frequenzen aus, dafür werden die Zeitfunktionen komplex. Es führt oft zu kürzeren Formeln, ist aber für den nicht so Geübten weniger anschaulich.

Oft sind wir nur an den Amplituden A und Phasenlagen φ sinusförmiger Schwingungen interessiert und nicht an ihren Momentanwerten. Ein Beispiel dafür ist die Übertragung von Sinusschwingungen über ein System, um den Frequenzgang von Dämpfung und Phase zu ermitteln. Dann genügt es prinzipiell, wie in der *symbolischen Wechselspannungsrechnung* praktiziert, nur mit *einem* Zeiger, also einer komplexen Zahl $A\mathrm{e}^{\mathrm{j}\varphi}$, zu rechnen. Man muß sich jedoch über die beschränkte Gültigkeit dieses Verfahrens im klaren sein [5], um Fehler zu vermeiden, z. B. bei der Berechnung von Leistungen.

Da wir es in vielen Bereichen der Signalverarbeitung auch mit Momentanwerten zu tun haben, verwenden wir das Modell mit den zwei gegensinnig rotierenden Zeigern, das heißt die exakte Schreibweise der Gleichung (A.11) und müssen daher auch negative Frequenzen berücksichtigen. Fehler können bei dieser Art der komplexen Rechnung nicht auftreten.

Die Vorteile der komplexen Schreibweise sind vielfältig. Als einfaches Beispiel multiplizieren (mischen) wir zwei Cosinusschwingungen der Frequenzen f_1 und f_2 und suchen die entstehenden neuen Frequenzen. Die unhandlichen Additionstheoreme der trigonometrischen Funktionen werden bei der komplexen Schreibweise durch die Summen von Exponenten ersetzt. Man bekommt:

$$\begin{aligned}
s_1(t)\cdot s_2(t) &= \cos 2\pi f_1 t\cdot\cos 2\pi f_2 t\\
&= \tfrac{1}{2}\left(\mathrm{e}^{\mathrm{j}2\pi f_1 t}+\mathrm{e}^{-\mathrm{j}2\pi f_1 t}\right)\cdot\tfrac{1}{2}\left(\mathrm{e}^{\mathrm{j}2\pi f_2 t}+\mathrm{e}^{-\mathrm{j}2\pi f_2 t}\right)\\
&= \tfrac{1}{4}\left(\mathrm{e}^{\mathrm{j}2\pi(f_1+f_2)t}+\mathrm{e}^{-\mathrm{j}2\pi(f_1+f_2)t}\right)+\tfrac{1}{4}\left(\mathrm{e}^{\mathrm{j}2\pi(f_1-f_2)t}+\mathrm{e}^{-\mathrm{j}2\pi(f_1-f_2)t}\right)\\
s_1(t)\cdot s_2(t) &= \tfrac{1}{2}\cos 2\pi(f_1+f_2)t+\tfrac{1}{2}\cos 2\pi(f_1-f_2)t
\end{aligned}$$

A.4 Fourier-Reihe in komplexer Schreibweise

Mit Hilfe der Gleichungen (A.9) und (A.10) wird aus der reellen Fourier-Reihe (A.1) die komplexe Fourier-Reihe (n ganzzahlig)

$$s(t)=\sum_{n=-\infty}^{\infty} c_n\,\mathrm{e}^{\mathrm{j}2\pi nFt} \tag{A.13}$$

wobei sich die komplexen Amplituden $c_n = \frac{1}{2}(a_n - \mathrm{j}\,b_n)$, auch als Fourier-Koeffizienten bezeichnet, mit Hilfe von

$$c_n=\frac{1}{T}\int_{-T/2}^{T/2} s(t)\,\mathrm{e}^{-\mathrm{j}2\pi nFt}\,dt \tag{A.14}$$

berechnen lassen. Da $s(t)$ eine reelle Funktion ist, müssen die dem Frequenzpaar nF und $-nF$ zugehörigen beiden Zeiger c_n und c_{-n} konjugiert komplex sein:

$$c_{-n} = c^*_{+n} \tag{A.15}$$

Außerdem gilt $c_0 = a_0$.

A.5 Fourier-Transformation

Jedes realisierbare Signal existiert nur für eine begrenzte Zeit. Es ist vor einem beliebigen Zeitpunkt t_1 Null und verschwindet nach t_2 ebenfalls (Bild A.3). Der Untersuchung solcher *zweiseitig begrenzter* Signale – man bezeichnet sie wegen ihrer endlichen Energie auch als *Energiesignale* – dient die Fourier–Transformation. Angewendet wird sie aber nicht nur bei determinierten Signalen, sondern ebenso bei zufälligen Signalen, bei Systemen (die Signale verarbeiten) und in der Antennentheorie. Man erkennt daraus, welche zentrale Bedeutung der Fourier-Transformation in der Nachrichtentechnik zukommt.

Herleitung der Zeitfunktion aus der Fourier-Reihe

Bei der Entwicklung eines *periodischen* Signals der Periode $T = 1/F$ in eine Fourier-Reihe erhalten wir eine Summe harmonischer Schwingungen mit einem gegenseitigen Frequenzabstand von $\Delta f = F$. Tragen wir die Amplituden dieser Schwingungen über der Frequenzachse auf, so bekommen wir ein „diskretes“ Amplitudenspektrum oder *Linienspektrum*.

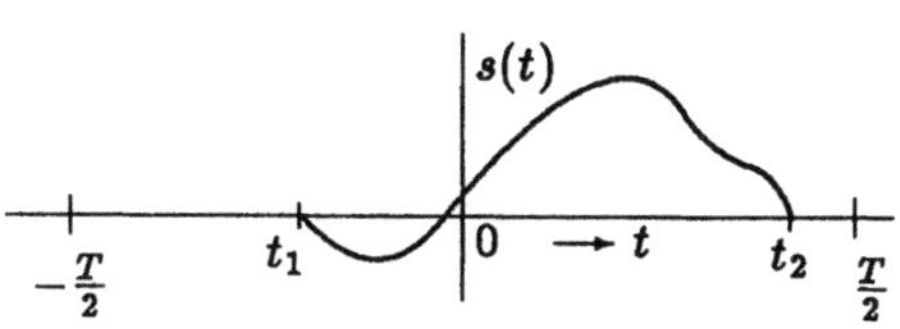

Bild A.3 Aperiodisches, zweiseitig begrenztes Signal $s(t)$ (Energiesignal).

Ein aperiodisches, zweiseitig begrenztes Signal $s(t)$ nach Bild A.3 kann man als periodisches Signal der Periode $T \to \infty$ auffassen, wenn man die in Bild A.3 willkürlich gewählten Zeitpunkte $\pm T/2$ gegen $\pm\infty$ gehen läßt. Der Abstand zweier Spektrallinien einer Fourierreihe wird aber $\Delta f \to 0$, wenn die Periode $T \to \infty$ strebt. Wir bekommen daher für $s(t)$ wegen $\Delta f \to 0$ ein *kontinuierliches Spektrum.* Wir müssen nun berücksichtigen, daß wegen der unendlich vielen Frequenzen jede nur mit einer sehr kleinen, d. h. infinitesimalen Amplitude dA an der Bildung von $s(t)$ beteiligt sein kann. Dabei ist dA im allgemeinen von der Frequenz abhängig, das heißt $dA = dA(f)$. Wir können uns daher das nichtperiodische, zweiseitig begrenzte Signal $s(t)$ aufgebaut denken aus einer unendlichen Summe von Cosinusschwingungen aller Frequenzen mit frequenzabhängigen, infinitesimalen Amplituden $dA(f)$ und frequenzabhängigen Phasenlagen $\varphi(f)$. Wir erhalten in zunächst reeller Schreibweise:

$$s(t) = \int\limits_{f=0}^{\infty} \cos\Big(2\pi ft - \varphi(f)\Big)\, dA(f) \tag{A.16}$$

Wir gehen nun unter Benutzung der Gleichung (A.9) auf die komplexe Schreibweise über und bekommen

$$s(t) = \int\limits_{f=0}^{\infty} \tfrac{1}{2}\left[e^{\mathrm{j}\left(2\pi ft-\varphi(f)\right)} + e^{-\mathrm{j}\left(2\pi ft-\varphi(f)\right)}\right] \frac{dA(f)}{df}\, df \tag{A.17}$$

Dabei ist $R(f) = dA(f)/df$ die sogenannte, hier zunächst reelle, *Amplitudendichte,* gemessen beispielsweise in Volt pro Hertz Bandbreite. Wir können uns die Frequenzachse mit den Amplituden kontinuierlich belegt vorstellen, wobei dem beliebig kleinen Frequenzintervall df bei $f = f_0$ die Amplitude $dA(f_0) = R(f_0)df$ zukommt.

Die letzte Gleichung läßt sich vereinfachen, indem wir den Exponentialterm für die negativen Frequenzen weglassen, letztere aber dadurch berücksichtigen, daß wir die untere Grenze des Integrals nach $f = -\infty$ legen. Wir erhalten

$$s(t) = \int\limits_{f=-\infty}^{\infty} \tfrac{1}{2}\, R(f)\, e^{\mathrm{j}\left(2\pi ft+\varphi(f)\right)}\, df = \int\limits_{-\infty}^{\infty} \tfrac{1}{2}\, R(f)\, e^{\mathrm{j}\varphi(f)}\, e^{\mathrm{j}2\pi ft}\, df \tag{A.18}$$

Wir fassen $\frac{1}{2}R(f)\cdot e^{\mathrm{j}\varphi(f)}$ zur sogenannten *komplexen Amplitudendichte* oder zum *komplexen Spektrum* $S(f) = \frac{1}{2}R(f)\cdot e^{\mathrm{j}\varphi(f)} = |S(f)|e^{\mathrm{j}\varphi(f)}$ zusammen. Damit wird endgültig

$$s(t) = \int\limits_{-\infty}^{\infty} S(f)\, e^{\mathrm{j}2\pi ft}\, df \tag{A.19}$$

Der Beitrag eines Frequenzpaares $\pm f_1$ zu $s(t)$ ist

$$ds(t) = S(f_1)df\, e^{\mathrm{j}2\pi f_1 t} + S(-f_1)df\, e^{-\mathrm{j}2\pi f_1 t}$$

Wegen der Einführung der komplexen Schreibweise in Glchg. (A.17) können wir die beiden Summanden gemäß Bild A.2 als Zeiger auffassen. Daraus folgt, daß

$$|S(-f)| = |S(f)| \tag{A.20}$$

$$\varphi(-f) = -\varphi(f) \tag{A.21}$$

und damit

$$S(-f) = S^*(f) \tag{A.22}$$

Die Gleichungen (A.20), (A.21) und (A.22) sagen aus, daß *der Betrag des Spektrums eines reellen Signals eine gerade Funktion der Frequenz ist, die Phase dagegen eine ungerade Funktion und das komplexe Spektrum eine konjugiert gerade Funktion.*

Herleitung der Spektralfunktion aus der Fourier-Reihe

Wir hatten Glchg. (A.19) aus einer Fourier-Reihe anschaulich abgeleitet. Ebenso anschaulich läßt sich die Berechnung der komplexen Amplitudendichte $S(f)$ aus der Zeitfunktion $s(t)$ erklären. Wir gehen wieder von einer Fourier-Reihe aus und verwenden die Formel (A.14) für die komplexen Amplituden c_n der am Signal $s(t)$ beteiligten Frequenzen nF. Wir lassen die „Periode“ T des Signals von Bild A.3 sehr groß werden. Dann wird wie oben der Abstand zweier Spektrallinien $\Delta f = F$ sehr klein, ebenso die Beträge $|c_n|$ der jetzt sehr vielen beteiligten Amplituden, was wir durch die Schreibweise $c_n = \Delta c_n$ ausdrücken wollen. Damit können wir Glchg. (A.14) umschreiben in

$$\Delta c_n T = \frac{\Delta c_n}{\Delta f} = \int_{-T/2}^{T/2} s(t)\, \mathrm{e}^{-\mathrm{j}\, 2\pi (n\Delta f)\, t}\, dt \tag{A.23}$$

Die Größe $\Delta c_n/\Delta f$ hat die Dimension Amplitude pro Einheit Bandbreite (Amplitudendichte) und wird beim Grenzübergang $\Delta f \to 0$ identisch mit der komplexen Amplitudendichte $S(f)$. Auf der rechten Seite gehen beim Grenzübergang die Integralgrenzen von $\pm T/2$ nach $\pm\infty$ und $n\Delta f$ in die kontinuierliche Frequenzvariable f über. Somit erhalten wir für $T \to \infty$ die komplexe Amplitudendichte, das Spektrum oder die Spektralfunktion aus Glchg. (A.14) zu

$$S(f) = \int_{-\infty}^{\infty} s(t)\, \mathrm{e}^{-\mathrm{j}2\pi f t}\, dt \tag{A.24}$$

Zerlegt man die e-Funktion in ihre Cosinus- und Sinus-Komponenten, so erkennt man durch eine Untersuchung der letzten Gleichung: *gerade Zeitfunktionen ergeben ein reelles Spektrum, ungerade ein imaginäres Spektrum, alle anderen Signale besitzen ein komplexes Spektrum.*

Interpretation der Fourier-Integrale

Im folgenden Kasten auf der nächsten Seite sind die beiden wichtigen Fourier-Integrale noch einmal zusammengefaßt. Das erste Integral baut $s(t)$ aus einer nicht abzählbar unendlichen Summe sinusförmiger Teilschwingungen der komplexen Amplituden $S(f)\,df$ auf, das zweite stellt eine Vorschrift zur Ermittlung der komplexen Amplitudendichte $S(f)$ und damit der Amplituden $S(f)\,df$ dar. Gleichung (A.24) wird als Fourier-Transformation bezeichnet, da wir die Zeitfunktion $s(t)$ in den Frequenzbereich „transformieren“, wo ihr die komplexe Amplitudendichte $S(f)$, auch Spektrum, Spektral-, Frequenz- oder mathematisch Bildfunktion genannt, entspricht. Man bezeichnet Glchg. (A.19) als Fourier-Rücktransformation.

$$s(t) = \int_{-\infty}^{\infty} S(f)\, e^{j2\pi ft}\, df \qquad \text{(A.19)}$$

$$S(f) = \int_{-\infty}^{\infty} s(t)\, e^{-j2\pi ft}\, dt \qquad \text{(A.24)}$$

Entsprechend der Ableitung von Glchg. (A.19) aus Glchg. (A.16) können wir $s(t)$ als eine unendliche Summe (co)sinusförmiger Teilschwingungen auffassen, die von $t=-\infty$ bis $t=+\infty$ andauern. Diese Aussage ist nun nicht so zu interpretieren, daß man, um $s(t)$ zu realisieren, alle Teilschwingungen gewissermaßen schon bei $t=-\infty$ einschalten müßte, also lange bevor jemand überhaupt den Vorsatz hat, ein Signal $s(t)$ zu erzeugen. Man faßt vielmehr $s(t)$ als ein auf bestimmte Art und Weise – beispielsweise durch Schalten – realisiertes Signal auf, dem in seiner Wirkung die unendliche Summe der bei $t=-\infty$ eingeschalteten und bis $t=+\infty$ andauernden Teilschwingungen konstanter Amplitude gleichkommt. Wenn eine Summe von Teilschwingungen, die in ihrer Wirkung ein Signal $s(t)$ ersetzt, nur Frequenzen innerhalb eines Frequenzbandes $\Delta f = B$ enthält, so folgern wir daraus richtig, daß z.B. ein Übertragungssystem, das $s(t)$ unverzerrt übertragen soll, in diesem Band eine verzerrungsfreie Übertragungsfunktion $H(f)$ besitzen muß. Bei allen anderen Frequenzen ist der Wert der Übertragungsfunktion ohne Interesse, da dort keine Signalkomponenten liegen.

Anwendung von Fourier-Korrespondenzen

Bei den Problemen der Signal- und Systemtheorie haben wir es oft mit einer nur kleinen Anzahl immer wiederkehrender Zeitfunktionen oder Elementarsignale zu tun (z.B. Rechteckpuls, Gaußpuls, sin x/x-Puls, Cosinusschwingung u. a.). Für diese haben sich die in [1] erstmals eingeführten abgekürzten Schreibweisen als sehr nützlich erwiesen. Definition und „Kurzschrift“ der Elementarsignale sind in der Formelsammlung am Ende von Anhang A zusammengefaßt.

In den Geräten und Systemen zur Signalverarbeitung werden die Signale verschiedenen Operationen unterworfen, beispielsweise einer Verzögerung, Addition, Multiplikation oder Integration. Interessiert zum Beispiel das Ergebnis einer solchen Operation im Zeitbereich, so kann dies eine aufwendige Berechnung erfordern. Transformiert man dagegen die Zeitfunktionen in den Frequenzbereich und führt dort die „korrespondierende“ Operation mit anschließender Rücktransformation in den Zeitbereich durch, so kann die Rechnung oft ganz erheblich vereinfacht werden. Umgedreht kann es sich natürlich auch lohnen, eine Operation im Frequenzbereich durch die korrespondierende Operation im Zeitbereich zu ersetzen. Deshalb ist es für uns wichtig, mit den einander korrespondierenden Operationen von Zeit- und Frequenzbereich vertraut zu werden. Mit Ausnahme einiger weniger Beispiele werden wir diese Korrespondenzen hier nicht ableiten, dazu wird auf die einschlägige Literatur verwiesen [2, 3, 6, 7, 8]. Unserem Zwecke angemessen ist die Formelsammlung am Ende von Anhang A. Sie wird vom Signalverarbeitungs-Ingenieur häufig benötigt, da er bei Entwurfsarbeiten mit Signalen oft zwischen Zeit- und Frequenzbereich hin und her wechselt.

Die Zeitfunktionen werden im folgenden mit kleinen Buchstaben, die Frequenzfunktionen mit großen Buchstaben und die Fourier-Transformation selbst durch die symbolische Schreibweise

$$s(t) \quad \circ\!\!-\!\!\bullet \quad S(f) \tag{A.25}$$

$$S(f) \quad \bullet\!\!-\!\!\circ \quad s(t) \tag{A.26}$$

gekennzeichnet. Durch die Beschränkung auf zweiseitig begrenzte Zeitfunktionen ergeben alle in der Praxis auftretenden Signale konvergierende Fourier-Integrale (A.24).

Das Spektrum von Rechteck- und Gaußpuls

Als erstes von zwei Beispielen berechnen wir das Spektrum eines Rechteckpulses $s(t) = \operatorname{rect}(t/\tau)$, der bei $t = -\tau/2$ beginnt und bei $t = \tau/2$ endet. Die Definition seiner abgekürzten Schreibweise wie auch die des $\sin x/x$- oder sinc-Pulses $\operatorname{sinc}(t/\tau)$ und die des Gaußpulses $\operatorname{gs}(t/\tau)$ finden sich in der Formelsammlung am Ende von Anhang A, eine Darstellung in Bild A.4. Es wird

$$S(f) = \int_{-\infty}^{\infty} s(t)\, \mathrm{e}^{-\mathrm{j}2\pi ft}\, dt = \int_{-\infty}^{\infty} \operatorname{rect}\left(\frac{t}{\tau}\right) \mathrm{e}^{-\mathrm{j}2\pi ft}\, dt = \int_{-\tau/2}^{\tau/2} \mathrm{e}^{-\mathrm{j}2\pi ft}\, dt$$

$$S(f) = \int_{-\tau/2}^{\tau/2} (\cos 2\pi ft - \mathrm{j}\,\sin 2\pi ft) dt = \tau\, \frac{\sin \pi f\tau}{\pi f\tau} = \tau\, \operatorname{sinc}(\tau f)$$

und damit

$$\operatorname{rect}\left(\frac{t}{\tau}\right) \quad \circ\!\!-\!\!\bullet \quad \tau\, \operatorname{sinc}(\tau f)$$

Wir führen jetzt den oft benötigten Gaußpuls der Halbwertsbreite τ ein. Er wird

$$s(t) = \mathrm{e}^{-4\ln 2\, \left(\frac{t}{\tau}\right)^2} = \operatorname{gs}\left(\frac{t}{\tau}\right)$$

und ist in Bild A.4 gezeigt.

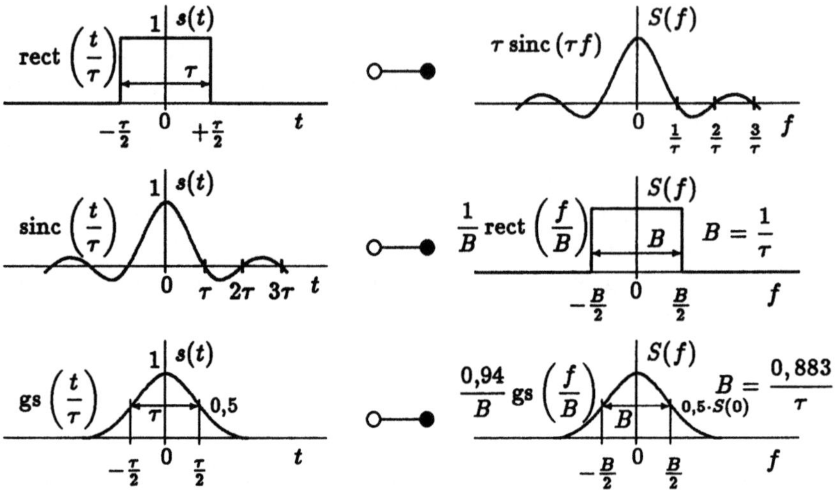

Bild A.4 Oben: Rechteckpuls und sein Seitenzipfel-behaftetes sinc-Spektrum.
Mitte: Rechteckspektrum mit Seitenzipfel-behafteter sinc-Zeitfunktion.
Unten: Gaußpuls mit Seitenzipfel-freiem, Gauß-förmigem Spektrum.

Das Spektrum des Gaußpulses ergibt sich zu

$$\begin{aligned} S(f) &= \int_{-\infty}^{\infty} \mathrm{e}^{-4\ln 2\left(\frac{t}{\tau}\right)^2} \cdot \mathrm{e}^{-\mathrm{j}2\pi f t}\,dt = \int_{-\infty}^{\infty} \mathrm{e}^{-at^2} \cdot \mathrm{e}^{-\mathrm{j}bt}\,dt \\ &= \mathrm{e}^{-\frac{b^2}{4a}} \int_{-\infty}^{\infty} \mathrm{e}^{-\left(\sqrt{a}\,t+\mathrm{j}\frac{b}{2\sqrt{a}}\right)^2} dt \end{aligned}$$

Substituiert man z für den Exponenten unter dem Integral, so wird

$$S(f) = \frac{1}{\sqrt{a}}\,\mathrm{e}^{-\frac{b^2}{4a}} \int_{-\infty+\mathrm{j}\frac{b}{2\sqrt{a}}}^{\infty+\mathrm{j}\frac{b}{2\sqrt{a}}} \mathrm{e}^{-z^2}\,dz = \frac{1}{\sqrt{a}}\mathrm{e}^{-\frac{b^2}{4a}} \cdot \sqrt{\pi} = \frac{\sqrt{\pi}}{2\sqrt{\ln 2}}\,\tau\,\mathrm{e}^{-\frac{\pi^2}{4\ln 2}\tau^2 f^2}$$

Mit $4\ln 2 = 2{,}773$, $\sqrt{\pi/(4\ln 2)} = 1{,}064$ und $\pi^2/(4\ln 2) = 3{,}559$ wird endgültig

$$\begin{aligned} \mathrm{e}^{-2{,}773\left(\frac{t}{\tau}\right)^2} &\circ\!\!-\!\!\bullet\quad 1{,}064\,\tau\,\mathrm{e}^{-3{,}559(\tau f)^2} = 1{,}064\,\tau\,\mathrm{e}^{-2{,}773\left(\frac{\tau f}{0{,}883}\right)^2} \\ \mathrm{gs}\left(\frac{t}{\tau}\right) &\circ\!\!-\!\!\bullet\quad 1{,}064\,\tau\,\mathrm{gs}\left(\frac{f}{B}\right) \end{aligned}$$

wobei $B = 4\ln 2/(\pi\tau) = 0{,}883/\tau$. Bild A.4 zeigt die Fourier-Korrespondenzen von Rechteckpuls, sinc-Puls (hier nicht abgeleitet) und Gaußpuls. Von Wichtigkeit sind die beiden folgenden Tatbestände:

1. Eine Gaußfunktion transformiert sich wieder in eine Gaußfunktion.

2. Die Fourier-Transformierte und die Fourier-Rücktransformierte einer Rechteckfunktion zeigen sinc-Form und weisen damit erhebliche „Vor- und Nachschwinger (Seitenzipfel oder Nebenkeulen)" auf, die einer Gaußfunktion dagegen einen monotonen, Seitenzipfel-freien Verlauf. Deshalb werden oft

   (a) Signalspektren durch Filter Gauß-*ähnlich* geformt, um Zeitfunktionen mit kleinem Vor- und Nachschwingen zu erhalten,

   (b) Signal- oder Datenfenster bei der digitalen Signalverarbeitung nicht rechteckförmig sondern Gauß-*ähnlich* gewählt (zum Beispiel Hamming-Fenster), um die im Spektrum unvermeidlich auftretenden Seitenzipfel zu minimieren,

   (c) die Aperturbelegung einer Antenne Gauß-*ähnlich* geformt („getapert"), um die Seitenzipfel des Strahlungsdiagramms (entspricht der Fourier-Rücktransformierten der Aperturbelegung) klein zu halten.

A.6 Dirac-Impuls oder Dirac-Stoß

Ein zur theoretischen und praktischen Untersuchung von Systemen (Filter, Verstärker usw.) viel benötigtes Test- oder Elementarsignal ist ein Rechteckpuls, dessen Dauer sehr klein gegen die Ansprech- oder Reaktionszeit des Systems ist. Da wir auch Systeme mit sehr kleiner Ansprechzeit untersuchen wollen, muß der Puls von einer Dauer $\Delta T \to 0$ sein. Als Testsignal bietet sich die von Dirac eingeführte Impulsfunktion $\delta(t)$ an. Man kann sie definieren als den Grenzfall eines Rechteckpulses der Dauer ΔT und der Amplitude $1/\Delta T$ für $\Delta T \to 0$, also

$$\delta(t) = \lim_{\Delta T \to 0} \frac{1}{\Delta T} \operatorname{rect}\left(\frac{t}{\Delta T}\right)$$

Die Fläche der Größe 1 unter dem Puls bleibt beim Grenzübergang erhalten, die Amplitude wächst gegen ∞. Aus der Definition folgen zunächst:

$$\text{Fläche} = \int_{-\infty}^{\infty} \delta(t)\, dt = 1 \qquad\qquad \delta(-t) = \delta(t)\text{: gerade Funktion}$$

Der *Dirac-Impuls* $\delta(t)$ stellt eine *Singularitätsfunktion* oder *verallgemeinerte* Funktion dar und gehört zu den sogen. *Distributionen*, auf deren mathematische Grundlagen hier nicht eingegangen werden kann (eine ausführlichere Behandlung von Singularitätsfunktionen findet sich in [8]).

Ein Dirac-Impuls oder *Dirac-Stoß* zur Zeit $t = t_0$ schreibt sich als $\delta(t - t_0)$. Der Dirac-Impuls ist physikalisch nicht zu verwirklichen. Die analytisch ermittelte Antwort eines Systems auf eine Stoßerregung $\delta(t)$ stimmt aber mit der experimentell erhaltenen Antwort überein, wenn wir für das Experiment statt $\delta(t)$ einen realisierbaren Puls rect $(t/\Delta T)$ verwenden und ΔT sehr klein gegenüber der Ansprechzeit des Systems wählen.

Eigenschaften des Dirac-Stoßes

Aus der umfangreichen Theorie des Dirac-Stoßes folgen drei wichtige Eigenschaften. Die erste wird durch

$$\boxed{\int_{-\infty}^{\infty} s(t)\,\delta(t-t_0)\,dt = s(t_0)} \tag{A.27}$$

beschrieben. Der Dirac-Stoß zur Zeit $t = t_0$ hebt den Integranden $s(t)$ an der Stelle t_0 heraus: *Ausblendeigenschaft* oder *Zeitsieb.*

Zur Erklärung der zweiten Eigenschaft multiplizieren wir ein Signal $s(t)$ mit einem Dirac-Impuls an der Stelle $t = t_0$, also $\delta(t - t_0)$. Man erhält einen Dirac-Stoß mit dem *Gewicht* gleich dem Wert der Funktion $s(t)$ an der Stelle $t = t_0$, also $s(t_0)$ (man bezeichnet bei $a \cdot \delta(t)$ den Faktor a als Gewicht des Dirac-Stoßes):

$$\boxed{s(t) \cdot \delta(t-t_0) = s(t_0) \cdot \delta(t-t_0)} \tag{A.28}$$

Dieser sogenannten *Abtast-Eigenschaft* werden wir bei der Behandlung abgetasteter Zeitfunktionen begegnen. Die dritte wichtige Eigenschaft des Dirac-Impulses, die *Verschiebungseigenschaft*, wird weiter unten durch Glchg. (A.52) beschrieben. Das Spektrum eines Dirac-Impulses ergibt sich zu

$$S(f) = \int_{-\infty}^{\infty} \delta(t)\,\mathrm{e}^{-\mathrm{j}2\pi ft}\,dt = \mathrm{e}^{-\mathrm{j}2\pi ft}\Big|_{t=0} = 1 \tag{A.29}$$

Der Dirac-Stoß ist eine gerade Zeitfunktion und besitzt damit ein reelles Spektrum. Es hat die konstante Amplitudendichte 1 und ist daher unendlich breit. Zeichnerisch stellen wir den Dirac-Impuls als Linie oder Pfeil mit einer dem Gewicht proportionalen Länge dar (s. Bild A.5).

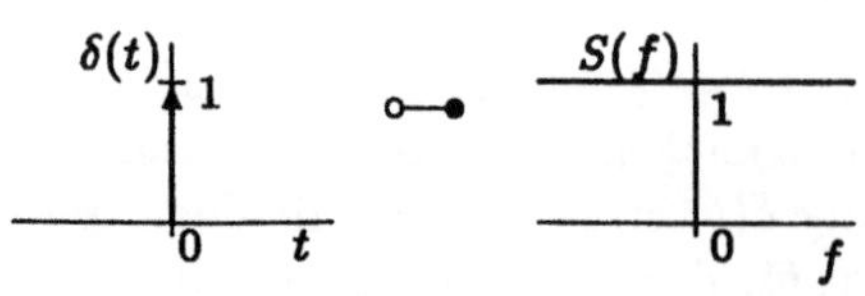

Bild A.5 Der Dirac-Stoß oder Dirac-Impuls $\delta(t)$ mit dem Gewicht $a = 1$ und sein Spektrum $S(f)$.

Die Spektren der Sinussignale

Die Dirac-Funktion läßt sich auch im Frequenzbereich anwenden. Wir können zum Beispiel $\delta(f - f_0)$ als den Grenzwert eines Spektrums endlicher Breite ΔF bei der Frequenz $f = f_0$ für $\Delta F \to 0$ auffassen. Ein Spektrum sehr kleiner Breite ist beispielsweise als Spektrum eines realisierbaren Oszillators vorstellbar. Der Grenzwert für $\Delta F \to 0$ ist einem exakt auf nur einer Frequenz $f = f_0$ schwingenden Oszillator zuzuordnen, der in der Praxis ebensowenig realisierbar ist wie der unendlich schmale „Zeitimpuls" $\delta(t)$. Solch ein Oszillator dürfte keinerlei Amplituden-, Phasen- oder Frequenzschwankung aufweisen.

Die dem Spektrum $S(f) = \delta(f - f_0)$, also einer Spektrallinie bei der Frequenz $f = f_0$, zugehörige Zeitfunktion $s(t)$ kann nicht reell und damit nicht das Ausgangssignal eines realen Oszillators sein, da die in Abschnitt A.4 für reelles $s(t)$ abgeleitete Bedingung $|S(-f)| = |S(f)|$ nicht erfüllt ist. Wir müssen, wie man sich an Bild A.2 klarmachen kann, noch die Spektrallinie $\delta(f + f_0)$ bei der negativen Frequenz $f = -f_0$ hinzunehmen, damit diese Bedingung zutrifft. Wir multiplizieren noch mit $\frac{1}{2}$ und bekommem

$$S(f) = \frac{1}{2}\,\delta(f - f_0) + \frac{1}{2}\,\delta(f + f_0)$$

Die diesem Spektrum zugehörige Zeitfunktion wird mit Gleichung (A.9)

$$\begin{aligned} s(t) &= \frac{1}{2}\int_{-\infty}^{\infty}\Big[\delta(f - f_0) + \delta(f + f_0)\Big]\,\mathrm{e}^{\mathrm{j}2\pi ft}\,df = \frac{1}{2}\Big[\mathrm{e}^{\mathrm{j}2\pi f_0 t} + \mathrm{e}^{-\mathrm{j}2\pi f_0 t}\Big] \\ &= \cos(2\pi f_0 t) \end{aligned}$$

Damit erhalten wir die Fourier-Transformation einer Cosinusschwingung. Sie liefert ein reelles Spektrum, da der Cosinus eine gerade Funktion ist (Bild A.6):

$$\cos(2\pi f_0 t) \quad \circ\!\!-\!\!\bullet \quad \frac{1}{2}\,\delta(f - f_0) + \frac{1}{2}\,\delta(f + f_0) \qquad \text{(A.30)}$$

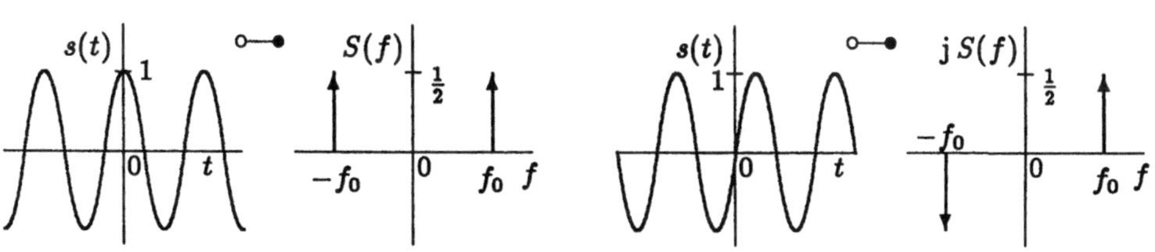

Bild A.6 Links ist die Cosinusfunktion $\cos(2\pi f_0 t)$ mit ihrem Spektrum gezeigt und rechts die Sinusfunktion $\sin(2\pi f_0 t)$.

Eine Sinusschwingung (ungerade Funktion) ergibt ein imaginäres Spektrum:

$$\sin(2\pi f_0 t) \quad \circ\!\!-\!\!\bullet \quad -\mathrm{j}\,\frac{1}{2}\,\delta(f - f_0) + \mathrm{j}\,\frac{1}{2}\,\delta(f + f_0) \qquad \text{(A.31)}$$

A.7 Kontinuierliche lineare Systeme

Bei der Analyse eines größeren Systems teilt man dieses in kleinere Subsysteme auf. Diese werden dann analysiert, aus ihren Eigenschaften ergeben sich die des Gesamtsystems. In diesem Abschnitt behandeln wir die Analyse der großen Klasse der linearen zeitinvarianten Subsysteme (englisch Linear Time Invariant Systems oder LTI Systems), die wir der Einfachheit halber kurz „Systeme“ nennen. Ihre Eingangssignale seien *zeitkontinuierlich* („nicht abzählbar auf der Zeitachse“) – im Gegensatz zu *zeitdiskreten* („abzählbaren“), aus Abtastwerten bestehenden Signalen – und kontinuierlich in der Amplitude, d. h. *wertkontinuierlich* – im Gegensatz zu quantisierten oder *wertdiskreten* Signalen. Solche Signale werden als *analoge* Signale bezeichnet. Im Gegensatz dazu sind *digitale* Signale stets diskret in Zeit und Amplitude.

Übertragungsfunktion $H(f)$

Die Systeme bestehen aus der Zusammenschaltung von Widerständen, Energiespeichern in Form von Spulen und Kondensatoren sowie gesteuerten Energiequellen wie Transistoren. Der Zusammenhang zwischen den zeitabhängigen Strömen in und Spannungen an den Bauelementen ist linear, es gilt für Widerstand R, Induktivität L einer Spule und Kapazität C eines Kondensators:

$$u(t) = R \cdot i(t) \qquad i(t) = C \cdot \frac{du(t)}{dt} \qquad u(t) = L \cdot \frac{di(t)}{dt} \tag{A.32}$$

Eine Folge dieser Linearität ist die Gültigkeit des Superpositionsprinzips für das Gesamtsystem: reagiert der Ausgang des Systems mit $g_1(t)$ bzw. $g_2(t)$ auf die Eingangserregungen $s_1(t)$ bzw. $s_2(t)$, so ist die Antwort des Systems auf die Eingangsgröße $s_1(t) + s_2(t)$ gleich der Summe der Einzelantworten, nämlich $g_1(t) + g_2(t)$.

Der Zusammenhang zwischen Eingangszeitfunktion $s(t)$ und Ausgangszeitfunktion $g(t)$ eines Systems mit k Energiespeichern wird durch eine gewöhnliche Differentialgleichung k-ter Ordnung mit konstanten Koeffizienten beschrieben:

$$\begin{aligned} &a_k g^{(k)}(t) + a_{k-1} g^{(k-1)}(t) + \cdots + a_1 g'(t) + a_0 g(t) \\ &= b_m s^{(m)}(t) + b_{m-1} s^{(m-1)}(t) + \cdots + b_1 s'(t) + b_0 s(t) \end{aligned}$$

oder kompakter

$$\sum_{i=0}^{k} a_i\, g^{(i)}(t) = \sum_{i=0}^{m} b_i\, s^{(i)}(t) \tag{A.33}$$

Bei der System-Analyse sind das Eingangssignal $s(t)$ und das System in Form der Koeffizienten a_i und b_i (Art der Schaltung und Wert der Bauelemente) vorgegeben und das Ausgangssignal $g(t)$ ist gesucht. Eine allgemeine Lösung mit Hilfe der Differentialgleichung ist schwierig. Man kommt schneller zum Ziel, wenn man

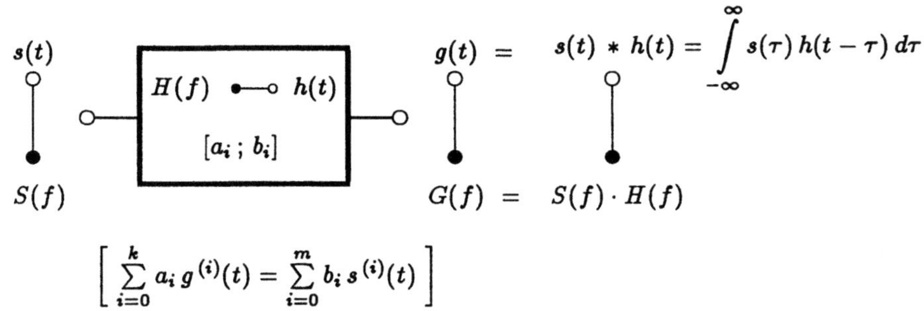

Bild A.7 Kenngrößen eines LTI-Systems (engl. Linear Time-Invariant System) und Beziehungen zwischen Eingangs- und Ausgangsfunktionen (das Faltungsintegral wird im nächsten Abschnitt behandelt).

sich mittels Fouriertransformation in den Frequenzbereich begibt. Setzen wir leere Energiespeicher zu Beginn der Zeitfunktion $s(t)$ voraus, so erhalten wir mit der Korrespondenz (s. Formelsammlung am Ende von Anhang A)

$$\frac{d^{(n)}s(t)}{dt^n} \quad \circ\!\!-\!\!\bullet \quad (\mathrm{j}\,2\pi f)^n \cdot S(f)$$

aus Gleichung (A.33)

$$G(f)\sum_{n=0}^{k} a_n \cdot (\mathrm{j}2\pi f)^n = S(f)\sum_{n=0}^{m} b_n \cdot (\mathrm{j}2\pi f)^n$$

Setzen wir

$$\frac{G(f)}{S(f)} = \frac{\sum\limits_{n=0}^{m} b_n \cdot (\mathrm{j}2\pi f)^n}{\sum\limits_{n=0}^{k} a_n \cdot (\mathrm{j}2\pi f)^n} = H(f) \qquad (A.34)$$

so erhalten wir die fundamentale Beziehung

$$\boxed{G(f) = H(f)\,S(f)} \qquad (A.35)$$

Statt der Differentialgleichung (A.33) verknüpft hier eine einfache algebraische Gleichung die Eingangs- und Ausgangsgröße des Systems, nämlich das Ausgangsspektrum mit dem Eingangsspektrum, s. auch Bild A.7. Man bezeichnet $H(f)$ als Übertragungsfunktion, sie stellt eine das System kennzeichnende Frequenz- oder Spektralfunktion dar und ist im allgemeinen komplex.

Zur Bestimmung von $H(f)$ geht man von den Impedanzen (=Frequenzfunktionen) der Bauelemente des Systems aus. Man erhält durch Fouriertransformation der Glchgn. (A.32) mit $\omega = 2\pi f$

$$U(f) = R \cdot I(f) \qquad I(f) = \mathrm{j}\omega C \cdot U(f) \qquad U(f) = \mathrm{j}\omega L \cdot I(f)$$

und daraus die Impedanzen zu $Z_R = U(f)/I(f) = R$, $Z_C = 1/\mathrm{j}\omega C$ und $Z_L = \mathrm{j}\omega L$. Mit Hilfe dieser Impedanzen und der Kirchhoffschen Regeln wird der Leser zumindest einfachere Übertragungsfunktionen auf diese Weise schon oft berechnet haben.

Der Grund für dieses Arbeiten (und „Denken") im Frequenzbereich liegt zum einen in dem Bestreben, komplizierte Differentialgleichungen der Art (A.33) sowie auch das noch zu behandelnde Faltungsintegral zu meiden, und zum anderen in der einfachen Meßtechnik, mit der $H(f)$ bestimmt werden kann. Eine Folge dieses Arbeitens im Frequenzbereich ist, daß wir Übung bekommen in der Beurteilung von Systemeigenschaften nur mit Hilfe der Übertragungsfunktion $H(f)$, obwohl oft – auch in der Radartechnik – die Zeitfunktionen von primärem Interesse sind. Zum Beispiel wissen wir, daß Übertragungsfunktionen mit steilen Flanken ihres Betrags $|H(f)|$ sehr stark pendelnde Einschwingvorgänge („Überschwinger") ergeben.

Stoß- oder Impulsantwort $h(t)$

Der Übertragungsfunktion $H(f)$ können wir ganz formal als Fourier-Transformierte eine Zeitfunktion $h(t)$ zuordnen, deren physikalische Bedeutung aus dem folgenden hervorgeht.

Wir legen zum Zeitpunkt $t=0$ einen Dirac-Impuls $\delta(t)$ an den Eingang eines Systems mit der Übertragungsfunktion $H(f)$. Da der Dirac-Impuls ein konstantes Spektrum der Amplitudendichte 1 entsprechend der Fourier-Korrespondenz $s(t) = \delta(t) \circ\!\!-\!\!\bullet\ 1 = S(f)$ aufweist, gilt für das Ausgangsspektrum

$$G(f) = H(f) \cdot S(f) = H(f) \tag{A.36}$$

Die Übertragungsfunktion $H(f)$ ist also identisch mit dem Ausgangsspektrum $G(f)$, wenn man auf den System-Eingang das Spektrum eines Dirac-Impulses gibt. Daher ist die inverse Fourier-Transformierte von $H(f)$, nämlich die das System kennzeichnende ***Zeitfunktion h(t)***, identisch mit der Antwort des Systems auf einen zur Zeit $t=0$ angelegten Dirac-Impuls. Man bezeichnet daher $h(t)$ als „Impulsantwort" oder „Stoßantwort". Es besteht damit die Fourier-Korrespondenz (vgl. auch Bild A.7)

$$\boxed{h(t) \ \circ\!\!-\!\!\bullet\ H(f)} \tag{A.37}$$

Da die Antwort $h(t)$ auf einen Dirac-Stoß reell ist, folgt mit $H(f) = |H(f)|\,\mathrm{e}^{\mathrm{j}\varphi(f)}$ entsprechend den Gleichungen (A.22) bis (A.21)

$$H(-f) = H^*(f) \tag{A.38}$$

und daraus $|H(-f)| = |H(f)|$ sowie $\varphi(-f) = -\varphi(f)$ (A.39)

Um ein stabiles System zu erhalten, muß

$$\int_0^\infty |h(t)|\, dt < \infty \tag{A.40}$$

erfüllt sein. Es ist hinreichend, wenn $h(t)$ für große Zeiten genügend rasch verschwindet.

Allgemeine System-Eigenschaften

Die hier betrachteten linearen Systeme sind *zeitinvariant,* d. h. die Zusammenschaltung und die Werte der Bauelemente werden weder „mechanisch" noch elektronisch geändert. Das hat zur Folge, daß die Form der Antwort $g(t)$ auf ein Eingangssignal $s(t)$ unabhängig vom Zeitpunkt des Anlegens des Eingangssignales ist. Wird das Eingangssignal um t_0 später angelegt, so ist die Antwort $g(t-t_0)$, also von gleicher Form, nur um ebenfalls t_0 verzögert. Solche Systeme werden daher als LTI-Systeme (engl. Linear Time-Invariant Systems) bezeichnet.

Jedes reale System ist stets ein *kausales* System, d. h. die Antwort $g(t)$ auf ein Eingangssignal $s(t)$ trifft erst *nach* Anlegen des letzteren ein. Bei theoretischen Untersuchungen verwendet man aber oft Systeme, bei denen diese sogen. Kausalitätsbedingung nicht erfüllt ist. Der Vorteil liegt in den oft einfacheren Beziehungen, mit denen diese nichtkausalen Systeme und ihre Reaktionen beschrieben werden können. Man kann aus ihnen dann relativ einfach die Eigenschaften ähnlicher, aber physikalisch realisierbarer Systeme angenähert ermitteln.

Ein Beispiel für ein nichtkausales System ist der ideale Rechteck-Tiefpass der Bandbreite B mit der Übertragungsfunktion $H(f) = \mathrm{rect}\,(f/B)$. Seine Impulsantwort $h(t) = B\,\mathrm{sinc}\,(Bt)$ ○—● $H(f) = \mathrm{rect}\,(f/B)$ beginnt theoretisch bereits bei $t = -\infty$, also lange vor dem Anlegen des Dirac-Impulses bei $t = 0$ (vgl. Definition des sinc-Pulses in der Formelsammlung).

Ein System ist verzerrungsfrei, wenn das Ausgangssignal nur um eine bei realisierbaren Systemen unvermeidliche Laufzeit t_L verzögert erscheint und in der Amplitude möglicherweise um einen Maßstabsfaktor a verändert ist, also $g(t) = a\,s(t-t_L)$ gilt. Damit wird die Stoßantwort eines verzerrungsfreien LTI-Systems (vgl. dazu die Ableitung der Glchg. (A.52))

$$h(t) = a \cdot \delta(t - t_L) \tag{A.41}$$

Mit Hilfe der Tabelle für die Fourier-Korrespondenzen erhält man für die Übertragungsfunktion

$$H(f) = |H(f)|\, \mathrm{e}^{\mathrm{j}\varphi(f)} = a\,\mathrm{e}^{-\mathrm{j}2\pi f t_L} \tag{A.42}$$

und daraus

$$|H(f)| = a = \text{const} \tag{A.43}$$

$$\varphi(f) = -2\pi t_L f \tag{A.44}$$

Aus der Phase $\varphi(f)$ folgt für die Gruppenlauzfzeit t_g:

$$t_g = -\frac{1}{2\pi}\frac{d\varphi(f)}{df} = t_L = \text{const} \tag{A.45}$$

Der Betrag der Übertragungsfunktion muß also konstant, die Phase eine lineare Funktion der Frequenz und damit die Gruppenlaufzeit konstant sein.

Eine wichtige Eigenschaft der Kettenschaltung von LTI-(Sub-)Systemen ist die Tatsache, daß ihre Reihenfolge vertauscht werden kann, ohne daß sich an der Antwort des Gesamtsystems auf ein gegebenes Eingangssignal etwas ändert (s. Faltungsalgebra im nächsten Abschnitt). Sobald jedoch ein Subsystem eine Nichtlinearität (bspw. Begrenzung) aufweist, verändert eine Vertauschung der Subsysteme vor und hinter der Nichtlinearität die Eigenschaften des Gesamtsystems.

A.8 Das Faltungsintegral

Gegenstand dieses Abschnitts ist eine wichtige und eigentümliche Integralbeziehung zwischen der Eingangszeitfunktion und der Ausgangszeitfunktion eines linearen Systems. Wir werden ihr in der Signalverarbeitung häufig begegnen.

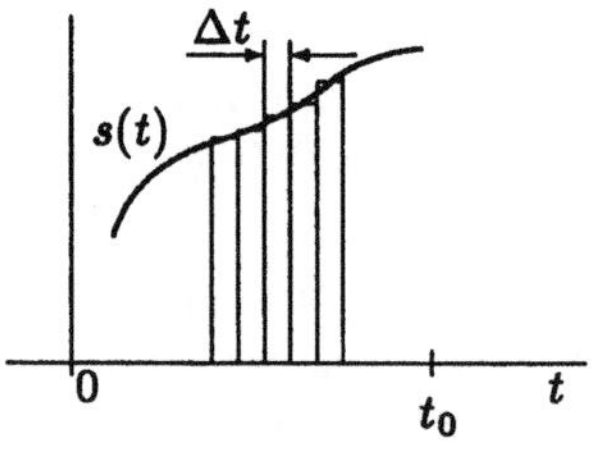

Bild A.8 Annäherung des Eingangssignals $s(t)$ eines Systems durch eine Treppenfunktion, gebildet aus einer Folge aneinandergrenzender Rechteckpulse der Höhe $s(t)$ und der Breite Δt.

Eine beliebige Zeitfunktion $s(t)$ können wir durch eine Treppenfunktion annähern, gebildet durch eine Folge aneinandergrenzender Rechtecke der Höhe $s(t)$ und der Breite Δt (Bild A.8). Diese Rechtecke lassen sich für den Grenzfall $\Delta t \to dt \to 0$ als Dirac-Impulse des Gewichts $s(t)\,dt$ auffassen. Wir wollen nun die Ausgangsgröße $g(t)$ des Systems zum Zeitpunkt $t = t_0$, also $g(t_0)$, berechnen. Ein Impuls zur Zeit $t < t_0$ mit dem Gewicht $s(t)\,dt$ liefert zum Zeitpunkt t_0 als Impulsantwort den Beitrag $s(t)\,dt \cdot h(t_0 - t)$ zur Ausgangsgröße $g(t_0)$, siehe dazu Bild A.9.

Wir müssen nun die Beiträge aller Rechtecke, d.h. aller Dirac-Impulse aufsummieren und erhalten als Ausgangsgröße das sogenannte Faltungsintegral

$$g(t_0) = \int_{-\infty}^{t=t_0} s(t)\, h(t_0 - t)\, dt = \int_{-\infty}^{\infty} s(t)\, h(t_0 - t)\, dt \qquad \text{(A.46)}$$

Das Integral ist also deutbar als die Summe von unendlich vielen Antworten $s(t)\,dt\,h(t_0 - t)$ auf aneinandergrenzende Dirac-Impulse des Gewichts $s(t)\,dt$. Diese Antworten können bei realisierbaren Systemen nur auf Dirac-Stöße zu den Zeitpunkten $t \leq t_0$ erfolgen, da wegen des Kausalitätsprinzips stets $h(t) = 0$ für $t < 0$ und damit $h(t_0 - t) = 0$ für $t > t_0$ gilt. Berücksichtigt man dies, so kann man in Glchg. (A.46) für die obere Integralgrenze auch $t = \infty$ setzen. Damit erfaßt man aber gleichzeitig auch das Ausgangssignal $g(t_0)$ eines nichtkausalen Systems, bei dem $h(t) \neq 0$ auch für $t < 0$ und damit $h(t_0 - t) \neq 0$ für $t > t_0$ ist.

Das Faltungsintegral spielt in der Systemtheorie eine große Rolle. Seine folgende Deutung gibt einen tieferen Einblick in das Verhalten eines linearen, zeitinvarianten Systems.

Ein kausales System bildet das Ausgangssignal $g(t_0)$ als Summe (Integral) aller mit der Funktion $h(t_0 - t)$ multiplizierten Werte $s(t)\,dt$ des *vergangenen* Eingangssignals, d. h. für $t \leq t_0$. Die Impulsantwort $h(t)$ spielt damit in der Form $h(t_0 - t)$ die Rolle einer *Bewertungsfunktion* oder *Gewichtsfunktion*. In ihr kommt die durch Energiespeicher dem System (z. B. Filter) ermöglichte *Gedächtnisleistung* zum Ausdruck. Solange $h(t_0 - t)$ von Null verschieden ist, „erinnert" sich das Filter der Eingangsgröße zum Zeitpunkt t und bewertet (multipliziert) sie mit $h(t_0 - t)$. Ist aber bspw. $h(t_0 - t) = 0$ für alle $t < t_1$, so hat das Filter vollständig „vergessen", was vor t_1 „am Eingang los war" (s. Bild A.9).

Wollen wir die Ausgangsgröße als Funktion der uns geläufigeren Zeitvariablen t anstelle von t_0 ausdrücken, müssen wir die Variable unter dem Integral

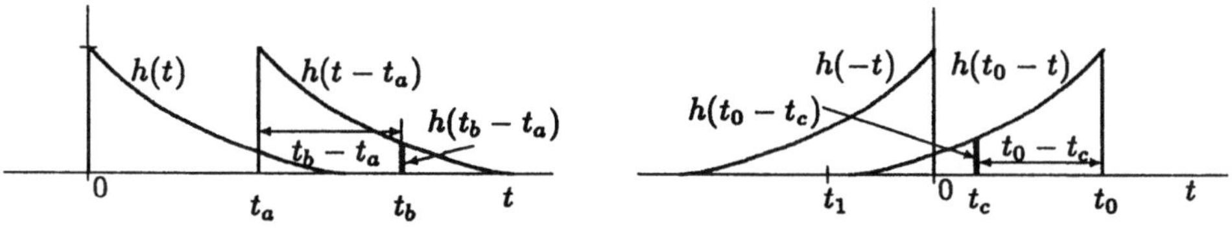

Bild A.9 Zur Ableitung des Faltungsintegrals.
Links: Impulsantwort $h(t)$ eines realisierbaren Systems. Wird ein Dirac-Impuls zum Zeitpunkt t_a angelegt, so ergibt sich die Antwort des Systems zum Zeitpunkt t_b aus der um t_a verschobenen Impulsantwort $h(t - t_a)$ zu $h(t_b - t_a)$.
Rechts: Um die Antwort eines Systems zum Zeitpunkt t_0 auf einen *in der Vergangenheit* zum Zeitpunkt $t_c < t_0$ eingespeisten Dirac-Impuls zu erhalten, falten wir zunächst $h(t)$ um die Ordinate, bilden also $h(-t)$. Dann verschieben wir $h(-t)$ um t_0 nach rechts und erhalten $h(t_0 - t)$. Die Antwort des Systems zur Zeit t_0 auf den zur Zeit t_c angelegten Impuls ist dann $h(t_0 - t_c)$. Die Antwort auf einen zu beliebiger Zeit $t < t_0$ eingespeisten Dirac-Stoß des Gewichts $s(t)\,dt$ ist somit $s(t)\,dt\,h(t_0 - t)$.

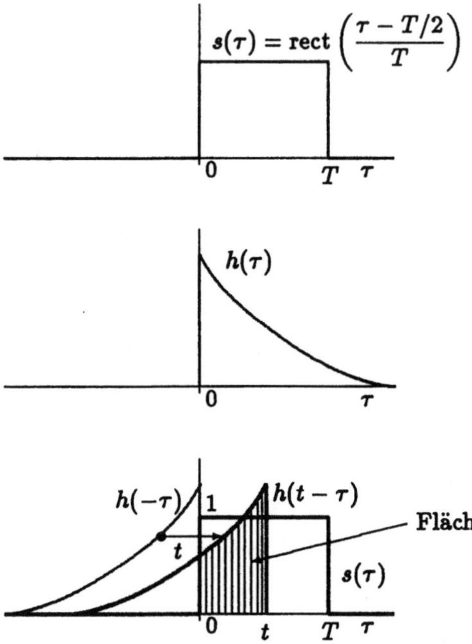

Bild A.10 Formale Deutung des Faltungsintegrals mit einem Rechteckpuls als Eingangssignal $s(t) \rightarrow s(\tau)$. Der Wert des Faltungsintegrals zum Zeitpunkt t ist gleich der Fläche unter dem Produkt $s(\tau) \cdot h(t-\tau)$. Er entspricht im Bild der schraffierten Fläche.

$$\text{Fläche} = \int_{-\infty}^{\infty} s(\tau) \cdot h(t-\tau)\, d\tau$$

formal ändern von beispielsweise t in τ. Wir erhalten damit das Faltungsintegral (engl. Convolution) in der allgemein üblichen Schreibweise zu (s. auch Bild A.7)

$$g(t) = \int_{-\infty}^{\infty} s(\tau)\, h(t-\tau)\, d\tau \tag{A.47}$$

Eine formale Deutung des Faltungsintegrals ergibt sich aus Bild A.10. Man tauscht in $s(t)$ und $h(t)$ die Variable t gegen τ aus, faltet $h(\tau)$ dann um die Ordinate, verschiebt das entstandene $h(-\tau)$ um t nach rechts und multipliziert das so erhaltene $h(t-\tau)$ mit $s(\tau)$. Die Fläche unter diesem Produkt stellt $g(t)$ dar. Man kann nachweisen, daß man statt $h(\tau)$ auch $s(\tau)$ hätte falten können. Das führt zum gleichen Ergebnis.

Beispiel des idealen Integrators:

In Anlehnung an die erste Interpretation des Faltungsintegrals nach Bild A.9 geht aus Gleichung (A.47) hervor, daß z. B. ein *idealer Integrator* ein ausgezeichnetes Langzeit-Gedächtnis besitzt. Er berechnet

$$g(t) = \int_{-\infty}^{\tau=t} s(\tau)\, d\tau = \int_{-\infty}^{\tau=t} s(\tau) \cdot 1\, d\tau$$

und damit ist bei ihm die Bewertungsfunktion $h(t-\tau) = 1$. Er erinnert sich also an die gesamte Vergangenheit und bewertet ein weit zurückliegendes Ereignis genauso wie ein eben stattgefundenes, während sonstige Systeme Ereignisse umso weniger bewerten, je länger sie zurückliegen. Aus $h(t-\tau)=1$ folgt sofort die Übertragungsfunktion des idealen Integrators. Man erhält durch „Entfaltung“ von $h(t-\tau)$ einfach $h(\tau)=\sigma(\tau)$, wobei $\sigma(\tau)$ die Sprungfunktion darstellt, s. Bild A.11 sowie die Formelsammlung von Anhang A. Damit ist nach der dort für die Sprungfunktion angegebenen Fourier-Korrespondenz die Übertragungsfunktion des idealen Integrators gegeben durch

$$H(f)=\frac{1}{2}\,\delta(f)+\frac{1}{\mathrm{j}\,2\pi f}$$

Man erkennt den Tiefpaßcharakter in beiden Summanden.

Im Gegensatz zum Integrator ist ein speicherfreier und damit gedächtnisfreier ohmscher Spannungsteiler eine Art „Primitivsystem“: er kann sich an nichts „erinnern“. Seine Impulsantwort ist $h(t)=\text{const}\cdot\delta(t)$. Damit wird die Übertragungsfunktion $H(f)=\text{const}$ •—∘ $h(t)=\text{const}\cdot\delta(t)$: es liegt ein Allpaßcharakter vor.

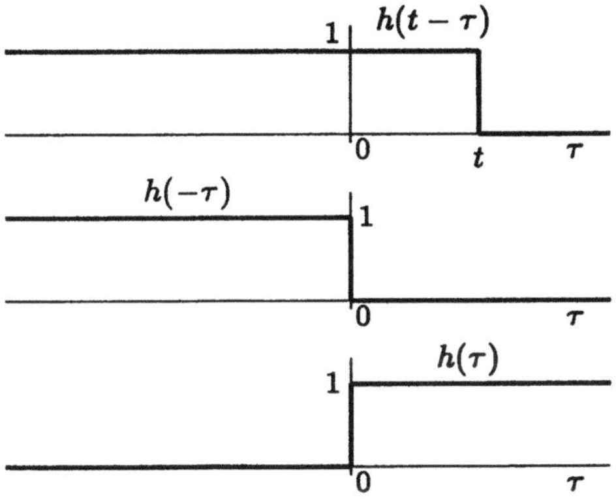

Bild A.11
Impulsantwort bzw. Bewertungsfunktion) eines Integrators:
$h(\tau)$ = Sprungfunktion = $\sigma(\tau)$

Zusammenhang zwischen Zeit- und Frequenzbereich

Berücksichtigen wir, daß die Faltungsoperation symbolisch meist in der Form $s(t)*h(t)$ geschrieben wird, so gilt allgemein

$$g(t) = s(t)*h(t)=\int_{-\infty}^{\infty} s(\tau)\,h(t-\tau)\,d\tau \tag{A.48}$$

$$g(t) = h(t)*s(t)=\int_{-\infty}^{\infty} h(\tau)\,s(t-\tau)\,d\tau \tag{A.49}$$

Wir hatten im letzten Abschnitt (vgl. Bild A.7) gesehen, daß das Ausgangsspektrum $G(f)$ eines Systems mit der Übertragungsfunktion $H(f)$ gleich dem Produkt $S(f) \cdot H(f)$ ist. Das Faltungsintegral (A.48) liefert die Ausgangszeitfunktion $g(t)$ als sogen. ***Faltungsprodukt*** $s(t) * g(t)$. Es wird daher

$$g(t) = s(t) * h(t) \quad \circ\!\!-\!\!\bullet \quad G(f) = S(f) \cdot H(f)$$

Der Faltung im Zeitbereich entspricht also eine Multiplikation im Frequenzbereich. Man kann zeigen, daß umgedreht auch eine Faltung im Frequenzbereich sich in eine Multiplikation im Zeitbereich transformiert. Damit gelten folgende wichtige Fourier-Korrespondenzen:

$$x(t) * y(t) \quad \circ\!\!-\!\!\bullet \quad X(f) \cdot Y(f) \tag{A.50}$$

$$x(t) \cdot y(t) \quad \circ\!\!-\!\!\bullet \quad X(f) * Y(f) \tag{A.51}$$

In verallgemeinerter Form: ein Faltungsprodukt in einem Bereich wird in ein meist einfacheres algebraisches Produkt im anderen Bereich transformiert.

Die Faltung von Funktionen mit Dirac-Impulsen

Die Faltung zweier Funktionen nach Gleichg. (A.48) führt oft auf komplizierte Integrale, die Faltung einer Funktion mit einem Dirac-Impuls hingegen ist sehr einfach, wie das folgende Beispiel zeigt.

Ein Verzögerungsglied mit der Impulsantwort $h(t) = \delta(t - t_L)$ verzögert Signale um die Laufzeit t_L: mit dem Eingangssignal s(t) wird das Ausgangssignal

$$g(t) = s(t) * h(t) = s(t) * \delta(t - t_L) = \int_{-\infty}^{\infty} s(\tau)\, \delta(t - t_L - \tau)\, d\tau$$

und damit

$$g(t) = s(t) * \delta(t - t_L) = s(t - t_L) \tag{A.52}$$

Eine Faltung von $s(t)$ mit einem Dirac-Impuls zur Zeit $t = t_L$ bewirkt also eine Verschiebung von $s(t)$ um t_L: Verschiebungseigenschaft des Dirac-Stoßes. Ebenso ergibt die Faltung eines Spektrums $S(f)$ mit einer Spektrallinie $\delta(f - f_0)$ bei $f = f_0$ eine Verschiebung des Spektrums um f_0, es gilt $S(f) * \delta(f - f_0) = S(f - f_0)$.

Faltungsalgebra

Es läßt sich zeigen, daß die durch das Faltungsintegral definierte Operation der „Faltung“ Eigenschaften aufweist, die denen der algebraischen Multiplikation sehr ähnlich sind [2], daher auch die Bezeichnug *Faltungsprodukt* und die Verwendung des $*$-Symbols.

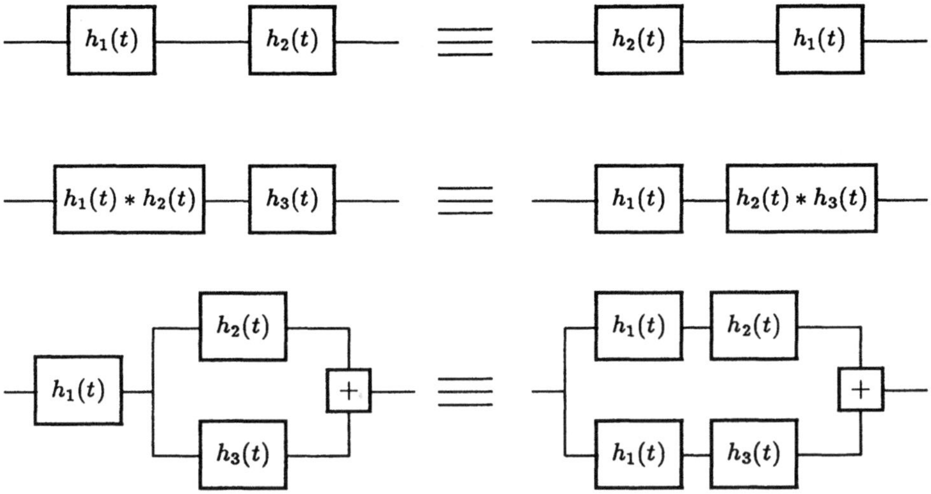

Bild A.12 Aussagen der Faltungsalgebra interpretiert an der Zusammenschaltung von Subsystemen mit den Impulsantworten $h_1(t)$, $h_2(t)$ und $h_3(t)$. Aus dem Kommutativgesetz (oben) folgt: die Reihenfolge der (linearen!) Subsysteme kann bei Kettenschaltung beliebig gewählt werden.

Es gelten

das Kommutativgesetz (Bild A.12, oben):

$$h_{ges}(t) = h_1(t) * h_2(t) = h_2(t) * h_1(t) \tag{A.53}$$

das Assoziativgesetz (Bild A.12, Mitte):

$$\begin{aligned} h_{ges}(t) &= h_1(t) * h_2(t) * h_3(t) \\ &= \left[h_1(t) * h_2(t)\right] * h_3(t) = h_1(t) * \left[h_2(t) * h_3(t)\right] \end{aligned} \tag{A.54}$$

und das Distributivgesetz (Bild A.12, unten):

$$h_{ges}(t) = h_1(t) * \left[h_2(t) + h_3(t)\right] = h_1(t) * h_2(t) + h_1(t) * h_3(t) \tag{A.55}$$

Das ideal verzerrungsfreie System hat die Impulsantwort $h(t) = \delta(t)$, denn damit gilt $g(t) = s(t) * \delta(t) = s(t)$. Ein ***realisierbares*** verzerrungsfreies System verzögert das Eingangssignal um die Laufzeit t_L und dämpft oder verstärkt die Amplituden um a, seine Impulsantwort ist damit $h(t) = a\,\delta(t - t_L)$ (siehe Gleichung (A.41)). Aus den Gesetzen der Faltungsalgebra folgt auch die Vertauschbarkeit in Kette geschalteter LTI-Subsysteme (Bild A.12, oben).

A.9 Laplace-Transformation

Mit Hilfe der Fourier-Transformation kann man jeder zeitlich zweiseitig begrenzten und zumindest stückweise stetigen Zeitfunktion eine Frequenzfunktion oder ein Spektrum zuordnen.

Zur Berechnung von Einschwingvorgängen, bei denen das Eingangssignal $s(t)$ bei $t = 0$ beginnt und bis $t = \infty$ andauern kann, also nur eine *einseitige* Begrenzung aufweist, ist die Fourier-Transformation jedoch nicht geeignet, da dann das Integral (A.24) meist nicht konvergiert. Man kann aber die Konvergenz für eine große Klasse von Signalen erzwingen, wenn man $s(t)$ zeitabhängig dämpft, beispielsweise durch Multiplikation mit dem Faktor $\mathrm{e}^{-\sigma t}$.

Man berechnet also nicht das Spektrum der Zeitfunktion $s(t)$, sondern das der gedämpften Zeitfunktion $\mathrm{e}^{-\sigma t} \cdot s(t)$. Dann wird aus dem Fourier-Integral (A.24)

$$S(f) = \int_0^\infty s(t)\,\mathrm{e}^{-\sigma t}\,\mathrm{e}^{-\mathrm{j}2\pi f t}\,dt = \int_0^\infty s(t)\,\mathrm{e}^{-(\sigma+\mathrm{j}2\pi f)\,t}\,dt \tag{A.56}$$

Voraussetzungsgemäß ist stets $s(t)=0$ für $t<0$. Wir führen jetzt die Abkürzung

$$p = \sigma + \mathrm{j}2\pi f = \sigma + \mathrm{j}\omega \tag{A.57}$$

ein. Da $S(f)$ von der Frequenz f *und* der Dämpfung σ, d. h. von $p = \sigma + \mathrm{j}2\pi f$ abhängt, schreibt man

$$S(p) = \int_{t=0}^\infty s(t)\,\mathrm{e}^{-pt}\,dt \tag{A.58}$$

Das Umkehr-Integral wird

$$s(t) = \frac{1}{2\pi\mathrm{j}} \int_{p=\sigma-\mathrm{j}\infty}^{\sigma+\mathrm{j}\infty} S(p)\,\mathrm{e}^{pt}\,dp \tag{A.59}$$

Die Beziehungen (A.58) und (A.59) werden als einseitige Laplace-Transformation bzw. als Laplace-Rücktransformation bezeichnet. Auch hier wird wie bei der Fourier-Transformation $S(p)$ Spektral-, Frequenz- oder Bildfunktion genannt. Wegen $p = \sigma + \mathrm{j}\omega$ sind Betrag und Phase des Spektrums $S(p)$ zweidimensional: sie müssen über der komplexen p-Ebene mit σ als Abszisse und $\mathrm{j}\omega$ als Ordinate aufgetragen werden. Der an einem tieferen Studium der Laplace-Transformation interessierte Leser wird auf [9] verwiesen.

Für konstantes $\sigma = \sigma_0$ kann man die letzte Gleichung umschreiben in

$$s(t) = \int_{f=-\infty}^\infty S(\sigma_0 + \mathrm{j}2\pi f)\,\mathrm{e}^{\sigma_0 t}\,\mathrm{e}^{\mathrm{j}2\pi f t}\,df \tag{A.60}$$

Bei der Laplace-Transformation kann $s(t)$ daher als unendliche Summe von gemäß $e^{\sigma_0 t}$ anwachsenden, also nicht konstanten, Teilschwingungen aufgefaßt werden. Die Fourier-Transformation ist als Grenzfall für Teilschwingungen konstanter Amplitude, also für $\sigma = 0$, in der Laplace-Transformation enthalten. Man verwendet für die Laplace-Transformationen ebenfalls die symbolische Schreibweise $s(t) \circ\!\!-\!\!\bullet\ S(p)$.

Auf die Berechnung von Einschwingvorgängen mit Hilfe der Laplace-Transformation kann hier nicht eingegangen werden. Es soll aber ihre Eignung für die Klassifizierung, Synthese und Analyse von Netzwerken kurz gestreift werden. Diese Bereiche stellen das Hauptanwendungsgebiet der Laplace-Transformation dar.

Ein LTI-System kann durch die Differentialgleichung (A.33) beschrieben werden. Mit der Laplace-Korrespondenz

$$\frac{d^{(n)}s(t)}{dt} \quad \circ\!\!-\!\!\bullet \quad p^n\, S(p)$$

für die Differentiation im Zeitbereich, die der entsprechenden Korrespondenz der Fourier-Transformation sehr ähnlich ist, erhält man die der Glchg. (A.35) äquivalente Beziehung

$$G(p) = H(p)\, S(p) \tag{A.61}$$

$H(p)$ wird wieder als Übertragungsfunktion bezeichnet. Man kann zeigen, daß sich die Übertragungsfunktion von LTI-Systemen mit konzentrierten Bauelementen stets als rationale, gebrochene Funktion in der Form

$$H(p) = \text{const}\, \frac{(p-\nu_1)(p-\nu_2)\cdots(p-\nu_m)}{(p-\mu_1)(p-\mu_2)\cdots(p-\mu_n)} \tag{A.62}$$

schreiben läßt. Die ν_i und μ_i sind die im allgemeinen komplexen Nullstellen (N) und Pole (P) der Übertragungsfunktion $H(p)$. Ihre Lage in der komplexen ($p = \sigma + \mathrm{j}2\pi f$)-Ebene, dargestellt in einem sogen. PN-Plan, gibt Aufschluß über wesentliche Eigenschaften des zugehörigen LTI-Systems.

Beispielsweise besitzt ein stabiles System nur Pole in der linken p-Halbebene. Es wird umso „oszillatorischer" je näher ein Pol nach rechts an die imaginäre Achse heranrückt. Liegen alle Nullstellen in der linken Halbebene, so handelt es sich um ein Minimalphasen-Netzwerk, d. h. ein Netzwerk, das bei vorgegebenem Dämpfungsgang ein Minimum an Phasenverschiebung aufweist.

A.10 Die beiden Abtasttheoreme

Eine Zeitfunktion $s(t)$, deren Spektrum durch einen Tiefpaß begrenzt ist, kann sich nicht beliebig schnell ändern, weil schnelle Änderungen das Vorhandensein von Anteilen hoher Frequenzen voraussetzen. Dann liegt die Vermutung nahe, daß man zur Rekonstruktion von $s(t)$ nicht den ganzen kontinuierlichen Verlauf speichern muß, sondern mit zeitdiskreten „Abtastwerten" auskommt, um den ursprünglichen Verlauf wieder herstellen zu können. Dies ist in der Tat möglich und bildet den Inhalt des Abtasttheorems für Zeitfunktionen. Ebenso kann das kontinuierliche Spektrum jedes in der Dauer begrenzten Signals aus spektralen Abtastwerten wieder rekonstruiert werden. Das ist die Aussage des Abtasttheorems für Spektralfunktionen.

Die Kammfunktion

Um ein analoges Signal $s(t)$ abzutasten, benötigen wir nach Bild A.13 a einen sich nach jedem Abtastintervall T kurzzeitig schließenden Schalter. Wir können ihn als Multiplizierer auffassen, der die Eingangszeitfunktion $s(t)$ zum Zeitpunkt $t = nT$ mit dem Dirac-Impuls $\delta(t - nT)$ multipliziert (n ganzzahlig). Dadurch erhalten wir nach Glchg. (A.28) $s(t)\,\delta(t - nT) = s(nT)\,\delta(t - nT)$. Das Gewicht des Dirac-Stoßes entspricht also wie gewünscht dem Wert von $s(t)$ an der Stelle $t = nT$, nämlich $s(nT)$: Abtasteigenschaft des Dirac-Impulses.

Wir können dem sich periodisch schließenden Schalter eine Abtast-Zeitfunktion $a(t)$ zuordnen, die in Bild A.13 b dargestellt ist. Sie wird aufgrund ihres Aussehens *Kammfunktion* (engl. Comb-Function) genannt und, wo sinnvoll, abgekürzt mit comb_T bezeichnet [1] (s. Formelsammlung Anhang A):

$$a(t) = \sum_{n=-\infty}^{\infty} \delta(t - nT) = \mathrm{comb}_T \qquad \text{(A.63)}$$

Von Bedeutung ist auch das Spektrum dieser Kammfunktion, das man durch Grenzwertbildung berechnen kann [2] (da comb_T keine zweiseitig begrenzte Funktion ist, ergeben sich nämlich Konvergenzschwierigkeiten bei der Fourier-Transformation). Man erhält mit $T = 1/F$ folgende Fourier-Korrespondenz:

$$\sum_{n=-\infty}^{\infty} \delta(t - nT) = \mathrm{comb}_T \quad \circ\!\!-\!\!\bullet \quad F\,\mathrm{comb}_F = F \cdot \sum_{n=-\infty}^{\infty} \delta(f - nF) \qquad \text{(A.64)}$$

Dem Kamm von Dirac-Impulsen im Zeitbereich entspricht demnach im Spektrum ein Kamm diskreter Spektrallinien. Die Kammfunktion comb_T und das zugehörige Spektrum $F\,\mathrm{comb}_F$ sind in Bild A.13 b dargestellt.

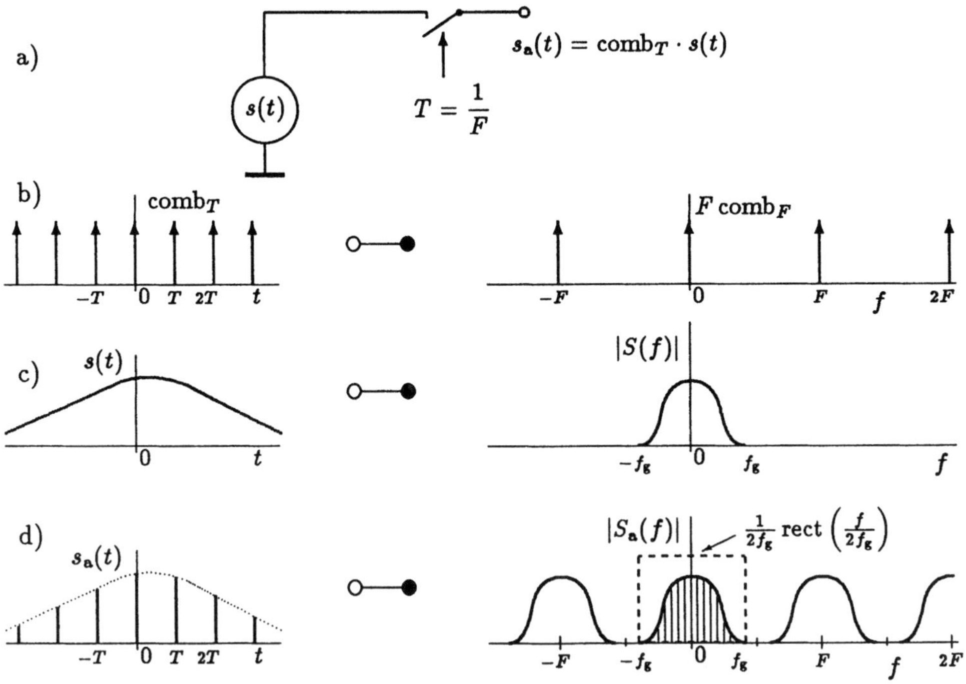

Bild A.13 Zur Erklärung des Abtasttheorems für Zeitfunktionen:
a) Erzeugung des abgetasteten Signals $s_a(t) = \mathrm{comb}_T \cdot s(t)$ durch einen periodisch im Abstand T betätigten Schalter.
b) Abtastfunktion $a(t) = \mathrm{comb}_T$ und Spektrum $F\,\mathrm{comb}_F$.
c) Kontinuierliche Zeitfunktion $s(t)$ und Spektrum $|S(f)|$.
d) Abgetastete Zeitfunktion $s_a(t)$ und periodisches Spektrum $|S_a(f)|$ mit Rechteck-Tiefpaß zur Ausfilterung des markierten Originalspektrums.

Das Abtasttheorem für Zeitfunktionen

Die abgetastete Zeitfunktion können wir in verschiedenen Formen schreiben als

$$\begin{aligned} s_a(t) = a(t) \cdot s(t) &= \sum_{n=-\infty}^{\infty} \delta(t - nT) \cdot s(t) = \sum_{n=-\infty}^{\infty} s(nT)\,\delta(t - nT) \\ &= \mathrm{comb}_T \cdot s(t) \end{aligned} \quad (A.65)$$

Da einer Multiplikation im Zeitbereich eine Faltung im Frequenzbereich entspricht, erhalten wir die Korrespondenz

$$s_a(t) = \mathrm{comb}_T \cdot s(t) \quad \circ\!\!-\!\!\bullet \quad F\,\mathrm{comb}_F * S(f) = S_a(f) \quad (A.66)$$

Die Faltung von $S(f)$ mit der Folge von Spektrallinien der Kammfunktion comb_F hat nach Glchg. (A.52) eine Verschiebung des Spektrums $S(f)$ an den Ort jeder

Spektrallinie zur Folge (Verschiebungseigenschaft des Dirac-Impulses). Es ist

$$\mathrm{comb}_F * S(f) = \sum_{-\infty}^{\infty} \delta(f - nF) * S(f) = \sum_{-\infty}^{\infty} S(f - nF) = \mathrm{rep}_F\big[S(f)\big] \quad \text{(A.67)}$$

Dabei haben wir den in der Formelsammlung von Anhang A definierten Wiederholungs-Operator rep_F eingeführt [1]:

$$\mathrm{rep}_F\big[S(f)\big] = \sum_{-\infty}^{\infty} S(f - nF) \quad \text{(A.68)}$$

Beachte: rep_F ist ein Operator und keine Funktion wie comb_F. Er wird auf eine Funktion wie $S(f)$ angewendet, die er im Abstand F wiederholt (repetiert).

Damit erhalten wir für das abgetastete Signal und sein Spektrum in kurzer und leicht zu interpretierender Schreibweise, siehe dazu Bild A.13:

$$\boxed{s_a(t) = \mathrm{comb}_T \cdot s(t) \quad \circ\!\!-\!\!\bullet \quad F\,\mathrm{rep}_F\big[S(f)\big] = S_a(f)} \quad \text{(A.69)}$$

Die abgetastete Zeitfunktion $s_a(t)$ entsteht also durch Multiplikation von $s(t)$ mit der Kammfunktion comb_T. Das zugehörige Spektrum erhält man nach (A.66) durch Falten des Spektrums $S(f)$ der Originalfunktion mit der spektralen Kammfunktion comb_F, d. h. mit einer Folge von Spektrallinien. Gemäß (A.69) ist das Ergebnis ein *periodisches* Spektrum, das *stets bei abgetasteten Zeitfunktionen* auftritt. Betrachten wir in Bild A.13 d den markierten Teil des Spektrums, so erkennen wir, daß dieser gleich dem Originalspektrum der kontinuierlichen Zeitfunktion $s(t)$ ist. Wir können dieses aus $S_a(f)$ herausfiltern, wenn wir das Spektrum über einen idealen Rechtecktiefpaß mit der Übertragungsfunktion

$$H(f) = \frac{1}{2f_g}\,\mathrm{rect}\left(\frac{f}{2f_g}\right) \quad \text{(A.70)}$$

leiten. Mit dem Verstärkungsfaktor $1/2f_g$ kann man $s(t)$ ohne Änderung der Amplitudenskala rekonstruieren, wie unten gezeigt wird.

Eine ungestörte Ausfilterung ist aber nur möglich, wenn sich die periodisch wiederholten Spektren gegenseitig nicht überlappen. Bei Überlappung (engl. Aliasing) ist eine fehlerfreie Rückgewinnung des Originalspektrums nicht mehr möglich. Deshalb ist eine wichtige Voraussetzung, daß das Spektrum $S(f)$ bandbegrenzt ist und die Abtastfrequenz $F = 1/T$ mindestens das Doppelte der höchsten Signalfrequenz f_g beträgt, also $F \geq 2f_g$ gilt. Die Grenzabtastfrequenz $F = 2f_g$ wird auch als *Nyquistrate* bezeichnet.

Durch die Filterung erhalten wir dann für $F = 2f_g$, vgl. Bild A.13 d,

$$F\,\mathrm{rep}_F\big[S(f)\big] \cdot \frac{1}{2f_g}\,\mathrm{rect}\left(\frac{f}{2f_g}\right) = S(f) \quad \bullet\!\!-\!\!\circ \quad s(t) \quad \text{(A.71)}$$

also das Originalspektrum, dem als Fourier-Rücktransformierte die Originalzeitfunktion $s(t)$ entspricht, die am Ausgang des Rechtecktiefpasses erscheint.

Mit diesen Überlegungen können wir das *Abtasttheorem für Zeitfunktionen* (Shannon 1948) wie folgt formulieren:

> Eine bandbegrenzte Zeitfunktion mit der höchsten Signalfrequenz f_g, also der Bandbreite $B = 2f_g$, bleibt vollständig bekannt, wenn man ihr Abtastwerte im Abstand $T \leq 1/2f_g$ entnimmt. Sie kann vollständig rekonstruiert werden, wenn die Abtastwerte auf einen idealen Rechteck-Tiefpaß mit der Grenzfrequenz f_g gegeben werden.

Aus der linken Seite der letzten Korrespondenz wird mit Glchg. (A.67)

$$F\,\mathrm{rep}_F[S(f)] \cdot \frac{1}{2f_g}\,\mathrm{rect}\left(\frac{f}{2f_g}\right) = F\,\mathrm{comb}_F * S(f) \cdot \frac{1}{2f_g}\,\mathrm{rect}\left(\frac{f}{2f_g}\right)$$

Mit Hilfe der Fourier-Korrespondenzen des Abschnitts A.15 erhalten wir die Korrespondenz

$$F\,\mathrm{comb}_F * S(f) \cdot \frac{1}{2f_g}\,\mathrm{rect}\left(\frac{f}{2f_g}\right) \quad \bullet\!\!-\!\!\circ \quad \mathrm{comb}_T \cdot s(t) * \mathrm{sinc}(2f_g t) = s(t)$$

Aus der rechts stehenden Zeitfunktion wird für den Grenzfall $T = 1/2f_g$

$$\begin{aligned} s(t) &= \mathrm{comb}_T \cdot s(t) * \mathrm{sinc}(2f_g t) = \sum_{n=-\infty}^{\infty} \delta(t-nT)\,s(t) * \mathrm{sinc}\left(\frac{t}{T}\right) \\ &= \sum_{n=-\infty}^{\infty} s(nT) \cdot \mathrm{sinc}\left(\frac{t-nT}{T}\right) \end{aligned}$$

Die Rekonstruktion von $s(t)$ entsteht durch die Überlagerung von gegenseitig um T verschobenen sinc-Pulsen der Amplituden $s(nT)$, welche durch die im Abstand T folgenden Abtastwerte im Rechteck-Tiefpaß angeregt werden. Da die sinc-Pulse zeitlich unendlich ausgedehnt sind, ist einem zweiseitig begrenzten Spektrum (Filterung durch Rechteck-Tiefpaß) theoretisch stets eine unendlich ausgedehnte Zeitfunktion zugeordnet. Aufgrund der Symmetrieeigenschaften [2] der Fourier-Transformation gilt auch umgedreht, daß ein zeitbegrenztes Signal theoretisch ein unendlich ausgedehntes Spektrum besitzt.

> Ein Signal mit endlicher Ausdehnung im Zeitbereich oder Frequenzbereich ist daher im jeweils anderen Bereich stets unendlich ausgedehnt. In der Praxis fallen allerdings die Amplituden im Zeitbereich oder das Betragsspektrum im Frequenzbereich jenseits gewisser Grenzen auf so kleine Werte, daß man sie vernachlässigen und somit von einer endlichen Ausdehnung in beiden Bereichen sprechen kann.

Das Abtasttheorem für Spektralfunktionen

Wir entnehmen gemäß Bild A.14 einem Spektrum $S(f)$, dessen zugehörige Zeitfunktion $s(t)$ nur im Intervall $-t_g \leq t \leq t_g$ existiert, in äquidistanten Frequenzabständen $F \leq 1/2t_g$ spektrale Abtastwerte. Wir multiplizieren also $S(f)$ mit der spektralen Abtastfunktion comb_F und bekommen daher mit $T = 1/F$ und den entsprechenden Fourier-Korrespondenzen wegen $\mathrm{comb}_T * s(t) = \mathrm{rep}_T[s(t)]$

$$S_b(f) = \mathrm{comb}_F \cdot S(f) \quad \bullet\!\!-\!\!\circ \quad T\,\mathrm{rep}_T\big[s(t)\big] = s_b(t) \tag{A.72}$$

Dem *abgetasteten Spektrum* $S_b(f)$ entspricht also eine *periodische Zeitfunktion* $s_b(t)$. Zur Rückgewinnung des Originalspektrums leiten wir diese über ein „Rechteck-Zeitfilter". Das ist ein Zeittor mit geeigneter Amplitudenbewertung, das nur im Intervall $[-t_g, t_g]$ geöffnet ist. Dadurch wird $s_b(t)$ mit $(1/2t_g)\,\mathrm{rect}(t/2t_g)$ multipliziert. Die Amplitude $1/2t_g$ ist willkürlich, aber sinnvoll gewählt. Man erkennt, daß eine fehlerfreie Rückgewinnung nur möglich ist, wenn sich die periodisch wiederholten Zeitfunktionen nicht überlappen, wenn also $T \geq 2t_g$ gilt. Wir erhalten aus der letzten Gleichung für den Grenzfall $T = 2t_g$, wie man sich an Bild A.14 klarmachen kann,

$$T\,\mathrm{rep}_T\big[s(t)\big] \cdot \frac{1}{2t_g}\,\mathrm{rect}\left(\frac{t}{2t_g}\right) = s(t) \quad \circ\!\!-\!\!\bullet \quad S(f) \tag{A.73}$$

Am Ausgang des Zeitfilters entsteht also wieder die Originalzeitfunktion und damit das Originalspektrum. Mit $\Delta = 2t_g$ lautet daher das *Abtasttheorem für Spektralfunktionen* in allgemeiner Form:

> Das Spektrum einer in der Dauer auf das Intervall $\Delta = 2t_g$ begrenzten Zeitfunktion bleibt vollständig bekannt, wenn man ihm spektrale Abtastwerte im Abstand $F \leq 1/2t_g$ entnimmt. Es kann vollständig rekonstruiert werden, wenn die dem abgetasteten Spektrum zugehörige periodische Zeitfunktion über ein Zeittor geleitet wird, das nur während des Intervalles $\Delta = 2t_g$ geöffnet ist.

In Analogie zum Abtasttheorem für Zeitfunktionen wird hier das kontinuierliche Spektrum durch Überlagerung spektraler sinc-Pulse der Amplitude $S(nF)$ gemäß

$$S(f) = \sum_{n=-\infty}^{\infty} S(nF) \cdot \mathrm{sinc}\left(\frac{f - nF}{F}\right)$$

rekonstruiert, wie man durch Fourier-Transformation von (A.73) zeigen kann.

Betrachtet man $s_b(t)$ in Bild A.14 b, so wird man an die Fourier-Reihenentwicklung periodischer Zeitfunktionen erinnert. Man kann vermuten, daß die Abtastwerte $S(nF)$ des Spektrums den Fourier-Koeffizienten der Gleichung (A.14)

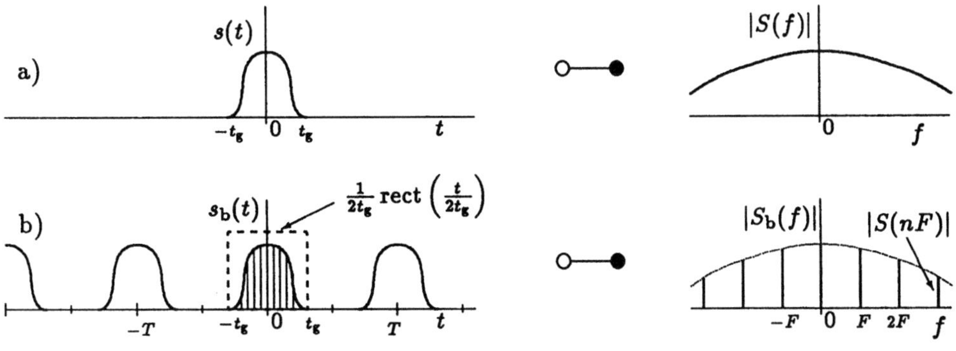

Bild A.14 Zur Erklärung des Abtasttheorems für Spektralfunktionen:
a) Kontinuierliches, unendlich ausgedehntes Spektrum $|S(f)|$ eines Signals $s(t)$ der endlichen Dauer $\Delta = 2t_g$.
b) Abgetastetes Spektrum $|S_b(f)| = \sum_{n=-\infty}^{\infty} |S(nF)|\,\delta(f-nF)$ und zugehörige, in $T = 1/F$ periodische Zeitfunktion $s_b(t)$ mit Zeittor zur Rückgewinnung der markierten Originalzeitfunktion und damit des Originalspektrums. Die $S(nf)$ sind identisch mit den Fourier-Koeffizienten des periodischen Signals $s_b(t)$.

entsprechen. Das ist in der Tat der Fall, denn es gilt

$$s_b(t) = \int_{-\infty}^{\infty} S_b(f)\,e^{j2\pi ft}\,df$$

und damit

$$\begin{aligned} s_b(t) &= \int_{-\infty}^{\infty} \left[\sum_{n=-\infty}^{\infty} S(nF)\,\delta(f-nF) \right] e^{j2\pi ft}\,df \\ &= \sum_{n=-\infty}^{\infty} S(nF)\,e^{j2\pi nFt} \end{aligned} \qquad \text{(A.74)}$$

Man erkennt beim Vergleich mit Gleichung (A.13), daß die Abtastwerte $S(nF)$ mit den Fourier-Koeffizienten c_n identisch sein müssen.

Abschließend sei noch darauf hingewiesen, daß ein „spektraler Abtaster" für eine *endliche* Zahl von Abtastwerten mit der in Abschnitt A.12 behandelten Diskreten Fourier-Transformation (DFT) realisiert werden kann.

A.11 Diskrete Systeme und z-Transformation

Man bezeichnet Systeme, die zeitdiskrete Signale verarbeiten, als *Abtastsysteme* oder *diskrete Systeme*. Zu ihnen gehört die wichtige Klasse der Digitalfilter, bei denen die zu verarbeitenden Signale zeit- und wertdiskret sind. In diesem Abschnitt werden die Arbeitsweise und die wesentlichen Eigenschaften solcher Abtastsysteme zusammengefaßt. Während Klassifizierung, Synthese und Analyse kontinuierlicher Systeme mit der in Abschnitt A.9 nur kurz gestreiften Laplace-Transformation durchgeführt werden, verwendet man dazu bei Abtastsystemen die z-Transformation, die aus der Laplace-Transformation abgeleitet werden kann und auf die näher eingegangen wird.

Arbeitsweise von Abtastsystemen und Digitalfiltern

Das Faltungsintegral (A.48)

$$g(t) = \int_{-\infty}^{\tau=t} s(\tau)\, h(t-\tau)\, d\tau = \int_{-\infty}^{\infty} s(\tau)\, h(t-\tau)\, d\tau$$

gibt uns Auskunft darüber, wie ein zeitkontinuierliches Filter die Ausgangs-Zeitfunktion $g(t)$ zum Zeitpunkt $\tau = t$ bildet: alle vergangenen Werte des Eingangssignals $s(\tau)$ werden mit der Filter-Bewertungsfunktion $h(t-\tau)$ multipliziert und die Produkte zum Ausgangssignal $g(t)$ aufsummiert. Als Bauelemente muß ein Filter daher Speicher enthalten, um die Vergangenheit des Eingangssignals verfügbar zu haben, weiter Multiplizierer, welche die vergangenen Werte des Eingangssignals mit der Bewertungsfunktion multiplizieren und Summierer, um die bewerteten Eingangssignale aufzusummieren. Bei einem Reaktanzfilter bestehen die Speicher aus Spulen und Kondensatoren, Multiplizierer und Summierer sind durch die Art ihrer Zusammenschaltung gegeben.

Wenn man sich die Wirkungsweise eines solchen kontinuierlichen Filters vor Augen hält, erkennt man die Möglichkeit des Aufbaus eines Abtast-Filters, das mit zeitdiskreten Eingangssignalen arbeitet. Wir wissen, daß man ein kontinuierliches, bandbegrenztes Signal – ein solches wollen wir hier voraussetzen – unter Einhaltung des Abtasttheorems durch diskrete Abtastwerte ersetzen kann. Nach Bild A.15 werden die Abtastwerte in Verzögerungsleitungen mit der Laufzeit T_a gespeichert und mit Bewertungsfaktoren a_i und b_i multipliziert, welche die Filtercharakteristik bestimmen. Danach werden die verzögerten und bewerteten Abtastwerte zum Ausgangssignal aufsummiert, das somit ebenfalls eine Folge von Abtastwerten darstellt. Einer solchen Folge entspricht bekanntlich ein periodisches Spektrum.

Um die Wirkungsweise eines kontinuierlichen Filters nachzubilden, müssen wir aus den gefilterten Abtastwerten eine kontinuierliche Zeitfunktion zurückgewinnen. Dies wird durch einen nachgeschalteten Tiefpaß erreicht, der aus dem

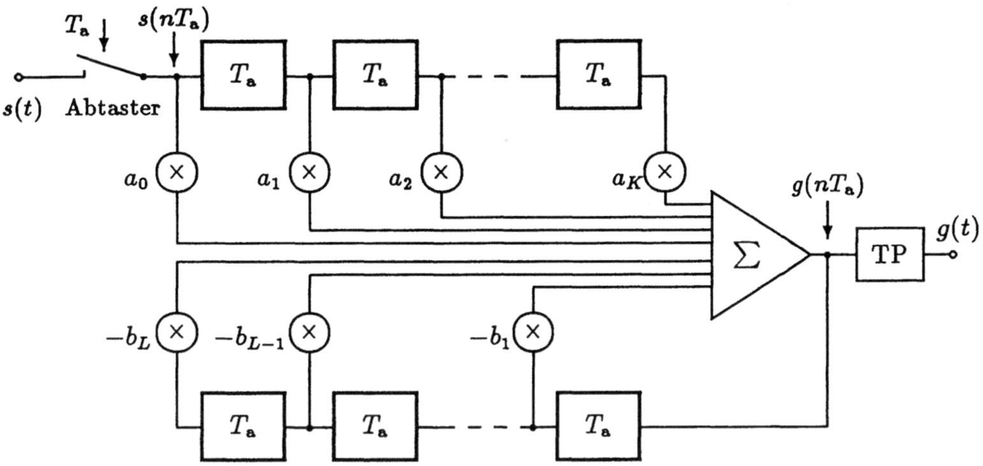

Bild A.15 Allgemeines Abtastfilter mit Verzögerungsleitungen als Speicher. Es kann ein kontinuierliches Reaktanzfilter ersetzen. Die a_i und b_i stellen die Filterkoeffizienten dar. TP ist ein Tiefpaß, der aus dem periodischen Ausgangsspektrum die Grundperiode herausfiltert und gleichzeitig ein kontinuierliches Signal liefert.

periodischen Spektrum die Grundperiode herausfiltert, vgl. dazu Bild A.13 d. Die dem Eingang des Tiefpasses zugeführten Abtastwerte (Dirac-Impulse) erscheinen an seinem Ausgang als sich überlagernde sinc-Pulse (s. Abschnitt A.10). Sie ergeben ein zeitkontinuierliches Signal.

Bild A.15 zeigt den Aufbau eines allgemeinen Abtastsystems, der leichteren Verständlichkeit wegen nicht in der speicherärmsten Form. Man erkennt, daß auch das Ausgangssignal gespeichert und bewertet dem Summierer wieder zugeführt wird. Filter dieser Art nennt man ***rekursiv***, solche ohne Rückführung der Ausgangsgröße heißen ***nichtrekursiv***. Bei linearen diskreten Systemen gilt wie bei linearen kontinuierlichen Systemen das Superpositionsprinzip: die Systemantwort auf eine Summe von Einzelsignalen ist gleich der Summe der Einzelantworten. Ist das Abtastsystem zeitinvariant, so ist die Systemantwort auf ein um i Abtastintervalle verschobenes Eingangssignal ebenfalls um i Intervalle verschoben. Man spricht dann von LSI-Systemen (Linear Shift Invariant Systems).

Der Übergang zu einem Digitalfilter ist einfach. Die analogen Abtastwerte des Eingangssignals werden mit einem Analog/Digital-Umsetzer in binär codierte Werte umgesetzt, diese bspw. in Speichern mit wahlweisem Zugriff (RAM) gespeichert, mit Bewertungsfaktoren multipliziert und zu Abtastwerten am Ausgang aufaddiert. Diese werden in einem Digital/Analog-Umsetzer in analoge Abtastwerte zurückverwandelt und schließlich dem oben beschriebenen Tiefpaß zugeführt. Ein Digitalfilter ist ohne Toleranzen reproduzierbar, zeigt keine Änderung seiner Eigenschaften durch Alterung und seine Filtercharakteristik kann über die Bewertungsfaktoren leicht und sehr schnell („realzeitig“) geändert werden.

FIR-Filter und ihre Eigenschaften

Wir beschränken uns in diesem Unterabschnitt auf nichtrekursive Filter, die in der Praxis breite Anwendung finden. Die Impulsantwort eines solchen Filters mit reellem $h(n)$ findet man nach Bild A.16 a zu

$$h_a(t) = \sum_{n=0}^{M-1} h(n)\,\delta(t - nT_a) \tag{A.75}$$

Sie hat eine endliche Dauer, daher auch der Name FIR-Filter von Finite Impulse Response. Üblich ist auch die Bezeichnung Transversalfilter. Andere Realisierungen eines FIR-Filters als die in Bild A.16 a gezeigte, sogen. direkte Form sind möglich.

Aus der Impulsantwort erhält man durch Fourier-Transformation die Übertragungsfunktion zu

$$H(f) = \sum_{n=0}^{M-1} h(n)\,\mathrm{e}^{-\mathrm{j}2\pi f n T_a} = \sum_{n=0}^{M-1} h(n)\left\{\cos(2\pi f n T_a) - \mathrm{j}\,\sin(2\pi f n T_a)\right\} \tag{A.76}$$

Man erkennt die Periodizität von $H(f)$. Solche Filter werden des periodischen Frequenzganges $|H(f)|$ wegen auch als Kammfilter bezeichnet.

Beispiel:
Als einfaches Beispiel betrachten wir ein Filter der Länge $M = 3$ mit $h(0) = 1$, $h(1) = -2$ und $h(2) = 1$. Es wird

$$H(f) = \sum_{n=0}^{2} h(n)\,\mathrm{e}^{-\mathrm{j}2\pi f n T_a} \tag{A.77}$$

und daraus

$$|H(f)| = \left|\sum_{n=0}^{2} h(n)\left\{\cos(2\pi f n T_a) - \mathrm{j}\,\sin(2\pi f n T_a)\right\}\right| = 4\,\sin^2(\pi f T_a) \tag{A.78}$$

Ein solches Filter wird in der Radartechnik zur Unterdrückung von Bodenechos verwendet, es läßt nur die Echos bewegter Ziele passieren (MTI-Filter von Moving Target Indication). Sein Frequenzgang mit Hochpaßcharakter ist in Bild A.16 b gezeigt. Da ein Pulsradar von Hause aus ein Abtastsystem ist, dessen Echosignale daher periodische Spektren besitzen, müssen die verwendeten Filter ebenfalls periodische Übertragungsfunktionen aufweisen.

FIR-Filter zeigen einen *linearen Phasengang* mit der Frequenz, d. h. also konstante Gruppenlaufzeit, wenn die Amplituden $h(n)$ der Impulsantwort die Symmetriebedingung

$$h(n) = h(M - 1 - n) \tag{A.79}$$

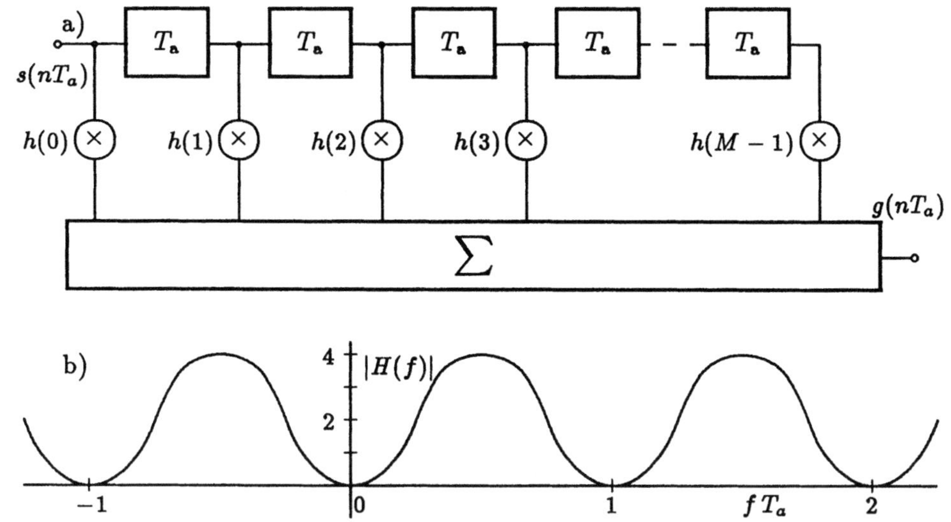

Bild A.16 a) FIR–Filter der Länge M mit $M-1$ Verzögerungsleitungen.
b) Frequenzgang $|H(f)| = 4\sin^2(\pi f T_a)$ eines FIR-Filters der Länge $M=3$ und $h(0)=1$, $h(1)=-2$ sowie $h(2)=1$. Das Filter stellt einen periodischen Hochpaß dar.

erfüllen. Bei ungeradem M fällt das Symmetriezentrum auf $h\Big((M-1)/2\Big)$, bei geradem M liegt es zwischen $h(M/2-1)$ und $h(M/2)$. Die Gruppenlaufzeit beträgt

$$t_g = \left(\frac{M-1}{2}\right) T_a \tag{A.80}$$

Auch bei einer sogen. anti-symmetrischen Impulsantwort $h(n) = -(M-1-n)$, wie sie für Differentiatoren und Hilbert-Transformatoren benötigt wird, ist der Phasengang linear.

FIR-Filter sind stets stabil. Allerdings wird der Aufwand, d. h. die Zahl der Verzögerungsleitungen und Multiplizierer und damit die Länge M des Filters, recht groß, wenn steile Filterflanken gewünscht werden.

FIR-Filter werden oft nach der sogenannten *Fenster-Methode (Window Method)* entworfen. Dabei werden die Abtastwerte eines kontinuierlichen Fensters (im Zeitbereich) als Filterkoeffizienten $h(n)$ verwendet. Die Übertragungsfunktion $H(f)$ des Filters entspricht dann dem periodisch wiederholten Spektrum des Fensters. Ein Rechteckfenster, bei dem $h(n) = \text{const}$, ergibt zum Beispiel eine periodisch wiederholte sinc-Funktion als Übertragungsfunktion, siehe dazu Bild A.4. Um die hohen Seitenzipfel (=Bereiche geringer Sperrdämpfung) mit nur etwa 13 dB Abstand zur Dämpfung im Durchlaßbereich zu vermeiden, wählt man statt des Rechteckfensters meist Fenster mit nicht so steilem Anstieg, bspw. das sogen. *Hamming*-Fenster mit

$$h(n) = 0{,}54 - 0{,}46 \cos\left(\frac{2\pi n}{M-1}\right) \qquad 0 \le n \le M-1 \tag{A.81}$$

Der größte Seitenzipfel beträgt dabei etwa 42 dB. Weitere Fenster und ihre Eigenschaften finden sich in [10, 11, 12, 14].

Für den Entwurf von FIR-Filtern existieren noch andere, aufwendigere Verfahren [10, 11, 13, 14] als die Fenstermethode wie beispielsweise die Frequency-Sampling-Methode. Bei ihr werden Abtastwerte der gewünschten Übertragungsfunktion $H(f)$ zugrunde gelegt, aus denen die Filterkoeffizienten $h(n)$ berechnet werden können. Ganz allgemein lassen hohe geforderte Sperrdämpfungen keine beliebig steilen Filterflanken zu.

Rekursive Filter – wie sie zum Beispiel in den Bildern A.15 und A.18 dargestellt sind – besitzen theoretisch eine zeitlich unendlich ausgedehnte Impulsantwort. Sie werden daher auch als IIR-Filter bezeichnet, von Infinite Impulse Response. Bei IIR-Filtern lassen sich steilere Filterflanken mit weniger Aufwand als bei FIR-Filtern realisieren, dafür können sie instabil werden. Beim Entwurf ist daher auch die Stabilität zu untersuchen. Ein einfaches Beispiel eines IIR-Filters wird im Unterabschnitt über Beispiele zur z-Transformation behandelt.

Die z-Transformation

Wie wir in den vorausgegangenen Abschnitten gesehen haben, ermöglicht die kontinuierliche Fourier-Transformation einen anschaulichen Einblick in die Eigenschaften zeitkontinuierlicher Signale und Systeme. Auch diskrete Signale und Systeme lassen sich mit ihr behandeln, wenn wir uns zusätzlich der Dirac-Funktion und ihrer Eigenschaften bedienen. Man erkennt daraus die zentrale Bedeutung der kontinuierlichen Fourier-Transformation (CFT).

Für die Synthese oder die Analyse zeitkontinuierlicher Filter hat sich die aus der CFT abgeleitete Laplace-Transformation bewährt. Die gleichen Aufgaben werden bei zeitdiskreten Filtern zweckmäßigerweise mit der z-Transformation gelöst, in einfacheren Fällen reicht auch die CFT in Verbindung mit der Dirac-Funktion aus. Die z-Transformation läßt sich anschaulich aus der Laplace-Transformation ableiten. Da diskrete Systeme in der Praxis eine immer größere Rolle spielen, werden wir näher auf sie eingehen.

Die Laplace-Transformierte $S(p)$ eines mit dem Intervall T_a abgetasteten Signals $s(t)$ wird nach Glchg. (A.58)

$$S(p) = \int_0^\infty \left[s(t) \sum_{n=0}^\infty \delta(t - nT_a)\right] e^{-pt}\, dt = \sum_{n=0}^\infty s(nT_a)\, e^{-pnT_a} \tag{A.82}$$

Da die Laplace-Transformierte immer im Zusammenhang mit e^{-pT_a} auftritt, setzt man sinnvollerweise

$$e^{pT_a} = e^{(\sigma+j\omega)T_a} = z \tag{A.83}$$

Die Variable z ist wie p eine komplexe Größe. Gleichung (A.83) stellt eine Transformation dar, welche die linke p-Halbebene auf das Innere des Einheitskreises der z-Ebene abbildet, wie in Bild A.17 dargestellt.

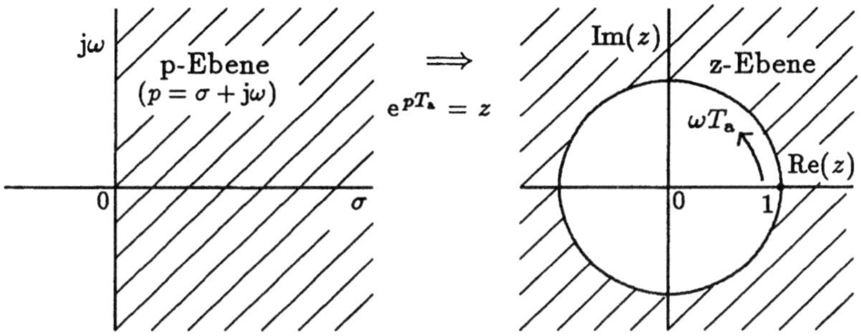

Bild A.17 Abbildung der p-Ebene auf die z-Ebene durch die Transformation $z = e^{pT_a}$. Die linke p-Halbebene wird auf das Innere des Einheitskreises $z = e^{j\omega T_a}$ der z-Ebene abgebildet, wobei $\omega = 2\pi f$. Die $j\omega$-Achse der p-Ebene transformiert sich also in den Einheitskreis, dessen Frequenzskalierung zweckmäßigerweise auf das Abtastintervall T_a normiert wird.

Aus der in p transzendenten Gleichung (A.82) entsteht mit (A.83) die in z algebraische Gleichung

$$S(z) = \sum_{n=0}^{\infty} s(nT_a)\, z^{-n} \tag{A.84}$$

$S(z)$ heißt die *z-Transformierte* der Signalfolge $s(nT_a)$. Gelegentlich stellen die Glieder der unendlichen Summe (A.84) eine geometrische Reihe dar, dann kann $S(z)$ in geschlossener Form angeschrieben werden. So gilt zum Beispiel für die Folge $x(nT_a)=0$ für $n<0$ und $x(nT_a)=1$ für $n\geq 0$ (abgetastete Sprungfunktion)

$$X(z) = \sum_{0}^{\infty} z^{-n} = \frac{z}{z-1}$$

Anmerkung: Wir haben als Ausgangsbasis für die z-Transformation die sogenannte einseitige Laplace-Transformation verwendet, bei der $s(t) = 0$ für $t < 0$. Wir erhalten daher auch die einseitige z-Transformation mit $s(nT_a)=0$ für $n<0$. Beide einseitige Transformationen reichen im allgemeinen für die Beschreibung realisierbarer Signale und Systeme aus.

Um die z-Rücktransformation zu erhalten [10], benutzen wir die folgende Integralformel von Cauchy

$$\frac{1}{2\pi \mathrm{j}} \oint z^{k-1} = \begin{cases} 1 & \text{für} \quad k = 0 \\ 0 & \text{für} \quad k \neq 0 \end{cases} \tag{A.85}$$

bei der das im Gegenuhrzeigersinn zu nehmende Umlaufintegral den Ursprung umschließen muß. Wir multiplizieren beide Seiten von (A.84) mit $(1/2\pi\mathrm{j})z^{k-1}$ und berechnen das Umlaufintegral entlang des Einheitskreises. Da für die hier interessierenden Signale alle Pole von $S(z)$ – und bei stabilen Systemen die Pole der im folgenden behandelten Übertragungsfunktion $H(z)$ – sich im Inneren des Einheitskreises befinden, liegt das Integral vollständig im Konvergenzbereich von $S(z)$ bzw. $H(z)$. Wir erhalten

$$\oint \frac{1}{2\pi \mathrm{j}} S(z)\, z^{k-1}\, dz = \oint \frac{1}{2\pi \mathrm{j}} \sum_{n=0}^{\infty} s(nT_\mathrm{a})\, z^{-n+k-1}\, dz = \sum_{n=0}^{\infty} s(nT_\mathrm{a}) \frac{1}{2\pi \mathrm{j}} \oint z^{-n+k-1}\, dz \tag{A.86}$$

Der ganz rechts stehende Summenausdruck reduziert sich zu $s(kT_\mathrm{a}) = s(nT_\mathrm{a})$, da nach Glchg. (A.85) nur der Summand mit $n = k$ nicht verschwindet. Daher bekommen wir für die inverse z-Transformation

$$s(nT_\mathrm{a}) = \frac{1}{2\pi \mathrm{j}} \oint S(z)\, z^{n-1}\, dz \tag{A.87}$$

In vielen Fällen sind zur Berechnung der inversen z-Transformierten noch andere Verfahren [11, 13] möglich als die direkte Auswertung des Umlaufintegrals (A.87).

An dieser Stelle ist es sinnvoll, eine Bemerkung über die Schreibweise von Signalfolgen anzubringen. Eine abgetastete Zeit*funktion* schreibt sich als

$$s_\mathrm{a}(t) = s(t) \sum_{n=-\infty}^{\infty} \delta(t - nT_\mathrm{a}) = \sum_{n=-\infty}^{\infty} s(nT_\mathrm{a})\, \delta(t - nT_\mathrm{a})$$

Diese Gleichung drückt aus, daß jeweils ein Dirac-Impuls mit der Amplitude (Gewicht) $s(nT_\mathrm{a})$ zum Zeitpunkt $t = nT_\mathrm{a}$ auftritt. Bei der numerischen Auswertung abgetasteter Signale interessieren jedoch nur *Folgen* $s(nT_\mathrm{a})$ von Abtastwerten, deren Zeitbezüge $\delta(t - nT_\mathrm{a})$ ohne Interesse sind. Aus der Zeitfunktion

$$\sum_{n=-\infty}^{\infty} s(nT_\mathrm{a})\, \delta(t - nT_\mathrm{a}) \qquad \text{ergibt sich daher die Folge} \qquad s(n)$$

Damit können wir die z-Transformation und die z-Rücktransformation – sie wird auch als inverse z-Transformation bezeichnet – wie folgt zusammenfassen:

z-Transformation:

$$S(z) = \sum_{n=0}^{\infty} s(n)\, z^{-n} \tag{A.88}$$

z-Rücktransformation:

$$s(n) = \frac{1}{2\pi \mathrm{j}} \oint S(z)\, z^{n-1}\, dz \tag{A.89}$$

Korrespondenzen zur z-Transformation finden sich in der Formelsammlung am Ende von Anhang A. Auch für die z-Transformation verwenden wir die symbolische Schreibweise $s(n) \quad \circ\!\!-\!\!\bullet \quad S(z)$.

Übertragungsfunktion $H(z)$

Bild A.15 zeigt *einen* möglichen Aufbau eines allgemeinen Abtastsystems. Man kann dieser Schaltung sofort die Beziehung für das Ausgangssignal $g(nT_a)$ entnehmen. Es gilt

$$g(nT_a) = \sum_{i=0}^{K} a_i\, s(nT_a - iT_a) - \sum_{i=1}^{L} b_i\, g(nT_a - iT_a) \tag{A.90}$$

Eine solche Gleichung nennt man eine lineare Differenzengleichung mit konstanten Koeffizienten. Vergleicht man die Anwendungen von (A.90) und (A.33), so gelangt man zu folgender Aussage: lineare, kontinuierliche und zeitinvariante Systeme werden durch eine lineare Differentialgleichung mit konstanten Koeffizienten beschrieben, Abtastsysteme gleicher Eigenschaften durch Differenzengleichungen mit konstanten Koeffizienten. Die Differenzengleichung läßt sich unter Weglassung des konstanten Abtastintervalls T_a und mit $b_0 = 1$ umschreiben in

$$\sum_{i=0}^{K} a_i\, s(n-i) = \sum_{i=0}^{L} b_i\, g(n-i) \tag{A.91}$$

Mit Hilfe der z-Korrespondenz für eine um i verschobene Folge (s. Formelsammlung in Abschnitt A.15)

$$s(n-i) \quad \circ\!\!-\!\!\bullet \quad S(z) z^{-i}$$

wird dann die z-Transformierte von Gleichung (A.91)

$$\sum_{i=0}^{K} a_i\, S(z)\, z^{-i} = \sum_{i=0}^{L} b_i\, G(z)\, z^{-i}$$

Daraus erhalten wir die Übertragungsfunktion $H(z)$, welche die z-Transformierte am Ausgang mit der am Eingang verknüpft, zu

$$H(z) = \frac{G(z)}{S(z)} = \frac{\sum_{i=0}^{K} a_i\, z^{-i}}{\sum_{i=0}^{L} b_i\, z^{-i}} = \frac{\sum_{i=0}^{K} a_i\, z^{-i}}{1 + \sum_{i=1}^{L} b_i\, z^{-i}} \tag{A.92}$$

Einheitsimpulsantwort $h(n)$

Dem Dirac-Impuls $\delta(t) = 1$ entspricht bei diskreten Systemen der Einheitsimpuls

$$\delta(n) = \begin{cases} 1 & \text{für} \quad n = 0 \\ 0 & \text{für} \quad n \neq 0 \end{cases} \tag{A.93}$$

Die z-Transformierte des Einheitsimpulses ist

$$S(z) = \sum_{n=0}^{\infty} s(n)\, z^{-n} = \sum_{n=0}^{\infty} \delta(n)\, z^{-n} = 1 \tag{A.94}$$

Gibt man einen Einheitsimpuls auf ein System mit der Übertragungsfunktion $H(z)$, so erhält man für die z-Transformierte des Ausgangssignals $G(z) = H(z)\, S(z) = H(z) \cdot 1 = H(z)$. Die mit $h(n)$ bezeichnete Systemantwort auf den Einheitsimpuls $\delta(n)$, die sogen. Einheitsimpulsantwort oder kurz auch Impulsantwort, ist also die z-Rücktransformierte der Übertragungsfunktion $H(z)$. Sie spielt dieselbe Rolle wie die Impulsantwort $h(t)$ bei kontinuierlichen Systemen, denn es gilt ähnlich Glchg. (A.37)

$$\boxed{h(n) \circ\!\!-\!\!\bullet\; H(z)} \tag{A.95}$$

Ein Abtastsystem ist stabil, wenn

$$\sum_{n=0}^{\infty} |h(n)| < \infty \tag{A.96}$$

Beispiel eines allgemeinen, speicherarmen Abtastsystems

In Bild A.18 ist eine speicherarme Version des allgemeinen Abtastsystems nach Bild A.15 angegeben. Sie wird auch als kanonische Form bezeichnet. Durch Einführung der Hilfsgröße $w(nT_a)$, welche die Signalfolge am Ausgang des linken

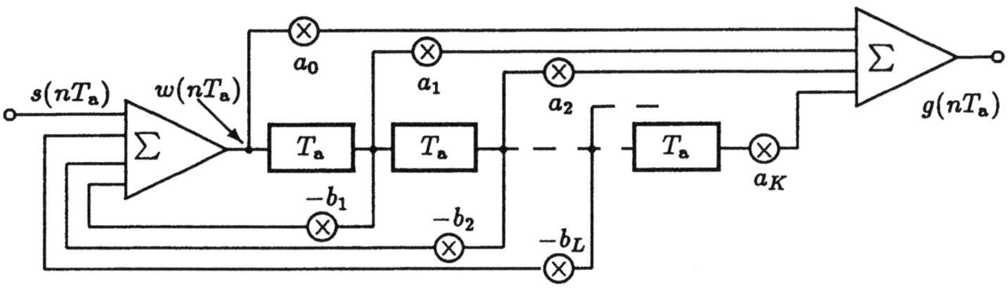

Bild A.18 Allgemeine, speicherarme Schaltung eines Abtastsystems als Ersatz für die speicherintensive, aber leichter verständliche Version nach Bild A.15. Es gilt ebenfalls die Differenzengleichung (A.90).

Summierers darstellt, können wir folgende Differenzengleichungen anschreiben, wobei das Abtastintervall T_a beim Schreiben der Signalfolgen weggelassen wird:

$$g(n) = \sum_{i=0}^{K} a_i\, w(n-i)$$

$$s(n) = w(n) + \sum_{i=1}^{L} b_i\, w(n-i)$$

Wir nehmen die z-Transformierten dieser Folgen und bekommen mit Hilfe der z-Korrespondenz $s(n-i) \circ\!\!-\!\!\bullet\; S(z)\, z^{-i}$

$$G(z) = W(z) \sum_{i=0}^{K} a_i\, z^{-i}$$

$$S(z) = W(z) + W(z) \sum_{i=1}^{L} b_i\, z^{-i}$$

Daraus erhalten wir die mit Gleichg. (A.92) identische Beziehung für die Übertragungsfunktion

$$H(z) = \frac{\sum\limits_{i=0}^{K} a_i\, z^{-i}}{1 + \sum\limits_{i=1}^{L} b_i\, z^{-i}}$$

die für das Abtastsystem nach Bild A.15 abgeleitet war. Daher ist das speicherarme System nach Bild A.18 in seiner Wirkung nach außen mit dem System nach Bild A.15 identisch.

Geometrische Ermittlung des Amplitudenganges $|H(f)|$ eines Abtastsystems

Man kann zeigen, daß sich die Übertragungsfunktion $H(z)$ in der allgemeinen Form

$$H(z) = C \, \frac{\prod_{i=1}^{K} (1 - \nu_i \, z^{-1})}{\prod_{i=1}^{L} (1 - \mu_i \, z^{-1})} \tag{A.97}$$

schreiben läßt, wobei C eine Konstante ist. Die ν_i stellen die Nullstellen und die μ_i die Pole von $H(z)$ dar.

Betrachten wir $H(z)$ nur über dem Einheitskreis $z = \mathrm{e}^{\mathrm{j}2\pi f T_a}$ der z-Ebene, so erhalten wir die Übertragungsfunktion $H(f)$:

$$H(f) = C \, \frac{\prod_{i=1}^{K} (1 - \nu_i \, \mathrm{e}^{-\mathrm{j}2\pi f T_a})}{\prod_{i=1}^{L} (1 - \mu_i \, \mathrm{e}^{-\mathrm{j}2\pi f T_a})} \tag{A.98}$$

Daraus ergibt sich der Betrag oder Amplitudengang $|H(f)|$ zu

$$|H(f)| = |C| \, \frac{\prod_{i=1}^{K} |\mathrm{e}^{\mathrm{j}2\pi f T_a} - \nu_i|}{\prod_{i=1}^{L} |\mathrm{e}^{\mathrm{j}2\pi f T_a} - \mu_i|} \tag{A.99}$$

Den Amplitudengang $|H(f)|$ kann man daher wie folgt ermitteln. Der Frequenz f entspricht ein Punkt auf dem Einheitskreis $z = \mathrm{e}^{\mathrm{j}2\pi f T_a}$. Man zieht von diesem Punkt aus Verbindungslinien zu den Nullstellen ν_i und Polen μ_i. Dann multipliziert man die Längen der Verbindungslinien zu den Nullstellen miteinander und dividiert durch das Produkt der Längen der Verbindungslinien zu den Polen. In den folgenden Beispielen werden wir zwei Frequenzgänge auf diese Art berechnen.

Stabile Systeme besitzen nur Pole im Inneren des Einheitskreises. Liegen ein oder mehrere Pole der Übertragungsfunktion $H(z)$ dicht am Einheitskreis, so zeigt das System stark oszillatorische Reaktionen auf Schaltvorgänge am Eingang. Bei einem Minimalphasen-Abtastsystem liegen alle Nullstellen innerhalb des Einheitskreises, auch nicht auf ihm. FIR-Filter mit linearem Phasengang besitzen keine Minimalphase.

Beispiele zur z-Transformation

Doppel-MTI-Filter:

Wir berechnen die Übertragungsfunktion $H(z)$ des FIR-Filters, dessen Amplitudengang $|H(f)|$ in Bild A.16 b gezeigt ist und dessen Anwendung in der Radartechnik dort erläutert ist. Eine mögliche Realisierung zeigt Bild A.19 a. Die

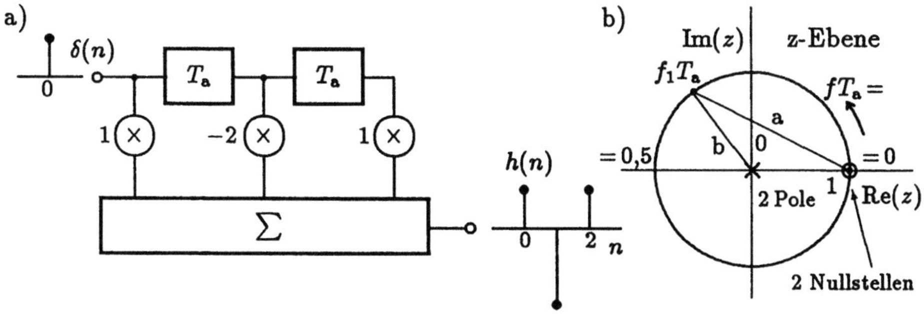

Bild A.19 a) FIR-Filter der Länge $M = 3$ (sogen. Doppel-MTI-Filter der Radartechnik) mit Einheitsimpulsantwort $h(n)$.
b) Pol-Nullstellen-Plan (PN-Plan) zur grafischen Berechnung (Abschätzung) des Amplitudengangs $|H(f_1 T_a)| = \text{const}\,(a^2/b^2)$. Der Einheitskreis der z-Ebene ist in der auf T_a normierten Frequenz f skaliert. Bild A.16 b zeigt den Amplitudengang dieses periodischen Hochpasses.

Systemantwort $h(n)$ auf den Einheitsimpuls und ihre z-Transformierte $H(z)$ sind

$$h(n) = 1, -2, 1, 0, 0 \ldots \quad \circ\!\!-\!\!\bullet \quad H(z) = \sum_{n=0}^{\infty} h(n)\, z^{-n} = 1 - \frac{2}{z} + \frac{1}{z^2} = \frac{(1-z)^2}{z^2}$$

Die Übertragungsfunktion besitzt also zwei Nullstellen bei $z = 1$ und zwei Pole bei $z = 0$. Das im letzten Unterabschnitt beschriebene Verfahren der grafischen Berechnung oder Abschätzung des Amplitudenganges $|H(f)|$ wird in Bild A.19 b demonstriert und führt zum Amplitudengang von Bild A.16 b.

RC-Tiefpaß (Integrator):
Bild A.20 b zeigt die Abtastfilter-Version eines einfachen RC-Tiefpasses mit der Impulsantwort $h(t) = \text{const} \cdot \mathrm{e}^{-t/RC}$. Wir verlangen vom Abtastfilter, daß seine Einheitsimpulsantwort den Abtastwerten von $h(t)$ entspricht:

$$h(n) = \mathrm{e}^{-nT_a/RC}$$

Die z-Transformation der Impulsantwort ergibt $H(z)$:

$$H(z) = \sum_{n=0}^{\infty} \mathrm{e}^{-(nT_a/RC)} \cdot z^{-n} = \frac{1}{1 - \mathrm{e}^{-(T_a/RC)} \cdot z^{-1}} \qquad \text{(A.100)}$$

oder auch

$$H(z) = \frac{z}{z - \mathrm{e}^{-(T_a/RC)}}$$

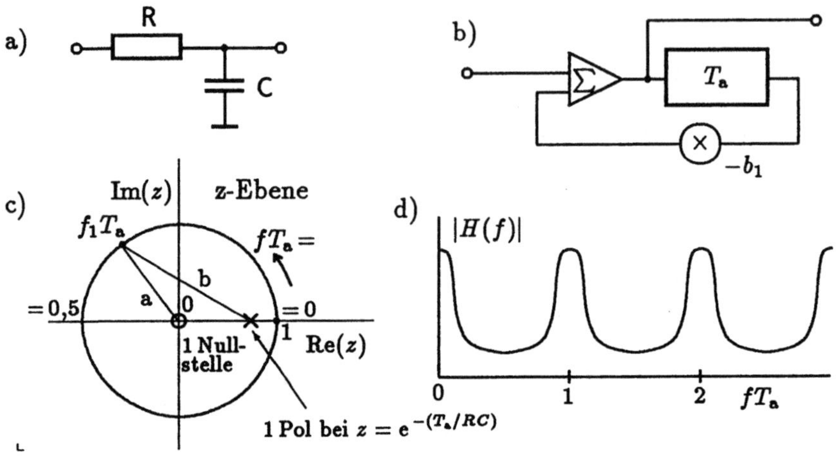

Bild A.20 a) RC-Tiefpaß
b) Rekursives Abtastsystem (IIR-Filter) mit einer Impulsantwort $h(n)$, die den Abtastwerten der exponentiell abklingenden Impulsantwort $h(t) = e^{-(t/RC)}$ des RC-Tiefpasses entspricht.
c) PN-Plan der z-Ebene. Der Frequenzgang kann wieder aus $|H(f_1T_a)| = \text{const}\,(a/b)$ ermittelt werden.
d) Frequenzgang des Abtastfilters: periodischer Tiefpaß.

Nach Glchg. (A.92) ist damit $a_0 = 1$ und $b_1 = -e^{-(T_a/RC)}$. Somit bekommen wir die in Bild A.20 b gezeigte Schaltung. Die Übertragungsfunktion $H(z)$ besitzt eine Nullstelle bei $z = 0$ und einen Pol bei $z = e^{-(T_a/RC)} = z_{\text{pol}}$. Wählt man z_{pol} nahe 1, so bekommt man ausgeprägte Resonanzstellen des Dämpfungsganges bei der Frequenz $f = 1/T_a$ und Vielfachen davon.

Die gezeigte Schaltung wird in Radarempfängern als sogenannter Integrator benutzt. Das Nutzsignalspektrum eines Pulsradars besitzt eine Kammstruktur. Seine „Kammzähne" fallen in die Durchlaßbereiche des Integrators. Die zwischen den Zähnen liegenden Anteile des Signalspektrums – verursacht vom Empfänger-Rauschen oder anderen Störquellen – werden relativ gut unterdrückt. Im Zeitbereich kann man die Wirkungsweise des Integrators schneller übersehen: am Eingang folgen pulsförmige Nutzsignale im Abstand T_a aufeinander, sodaß der jeweils über den Rückkopplungszweig zurückgeführte Puls der vorhergehenden Periode einen neuen Partner vorfindet, dem er dann aufaddiert wird. Störsignale besitzen nicht den Abstand T_a, werden also nicht aufaddiert. Man erhält also eine Verbesserung des Verhältnisses von Nutzsignal zu Störsignal.

A.12 Diskrete Fourier-Transformation (DFT)

Die große Bedeutung der *Diskreten Fourier-Transformation (DFT)* als Ausgangsbasis für die *Fast Fourier Transform (FFT)* und die *schnelle Faltung* läßt es angebracht erscheinen, die DFT detaillierter zu betrachten. Letztlich ist sie nur ein Sonderfall der allgemeinen, das heißt kontinuierlichen Fourier-Transformation (CFT), und zwar für sowohl im Zeit- wie auch im Frequenzbereich diskrete Signale. Die Diskrete Fourier-Rücktransformation wird allgemein als inverse DFT bezeichnet, abgekürzt IDFT.

Fourier-Transformation zeitdiskreter Signale

Das Spektrum $S_a(f)$ einer mit dem Abtastintervall $T = T_a = 1/F_a$ abgetasteten Zeitfunktion $s(t)$ ergibt sich unter Benutzung der „Abtastfunktion" comb_{T_a} gemäß Glchg. (A.69) zu

$$s_a(t) = \mathrm{comb}_{T_a} \cdot s(t) \quad \circ\!\!-\!\!\bullet \quad F_a \,\mathrm{rep}_{F_a}\Big[S(f)\Big] = S_a(f) \qquad \text{(A.101)}$$

Man kann das *periodische* und in der Frequenz kontinuierliche Spektrum $S_a(f)$ auch durch unmittelbare Anwendung des Fourier-Integrals (A.24) gewinnen. Mit der Ausblendeigenschaft des Dirac-Stoßes wird, wenn wir $T_a = 1$ setzen,

$$\begin{aligned} S_a(f) &= \int\limits_{t=-\infty}^{\infty} \Big\{ s(t) \sum_{n=-\infty}^{\infty} \delta(t - nT_a) \Big\} \,\mathrm{e}^{-\mathrm{j}2\pi f t}\, dt \\ &= \sum_{n=-\infty}^{\infty} s(nT_a)\,\mathrm{e}^{-\mathrm{j}2\pi n T_a f} = \sum_{n=-\infty}^{\infty} s(n)\,\mathrm{e}^{-\mathrm{j}2\pi n f} \end{aligned} \qquad \text{(A.102)}$$

Man sieht der letzten Beziehung nicht unmittelbar die periodische Wiederholung des Spektrums $S(f)$ des zeitkontinuierlichen Signals $s(t)$ an. In dieser Hinsicht ist Glchg. (A.101) aussagekräftiger. Die Glchgn. (A.101) und (A.102) beschreiben die Fourier-Transformation *zeitdiskreter* Signale, die, wenn zweiseitig begrenzt, stets ein *frequenzkontinuierliches* Spektrum besitzen. Sie ist von der im folgenden abgeleiteten Diskreten Fourier-Transformation zu unterscheiden, bei der die Signale *sowohl im Zeitbereich wie auch im Frequenzbereich diskret* sind. Korrespondenzen der zeitdiskreten Fourier-Transformation finden sich in Abschnitt A.15.

Man kann Glchg. (A.102) auch als eine Fourier-Reihe auffassen, bei der das Spektrum $S_a(f)$ die periodische Funktion darstellt und die $s(nT_a)$ die zugehörigen Fourier-Koeffizienten.

Herleitung und Interpretation der DFT

Wir werden die DFT zunächst als einen Algorithmus herleiten, mit dem die Berechnung des Spektrums eines *aperiodischen* Signals *endlicher* Dauer auf einem

Digitalrechner durchgeführt werden soll. Theoretisch ist diese Berechnung nie völlig exakt, siehe dazu Fußnote 3, sie kann aber beliebig genau gemacht werden.

Das folgende Bild A.21 ist von grundsätzlicher Bedeutung für das – nicht nur formale – Verständnis der Herleitung der DFT und der IDFT. In ihm sind die Spektren der vier möglichen Klassen determinierter Signale dargestellt, nämlich solcher mit sowohl aperiodischen und periodischen wie auch zeitkontinuierlichen und zeitdiskreten Zeitfunktionen. Unter Verwendung der Kammfunktion comb_X und des Wiederholungsoperators rep_Y lassen sich diese Zeitfunktionen kurz und anschaulich anschreiben. Mit Hilfe der Fourier-Korrespondenzen in Abschnitt A.15 können ihre Spektren bestimmt und ihr prinzipieller Verlauf skizziert werden. Bild A.21 d zeigt insbesondere, daß *ein periodisches und diskretes Spektrum eine ebenfalls periodische und diskrete Zeitfunktion* besitzt.

Die Zeitfunktionen wurden zur Erleichterung der Herleitung der DFT so gewählt, daß die Spektren in Bild A.21 b, c, d, jeweils rechts, die gleiche Amplitude besitzen. Den Formeln im Bild kann man entnehmen, daß dadurch die Amplitude von $s_b(t)$ in Bild A.21 b, links, genau $(T_b F_a)$-mal so groß ist wie die der Ausgangszeitfunktion $s(t)$ und die von $s_d(t)$ in d), links, T_b-mal so groß.

Ein Digitalrechner kann, soll er das Spektrum $S(f)$ eines Signals $s(t)$ berechnen, nur endlich viele zeitliche Eingangswerte verarbeiten und nur endlich viele spektrale Ausgangswerte ausgeben. Das Signal $s(t)$ muß also in seiner zeitlichen Dauer begrenzt sein und – sollte es wie in Bild A.21 a in zeitkontinuierlicher Form vorliegen – abgetastet werden. Das abgetastete Signal ist in Bild A.21 c gezeigt. Es ist zwar zeitdiskret, besitzt aber ein kontinuierliches und periodisches Spektrum[3] (Bild A.21 c, rechts), das ein Computer so nicht berechnen kann.

Nach dem Abtasttheorem für Spektralfunktionen bleibt aber das Spektrum eines Signals der Dauer T_0 vollständig bekannt, wenn man ihm spektrale Abtastwerte im Abstand $F_b \leq 1/T_0$ entnimmt, wie in Bild A.21 d, rechts, gezeigt. Tastet man $s(t)$ während seiner Dauer mit M Abtastwerten im Abstand T_a ab, dann ist die Signaldauer $T_0 = MT_a$ (Bild A.21 c, links). Somit muß $F_b \leq 1/MT_a$ sein, das maximal zulässige spektrale Abtastintervall ist also $F_b = 1/MT_a$. Bei dieser Überlegung haben wir unterstellt, daß das Signal $s(t)$ eine Bandbreite von $B = F_a = 1/T_a$ besitzt (s. auch Fußnote 3). Bei der Abtastung im Intervall T_a haben wir also das Abtasttheorem für Zeitfunktionen (formal) eingehalten.

Das eigentliche abgetastete Signal des Bildes A.21 c, links, hat eine Dauer von $T_0 = 7\,T_a$. Man kann aber die Dauer willkürlich auf bspw. $T_0 = MT_a = 9\,T_a$ vergrößern, indem man zwei „Null-Abtastwerte" einfügt, ein Verfahren, das aus verschiedenen Gründen oft in der Praxis angewendet wird. Man läßt also – wie in Bild A.21 c, links, eingetragen – das Signal vor dem Abtastwert bei $t/T_a = -4$

[3]Das Signal $s(t)$ in Bild A.21 ist wie oft in der Praxis nicht ideal bandbegrenzt, da Signale endlicher Dauer stets ein unendlich ausgedehntes Spektrum besitzen (s. Abschnitt A.10). Die periodisch wiederholten Spektren „laufen daher mit ihren Seitenzipfeln ineinander" (engl. Aliasing Effect), wodurch diese bei der periodischen Wiederholung vergrößert werden (Zeile c, rechts). Damit wird das Ausgangssignal nicht mehr unverfälscht rekonstruierbar. Solange diese Verfälschungen gewisse anwendungsbedingte Grenzen nicht überschreiten, können sie toleriert werden. Die Bandbreite B des Signal $s(t)$ kann mit $B \approx F_a = 3/T$ angesetzt werden.

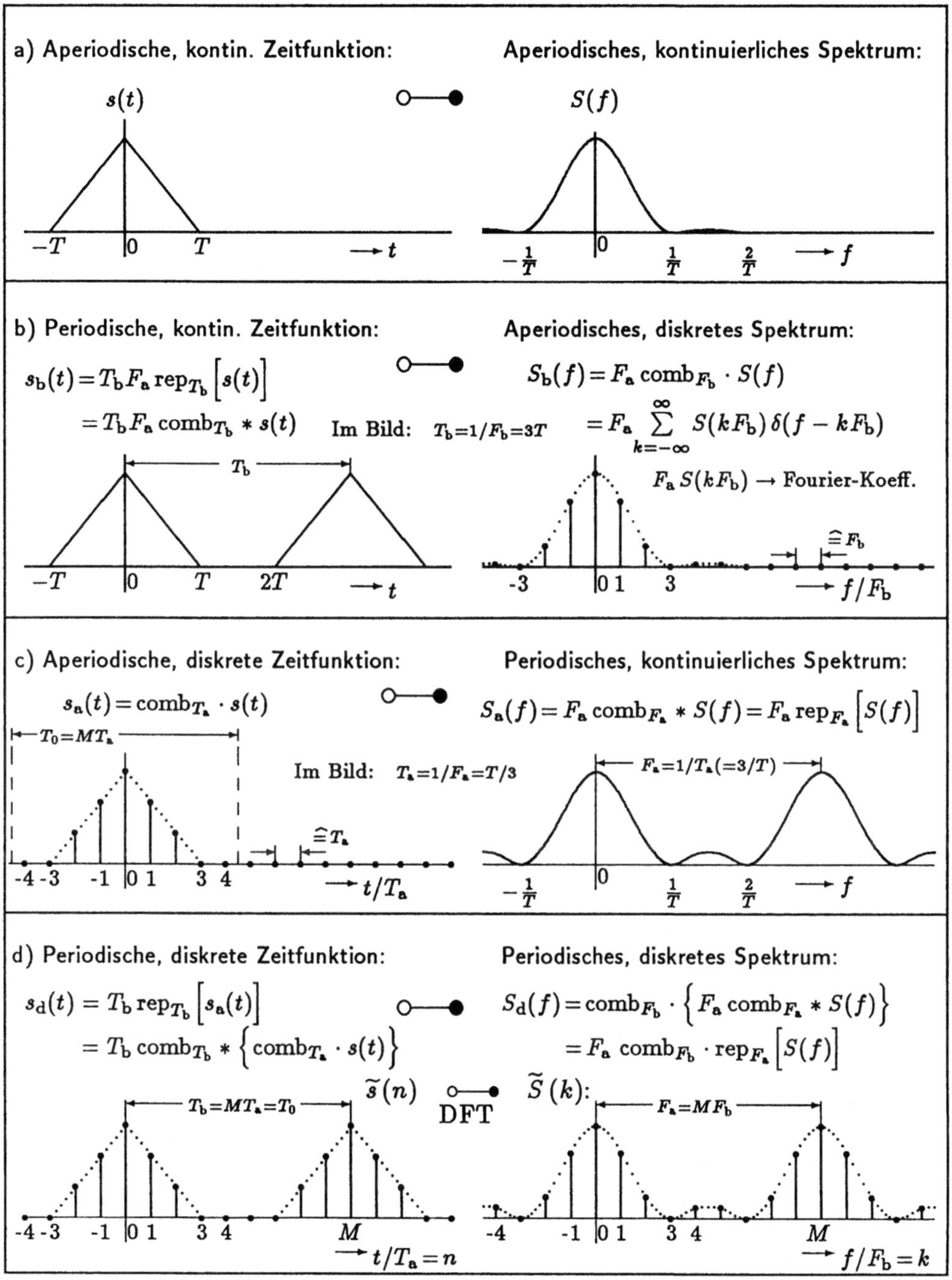

Bild A.21 Zur Herleitung der Diskreten Fourier-Transformation (DFT): die Spektren der vier möglichen Klassen von Signal-Zeitfunktionen. Im Bild ist das Eingangssignal $s(t)$ eine gerade Zeitfunktion, daher ergeben sich reelle Spektren. Zur Frage der Bandbreite B des Signals $s(t)$ s. auch Fußnote 3.

beginnen und nach dem bei $t/T_a = +4$ enden. Da das zugehörige periodische Spektrum in Bild A.21 c, rechts, vollständig durch eine Periode beschrieben wird, reicht es aus, wenn wir nur deren Abtastwerte $S_d(kF_b)$ berechnen. Die Periode ist $F_a = 1/T_a$ und damit beträgt die Zahl der erforderlichen spektralen Abtastwerte

$$\frac{F_a}{F_b} = \frac{1/T_a}{1/MT_a} = M \tag{A.103}$$

In Bild A.21 d, rechts, sind das beispielsweise die Abtastwerte für $k=0$ bis $k=8$ oder auch für $k=-4$ bis $k=+4$. Damit gewinnen wir die Ausgangsbasis für die Formulierung der Diskreten Fourier-Transformation:

> Das Spektrum des in Bild A.21 c, links, durch M zeitliche Abtastwerte mit dem gegenseitigen Abstand T_a gekennzeichneten Eingangssignals der endlichen Dauer $T_0 = MT_a$ wird vollständig durch ebenfalls M spektrale Abtastwerte oder Spektrallinien im Abstand $F_b = 1/MT_a$ beschrieben. Diese M Abtastwerte beschreiben eine Periode des Spektrums in Bild A.21 d, rechts.

Den k-ten spektralen Abtastwert $S_d(kF_b)$ der M Abtastwerte einer Periode erhalten wir, indem wir $s(t)$ abtasten, das Spektrum des abgetasteten Signals berechnen und diesem Spektrum einen Abtastwert bei $f=kF_b$ entnehmen:

$$\begin{aligned} S_a(f) &= \int_{t=-\infty}^{\infty} \left\{ s(t) \cdot \sum_{n=n_0}^{n_0+M-1} \delta(t-nT_a) \right\} \mathrm{e}^{-\mathrm{j}\,2\pi f t}\, dt \\ &= \sum_{n=n_0}^{n_0+M-1} s(nT_a)\, \mathrm{e}^{-\mathrm{j}\,2\pi f n T_a} \end{aligned} \tag{A.104}$$

$$S_d(kF_b) = S_a(f)\,\delta(f-kF_b) = \sum_{n=n_0}^{n_0+M-1} s(nT_a)\,\mathrm{e}^{-\mathrm{j}\frac{2\pi}{M}nk} \tag{A.105}$$

da $F_bT_a = 1/M$. Wir lassen die für numerische Berechnungen uninteressanten Zeit- und Frequenzintervalle T_a und F_b im folgenden weg. Um die Periodizität der Folge $S_d(k)$ deutlich herauszustellen, verwenden wir eine Tilde und schreiben $S_d(k) = \widetilde{S}(k)$. Für die $s(nT_a) = s(n)$ der letzten Formel können wir auch ihre periodische Wiederholung $\widetilde{s}(n)$ einsetzen, da nur über eine Periode summiert wird. Dem Bild entnimmt man, daß $\widetilde{s}(n)$ bis auf den Amplitudenfaktor T_b mit $s_d(t)$ identisch ist. Damit bekommen wir für die *Diskrete Fourier-Transformation (DFT)*

$$\widetilde{S}(k) = \sum_{n=n_0}^{n_0+M-1} \widetilde{s}(n)\,\mathrm{e}^{-\mathrm{j}\frac{2\pi}{M}nk} \qquad k = k_0, \ldots, k_0+M-1 \tag{A.106}$$

Zur Ableitung der *Inversen Diskreten Fourier-Transformation (IDFT)* gehen wir vom diskreten Spektrum $S_b(f)$ in Bild A.21 b, rechts, aus. Es ist identisch mit den über eine Periode genommenen Abtastwerten des periodischen Spektrums $S_d(kF_b) = \widetilde{S}(k)$. Durch eine Fourier-Rücktransformation erhalten wir die periodische Zeitfunktion $s_b(t)$:

$$\begin{aligned} s_b(t) &= \int\limits_{f=-\infty}^{\infty} \left\{ \sum_{k=k_0}^{k_0+M-1} \widetilde{S}(k)\,\delta(f-kF_b) \right\} e^{j2\pi ft}\,df \\ &= \sum_{k=k_0}^{k_0+M-1} \widetilde{S}(k)\, e^{j2\pi kF_b t} \end{aligned} \qquad \text{(A.107)}$$

Dem Bild A.21 b, links, können wir – wie bereits eingangs erwähnt – entnehmen, daß $s_b(t)$ in der Amplitude $(T_b F_a)$-mal so groß ist wie die Ausgangszeitfunktion $s(t)$. Wir dividieren daher $s_b(t)$ durch $T_b F_a = M$ und tasten bei $t = nT_a$ ab, um die Folge $\widetilde{s}(n)$ mit einer Amplitude gleich der der Ausgangszeitfunktion $s(t)$ zu gewinnen:

$$\widetilde{s}(n) = \frac{s_b(t)}{M}\,\delta(t-nT_a) = \frac{1}{M} \sum_{k=k_0}^{k_0+M-1} \widetilde{S}(k)\, e^{jkF_b t}\,\delta(t-nT_a) \qquad \text{(A.108)}$$

Die IDFT wird damit

$$\widetilde{s}(n) = \frac{1}{M} \sum_{k=k_0}^{k_0+M-1} \widetilde{S}(k)\, e^{j\frac{2\pi}{M}nk} \qquad n = n_0, \ldots, n_0+M-1 \qquad \text{(A.109)}$$

Zusammenfassung von DFT und IDFT

Wir fassen die Herleitung der DFT und der IDFT anhand des Bildes A.21 noch einmal kurz zusammen:

DFT: Das Signal $s(t)$ endlicher Dauer (a, links) wird M-mal im Abstand T_a abgetastet (c, links), das zugehörige Spektrum ist kontinuierlich und periodisch (c, rechts). Eine Periode davon ist das gesuchte Spektrum $S(f)$, das wir aber in diskreter Form haben wollen. Es genügt, die M Abtastwerte einer Periode im Abstand F_b zu entnehmen, bspw. von $k=0$ bis $k=8$ oder auch von $k=-4$ bis $k=+4$ (d, rechts). Sie beschreiben die gesuchte DFT, nämlich die periodische Folge $\widetilde{S}(k)$ der spektralen Abtastwerte.

IDFT: Das Spektrum $S(f)$ endlicher Bandbreite (a, rechts) wird M-mal im Abstand F_b abgetastet (b, rechts), die zugehörige Zeitfunktion ist kontinuierlich und periodisch (b, links). Ihre Grundperiode ist (bis auf einen Maßstabsfaktor) die gesuchte Zeitfunktion $s(t)$, die wir aber in diskreter Form haben wollen. Es genügt, die M Abtastwerte einer Periode im Abstand T_a zu entnehmen (c, links). Sie beschreiben die gesuchte IDFT, nämlich die periodische Folge $\widetilde{s}(n)$ (d, links).

Zur Abkürzung wird bei der DFT und der IDFT oft

$$e^{-j\frac{2\pi}{M}} = W_M \tag{A.110}$$

gesetzt. Wir wählen noch $n_0 = 0$ und $k_0 = 0$ und erhalten aus den Glchgn. (A.106) und (A.109) die in der Literatur benutzten Schreibweisen:

$$\text{DFT:} \quad \widetilde{S}(k) = \sum_{n=0}^{M-1} \widetilde{s}(n)\, e^{-j\frac{2\pi}{M}nk} = \sum_{n=0}^{M-1} \widetilde{s}(n)\, W_M^{nk} \qquad k = 0, \ldots, M-1 \tag{A.111}$$

$$\text{IDFT:} \quad \widetilde{s}(n) = \frac{1}{M} \sum_{k=0}^{M-1} \widetilde{S}(k)\, e^{j\frac{2\pi}{M}kn} = \frac{1}{M} \sum_{k=0}^{M-1} \widetilde{S}(k)\, W_M^{-nk} \qquad n = 0, \ldots, M-1 \tag{A.112}$$

Bei unserem eingangs aufgeworfenen Problem der Berechnung des Spektrums eines Signals endlicher Dauer mit einem Digitalrechner muß man sich die Folge $s(n)$ der zeitlichen Abtastwerte periodisch wiederholt vorstellen um die periodische Folge $\widetilde{s}(n)$ zu erhalten. Dieser periodischen Folge entspricht eine ebenso periodische Folge im Frequenzbereich. Eine Periode davon, bspw. von $k = 0$ bis $k = M - 1$, stellt die gesuchten Abtastwerte des Spektrums dar.

Interpretation von DFT und IDFT als Fourier-Reihen

Die spektralen Abtastwerte $S_d(kF_b) = \widetilde{S}(k)$ von Bild A.21 d, rechts, können wir als die Fourierkoeffizienten der periodischen und diskreten Zeitfunktion von Bild A.21 d, links, auffassen. Diese Zeitfunktion besteht aus der periodischen Folge $s_d(t) = s_d(nT_a) = T_b\, \widetilde{s}(nT_a) = T_b\, \widetilde{s}(n)$, die $s_d(nT_a)$ sind also T_b-mal so groß wie die Abtastwerte der Ausgangszeitfunktion $s(t)$. Mit Glchg. (A.14) erhalten wir für die Fourier-Koeffizienten $\widetilde{S}(k)$ mit $F_b T_a = 1$

$$\begin{aligned} S_d(kF_b) = \widetilde{S}(k) &= \frac{1}{T_b} \int_{t=0}^{T_b} \left\{ T_b\, \widetilde{s}(n) \sum_{n=-\infty}^{\infty} \delta(t - nT_a) \right\} e^{-j\,2\pi kF_b t}\, dt \\ &= \sum_{n=0}^{M-1} \widetilde{s}(n)\, e^{-j\frac{2\pi}{M}nk} \end{aligned} \tag{A.113}$$

Aus den Integralgrenzen folgen die im letzten Ausdruck angegebenen Grenzen für die Summenbildung. Glchg. (A.113) ist identisch mit Glchg. (A.111).

Somit läßt sich die DFT eines aperiodischen Signals auch wie folgt interpretieren: *man erhält die DFT des aperiodischen Signals, indem man dieses nach Abtastung periodisch wiederholt und die Fourier-Koeffizienten dieses periodischen Signals berechnet.*

Zur Ableitung der IDFT als Fourier-Reihe fassen wir die periodische Folge der Abtastwerte $s_\mathrm{d}(nT_\mathrm{a}) = T_\mathrm{b}\,\widetilde{s}(n)$ von Bild A.21 d, links, als Fourier-Koeffizienten der periodischen und diskreten Spektralfunktion $S_\mathrm{d}(kF_\mathrm{b}) = \widetilde{S}(k)$ auf. Mit Glchg. (A.14) erhalten wir

$$\begin{aligned} s_d(nT_\mathrm{a}) = T_\mathrm{b}\,\widetilde{s}(n) &= \frac{1}{F_\mathrm{a}} \int\limits_{f=0}^{F_\mathrm{a}} \Big\{ \widetilde{S}(k) \sum_{k=-\infty}^{\infty} \delta(f - kF_\mathrm{b}) \Big\}\, \mathrm{e}^{\mathrm{j}\,2\pi k T_\mathrm{a} f}\, df \\ &= \frac{1}{F_\mathrm{a}} \sum_{k=0}^{M-1} \widetilde{S}(k)\, \mathrm{e}^{\mathrm{j}\,\frac{2\pi}{M} nk} \end{aligned} \qquad \text{(A.114)}$$

und daraus mit $T_\mathrm{b} F_\mathrm{a} = M$ die mit Glchg. (A.112) identische Beziehung

$$\widetilde{s}(n) = \frac{1}{M} \sum_{k=0}^{M-1} \widetilde{S}(k)\, \mathrm{e}^{\mathrm{j}\,\frac{2\pi}{M} nk} \qquad \text{(A.115)}$$

Signalverzerrungen durch Fensterfunktionen

Wir haben festgestellt, daß das diskrete Spektrum eines aperiodischen Signals mit der DFT stets nur angenähert berechnet werden kann, wenn auch theoretisch beliebig genau. Der Grund war das unvermeidbare „Ineinanderlaufen" (Aliasing) der periodisch wiederholten Spektren beim Abtastvorgang, da ein Signal endlicher Dauer theoretisch nie exakt bandbegrenzt sein kann. In der Praxis tritt in vielen Fällen noch eine weitere Verfälschung auf. Ist nämlich das Signal, dessen Spektrum man ermitteln will, von sehr großer Dauer, so ist man oft gezwungen, nur einen Abschnitt der Dauer T des Signals der Ermittlung des Spektrums zugrunde zu legen. Man spricht dann von Kurzzeitspektrum. Man multipliziert dazu das Signal $s(t)$ mit einer *Fensterfunktion*, meist als Datenfenster oder kurz als Fenster bezeichnet. Im einfachsten Falle ist dies ein Rechteck-Zeittor der Dauer T, also ein Rechteck-Fenster. Dann ist

$$s_T(t) = s(t) \cdot \mathrm{rect}\frac{t}{T}$$

Wird von diesem Signal die DFT genommen, so erhalten wir nicht wie gewünscht Abtastwerte des Spektrums $S(f)$, sondern solche des Spektrums $S_T(f)$ der „gefensterten“ Zeitfunktion, wobei

$$S_T(f) = T\,S(f) * \mathrm{sinc}\,(Tf) \quad \bullet\!\!-\!\!\circ \quad s(t) \cdot \mathrm{rect}\left(\frac{t}{T}\right)$$

Die Faltung von $S(f)$ mit $\mathrm{sinc}\,(Tf)$ verfälscht das Originalspektrum, vor allem durch die ausgeprägten Seitenzipfel der sinc-Funktion, die über die Faltung auch auf $S(f)$ übertragen werden. Um diese Verfälschungen klein zu halten, wählt man statt eines Rechteck-Fensters meist Seitenzipfel-ärmere Fenster, das sind Gauß-ähnliche Fenster mit sanftem, monotonem Anstieg und Abfall, vergleiche dazu auch Bild A.4.

Fast Fourier Transform (FFT)

Zur Berechnung der DFT oder der IDFT existiert ein unter der Bezeichnung *schnelle Fourier-Transformation* oder engl. *Fast Fourier Transform* (FFT) bekanntgewordener, sehr effizienter Algorithmus. Die schnelle Fourier-Rücktransformation wird als inverse FFT, abgekürzt IFFT, bezeichnet.

Die FFT kann bei großer Länge $M = 2^m$ (m ganzzahlig) einer Folge die Rechenzeit zur Berechnung der DFT um mehr als 99 % reduzieren. So beträgt die zur Berechnung der DFT oder IDFT einer komplexwertigen Folge der Länge (Periode) M benötigte Zahl P reeller Multiplikationen und Additionen

$$P_{\mathrm{DFT}} = 8\,M^2 \tag{A.116}$$

bei der Anwendung des FFT-Algorithmus dagegen nur

$$P_{\mathrm{FFT}} = 10\,\frac{M}{2}\,\log_2 M \tag{A.117}$$

Für $M = 16$ wird $P_{\mathrm{DFT}} = 2048$ und $P_{\mathrm{FFT}} = 320$, für $M = 1024$ ergibt sich $P_{\mathrm{DFT}} = 8{,}39 \cdot 10^6$ und $P_{\mathrm{FFT}} = 5{,}12 \cdot 10^4$. Im letzteren Fall beträgt der Rechenaufwand bei der FFT etwa $5{,}12 \cdot 10^4 / 8{,}39 \cdot 10^6 = 0{,}6\,\%$ desjenigen der DFT! Man muß allerdings beachten, daß bei der numerischen Auswertung die FFT einen größeren Steueraufwand („Overhead“) benötigt als die DFT. Deshalb ist bei kleinem $M \approx 4 \ldots 16$ in vielen Fällen die DFT vorzuziehen.

Anzumerken bleibt, daß

1. bei der FFT – im Gegensatz zur DFT – mit der Berechnung erst begonnen werden kann, wenn alle Werte der Eingangsfolge vorliegen. Das bedeutet, daß das Ausgangssignal unter Umständen stark verzögert wird.

2. die FFT keine besondere Transformation darstellt, ihre Transformationseigenschaften sind mit derjenigen der DFT identisch. Aus diesem Grunde wird hier die FFT auch nicht behandelt, es wird vielmehr auf die Literatur [10, 11] verwiesen.

A.13 Diskrete Faltung

Es wird zunächst die sogenannte *aperiodische* oder *lineare* Faltung zweier diskreter Funktionen – in der Praxis sind es meist Zeitfunktionen – behandelt. In der Literatur werden die Bezeichnungen „aperiodisch" oder „linear" gleichberechtigt gebraucht. Sie sollen den Gegensatz zu der anschließend erklärten *periodischen* oder *zirkularen* Faltung deutlich machen. Die letztere tritt bei diskreten und periodischen Funktionen auf, wie wir ihnen bei der Anwendung der DFT und damit der FFT begegnen.

Von Bedeutung ist die Möglichkeit, eine aperiodische Faltung – statt bspw. mit einem FIR-Filter – mit Hilfe des FFT- und IFFT-Algorithmus sehr viel effizienter, d. h. schneller und/oder mit weniger Hardware-Aufwand als beim FIR-Filter, durchführen zu können. Da mit der FFT und der IFFT jedoch nur eine periodische Faltung berechnet werden kann, wird die aperiodische über den Umweg einer periodischen Faltung ermittelt. Man bezeichnet dieses Verfahren als *schnelle Faltung,* in Anlehnung an die schnelle Fourier-Transformation.

Aperiodische oder lineare Faltung

Die Impulsantwort $h_a(t)$ eines beliebigen, auch nichtkausalen Abtastfilters ist

$$h_a(t) = \sum_{n=-\infty}^{\infty} h(n)\,\delta(t - nT_a) \tag{A.118}$$

T_a ist das Abtastintervall. Für ein realisierbares und damit kausales Filter gilt $h(n)=0$ für $n<0$.

Wenn wir dem Filter ein diskretes Eingangssignal

$$s_a(t) = s(t) \sum_{n=-\infty}^{\infty} \delta(t - nT_a) = \sum_{n=-\infty}^{\infty} s(nT_a)\,\delta(t - nT_a) \tag{A.119}$$

zuführen, bekommen wir mit Hilfe des Faltungsintegrals (A.48) das Ausgangssignal $g(t)$ zu (die Summationsvariable n in $h_a(t)$ und $s_a(t)$ wird umbenannt):

$$\begin{aligned} g(t) = s_a(t) * h_a(t) &= \int_{-\infty}^{\infty} s_a(\tau) h_a(t-\tau)\,d\tau \\ &= \int_{-\infty}^{\infty} \sum_{m=-\infty}^{\infty} s(mT_a)\,\delta(\tau - mT_a) \sum_{i=-\infty}^{\infty} h(i)\,\delta(t - \tau - iT_a)\,d\tau \end{aligned}$$

Da die ganz rechts stehenden Dirac-Impulse den Rest des Integranden zu den Zeitpunkten $\tau = t - iT_a$ ausblenden, bekommt man

$$g(t) = \sum_{m=-\infty}^{\infty} \sum_{i=-\infty}^{\infty} s(mT_a)\,\delta\Big(t - (i+m)T_a\Big)\,h(i)$$

Wir setzen $i + m = n$ und erhalten

$$g(t) = \sum_{n=-\infty}^{\infty} \sum_{m=-\infty}^{\infty} s(mT_a)\, h(n-m)\, \delta(t - nT_a)$$

Damit wird das Ausgangssignal zum Zeitpunkt $t = nT_a$:

$$g(nT_a) = \sum_{m=-\infty}^{\infty} s(mT_a)\, h(n-m)\, \delta(t - nT_a) \tag{A.120}$$

Da uns meist nur die Folge $g(nT_a)$ ohne ihren durch $\delta(t - nT_a)$ beschriebenen Zeitbezug interessiert, lassen wir diesen wieder weg und schreiben zur Vereinfachung $s(nT_a) = s(n)$. Damit erhalten wir für die Faltung der Eingangssignalfolge $s(n)$ mit der Folge $h(n)$ der Impulsantwort zwei Beziehungen für die *aperiodische* oder *lineare* Faltung:

$$g(n) = s(n) * h(n) = \sum_{m=-\infty}^{\infty} s(m)\, h(n-m) \tag{A.121}$$

$$g(n) = h(n) * s(n) = \sum_{m=-\infty}^{\infty} h(m)\, s(n-m) \tag{A.122}$$

Zur leichteren Interpretation der Glchg. (A.121) nehmen wir an, beide Folgen $s(n)$ und $h(n)$ seien von endlicher aber unterschiedlicher Länge M_s und M_h. Nach (A.121) wird die Folge $h(m)$ gespiegelt und dann an der Folge $s(m)$ vorbeigeschoben, beschrieben durch eine aufsteigende Inkrementierung von n in der gespiegelten Folge $h(n-m)$. Die sich bei einem bestimmten n „gegenüberstehenden" Werte der beiden Folgen $s(m)$ und $h(n-m)$ werden miteinander multipliziert und die Teilprodukte addiert. Für dieses n stellt die Summe der Teilprodukte den Wert des Faltungsproduktes $g(n) = s(n) * h(n)$ dar.

Das Faltungsprodukt hat eine Länge von

$$L = M_s + M_h - 1 \tag{A.123}$$

wobei unter Länge die maximal mögliche Anzahl von Null verschiedener Abtastwerte am Ausgang zu verstehen ist.

Die zweite Form (A.122) des Faltungsproduktes folgt aus dem Kommutativgesetz der Faltung. Die Folge $s(m)$ wird gespiegelt und durch Inkrementierung von n in $s(n-m)$ an $h(m)$ vorbeigeschoben, bei gleichzeitiger Berechnung der Teilprodukte und deren Summe $g(n)$ für jedes n. Wie Bild A.22 zeigt, kann man dieser Form die Arbeitsweise eines FIR-Filters entnehmen.

Die Bezeichnungen „aperiodische" Faltung oder „lineare" Faltung wurden eingeführt, um diese Faltung diskreter und *aperiodischer* Funktionen von der

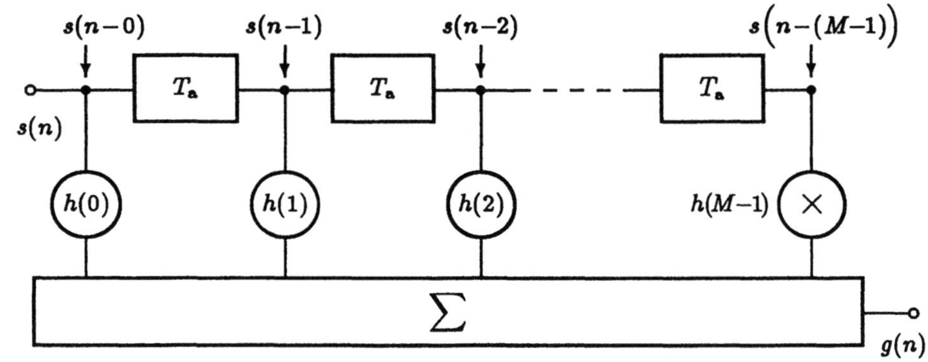

Bild A.22 Lineare oder aperiodische Faltung der Signalfolge $s(n)$ mit der Folge $h(n)$ der Impulsantwort eines FIR-Filters:

$$g(n) = h(n) * s(n) = \sum_{m=-\infty}^{\infty} h(m)\, s(n-m) = \sum_{m=0}^{M-1} h(m)\, s(n-m)$$

Faltungsoperation zu unterscheiden, welcher wir bei diskreten und *periodischen* Funktionen begegnen.

Für die Fourier-Transformierte der aperiodischen Faltung bekommt man die Korrespondenz

$$s_a(t) * h_a(t) \quad \circ\!\!-\!\!\bullet \quad S_a(f) \cdot H_a(f) \tag{A.124}$$

oder, wenn man die Zeitfunktionen als Folgen schreibt, auch

$$s(n) * h(n) \quad \circ\!\!-\!\!\bullet \quad S_a(f) \cdot H_a(f) \tag{A.125}$$

Dabei sind $S_a(f)$ und $H_a(f)$ kontinuierliche und periodische Spektralfunktionen. Sind $s(t)$ und $h(t)$ bekannt, aus denen durch Abtastung im Intervall $T_a = 1/F_a$ die abgetasteten Zeitfunktionen $s_a(t)$ und $h_a(t)$ entstehen, so ist $S_a(f) \simeq \text{rep}_{F_a}[S(f)]$ und $H_a(f) \simeq \text{rep}_{F_a}[H(f)]$. Dann gilt auch

$$s(n) * h(n) \quad \circ\!\!-\!\!\bullet \quad \text{const} \cdot \text{rep}_1 \left[S\left(\frac{f}{F_a}\right) \cdot H\left(\frac{f}{F_a}\right) \right] \tag{A.126}$$

Das Produkt der in der Frequenz auf F_a normierten Spektralfunktionen wird also mit der Periode $f/F_a = 1$ wiederholt. Bei der Wiederholung können Überlappungen (Aliasing) auftreten.

Periodische Faltung

Die DFT verknüpft, wie aus Bild A.21 d ersichtlich, eine periodische Signalfolge im Zeitbereich mit einer periodischen Folge im Frequenzbereich. Die aperiodische oder lineare Faltung zweier periodischer und damit unendlich ausgedehnter Folgen bspw. im Zeitbereich existiert jedoch nicht, da die Summe der Glchg. (A.121) nicht konvergiert. Man hat daher die sogenannte *periodische* Faltung eingeführt.

Zu ihrer Ableitung betrachten wir zwei im Intervall $T = 1/F$ abgetastete Signale $x(t)$ und $y(t)$ mit der *endlichen* Dauer $T_s = M_s T$, bestehend aus je M_s Abtastwerten. Wir verlängern die Signale durch Anhängen von $(M_s - 1)$ „Null-Abtastwerten" auf die Länge $T_b = MT$ des Faltungsproduktes der beiden Signale, die nach Glchg. (A.123) $T_b = MT = (2M_s - 1)T$ beträgt. Diese Maßnahme wird gleich verständlich werden.

Die abgetasteten Signale der Dauer $T_s = M_s T$ mit periodischen Spektren sind:

$$x_a(t) = \mathrm{comb}_T \cdot x(t) \quad ○\!\!-\!\!● \quad F\,\mathrm{rep}_F\big[X(f)\big] = X_a(f) \qquad \text{(A.127)}$$

$$y_a(t) = \mathrm{comb}_T \cdot y(t) \quad ○\!\!-\!\!● \quad F\,\mathrm{rep}_F\big[Y(f)\big] = Y_a(f) \qquad \text{(A.128)}$$

Wir bilden das (aperiodische) Faltungsprodukt $x_a(t) * y_a(t)$ und wiederholen es periodisch im Abstand seiner Dauer T_b. *Dabei tritt wegen der Verlängerung durch die Nullen keine Überlappung auf.* Dieses periodisch wiederholte Faltungsprodukt $\tilde{z}_a(t)$ ist ebenfalls diskret und ergibt sich zu

$$\tilde{z}_a(t) = \mathrm{rep}_{T_b}\Big[x_a(t) * y_a(t)\Big] = \mathrm{comb}_{T_b} * \Big\{x_a(t) * y_a(t)\Big\} \qquad \text{(A.129)}$$

da allgemein $\mathrm{rep}_A\big[s(t)\big] = \mathrm{comb}_A * s(t)$. Periodische Funktionen oder Folgen werden bei Bedarf durch Tilden gekennzeichnet.

Zur Veranschaulichung der weiteren Operationen können wir annehmen, daß das Signal $s_d(t)$ in Bild A.21 d, links, dieses periodisch wiederholte Faltungsprodukt $\tilde{z}_a(t)$ darstellt. Sein Spektrum $Z_a(f)$ ergibt sich aus der letzten Gleichung und unter Benutzung der entsprechenden Fourier-Korrespondenzen zu

$$Z_a(f) = F_b\,\mathrm{comb}_{F_b} \cdot \Big\{X_a(f) \cdot Y_a(f)\Big\} \qquad \text{(A.130)}$$

Es entspricht den im Abstand $F_b = 1/T_b$ entnommenen Abtastwerten des Produkts der periodischen Spektren $X_a(f)$ und $Y_a(f)$, ist also eine periodische und diskrete Frequenzfunktion wie $S_d(f)$ in Bild A.21 d, rechts. Seine spektralen Abtastwerte $Z_a(kF_b) = \tilde{Z}(kF_b)$ stellen daher eine periodische Folge dar. Dabei ist das Abtasttheorem für Spektralfunktionen eingehalten, da wir dem Spektrum die Abtastwerte im Abstand von F_b entnehmen, dem Kehrwert der Dauer T_b des Faltungsproduktes $x_a(t) * y_a(t)$. Da uns auch hier nur die Folge der Abtastwerte ohne ihren durch comb_{F_b} beschriebenen Bezug auf die Frequenz interessiert, lassen wir diesen weg und setzen zur Vereinfachung $\tilde{Z}(kF_b) = \tilde{Z}(k)$. Dann können wir schreiben

$$\tilde{Z}(k) = \tilde{X}(k) \cdot \tilde{Y}(k) \qquad \text{(A.131)}$$

Nach Bild A.21 d stellt die Größe $\tilde{Z}(k)$ damit die DFT des periodisch wiederholten Faltungsproduktes $\tilde{z}(nT) = \tilde{z}(n)$ der aus $x_a(t)$ und $y_a(t)$ hervorgehenden, endlichen Folgen $x(nT) = x(n)$ und $y(nT) = y(n)$ dar, also

$$\tilde{z}(n) \quad ○\!\!-\!\!● \quad \tilde{Z}(k) = \tilde{X}(k) \cdot \tilde{Y}(k) \qquad \text{(A.132)}$$

Mit Hilfe des Assoziativgesetztes der (aperiodischen) Faltung läßt sich Gleichung (A.129) umformen in

$$\widetilde{z}_a(t) = x_a(t) * \left\{\mathrm{comb}_{T_b} * y_a(t)\right\} \tag{A.133}$$

$$= x_a(t) * \mathrm{rep}_{T_b}\left[y_a(t)\right] \tag{A.134}$$

Betrachten wir wiederum nur die Folgen der Abtastwerte in der letzten Gleichung, so können wir schreiben

$$\widetilde{z}(n) = x(n) * \widetilde{y}(n) \tag{A.135}$$

wobei $\widetilde{y}(n)$ die periodisch wiederholte Folge $y(n)$ darstellt. Die letzte Gleichung beschreibt die *lineare* Faltung der endlichen Folge $x(n)$ mit der unendlichen Folge $\widetilde{y}(n)$ gemäß Glchg. (A.121) dar. Sie kann ausgedrückt werden durch

$$\widetilde{z}(n) = \sum_{m=0}^{M-1} x(m)\,\widetilde{y}(n-m) \tag{A.136}$$

Da beim Vorbeischieben von $\widetilde{y}(n-m)$ an $x(m)$ nur von $m=0$ bis $m=M-1$ summiert wird, kann man statt der endlichen Folge $x(m)$ auch die in M periodisch wiederholte Folge $\widetilde{x}(m)$ einsetzen. Damit erhalten wir endgültig für die sogenannte periodische Faltung mit dem Symbol $\circledast$

$$\boxed{\widetilde{z}(n) = \widetilde{x}(n) \circledast \widetilde{y}(n) = \sum_{m=0}^{M-1} \widetilde{x}(m)\,\widetilde{y}(n-m)} \tag{A.137}$$

Eine Periode läuft bspw. von $n=0$ bis $n=M-1$.

Bild A.23 zeigt ein Beispiel. Die beiden, hier gleichen Signale bestehen aus den $M_s = 3$ Abtastwerten eines Rechteckpulses. Wir haben in diesem Beispiel nicht nur die Mindestzahl von $M_s - 1 = 2$ Nullen angehängt, sondern deren 6. Wie man erkennt, ergibt sich in Form des Dreieckpulses das korrekte Faltungsprodukt. Die größere Zahl angehängter Nullen schlägt sich in an das Faltungsprodukt angehängten Nullen nieder. Hätten wir den ursprünglichen Sigalen nur 2 Nullen zugefügt, so ergäbe sich überhaupt keine Null zwischen zwei aufeinanderfolgenden Faltungsprodukten (die vier Nullen in jeder Periode der letzten Zeile von Bild A.23 würden verschwinden). *Bei weniger als 2 angehängten Nullen würden die periodisch wiederholten Faltungsprodukte überlappen („Überfaltung"), eine Periode entspräche dann nicht dem aperiodischen Faltungsprodukt der ursprünglichen Signale.*

Entsprechend unserer Ableitung kann die periodische Faltung einmal als die periodisch wiederholte, aperiodische Faltung der beiden endlichen Folgen $x(n)$ und $y(n)$ aufgefaßt werden. Zum anderen läßt sie sich aber auch als eine faltungsähnliche Operation interpretieren, bei der die gespiegelte periodische Folge

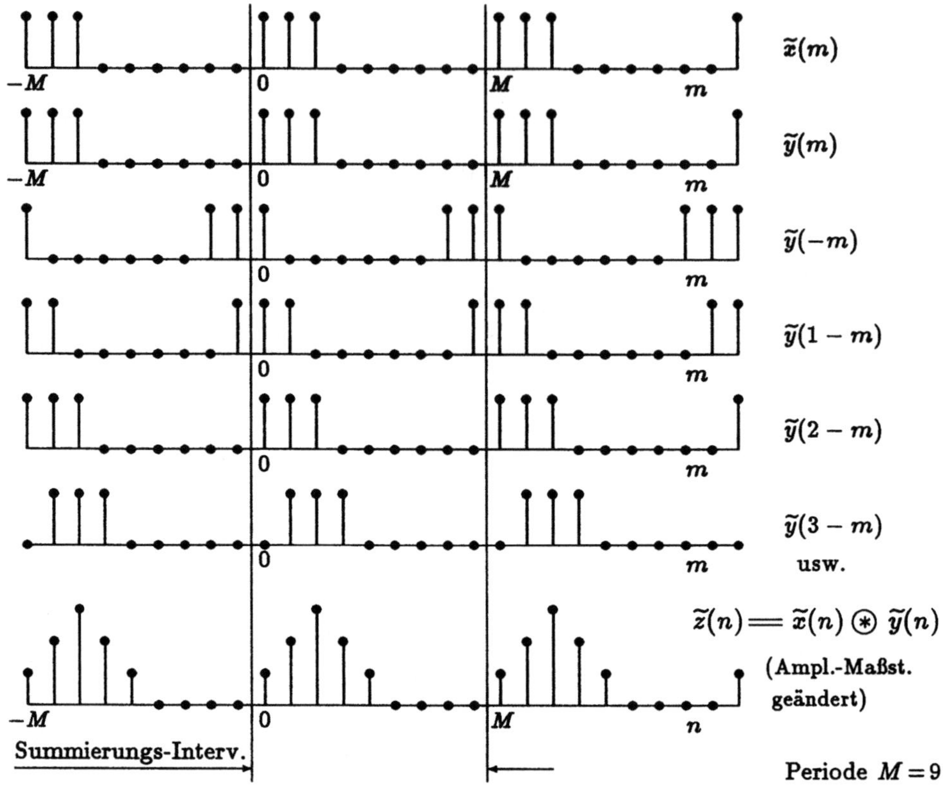

Bild A.23 Periodische Faltung zweier periodischer Folgen $\tilde{x}(m)$ und $\tilde{y}(m)$. Die gespiegelte Folge $\tilde{y}(-m)$ wird an $\tilde{x}(m)$ vorbeigeschoben und nur die in dem Intervall $m = 0 \ldots M-1$ sich gegenüberstehenden Abtastwerte werden miteinander multipliziert. Die Teilprodukte werden addiert und ergeben die periodische Faltung

$$\tilde{z}(n) = \tilde{x}(n) \circledast \tilde{y}(n) = \sum_{m=0}^{M-1} \tilde{x}(m)\,\tilde{y}(n-m)$$

$\tilde{y}(n-m)$ an der ebenfalls periodischen Folge $\tilde{x}(m)$ vorbeigeschoben wird und dann – im Gegensatz zur aperiodischen Faltung – nicht über den Bereich von $m=-\infty$ bis $m=\infty$ summiert wird, sondern nur über den von $m=0$ bis $m=M-1$.

Nach den Gleichungen (A.132) und (A.137) ergibt sich folgende DFT-Korrespondenz:

$$\boxed{\tilde{x}(n) \circledast \tilde{y}(n) \quad \circ\!\!-\!\!\bullet \quad \tilde{X}(k) \cdot \tilde{Y}(k)} \qquad \text{(A.138)}$$

Der periodischen Faltung zweier periodischer Folgen $\tilde{x}(n)$ und $\tilde{y}(n)$ entspricht also das Produkt der zugehörigen spektralen und periodischen Folgen $\widetilde{X}(k)$ und $\widetilde{Y}(k)$. Der Hauptanwendungsbereich der periodischen Faltung ist die Berechnung der aperiodischen oder linearen Faltung endlicher Folgen mit Hilfe der FFT, nämlich das noch zu erläuternde Verfahren der *schnellen Faltung*.

Zirkulare Faltung

Die *zirkulare* Faltung führt zum gleichen Ergebnis wie die periodische Faltung, man geht aber von *endlichen* (nichtperiodischen) Folgen $x(n)$ und $y(n)$ der Längen $M_x = M_y = M$ aus.

Die folgende, anschauliche Interpretation der zirkularen Faltung – der Begriff steht im Gegensatz zur linearen Faltung – findet sich bei [10]. Man markiert auf dem Umfang zweier ineinandergestellter Zylinder jeweils M Punkte in konstantem Abstand. Den M Punkten des äußeren Zylinders ordnen wir bspw. die Folge $x(m)$ zu, den M Punkten auf dem Umfang des inneren Zylinders die gespiegelte Folge $y(-m)$. Wir multiplizieren nun die sich gegenüberstehenden Werte auf den beiden Zylindern miteinander und summieren die Teilprodukte auf. Dann drehen wir einen der beiden Zylinder um einen „Punkt“ weiter und addieren die Teilprodukte wieder auf. Man kann sich mit Unterstützung der Bilder A.23 und A.24 klarmachen, daß bei Drehen des Zylinders um insgesamt $M-1$ Punkte die jeweilige Summe der Teilprodukte den $M-1$ Werten einer Periode der periodischen Faltung nach Gleichung (A.137) entspricht. Die zirkulare Faltung ist also *nur eine andere Interpretation* der periodischen Faltung. Denn diese wird ja bereits durch eine Periode, wie sie die zirkulare Faltung liefert, vollständig beschrieben.

In Bild A.24 werden der häufig verwendete Begriff der *zirkularen Verschiebung* einer Folge der Länge M und die zirkulare Faltung zweier endlicher Folgen veranschaulicht. In der Literatur [10] wird die zirkulare Faltung zweier *endlicher* Folgen der Länge M auch durch das in der folgenden DFT-Korrespondenz benutzte Symbol Ⓜ gekennzeichnet:

$$x(n) \text{ Ⓜ } y(n) \quad \circ\!\!-\!\!\bullet \quad X(k) \cdot Y(k) \tag{A.139}$$

Dabei sind unter $X(k)$ und $Y(k)$ die spektralen Abtastwerte der Grundperiode der periodischen Folgen $\widetilde{X}(k)$ und $\widetilde{Y}(k)$ zu verstehen.

Schnelle Faltung

Eine sehr häufige Aufgabe in der digitalen Signalverarbeitung erfordert die lineare Faltung einer Signalfolge $s(n)$ endlicher Länge M mit der gleichlangen Folge $h(n)$

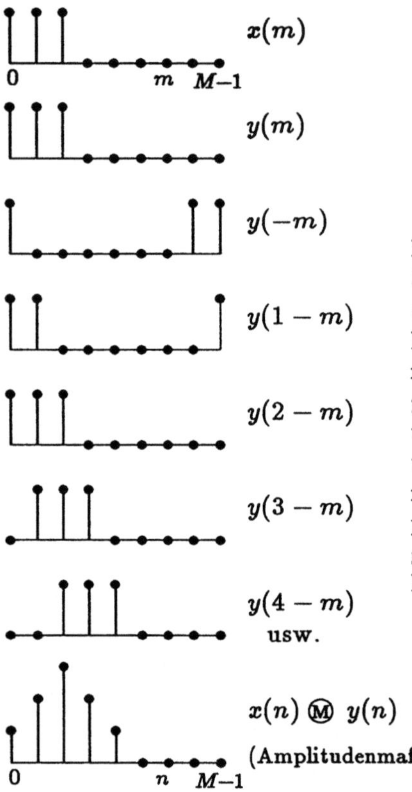

Bild A.24 Beispiel für die *zirkulare Verschiebung* endlicher Folgen und für die *zirkulare Faltung* zweier endlicher Folgen $x(n)$ und $y(n)$ der Längen $M = 9$. Der beim zirkularen Schieben einer Folge, beispielsweise der gespiegelten Folge $y(-m)$, nach rechts austretende Wert läuft links wieder ein. Man stelle sich deshalb die Abtastwerte auf einem Kreis oder Zylinder angeordnet vor. Ein Vergleich mit Bild A.23 zeigt, daß periodische Faltung und zirkulare Faltung zum gleichen Ergebnis führen, wenn man sich die zirkulare Faltung periodisch wiederholt vorstellt.

der Impulsantwort eines Filters. Da der FFT-Algorithmus die DFT und IDFT periodischer Folgen sehr effizient zu berechnen gestattet, liegt es nahe, die gesuchte lineare Faltung

$$g(n) = s(n) * h(n) = \sum_{m=0}^{M-1} s(m)\, h(n-m) \tag{A.122}$$

unter Verwendung der DFT-Korrespondenz für die *periodische* Faltung

$$\tilde{g}(n) = \tilde{s}(n) \circledast \tilde{h}(n) \quad \circ\!\!-\!\!\bullet \quad \tilde{S}(k) \cdot \tilde{H}(k) = \tilde{G}(k) \tag{A.140}$$

wie folgt zu berechnen. Man denkt sich die Folgen $s(n)$ und $h(n)$ periodisch fortgesetzt, erhält also $\tilde{s}(n)$ und $\tilde{h}(n)$. Dann berechnet man ihre DFT's unter Verwendung des FFT-Algorithmus und bekommt $\tilde{S}(k)$ und $\tilde{H}(k)$. Diese werden miteinander multipliziert und vom Produkt $\tilde{G}(k)$ wird mit Hilfe der IFFT die IDFT ermittelt. Als Ergebnis erhalten wir die periodische Faltung $\tilde{g}(n)$. Eine Periode davon stellt die gesuchte lineare Faltung $g(n)$ dar. Bild A.25 zeigt das Verfahren, das trotz seiner augenscheinlichen Umständlichkeit sehr effizient ist.

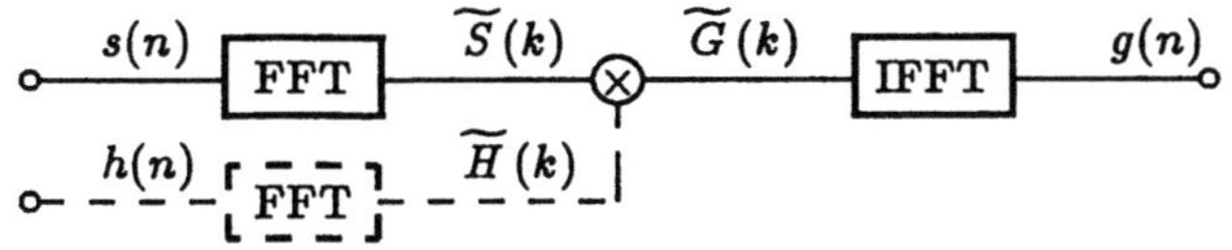

Bild A.25 Aperiodische Faltung $g(n) = s(n) * h(n)$, realisiert mit dem Algorithmus der *schnellen Faltung*. Wenn $h(n)$ konstant ist, kann man $\widetilde{H}(k)$ im voraus berechnen und spart damit eine FFT.

Verwendet man gedanklich die *zirkulare* Faltung, so macht man Gebrauch von der Korrespondenz

$$g_z(n) = s(n) \circledM h(n) \quad \circ\!\!-\!\!\bullet \quad S(k) \cdot H(k) = G_z(k) \tag{A.141}$$

Im folgenden Kasten wird die Notwendigkeit der an die zu faltenden Signale anzuhängenden Nullen nochmals zusammengefaßt:

> Damit sowohl eine Periode der periodischen Faltung $\widetilde{g}(n)$ wie auch die zirkulare Faltung $g_z(n)$ der gesuchten linearen Faltung $g(n) = s(n) * h(n)$ entsprechen, müssen wir durch Anhängen von Nullen an das Ende der Folgen $s(n)$ und $h(n)$ ihre Längen M auf mindestens die Dauer $L = 2M - 1$ des linearen Faltungsproduktes $s(n) * h(n)$ ausdehnen. Damit ergibt sich auch, daß nach der beim Faltungsprozeß erforderlichen Spiegelung beispielsweise der Folge $\widetilde{h}(m)$ in $\widetilde{h}(-m)$ oder auch $h(m)$ in $h(-m)$ sich keine von Null verschiedenen Abtastwerte der Folgen $\widetilde{s}(m)$ und $\widetilde{h}(-m)$ oder $s(m)$ und $h(-m)$ „gegenüberstehen". Eine Ausnahme bildet lediglich die Stelle $m = 0$, da das Signal $h(m = 0)$ bei der Spiegelung in $h(-m = 0)$ dort verbleibt.
> Sind die Längen der Folgen $s(n)$ und $h(n)$ unterschiedlich, ist zum Beispiel M_0 die Länge der Signalfolge $s(n)$ und M_h die der Impulsantwort $h(n)$, dann ist die Länge L des linearen Faltungsproduktes $g(n) = s(n) * h(n)$ nach Gleichung (A.123) $L = M_0 + M_h - 1$. Wir müssen daher die Folgen $s(n)$ und $h(n)$ durch Anhängen von Nullen auf eine Länge von $\geq L$ ausdehnen und dann von diesen verlängerten Folgen die DFT's berechnen, um $\widetilde{S}(k)$ und $\widetilde{H}(k)$ zu erhalten.

Für den Fall der zirkularen Faltung kann man sich diesen Sachverhalt nochmals anhand von Bild A.26 klarmachen. Es zeigt die zirkulare Faltung zweier abgetasteter Rechteckpulse, einmal ohne und einmal mit Einfügen einer ausreichenden Anzahl von Nullen: im Bild rechts stehen sich mit Ausnahme der Stelle $m = 0$ bei den Folgen $x(m)$ und $y(-m)$ keine von Null verschiedenen Signalwerte

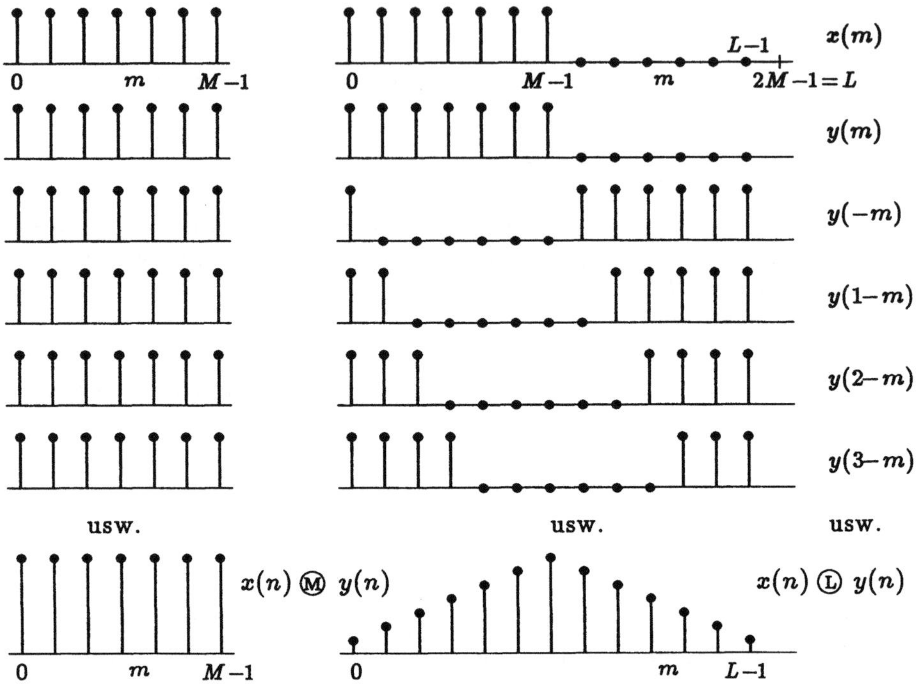

Bild A.26 Links: Zirkulare Faltung zweier identischer, abgetasteter Rechteckpulse mit einer Länge der Folgen von $M = 7$. Es ergibt sich kein Dreieckspuls, die zirkulare Faltung entspricht also nicht der linearen Faltung.
Rechts: Nur bei Ausdehnung der Folgen auf die Länge $L = 2M - 1$ des linearen Faltungsproduktes $x(n) * y(n)$ – und zwar durch Anhängen von Nullen an das Ende der zu faltenden Folgen – führt die zirkulare Faltung zum gleichen Ergebnis wie die lineare Faltung, hier zu einem Dreieckspuls. Dann stehen sich auch bei den Folgen $x(m)$ und $y(0 - m) = y(-m)$ keine von Null verschiedenen Abtastwerte gegenüber, mit Ausnahme an der Stelle $m = 0$.

gegenüber. Im Bild links ist das nicht der Fall, deswegen entspricht die dort dargestellte zirkulare Faltung der beiden Rechteckpulse nicht ihrer linearen Faltung, die einen abgetasteten Dreieckpuls ergeben muß wie im Bild rechts.

Segmentierte Faltung

Oft ist die Länge M_0 der Signalfolge sehr groß, es kann sogar $M_0 \to \infty$ werden. Es ist in vielen Fällen unpraktisch oder auch gar nicht durchführbar, die lineare Faltung einer sehr langen Signalfolge zu berechnen. Man muß nämlich warten bis die gesamte Signalfolge eingelaufen ist. Damit wird das Ausgangssignal stark verzögert.

Eine Folge $s(n)$ läßt sich aber in aneinandergrenzende Teilfolgen $s_i(n)$ der Länge M_s segmentieren:

$$s(n) = \sum_{i=0}^{I} s_i(n) \qquad i = 0, 1, 2, 3, \ldots, I \tag{A.142}$$

Dabei ist

$$s_i(n) = \begin{cases} s(n) & \text{für} \quad iM_s \leq n \leq (i+1)M_s - 1 \\ 0 & \text{sonst} \end{cases}$$

Die lineare Faltung mit der Impulsantwort ergibt wegen der Distributivität der Faltung

$$g(n) = s(n) * h(n) = \left\{ \sum_{i=0}^{I} s_i(n) \right\} * h(n) = \sum_{i=0}^{I} \Big\{ s_i(n) * h(n) \Big\} \tag{A.143}$$

Es läßt sich also die gewünschte lineare Faltung durch eine Summe von linearen Faltungen aneinandergrenzender Teilfolgen $s_i(n)$ der Länge $M_s \ll M_0$ mit der Impulsantwort $h(n)$ darstellen. Man wählt meist $M_s \approx M_h$. Bild A.27 zeigt die Arbeitsweise dieses Verfahrens anhand eines Beispiels mit $M_s = M_h + 1$. Dabei werden die Folgen $s_i(n)$ und $h(n)$ mit Nullen auf eine Länge von $L = M_s + M_h - 1 = 2M_h$ aufgefüllt, damit

- eine Periode der periodischen Faltung $\tilde{g}(n) = \tilde{s}(n) \circledast \tilde{h}(n)$ oder
- die zirkulare Faltung $g_z(n) = s(n) \textcircled{L} h(n)$

der gewünschten linearen Faltung $g(n) = s(n) * h(n)$ entsprechen. Bei diesem Verfahren überlappen sich die zu addierenden Teilfaltungsprodukte, wie im Bild durch die senkrechten, gestrichelten Linien angedeutet. Im Überlappungsbereich müssen die korrespondierenden Signale zweier aneinandergrenzender Signalfolgen addiert werden. Man nennt daher dieses Verfahren einer *segmentierten Faltung* die *Overlap-and-Add-Methode*.

Ein zweites Verfahren wird als *Overlap-and-Save-Methode* bezeichnet und in Bild A.28 erklärt. Bei ihr wird die mit der Einheitsimpulsantwort $h(n)$ der Länge M_h zu faltende, lange Eingangs-Signalfolge $s(n)$ in *sich überlappende* Teilfolgen der Länge $L = M_s + M_h - 1$ segmentiert. Im Gegensatz zur Overlap-and-Add-Methode überlappen hier also die Eingangs-Teilfolgen, nicht die Ausgangs-Folgen. Die Überlappung beträgt $M_h - 1$ Punkte.

Da die Segmente $s_i(n)$ keine angehängten Nullen besitzen, stehen der gespiegelten Folge $h(-n)$ der Einheitsimpulsantwort des Filters, die mit angehängten Nullen auf eine Länge L aufgefüllt wurde, notwendigerweise $M_h - 1$ im allg. von Null verschiedene Signalwerte gegenüber. Bei der zirkularen Faltung der Teilfolgen $s_i(n)$ mit $h(n)$ sind daher die ersten $M_h - 1$ Werte falsch, die verbleibenden M_s Werte dagegen korrekt. Die falschen Werte werden unterdrückt, die gültigen Teilfaltungen der Länge M_s aneinandergereiht (summiert). Sie stellen die gesuchte lineare Faltung dar.

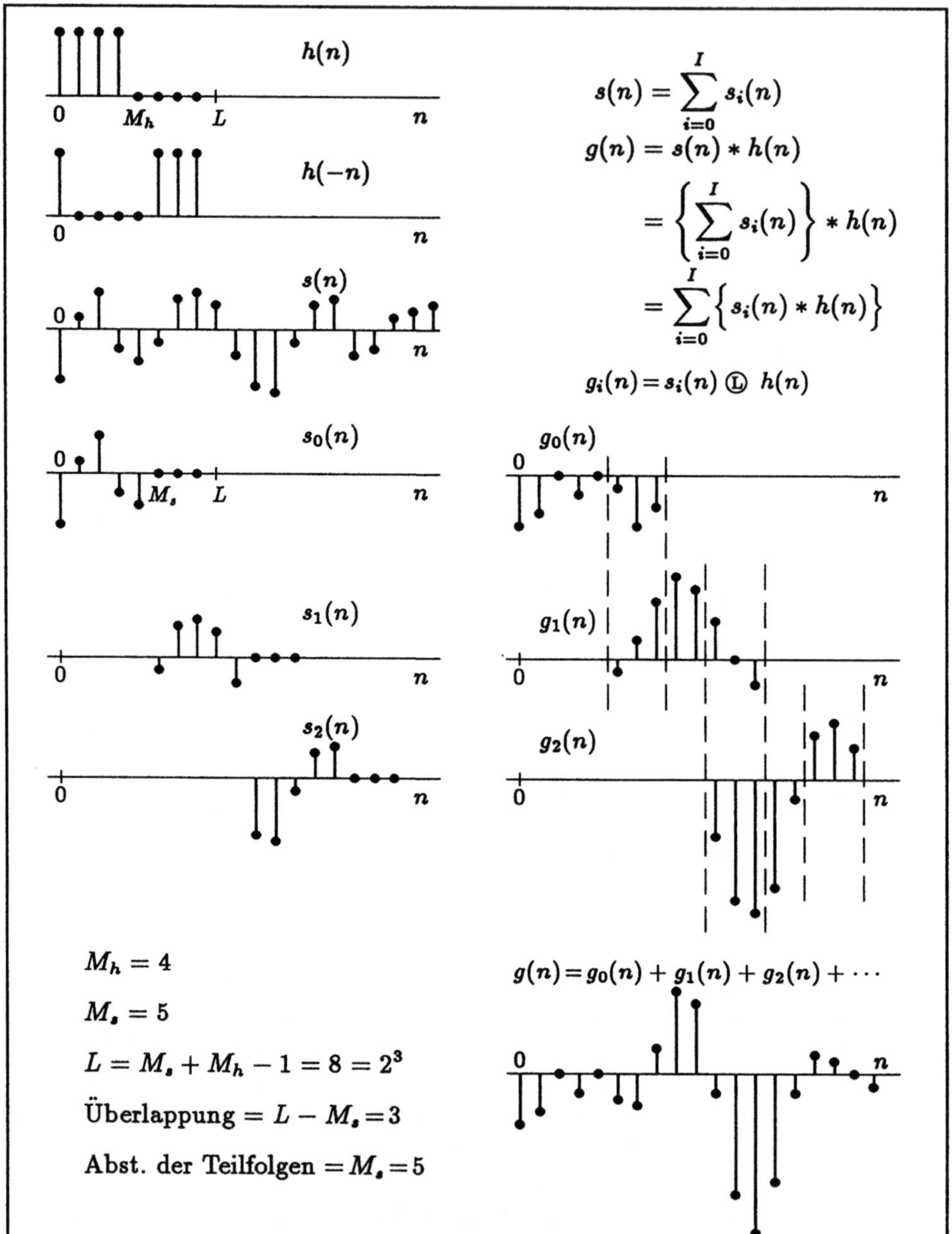

Bild A.27 Segmentierte Faltung nach der „Overlap-and-Add" -Methode. Eine sehr lange Signalfolge $s(n)$ wird in aneinandergrenzende Teilfolgen $s_i(n)$ der Länge M_s segmentiert. Diese werden mit der Folge $h(n)$ der Länge M_h linear gefaltet. Verwendet man dazu die zirkulare (oder periodische) Faltung, müssen die Folgen mit Nullen auf die Länge $L = M_s + M_h - 1$ aufgefüllt werden. Die sich überlappenden Teilfaltungen werden addiert.

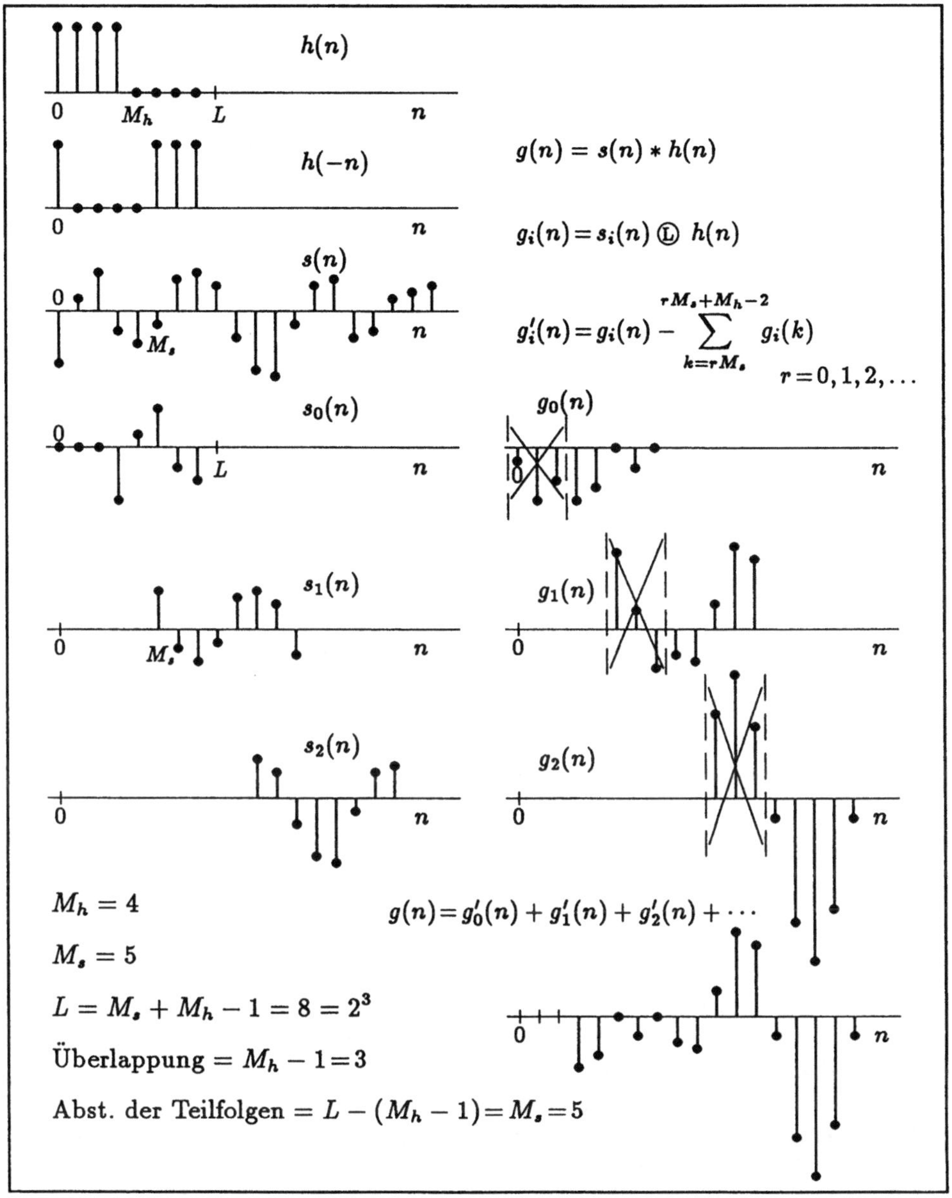

Bild A.28 Segmentierte Faltung nach der „Overlap-and-Save" -Methode. Eine sehr lange Signalfolge $s(n)$ wird in Teilfolgen $s_i(n)$ der Länge $L = M_s + M_h - 1$ segmentiert, wobei sich diese um $M_h - 1$ Abtastwerte überlappen. Die Teilsequenzen werden mit der Folge $h(n)$ der Länge M_h, die mit Nullen auf eine Länge L aufgefüllt wird, zirkular gefaltet. Da sich bei den Segmenten $s_i(n)$ und bei $h(-n)$ jedoch $M_h - 1$ von Null verschiedene Signalwerte gegenüberstehen – den Abtastwert bei $m = 0$ nicht mitgerechnet – sind die ersten $M_h - 1$ Werte der zirkularen Teilfaltungen $g_i(n)$ falsch und werden unterdrückt. Die verbleibenden, nichtüberlappenden Ausgangsfolgen $g_i'(n)$ werden aneinandergereiht und ergeben die gesuchte lineare Faltung $g(n)$.

Zusammenfassung

Zur Übersicht werden abschließend – ohne auf Einzelheiten einzugehen – die Arbeitsweisen der verschiedenen Faltungsoperationen zusammengefaßt.

Aperiodische oder lineare Faltung:
Es wird gemäß Glchg. (A.121) bspw. eine endliche Folge $h(m)$ der Länge M_h gespiegelt und an der endlichen Folge $s(m)$ der Länge M_s vorbeigeschoben, beschrieben durch eine Inkrementierung von n in der gespiegelten Folge $h(n-m)$. Die sich bei einem bestimmten n gegenüberstehenden Werte der beiden Folgen $s(m)$ und $h(n-m)$ werden miteinander multipliziert und die Teilprodukte addiert. Für dieses n stellt die Summe dieser Teilprodukte den Wert des Faltungsproduktes $g(n) = s(n) * h(n)$ dar. Es hat eine Länge von maximal $L = M_s + M_h - 1$ von Null verschiedenen Abtastwerten, ist also von endlicher Länge und damit aperiodisch. Auch ist die Summe (A.121) stets endlich, da bei $M_h \leq M_s$ nur M_h Teilprodukte zu addieren sind, sonst M_s.

Periodische Faltung:
Gemäß Glchg. (A.137) wird die mit M *periodische* Folge $\widetilde{y}(m)$ nach Spiegelung an der *periodischen* Folge $\widetilde{x}(m)$ gleicher Periode M vorbeigeschoben. Es werden nur die M sich gegenüberstehenden Werte einer einzigen Periode miteinander multipliziert und die Teilprodukte aufaddiert. Daher ist die Summe (A.137) stets endlich und das entstehende Faltungsprodukt ist wieder periodisch mit M.

Das Konzept der periodischen Faltung periodischer Folgen (und damit auch das der zirkularen Faltung) ist notwendig, wenn man eine aperiodische Faltung zweier endlicher Zeitfolgen mit Hilfe der FFT berechnen will (s. schnelle Faltung). Denn bei einer FFT haben wir es stets mit periodischen Folgen zu tun.

Zirkulare Faltung:
Man denkt sich auf dem Umfang eines Zylinders M Punkte in gleichen Intervallen markiert. Diesen Punkten ordnen wir die M Werte der *endlichen* Folge $x(n)$ der Länge M zu. Die *endliche* Folge $y(m)$ der gleichen Länge M wird in gespiegelter Form $y(-m)$ auf dem Umfang eines zweiten, in den ersten Zylinder hineingestellten Zylinders angeordnet. Die sich gegenüberstehenden Werte der beiden Folgen werden miteinander multipliziert. Die Addition der M Teilprodukte ergibt einen Wert des Faltungsproduktes, nämlich $g(n=0)$. Durch „punktweises" Drehen eines Zylinders relativ zum anderen erhält man die insgesamt M Werte des gesuchten Faltungsproduktes. Ein stetiges Weiterdrehen über 360° hinaus ergäbe die periodische Faltung. Die zirkulare Faltung führt also zum gleichen Ergebnis wie die periodische Faltung, ohne daß man sich die zu faltenden Folgen $x(m)$ und $y(m)$ periodisch wiederholt vorstellen muß.

Anmerkung: Die Begriffe der periodischen Faltung und der zirkularen Faltung werden in der Literatur nicht einheitlich benutzt. Teilweise wird nur mit der periodischen Faltung gearbeitet (was prinzipiell ausreicht), die in der englischsprachigen Literatur oft generell als „Circular Convolution" bezeichnet wird, und teilweise wird – zusätzlich zur periodischen Faltung – mit der hier von [10] übernommenen Definition der zirkularen Faltung in Verbindung mit dem Begriff der zirkularen Verschiebung gearbeitet.

Schnelle Faltung:
Unter Benutzung der FFT dient sie der effizienten Berechnung der aperiodischen Faltung zweier endlicher Folgen $s(n)$ und $h(n)$ der Längen M_0 und M_h. Diese müssen durch Anhängen von Nullen auf die gleiche Länge $L \geq M_0+M_h-1$ ausgedehnt werden. Man denkt sie sich dann mit L periodisch wiederholt. Von diesen beiden periodischen Folgen werden die DFT's mit Hilfe einer FFT berechnet und miteinander multipliziert. Das Produkt wird mit einer IFFT zurücktransformiert. Eine Periode der entstehenden periodischen Folge ist das gesuchte, aperiodische Faltungsprodukt.

Segmentierte Faltung:
Ist eine sehr lange Signalfolge $s(n)$ der Länge M_0 mit einer kurzen Folge $h(n)$ der Länge M_h zu falten, so wird die lange Folge in aneinandergrenzende oder auch überlappende Segmente $s_i(n)$ unterteilt (je nach Verfahren). Die Länge eines Segmentes $s_i(n)$ wird zu $M_s \approx M_h$ gewählt. Nach Verlängerung der beiden Folgen $s_i(n)$ und $h(n)$ auf $L \geq M_s + M_h - 1$ durch Anhängen von Nullen wird für jedes Segment das Faltungsprodukt mit Hilfe der schnellen Faltung berechnet. Eine Aneinanderreihung der resultierenden (und etwas manipulierten) Teilfaltungen ergibt die gesuchte Faltung $s(n) * h(n)$.

A.14 Korrelation determinierter Signale

Das Konzept der Kreuzkorrelation beschreibt bei determinierten Signalen die Ähnlichkeit zweier Signale (Zeitfunktionen) in Abhängigkeit von ihrer gegenseitigen zeitlichen Verschiebung τ. Bei der Autokorrelation wird ein Signal mit seinem eigenen, um τ verschobenen Abbild verglichen.

Als Maß für die Ähnlichkeit oder Korrelation verwendet man die Energie des Differenzsignals der zu vergleichenden Signale. Dazu werden einleitend die in der Systemtheorie allgemeiner gehaltenen Begriffe von Signalenergie und Signalleistung definiert.

Die Operation der Korrelation zeigt sehr viel Ähnlichkeit mit der Faltung. Die Kreuzkorrelationsfunktion läßt sich daher auch als Faltungsprokukt darstellen. Analog zur periodischen und schnellen Faltung *diskreter* Signale existiert auch die periodische und schnelle Korrelation.

In starker Anlehnung an *Lüke* [2] betrachten wir zunächst nur reelle Signale (Zeitfunktionen). Der Übergang auf komplexe Signale wird am Schluß erläutert.

Energie und Leistung von Signalen

Ist $s(t)$ der zeitliche Verlauf der Spannung an einem Widerstand R, so ist die im Intervall $[t_1, t_2]$ an diesen Widerstand abgegebene Energie

$$E_R = \frac{1}{R} \int_{t_1}^{t_2} s^2(t)\,dt \tag{A.144}$$

In der Systemtheorie bezeichnet man in Anlehnung an diese Beziehung

$$E = \int_{t_1}^{t_2} s^2(t)\,dt \tag{A.145}$$

verallgemeinernd als Signalenergie des reellen Signals s(t) im Zeitintervall $[t_1, t_2]$. Signale mit endlicher Gesamtenergie, für die also

$$E = \int_{-\infty}^{\infty} s^2(t)\,dt < \infty \tag{A.146}$$

gilt, werden *Energiesignale* genannt. Dazu gehören zweiseitig begrenzte Signale.

Nach der Parsevalschen Regel für komplexe Zeitfunktionen $x(t)$ und $y(t)$ mit den komplexen Spektren $X(f)$ und $Y(f)$

$$\int_{-\infty}^{\infty} x(t) \cdot y^*(t)\,dt = \int_{-\infty}^{\infty} X(f) \cdot Y^*(f)\,df \tag{A.147}$$

kann man bei reellem $x(t) = y(t) = s(t)$ und komplexem Spektrum $S(f)$ die Energie von Energiesignalen auch im Frequenzbereich bestimmen. Es wird mit $S(f) \cdot S(f)^* = |S(f)|^2$

$$E = \int_{-\infty}^{\infty} s^2(t)\,dt = \int_{-\infty}^{\infty} |S(f)|^2\,df \tag{A.148}$$

Die Größe $|S(f)|^2$ läßt sich als spektrale Energiedichte, gemessen beispielsweise in Wattsekunden pro Hertz Bandbreite, auffassen. Sie wird auch als *Energiedichtespektrum* bezeichnet.

Für eine große Klasse von Signalen nichtendlicher Gesamtenergie, wie zum Beispiel periodische Signale, kann man eine mittlere Leistung

$$P = \lim_{T\to\infty} \frac{1}{2T} \int_{-T}^{T} s^2(t)\,dt = \overline{s^2(t)} \tag{A.149}$$

definieren, die bei diesen Signalen endlich ist, d. h. $P<\infty$. Solche Signale nennt man *Leistungssignale*. Bei ihnen kann man schreiben

$$P=\lim_{T\to\infty}\frac{1}{2T}\int_{-T}^{T}s^2(t)\,dt=\overline{s^2(t)}=\int_{-\infty}^{\infty}L(f)\,df \tag{A.150}$$

Dabei läßt sich die reelle und nichtnegative Größe $L(f)$ als spektrale Leistungsdichte interpretieren, gemessen bspw. in W pro Hertz Bandbreite. Mit Hilfe eines an einen Bandpaß der Bandbreite $B\to df$ angeschlossenen Leistungsmessers kann man $L(f)$ ermitteln, wenn man den Bandpaß über den gesamten Frequenzbereich verschiebt. Man bezeichnet $L(f)$ auch als *Leistungsdichtespektrum*.

Normierter Korrelationskoeffizient

Wir betrachten zwei reelle Energiesignale $s(t)$ und $g(t)$ und suchen nach einem Maß, das die Ähnlichkeit oder Korrelation der beiden Signale beschreibt. Dazu bietet sich die Energie E_Δ des Differenzsignals $\Delta(t)=s(t)-g(t)$ an:

$$E_\Delta=\int_{-\infty}^{\infty}\Big[s(t)-g(t)\Big]^2dt=\int_{-\infty}^{\infty}s^2(t)\,dt+\int_{-\infty}^{\infty}g^2(t)\,dt-2\int_{-\infty}^{\infty}s(t)g(t)\,dt \tag{A.151}$$

Um E_Δ von den Amplituden der Signale $s(t)$ und $g(t)$ unabhängig zu machen, normieren wir diese mit Hilfe ihrer Energien E_s und E_g und erhalten dann mit $s_n(t)=s(t)/\sqrt{E_s}$ und $g_n(t)=g(t)/\sqrt{E_g}$

$$E_{\Delta,n}=\int_{-\infty}^{\infty}\Big[s_n(t)-g_n(t)\Big]^2dt=2-2\,\frac{\int_{-\infty}^{\infty}s(t)g(t)\,dt}{\sqrt{E_sE_g}} \tag{A.152}$$

Man definiert als Ähnlichkeitsmaß den sogenannten normierten Kreuzkorrelationskoeffizienten

$$\rho_{sg}=1-\frac{E_{\Delta,n}}{2}=\frac{\int_{-\infty}^{\infty}s(t)g(t)\,dt}{\sqrt{E_sE_g}} \tag{A.153}$$

Dieser liegt im Intervall $-1\le\rho_{sg}\le 1$ und wird 1 für $g(t)=k\,s(t)$ mit reellem, positivem k. Die Signale $s(t)$ und $g(t)$ weisen dann die größte Ähnlichkeit oder größte Korrelation auf. Ähnlich sind sich die Signale auch für negatives k, in diesem Fall ist $\rho_{sg}=-1$. Keinerlei Verwandtschaft oder Ähnlichkeit im hier verwendeten Sinne besitzen orthogonale Signale, für die

$$\rho_{sg}=\int_{-\infty}^{\infty}s(t)g(t)\,dt=0 \tag{A.154}$$

gilt. So sind z. B. die Sinus- und Cosinusfunktion nicht korreliert, da sie die letzte Gleichung erfüllen.

Kontinuierliche Kreuzkorrelationsfunktion

Der Definition des normierten Kreuzkorrelationskoeffizienten haben wir eine feste zeitliche Lage der Signale $s(t)$ und $g(t)$ zugeordnet. Verschiebt man die Signale zeitlich zueinander, so muß sich offensichtlich auch ρ_{sg} ändern. Man kann jede zeitliche Lage der beiden Signale zueinander durch eine feste Position von $s(t)$ und eine Verschiebung von $g(t)$ um τ beschreiben. Der normierte Korrelationskoeffizient ist dann eine Funktion der Verschiebung τ, also

$$\rho_{sg}(\tau) = \frac{\int_{-\infty}^{\infty} s(t)\, g(t+\tau)\, dt}{\sqrt{E_s E_g}} \tag{A.155}$$

Man bezeichnet den im Zähler stehenden Ausdruck

$$r_{sg}(\tau) = \int_{-\infty}^{\infty} s(t)\, g(t+\tau)\, dt \tag{A.156}$$

als *Kreuzkorrelationsfunktion* (KKF) der Signale $s(t)$ und $g(t)$. Bild A.29 zeigt das Blockdiagramm eines Systems (Kreuzkorrelator), das die Kreuzkorrelation angenähert ermitteln kann.

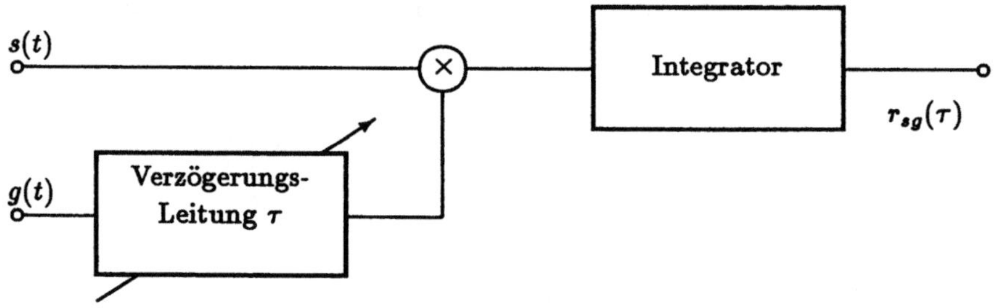

Bild A.29 Blockbild eines Kreuzkorrelators, abgeleitet aus Gleichung (A.156).

Die KKF von Energiesignalen hat große Ähnlichkeit mit dem Faltungsintegral (A.48). In Anlehnung an die symbolische Schreibweise der Faltung und an die Bezeichnung Faltungsprodukt wollen wir hier wie in [2] das dem Faltungssymbol $*$ ähnliche Symbol $\star$ verwenden[4]. Für das sogenannte *Korrelationsprodukt* erhalten wir dann

[4]Für die folgenden Herleitungen ergeben sich bei Verwendung des Korrelationssymbols $\star$ sowohl kürzere wie auch in gewissem Sinne aussagekräftigere Formeln. Da das Symbol aber nicht allgemein eingeführt ist, soll seine Verwendung auf diesen Anhang beschränkt bleiben.

$$r_{sg}(\tau) = s(\tau) \star g(\tau) = \int_{-\infty}^{\infty} s(t)\, g(t+\tau)\, dt \tag{A.157}$$

Man kann eine Korrelation durch eine Faltung ausdrücken. Dazu ersetzen wir in der letzten Gleichung t durch $-\theta$ und erhalten

$$r_{sg} = \int_{\infty}^{-\infty} s(-\theta)\, g(\tau-\theta)\,(-d\theta) = \int_{-\infty}^{\infty} s(-\theta)\, g(\tau-\theta)\, d\theta$$

Das rechts stehende Integral stellt die Faltung der beiden Funktionen $s(-t)$ und $g(t)$ dar. Deshalb gilt

$$r_{sg}(\tau) = s(\tau) \star g(\tau) = s(-\tau) * g(\tau) \tag{A.158}$$

und – wie man zeigen kann – umgedreht auch

$$s(\tau) * g(\tau) = s(-\tau) \star g(\tau) \tag{A.159}$$

Man beachte, daß die KKF $r_{sg}(\tau)$ eine Funktion der zeitlichen Verschiebung τ ist, mit der $g(t)$ gegenüber $s(t)$ zeitlich versetzt ist. Die Verschiebungsvariable τ ersetzt also hier die übliche Zeitvariable t.

Von Interesse ist der Zusammenhang zwischen $r_{sg}(\tau)$ und $r_{gs}(\tau)$. Wir finden zunächst die Beziehung

$$r_{gs}(\tau) = g(\tau) \star s(\tau) = g(-\tau) * s(\tau) = s(\tau) * g(-\tau) \tag{A.160}$$

da die Faltung kommutativ ist. Daraus wird, da wegen Glchg. (A.159) die Beziehung $s(\tau) * g(-\tau) = s(-\tau) \star g(-\tau)$ gilt,

$$r_{gs}(\tau) = s(-\tau) \star g(-\tau) = r_{sg}(-\tau) \tag{A.161}$$

$r_{gs}(\tau)$ ist also eine zeitgespiegelte Version von $r_{sg}(\tau)$. Die letzten Beziehungen lassen erkennen, daß das Korrelationsprodukt nicht kommutativ ist. Weiterhin ist es auch nicht assoziativ, wohl aber distributiv bezüglich der Addition. *Zur Vereinfachung von Rechnungen ist es daher oft von Vorteil, Korrelationsprodukte durch Faltungsprodukte auszudrücken, da die Faltung kommutativ, assoziativ und distributiv ist.*

Die Kreuzkorrelationsfunktion zweier *Leistungssignale* $s(t)$ und $g(t)$ ist definiert als

$$r_{gs}(\tau) = \lim_{T\to\infty} \frac{1}{2T} \int_{-T}^{T} s(t)\, g(t+\tau)\, dt = \overline{s(t) \cdot g(t+\tau)} \qquad \text{(A.162)}$$

wobei der Überstrich den zeitlichen Mittelwert des Produktes bedeutet.

Kontinuierliche Autokorrelationsfunktion

Die *Autokorrelationsfunktion* (AKF) eines Energiesignals $s(t)$ beschreibt die Ähnlichkeit oder Korrelation mit seinem um τ verschobenen Abbild $s(t+\tau)$:

$$\boxed{r(\tau) = r_{ss}(\tau) = \int_{-\infty}^{\infty} s(t)\, s(t+\tau)\, dt} \qquad \text{(A.163)}$$

Für ein Leistungssignal gilt

$$r(\tau) = r_{ss}(\tau) = \lim_{T\to\infty} \frac{1}{2T} \int_{-T}^{T} s(t)\, s(t+\tau)\, dt = \overline{s(t) \cdot s(t+\tau)} \qquad \text{(A.164)}$$

Wie man zeigen kann, ist die AKF eine gerade Funktion, d. h. $r(\tau) = r(-\tau)$.

Für $\tau = 0$ wird die AKF ein Maximum, da dann die Ähnlichkeit zwischen $s(t)$ und $s(t+\tau)$ am größten ist. Wegen

$$r(0) = \int_{-\infty}^{\infty} s^2(t)\, dt \qquad \text{(A.165)}$$

ist der Wert der AKF für $\tau = 0$ gleich der Energie E des Signals $s(t)$, wenn dieses ein Energiesignal ist. Auch bei Leistungssignalen stellt $r(0)$ ein Maximum dar und entspricht der mittleren Leistung P des Signals.

Bei einem zweiseitig begrenzten Signal $s(t)$ hat die AKF die doppelte Dauer von $s(t)$, wie das folgende Beispiel eines Rechteckpulses der Dauer T_0 zeigt. Das Integral

$$r(\tau) = \int_{t=-\infty}^{\infty} \operatorname{rect}\left(\frac{t}{T_0}\right) \cdot \operatorname{rect}\left(\frac{t+\tau}{T_0}\right) dt$$

ist wie folgt zu interpretieren: Der zweite Rechteckpuls unter dem Integral wird von der Position $\tau = -T_0$ aus am ersten Rechteckpuls bis in die Position $\tau =$

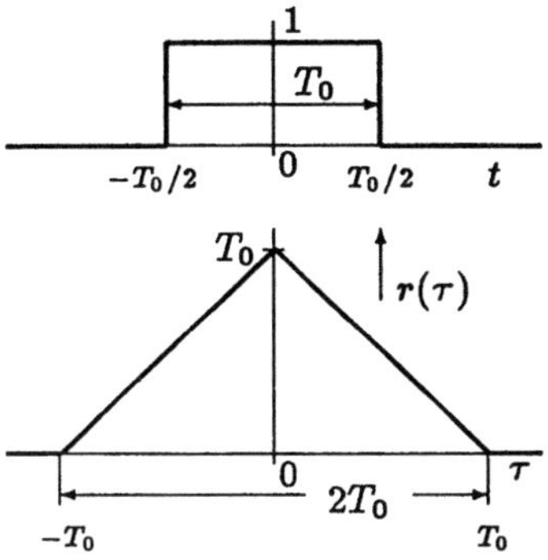

Bild A.30 Autokorrelationsfunktion $r(\tau)$ eines Rechteckpulses der Dauer T_0 und der Amplitude 1. Die AKF ist ein Dreieckpuls von der doppelten Dauer des Rechteckpulses mit der Amplitude T_0.

T_0 vorbeigeschoben. In jeder der nicht abzählbar unendlich vielen Positionen werden alle sich gegenüberstehenden Werte der beiden Rechteckpulse miteinander multipliziert und die Teilprodukte zu $r(\tau)$ aufaddiert. Innerhalb des Bereiches von $\tau = -T_0$ bis $\tau = T_0$ steigt die AKF von $r(\tau) = 0$ aus linear an, erreicht bei Deckungsgleichheit der beiden Pulse ihr Maximum, und fällt dann linear wieder auf $r(\tau) = 0$ ab. Außerhalb des Intervalles $-T_0 < \tau < T_0$ verschwindet die AKF. Die Länge der AKF eines Rechteckpulses entspricht also seiner doppelten Dauer $2T_0$. Bild A.30 zeigt den Rechteckpuls und seine AKF.

Wiener-Khintchine-Theorem

Die AKF ist eine Zeitfunktion, bei der die Verschiebungsvariable τ die Stelle der sonst üblichen Zeitvariablen t einnimmt. Wenn wir die AKF eines reellen Energiesignals als Faltungsprodukt zweier Zeitfunktionen darstellen, also $r(\tau) = s(-\tau) * s(\tau)$ schreiben, können wir mit Hilfe von Glchg. (A.50) leicht seine Fourier-Transformierte bestimmen. Wir bekommen die Korrespondenz

$$r(\tau) = s(-\tau) * s(\tau) \;\circ\!\!-\!\!\bullet\; S^*(f) \cdot S(f) = |S(f)|^2 \qquad \text{(A.166)}$$

da bei reellen Signalen $s(-\tau) \;\circ\!\!-\!\!\bullet\; S(-f) = S^*(f)$ gilt. Man bezeichnet diese Fourier-Korrespondenz als *Wiener-Khintchine-Theorem.*

Die Fourier-Transformierte der AKF ist also das am Anfang dieses Abschnittes schon erklärte Energiedichtespektrum $|S(f)|^2$. Da die Phase von $S(f)$ nicht in $|S(f)|^2$ eingeht, können viele Signale zur gleichen AKF führen. Betrachtet man bspw. mehrere um unterschiedliche Zeitintervalle verschobene Rechteckpulse, so unterscheiden sich zwar ihre Phasen in den zugehörigen Spektren, sie besitzen aber alle dieselbe AKF.

Autokorrelationsfunktionen bei LTI-Systemen

Die Ausgangszeitfunktion $g(t)$ eines LTI-Systems ist das Faltungsprodukt von Eingangszeitfunktion $s(t)$ und Impulsantwort $h(t)$:

$$g(t) = s(t) * h(t).$$

Die AKF $r_{gg}(\tau)$ des Ausgangssignals kann man schreiben als

$$r_{gg}(\tau) = g(\tau) \star g(\tau) = g(-\tau) * g(\tau)$$

Unter Verwendung der vorletzten Gleichung erhält man

$$r_{gg}(\tau) = \Big\{s(-\tau) * h(-\tau)\Big\} * \Big\{s(\tau) * h(\tau)\Big\}$$

Da die Faltung assoziativ ist, wird

$$r_{gg}(\tau) = \Big\{s(-\tau) * s(\tau)\Big\} * \Big\{h(-\tau) * h(\tau)\Big\}$$

und endgültig

$$\boxed{r_{gg}(\tau) = r_{ss}(\tau) * r_{hh}(\tau)} \tag{A.167}$$

Die AKF des Ausgangssignals $g(t)$ ist demnach gleich dem Faltungsprodukt der AKF des Eingangssignals $s(t)$ mit der AKF der Impulsantwort $h(t)$. Also sind die AKF's von Ausgangssignal, Eingangssignal und Impulsantwort genauso verknüpft wie die zugehörigen, determinierten Zeitfunktionen. Man nennt die letzte Gleichung die *Wiener-Lee-Beziehung*. Ihre Fourier-Transformierte erhalten wir mit Hilfe des Wiener-Khintchine-Theorems zu

$$\boxed{|G(f)|^2 = |S(f)|^2 \cdot |H(f)|^2} \tag{A.168}$$

Bild A.31 stellt die beschriebenen Zusammenhänge an einem LTI-System dar. Man kann zeigen, daß für Leistungssignale analog zu Glchg. (A.168)

$$L_g(f) = L_s(f) \cdot |H(f)|^2 \tag{A.169}$$

gilt. Dabei sind $L_g(f)$ und $L_s(f)$ die – stets reellwertigen und positiven – Leistungsdichtespektren der Signale $s(t)$ und $g(t)$.

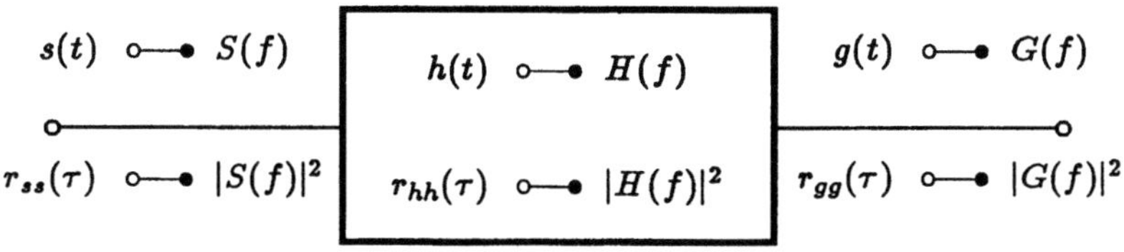

$$g(t) = s(t) * h(t) \quad ○\!\!-\!\!● \quad S(f) \cdot H(f) = G(f)$$

$$r_{gg}(\tau) = r_{ss}(\tau) * r_{hh}(\tau) \quad ○\!\!-\!\!● \quad |S(f)|^2 \cdot |H(f)|^2 = |G(f)|^2$$

Bild A.31 Allgemeine Beziehungen für ein LTI-System zwischen einerseits den Zeit- und Spektralfunktionen und andererseits den AKF's der Zeitfunktionen und den Energiedichtespektren. Die letzte Fourier-Korrespondenz stellt das Wiener-Khintchine-Theorem dar, seine linke Seite die Wiener-Lee-Beziehung.

Diskrete Kreuzkorrelationsfunktion

Wir können zwei Energiesignale $s(t)$ und $g(t)$, wenn wir sie unter (ausreichender) Einhaltung des Abtasttheorems im Abstand T_a abtasten, durch ihre Abtastwerte und damit durch die Folgen $s(nT_a) = s(n)$ und $g(nT_a) = g(n)$ genügend gut beschreiben. Ausgehend von den Glchgn. (A.157) und (A.158) finden wir dann mit Hilfe einer Ableitung ähnlich der für die diskreten aperiodischen Faltungen (A.121) und (A.122) die Beziehungen

$$\begin{aligned} r_{sg}(m) &= s(m) \star g(m) = \sum_{n=-\infty}^{\infty} s(n)g(n+m) \\ &= s(-m) * g(m) \end{aligned} \tag{A.170}$$

$$\begin{aligned} r_{gs}(m) &= g(m) \star s(m) = \sum_{n=-\infty}^{\infty} g(n)s(n+m) \\ &= g(-m) * s(m) \end{aligned} \tag{A.171}$$

Ebenso wie eine kontinuierliche KKF eine Zeitfunktion der Verschiebungsvariablen τ ist, stellt eine diskrete KKF eine Funktion der diskreten Verschiebungsvariablen m dar. Die Gleichungen (A.170) und (A.171) beschreiben die *diskrete aperiodische* Korrelation der Folgen $s(n)$ und $g(n)$. Wie bei der Faltung spricht man zum Zwecke der Unterscheidung von aperiodischer Korrelation, da auch eine periodische Korrelation existiert.

Diskrete Autokorrelationsfunktion

Aus der diskreten KKF zweier Folgen $s(n)$ und $g(n)$ erhalten wir mit $g(n)=s(n)$ die diskrete Autokorrelationsfunktion der Folge $s(n)$ zu

$$\boxed{\begin{aligned} r(m) = r_{ss}(m) &= s(m) \star s(m) = \sum_{n=-\infty}^{\infty} s(n)s(n+m) \\ &= s(-m) * s(m) \end{aligned}} \quad (A.172)$$

Für $m = 0$ bekommen wir daraus die Energie eines reellen und zeitdiskreten Signals zu

$$E = r(0) = \sum_{n=-\infty}^{\infty} s^2(n) \quad (A.173)$$

Mit den Fourier-Korrespondenzen $s(m) \circ\!\!-\!\!\bullet\, S_a(f)$ und $s(-m) \circ\!\!-\!\!\bullet\, S_a^*(f)$ der reellen Folge $s(m)$ finden wir für das Wiener-Khintchine-Theorem bei diskreten Signalen:

$$\boxed{r(m) = s(-m) * s(m) \circ\!\!-\!\!\bullet\, S_a^*(f) \cdot S_a(f) = |S_a(f)|^2} \quad (A.174)$$

Da das Spektrum $S_a(f)$ periodisch ist, muß notwendigerweise auch das Energiedichtespektrum $|S_a(f)|^2$ periodisch sein. Wenn wir wie üblich bei Folgen $s(nT_a)= s(n)$ schreiben, setzen wir formal $T_a = 1/F_a = 1$. Damit ergibt sich die Periode von $|S_a(f)|^2$ zu $F_a=1$.

Nach der Theorie der Fourier-Reihen lassen sich die diskreten Werte $r(m)$ der AKF als Fourier-Koeffizienten c_n des periodischen Energiedichtespektrums $|S_a(f)|^2$ – analog zu Glchg. (A.13) – auffassen. Damit kann man $r(m)$ ähnlich Glchg. (A.14) ermitteln zu

$$r(m) = r(mT_a) = \frac{1}{F_a} \int_{-F_a/2}^{F_a/2} |S_a(f)|^2 \, e^{j2\pi m T_a f} \, df$$

Mit $F_a=1/T_a=1$ wird

$$r(m) = \int_{-1/2}^{1/2} |S_a(f)|^2 \, e^{j2\pi m f} \, df$$

Unter Verwendung von Glchg. (A.173) und der letzten Gleichung bekommen wir für $m=0$ die Signalenergie im Zeit- und Frequenzbereich zu

$$E = r(0) = \sum_{n=-\infty}^{\infty} s^2(n) = \int_{-1/2}^{1/2} |S_a(f)|^2 \, df \tag{A.175}$$

Diese Beziehung stellt das Parsevalsche Theorem für diskrete und reelle Signale dar.

Analog zu Glchg. (A.167) findet man die Wiener-Lee-Beziehung für die Verknüpfung der AKF's der diskreten Eingangs- und Ausgangssignale $s(n)$ und $g(n)$ eines Systems mit der AKF seiner diskreten Einheitsimpulsantwort $h(n)$ zu

$$r_{gg}(m) = r_{ss}(m) * r_{hh}(m) \tag{A.176}$$

Vergleichbar mit Glchg. (A.168) ergibt eine Fourier-Transformation

$$|G_a(f)|^2 = |S_a(f)|^2 \cdot |H_a(f)|^2 \tag{A.177}$$

Periodische und schnelle Korrelation

Um die aperiodische Faltung zweier endlicher Folgen unter Benutzung des FFT- und IFFT-Algorithmus schnell und/oder Hardware-sparend berechnen zu können, wurde das Konzept der periodischen Faltung eingeführt. Denn FFT und IFFT verknüpfen periodische Zeit- und Spektralfolgen und bei solchen Folgen existiert nur eine periodische und keine aperiodische Faltung. Eine aperiodische Faltung wird dann über den Umweg einer periodischen ermittelt.

Ähnliche Verhältnisse wie bei der Faltung finden wir bei der Korrelation vor. Gewünscht wird oft die effiziente Berechnung der Kreuzkorrelation zweier reellwertiger, endlicher (und damit aperiodischer) Folgen $s(n)$ und $g(n)$, wieder unter Benutzung des FFT-Algorithmus. In diesem Zusammenhang ist es dann erforderlich, analog zu Glchg. (A.137) die *periodische Korrelation* unter Verwendung des Symbols $\circledstar$ wie folgt zu definieren:

$$\begin{aligned} \widetilde{r}_{sg}(m) &= \widetilde{s}(m) \circledstar \widetilde{g}(m) = \sum_{n=0}^{M-1} \widetilde{s}(n)\,\widetilde{g}(n+m) \\ &= \widetilde{s}(-m) \circledast \widetilde{g}(m) \end{aligned} \tag{A.178}$$

Dabei sind $\widetilde{s}(n)$ und $\widetilde{g}(n)$ die mit der Periode M wiederholten endlichen Folgen $s(n)$ und $g(n)$. Eine Periode von $\widetilde{r}_{sg}$ erstreckt sich bspw. von $m \doteq 0$ bis $m = M-1$. Ebenso wie bei der periodischen Faltung ist die periodische Korrelation gleich der periodisch wiederholten Korrelation der beiden endlichen Folgen $s(n)$ und $g(n)$.

Auch läßt sich wie bei der diskreten Faltung eine *zirkulare* Korrelation als nur eine andere Interpretation der periodischen Korrelation auffassen.

Ähnlich der Korrespondenz (A.138) gilt bei der periodischen Korrelation die wichtige Fourier-Korrespondenz

$$\boxed{\widetilde{s}(m) \circledast \widetilde{g}(m) = \widetilde{s}(-m) \circledast \widetilde{g}(m) \quad \circ\!\!-\!\!\bullet \quad \widetilde{S}(-k) \cdot \widetilde{G}(k)} \tag{A.179}$$

wobei $\widetilde{S}(k)$ und $\widetilde{G}(k)$ die periodischen Folgen der zu $\widetilde{s}(n)$ und $\widetilde{g}(n)$ gehörigen diskreten Spektren sind, wie bei der Ableitung von Glchg. (A.138) beschrieben wurde.

Das Verfahren der schnellen Korrelation entspricht dem in Bild A.25 gezeigten Verfahren der schnellen Faltung. Gemäß Glchg. (A.179) werden zunächst mit zwei FFT's $\widetilde{S}(-k) \bullet\!\!-\!\!\circ \widetilde{s}(-m)$ und $\widetilde{G}(k) \bullet\!\!-\!\!\circ \widetilde{g}(m)$ berechnet. Das Produkt $\widetilde{S}(-k) \cdot \widetilde{G}(k)$ wird mit einer IFFT zurücktransformiert und stellt die periodische Kreuzkorrelation $\widetilde{r}_{sg}(m)$ dar. Eine Periode davon ist die gesuchte KKF $r_{sg}(m)$ der beiden endlichen Folgen $s(n)$ und $g(n)$.

Ist eine der zu korrelierenden Folgen sehr lang, so läßt sich wie bei der Faltung auch eine segmentierte Korrelation mit Hilfe des Overlap-and-Add- oder des Overlap-and-Save-Algorithmus durchführen.

Übergang auf komplexwertige Signale

Bisher wurden der leichteren Verständlichkeit wegen nur reellwertige Zeitfunktionen und Zeitfolgen betrachtet. Der Übergang auf komplexwertige Signale (Zeitfunktionen und Zeitfolgen) soll im folgenden nur angedeutet werden.

Die Energie eines komplexen Signals ergibt sich zu

$$E = \int_{-\infty}^{\infty} s(t)\, s^*(t)\, dt = \int_{-\infty}^{\infty} |s(t)|^2\, dt \tag{A.180}$$

Analog zu Glchg. (A.151) wird die Energie des Differenzsignals

$$E_\Delta = \int_{-\infty}^{\infty} \Big[s(t) - g(t)\Big] \Big[s(t) - g(t)\Big]^* dt = \int_{-\infty}^{\infty} \Big[s(t) - g(t)\Big] \Big[s^*(t) - g^*(t)\Big] dt$$

$$= \int_{-\infty}^{\infty} |s(t)|^2\, dt + \int_{-\infty}^{\infty} |g(t)|^2\, dt - 2\,\mathrm{Re}\left[\int_{-\infty}^{\infty} s^*(t)\, g(t)\, dt\right] \tag{A.181}$$

$$= \int_{-\infty}^{\infty} |s(t)|^2\, dt + \int_{-\infty}^{\infty} |g(t)|^2\, dt - 2\,\mathrm{Re}\left[\int_{-\infty}^{\infty} s(t)\, g^*(t)\, dt\right] \tag{A.182}$$

Bei einer Normierung wie für Glchg. (A.152) erhalten wir für den normierten (reellen) Korrelationskoeffizienten analog zu Glchg. (A.155)

$$\rho_{sg}(\tau) = 1 - \frac{E_{\Delta,n}}{2} = \frac{\mathrm{Re}\left[\int_{-\infty}^{\infty} s^*(t)\,g(t+\tau)\,dt\right]}{\sqrt{E_s\,E_g}} \tag{A.183}$$

$$= \frac{\mathrm{Re}\left[\int_{-\infty}^{\infty} s(t)\,g^*(t+\tau)\,dt\right]}{\sqrt{E_s\,E_g}} \tag{A.184}$$

In Anlehnung an die aus Glchg. (A.155) abgeleitete Kreuzkorrelationsfunktion (A.156) für reelle Signale definiert man das Integral im Zähler der letzten Gleichung als *komplexe* Kreuzkorrelationsfunktion für komplexe Signale:

$$r_{sg}(\tau) = \int_{-\infty}^{\infty} s^*(t)\,g(t+\tau)\,dt \tag{A.185}$$

Daraus folgt für die Symmetrieeigenschaft der komplexen Kreuzkorrelationsfunktion

$$\begin{aligned} r_{sg}(-\tau) &= \int_{-\infty}^{\infty} s^*(t)\,g(t-\tau)\,dt = \int_{-\infty}^{\infty} s^*(t+\tau)\,g(t)\,dt \\ &= \int_{-\infty}^{\infty} g(t)\,s^*(t+\tau)\,dt \\ &= r_{gs}^*(\tau) \end{aligned} \tag{A.186}$$

Damit erhält man für die Autokorrelationsfunktion

$$r(\tau) = r_{ss}(\tau) = \int_{-\infty}^{\infty} s^*(t)\,s(t+\tau)\,dt \tag{A.187}$$

Aus Glchg. (A.186) folgt

$$r(-\tau) = r_{ss}^*(\tau) \tag{A.188}$$

Die AKF ist also eine *konjugiert gerade Funktion.* Alle in der Formelsammlung angegebenen Beziehungen für komplexe Signale lassen sich aus den letzen Formeln herleiten.

Zwei komplexe Signale $s(t)$ und $g(t)$ sind orthogonal, wenn sie die Beziehung

$$\int_{-\infty}^{\infty} s^*(t)\,g(t)\,dt = 0 \tag{A.189}$$

erfüllen.

A.15 Formelsammlung

Zeitkontinuierliche Elementarsignale

Gerade und ungerade Funktionen:

$$s(t) = s_g(t) + s_u(t); \quad s_g(t) = \tfrac{1}{2}\left[s(t) + s(-t)\right]; \quad s_u(t) = \tfrac{1}{2}\left[s(t) - s(-t)\right]$$

Dirac-Funktion (Stoß- oder Impuls-Funktion):

$$\delta(t) = \begin{cases} \infty & \text{für} \quad t = 0 \\ 0 & \text{für} \quad t \neq 0 \end{cases}$$

$$\int_{-\infty}^{\infty} \delta(t)\, dt = 1$$

Definition als Grenzfall zum Beispiel eines Rechteckpulses:

$$\delta(t) = \lim_{\Delta T \to 0} \frac{1}{\Delta T} \operatorname{rect}\left(\frac{t}{\Delta T}\right)$$

$\delta(-t) = \delta(t)$: gerade Funktion $\qquad \delta(at) = \dfrac{1}{|a|}\delta(t)$: gedehnter Dirac-Stoß

$s(t_0) = \displaystyle\int_{-\infty}^{\infty} s(t)\, \delta(t - t_0)\, dt$: Ausblendeigenschaft (Zeitsieb)

$s(t) \cdot \delta(t - t_0) = s(t_0) \cdot \delta(t - t_0)$: Abtasteigenschaft

$s(t) * \delta(t - t_0) = s(t - t_0)$: Verschiebungseigenschaft

Sprungfunktion:

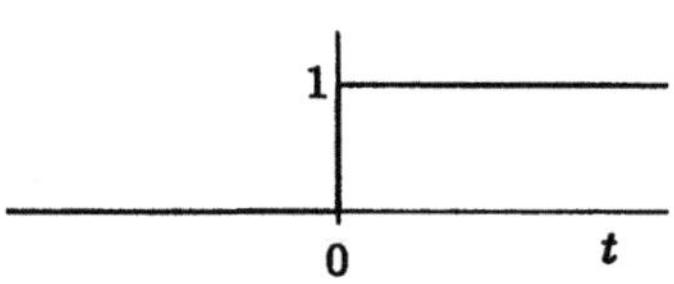

$$\sigma(t) = \begin{cases} 1 & \text{für} \quad t \geq 0 \\ 0 & \text{für} \quad t < 0 \end{cases}$$

$$\frac{d\sigma(t)}{dt} = \delta(t)$$

Signum-Funktion:

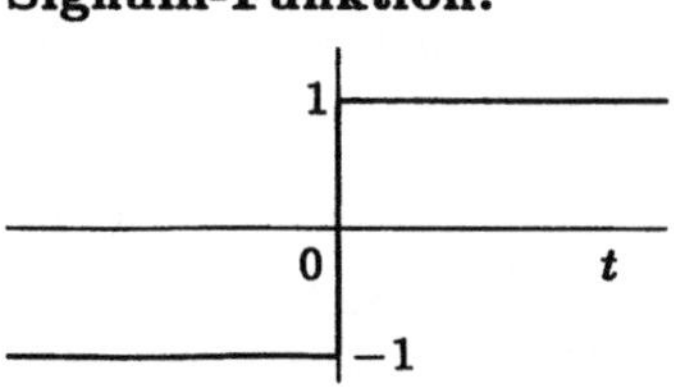

$$\operatorname{sgn}(t) = \begin{cases} +1 & \text{für} \quad t > 0 \\ 0 & \text{für} \quad t = 0 \\ -1 & \text{für} \quad t < 0 \end{cases}$$

Fortsetzung zeitkontinuierliche Elementarsignale:

Rechteck-Puls:

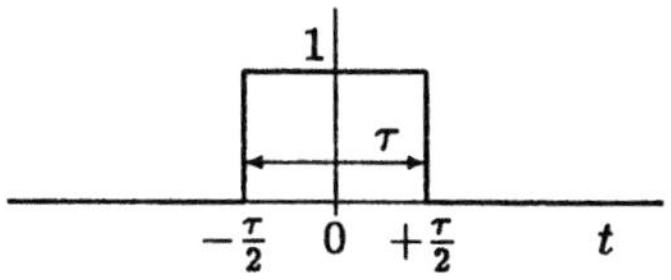

$$\mathrm{rect}\left(\frac{t}{\tau}\right) = \begin{cases} 1 & \text{für} \quad |t| \le \tau/2 \\ 0 & \text{für} \quad |t| > \tau/2 \end{cases}$$

Sin x/x- oder Sinc-Puls:

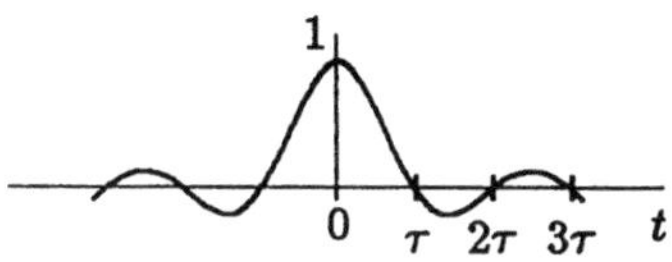

$$\mathrm{sinc}\left(\frac{t}{\tau}\right) = \frac{\sin\left(\frac{\pi t}{\tau}\right)}{\frac{\pi t}{\tau}}$$

Gauß-Puls:

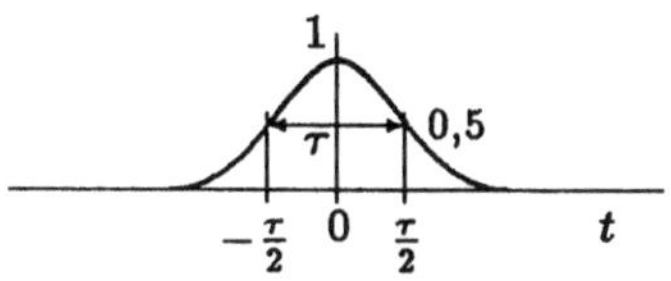

$$\mathrm{gs}\left(\frac{t}{\tau}\right) = \mathrm{e}^{-4\ln 2\left(\frac{t}{\tau}\right)^2} = \mathrm{e}^{-2{,}773\left(\frac{t}{\tau}\right)^2}$$

Kammfunktion:

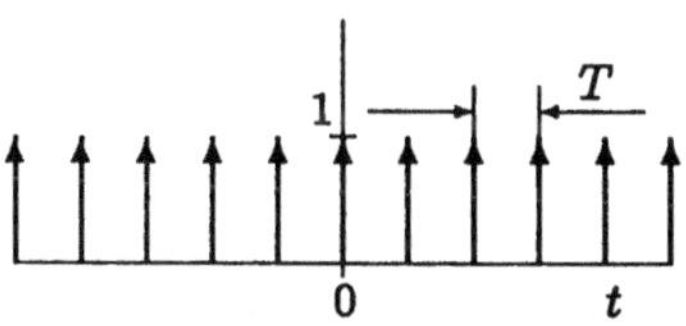

$$\mathrm{comb}_T = \sum_{n=-\infty}^{\infty} \delta(t - nT)$$

(n ganzzahlig)

Wiederholungs-(Repetitions-)Operator:

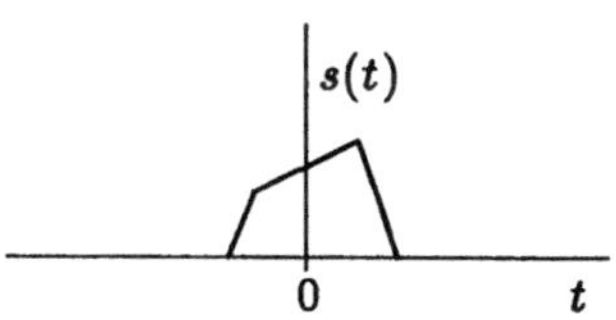

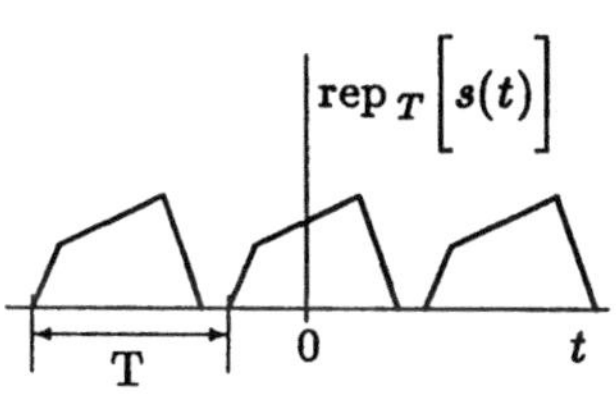

$$\begin{aligned} \mathrm{rep}_T\big[s(t)\big] &= \sum_{n=-\infty}^{\infty} s(t-nT) \\ &= s(t) * \sum_{n=-\infty}^{\infty} \delta(t-nT) \\ &= s(t) * \mathrm{comb}_T \end{aligned}$$

(n ganzzahlig)

Fourier-Korrespondenzen (CFT)

Signaloperation	Zeitfunktion	Spektralfunktion
Fourier-Transformation	$s(t)$	$S(f) = \int\limits_{-\infty}^{\infty} s(t)\,\mathrm{e}^{-\mathrm{j}2\pi ft}\,dt$
Fourier-Rücktransf.	$s(t) = \int\limits_{-\infty}^{\infty} S(f)\,\mathrm{e}^{\mathrm{j}2\pi ft}\,df$	$S(f)$
Addition	$s(t) + g(t)$	$S(f) + G(f)$
Änderung Amplitudenskala	$A \cdot s(t)$	$A \cdot S(f)$
Änderung Zeitskala	$s\left(\frac{t}{k}\right)$	$\lvert k\rvert\, S(kf)$
Verschiebung Zeitfunktion	$s(t - t_0)$	$S(f)\,\mathrm{e}^{-\mathrm{j}2\pi f t_0}$
Verschiebung Spektralfkt.	$s(t)\,\mathrm{e}^{\,\mathrm{j}2\pi f_0 t}$	$S(f - f_0)$
Faltung im Zeitbereich	$s(t) * g(t)$	$S(f) \cdot G(f)$
Multiplik. im Zeitbereich	$s(t) \cdot g(t)$	$S(f) * G(f)$
Spiegelung	$s(-t)$	$S(-f)$ $s(t)$ reell: $S(-f) = S^*(f)$
Konj. kompl. Zeitfunkt.	$s^*(t)$	$S^*(-f)$
Symmetrie	$S(t)$	$s(-f)$
Differentiation im Zeitber.	$\frac{d^{(n)}s(t)}{dt^n}$	$(\mathrm{j}\,2\pi f)^n \cdot S(f)$
Different. im Frequenzber.	$(-\mathrm{j}\,2\pi t)^n \cdot s(t)$	$\frac{d^{(n)}S(f)}{df^n}$
Integration im Zeitbereich	$\int\limits_{-\infty}^{t} s(\tau)\,d\tau$	$\frac{1}{2}\,S(0)\delta(f) - \mathrm{j}\,\frac{S(f)}{2\pi f}$
Integr. im Frequenzber.	$\frac{1}{2}\,s(0)\delta(t) + \mathrm{j}\,\frac{s(t)}{2\pi t}$	$\int\limits_{-\infty}^{f} S(\nu)\,d\nu$

Fortsetzung Fourier-Korrespondenzen:

Signalbezeichn.	**Zeitfunktion**	**Spektralfunktion**
Zerlegung reeller $s(t)$ in gerade und ungerade Zeitfunktionen	$s(t) = s_g(t) + s_u(t)$ $s_g(t)=\frac{1}{2}\Big(s(t)+s(-t)\Big)$ $s_u(t)=\frac{1}{2}\Big(s(t)-s(-t)\Big)$	$\mathrm{Re}\,\{S(f)\} + \mathrm{j}\,\mathrm{Im}\,\{S(f)\}$ $\mathrm{Re}\,\{S(f)\} = \int_{-\infty}^{\infty} s_g(t)\,\cos(2\pi ft)\,dt$ $\mathrm{j}\,\mathrm{Im}\,\{S(f)\} = -\mathrm{j}\int_{-\infty}^{\infty} s_u(t)\,\sin(2\pi ft)\,dt$
Für reelles $s(t)$ gilt:	$S(-f) = S^*(f)$ $\Big\vert S(-f)\Big\vert = \Big\vert S(f)\Big\vert$ $\phi_S(-f) = -\phi_S(f)$	$\mathrm{Re}\Big\{S(-f)\Big\} = \mathrm{Re}\Big\{S(f)\Big\}$ $\mathrm{Im}\Big\{S(-f)\Big\} = -\mathrm{Im}\Big\{S(f)\Big\}$
Dirac-Impuls	$\delta(t)$	1
Cosinusschwingung	$\cos(2\pi f_0 t)$	$\frac{1}{2}\,\delta(f-f_0) + \frac{1}{2}\,\delta(f+f_0)$
Sinusschwingung	$\sin(2\pi f_0 t)$	$-\mathrm{j}\,\frac{1}{2}\,\delta(f-f_0) + \mathrm{j}\,\frac{1}{2}\,\delta(f+f_0)$
Rechteck-Puls	$\mathrm{rect}\left(\frac{t}{\tau}\right)$	$\tau\,\mathrm{sinc}(\tau f)$
Sin x/x-Puls oder Sinc-Puls	$\mathrm{sinc}\left(\frac{t}{\tau}\right)$	$\tau\,\mathrm{rect}(\tau f)$
Gauß-Puls (allgemein)	$\mathrm{e}^{-\pi t^2}$	$\mathrm{e}^{-\pi f^2}$
Gauß-Puls (man vgl. Seiten A-12 und A-83)	$\mathrm{gs}\left(\frac{t}{\tau}\right)$	$\frac{0{,}94}{B}\,\mathrm{gs}\left(\frac{f}{B}\right)$ $(B=0{,}883/\tau)$
Kammfunktion	comb_T	$F\,\mathrm{comb}_F$ $(F=1/T)$
Abgetastete Zeitfunkt.	$\mathrm{comb}_T \cdot s(t)$	$F\,\mathrm{comb}_F * S(f)$ $= F\,\mathrm{rep}_F\Big[S(f)\Big]$

Fortsetzung nächste Seite

Fortsetzung Fourier-Korrespondenzen:

Signalbezeichn.	**Zeitfunktion**	**Spektralfunktion**
Abgetastete Frequenzfunkt.	$\mathrm{comb}_T * s(t) = \mathrm{rep}_T\left[s(t)\right]$	$F\,\mathrm{comb}_F \cdot S(f)$
Sprungfunktion	$\sigma(t)$	$\frac{1}{2}\,\delta(f) - \mathrm{j}\,\dfrac{1}{2\pi f}$
Signumfunktion	$\mathrm{sgn}(t)$	$-\mathrm{j}\,\dfrac{1}{2\pi f}$
Gedämpfte Sprungfunkt. „Exponentialpuls“	$\mathrm{e}^{-\frac{t}{T}} \cdot \sigma(t)$	$\dfrac{T}{1+\mathrm{j}\,2\pi f T}$ $T > 0$

DFT-Korrespondenzen

Signaloperation	**Zeitfolge**	**Spektralfolge**
DFT	$\tilde{s}(n)$	$\tilde{S}(k) = \sum\limits_{n=0}^{M-1} \tilde{s}(n)\,\mathrm{e}^{-\mathrm{j}\frac{2\pi}{M}nk}$ $k = 0, \ldots, M-1$
IDFT	$\tilde{s}(n) = \dfrac{1}{M} \sum\limits_{k=0}^{M-1} \tilde{S}(k)\,\mathrm{e}^{\mathrm{j}\frac{2\pi}{M}kn}$ $n = 0, \ldots, M-1$	$\tilde{S}(k)$
Addition u. Änderung der Amplitudenskala	$a\,\tilde{s}(n) + b\,\tilde{g}(n)$	$a\,\tilde{S}(k) + b\,\tilde{G}(k)$
Verschiebung Zeitfolge	$\tilde{s}(n-m)$	$\tilde{S}(k)\,\mathrm{e}^{-\mathrm{j}\frac{2\pi}{M}mk}$
Verschiebung Spektralfolge	$\tilde{s}(n)\,\mathrm{e}^{\mathrm{j}\frac{2\pi}{M}lk}$	$\tilde{S}(k-l)$
Periodische Faltung im Zeitbereich	$\tilde{s}(n) \circledast \tilde{g}(n) = \sum\limits_{m=0}^{M-1} \tilde{s}(m)\,\tilde{g}(n-m)$	$\tilde{S}(k) \cdot \tilde{G}(k)$

Fortsetzung DFT-Korrespondenzen:

Signal	**Zeitfolge**	**Spektralfolge**
Periodische Faltung im Frequenzbereich	$\tilde{s}(n)\cdot\tilde{g}(n)$	$\tilde{S}(k)\circledast\tilde{G}(k) = \frac{1}{M}\sum_{l=0}^{M-1}\tilde{S}(l)\,\tilde{G}(k-l)$
Zirkulare Faltung im Zeitbereich (endliche Folgen der Länge M)	$s(n) \; \textcircled{M} \; g(n)$	$S(k)\cdot G(k)$
Zeitspiegelung	$\tilde{s}(-n)$	$\tilde{S}(-k)$
Konj. komplexe Zeitfolge	$\tilde{s}^*(n)$	$\tilde{S}^*(-k)$
Symmetrie	$\tilde{S}(n)$	$M\,\tilde{s}(-k)$
Parsevals Theorem	$\sum_{n=0}^{M-1}\lvert\tilde{s}(n)\rvert^2 = \frac{1}{M}\sum_{k=0}^{M-1}\lvert\tilde{S}(k)\rvert^2$	
Zerlegung reeller $\tilde{s}(n)$ in gerade und ungerade Folgen	$\tilde{s}(n) = \tilde{s}_g(n)+\tilde{s}_u(n)$	$\tilde{S}(k) = \mathrm{Re}\{\tilde{S}(k)\}+\mathrm{j}\,\mathrm{Im}\{\tilde{S}(k)\}$
	$\tilde{s}_g(n)=\frac{1}{2}\left(\tilde{s}(n)+\tilde{s}(-n)\right)$	$\mathrm{Re}\{\tilde{S}(k)\}$
	$\tilde{s}_u(n)=\frac{1}{2}\left(\tilde{s}(n)-\tilde{s}(-n)\right)$	$\mathrm{j}\,\mathrm{Im}\{\tilde{S}(k)\}$
Für reelle $\tilde{s}(n)$ gilt:	$\tilde{S}(-k) = \tilde{S}^*(k)$	
	$\lvert\tilde{S}(-k)\rvert = \lvert\tilde{S}(k)\rvert$	$\mathrm{Re}\{\tilde{S}(-k)\} = \mathrm{Re}\{\tilde{S}(k)\}$
	$\tilde{\phi}_S(-k) = -\tilde{\phi}_S(k)$	$\mathrm{Im}\{\tilde{S}(-k)\} = -\mathrm{Im}\{\tilde{S}(k)\}$

Fourier-Korrespondenzen zeitdiskreter Signale

Abgetastetes Signal: $s(t) \circ\!\!-\!\!\bullet\ S(f)$; Abtastintervall $T_a = 1/F_a = 1$.

Signaloperation	Signalfolge	Spektralfunktion
Fourier-Transformation zeitdiskreter Signale	$s(nT_a) = s(n)$	$S_a(f) = \sum_{n=-\infty}^{\infty} s(n)\, e^{-j2\pi nf}$ $\left(= \mathrm{rep}_{(F_a=1)}\left[S(f)\right]\right)$
Rücktransformation	$s(n) = \int_{-1/2}^{1/2} S_a(f)\, e^{j2\pi nf}\, df$	$S_a(f)$
Addition u. Änderung der Amplitudenskala	$a\, s(n) + b\, g(n)$	$a\, S_a(f) + b\, S_a(f)$
Verschiebg. Signalfolge	$s(n-i)$	$S_a(f)\, e^{-j2\pi if}$
Verschiebg. Frequenzfkt.	$s(n)\, e^{j2\pi nf_0}$	$S_a(f - f_0)$
Faltung im Zeitbereich	$s(n) * g(n)$	$S_a(f) \cdot G_a(f)$
Multipl. im Zeitbereich	$s(n) \cdot g(n)$	$S_a(f) \circledast G_a(f)$ (periodische Faltung)
Zeitspiegelung	$s(-n)$	$S_a(-f)$
Konjugiert kompl. Folge	$s^*(n)$	$S_a^*(-f)$
Parsevalsches Theorem	$E = \sum_{n=-\infty}^{\infty} \lvert s(n)\rvert^2 = \int_{-1/2}^{1/2} \lvert S_a(f)\rvert^2\, df$	
Zerlegung reeller $s(n)$ in gerade und ungerade Folge	$s(n) = s_g(n) + s_u(n)$ $s_g(n) = \frac{1}{2}\big(s(n) + s(-n)\big)$ $s_u(n) = \frac{1}{2}\big(s(n) - s(-n)\big)$	$S_a(f) = \mathrm{Re}\left\{S_a(f)\right\} + \mathrm{j}\,\mathrm{Im}\left\{S_a(f)\right\}$ $\mathrm{Re}\left\{S_a(f)\right\}$ $\mathrm{j}\,\mathrm{Im}\left\{S_a(f)\right\}$

Korrespondenzen der z-Transformation

Signaloperation	Signalfolge	z-Transformierte
z-Transformation	$s(n)$	$S(z) = \sum_{n=-\infty}^{\infty} s(n)\, z^{-n}$
Inverse z-Transformation	$s(n) = \frac{1}{2\pi j} \oint S(z)\, z^{n-1}\, dz$	$S(z)$
Addition u. Änderung der Amplitudenskala	$a\, s(n) + b\, g(n)$	$a\, S(z) + b\, G(z)$
Verschiebg. Signalfolge	$s(n-i)$	$S(z)\, z^{-i}$
Faltung im Zeitbereich	$s(n) * g(n)$	$S(z) \cdot G(z)$
Multipl. im Zeitbereich	$s(n) \cdot g(n)$	$\frac{1}{2\pi j} \oint S(v)\, G\left(\frac{z}{v}\right) v^{-1}\, dv$
Zeitspiegelung	$s(-n)$	$S(z^{-1})$
Konjugiert kompl. Folge	$s^*(n)$	$S^*(z^*)$
Differentiation	$n\, s(n)$	$-z\, \frac{dS(z)}{dz}$
Realteil einer Folge	$\mathrm{Re}\left\{s(n)\right\}$	$\frac{1}{2}\left\{S(z) + S^*(z^*)\right\}$
Imaginärteil einer Folge	$\mathrm{Im}\left\{s(n)\right\}$	$-j\,\frac{1}{2}\left\{S(z) - S^*(z^*)\right\}$
Multiplikation mit geometrischer Reihe	$a^n s(n)$	$S\left(\frac{z}{a}\right)$
Einheitsimpuls	$\delta(n) = \begin{cases} 1 & \text{für} \quad n = 0 \\ 0 & \text{für} \quad n \neq 0 \end{cases}$	1
Abgetastete Sprungfunktion	$\sigma(n) = \begin{cases} 0 & \text{für} \quad n < 0 \\ 1 & \text{für} \quad n \geq 0 \end{cases}$	$\frac{z}{z-1}$
Abgetastete Exponentialfunktion	$e^{-bn} \quad (n \geq 0)$	$\frac{z}{z - e^{-b}}$

Korrelation determinierter Signale

Energie und Leistung komplexer Signale

Energiesignale ($E < \infty$):

$$E = \int_{-\infty}^{\infty} s(t)\, s^*(t)\, dt = \int_{-\infty}^{\infty} |s(t)|^2\, dt = \int_{-\infty}^{\infty} |S(f)|^2\, df$$

$|S(f)|^2$ = Energiedichtespektrum

Leistungssignale ($P < \infty$):

$$P = \lim_{T\to\infty} \frac{1}{2T} \int_{-T}^{T} s(t)\, s^*(t)\, dt = \lim_{T\to\infty} \frac{1}{2T} \int_{-T}^{T} |s(t)|^2\, dt = \overline{|s(t)|^2} = \int_{-\infty}^{\infty} L(f)\, df$$

$L(f)$ = Leistungsdichtespektrum

Kreuzkorrelation komplexer Energiesignale

Kontinuierliche Signale:

$$r_{sg}(\tau) = \int_{-\infty}^{\infty} s^*(t)\, g(t+\tau)\, dt \qquad r_{gs}(\tau) = \int_{-\infty}^{\infty} g^*(t)\, s(t+\tau)\, dt$$

$$r_{gs}(-\tau) = r_{sg}^*(\tau)$$

Diskrete Signale:

$$r_{sg}(m) = \sum_{n=-\infty}^{\infty} s^*(n)\, g(n+m) \qquad r_{gs}(m) = \sum_{n=-\infty}^{\infty} g^*(n)\, s(n+m)$$

$$r_{gs}(-m) = r_{sg}^*(m)$$

Korrelation und Faltung komplexer Energiesignale

Kontinuierliche Signale:

$$r_{sg}(\tau) = s^*(-\tau) * g(\tau) \qquad r_{gs}(\tau) = g^*(-\tau) * s(\tau)$$

Diskrete Signale:

$$r_{sg}(m) = s^*(-m) * g(m) \qquad r_{gs}(m) = g^*(-m) * s(m)$$

Autokorrelation komplexer Energiesignale

Kontinuierliche und diskrete Signale:

$$r(\tau) = r_{ss}(\tau) = \int_{-\infty}^{\infty} s^*(t)\, s(t+\tau)\, dt = s^*(-\tau) * s(\tau)$$

$$r(m) = r_{ss}(m) = \sum_{n=-\infty}^{\infty} s^*(n)\, s(n+m)$$

$$r(-\tau) = r^*(\tau); \qquad r(-m) = r^*(m)$$

$$r(0) = E = \int_{-\infty}^{\infty} |s(t)|^2\, dt \quad \text{bzw.} \quad r(0) = E = \sum_{n=-\infty}^{\infty} |s(n)|^2 \text{: Signalenergie}$$

Wiener-Khintchine-Theorem

$$r(\tau) = s^*(-\tau) * s(\tau) \circ\!\!-\!\!\bullet |S(f)|^2 \qquad r(m) \circ\!\!-\!\!\bullet |S_a(f)|^2$$

Wiener-Lee-Beziehung

$$r_{gg}(\tau) = r_{ss}(\tau) * r_{hh}(\tau) \circ\!\!-\!\!\bullet |G(f)|^2 = |S(f)|^2 \cdot |H(f)|^2$$

$$r_{gg}(m) = r_{ss}(m) * r_{hh}(m) \circ\!\!-\!\!\bullet |G_a(f)|^2 = |S_a(f)|^2 \cdot |H_a(f)|^2$$

Periodische Korrelation (periodische Folgen der Periode M)

$$\tilde{r}_{sg}(m) = \sum_{n=0}^{M-1} \tilde{s}^*(n)\, \tilde{g}(n+m) = \tilde{s}^*(-m) \circledast \tilde{g}(m) \circ\!\!-\!\!\bullet \tilde{S}^*(k) \cdot \tilde{G}(k)$$

Kreuz- und Autokorrelation komplexer Leistungssignale

$$r_{sg}(\tau) = \lim_{T\to\infty} \frac{1}{2T} \int_{-T}^{T} s^*(t)\, g(t+\tau)\, dt = \overline{s^*(t)\, g(t+\tau)}$$

$$r(\tau) = r_{ss}(\tau) = \lim_{T\to\infty} \frac{1}{2T} \int_{-T}^{T} s^*(t)\, s(t+\tau)\, dt = \overline{s^*(t)\, s(t+\tau)}$$

Literaturverzeichnis

[1] Woodward, P.M.: *Probability and Information Theory with Applications to Radar,* Pergamon Press, 1964.

[2] Lüke, H.D.: *Signalübertragung,* Springer-Verlag, 1990.

[3] Burdic, W.S.: *Radar Signal Analysis,* Prentice-Hall, 1968

[4] Küpfmüller, K.: *Systemtheorie der elektrischen Nachrichtenübertragung,* Hirzel (Stuttgart), 1949.

[5] Lange, F.H.: *Signale und Systeme,* Bd. 1, Verlag Vieweg, 1968.

[6] Marko, H.: *Methoden der Systemtheorie,* Springer-Verlag, 1986.

[7] Mildenberger, O.: *System- und Signaltheorie,* Verlag Vieweg, 1987.

[8] Oppenheim, A.V., Willsky, A.S.: *Signale und Systeme,* VCH-Verlagsgesellschaft (Weinheim), 1989.

[9] Doetsch, G.: *Anleitung zum praktischen Gebrauch der Laplace-Transformation und der z-Transformation,* Oldenbourg, 1981.

[10] Oppenheim, A.V., Schafer, R.W.: *Digital Signal Processing,* Prentice-Hall, 1975.

[11] Rabiner, L.R., Gold, B.: *Theory and Application of Digital Signal Processing,* Prentice-Hall, 1975.

[12] Harris, F.J.: *On the Use of Windows for Harmonic Analysis with the Discrete Fourier Transform,* Proc. IEEE, 66 (1978), pp. 51-83.

[13] Elliott, D.F.: *Handbook of Digital Signal Processing,* Academic Press, 1987.

[14] Kammeyer, K.D., Kroschel, K.: *Digitale Signalverarbeitung - Filterung und Spektralanalyse,* B.G. Teubner, 1987.

B Formelzeichen und Abkürzungen

B.1 Liste der wichtigsten Formelzeichen

Es sind die wichtigsten Formelzeichen der Kapitel 2 bis 10 aufgeführt. Die rechte Spalte gibt den Abschnitt an, in dem die zugehörige Größe erläutert wird.

Für Bandpaßsignale $s(t)$, $g(t)$ usw. sowie für Impulsantworten $h(t)$ von Bandpaßfiltern gilt allgemein, erläutert am Beispiel von $s(t)$:

$s_{TP}(t)$	äquivalentes, komplexes Tiefpaßsignal zu $s(t)$	5.4
$s_{TP,r}(t) = s_I(t)$	Realteil oder Inphase-Komponente von $s_{TP}(t)$	5.4
$s_{TP,i}(t) = s_Q(t)$	Imaginärteil oder Quadratur-Komponente von $s_{TP}(t)$	5.4

Ebenso gilt für Bandpaß-Signalspektren $S(f)$, $G(f)$ usw. sowie für Übertragungsfunktionen $H(f)$ von Bandpaßfiltern, erläutert am Beispiel von $S(f)$:

$S_{TP}(f)$	äquivalentes, komplexes Tiefpaßspektrum zu $S(f)$	5.4

A	Antennen-Apertur	2.5
A_{eff}	effektive Antennen-Apertur	2.5
$A_{r,eff}$	effektive Antennen-Apertur im Empfangsfall	2.9
B	Bandbreite	8.2
B_n	Rauschbandbreite	2.3
B_{tot}	$= 0{,}883/T_{tot}$	5.2
D	größte Ausdehnung einer Antennenapertur;	2.5
	Dynamikbereich	2.4
$D_{b,0}(m, M)$	Erforderl. Einzelpus-S/N am Eingang eines binären Integr. mit m–aus–M-Zielkriter. für ein Swerling 0-Ziel	3.12
$D_{b,1}(m, M)$	wie $D_{b,0}(m, M)$, nur Swerling 1-Ziel	3.12
$D_{b,2}(m, M)$	wie $D_{b,0}(m, M)$, nur Swerling 2-Ziel	3.12
D_e	Entfernungsdynamik	2.4
$D_i(n)$	Detektierbarkeitsfaktor ($i =$ Swerling-Fluktuationsmodell, $n =$ Zahl der nichtkohärent integrierten Pulse)	2.9

$D_0(1)$	Detektierbarkeitsfaktor für Einzelpulsentdeckung (erforderliches S/N für Einselpulsentdeckung ($n = 1$) eines nichtfluktuierenden Zieles ($i = 0$))	2.9
D_p	Dynamikbereich einer Signalart oder eines Systems	2.4
$D_\mathrm{p,A/D}$	Dynamikbereich eines A/D-Umsetzers	2.4
D_z	Zieldynamik	2.4
E	Energie eines Signals;	6.3
	Maß für die durch Geräteinstabilitäten verursachte Rauschleistung am Dopplerfilter-Ausgang	7.12
E_ziel	auf das Ziel gebrachte Energie	2.9
F_pw	Pulswiederholfrequenz (PRF)	2.6
F_r	Empfänger-Rauschzahl	2.4
F_s	Abtastfrequenz ($=1/T_\mathrm{s}$)	5.7
G	Leistungsgewinn eines Subsystems;	2.3
	Antennengewinn	2.5
G_agil	Agilitätsgewinn	3.9
G_div	Diversitygewinn	3.9
$\overline{G_\mathrm{s}(f)}$	Signal-Leistungsgewinn, gemittelt über der Frequenz	7.5
G_t	Antennengewinn im Sendefall	2.9
G_r	Antennengewinn im Empfangsfall	2.9
$H_\mathrm{m}(f)$	Übertragungsfunktion eines Matched Filters	6.2
$H_\mathrm{MTI}(f)$	Übertragungsfunktion eines MTI-Filters	7.12
I	MTI-Improvementfaktor	7.5
I_SCR	Verbesserung des Signal/Clutter-Verhältnisses	7.5
I_SIR	Verbesserung des Signal/Interferenz-Verhältnisses	7.5
$\overline{I_\mathrm{SIR}}$	I_SIR gemittelt über einen definierten Dopplerbereich	7.5
I_SNR	Verbesserung des Signal/Rausch-Verhältnisses	7.5
I_stab	Stabilitätsfaktor, kennzeichnet Geräteinstabilitäten	7.5
K	Kompressionsfaktor bei Pulskompression	8.2
$\mathbf{K}$	Kovarianzmatrix eines Störsignals mit im allgeinen komplexen Elementen	6.7
$\mathbf{K}^*$	transjugierte Matrix $\mathbf{K}$ = transponierte Matrix mit konjugiert komplexen Elementen	
$\mathbf{K}_\mathrm{c}$	Kovarianzmatrix von Clutter allein	6.7
L	Produkt aller Verluste;	2.9
	Zahl der Referenzzellen bei CA- oder OS-CFAR	9.2
L_atm	Atmosphärische (Zweiweg-)Dämpfung	4.3
L_CFAR	CFAR-Verlust	4.3
L_c	Zusammenlegungsverlust (Collapsing Loss)	4.3
$L_\mathrm{c}(f)$	Leistungsdichtespektrum	6.5
L_ecl	Eclipsing-Verlust	4.3
L_fluk	Fluktuationsverlust	4.3
$L_\mathrm{fluk,1}$	Fluktuationsverlust beim Swerling 1-Ziel	3.11

$L_{\mathrm{fluk,2}}$	Fluktuationsverlust beim Swerling 2-Ziel	3.11
L_{fp}	Verlust durch Füllpulse	4.3
L_{int}	Integrationsverlust	4.3
L_{keul}	Keulenverlust (Beam Shape Loss)	4.3
L_{mf}	Matched-Filter-Verlust (Matching Loss)	4.3
L_{p}	Dämpfung der Leitung Antenne-Empfänger	2.3
L_{q}	Zielabmessung quer zur Blickrichtung	10.7
$L_{\mathrm{quant,A}}$	Quantisierungsverlust-Amplitude	4.3
$L_{\mathrm{quant,R}}$	Quantisierungsverlust-Entfernung	4.3
$L_{\mathrm{quant,W}}$	Quantisierungsverlust-Winkel	4.3
L_{r}	Empfangsverlust;	4.3
	Zielabmessung in Blickrichtung	10.7
L_{schw}	Schwellenverlust	4.3
L_{t}	Dämpfung Sender-Antenne	4.3
L_{tvt}	Trefferverteilungsverlust	4.3
L_{VR}	Verlust durch (wellige) Geschwindigkeischarakteristik	4.3
$L_{\mathrm{wicht,D}}$	Wichtungsverlust-Doppler	4.3
$L_{\mathrm{wicht,R}}$	Wichtungsverlust-Entfernung	4.3
M	Zahl der nichtkoh. integr. Pulse, auch mit n bezeichnet	3.11
M_{B}	Zahl der verarbeiteten Pulse pro Burst	7.9
M_{BB}	Zahl der Bursts pro Zielverweilzeit	7.9
MDS	Minimum Detectable Signal	7.12
M_{S}	Trefferzahl für eine Zielbeleuchtung	2.9
$\mathbf{M}_s$	Kovarianzmatrix eines erwarteten Signals des Dopplers f_{D}	7.10
N	Rauschleistung;	2.6
	Zahl verarbeiteter Signalproben	
N_{p}	Rauschleistung einer dämpfungsbehafteten Leitung	2.3
N_0	Verfügbare Rauschleistung eines Widerstandes;	2.3
	Leistungsdichtespektrum von Rauschen	6.2
$P_{\mathrm{av,ziel}}$	auf das Ziel gebrachte mittlere Leistung	2.9
P_{c}	Clutterleistung eines einzelnen Kammzahnes eines Clutterkammspektrums	7.4
P_{d}	Entdeckungswahrscheinlichkeit	3.2
$P_{\mathrm{1,d}}$	Entdeckungswahrscheinlichkeit für den Einzelpuls am Eingang eines binären Integrators	3.12
P_{fa}	Falschalarmwahrscheinlichkeit	3.2
$P_{\mathrm{1,fa}}$	Falschalarmwahrscheinlichkei am Eingang eines binären Integrators	3.12
P_{t}	Senderspitzenleistung	2.9
Q	Länge einer Staffelsequenz	7.7
R	Zielentfernung	2.6
R_{instr}	instrumentierte Reichweite	2.6
R_{max}	(Entdeckungs-)Reichweite eines Radars	2.9

R_{ref}	Reichweite des (theoretischen) Referenzradars	4.2
S	Signalleistung	2.6
SCV	Subclutter Visibility	7.5
S_{min}	Empfänger-Empfindlichkeit	2.4
S/N	Signal/Rausch-Leistungsverhältnis (S/N = SNR),	2.6
	üblich ist auch die nichtkursive Schreibweise S/N im Text	
$\overline{S/N}$	mittleres S/N eines fluktuierenden Zieles	3.11
T	Absolute Temperatur;	2.3
	Abkürzung für T_{pw}	6.6
T_A	Umlaufzeit einer mechanisch rotierenden Antenne	2.8
T_a	Antennen-Rauschtemperatur;	2.3
	Abtastintervall im Anhang	A.11
T_p	Rauschtemperatur der Leitung Antenne-Empfänger	2.3
T_{pw}	Pulswiederholintervall (PRI)	2.6
T_r	Empfänger-Rauschtemperatur	2.3
T_s	Abtastintervall (im Anhang T_a)	5.7
T_{sys}	System-Rauschtemperatur	2.3
T_{th}	therm. Temperatur der Leitung Antenne-Empfänger	2.3
T_{tot}	Zielverweilzeit (Time on Target)	5.2
T_0	absolute Zimmertemperatur (290 K)	2.3
U_N	Effektivwert einer HF-, ZF- oder I/Q-Rauschspannung	3.4
U_S	Schwellenspannung des Zieldetektors	3.5
$U_=$	Gleichanteil einer beliebigen Rauschspannung	3.4
$U_\approx$	Wechselanteil einer beliebigen Rauschspannung	3.4
$V_c(n)$	Clutter Visibility Faktor = erforderl. S/C für spezif.	7.5
	P_d und P_{fa} bei (Rest-)Clutter als domin. Störsignal	
c	Lichtgeschwindigkeit	
d	Zielabmessung in Blickrichtung des Radars, auch L_r	3.9
f_b	Blinddoppler = $2v_b/\lambda$	7.7
$f_{b,st}$	Blinddoppler bei PRF-Staffelung	7.7
f_c	Korrelationsfrequenzintervall von Echos, auch Δf	10.7
f_D	Dopplerverschiebung („Doppler“)	2.6
$f(t)$	Momentanfrequenz bei Pulskompression	8.5
f_{ZF}	Zwischenfrequenz	3.4
f_0	Referenz- oder Trägerfrequenz	5.4
$\mathbf{h}$	Spaltenvektor der Impulsantwort eines FIR-Filters	6.7
$h_m(t)$	Impulsantwort des Matched Filters	6.2
i	Swerling-Fluktuationsmodell 0...4;	2.9
	allgemeiner Laufindex	
k	Boltzmann-Konstante	2.3
m	Größe des dem A/D-Umsetzer zugeführten Systemrauschens	5.7
	(in Vielfachen des Quantisierungsinkrementes)	

n	Zahl der kohärent oder nichtkohärent integrierten Pulse;	3.11
	Zahl der Bits eines A/D-Umsetzers (einschl. Vorzeichen);	5.7
	allgemeiner Laufindex	
n_e	Zahl der statistisch voneinander unabhängigen Pulse (Echos)	10.7
$\mathbf{s}$	Spaltenvektor des Signalsatzes eines erwarteten Zieles, wegen $\mathbf{s}^*$, $\mathbf{s}^T$ und $\mathbf{s}^{(*)}$ siehe unter $\mathbf{w}$	6.7
$s(t)$	allgemeines (Bandpaß- oder Tiefpaß-)Signal; auch Sendesignal	
$s(n)$	allgemeine Signalfolge	
t_c	Korrelationszeitintervall von Echos	10.7
$t_g(f)$	Gruppenlaufzeit eines Filters	8.5
t_L	Echolaufzeit	2.6
t_0	Zeitpunkt des Signalmaximums am Ausgang eines Matched Filters	6.2
v	Radialgeschwindigkeit eines Zieles	2.6
v_b	Blindgeschwindigkeit	2.6
$v_{b,st}$	Blindgeschwindigkeit bei PRF-Staffelung	7.7
$\mathbf{w}$	Spaltenvektor der Filtergewichte eines FIR-Filters mit komplexen Elementen	7.6
$\mathbf{w}^*$	transjugierter Vektor $\mathbf{w}$ = transponierter Vektor (Zeilenvektor) mit konjugiert komplexen Elementen	7.6
$\mathbf{w}^T$	transponierter Vektor $\mathbf{w}$ = Zeilenvektor	7.6
$\mathbf{w}^{(*)}$	Spaltenvektor $\mathbf{w}$ mit konjugiert komplexen Elementen	7.6
$w(t)$	Wichtungsfunktion im Zeitbereich	8.5
$w(f)$	Wichtungsfunktion im Frequenzbereich	8.5
$\mathbf{x}$	Spaltenvektor eines Signalsatzes, wegen $\mathbf{x}^*$, $\mathbf{x}^T$ und $\mathbf{x}^{(*)}$ siehe unter $\mathbf{w}$	6.7
ΔF	Frequenzhub bei Pulskompression	8.4
Δf	Sendefrequenzsprung, um statist. vonein. unabhängige Rückstrahlquerschnitte zu bekommen	3.9
Θ_i	Phase des i-ten Subpulses bei Polyphasenmodulation	8.8
α	effektive Dauer des des Sendesignals	10.6
β	Elevationswinkel eines Zieles;	2.8
	effektive Bandbreite des Sendepulses	10.3
γ	effektive Aperturbreite	10.4
θ_{3dB}	Antennen-Keulenbreite (Azimut)	2.5
λ	Wellenlänge	
ρ	Apertur-Wirkungsgrad	2.5
σ	Rückstrahlquerschnitt (Radar Cross Section (RCS)); Standardabweichung	2.2
$\overline{\sigma}$	mittlerer Rückstrahlquerschnitt fluktuierender Ziele	3.7

σ_f	Maß für die Bandbreite (Standardabweichung) eines gaußförmigen Clutterspektrums	7.4
σ_v	Maß für die Geschwindigkeitsstreuung (Standardabweichung) eines gaußförmigen Clutterspektrums	7.4
τ	Dauer des Sendepulses beim Radar ohne und mit Pulskompression	2.9
τ_c	Dauer des komprimierten Pulses bei Pulskompression	2.9
φ_{3dB}	Antennen-Keulenbreite (Elevation)	2.5
ω_z	Rotationsgeschw. eines Zieles (Änderungsgeschwindigkeit des Aspektwinkels)	10.7

B.2 Abkürzungen und Begriffe

A/D	Analog-digital
ABF	Ambiguity-Betragsfunktion
AF	Ambiguity-Funktion
AFC	Automatic Frequency Control
AGC	Automatic Gain Control
AKF	Autokorrelationsfunktion
Blip	Durch Zielecho verursachter Leuchtfleck auf PPI-Bildschirm
Burst	Folge von M_B Sendepulsen konstanter PRF und HF, deren Echos kohärent verarbeitet werden
CA-CFAR	Cell-Averaging CFAR
CAGO-CFAR	Cell-Averaging-Greatest-Of CFAR
CFAR	Constant False Alarm Rate
COHO	Coherent Oscillator
CPI	Coherent Processing Interval
CW	Continuous Wave
DFB	Dopplerfilterbank
DSP	Digital Signal Processor
DZE	Digitaler Zielextraktor
ECM	Electronic Countermeasures
Interference	Rauschen + Clutter (+ geräteeigenes Störsignal)
FIR	Finite Impulse Response
FM	Frequenzmodulaion
GCM	Ground Clutter Map
HF	Hochfrequenz
HPRF	High Pulse Recurrence Frequency
I/Q	Inphase/Quadratur
IIR	Infinite Impulse Response
KKF	Kreuzkorrelationsfunktion
LFM	Lineare Frequenzmodulation
LOG-CA-CFAR	Logarithm. Cell-Averaging CFAR

LPRF	Low Pulse Recurrence Frequency
LR	Likelihood Ratio
MDS	Minimum Detectable Signal
MF	Matched Filter
MMF	Mismatched Filter
MOPS	Million Operations per Second
MPRF	Medium Pulse Recurrence Frequency
MTD	Moving Target Detector
MTI	Moving Target Indicator
NLFM	Nichtlineare Frequenzmodulation
OS-CFAR	Ordered Statistic CFAR
PK	Pulskompression
PKF	Pulskompressionsfilter
RAM	Random Access Memory
RDC	Range-Doppler Coupling
S/N	Signal-to-Noise Ratio
SAW	Surface Acoustic Wave
SCR	Signal-to-Clutter Ratio
SCV	Subclutter Visibility
SIR	Signal-to-Interference Ratio
SNR	= S/N
STALO	Stabilized Local Oscillator
STC	Sensitivity Time Control
WDF	Wahrscheinlichkeitsdichtefunktion
2D-Radar	Radar, das nur die (Schräg-)Entfernung und den azimutalen Winkel eines Zieles messen kann.
3D-Radar	Radar, das gegenüber dem 2D-Radar noch die Höhe des Zieles bestimmen kann.

Sachwortverzeichnis

GPSR Compliance

The European Union's (EU) General Product Safety Regulation (GPSR) is a set of rules that requires consumer products to be safe and our obligations to ensure this.

If you have any concerns about our products, you can contact us on ProductSafety@springernature.com

In case Publisher is established outside the EU, the EU authorized representative is:

Springer Nature Customer Service Center GmbH
Europaplatz 3
69115 Heidelberg, Germany

Batch number: 10584556

Printed by Printforce, the Netherlands